Transformationen und Signale

Dieter Müller-Wichards

Transformationen und Signale

2., überarbeitete und erweiterte Auflage

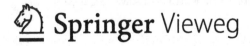 Springer Vieweg

Dieter Müller-Wichards
Department Elektrotechnik
HAW Hamburg
Hamburg, Deutschland

ISBN 978-3-658-01102-4   ISBN 978-3-658-01103-1 (eBook)
DOI 10.1007/978-3-658-01103-1

Die Deutsche Nationalbibliothek verzeichnet diese Publikation in der Deutschen Nationalbibliografie;
detaillierte bibliografische Daten sind im Internet über http://dnb.d-nb.de abrufbar.

Springer Vieweg
© Springer Fachmedien Wiesbaden 1999, 2013

Gedruckt auf säurefreiem und chlorfrei gebleichtem Papier

Springer Vieweg ist eine Marke von Springer DE. Springer DE ist Teil der Fachverlagsgruppe Springer
Science+Business Media.
www.springer-vieweg.de

Vorwort zur ersten Auflage

Dieses Buch wendet sich in erster Linie an Studenten der Elektrotechnik und Technischen Informatik im zweiten Studienjahr. Es kann auch für solche Studenten der Mathematik von Nutzen sein, die sich für die Verwendung von Transformationen bei der Bearbeitung von kontinuierlichen und diskreten Zeitsignalen interessieren.

Es entstand als Begleittext zur Vorlesung *Mathematische Methoden* und zu Teilen der Vorlesung *Numerische Methoden* für Studierende der Elektrotechnik an der Fachhochschule Hamburg.

In dem vorliegenden Text haben wir auf die Behandlung stochastischer Signale verzichtet und uns auf deterministische Signale beschränkt.

Das Schwergewicht der Darstellung liegt bei der Begründung der mathematischen Methoden mit dem Ziel, dem angehenden Ingenieur ein verständliches und zuverlässiges mathematisches Werkzeug in die Hand zu geben. Die Darstellung ist im wesentlichen elementar, d.h. sie verwendet in erster Linie Eigenschaften unendlicher Reihen, Ergebnisse der Differential- u. Integralrechnung und solche der Linearen Algebra aus dem 1. Studienjahr.

An einigen wenigen Stellen (etwa bei der Begründung der Tatsache, daß die trigonometrischen Funktionen ein vollständiges Funktionensystem bilden) benutzen wir Ergebnisse der (Lebesgue'schen) Integrationstheorie.

Bei der Diskussion der Anwendung der Hilbert-Transformation im Rahmen der Amplitudenmodulation werden Ergebnisse der Funktionentheorie (d.h. der Theorie holomorpher bzw. analytischer Funktionen in der komplexen Ebene) verwendet.

Für die Entwicklung der Impulsmethode, für die Beschreibung von Spektren periodischer Funktionen im Rahmen der Fourier-Transformation, für eine konsistente Beschreibung kontinuierlicher zeitunabhängiger linearer Systeme und für die Formulierung des Abtasttheorems erweist sich die Einführung von verallgemeinerten Funktionen (sog. Distributionen) als sinnvoll und notwendig. Bei der Erweiterung der Fourier-Transformation auf Distributionen genügt es für die Begründung des Kalküls, sich auf die punktweise Konvergenz der Funktionale auf der Menge der Testfunktionen zu beschränken (und auf Stetigkeitsbetrachtung der Funktionale zu verzichten). Dieser Verzicht erklärt sich aus dem Bemühen, die Darstellung so weit wie möglich elementar zu halten.

Die Reihenfolge der im vorliegenden Text angesprochenen Themen ergibt sich im Großen und Ganzen aus den Erfordernissen an einen organischen mathematischen Aufbau. Die Folge ist, dass manche Themen - wie etwa das Gibbs'sche Phänomen oder die Autokorrelation - an verschiedenen Stellen des Textes behandelt werden, je nachdem ob es sich dabei um periodische oder nichtperiodische Signale handelt.

Meinem Kollegen Peter Gerdsen möchte ich für seine Anregung zur Behandlung einseitiger Spektren von amplitudenmodulierten Signalen danken.

Mein besonderer Dank gilt meinem Kollegen Heinz Sudhölter, der mir sozusagen den roten Faden für dieses Buch in die Hand gegeben hat.

Hamburg im Dezember 1998,   Dieter Müller-Wichards

Vorwort zur zweiten Auflage

Eine wesentliche Ergänzung gegenüber der vorigen Auflage besteht in dem Kapitel über stochastische Signale, in dem – nach Bereitstellung der wichtigsten Begriffe und Zusammenhänge – verschiedene Optimalfilter beschrieben und diskutiert werden. Grundlage für diese und andere Erweiterungen waren regelmäßige Vorlesungen u. Praktika in den Jahren 1999 bis 2011 zum Thema *Signale und Systeme* an der Hochschule für Angewandte Wissenschaften (HAW) Hamburg. Weitere Ergänzungen betreffen u.a. die mathematische Beschreibung von Besselfiltern, zusätzliche Stabilitätsbtrachtungen von digitalen Filtern, mehr (u. bessere) Graphiken, mehr Beispiele und Aufgaben. Zur besseren Auffindbarkeit bei Querverweisen wurde eine fortlaufende Nummerierung von Sätzen, Definitionen und Beispielen eingeführt. Zur Übersichtlichkeit soll auch eine kurze Zusammenfassung der wichtigsten Ergebnisse am Ende jedes Kapitels beitragen. Schließlich wurden auch einige Anstrengungen zur Bekämpfung alter (und neuer) Druckfehler unternommen.

Hamburg im November 2012,   Dieter Müller-Wichards

Übersicht

Die im vorliegenden Buch behandelten Transformationen dienen der Beschreibung der Eigenschaften von kontinuierlichen und diskreten Signalen und des Verhaltens von kontinuierlichen und diskreten Systemen.

Das Ausgangssignal eines zeitunabhängigen linearen Systems (kontinuierlich oder diskret) kann im Zeitbereich als Faltung des Eingangssignals mit der Impulsantwort des Systems dargestellt werden. Um die Berechnung des Faltungsintegrals (oder dessen diskrete Version) zu vermeiden, geht man häufig den Weg, Eingangssignal und Impulsantwort der Laplace-Transformation (bei kontinuierlichen) bzw. der Z-Transformation (bei diskreten Systemen) zu unterwerfen, beide Transformierte miteinander zu multiplizieren und anschließend das Produkt zurückzutransformieren. Grundlage für diese Vorgehensweise ist der für beide Transformationen gültige Faltungssatz zusammen mit der eindeutigen Umkehrbarkeit beider Transformationen.

Offenbar beschreibt die Laplace-Transformierte der Impulsantwort das Verhalten des Systems vollständig. Man bezeichnet sie als Übertragungsfunktion des Systems. Übertragungsfunktionen sind auf Teilmengen der komplexen Ebene definiert (bei kontinuierlichen Systemen auf Halbebenen, bei diskreten auf Kreisringen).

Andererseits lassen sich zeitunabhängige lineare Systeme typischerweise durch lineare Differentialgleichungen mit konstanten Koeffizienten (für kontinuierliche) bzw. durch entsprechende Differenzengleichungen (für diskrete Systeme) beschreiben. Die zugehörigen Übertragungsfunktionen lassen sich direkt aus den Differential- bzw. Differenzengleichungen ablesen und erweisen sich als rationale Funktionen. Da die Transformierte des Eingangssignals ebenfalls häufig eine rationale Funktion ist, gelingt die Rücktransformation in der Regel mit Hilfe einer Partialbruchzerlegung, denn die Originalfunktionen der bei dieser Zerlegung im Bildbereich auftretenden Terme sind vollständig bekannt.

Da diskrete Systeme leichter zu bauen sind als kontinuierliche, ist es von Interesse zu untersuchen, inwieweit und in welchem Sinne sich das Verhalten kontinuierlicher Systeme durch diskrete nachbilden lässt. Es zeigt sich, dass eine solche Nachbildung nur partiell gelingt (impulsinvariante bzw. sprunginvariante Nachbildung). Eine andere Strategie der Nachbildung beruht auf der Beobachtung, dass ein kontinuierliches System sich als Zusammenschaltung von Integratoren (I-Gliedern) darstellen lässt. Der mathematische Hintergrund dieser Beobachtung besteht in der Partialbruchzerlegung der Übertragungsfunktion des Systems. Die in der Zerlegung auftretenden arithmetischen Operationen Addition, Multiplikation und Division von Termen lassen sich im wesentlichen als Parallel-, Hintereinander- und Rückkopplungsschaltung von Elementarbausteinen interpretieren (wobei die Terme die Übertragungsfunktionen der Elementarbausteine darstellen). Diskretisiert man nun den Integrator durch eine numerische Näherung (z.B. mit der Sehnentrapezregel als Differenzengleichung geschrieben) und ersetzt man in der Übertragungsfunktion des kontinuierlichen Systems die Übertragungsfunktion $\frac{1}{s}$ des Integrators durch die Übertragungsfunktion der numerischen Näherung, so erhält man die Übertragungsfunktion eines nachbildenden diskreten Systems (bilineare Substitution).

Bei diesen Nachbildungen gehen stabile kontinuierliche Systeme in stabile diskrete Systeme über. Dabei heißt ein System stabil, wenn zu beschränkten Eingangssignalen stets beschränkte Ausgangssignale gehören. Die Stabilität eines (kontinuierlichen oder diskreten) Systems lässt sich durch die Lage der Polstellen der Übertragungsfunktion bzw. durch absolute Integrierbarkeit (absolute Summierbarkeit bei diskreten Systemen) der Impulsantwort beschreiben.

Für viele Zwecke besonders wichtig ist das Frequenzverhalten eines Systems. Dieses lässt sich folgendermaßen skizzieren: die Antwort des Systems auf eine harmonische Schwingung einer bestimmten Frequenz ist (jedenfalls im eingeschwungenen Zustand) eine harmonische Schwingung gleicher Frequenz, allerdings mit i.a. veränderter Amplitude und Phase. Amplitude und Phase des Ausgangssignals lassen sich zu einem komplexen Faktor zusammenfassen, der von der Frequenz abhängt. Die so definierte Funktion der Frequenz wird als Frequenzgang des Systems bezeichnet. Es stellt sich heraus, dass der Frequenzgang bei stabilen Systemen existiert und dass dann der Frequenzgang eines kontinuierlichen Systems gerade gleich der Übertragungsfunktion auf der imaginären Achse der komplexen Ebene (bei diskreten Systemen auf dem Einheitskreis) ist. Gleichzeitig lässt sich der Frequenzgang als Spektrum der Impulsantwort interpretieren. Das Spektrum des Ausgangssignals ergibt sich dann als Produkt des Spektrums des Eingangssignals mit dem Frequenzgang. Diese Aussage beruht auf dem Faltungssatz für die Fourier-Transformation.

Beim Entwurf eines Filters stellt man sich die Aufgabe, die Koeffizienten der Differentialgleichung (und damit diejenigen der Übertragungsfunktion) so zu bestimmen, dass der Frequenzgang oder zumindest sein Betrag eine vorgegebenen Gestalt hat. Multipliziert man beispielsweise das Spektrum des Eingangssignals mit dem Frequenzgang eines so konstruierten Tiefpassfilters, so wird das Spektrum des Ausgangssignals (zumindest dem Betrage nach) im Durchlassbereich weitgehend ungeändert das Spektrum des Eingangssignals wiedergeben, im Sperrbereich aber nahe Null sein. Als Beispiele für das obige Vorgehen werden Butterworth- und Tschebyscheff-Filter behandelt. Während bei den genannten Filtern eine scharfe Trennung von Durchlass- und Sperrbereich als Entwurfsziel im Vordergrund steht, ist der Entwurf eines Bessel-Filters auf einen für eine verzerrungsfreie Signal-Übertragung maßgebenden linearen Phasengang ausgerichtet.

Bei einer Reihe von Anwendungen ist das empfangene Signal durch verschiedene Einflüsse, etwa durch thermisches oder atmosphärisches Rauschen, gestört oder überlagert. Das gesamte Signal hat dann den Charakter eines Zufallssignals, dessen mathematische Beschreibung häufig mit Hilfe (stationärer) stochastischer Prozesse gelingt. Um nun das Nutzsignal zu erkennen, werden, je nach Anwendungsbereich, geeignete Optimalfilter zur Beseitigung der Signalstörungen konstruiert, bei denen die für stochastische Prozesse relevanten Kenngrößen wie Auto- und Kreuzkorrelation im Zeitbereich sowie spektrale Leistungsdichte im Frequenzbereich Verwendung finden.

Das Spektrum eines Zeitsignals ist - wie schon angedeutet - eine (i.a.) komplexwertige

Funktion der Frequenz. Seine Bedeutung lässt sich wie folgt skizzieren: multipliziert man den Wert des Spektrums für eine bestimmte Frequenz mit der zugehörigen harmonischen Schwingung und summiert (bzw. integriert) alle diese Ausdrücke über alle Frequenzen, so erhält man das zum Spektrum gehörige Zeitsignal. Hierbei ist zwischen periodischen und nichtperiodischen Zeitsignalen zu unterscheiden:

- periodische Signale besitzen diskrete Spektren, d.h. das Zeitsignal lässt sich darstellen als Überlagerung von harmonischen Grund- und Oberschwingungen des Periodizitätsintervalls. Diese Überlagerung wird als Fourier-Reihe, die (komplexen) Amplituden der Schwingungen (d.h. die Werte des diskreten Spektrums) als Fourier-Koeffizienten bezeichnet. Dabei hängt Art und Geschwindigkeit der Konvergenz der Fourier-Reihe von den Eigenschaften des Zeitsignals ab.

- nichtperiodische Zeitsignale besitzen kontinuierliche Spektren, d.h. das Zeitsignal ergibt sich als kontinuierliche Überlagerung von harmonischen Schwingungen aller Frequenzen, versehen mit den jeweiligen Werten des Spektrums als komplexe Amplituden. Für Signale endlicher Energie führt dies zum Fourier-Integral (für die Rücktransformation).

Bei der Beschreibung des Systemverhaltens durch den Frequenzgang ist es wünschenswert, die Klasse der zulässigen Eingangssignale nicht auf diejenigen endlicher Energie zu beschränken. Es zeigt sich, dass wir bei der entsprechenden Erweiterung des Definitionsbereichs der Fourier-Transformation den Bereich der klassischen Funktionen verlassen und i.a. zu verallgemeinerten Funktionen (sog. Distributionen) übergehen müssen: so ist bereits das Spektrum einer (komplexen) harmonischen Schwingung einer bestimmten Frequenz die zu dieser Frequenz gehörige Spektrallinie, dargestellt durch einen entsprechenden Dirac-Impuls (Delta-Funktion). Die Fourier-Transformierte einer periodischen Funktion ist dann gleich einem Impulskamm, gewichtet mit den zugehörigen Fourier-Koeffizienten oder – was auf dasselbe hinausläuft – gleich einem ungewichteten Impulskamm multipliziert mit dem Spektrum des 'Mustersignals' der periodischen Funktion.

Vertauscht man hierbei die Rollen von Spektrum und Zeitsignal, so erhält man eine erste Version des Abtasttheorems: tastet man ein bandbegrenztes Signal mit hinreichender Abtastrate äquidistant ab, so lässt sich aus diesen diskreten Werten das ursprüngliche Signal verzerrungsfrei wiedergewinnen. Betrachtet man nämlich den mit den abgetasteten Werten gewichteten Impulskamm als verallgemeinertes Zeitsignal, so ist das zugehörige Spektrum die periodische Fortsetzung des Spektrums des ursprünglichen (bandbegrenzten) Zeitsignals, sofern die Abtastrate größer oder gleich dem Zweifachen der Grenzfrequenz ist. Leitet man den so gewichteten Impulskamm über einen idealen Tiefpass geeigneter Bandbreite, so erhält man im Frequenzbereich das ursprüngliche Spektrum und damit am Ausgang des Tiefpasses das ursprüngliche Zeitsignal. Eine genauere Untersuchung liefert eine explizite Rekonstruktion des Zeitsignals aus den Abtastwerten (Shannon-Interpolation). Eine zu geringe Abtastrate führt allerdings zur Verzerrung des Zeitsignals. Betrachten man zum Vergleich eine Abtastung mit realen Impulsen (Puls-Amplituden-Modulation), d.h. mit Rechteckimpulsen endlicher Höhe und Breite, so lässt sich im Prinzip auch in diesem Fall das Zeitsignal wiedergewinnen.

Will man nun ein moduliertes Signal mit Trägerfrequenz f_0 abtasten, so wäre nach dem Abtasttheorem eine Abtastrate größer oder gleich dem Zweifachen von f_0 plus Bandbreite B der Modulation erforderlich. Ergänzt man jedoch das Zeitsignal durch seine Hilbert-Transformierte zu einem sog. analytischen Signal, so ist das Spektrum des analytischen Signals gleich dem Spektrum des ursprünglichen Zeitsignals für positive Frequenzen, für negative jedoch gleich Null ('einseitiges' Spektrum). Multiplikation des analytischen Signals mit einem geeigneten Exponentialfaktor bewirkt eine Verschiebung des einseitigen Spektrums (um die Trägerfrequenz) in die Nullage, so dass das Spektrum des resultierenden Signals nur noch die Grenzfrequenz B besitzt. Durch Überlegungen dieser Art ergibt sich die Bedeutung der Hilbert-Transformation für die Modulationstheorie.

Die diskrete Fourier-Transformation bestimmt die Interpolationskoeffizienten eines trigonometrischen Polynoms $N - 1$-ten Grades für die Interpolation von N äquidistanten Daten. Diese Interpolationskoeffizienten können als numerische Näherung für die Fourier-Koeffizienten der die Daten erzeugenden Funktion angesehen werden. Daher werden die Interpolationskoeffizienten auch als das zu den Daten gehörige diskrete Spektrum bezeichnet. Nimmt man insbesondere an, dass eine Funktion die Daten (linear) interpoliert, so lassen sich sämtliche Fourier-Koeffizienten aus dem diskreten Spektrum mit Hilfe von a priori bekannten (und nur vom Interpolationsschema abhängigen) sog. Abminderungsfaktoren berechnen. Diese Abminderungsfaktoren kann man auch benutzen, wenn man aus dem Spektrum gegebener Daten das Spektrum verdichteter Daten (Upsampling) bestimmen will.

Ein effizientes Berechnungsverfahren für die Interpolationskoeffizienten stellt die sog. *Fast Fourier Transformation* (FFT) dar: sie erlaubt es, sämtliche N Koeffizienten mit einem Aufwand von der Ordnung $N \log_2 N$ zu berechnen, sofern N eine Zweierpotenz ist. Die diskrete zyklische Faltung lässt sich aufgrund des Faltungssatzes für die diskrete Fourier-Transformation damit ebenfalls in $O(N \log_2 N)$ Operationen berechnen (schnelle Faltung).

Die Impulsantwort eines nichtrekursiven diskreten Systems besitzt nur endlich viele Komponenten ungleich Null. Das zu einer endlichen Eingangsfolge gehörige Ausgangssignal eines solchen Systems kann man dann mit Hilfe der schnellen Faltung effizient berechnen, wenn man Impulsantwort und Eingangssignal so mit Nullen auffüllt, dass die Anzahl der Komponenten der entstehenden neuen Faltungsfaktoren eine Zweierpotenz ist.

Die Anordnung der Kapitel des Buches weicht offenbar von dieser an der Anwendung orientierten Reihenfolge der Darstellung ab.

In Kapitel 1 wird die Fourier-Analyse periodischer Signale betrachtet. Wichtigstes Teilergebnis sind die Konvergenzsätze, die angeben, unter welchen Bedingungen und in welchem Sinne die Fourier-Reihe eines periodischen Signals gegen eben dieses Signal konvergiert, mit anderen Worten: wann und wie die Rückgewinnung des ursprünglichen Signals aus seinem (diskreten) Spektrum gelingt.

Kapitel 2 befaßt sich mit der Fourier-Analyse nichtperiodischer Signale endlicher Energie, denen man, wie sich zeigt, ein kontinuierliches Spektrum zuordnen kann. Zentrale Ergebnisse sind neben dem Faltungssatz die Inversionsformel für die Fourier-Transformation und die Parsevalsche Gleichung. Sie besagt in allgemeiner Form, dass das Skalarprodukt zweier Funktionen endlicher Energie gleich dem Skalarprodukt der entsprechenden Spektren ist, wenn man das Skalarprodukt als Integral ausdrückt. Um den Nachweis von Parsevalscher Gleichung und Inversionsformel zu erbringen, werden Konvergenzaussagen für Fourier-Reihen verwendet. Die Inversionsformel kann man - ähnlich wie oben - als Rückgewinnung des ursprünglichen Signals aus seinem (kontinuierlichen) Spektrum betrachten.

In Kapitel 3 wird die Fourier-Transformation auf verallgemeinerte Funktionen (Distributionen) erweitert. Unter verallgemeinerten Funktionen versteht man lineare Funktionale auf dem Raum der sog. Testfunktionen. Letztere sind beliebig oft differenzierbare Funktionen, die außerhalb eines endlichen Intervalls gleich Null sind. Das Vehikel für die Erweiterung der Fourier-Transformation ist die Parsevalsche Gleichung. Das Erweiterungsprinzip ließe sich verbal folgendermaßen beschreiben: die Transformierte eines Funktionals soll dasjenige Funktional sein, das auf transformierte Testfunktionen so wirkt, wie das Funktional selbst auf Testfunktionen im Zeitbereich wirkt. Auf diese Art und Weise sind die Transformierten von lokal integrierbaren Funktionen aber auch von Dirac-Impulsen festgelegt. Insbesondere lassen sich so die Fourier-Transformierten von periodischen Signalen bestimmen, ein Ergebnis, das bei Vertauschung der Rollen von Spektrum und Signal Eingang in das Abtasttheorem findet. Die Testfunktionen lassen sich nun auch benutzen, um jeder verallgemeinerten Funktion ihre sog. schwache Ableitung zuzuordnen. Da die Differentiationssätze für die 'klassische' Fourier-Transformation aus Kapitel 2 sich auf die schwache Ableitung übertragen lassen, bekommt man hier ein Mittel in die Hand, um für stückweise lineare Funktionen auf einfache Weise deren Fourier-Transformierte zu berechnen (Impulsmethode): die zweite schwache Ableitung eines stetigen Polygonzuges erweist sich als endliche Linearkombination von Dirac-Impulsen, die sich leicht transformieren lässt.

Das Kapitel 4 über die diskrete und schnelle Fourier-Transformation kann im wesentlichen unabhängig von den übrigen Kapiteln verstanden werden. Allerdings sind Kenntnisse über Fourier-Reihen hilfreich. Im Abschnitt über Abminderungsfaktoren wird die Darstellung des Spektrums periodischer Signale aus Kapitel 3 verwendet.

Bei der in Kapitel 5 behandelten Laplace-Transformation schränken wir die Betrachtung auf Funktionen exponentieller Ordnung ein. Die Frage der umkehrbaren Eindeutigkeit der Laplace-Transformation lässt sich mit Hilfe der Inversionsformel für die Fourier-Transformation beantworten. Im Übrigen kann man dieses Kapitel unabhängig von den ersten 4 Kapiteln lesen, wenn man von der Interpretation des Frequenzgangs als Fourier-Transformierte der Impulsantwort absieht.

Die Z-Transformation aus Kapitel 6 kann man als diskrete Version der Laplace-Transformation ansehen. Ansonsten ist dieses Kapitel ist weitgehend unabhängig von den übrigen. Allerdings erfordert der Abschnitt über Nachbildung von kontinuierlichen Systemen Kenntnis der Laplace-Transformation und für den Fourier-Ansatz solche von Fourier-Reihen. Um die Realisierung der diskreten Faltung durch die schnelle Faltung zu verstehen, sollte man mit der diskreten zyklischen Faltung vertraut sein.

Im Kapitel 7 über die Hilbert-Transformation werden Eigenschaften der Fourier-Transformation benutzt. Die Anwendung der Hilbert-Transformation im Rahmen der Diskussion der Amplitudenmodulation verwendet Ergebnisse der Funktionentheorie.

Im Kapitel 8 schließlich werden zunächst (stationäre) stochastische Prozesse und deren Kenngrößen eingeführt und ihr Verhalten im Zusammenwirken mit zeitunabhängigen linearen Systemen beschrieben. Zum besseren Verständnis werden hier eine Reihe von Analogien zu deterministischen Signalen aufgezeigt. Ein wichtiger Spezialfall von solchen Zufallsprozessen ist das sog. Weiße Rauschen, das u.a. bei Messungen zur Systemidentifikation mittels Rauschgeneratoren eine Rolle spielt.

Als Anwendung für den so bereitgestellten mathematischen Rahmen werden einige Optimalfilter beschrieben. Hierzu zählen

- das optimale Suchfilter zur Laufzeitbestimmung von Radarsignalen, die von Rauschprozessen überlagert sind. Hier geht es darum, das Eintreffen des Signals mit einer vorgegebenen Wahrscheinlichkeit zu erkennen.

- das Wienersche Optimalfilter: überlappen die Spektren von Nutz- und Störsignal erheblich, so kann man versuchen, den Erwartungswert des quadratischen Fehlers zu minimieren. Dies führt zur Wiener-Hopfschen Integralgleichung für die (unbekannte) Impulsantwort des Optimalfilters.

- das Kalman Filter: hier soll der Zustand eines *zeitabhängigen* linearen Systems unter Einfluss von *instationärem* Weißen Rauschen mittels eines linearen Ansatzes aus der ebenfalls gestörten Beobachtung so geschätzt werden, dass der Erwartungswert des quadratischen Fehlers minimiert wird. Dies führ zu einer Riccatischen Matrix-Differentialgleichung für die Kovarianzmatrix des Schätzfehlers, deren Lösung in die lineare Differentialgleichung für die optimale Schätzung eingeht.

Einleitung

Im ersten Kapitel des Buches werden zunächst einige Eigenschaften von Fourier-Reihen betrachtet. Hierzu zählen

- komplexe und reelle Darstellung der Fourier-Reihe für reelle (periodische) Signale

- der Zusammenhang zwischen Symmetrieeigenschaften des Signals und der Gestalt der Fourier-Koeffizienten: gerade Funktionen haben reelle, ungerade Funktionen rein imaginäre Fourier-Koeffizienten

- der Faltungssatz für die zyklische Faltung zweier periodischer Funktionen. Er besagt, dass die Fourier-Koeffizienten des Faltungsproduktes das Produkt der Fourier-Koeffizienten der einzelnen Faltungsfaktoren sind

- die Tatsache, dass die Festlegung der Fourier-Koeffizienten in gewissem Sinne optimal ist. Es zeigt sich nämlich, dass die n-te Teilsumme der Fourier-Reihe einer (periodischen) Funktion endlicher Energie beste Approximation dieser Funktion unter allen trigonometrischen Polynomen vom Grade n ist, wenn man den Abstand im quadratischen Mittel mißt.

- die Besselsche Ungleichung, die die Konvergenz der Reihe über die Betragsquadrate der Fourier-Koeffizienten garantiert

Für differenzierbare Funktionen lässt sich eine Beziehung zwischen den Fourier-Koeffizienten der Funktion und denen ihrer Ableitung herstellen, eine Beziehung, die zum Nachweis der absoluten Konvergenz der Reihe der Fourier-Koeffizienten und damit zum Nachweis der gleichmäßigen Konvergenz der Fourier-Reihe für derartige Funktionen führt.

Für Funktionen beschränkter Variation (zu diesen gehören stetig differenzierbare als auch solche aus endlich vielen monotonen Stücken) konvergiert die Fourier-Reihe im wesentlichen punktweise gegen die zugehörige Funktion. Der auf Dirichlet zurückgehende Beweis erfordert einige Vorbereitungen. Stationen auf dem Weg sind der Nachweis, dass die Fourier-Koeffizienten für diese Funktionenklasse so schnell wie die Folge $\left(\frac{1}{n}\right)$ gegen Null gehen und dass die Fourier-Summen gleichmäßig beschränkt sind. Da die n-ten Fourier-Summen als zyklische Faltung der betrachteten Funktion mit dem n-ten Dirichlet-Kern geschrieben werden können, konzentrieren sich weitere Betrachtungen auf die Eigenschaften des Dirichlet-Kerns. Benutzt werden auch Eigenschaften der Folge der arithmetischen Mittel der n-ten Fourier-Summen, die als zyklische Faltung der betrachteten Funktion mit dem n-ten Fejer-Kern dargestellt werden können.

Hat ein periodisches Signal Sprungstellen, so zeigt sich in deren Nähe eine ausgesprochen ungleichmäßige Konvergenz der Fourier-Reihe: am Beispiel eines Rechteckimpulses lässt sich beobachten, dass in der Nähe der Sprungstelle Überschwinger auftreten, die mit wachsendem n ihre Lage aber im wesentlichen nicht ihre Höhe ändern. Die Über-schwinger wandern auf die Sprungstelle zu, ihre Höhe konvergiert jedoch gegen einen festen positiven Wert. Die hier beschriebene Tatsache wird als Gibbs'sches Phänomen bezeichnet.

Zum Beweis der Konvergenz im quadratischen Mittel wird zunächst die gleichmäßige Konvergenz der arithmetischen Mittel der Fourier-Summen einer stetigen Funktion ge-gen diese Funktion nachgewiesen. Hierfür werden Eigenschaften des Fejer-Kerns benutzt. Mit Hilfe dieser Aussage lässt sich dann zeigen, dass die trigonometrischen Funktionen ein vollständiges Funktionensystem bilden, d.h. eine Funktion, die auf allen trigonome-trischen Funktionen senkrecht steht, muss (im wesentlichen) die Nullfunktion sein. Eine Folgerung ist die Parsevalsche Gleichung für Fourier-Reihen, die besagt, dass die Leis-tung eines periodischen Signals auf einer Periode gleich dem Wert der Reihe über die Betragsquadrate der Fourier-Koeffizienten ist.

Für das Verständnis der weiteren Kapitel ist es nicht unbedingt erforderlich (insbe-sondere beim ersten Lesen), sämtliche Beweise der Konvergenzsätze nachzuvollziehen. Die Konvergenzaussagen sind jedoch für die nachfolgenden Kapitel über die Fourier-Transformation von großer Bedeutung.

Inhaltsverzeichnis

Übersicht	VII

Einleitung	XIII

1 Fourier-Reihen — 1
- 1.1 Eigenschaften und Rechenregeln 1
- 1.2 Konvergenzsätze 18
- 1.3 Faltung und Korrelation 47
- 1.4 Zusammenfassung u. Aufgaben 53

2 Die Fourier-Transformation — 55
- 2.1 Die Fourier-Transformation 57
- 2.2 Korrespondenzen und Rechenregeln 58
- 2.3 Glattheit u. Abklingverhalten der Transformierten 64
- 2.4 Parsevalsche Gleichung und inverse Transformation 70
- 2.5 Andere Formen der Fourier- Transformation 84
- 2.6 Faltungssatz und zeitinvariante lineare Systeme 85
- 2.7 Fourier-Transformation der Normalverteilungsdichte 96
- 2.8 Zusammenfassung und Aufgaben 99

3 Erweiterung der Fourier-Transformation — 103
- 3.1 Distributionen 103
- 3.2 Schwache Konvergenz von Distributionen 122
- 3.3 Das Abtasttheorem 141
- 3.4 Abtastung mit realen Impulsen 152
- 3.5 Zusammenfassung und Aufgaben 156

4 Diskrete und schnelle Fourier-Transformation — 161
- 4.1 Die diskrete Fourier-Transformation 161
- 4.2 Die schnelle Fourier-Transformation 180
- 4.3 Zusammenfassung und Aufgaben 196

5 Die Laplace-Transformation — 201
- 5.1 Einige wichtige Eigenschaften 204
- 5.2 Grenzwertsätze 214
- 5.3 Laplace-Transformation und gewöhnliche Differentialgleichungen 217
- 5.4 Systeme und Differentialgleichungen 226
- 5.5 Anwendung: Filterentwurf 234

5.6   Zusammenschaltung und Zerlegung von Systemen 256
5.7   Zusammenfassung und Aufgaben 259

6   Die Z-Transformation   **263**
6.1   Zeitdiskrete Signale und zeitdiskrete Systeme 263
6.2   Die Z-Transformation 270
6.3   Frequenzgang und Sprungantwort 284
6.4   Nachbildung kontinuierlicher Systeme 285
6.5   Zusammenfassung und Aufgaben 302

7   Die Hilbert-Transformation   **307**
7.1   Konjugierte Funktionen und die Hilbert-Transformation 307
7.2   Holomorphe Transformationen 321
7.3   Zusammenfassung 331

8   Zufallssignale   **333**
8.1   Stochastische Prozesse 333
8.2   Stationäre stochastische Prozesse 334
8.3   Leistungsdichtespektrum und LTI-Systeme 338
8.4   Weißes Rauschen 342
8.5   Formfilter 345
8.6   Optimale Suchfilter 351
8.7   Kreuz-Korrelation und Kreuz-Leistungsdichtespektrum 361
8.8   Das Wienersche Optimalfilter 366
8.9   Kalman-Bucy-Filter 373
8.10 Zusammenfassung und Aufgaben 392

A   Anhang   **397**
A.1   Lösungen der Aufgaben 397
A.2   Besselfunktionen 400
A.3   Kenngrößen der Wahrscheinlichkeitsrechnung 401
A.4   Lineare Differentialgleichungssysteme 402

Literaturverzeichnis   **405**

Sachverzeichnis   **407**

1 Fourier-Reihen

Bei der Spektralzerlegung von periodischen Signalen befaßt man sich mit der Frage, ob und wie sich ein periodisches Signal $x(t)$ durch Überlagerung von (harmonischen) Grund- und Oberschwingungen darstellen lässt.

Wir wollen den Gegenstand unserer Betrachtung etwas präzisieren: Sei $x(t)$ eine auf ganz $\mathbb{R}$ definierte periodische Funktion mit der Periode T, d.h.

$$x(t+T) = x(t) \text{ für beliebiges } t \in \mathbb{R}.$$

Darüberhinaus wollen wir voraussetzen, dass $x(t)$ von endlicher Energie ist (s.u.). Einer derartigen Funktion $x(t)$ wollen wir ihre Fourier-Reihe zuordnen, symbolisch mit $\omega = 2\pi/T$:

$$x(t) \sim \sum_{-\infty}^{\infty} \alpha_n e^{jn\omega t}$$

Dabei versteht sich die unendliche Reihe $\sum_{-\infty}^{\infty} \alpha_n e^{jn\omega t}$ als Grenzwert der N-ten Fourier-Summen $s_N(t) = \sum_{n=-N}^{N} \alpha_n e^{jn\omega t}$, falls dieser existiert. Hier schließen sich sofort ein paar Fragen an:

1. Wie hängen die Fourier-Koeffizienten α_n mit der Funktion $x(t)$ zusammen ?

2. In welchem Sinn konvergiert die Reihe und wogegen ?

3. Welche Eigenschaften von $x(t)$ sind für die Art der Konvergenz maßgebend ?

Zur Beantwortung der ersten Frage definieren wir:

$$\alpha_n = \frac{1}{T} \int_0^T x(t) e^{-j\omega n t} dt$$

Ob dies eine 'gute' Definition im Sinne der beiden anderen Fragen ist, wollen wir im Laufe dieses Kapitels untersuchen.

1.1 Eigenschaften und Rechenregeln

Im vorliegenden Abschnitt werden wir einige Eigenschaften der Fourier-Koeffizienten kennenlernen, die u.a. als Plausibilitätskontrolle, der Erleichterung der Berechnung, aber auch zum Verständnis der Fourier-Koeffizienten als in gewissem Sinne optimale Festlegung dienen können. In Abschnitt 1.2 gehen wir dann auf das Konvergenzverhalten von Fourier-Reihen ein.

Zunächst aber wollen wir die generelle Anforderungen and die Signale, die wir in diesem Kapitel betrachten, festlegen: wir werden fordern, dass $x(t)$ auf $[0, T]$ von *endlicher Energie* (bzw. *quadratintegrabel*) sein soll, d.h. es soll das Integral über das Betragsquadrat der Funktion $x(t)$ endlich sein, symbolisch: $\int_0^T |x(t)|^2 dt < \infty$. Ist $x(t)$ von endlicher Energie, so haben alle Fourier-Koeffizienten endliche Werte, wie wir sofort aus der folgenden Ungleichung entnehmen können:

Satz 1.1.1 *(Cauchy-Schwarzsche Ungleichung)   Seien $x(t)$ und $y(t)$ zwei beliebige quadratintegrable Funktionen, dann gilt:*

$$|\int_0^T x(t)\overline{y(t)}dt|^2 \leq \int_0^T |x(t)|^2 dt \cdot \int_0^T |y(t)|^2 dt$$

Beweis: s. Satz 1.1.15
□

Nach der Cauchy-Schwarzschen Ungleichung gilt dann für die Fourier-Koeffizienten:

$$|\alpha_n| = \frac{1}{T}|\int_0^T x(t)e^{-jn\omega t}dt| \leq \frac{1}{T}\sqrt{\int_0^T |x(t)|^2 dt \cdot \int_0^T |e^{jn\omega t}|^2 dt}$$

$$= \sqrt{\frac{1}{T}\int_0^T |x(t)|^2 dt} < \infty$$

Ähnlich sehen wir, dass eine quadratintegrable Funktion absolut integrierbar ist:

$$\int_0^T |x(t)|dt \leq \sqrt{\int_0^T |x(t)|^2 dt \cdot \int_0^T 1 dt} = \sqrt{T \cdot \int_0^T |x(t)|^2 dt} < \infty$$

Die Umkehrung ist nicht ohne weiteres richtig: zwar gilt: ist $x(t)$ eigentlich integrabel, so ist auch $|x(t)|^2$ eigentlich integrabel. Für uneigentlich integrable Funktionen $x(t)$ muss dies nicht gelten, wie das Beispiel $x(t) = \frac{1}{\sqrt{t}}$ zeigt.

1.1.1 Reelle und komplexe Darstellung der Fourier-Reihe

Zunächst wollen wir noch einige Bemerkungen zu verschiedenen Darstellungen der Fourier-Reihe für reellwertige Funktionen $x(t)$ machen:
hierzu betrachten wir den $-n$-ten Fourier-Koeffizienten α_{-n}:

$$\alpha_{-n} = \frac{1}{T}\int_0^T x(t)e^{-j(-n)\omega t}dt = \overline{\frac{1}{T}\int_0^T x(t)e^{-j\omega nt}dt} = \overline{\alpha_n}$$

Der Querstrich soll hier den Übergang zum konjugiert Komplexen bezeichnen.
Addieren wir nun ein Paar von 'symmetrisch' in der Fourier-Summe auftretenden Summanden so erhalten wir:

$$\alpha_n e^{jn\omega t} + \alpha_{-n} e^{j(-n)\omega t} = \alpha_n e^{jn\omega t} + \overline{\alpha_n e^{jn\omega t}} = 2\mathrm{Re}\left(\alpha_n e^{jn\omega t}\right)$$

Mit $a_n = \mathrm{Re}\left(\alpha_n\right)$ und $b_n = \mathrm{Im}\left(\alpha_n\right)$ erhält man unter Verwendung der Eulerschen Formel:

$$\begin{aligned}
\alpha_n \cdot e^{jn\omega t} &= (a_n + jb_n)(\cos n\omega t + j\sin n\omega t) \\
&= (a_n \cos\omega nt - b_n \sin\omega nt) + j(b_n \cos\omega nt + a_n \sin\omega nt)
\end{aligned}$$

Für die N-te Fourier-Summe erhält man damit:

$$\begin{aligned}
\sum_{n=-N}^{N} \alpha_n e^{jn\omega t} &= \alpha_0 + \sum_{n=1}^{N}(\alpha_n e^{jn\omega t} + \alpha_{-n} e^{j(-n)\omega t}) \\
&= \alpha_0 + \sum_{n=1}^{N}(2a_n \cos\omega nt - 2b_n \sin\omega nt)
\end{aligned}$$

Es ist üblich, die Vereinbarung $A_n = 2a_n$ und $B_n = -2b_n$ zu treffen, d.h. $\alpha_n = \frac{1}{2}(A_n - jB_n)$. Offenbar ist $B_0 = 0$ und $\alpha_0 = \frac{A_0}{2}$.

Man erhält dann:

$$\sum_{n=-N}^{N} \alpha_n e^{jn\omega t} = \frac{A_0}{2} + \sum_{n=1}^{N}(A_n \cos\omega nt + B_n \sin\omega nt)$$

Für N gegen Unendlich entsteht hieraus die reelle Form der Fourier-Reihe

$$\frac{A_0}{2} + \sum_{n=1}^{\infty}(A_n \cos\omega nt + B_n \sin\omega nt)$$

Die reellen Fourier-Koeffizienten A_n und B_n lassen sich nun ähnlich wie die komplexen Fourier-Koeffizienten α_n unmittelbar als Integrale darstellen:

$$\begin{aligned}
\alpha_n &= \frac{1}{T}\int_0^T x(t)e^{-j\omega nt}dt = \frac{1}{T}\int_0^T x(t)(\cos\omega nt - j\sin\omega nt)dt \\
&= \frac{1}{T}\int_0^T x(t)\cos\omega nt\, dt - j\frac{1}{T}\int_0^T x(t)\sin\omega nt\, dt
\end{aligned}$$

Wegen $\alpha_n = \frac{1}{2}(A_n - jB_n)$ erhält man durch Vergleich von Real- und Imaginärteil:

$$A_n = \frac{2}{T}\int_0^T x(t)\cos\omega nt\, dt$$

$$B_n = \frac{2}{T}\int_0^T x(t)\sin\omega nt\, dt$$

Bemerkung: *Frequenzanalysatoren liefern das Amplitudenspektrum der Phasendarstellung. Für dieses gilt* $|C_k| = 2 \cdot |\alpha_k|$.
Beweis: Es gilt wegen $\cos\alpha = \sin(\alpha + \frac{\pi}{2})$:

$$C_k \sin(k\omega t + \varphi_k) = A_k \cos k\omega t + B_k \sin k\omega t = A_k \sin(k\omega t + \frac{\pi}{2}) + B_k \sin k\omega t$$

Mit den komplexen harmonischen Schwingungen $z_1(t) := A_k e^{j(k\omega t + \frac{\pi}{2})} = A_k e^{j\frac{\pi}{2}} \cdot e^{jk\omega t}$ und $z_2(t) := B_k e^{jk\omega t}$ erhält man

$$z_3(t) := z_1(t) + z_2(t) = (A_k e^{j\frac{\pi}{2}} + B_k) \cdot e^{jk\omega t} = \underbrace{(B_k + jA_k)}_{C_k} \cdot e^{jk\omega t} = |C_k| e^{j\varphi_k} \cdot e^{jk\omega t}$$

wobei $\varphi_k = \arctan\frac{A_k}{B_k}$ und $|C_k| = \sqrt{B_k^2 + A_k^2}$. Andererseits

$$|\alpha_k| = \sqrt{\frac{1}{4}B_k^2 + \frac{1}{4}A_k^2} = \frac{1}{2}|C_k|$$

$\square$

Im folgenden werden wir häufig von einer einfachen Tatsache Gebrauch machen, die wir der Übersichtlichkeit halber als eigenen Satz formulieren:

Satz 1.1.2   *Sei n eine ganze Zahl ungleich Null, dann gilt:*

$$\int_0^T e^{j\omega nt} dt = 0$$

Beweis: Es ist

$$\int_0^T e^{j\omega nt} dt = \left[\frac{1}{j\omega n} e^{j\omega nt}\right]_0^T = \frac{e^{j\omega nT} - 1}{j\omega n}$$

Nach der Eulerschen Formel gilt aber nun wegen der Periodizität von sin und cos:

$$e^{j\omega nT} = e^{jn2\pi} = \cos n2\pi + j\sin n2\pi = \cos 0 + j\sin 0 = 1$$

Damit ist in der Tat das in Frage stehende Integral gleich Null.
$\square$

Beispiel 1.1.3   Sei $T = 2\pi$ und $x(t) = t$ mit $t\epsilon[0, 2\pi)$ sowie $x(2\pi) = 0$. Für die Fourier-Koeffizienten erhalten wir wegen $\omega = 1$ mit Hilfe partieller Integration, falls $n \neq 0$:

$$\alpha_n = \frac{1}{2\pi}\int_0^{2\pi} te^{-jnt} dt = \frac{1}{2\pi}[t\frac{e^{-jnt}}{-jn}]_0^{2\pi} - \frac{1}{2\pi}\int_0^{2\pi} \frac{1}{-jn}e^{-jnt} dt$$

$$= \frac{1}{2\pi}(2\pi\frac{1}{-jn}) = \frac{j}{n}$$

Hier haben wir natürlich den voraufgegangenen Satz verwendet. Für $n = 0$ erhält man:

$$\alpha_0 = \frac{1}{2\pi} \int_0^{2\pi} t\,dt = \frac{1}{2\pi}[\frac{1}{2}t^2]_0^{2\pi} = \pi$$

Die komplexe Darstellung der Fourier-Reihe lautet dann:

$$x(t) \sim \pi + j \sum_{-\infty, n \neq 0}^{\infty} \frac{1}{n}e^{jnt}$$

Da die α_n für $n \neq 0$ rein imaginär sind, sind die entsprechenden A_n sämtlich Null und man erhält als reelle Darstellung

$$x(t) \sim \pi - \sum_{n=1}^{\infty} \frac{2}{n} \sin nt$$

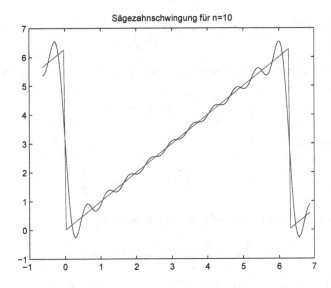

Sägezahnschwingung für n=10

Beispiel 1.1.4 Sei $\tau < T/2$

$$x(t) = \begin{cases} 1 & \text{für } |t| < \tau \\ 0 & \text{für } T/2 \geq |t| \geq \tau \end{cases}$$

Dann gilt für $n \neq 0$:

$$
\begin{aligned}
\alpha_n &= \frac{1}{T} \int_{-\tau}^{\tau} \mathrm{e}^{-jn\omega t} dt = \frac{1}{T} [\frac{\mathrm{e}^{-jn\omega t}}{-jn\omega}]_{-\tau}^{\tau} \\
&= \frac{1}{T} \frac{\mathrm{e}^{-jn\omega\tau} - \mathrm{e}^{jn\omega\tau}}{-jn\omega} = \frac{1}{T} \frac{-2j\sin(n\omega\tau)}{-jn\omega} \\
&= 2\frac{\tau}{T} \frac{\sin(n\omega\tau)}{n\omega\tau}
\end{aligned}
$$

und für $n = 0$ offenbar: $\alpha_0 = 2\tau/T$.

Beispiel 1.1.5

$$
x(t) = \cos 4t, \, t\epsilon[0, 2\pi]
$$

Für die weitere Rechnung empfiehlt es sich, den Cosinus über die Exponentialfunktion darzustellen, d.h.:

$$
\cos 4t = \frac{1}{2}(\mathrm{e}^{j4t} + \mathrm{e}^{-j4t})
$$

Als Fourier-Koeffizienten erhalten wir dann:

$$
\alpha_n = \frac{1}{4\pi} \int_0^{2\pi} (\mathrm{e}^{j4t} + \mathrm{e}^{-j4t})\mathrm{e}^{-jnt} dt = \frac{1}{4\pi} \int_0^{2\pi} (\mathrm{e}^{j(4-n)t} + \mathrm{e}^{-j(4+n)t}) dt = 0
$$

nach dem voraufgegangenen Satz, sofern wir $n \neq 4$ und $n \neq -4$ voraussetzen. Für $n = 4$ erhält man:

$$
\alpha_4 = \frac{1}{4\pi} \int_0^{2\pi} (1 + \mathrm{e}^{-j8t}) dt = \frac{1}{2}
$$

und entsprechend für $n = -4$:

$$
\alpha_{-4} = \frac{1}{4\pi} \int_0^{2\pi} (\mathrm{e}^{j8t} + 1) dt = \frac{1}{2}
$$

Als Fourier-Reihe für $x(t)$ ergibt sich also der Ausdruck:

$$
\frac{1}{2}\mathrm{e}^{-j4t} + \frac{1}{2}\mathrm{e}^{j4t} = \cos 4t = x(t)
$$

Dies Ergebnis darf nicht allzusehr überraschen, denn ein Verfahren zur Frequenzanalyse eines gegebenen Signals sollte nur diejenigen Frequenzen 'entdecken', die wirklich in dem Signal enthalten sind.

Beispiel 1.1.6

$$
x(t) = \sum_{m=-M}^{N} \beta_m \mathrm{e}^{jmt}, \, t\epsilon[0, 2\pi]
$$

$$\alpha_n = \frac{1}{2\pi} \int_0^{2\pi} \left(\sum_{m=-M}^{N} \beta_m e^{jmt} \right) e^{-jnt} dt = \frac{1}{2\pi} \sum_{m=-M}^{N} \beta_m \int_0^{2\pi} e^{j(m-n)t} dt$$

Für $m \neq n$ sind die Integrale gleich Null. Hingegen erhält man für $n = m$ für das Integral den Wert 2π, insgesamt also $\alpha_n = \beta_n$ für $-M \leq n \leq N$ und $\alpha_n = 0$ sonst. Die Fourier-Reihe lautet damit:

$$\sum_{m=-M}^{N} \beta_m e^{jmt} = x(t)$$

d.h. bei jeder endlichen Überlagerung von Grund- u. Oberschwingungen kann man die Fourier-Koeffizienten direkt 'ablesen' (s.Beispiel 1.1.5). Die Betonung liegt hier auf 'endlich'. Die Beispiele 1.1.3, 1.1.4 u. 1.1.7 zeigen, dass die Verhältnisse im allgemeinen nicht so einfach sind.

Beispiel 1.1.7 Es sei $x(t) = \sin t$ für $t\epsilon[0, \pi]$ und $x(t) = 0$ für $t\epsilon(\pi, 2\pi]$. Ein derartiges Ausgangssignal entsteht, wenn man eine Sinusschwingung durch einen Einweggleichrichter schickt. Für die Fourier-Koeffizienten erhält man wegen $\omega = 1$:

$$\begin{aligned}
\alpha_n &= \frac{1}{2\pi} \int_0^{2\pi} x(t) e^{-jnt} dt = \frac{1}{2\pi} \int_0^{\pi} \frac{e^{jt} - e^{-jt}}{2j} e^{-jnt} dt \\
&= \frac{1}{4\pi j} \left(\int_0^{\pi} e^{jt(1-n)} dt - \int_0^{\pi} e^{-jt(1+n)} dt \right)
\end{aligned}$$

Die Berechnung der Integrale erfordert offenbar für $n = 1$ und $n = -1$ eine gesonderte Betrachtung:

$$\begin{aligned}
\alpha_1 &= \frac{1}{4\pi j} \left(\int_0^{\pi} 1 dt - \int_0^{\pi} e^{-jt2} dt \right) = \frac{1}{4\pi j} \left(\pi - \left[\frac{e^{-2jt}}{-2j} \right]_0^{\pi} \right) \\
&= \frac{1}{4\pi j} \left(\pi - \left(\frac{1}{-2j} - \frac{1}{-2j} \right) \right) = -\frac{j}{4}
\end{aligned}$$

Für $n = -1$ erhält man:

$$\alpha_{-1} = \overline{\alpha_1} = \frac{j}{4}$$

Sei nun $n \neq 1, -1$, dann bekommt man:

$$\begin{aligned}
\alpha_n &= \frac{1}{4\pi j} \left(\left[\frac{e^{jt(1-n)}}{j(1-n)} \right]_0^{\pi} - \left[\frac{e^{jt(-1-n)}}{j(-1-n)} \right]_0^{\pi} \right) \\
&= \frac{1}{4\pi j} \left(\left(\frac{e^{j\pi(1-n)}}{j(1-n)} - \frac{1}{j(1-n)} \right) - \left(\frac{e^{j\pi(-1-n)}}{j(-1-n)} - \frac{1}{j(-1-n)} \right) \right)
\end{aligned}$$

Für n ungerade ist sowohl $1 - n$ als auch $-1 - n$ gerade. Damit folgt für n ungerade: $\alpha_n = 0$. Für n gerade sind die entsprechenden Exponentialausdrücke gleich -1 und somit für diesen Fall:

$$\alpha_n = \frac{1}{4\pi j}\left(\frac{-2}{j(1-n)} - \frac{-2}{-j(1+n)}\right) = \frac{1}{4\pi j}\left(\frac{2j}{1-n} - \frac{2j}{1+n}\right) = \frac{1}{\pi(1-n^2)}$$

Als komplexe Darstellung der Fourier-Reihe erhält man dann

$$x(t) \sim -j\frac{1}{4}e^{jt} + j\frac{1}{4}e^{-jt} + \sum_{-\infty}^{\infty}\frac{1}{\pi}\frac{1}{1-(2n)^2}e^{j2nt}$$

Durch die Darstellung der Reihe ist bereits der Tatsache Rechnung getragen, dass nur die Koeffizienten mit geradem Index ungleich Null sind. Entsprechend lautet die reelle Darstellung:

$$x(t) \sim \frac{1}{2}\sin t + \frac{1}{\pi} + 2\sum_{n=1}^{\infty}\frac{1}{\pi}\frac{1}{1-(2n)^2}\cos 2nt$$

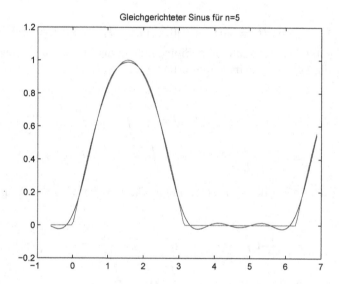

Gleichgerichteter Sinus für n=5

1.1.2 Symmetrie

Bei verschieden Beispielen haben wir gesehen, dass sämtliche Koeffizienten reell oder auch sämtliche rein imaginär waren. Ein derartiges Phänomen lässt sich häufig auf Symmetrien im Funktionsverlauf zurückführen. Dies wollen wir im folgenden erläutern.

Definition 1.1.8   *Eine Funktion $x(t)$ heißt gerade, wenn $x(-t) = x(t)$ für alle t. Sie heißt ungerade, wenn $x(-t) = -x(t)$ für alle t.*

Offenbar ist $\cos t$ eine gerade und $\sin t$ eine ungerade Funktion. Wir werden sehen, dass die reelle Darstellung der Fourier-Reihe für eine gerade Funktion nur $\cos$-Terme, die für eine ungerade Funktion nur $\sin$-Terme beinhaltet.

Satz 1.1.9 *Für eine gerade Funktion $x(t)$ sind sämtliche Fourier- Koeffizienten reell, für eine ungerade Funktion hingegen rein imaginär.*

Beweis: Wegen der Periodizität des Integranden lassen sich die Grenzen der Integrale bei der Berechnung der Fourier-Koeffizienten verschieben, solange die Länge des Integrationsintervalls unverändert bleibt:

$$
\alpha_n = \frac{1}{T}\int_0^T x(t)\mathrm{e}^{-j\omega nt}dt = \frac{1}{T}\int_{-\frac{T}{2}}^{\frac{T}{2}} x(t)\mathrm{e}^{-j\omega nt}dt
$$

$$
= \frac{1}{T}\left\{\int_{-\frac{T}{2}}^{0} x(t)\mathrm{e}^{-j\omega nt}dt + \int_0^{\frac{T}{2}} x(t)\mathrm{e}^{-j\omega nt}dt\right\}
$$

Um nun die Symmetrieeigenschaften von $x(t)$ ausnutzen zu können, wollen wir das erste der beiden Integrale noch etwas anders schreiben, indem wir die Substitution $\tau = -t$ durchführen:

$$
\int_{-\frac{T}{2}}^{0} x(t)\mathrm{e}^{-j\omega nt}dt = -\int_{\frac{T}{2}}^{0} x(-\tau)\mathrm{e}^{j\omega n\tau}d\tau = \int_0^{\frac{T}{2}} x(-\tau)\mathrm{e}^{j\omega n\tau}d\tau
$$

Insgesamt erhalten wir so, da der Name der Integrationsvariablen belanglos ist:

$$
\alpha_n = \frac{1}{T}\{\int_0^{\frac{T}{2}} x(-t)\mathrm{e}^{j\omega nt}dt + \int_0^{\frac{T}{2}} x(t)\mathrm{e}^{-j\omega nt}dt\}
$$

Wir betrachten zwei Fälle:

1. $x(t)$ gerade:

$$
\alpha_n = \frac{1}{T}\int_0^{\frac{T}{2}} x(t)(\mathrm{e}^{j\omega nt} + \mathrm{e}^{-j\omega nt})dt = \frac{2}{T}\int_0^{\frac{T}{2}} x(t)\cos\omega nt \, dt
$$

Insbesondere ist also α_n reell. Die zu $x(t)$ gehörige reelle Darstellung der Fourier-Reihe besteht nur aus cos-Termen.

2. $x(t)$ ungerade:

$$
\alpha_n = \frac{1}{T}\int_0^{\frac{T}{2}} x(t)(-\mathrm{e}^{j\omega nt} + \mathrm{e}^{-j\omega nt})dt = \frac{-2j}{T}\int_0^{\frac{T}{2}} x(t)\sin\omega nt \, dt
$$

Insbesondere ist also $\alpha_0 = 0$ und α_n rein imaginär für $n \neq 0$. Die zu $x(t)$ gehörige reelle Darstellung der Fourier-Reihe besteht nur aus sin-Termen.

$\square$

Beispiel 1.1.10 Sei $x(t) = t - \pi$ für $t\epsilon[0, 2\pi)$. Durch periodische Fortsetzung erhält man hieraus für das Intervall $[-2\pi, 0]$ die Darstellung $x(t) = t + \pi$. Die Funktion $x(t)$ ist ungerade, denn für t aus $[0, 2\pi]$ ist ja $-t$ aus $[-2\pi, 0]$ und damit:

$$x(-t) = -t + \pi = -(t - \pi) = -x(t)$$

in Beispiel 1.1.3 hatten wir für die Funktion $y(t) = t$ für $t\epsilon[0, 2\pi)$ gesehen: $\alpha_n = \frac{j}{n}$ falls $n \neq 0$. Diese stimmen mit den entsprechenden Fourier-Koeffizienten von $x(t)$ überein. Unterschiede bestehen lediglich im Gleichanteil (d.h. α_0).

1.1.3 Differentiation

Der folgende Satz liefert eine Aussage über den Zusammenhang zwischen den Fourier-Koeffizienten einer Funktion $x(t)$ und denen ihrer Ableitung $x'(t)$. Diesen Zusammenhang kann man häufig für eine leichtere Berechnung der Fourier-Koeffizienten einer gegebenen Funktion benutzen.

Satz 1.1.11 *(Differentiationssatz)   Sei $x(t)$ stetig auf $[0, T]$ und periodisch, d.h. $x(0) = x(T)$, sei ferner $x(t)$ differenzierbar auf $(0, T)$ und die Ableitung $x'(t)$ quadratintegrabel über $[0, T]$, dann gilt:*

$$\alpha'_n = jn\omega\alpha_n$$

wobei α'_n der n-te Fourier-Koeffizient von $x'(t)$ ist.

Beweis: Wir denken uns $x'(t)$ an den Grenzen des Intervalls periodisch (aber nicht notwendig stetig) fortgesetzt. Für die Fourier-Koeffizienten von $x'(t)$, die wir mit α'_n bezeichnen wollen, erhalten wir dann:

$$\alpha'_0 = \frac{1}{T} \int_0^T x'(t) dt = \frac{1}{T} [x(t)]_0^T = (x(T) - x(0))/T = 0$$

Für $n \neq 0$ erhält man mit Hilfe partieller Integration:

$$\alpha'_n = \frac{1}{T} \int_0^T x'(t) \mathrm{e}^{-jn\omega t} dt = \frac{1}{T} \left\{ [x(t)\mathrm{e}^{-jn\omega t}]_0^T - \int_0^T x(t)(-jn\omega \mathrm{e}^{-jn\omega t}) dt \right\}$$

Die Auswertung der eckigen Klammer ergibt wegen der Periodizität von $x(t)$ offenbar Null und man erhält:

$$\alpha'_n = jn\omega \frac{1}{T} \int_0^T x(t) \mathrm{e}^{-j\omega n t} dt = jn\omega\alpha_n$$

$\square$

Bemerkungen:

1. Insbesondere gilt also für $n \neq 0$:

$$\alpha_n = \frac{1}{jn\omega}\alpha'_n$$

2. Für $x(t) \sim \sum_{-\infty}^{\infty} \alpha_n e^{jn\omega t}$ gilt also unter den genannten Voraussetzungen

$$x'(t) \sim \sum_{-\infty}^{\infty} jn\omega\alpha_n e^{jn\omega t}$$

d.h. es darf gliedweise differenziert werden. Weiteres Differenzieren nach diesem Schema ist allerdings nur noch erlaubt, wenn auch $x'(t)$ die Voraussetzungen des Satzes erfüllt.

3. Die Differenzierbarkeitsanforderungen an $x(t)$ lassen sich dahingehend abschwächen, dass $x(t)$ an endlich vielen Ausnahmestellen des Intervalls $(0, T)$ zwar immer noch stetig, aber nicht mehr differenzierbar ist, d.h. endlich viele 'Knicke' sind zugelassen. Wir wollen dies am Beispiel einer einzigen Ausnahmestelle $t_0 \epsilon (0, T)$ verdeutlichen:

$$\alpha'_n = \frac{1}{T}\int_0^T x'(t)e^{-jn\omega t}dt = \frac{1}{T}\int_0^{t_0} x'(t)e^{-jn\omega t}dt + \frac{1}{T}\int_{t_0}^T x'(t)e^{-jn\omega t}dt$$

In beiden Teilintervallen lässt sich nun partiell integrieren:

$$\alpha'_n = \frac{1}{T}\{[x(t)e^{-jn\omega t}]_0^{t_0} - \int_0^{t_0} x(t)(-jn\omega e^{-jn\omega t})dt\} + \frac{1}{T}\{[x(t)e^{-jn\omega t}]_{t_0}^T$$
$$- \int_{t_0}^T x(t)(-jn\omega e^{-jn\omega t})dt\}$$

Da $x(t)$ aber stetig in t_0 ist, heben sich beim Auflösen der eckigen Klammern die inneren Ausdrücke auf und man erhält:

$$\alpha'_n = -\int_0^T x(t)(-jn\omega e^{-jn\omega t})dt = jn\omega\alpha_n$$

Beispiel 1.1.12   Sei $x(t) = t$ für $0 \leq \pi$ und $x(t) = 2\pi - t$ für $\pi \leq t \leq 2\pi$. Dann gilt $x'(t) = 1$ für $0 < t < \pi$ und $x'(t) = -1$ für $\pi < t < 2\pi$. Für $n \neq 0$ erhalten wir:

$$\alpha'_n = \frac{1}{2\pi}\int_0^{2\pi} x'(t)e^{-jnt}dt = \frac{1}{2\pi}\{\int_0^\pi e^{-jnt}dt - \int_\pi^{2\pi} e^{-jnt}dt\}$$
$$= \frac{1}{2\pi}\{[\frac{e^{-jnt}}{-jn}]_0^\pi - [\frac{e^{-jnt}}{-jn}]_\pi^{2\pi}\} = \frac{1}{2\pi}(\frac{e^{-jn\pi}-1}{-jn} - \frac{e^{-jn2\pi}-e^{-jn\pi}}{-jn})$$
$$= -\frac{1}{2\pi nj}((-1)^n - 1 - (1 - (-1)^n)) = -\frac{2}{2\pi jn}((-1)^n - 1)$$

Für n gerade ist daher α'_n gleich Null, für n ungerade erhält man:

$$\alpha'_n = \frac{4}{2\pi jn} = -j\frac{2}{n\pi}$$

Wegen $\alpha_n = \frac{\alpha'_n}{jn}$ erhält man für $n \neq 0$:

$$\alpha_n = \frac{1}{\pi n^2}((-1)^n - 1)$$

Offenbar gilt $\alpha_0 = \frac{\pi}{2}$.

1.1.4 Optimalität

Wir haben weiter oben einige Beispiele für Fourier-Reihen von Funktionen $x(t)$ kennengelernt. Es bleibt die Frage: was hat die Fourier-Reihe mit $x(t)$ zu tun, und ist die zunächst einmal willkürlich erscheinende Festlegung

$$\alpha_n = \frac{1}{T}\int_0^T x(t)\mathrm{e}^{-jn\omega t}dt$$

'vernünftig' ? Eine erste Antwort auf diese Frage gibt der folgende Satz. Er besagt insbesondere, dass die obige Festlegung der Fourier-Koeffizienten optimal im Sinne des mittleren quadratischen Fehlers ist.

Satz 1.1.13   *Sei $x(t)$ quadratintegrabel. Sei $s_N(t) = \sum_{n=-N}^{N} \alpha_n \mathrm{e}^{jn\omega t}$ mit $\alpha_n = \frac{1}{T}\int_0^T x(t)\mathrm{e}^{-j\omega nt}dt$, ferner $r_N(t) = \sum_{n=-N}^{N} \gamma_n \mathrm{e}^{jn\omega t}$ mit $\gamma_n \in \mathbb{C}$ beliebig, dann gilt:*

$$\frac{1}{T}\int_0^T |x(t) - s_N(t)|^2 dt \leq \frac{1}{T}\int_0^T |x(t) - r_N(t)|^2 dt$$

wobei das Gleichheitszeichen nur dann steht, wenn $\gamma_n = \alpha_n$ für $n = -N, ..., N$. Darüber hinaus gilt die sogenannte Besselsche Ungleichung:

$$\sum_{-N}^{N} |\alpha_n|^2 \leq \frac{1}{T}\int_0^T |x(t)|^2 dt$$

Beweis: Da für eine komplexe Zahl z für deren Betragsquadrat $|z|^2 = z\bar{z}$ gilt erhält man:

$$\frac{1}{T}\int_0^T |x(t) - r_N(t)|^2 dt = \frac{1}{T}\int_0^T (x(t) - r_N(t))(\overline{x(t)} - \overline{r_N(t)})dt$$

Durch Ausmultiplizieren erhält man daraus:

$$\frac{1}{T}\int_0^T |x(t) - r_N(t)|^2 dt = \frac{1}{T}\{\int_0^T |x(t)|^2 dt - \int_0^T x(t)\overline{r_N(t)}dt$$
$$- \int_0^T r_N(t)\overline{x(t)}dt + \int_0^T r_N(t)\overline{r_N(t)}dt\}$$

Sehen wir uns den letzten Ausdruck noch einmal gesondert an. Man bekommt durch Einsetzen und Ausmultiplizieren der entsprechenden Summen (es wurden für die eine Summe der Summationsindex n und für die andere der Summationsindex m gewählt):

$$\int_0^T r_N(t)\overline{r_N}(t)dt = \sum_{n=-N}^{N}\sum_{m=-N}^{N} \gamma_n\overline{\gamma_m}\int_0^T e^{j\omega(n-m)t}dt$$

Das Integral ist nur für $n = m$ ungleich Null (s. Satz 1.1.2). Man erhält also:

$$\int_0^T r_N(t)\overline{r_N}(t)dt = T\sum_{n=-N}^{N}\gamma_n\overline{\gamma_n}$$

Insgesamt erhalten wir damit:

$$\frac{1}{T}\int_0^T |x(t) - r_N(t)|^2 dt = \frac{1}{T}\int_0^T |x(t)|^2 dt - \sum_{n=-N}^{N}\overline{\gamma_n}\frac{1}{T}\int_0^T x(t)e^{-j\omega nt}dt$$
$$- \sum_{n=-N}^{N}\gamma_n\frac{1}{T}\int_0^T e^{j\omega nt}\overline{x(t)}dt + \sum_{n=-N}^{N}\gamma_n\overline{\gamma_n}$$

Eine Rückbesinnung auf die Definition der α_n ergibt:

$$\frac{1}{T}\int_0^T |x(t) - \sum_{n=-N}^{N}\gamma_n e^{jn\omega t}|^2 dt$$

$$= \frac{1}{T}\int_0^T |x(t)|^2 dt - \sum_{n=-N}^{N}\overline{\gamma_n}\alpha_n - \sum_{n=-N}^{N}\gamma_n\overline{\alpha_n} + \sum_{n=-N}^{N}\gamma_n\overline{\gamma_n}$$

$$= \frac{1}{T}\int_0^T |x(t)|^2 dt - \sum_{n=-N}^{N}\overline{\alpha_n}\alpha_n + \sum_{n=-N}^{N}(\gamma_n - \alpha_n)(\overline{\gamma_n} - \overline{\alpha_n})$$

$$= \frac{1}{T}\int_0^T |x(t)|^2 dt - \sum_{n=-N}^{N}|\alpha_n|^2 + \sum_{n=-N}^{N}|\gamma_n - \alpha_n|^2$$

Die so erhaltene Beziehung lässt sich nun auf zweierlei Art verwenden:

1. Setzt man nämlich $\gamma_n = \alpha_n$, so erhält man:

$$\frac{1}{T}\int_0^T |x(t) - \sum_{n=-N}^{N} \alpha_n e^{jn\omega t}|^2 dt = \frac{1}{T}\int_0^T |x(t)|^2 dt - \sum_{n=-N}^{N} |\alpha_n|^2$$

Insbesondere folgt, dass die rechte Seite der Gleichung größer oder gleich Null ist (Besselsche Ungleichung).

2. Lässt man andererseits den nichtnegativen Ausdruck $\sum |\gamma_n - \alpha_n|^2$ fort, so erhält man

$$\frac{1}{T}\int_0^T |x(t) - \sum_{n=-N}^{N} \gamma_n e^{jn\omega t}|^2 dt \geq \frac{1}{T}\int_0^T |x(t)|^2 dt - \sum_{n=-N}^{N} |\alpha_n|^2$$

$$= \frac{1}{T}\int_0^T |x(t) - \sum_{n=-N}^{N} \alpha_n e^{jn\omega t}|^2 dt$$

nach dem unter 1. gezeigten.

$\square$

1.1.4.1 Geometrische Deutung

Der vorangegangene Satz lässt eine geometrische Deutung zu und zwar in folgendem Sinne (vergl. auch Satz 8.9.2):

Sei P ein Punkt des $\mathbb{R}^m$ und g eine Gerade durch den Nullpunkt, die nicht durch P geht. Dann kann man das Lot von P auf die Gerade g fällen. Sei L der Fußpunkt des Lotes, dann ist L derjenige Punkt der Geraden g, der den kürzesten Abstand zum Punkt P hat. Hierbei steht die Verbindungslinie $\overline{PL}$ senkrecht auf der Geraden g. Diese Verhältnisse lassen sich mit Hilfe des Standardskalarproduktes ausdrücken: sei $\vec{x}$ der zu P gehörige Vektor und $\vec{e}$ ein Vektor, der die Richtung der Geraden g bestimmt (d.h. zu jedem Punkt von g gehört der Vektor $t\vec{e}$ mit geeignetem $t\epsilon\mathbb{R}$). Zur Vereinfachung wollen wir zusätzlich festlegen, das $\vec{e}$ die Länge 1 hat, d.h. $|\vec{e}|^2 = \langle \vec{e}, \vec{e}\rangle = 1$. Wählt man $\alpha = \langle \vec{x}, \vec{e}\rangle$, dann ist $\alpha\vec{e}$ der zu L gehörige Vektor, denn

$$\langle \vec{x} - \alpha\vec{e}, \vec{e}\rangle = \langle \vec{x}, \vec{e}\rangle - \alpha\langle \vec{e}, \vec{e}\rangle = \langle \vec{x}, \vec{e}\rangle - \langle \vec{x}, \vec{e}\rangle = 0$$

d.h. der Differenzvektor $\vec{x} - \alpha\vec{e}$ steht senkrecht auf dem Vektor $\vec{e}$ und damit auf der ganzen Geraden g.

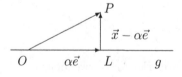

Die Tatsache, dass der Punkt L den kürzesten Abstand von P unter allen Punkten der Geraden g hat lässt sich folgendermaßen ausdrücken:

$$|\vec{x} - \alpha\vec{e}|^2 \leq |\vec{x} - t\vec{e}|^2 \text{ für alle } t\epsilon\mathbb{R}$$

Ganz analoge Verhältnisse treffen wir an, wenn wir eine gegebene Funktion $x(t)$ durch ein trigonometrisches Polynom der Form $r_N(t) = \sum_{n=-N}^{N} \gamma_n e^{jn\omega t}$ mit $\gamma_n\epsilon\mathbb{C}$ im Sinne des mittleren quadratischen Fehlers optimal annähern wollen. Hierzu betrachten wir die quadratintegrablen Funktionen als Vektoren des Raumes der Funktionen auf dem Intervall $[0, T]$ und statten diesen Raum mit dem Skalarprodukt

$$\langle x, y \rangle := \frac{1}{T} \int_0^T x(t)\overline{y(t)}dt \tag{1.1}$$

aus. Dieses Skalarprodukt hat im wesentlichen die vom Standardskalarprodukt im $\mathbb{R}^m$ bekannten Eigenschaften:

1. $\langle x, x \rangle = \frac{1}{T} \int_0^T x(t)\overline{x(t)}dt = \frac{1}{T} \int_0^T |x(t)|^2 dt \geq 0$

2. wenn $\langle x, x \rangle = 0 = \frac{1}{T} \int_0^T |x(t)|^2 dt$ dann ist $x(t) = 0$ für alle t aus $[0, T]$ bis auf eine Menge vom Maß Null (also z.B. bis auf eine Menge, die aus endlich vielen Punkten besteht).

3. $\langle x, y \rangle = \overline{\langle y, x \rangle}$

4. $\langle \alpha x + \beta y, z \rangle = \alpha\langle x, z \rangle + \beta\langle y, z \rangle$ für alle $\alpha, \beta\epsilon\mathbb{C}$ und alle über das Intervall $[0, T]$ quadratintegrablen Funktionen $x(t), y(t), z(t)$

Aus 3. und 4. folgt offenbar $\langle x, \lambda y \rangle = \overline{\langle \lambda y, x \rangle} = \overline{\lambda\langle y, x \rangle} = \overline{\lambda}\ \overline{\langle y, x \rangle} = \overline{\lambda}\langle x, y \rangle$. Um die Tragweite der Aussage 2. zu verstehen, benötigen wir einen kleinen Ausflug in die Integrationstheorie.

Man sagt, eine Teilmenge M eines Intervalls (a, b) ist vom *Maß Null*, wenn die zugehörige charakteristische Funktion von M:

$$\chi_M(t) = \begin{cases} 1 & \text{für } t\epsilon M \\ 0 & \text{sonst} \end{cases}$$

integrierbar und $\int_a^b \chi_M(t)dt = 0$ ist. Welche Mengen man als vom Maß Null betrachten kann, hängt nun entscheidend vom verwendeten Integralbegriff ab. Bei dem geläufigen mit Hilfe von Unter- und Obersummen definierten Riemann-Integral sind alle endlichen Punktmengen vom Maß Null. Beim sog. Lebesgue-Integral, auf dessen Definition wir hier nicht eingehen wollen, sind insbesondere alle abzählbar unendlichen Teilmengen eines Intervalls vom Maß Null.

Beispiel 1.1.14 Die Menge $M := \{t \in [0, T] | t \in \mathbb{Q}\}$ ist bekanntlich abzählbar und damit eine Menge vom Maß Null bezüglich des Lebesgue-Integrals. Die charakteristische

Funktion $\chi_M(t)$ ist aber nicht Riemann-integrierbar (die Untersummen sind für alle Zerlegungen gleich 0, die Obersummen gleich 1).

$\square$

Allerdings sind auch überabzählbare Mengen vom Lebesgue-Maß Null bekannt.

Für stückweise stetige Funktionen stimmen die Integrale von Riemann und Lebesgue überein. Die Anforderungen in bezug auf 'lokale Vernünftigkeit' einer Funktion sind für das Riemann-Integral höher als für das Lebesgue-Integral. Damit sind eine Reihe von Funktionen Lebesgue-integrierbar, die sich nicht im Riemannschen Sinne integrieren lassen (s. Beispiel 1.1.14). Die Klasse der Mengen vom Maß Null im Sinne von Lebesgue ist somit reichhaltiger. Ändert man eine Funktion auf einer Menge vom Maß Null ab, so hat dies auf die Integrale, die man mit dieser Funktion bildet, keinen Einfluß. Insbesondere sind die Fourier-Reihen zweier Funktionen, die sich nur auf einer Menge vom Maß Null unterscheiden, identisch. Im folgenden werden wir zwei solche Funktionen als 'im wesentlichen' gleich betrachten.

Wie für das Standardskalarprodukt des $\mathbb{R}^m$, so gilt auch für das in Gleichung 1.1 definierte Skalarprodukt die Cauchy-Schwarzsche Ungleichung:

Satz 1.1.15 *(Cauchy-Schwarzsche Ungleichung)   Seien $x(t)$ und $y(t)$ zwei beliebige quadratintegrable Funktionen, dann gilt:*

$$|\langle x, y\rangle|^2 \leq \langle x, x\rangle\langle y, y\rangle$$

Bei Gleichheit sind die Funktionen $x(t)$ und $y(t)$ linear abhängig.

Beweis: Ist $\langle y, y\rangle = 0$ so ist die Ungleichung offenbar erfüllt. Sei nun $\langle y, y\rangle \neq 0$. Für beliebiges $\lambda\epsilon\mathbb{C}$ gilt dann:

$$0 \leq \langle x - \lambda y, x - \lambda y\rangle = \langle x, x\rangle - \lambda\langle y, x\rangle - \overline{\lambda}\langle x, y\rangle + \lambda\overline{\lambda}\langle y, y\rangle$$

wobei hier das Gleichheitszeichen gerade dann steht, wenn für ein λ die Beziehung $x(t) - \lambda y(t) = 0$ für alle t bis auf eine Menge vom Maß Null vorliegt. Setzt man speziell $\lambda = \frac{\langle x,y\rangle}{\langle y,y\rangle}$, so erhält man:

$$
\begin{aligned}
0 &\leq \langle x, x\rangle - \frac{|\langle x, y\rangle|^2}{\langle y, y\rangle} - \frac{|\langle x, y\rangle|^2}{\langle y, y\rangle} + \frac{|\langle x, y\rangle|^2}{\langle y, y\rangle}\\
&= \langle x, x\rangle - \frac{|\langle x, y\rangle|^2}{\langle y, y\rangle}
\end{aligned}
$$

$\square$

Setzt man $\rho := \frac{|\langle x,y\rangle|}{\sqrt{\langle x,x\rangle}\sqrt{\langle y,y\rangle}}$, so liegt nach der Cauchy-Schwarzschen Ungleichung der Wert von ρ zwischen 0 und 1, wobei der Wert 1 gerade dann angenommen wird, wenn x und y linear abhängig sind. Ähnlich wie für das Standardskalarprodukt des $\mathbb{R}^m$ kann man den Wert ρ als Cosinus des (kleineren) Winkels zwischen x und y interpretieren. Der Wert $\rho = 0$ (d.h. $\langle x, y\rangle = 0$) entspräche dann einem Winkel von $\frac{\pi}{2}$.

Definition 1.1.16 *Man sagt: die Funktionen $x(t)$ und $y(t)$ sind orthogonal, wenn $\langle x, y \rangle = 0$ ist.*

Das oben definierte Skalarprodukt kann man wie das Standardskalarprodukt im $\mathbb{R}^m$ benutzen, um die 'Länge' einer Funktion bzw. den Abstand zweier Funktionen zu definieren:

$$\|x\| := \sqrt{\langle x, x \rangle}$$

Offenbar gilt dann $\|\lambda x\| = \sqrt{\langle \lambda x, \lambda x \rangle} = \sqrt{\lambda \bar{\lambda} \langle x, x \rangle} = |\lambda| \sqrt{\langle x, x \rangle} = |\lambda| \|x\|$. Darüberhinaus hat man hier, wie im $\mathbb{R}^m$, die Dreiecksungleichung:

$$\|x + y\| \leq \|x\| + \|y\|$$

denn mit Hilfe der Cauchy-Schwarzschen Ungleichung bekommt man

$$
\begin{aligned}
\|x + y\|^2 &= \langle x + y, x + y \rangle = \langle x, x \rangle + \langle x, y \rangle + \langle y, x \rangle + \langle y, y \rangle \\
&= \langle x, x \rangle + 2\mathrm{Re}\left(\langle x, y \rangle \right) + \langle y, y \rangle \\
&\leq \langle x, x \rangle + 2\sqrt{\langle x, x \rangle}\sqrt{\langle y, y \rangle} + \langle y, y \rangle \\
&= (\sqrt{\langle x, x \rangle} + \sqrt{\langle y, y \rangle})^2 = (\|x\| + \|y\|)^2
\end{aligned}
$$

Die Aussage des vorangegangenen Satzes können wir dann folgendermaßen formulieren:

$$\|x - s_N\|^2 = \langle x - s_N, x - s_N \rangle \leq \langle x - r_N, x - r_N \rangle = \|x - r_N\|^2$$

Setzen wir nun $e_k(t) := e^{jk\omega t}$, so erhalten wir für $-N \leq k \leq N$:

$$\langle x - s_N, e_k \rangle = \langle x - \sum_{n=-N}^{N} \alpha_n e_n, e_k \rangle = \langle x, e_k \rangle - \sum_{n=-N}^{N} \alpha_n \langle e_n, e_k \rangle$$

Nun gilt

$$\langle e_n, e_k \rangle = \frac{1}{T} \int_0^T e^{jn\omega t} e^{-jk\omega t} dt = \frac{1}{T} \int_0^T e^{j(n-k)\omega t} dt$$

Dieses Integral ist aber nach Satz 1.1.2 gleich Null für $n \neq k$ und gleich 1 für $n = k$. Ferner gilt nach Definition $\alpha_n = \langle x, e_n \rangle$. Insgesamt erhalten wir damit:

$$\langle x - s_N, e_k \rangle = \langle x, e_k \rangle - \alpha_k = \langle x, e_k \rangle - \langle x, e_k \rangle = 0$$

d.h. $x(t) - s_N(t)$ ist orthogonal zu allen Funktionen der Form $\sum_{-N}^{N} \gamma_k e_k(t)$, oder geometrisch gesprochen, senkrecht auf dem von den Funktionen $e_k(t)$ mit $-N \leq k \leq N$ aufgespannten Teilraum. Die Funktion $s_N(t)$ kann man als Fußpunkt des von $x(t)$ gefällten Lotes auf diesen Teilraum auffassen.

Umgekehrt folgt aus der Orthogonalitätsbeziehung

$$\langle x - \sum_{n=-N}^{N} \gamma_n e_n, e_k \rangle = 0 \text{ für } k = -N, ..., N$$

bereits

$$\langle x, e_k \rangle = \langle \sum_{n=-N}^{N} \gamma_n e_n, e_k \rangle = \sum_{n=-N}^{N} \gamma_n \langle e_n, e_k \rangle = \gamma_k$$

und damit

$$\gamma_k = \langle x, e_k \rangle = \alpha_k$$

d.h. eine trigonometrische Summe, die die obige Orthogonalitätsbeziehung erfüllt, ist bereits die N-te Fourier-Summe.

Wir werden im nächsten Abschnitt noch einmal auf die hier angesprochene Thematik zurückkommen.

1.2 Konvergenzsätze

In diesem Abschnitt wollen wir die zu Beginn dieses Kapitels aufgeworfenen Fragen

- in welchem Sinne konvergiert die Fourier-Reihe und wogegen

- welche Eigenschaften von $x(t)$ sind für die Art der Konvergenz maßgebend

behandeln.

Bei der Betrachtung der Konvergenz von Funktionenfolgen und -reihen hat man die Möglichkeit die Konvergenz 'lokal', d.h. für festes t zu untersuchen (*punktweise Konvergenz*) oder 'global', d.h. gleichzeitig für alle $t\epsilon[0, T]$, wobei dann eine Maßzahl für den Abstand der Funktionen (für den 'Fehler') festgelegt werden muss. Der Satz von Dirichlet, den wir in diesem Abschnitt kennen lernen werden, sagt nun folgendes aus *Besteht die Funktion $x(t)$ aus endlich vielen monotonen Stücken, so konvergiert die Fourier-Reihe von $x(t)$ im wesentlichen punktweise gegen $x(t)$, genauer gesagt:*

- *ist $x(t)$ stetig in t_0 so gilt* $\lim_{n \to \infty} s_n(t_0) = x(t_0)$

- *hat $x(t)$ in t_0 eine Sprungstelle, so hat man*

$$\lim_{n \to \infty} s_n(t_0) = \frac{1}{2}(x(t_0+) + x(t_0-))$$

Eine Maßzahl für die globale Abweichung zwischen zwei Funktionen hatten wir in der geometrischen Betrachtung des vorigen Abschnitts bereits definiert:

$$\|x - y\| = \sqrt{\frac{1}{T} \int_0^T |x(t) - y(t)|^2 dt}$$

In diesem Abschnitt werden wir nachweisen, dass die Folge der Teilsummen $(s_n(t))_n$ der Fourier-Reihe von $x(t)$ im Sinne dieser Abweichung (man sagt im *quadratischen Mittel*) gegen $x(t)$ konvergiert, sofern $x(t)$ eine Funktion endlicher Energie d.h. falls $\int_0^T |x(t)|^2 dt < \infty$ ist.

Bei Konvergenz im quadratischen Mittel und bei punktweiser Konvergenz können lokal durchaus noch erhebliche 'Überschwinger' vorkommen, Voraussetzung für die Konvergenz im quadratischen Mittel ist lediglich, dass die Fläche unter dem Betragsquadrat der Differenzfunktion mit n gegen Unendlich gegen Null geht. Das folgende Beispiel soll diese Aussage illustrieren. Der Einfachheit haben wir das Beispiel losgelöst von dem Thema Fourier-Reihen gewählt:

Beispiel 1.2.1   Sei

$$y_n(t) = \begin{cases} n^{2+\frac{1}{2}}t & \text{für } 0 \leq t \leq \frac{1}{n^2} \\ 2n^{\frac{1}{2}} - n^{2+\frac{1}{2}}t & \text{für } \frac{1}{n^2} \leq t \leq \frac{2}{n^2} \\ 0 & \text{für } \frac{2}{n^2} \leq t \leq T \end{cases}$$

eine Folge von Dachfunktionen mit Firsthöhe $\sqrt{n}$ und Breite $2/n^2$. Ist dann $x(t)$ die Nullfunktion, so erhält man

$$|x(t) - y_n(t)|^2 = \begin{cases} n^5 t^2 & \text{für } 0 \leq t \leq \frac{1}{n^2} \\ 4n + n^5 t^2 - 4n^3 t & \text{für } \frac{1}{n^2} \leq t \leq \frac{2}{n^2} \\ 0 & \text{für } \frac{2}{n^2} \leq t \leq T \end{cases}$$

Wegen

$$n^5 \int_0^{\frac{1}{n^2}} t^2 dt = n^5 [\frac{t^3}{3}]_0^{\frac{1}{n^2}} = n^5 \frac{1}{3n^6} = \frac{1}{3n}$$

haben wir dann

$$\sqrt{\frac{1}{T} \int_0^T |x(t) - y_n(t)|^2 dt} = \sqrt{\frac{2}{3Tn}}$$

□

Die Funktionenfolge aus dem obigen Beispiel konvergiert sowohl punktweise gegen die Nullfunktion als auch im quadratischen Mittel. Allerdings werden die Abweichungen der Funktionswerte in der Nähe der Null beliebig groß. Wir werden jedoch sehen, dass bei Fourier-Reihen von Funktionen aus endlich vielen monotonen Stücken die Fehlerfunktionen $x(t) - s_n(t)$ auf $[0, T]$ gleichmäßig bzgl. n und t beschränkt sind (s. Satz 1.2.10).

Aus der punktweisen Konvergenz folgt im allgemeinen nicht die Konvergenz im quadratischen Mittel, wie das folgende an das vorige angelehnte Beispiel zeigt (die Spitzen sind hier allerdings so hoch gewählt, dass die Fläche unter dem Quadrat der Abweichung konstant bleibt):

$$y_n(t) = \begin{cases} n^3 t & \text{für } 0 \leq t \leq \frac{1}{n^2} \\ 2n - n^3 t & \text{für } \frac{1}{n^2} \leq t \leq \frac{2}{n^2} \\ 0 & \text{für } \frac{2}{n^2} \leq t \leq T \end{cases}$$

Andererseits kann man aus der Konvergenz im quadratischen Mittel der Folge $(s_n(t))_n$ gegen die Funktion $x(t)$ die über die punktweise Konvergenz im allgemeinen nicht viel sagen. So ist zum Beispiel unbekannt, ob es für eine stetige Funktion $x(t)$ überhaupt auch nur einen Punkt $t_0 \epsilon [0, T]$ gibt, für den

$$\lim_{n \to \infty} s_n(t_0) = x(t_0)$$

gilt.

In der Praxis wird man häufig stückweise stetigen Funktionen aus endlich vielen monotonen Stücken begegnen. Aus dem bisher gesagten kann man unter diesen Bedingungen folgern:

- man hat punktweise Konvergenz bis auf die möglicherweise vorhandenen endlich vielen Sprungstellen

- es liegt Konvergenz im quadratischen Mittel vor

Eine weitere globale Maßzahl, die im Zusammenhang mit der Konvergenz von Fourier-Reihen von Bedeutung ist, ist der folgende 'Abstand' zwischen zwei stetigen Funktionen:

$$\max_{t \epsilon [0, T]} |x(t) - y(t)|$$

Für auf $(0, T)$ differenzierbare Funktionen $x(t)$, die auf $[0, T]$ stetig und periodisch sind und deren Ableitung auf $[0, T]$ von endlicher Energie ist, werden wir zeigen, dass

$$\lim_{n \to \infty} \max_{t \epsilon [0, T]} |x(t) - s_n(t)| = 0$$

ist. Man spricht hier von *gleichmäßiger Konvergenz*. Aus der gleichmäßigen Konvergenz folgt offenbar stets die punktweise Konvergenz. Darüberhinaus folgt aber auch die Konvergenz im quadratischen Mittel:

sei nämlich $\varepsilon > 0$ gegeben und N so gewählt, dass für $n > N$

$$\max_{t \epsilon [0, T]} |x(t) - s_n(t)| < \varepsilon$$

dann gilt:

$$\sqrt{\frac{1}{T} \int_0^T |x(t) - s_n(t)|^2 dt} \leq \sqrt{\frac{1}{T} \int_0^T \varepsilon^2 dt} = \varepsilon$$

Hat hingegen die Funktion $x(t)$ eine Sprungstelle, so kann keine gleichmäßige Konvergenz der Fourier-Reihe vorliegen, denn ein allgemeiner Satz besagt:

Konvergiert eine Folge von stetigen Funktionen gleichmäßig, dann ist die Grenzfunktion stetig.

Die Folge $(s_n(t))_n$ der Teilsummen der Fourier-Reihe einer Funktion $x(t)$ besteht natürlich aus stetigen Funktionen (jedes $s_n(t)$ ist ja eine endliche Summe von trigonometrischen Funktionen). Diese 'ungleichmäßige' Konvergenz drückt sich auch in der Tatsache aus, dass in der Nähe der Sprungstelle Überschwinger auftreten, deren Amplitude nicht mit n

gegen Unendlich gegen Null geht (wohl aber die Fläche des Quadrats der Fehlerfunktion). Diese Tatsache wird als *Gibbs'sches Phänomen* bezeichnet.

Wir haben bisher die Art der Konvergenz der Fourier-Reihe zu gewissen Eigenschaften der zugehörigen Funktion $x(t)$ in Beziehung gesetzt.

Einen hiermit verwandten Aspekt erhält man, wenn man die genannten Eigenschaften der Funktion $x(t)$ im Zusammenhang mit dem Konvergenzverhalten der zugehörigen Fourier-Koeffizienten betrachtet. So folgt bereits aus der Besselschen Ungleichung, dass die Reihe der Betragsquadrate der Fourier-Koeffizienten für Funktionen endlicher Energie konvergiert.

$$\sum_{-\infty}^{\infty} |\alpha_n|^2 < \infty$$

Für Funktionen aus endlich vielen monotonen Stücken konvergiert die Folge $(\alpha_n)_n$ wenigstens so schnell gegen Null, wie die Folge $(\frac{1}{n})_n$, genauer (s.Satz 1.2.8): es gibt eine Zahl c unabhängig von n mit

$$|\alpha_n| \leq \frac{c}{n}$$

Für eine auf $(0, T)$ differenzierbare Funktion $x(t)$, die auf $[0, T]$ stetig und periodisch ist und deren Ableitung auf $[0, T]$ von endlicher Energie ist, ist sogar die Reihe der Absolutbeträge der Fourier-Koeffizienten konvergent (s. Satz 1.2.18):

$$\sum_{-\infty}^{\infty} |\alpha_n| < \infty$$

1.2.1 Der Satz von Dirichlet

In diesem Abschnitt werden wir nachweisen, dass für Funktionen $x(t)$ aus endlich vielen monotonen Stücken (oder etwas allgemeiner für Funktionen beschränkter Schwankung) die Fourier-Reihe im wesentlichen punktweise gegen $x(t)$ konvergiert. Unsere Darstellung lehnt sich an die Vorgehensweise in [21] an.

1.2.1.1 Funktionen beschränkter Schwankung

Es ist anschaulich naheliegend, dass bei der Darstellung einer Funktion durch eine Überlagerung von harmonischen Schwingungen die Oszillation der Funktionswerte eine wesentliche Rolle spielt. Ein Maß hierfür ist die sog. totale Variation:

Definition 1.2.2   *Eine auf dem Intervall $[a, b]$ definierte Funktion $x(t)$ heißt von* beschränkter Schwankung, *wenn für eine beliebige Zerlegung $t_0 = a < t_1 < ... < t_n = b$ des Intervalls $[a, b]$ die zugehörige 'Schwankung' $\sum_{i=1}^{n} |x(t_i) - x(t_{i-1})|$ der Funktionswerte unterhalb einer von der Zerlegung unabhängigen Zahl M bleibt, d.h. wenn für alle Zerlegungen von $[a, b]$ gilt:*

$$\sum_{i=1}^{n} |x(t_i) - x(t_{i-1})| \leq M$$

Die kleinste obere Schranke heißt totale Variation *von $x(t)$ auf $[a, b]$ und wird mit $V_{[a,b]}(x)$ bezeichnet.*

Zu den Funktionen mit beschränkter Schwankung gehören jedenfalls auch alle stetig differenzierbaren Funktionen $x(t)$, denn nach dem Mittelwertsatz gibt es dann zu jedem Teilintervall ein $\tau_i \epsilon (t_{i-1}, t_i)$ mit

$$x(t_i) - x(t_{i-1}) = x'(\tau_i)(t_i - t_{i-1})$$

insgesamt also

$$\sum_{i=1}^{n} |x(t_i) - x(t_{i-1})| = \sum_{i=1}^{n} |x'(\tau_i)||t_i - t_{i-1}| \;\leq\; \max_{t\epsilon[a,b]} |x'(t)| \sum_{i=1}^{n} |t_i - t_{i-1}|$$

$$= \max_{t\epsilon[a,b]} |x'(t)|(b-a)$$

und damit

$$V_{[a,b]}(x) \leq \max_{t\epsilon[a,b]} |x'(t)|(b-a) \tag{1.2}$$

Bei einer auf einem Intervall $[a, b]$ monotonen Funktion liegen die Verhältnisse besonders einfach. Hier gilt bei einer beliebigen Zerlegung $a = t_0 < t_1 < ... < t_n = b$ für die zugehörige Schwankung:

$$\sum_{i=1}^{n} |x(t_i) - x(t_{i-1})| \;=\; |\sum_{i=1}^{n} (x(t_i) - x(t_{i-1}))|$$

$$= |x(b) - x(a)| = V_{[a,b]}(x)$$

Eine weitere wichtige Klasse von Funktionen mit beschränkter Schwankung ist die folgende

Definition 1.2.3 *Eine auf dem Intervall $[a, b]$ beschränkte Funktion $x(t)$ besteht aus endlich vielen monotonen Stücken, wenn es endlich viele Punkte $a_0 < a_1 < ... < a_m$ gibt mit $a_0 = a$ und $a_m = b$, so dass die Funktion $x(t)$ auf jedem Intervall $(a_i, a_{i+1}), i = 0, ..., m-1$ monoton ist.*

Beispiel 1.2.4

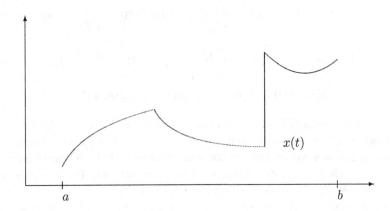

Für stückweise monotone Funktionen kann man die totale Variation explizit angeben:

Satz 1.2.5 *Sei $x(t)$ aus endlich vielen monotonen Stücken auf dem Intervall*
$[a, b]$. Dann gilt

$$
\begin{aligned}
V_{[a,b]}(x) &= \sum_{i=0}^{m-1} |x(a_{i+1}-) - x(a_i+)| + \sum_{i=1}^{m-1} (|x(a_i-) - x(a_i)| + |x(a_i) - x(a_i+)|) \\
&+ |x(a) - x(a+)| + |x(b) - x(b-)|
\end{aligned}
$$

Beweis: Sei $a_1, ..., a_m$ derart, dass $x(t)$ auf jedem der Intervalle (a_k, a_{k+1}) monoton ist und sei $t_0, t_1, ..., t_n$ eine beliebige Zerlegung des Intervalls $[a, b]$. Wir bemerken zunächst: ist $t_{i-1} \leq a_k \leq t_i$ für $1 \leq k \leq m - 1$, so gilt mit Hilfe der Dreiecksungleichung:

$$
\begin{aligned}
|x(t_i) - x(t_{i-1})| &= |x(t_i) - x(a_k+) + x(a_k+) - x(a_k-) + x(a_k-) - x(t_{i-1})| \\
&\leq |x(t_i) - x(a_k+)| + |x(a_k+) - x(a_k-)| + |x(a_k-) - x(t_{i-1})| \\
&\leq |x(t_i) - x(a_k+)| + |x(a_k+) - x(a_k)| \\
&+ |x(a_k) - x(a_k-)| + |x(a_k-) - x(t_{i-1})|
\end{aligned}
$$

Für $k = 0$ erhält man:

$$
|x(t_1) - x(t_0)| \leq |x(t_1) - x(a+)| + |x(a+) - x(a)|
$$

und entsprechend für $k = m$:

$$
|x(t_n) - x(t_{n-1})| \leq |x(b) - x(b-)| + |x(b-) - x(t_{n-1})|
$$

Sei nun $a_k \le t_i < ... < t_{i+r} \le a_{k+1} \le t_{i+r+1}$ dann gilt für $x(t)$ monoton wachsend auf (a_k, a_{k+1}):

$$|x(t_i) - x(a_k+)| + \left(\sum_{l=i+1}^{i+r} |x(t_l) - x(t_{l-1})| \right) + |x(a_{k+1}-) - x(t_{i+r})|$$

$$= \; x(t_i) - x(a_k+) + \left(\sum_{l=i+1}^{i+r} (x(t_l) - x(t_{l-1})) \right) + x(a_{k+1}-) - x(t_{i+r})$$

$$= \; x(a_{k+1}-) - x(a_k+) = |x(a_{k+1}-) - x(a_k+)|$$

Für $x(t)$ monoton fallend erhält man auf ähnliche Weise das gleiche.

Fügt man nun passende Teile aneinander, so bekommt die Aussage, dass der in der Behauptung des Satzes angegebene Ausdruck eine obere Schranke jeder Schwankung ist.

Es ist nicht schwer, Zerlegungen zu konstruieren, für die sich die zugehörige Schwankung nur wenig von dieser Schranke unterscheidet:

Sei nämlich $t_{3i-1} = a_i - \delta, i = 1, ..., m$, $t_{3i} = a_i, i = 0, ..., m$ und $t_{3i+1} = a_i + \delta, i = 0, 1, ..., m-1$, dann gilt

$$\sum_{l=1}^{3m} |x(t_l) - x(t_{l-1})| = \sum_{i=0}^{m-1} |x(a_{i+1} - \delta) - x(a_i + \delta)|$$

$$+ \; \sum_{i=1}^{m-1} (|x(a_i - \delta) - x(a_i)| + |x(a_i) - x(a_i + \delta)|)$$

$$+ \; |x(a) - x(a + \delta)| + |x(b) - x(b - \delta)|$$

Man kommt nun der angegebenen Schranke beliebig nahe, wenn man nur δ klein genug wählt.

$\square$

Summe und Differenz von Funktionen aus endlich vielen monotonen Stücken muss nicht notwendig auch eine Funktion aus endlich vielen monotonen Stücken sein. Im Gegensatz dazu ist entsprechendes jedoch für Funktionen beschränkter Schwankung der Fall, d.h. Summe u. Differenz solcher Funktionen ist wieder von beschränkter Schwankung. Für spätere Zwecke benötigen wir die folgende Aussage:

Satz 1.2.6   *Sei $x(t)$ periodisch mit Periode T und aus endlich vielen monotonen Stücken auf $[0, T]$, sei $t_* \in [0, T]$, und sei*

$$z(t) := \begin{cases} \frac{x(t_*+t)+x(t_*-t)}{2} & \text{für } t \neq 0 \\ \frac{x(t_*+)+x(t_*-)}{2} & \text{für } t = 0 \end{cases}$$

dann gilt:

1. $z(t) = z(-t)$, d.h. $z(t)$ ist eine gerade Funktion.

   2. $z(t)$ ist stetig im Nullpunkt

   3. $z(t)$ ist von beschränkter Schwankung

   4. zu jedem $\varepsilon > 0$ gibt es ein $\delta > 0$ mit $V_{[0,\delta]}(z) < \varepsilon$

Beweis:

1. Es ist $z(-t) = \frac{x(t_*-t)+x(t_*+t)}{2} = z(t)$ für $t \neq 0$.

2. $x(t)$ ist in einer Umgebung von t_* monoton. Damit existieren links- und rechtsseitiger Limes. Offenbar gilt: $z(0-) = z(0+) = \frac{x(t_*+)+x(t_*-)}{2} = z(0)$.

3. Man erkennt leicht $V_{[-\frac{T}{2},\frac{T}{2}]}(z) \leq V_{[t_*-\frac{T}{2},t_*+\frac{T}{2}]}(x)$: man betrachte etwa die in 4. aufgeführten Ausdrücke.

4. Sei δ so klein, dass $x(t)$ auf den Intervallen $[t_* - \delta, t_*]$ und $[t_*, t_* + \delta]$ monoton ist. Wir betrachten eine Zerlegung $0 = t_0 < t_1 < ... < t_n = \delta$ und die zugehörige Schwankung von $z(t)$ auf $[0, \delta]$:

$$\sum_{i=1}^{n} |z(t_i) - z(t_{i-1})|$$
$$= \sum_{i=1}^{n} |\frac{1}{2}(x(t_* + t_i) + x(t_* - t_i)) - \frac{1}{2}(x(t_* + t_{i-1}) + x(t_* - t_{i-1}))|$$

Für den obigen Ausdruck erhält man:

$$\sum_{i=1}^{n} |\frac{1}{2}(x(t_* + t_i) - x(t_* + t_{i-1})) + \frac{1}{2}(x(t_* - t_i) - x(t_* - t_{i-1}))|$$
$$\leq \frac{1}{2} \sum_{i=1}^{n} |x(t_* + t_i) - x(t_* + t_{i-1})| + \frac{1}{2} \sum_{i=1}^{n} |x(t_* - t_i) - x(t_* - t_{i-1})|$$
$$= \frac{1}{2}|x(t_* + \delta) - x(t_*+)| + \frac{1}{2}|x(t_* - \delta) - x(t_*-)|$$

wobei die letzte Gleichung wegen der Monotonie von $x(t)$ auf dem hier betrachteten Intervall gilt. Insgesamt bekommen wir also

$$\sum_{i=1}^{n} |z(t_i) - z(t_{i-1})|$$
$$\leq \frac{1}{2}|x(t_* + \delta) - x(t_*+)| + \frac{1}{2}|x(t_* - \delta) - x(t_*-)|$$

Die rechte Seite der Ungleichung ist eine von der Zerlegung unabhängige obere Schranke, also größer oder gleich $V_{[0,\delta]}(z)$. Wegen der Existenz von rechtsseitigem und linksseitigem Limes der hier monotonen Funktion $x(t)$ werden die Ausdrücke auf der rechten Seite beliebig klein, wenn δ klein genug gewählt wird.

□

Der folgende Satz spielt für die weiteren Untersuchungen dieses Abschnitts eine zentrale Rolle.

Satz 1.2.7   *Ist die Funktion $x(t)$ von beschränkter Schwankung auf $[a, b]$ und ist die Funktion $y(t)$ dort stetig differenzierbar, dann gilt :*

$$\left| x(b)y(b) - x(a)y(a) - \int_a^b x(t)y'(t)dt \right| \leq \max_{t\epsilon[a,b]} |y(t)| \cdot V_{[a,b]}(x)$$

Beweis: Sei $u_0 = a < u_1 < ... < u_n = b$ eine Zerlegung von $[a, b]$ und die Zerlegung $t_0 = a < t_1 < ... < t_n < t_{n+1} = b$ besitze die Eigenschaft $u_{i-1} \leq t_i \leq u_i$ für $i = 1, ..., n$ dann gilt:

$$\sum_{i=1}^{n} x(t_i)(y(u_i) - y(u_{i-1})) = \sum_{i=1}^{n} x(t_i)y(u_i) - \sum_{i=1}^{n} x(t_i)y(u_{i-1})$$

$$= \sum_{i=1}^{n+1} x(t_{i-1})y(u_{i-1}) - x(a)y(a) - \sum_{i=1}^{n+1} x(t_i)y(u_{i-1})) + x(b)y(b)$$

$$= -\sum_{i=1}^{n+1} (x(t_i) - x(t_{i-1}))y(u_{i-1}) - x(a)y(a) + x(b)y(b)$$

Insgesamt erhält man also

$$\left| x(b)y(b) - x(a)y(a) - \sum_{i=1}^{n} x(t_i)(y(u_i) - y(u_{i-1})) \right|$$

$$= \left| \sum_{i=1}^{n+1} (x(t_i) - x(t_{i-1}))y(u_{i-1}) \right|$$

$$\leq \max_{t\epsilon[a,b]} |y(t)| \sum_{i=1}^{n+1} |x(t_i) - x(t_{i-1})| \leq \max_{t\epsilon[a,b]} |y(t)| V_{[a,b]}(x)$$

Nach dem Mittelwertsatz gibt es Zahlen τ_i mit $u_{i-1} < \tau_i < u_i$ für $i = 1, ..., n$ derart, dass

$$y'(\tau_i) = \frac{y(u_i) - y(u_{i-1})}{u_i - u_{i-1}}$$

d.h. mit $t_i = \tau_i$ für $i = 1, ..., n$:

$$\sum_{i=1}^{n} x(\tau_i)(y(u_i) - y(u_{i-1})) = \sum_{i=1}^{n} x(\tau_i)y'(\tau_i)(u_i - u_{i-1})$$

und damit

$$|x(b)y(b) - x(a)y(a) - \sum_{i=1}^{n} x(\tau_i)y'(\tau_i)(u_i - u_{i-1})| \leq \max_{t \in [a,b]} |y(t)| V_{[a,b]}(x)$$

Diese Ungleichung gilt für jede Zerlegung $a = u_0 < ... < u_n = b$. Lässt man nun die Maschenweite der Zerlegung gegen Null gehen, so konvergiert die Riemann-Summe $\sum_{i=1}^{n} x(\tau_i)y'(\tau_i)(u_i - u_{i-1})$ gegen das Integral $\int_a^b x(t)y'(t)dt$.
$\square$

Aus diesem Satz läßt sich ableiten, dass die Folge der Fourierkoeffizienten einer periodischen Funktion aus endlich vielen monotonen Stücken wenigstens so schnell gegen Null konvergiert wie die Folge $(\frac{1}{n})_n$.

Satz 1.2.8   *Sei $x(t)$ periodisch und aus endlich vielen monotonen Stücken auf $[0,T]$, dann gibt es eine Konstante $c \in \mathbb{R}$ mit*

$$|\alpha_n| \leq \frac{c}{n} \text{ für } n \in \mathbb{N}$$

Beweis: Sei $y(t) = \cos n\omega t$ dann gilt wegen $x(0)y(0) = x(T)y(T)$:

$$|-\int_0^T x(t)y'(t)dt| = |-n\omega \int_0^T x(t) \sin n\omega t dt| = n\omega \frac{T}{2}|B_n| \leq \max_{t \in [0,T]} |\cos n\omega t| V_{[0,T]}(x)$$

Für die Fourier-Koeffizienten erhalten wir also wegen $\omega = 2\pi/T$ folgende Ungleichung:

$$|B_n| \leq \frac{V_{[0,T]}(x)}{\pi} \frac{1}{n}$$

und entsprechend

$$|A_n| \leq \frac{V_{[0,T]}(x)}{\pi} \frac{1}{n}$$

und damit

$$|\alpha_n| = \frac{1}{2}\sqrt{A_n^2 + B_n^2} \leq \frac{V_{[0,T]}(x)}{\sqrt{2\pi}} \frac{1}{n}$$

$\square$

1.2.1.2 Dirichlet- und Fejer-Kern

In diesem Abschnitt wollen wir uns um die punktweise Konvergenz der Folge der Teilsummen $(s_n(t))_{n \in \mathbb{N}}$ der Fourier-Reihe einer Funktion $x(t)$ aus endlich vielen monotonen

Stücken kümmern. Nun gilt:

$$s_n(t) = \sum_{k=-n}^{n} \alpha_k e^{jk\omega t} = \sum_{k=-n}^{n} (\frac{1}{T} \int_{-T/2}^{T/2} x(\tau) e^{-jk\omega\tau} d\tau) e^{jk\omega t}$$

$$= \frac{1}{T} \int_{-T/2}^{T/2} x(\tau) (\sum_{k=-n}^{n} e^{jk\omega(t-\tau)}) d\tau$$

Setzt man

$$D_n(t) := \sum_{k=-n}^{n} e^{jk\omega t}$$

so bekommt man:

$$s_n(t) = \frac{1}{T} \int_{-T/2}^{T/2} x(\tau) D_n(t - \tau) d\tau \qquad (1.3)$$

Dies entspricht der zyklischen Faltung von $x(t)$ mit $D_n(t)$ (vergl. Abschnitt 1.3). Die Funktion $D_n(t)$ wird als Dirichlet-Kern bezeichnet.

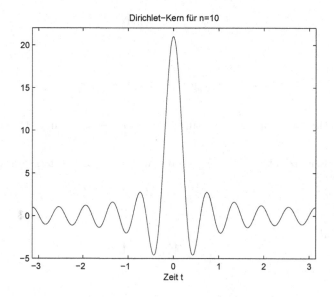

Substituiert man nun in dem Integral $\eta = t - \tau$, so erhält man

$$s_n(t) = \frac{1}{T} \int_{t+T/2}^{t-T/2} x(t - \eta) D_n(\eta) \frac{d\tau}{d\eta} d\eta = \frac{1}{T} \int_{t-T/2}^{t+T/2} x(t - \eta) D_n(\eta) d\eta$$

$$= \frac{1}{T} \int_{-T/2}^{T/2} x(t - \eta) D_n(\eta) d\eta$$

wobei die letzte Gleichung aus der Periodizität des Integranden folgt.

Eine wichtige Rolle in der folgenden Betrachtung spielt die Folge der arithmetischen Mittel der Teilsummen der Fourier-Reihe:

$$\sigma_n(t) := \frac{\sum_{k=0}^{n} s_k(t)}{n+1}$$

Offenbar gilt:

$$
\begin{aligned}
\sigma_n(t) &= \frac{\sum_{k=0}^{n} \frac{1}{T} \int_{-T/2}^{T/2} x(\tau) D_k(t-\tau) d\tau}{n+1} \\
&= \frac{1}{T} \int_{-T/2}^{T/2} x(\tau) \frac{1}{n+1} \sum_{k=0}^{n} D_k(t-\tau) d\tau
\end{aligned}
$$

Setzt man

$$K_n(t) = \frac{1}{n+1} \sum_{k=0}^{n} D_k(t)$$

so erhält man

$$\sigma_n(t) = \frac{1}{T} \int_{-T/2}^{T/2} x(\tau) K_n(t-\tau) d\tau \qquad (1.4)$$

Die Funktion $K_n(t)$ bezeichnet man als Fejer-Kern.

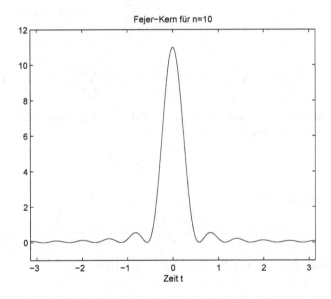

Einige Eigenschaften von Dirichlet- und Fejer-Kern ergeben sich aus dem folgenden

Satz 1.2.9   *Die Funktionen $D_n(t)$ und $K_n(t)$ sind periodisch mit Periode T und haben folgende Eigenschaften:*

1. $\frac{1}{T} \int_{-T/2}^{T/2} D_n(t)dt = 1$

2. $\frac{1}{T} \int_{-T/2}^{T/2} K_n(t)dt = 1$

3. $D_n(t) = \frac{\sin(n+\frac{1}{2})\omega t}{\sin \omega \frac{t}{2}}$ *für* $t \neq 0$ *und* $D_n(0) = 2n + 1$

4. $D_n(t)$ *ist eine gerade Funktion, d.h.* $D_n(-t) = D_n(t)$

5. $K_n(t) = \frac{1}{n+1} \frac{1-\cos(n+1)\omega t}{1-\cos \omega t}$ *für* $t \neq 0$ *und* $K_n(0) = n + 1$

6. $K_n(t) \geq 0$

Beweis:

1. Wegen $\int_{-T/2}^{T/2} e^{jk\omega t}dt = 0$ für $k \neq 0$ folgt:

$$\int_{-T/2}^{T/2} D_n(t)dt = \int_{-T/2}^{T/2} dt = T$$

2.

$$\int_{-T/2}^{T/2} K_n(t)dt = \int_{-T/2}^{T/2} \frac{1}{n+1} \sum_{k=0}^{n} D_k(t)dt$$

$$= \frac{1}{n+1} \sum_{k=0}^{n} \int_{-T/2}^{T/2} D_k(t)dt = T$$

3.

$$D_n(t) = \sum_{k=-n}^{n} e^{jk\omega t} = \left(\sum_{k=0}^{n} (e^{j\omega t})^k + \sum_{k=0}^{n} (e^{-j\omega t})^k \right) - 1$$

Für $t \neq 0$ ist $e^{j\omega t} \neq 1$. Daher läßt sich auf die beiden obigen Summen die Formel für die geometrische Summe

$$1 + q + q^2 + ... + q^n = \frac{1 - q^{n+1}}{1 - q}$$

anwenden. Man erhält:

$$D_n(t) = \frac{1 - e^{j(n+1)\omega t}}{1 - e^{j\omega t}} + \frac{1 - e^{-j(n+1)\omega t}}{1 - e^{-j\omega t}} - 1$$

Erweitert man den zweiten Bruch mit $e^{j\omega t}$ so erhält man:

$$D_n(t) = \frac{1 - e^{j(n+1)\omega t}}{1 - e^{j\omega t}} + \frac{e^{j\omega t} - e^{-jn\omega t}}{e^{j\omega t} - 1} - 1$$

Bringt man nun alle drei Summanden auf den gemeinsamen Nenner $e^{j\omega t} - 1$ so bekommt man

$$D_n(t) = \frac{e^{j(n+1)\omega t} - e^{-jn\omega t}}{e^{j\omega t} - 1}$$

Erweitert man schließlich mit $e^{-j\omega\frac{t}{2}}$, so entsteht:

$$
\begin{aligned}
D_n(t) &= \frac{e^{j(n+1)\omega t} - e^{-jn\omega t}}{e^{j\omega t} - 1} \cdot \frac{e^{-j\omega\frac{t}{2}}}{e^{-j\omega\frac{t}{2}}} \\
&= \frac{e^{j(n+\frac{1}{2})\omega t} - e^{-j(n+\frac{1}{2})\omega t}}{e^{j\omega\frac{t}{2}} - e^{-j\omega\frac{t}{2}}} = \frac{\sin(n+\frac{1}{2})\omega t}{\sin \omega\frac{t}{2}}
\end{aligned}
$$

4. folgt sofort aus der Darstellung für $D_n(t)$, denn der Quotient aus zwei ungeraden Funktionen ist gerade.

5. Wir haben gerade gesehen

$$
D_n(t) = \frac{e^{j(n+1)\omega t} - e^{-jn\omega t}}{e^{j\omega t} - 1}
$$

Mit

$$
K_n(t) = \frac{1}{n+1} \sum_{k=0}^{n} D_k(t)
$$

erhalten wir dann

$$
K_n(t) = \frac{1}{n+1} \cdot \frac{1}{e^{j\omega t} - 1} \sum_{k=0}^{n} (e^{j(k+1)\omega t} - e^{-jk\omega t})
$$

Für $t \neq 0$ gilt nun mit Hilfe der Summenformel der geometrischen Summe:

$$
\begin{aligned}
\sum_{k=0}^{n} (e^{j(k+1)\omega t} - e^{-jk\omega t}) &= e^{j\omega t} \sum_{k=0}^{n} e^{jk\omega t} - \sum_{k=0}^{n} e^{-jk\omega t} \\
&= e^{j\omega t} \frac{1 - e^{j(n+1)\omega t}}{1 - e^{j\omega t}} - \frac{1 - e^{-j(n+1)\omega t}}{1 - e^{-j\omega t}}
\end{aligned}
$$

Kürzt man nun im ersten Summanden durch $e^{j\omega t}$ und bringt anschließend beide Summanden auf den gemeinsamen Nenner $1 - e^{-j\omega t}$ so erhält man:

$$
\begin{aligned}
K_n(t) &= \frac{1}{n+1} \frac{2 - e^{j(n+1)\omega t} - e^{-j(n+1)\omega t}}{(1 - e^{j\omega t})(1 - e^{-j\omega t})} \\
&= \frac{1}{n+1} \frac{2 - 2\cos(n+1)\omega t}{1 - e^{j\omega t} - e^{-j\omega t} + 1} \\
&= \frac{1}{n+1} \frac{1 - \cos(n+1)\omega t}{1 - \cos \omega t}
\end{aligned}
$$

Ferner gilt:

$$
K_n(0) = \frac{1}{n+1} \sum_{k=0}^{n} D_k(0) = \frac{1}{n+1} \sum_{k=0}^{n} (2k+1) = \frac{1}{n+1}(n+1)^2 = n+1
$$

wie man leicht mit Hilfe vollständiger Induktion nachweist.

6. folgt sofort aus der Darstellung für $K_n(t)$ wegen $\cos\alpha \leq 1$.

$\square$

1.2.1.3 Gleichmäßige Beschränktheit und punktweise Konvergenz der Fourier-Summen

Wir hatten oben gesehen:

$$\sigma_n(t) = \frac{1}{T}\int_{-T/2}^{T/2} x(\tau)K_n(t-\tau)d\tau = \frac{1}{T}\int_{-T/2}^{T/2} x(t-\eta)K_n(\eta)d\eta$$

Man erkennt nun leicht, dass die Funktionen $\sigma_n(t)$ gleichmäßig beschränkt bezüglich n sind, denn, da $x(t)$ beschränkt ist, haben wir

$$|\sigma_n(t)| \leq \frac{1}{T}\int_{-T/2}^{T/2} |x(t-\eta)|K_n(\eta)d\eta \leq C\frac{1}{T}\int_{-T/2}^{T/2} K_n(\eta)d\eta = C$$

Für die Folge der Teilsummen läßt sich dies nicht so einfach folgern, da der Dirichlet-Kern mehrfach das Vorzeichen wechselt: es ist z.B. für $t_k = \frac{2k+1}{\omega(n+\frac{1}{2})}\frac{\pi}{2}$

$$D_n(t_k) = \frac{(-1)^k}{\sin\frac{k+\frac{1}{2}}{n+\frac{1}{2}}\frac{\pi}{2}}$$

Der folgende Satz garantiert allerdings die geichmäßige Beschränktheit der Teilsummenfolge bezüglich n, sofern $x(t)$ aus endlich vielen monotonen Stücken besteht.

Satz 1.2.10   *Es gibt eine Zahl Q, so dass $|s_n(t)| \leq Q$ für alle $n\epsilon\mathbb{N}$ und alle $t\epsilon[0,T]$.*

Beweis: Es gilt

$$s_n(t) = \sum_{k=-n}^{n} \alpha_k e^{jk\omega t} = \alpha_0 + \sum_{k=1}^{n}(\alpha_k e^{jk\omega t} + \alpha_{-k}e^{-jk\omega t}) = \alpha_0 + \sum_{k=1}^{n} c_k(t)$$

wenn man $c_k(t)$ durch $c_k(t) := \alpha_k e^{jk\omega t} + \alpha_{-k}e^{-jk\omega t}$ definiert. Nach Satz 1.2.8 gilt dann:

$$|k \cdot c_k(t)| \leq k(|\alpha_k| + |\alpha_{-k}|) \leq M$$

Sei nun

$$\sigma_n(t) = \frac{\sum_{k=0}^{n} s_k(t)}{n+1}$$

dann erhält man:

$$
s_n(t) - \sigma_n(t) \;=\; \frac{(n+1)s_n(t) - \sum_{k=0}^{n} s_k(t)}{n+1} = \frac{\sum_{k=0}^{n}(s_n(t) - s_k(t))}{n+1}
$$

$$
=\; \frac{\sum_{k=0}^{n-1} \sum_{m=k+1}^{n} c_m(t)}{n+1}
$$

Mit vollständiger Induktion weisen wir nun nach, dass folgende Identität gilt:

$$
\sum_{k=0}^{n-1} \sum_{m=k+1}^{n} c_m(t) = \sum_{k=1}^{n} k c_k(t)
$$

1. (Induktionsanfang) Man zeige die Gültigkeit der Gleichung für $n = 1$:

   linke Seite: $\sum_{k=0}^{1-1} \sum_{m=k+1}^{1} c_m(t) = \sum_{m=1}^{1} c_m(t) = c_1(t)$

   rechte Seite: $\sum_{k=1}^{1} k c_k(t) = 1 \cdot c_1(t)$

2. (Induktionsschritt) Zu zeigen ist: wenn die Gleichung für n gilt, dann auch, wenn man n durch $n+1$ ersetzt. Betrachte zu diesem Zweck:

$$
\sum_{k=0}^{n} \sum_{m=k+1}^{n+1} c_m(t) = \sum_{k=0}^{n} \Big(\sum_{m=k+1}^{n} c_m(t) + c_{n+1}(t) \Big) = (n+1)c_{n+1} + \sum_{k=0}^{n-1} \sum_{m=k+1}^{n} c_m(t)
$$

denn $\sum_{m=n+1}^{n} c_m(t) = 0$. Mit Hilfe der Induktionsvoraussetzung bekommt man dann

$$
(n+1)c_{n+1} + \sum_{k=0}^{n-1} \sum_{m=k+1}^{n} c_m(t) = (n+1)c_{n+1}(t) + \sum_{k=1}^{n} k c_k(t) = \sum_{k=1}^{n+1} k c_k(t)
$$

Damit erhalten wir:

$$
|s_n(t) - \sigma_n(t)| \le \frac{\sum_{k=1}^{n} |k c_k(t)|}{n+1} \le \frac{nM}{n+1} < M
$$

Wie wir oben gesehen haben gilt $|\sigma_n(t)| \le C$, sofern $|x(t)| \le C$ und damit:

$$
|s_n(t)| \le |s_n(t) - \sigma_n(t)| + |\sigma_n(t)| \le M + C
$$

$\square$

Beispiel 1.2.11   Sei $x(t) = t - \frac{T}{2}$ für $t \epsilon [0, T)$ und $x(T) = -\frac{T}{2}$. Wegen $\int_0^T e^{-jn\omega t} dt = 0$ für $n \ne 0$ erhält man mit Hilfe partieller Integration :

$$
\alpha_n \;=\; \frac{1}{T} \int_0^T x(t) e^{-jn\omega t} dt = \frac{1}{T} \int_0^T t e^{-jn\omega t} dt
$$

$$
=\; \frac{1}{T} \left([t \frac{e^{-jn\omega t}}{-jn\omega t}]_0^T - \int_0^T \frac{e^{-jn\omega t}}{-jn\omega} dt \right)
$$

$$
=\; \frac{e^{-jn\omega T}}{-jn\omega} = \frac{j}{n\omega}
$$

Offenbar gilt $\alpha_0 = 0$. Damit haben wir:

$$s_n(t) = -2 \sum_{k=1}^{n} \frac{1}{k\omega} \sin k\omega t$$

Da $x(t)$ aus endlich vielen monotonen Stücken besteht, ist nach dem vorangegangenen Satz $|s_n(t)| \leq Q$ für alle $n \epsilon \mathbb{N}$ und alle $t \epsilon [0, T]$.
$\square$

Der folgende Satz sagt aus, dass die zu einer stückweise monotonen Funktion gehörige Fourier-Reihe punktweise gegen diese Funktion konvergiert, jedenfalls dort, wo die Funktion stetig ist. Bei Sprungstellen konvergiert die Fourier-Reihe gegen den Mittelwert aus rechts-und linksseitigem Limes.

Satz 1.2.12 *(Dirichlet)   Sei $x(t)$ periodisch und aus endlich vielen monotonen Stücken auf $[0, T]$ und sei t_* beliebig aus $[0, T]$. Dann gilt:*

$$\lim_{n \to \infty} s_n(t_*) = \frac{x(t_*+) + x(t_*-)}{2}$$

wobei $s_n(t) = \sum_{k=-n}^{n} \alpha_k e^{jk\omega t}$ n-te Teilsumme der Fourier-Reihe von $x(t)$ ist.

Beweis: Wir definieren wie in Satz 1.2.6

$$z(t) := \frac{x(t_* + t) + x(t_* - t)}{2} \text{ für } t \neq 0$$

$z(t)$ ist, wie wir gesehen haben, eine gerade Funktion und stetig im Nullpunkt, wenn wir $z(0) = \frac{x(t_*+)+x(t_*-)}{2}$ setzen (s. Satz 1.2.6). Definieren wir noch

$$w(t) := \frac{x(t_* + t) - x(t_* - t)}{2} \text{ für } t \epsilon \mathbb{R}$$

so erhalten wir $x(t_* - t) = z(t) - w(t)$. Da $w(t)$ offenbar eine ungerade Funktion ist, gilt damit wegen $D_n(t)$ gerade:

$$s_n(t_*) = \frac{1}{T} \int_{-\frac{T}{2}}^{\frac{T}{2}} x(t_* - t) D_n(t) dt = \frac{1}{T} \int_{-\frac{T}{2}}^{\frac{T}{2}} z(t) D_n(t) dt$$

Wir zeigen zunächst für $0 < \delta < T/2$:

$$\lim_{n \to \infty} \left(\int_{-\frac{T}{2}}^{-\delta} z(t) D_n(t) dt + \int_{\delta}^{\frac{T}{2}} z(t) D_n(t) dt \right) = 0 \qquad (1.5)$$

Sei nämlich

$$h(t) = \begin{cases} 0 & \text{für } -\delta \leq t \leq \delta \\ z(t)/\sin\omega\frac{t}{2} & \text{sonst} \end{cases}$$

dann gilt mit der Darstellung für den Dirichlet-Kern aus Satz 1.2.9:

$$\int_{-\frac{T}{2}}^{-\delta} z(t)D_n(t)dt + \int_{\delta}^{\frac{T}{2}} z(t)D_n(t)dt = \int_{-\frac{T}{2}}^{\frac{T}{2}} h(t)\sin(n+\frac{1}{2})\omega t\, dt$$

Nach dem Additionstheorem für den Sinus gilt aber:

$$\sin(n+\frac{1}{2})\omega t = \cos n\omega t \sin\omega\frac{t}{2} + \sin n\omega t \cos\omega\frac{t}{2}$$

und damit:

$$\int_{-\frac{T}{2}}^{-\delta} z(t)D_n(t)dt + \int_{\delta}^{\frac{T}{2}} z(t)D_n(t)dt = \int_{-\frac{T}{2}}^{\frac{T}{2}} h(t)(\cos n\omega t \sin\omega\frac{t}{2} + \sin n\omega t \cos\omega\frac{t}{2})dt$$

Die Funktionen $h(t)\sin\omega\frac{t}{2}$ und $h(t)\cos\omega\frac{t}{2}$ sind aber quadratintegrable Funktionen. Deren Fourier-Koeffizienten gehen für n gegen unendlich gegen Null und damit auch die in Frage stehenden Integrale (s. Satz 1.1.13).

Wir untersuchen nun das restliche Integral

$$\frac{1}{T}\int_{-\delta}^{\delta} z(t)D_n(t)dt$$

Da $z(t)$ und $D_n(t)$ gerade Funktionen sind, gilt offenbar

$$\int_{-\delta}^{\delta} z(t)D_n(t)dt = 2\int_{0}^{\delta} z(t)D_n(t)dt$$

Setzen wir $\Delta_n(t) = \frac{1}{2}\int_{-t}^{t} D_n(\tau)d\tau$, so gilt offenbar $\Delta'_n(t) = D_n(t)$. Satz 1.2.7 liefert dann:

$$|z(\delta)\Delta_n(\delta) - z(0)\Delta_n(0) - \int_{0}^{\delta} z(t)D_n(t)dt| \leq \max_{t\epsilon[0,\delta]} |\Delta_n(t)|V_{[0,\delta]}(z)$$

Wir stellen nun eine Reihe von Beobachtungen an:

1. Offenbar gilt $\Delta_n(0) = 0$

2. Wegen Satz 1.2.9 gilt:

$$\int_{-\frac{T}{2}}^{\frac{T}{2}} D_n(t)dt = T$$

Aus Gleichung 1.5 mit $x(t)$ konstant gleich 1, d.h. $z(t) = 1$ folgt damit bereits für beliebiges δ mit $0 < \delta < \frac{T}{2}$:

$$\lim_{n\to\infty} \int_{-\delta}^{\delta} D_n(t)dt = T$$

d.h.

$$\lim_{n\to\infty} \Delta_n(\delta) = \frac{T}{2}$$

3.

$$\Delta_n(t) = \frac{1}{2}\int_{-t}^{t} D_n(\tau)d\tau = \frac{1}{2}\sum_{k=-n}^{n}\int_{-t}^{t} e^{jk\omega\tau}d\tau = t + \frac{1}{2}\cdot\sum_{k=-n,k\neq 0}^{n}[\frac{e^{jk\omega\tau}}{jk\omega k}]_{-t}^{t}$$

$$= t + \sum_{k=-n,k\neq 0}^{n}\frac{\sin k\omega t}{\omega k} = t + 2\sum_{k=1}^{n}\frac{\sin k\omega t}{\omega k}$$

Nach Beispiel 1.2.11 ist diese Summe aber gleichmäßig beschränkt, d.h.

$$|\Delta_n(t)| \leq M \text{ für } t\epsilon[0,T]$$

Für jedes $\varepsilon > 0$ gibt es nach Satz 1.2.6 ein $\delta > 0$ mit

$$|V_{[0,\delta]}(z)| < \varepsilon$$

Nach Gleichung 1.5 gibt es nun zu jedem $\varepsilon > 0$ ein N so dass für alle $n > N$

$$|\int_{-\frac{T}{2}}^{-\delta} z(t)D_n(t)dt + \int_{\delta}^{\frac{T}{2}} z(t)D_n(t)dt| < \varepsilon$$

Insgesamt haben wir damit

$$|2z(\delta)\Delta_n(\delta) - \int_{-\frac{T}{2}}^{\frac{T}{2}} z(t)D_n(t)dt|$$

$$\leq 2\max_{t\epsilon[0,\delta]}|\Delta_n(t)|V_{[0,\delta]}(z) + |\int_{-\frac{T}{2}}^{-\delta} z(t)D_n(t)dt + \int_{\delta}^{\frac{T}{2}} z(t)D_n(t)dt| < \varepsilon(2M+1)$$

Daraus erhalten wir

$$|z(0)T - \int_{-\frac{T}{2}}^{\frac{T}{2}} z(t)D_n(t)dt| \leq \varepsilon(2M+1) + |z(\delta)2\Delta_n(\delta) - z(0)T|$$

Die Stetigkeit von $z(t)$ im Nullpunkt (s. Satz 1.2.6) und die Tatsache, dass $\lim_{n\to\infty}\Delta_n(\delta) = \frac{T}{2}$ gilt (s.Beobachtung 2), liefert dann

$$\lim_{n\to\infty}\frac{1}{T}\int_{-\frac{T}{2}}^{\frac{T}{2}} z(t)D_n(t)dt = z(0) = \frac{x(t_*+) + x(t_*-)}{2}$$

□

Beispiel 1.2.13 Wir hatten oben gesehen (vergl. Beispiel 1.1.3), dass die Funktion $x(t) = t$ für $t\epsilon[0, 2\pi)$ die folgende Fourier-Reihe in reeller Darstellung besitzt:

$$x(t) \sim \pi - \sum_{n=1}^{\infty} \frac{2}{n} \sin nt$$

Die Sprungstellen von $x(t)$ liegen bei Null bzw. 2π, der Wert der Fourier-Reihe ist offenbar an diesen Stellen jeweils gleich π, nämlich gleich dem Mittelwert aus rechts-u. linksseitigem Limes.

Bemerkung: Der Satz von Dirichlet gilt allgemein für periodische Funktionen von beschränkter Schwankung.

1.2.2 Das Gibbs'sche Phänomen

Bei der 'Wiedergabe' von Funktionen mit Sprungstellen durch Teilsummen der Fourier-Reihe treten in der Nähe dieser Sprungstellen Überschwinger auf, die mit wachsendem n auf die 'Ecken' zurücken, ohne dass die Höhe der Überschwinger gegen Null geht.

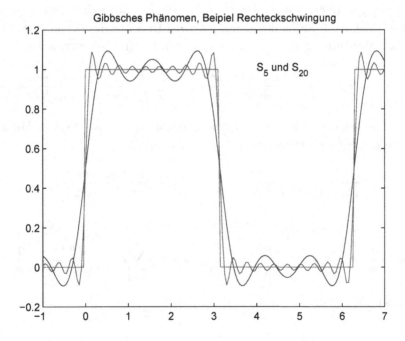

Dieses Verhalten wollen wir am Beispiel eines Rechteckimpulses studieren. Sei

$$x(t) = \begin{cases} 1 & \text{für } 0 \leq t \leq T/2 \\ 0 & \text{für } T/2 < t < T \end{cases}$$

Dann gilt für die n-te Teilsumme der Fourier-Reihe von $x(t)$ (s. Gleichung 1.3):

$$s_n(t) = \frac{1}{T} \int_0^{T/2} D_n(t - \tau) d\tau$$

Die Substitution $\eta = t - \tau$ ergibt:

$$s_n(t) = \frac{1}{T} \int_t^{t-T/2} D_n(\eta) \frac{d\tau}{d\eta} d\eta = \frac{1}{T} \int_{t-T/2}^t D_n(\eta) d\eta$$

Wir wollen nun $s_n(t)$ in der Nähe der Sprungstelle betrachten. Dazu zerlegen wir das transformierte Integral in drei Teilintegrale:

$$s_n(t) = \frac{1}{T} \left(\int_0^t D_n(\eta) d\eta + \int_{-T/2}^0 D_n(\eta) d\eta + \int_{t-T/2}^{-T/2} D_n(\eta) d\eta \right) \tag{1.6}$$

Das mittlere Integral ist nach Satz 1.2.9 gleich $T/2$. Das erste positive Maximum des ersten Integrals liegt bei der ersten positiven Nullstelle des Dirichlet-Kernes, nämlich bei $t_n := \frac{1}{(n+1/2)} \frac{T}{2}$ (man sieht leicht: $D_n'(t_n) < 0$). Es wird sich zeigen, dass dies 'im wesentlichen' auch die Position des ersten positiven Überschwingers von $s_n(t)$ ist.

Durch die Substitution $\xi = (n + 1/2)\omega\eta$ im ersten Integral bekommen wir:

$$\frac{1}{T} \int_0^{t_n} D_n(\eta) d\eta = \frac{1}{T} \int_0^{t_n} \frac{\sin(n + 1/2)\omega\eta}{\sin \omega\eta/2} d\eta = \frac{2}{\omega T} \int_0^\pi \frac{1}{2n+1} \cdot \frac{\sin \xi}{\sin(\xi/(2n+1))} d\xi$$

Wir zeigen zunächst, dass der Integrand gleichmäßig gegen $\frac{\sin \xi}{\xi}$ konvergiert. Mit $a_n(\xi) := (2n + 1) \cdot \sin(\xi/(2n + 1))$ bekommen wir:

$$\left| \frac{1}{(2n + 1)} \cdot \frac{\sin(\xi)}{\sin(\xi/(2n + 1))} - \frac{\sin \xi}{\xi} \right| = \left| \frac{\sin \xi}{\xi} \right| \frac{|\xi - a_n(\xi)|}{|a_n(\xi)|}$$

Wegen

$$m \sin \frac{t}{m} = m \sum_{k=0}^\infty (-1)^k \frac{t^{2k+1}}{(2k + 1)!} \cdot \frac{1}{m^{2k+1}} = t + \sum_{k=1}^\infty (-1)^k \frac{t^{2k+1}}{(2k + 1)!} \cdot \frac{1}{m^{2k}}$$

bekommen wir für $\xi \geq 0$:

$$|\xi - a_n(\xi)| \leq \frac{1}{(2n + 1)^2} \sum_{k=1}^\infty \frac{\xi^{2k+1}}{(2k + 1)!} \leq \frac{1}{(2n + 1)^2} (e^\xi - 1)$$

und damit

$$\frac{|\xi - a_n(\xi)|}{|a_n(\xi)|} \leq \frac{1}{(2n + 1)^2} \frac{(e^\xi - 1)}{(2n + 1) \cdot \sin(\xi/(2n + 1))}$$

Da $\sin t$ auf dem Intervall $[0, \pi/2]$ konkav ist, haben wir dort $\sin t \geq \frac{2}{\pi} \cdot t$ und damit für $\xi \epsilon [0, \pi]$ und $n \epsilon \mathbb{N}$:

$$\frac{|\xi - a_n(\xi)|}{|a_n(\xi)|} \leq \frac{1}{(2n+1)^2} \frac{(e^\xi - 1)}{(2n+1) \cdot \frac{2}{\pi}(\xi/(2n+1))} = \frac{1}{(2n+1)^2} \frac{(e^\xi - 1)}{\frac{2}{\pi}\xi}$$

Nach der L'Hospitalschen Regel haben wir aber

$$\lim_{\xi \to 0} \frac{e^\xi - 1}{\xi} = \lim_{\xi \to 0} \frac{e^\xi}{1} = 1$$

Damit lässt sich die Funktion $(e^\xi - 1)/\xi$ stetig in Null ergänzen und ist daher auf $[0, \pi]$ beschränkt. Da auch $\mathrm{si}(\xi)$ dort beschränkt ist, konvergieren die Integranden gleichmäßig und damit auch die Integrale, d.h.

$$\rho_n \quad := \quad \frac{1}{T} \int_0^{t_n} D_n(\eta)d\eta = \frac{1}{\pi} \int_0^\pi \frac{1}{2n+1} \cdot \frac{\sin(\xi)}{\sin(\xi/(2n+1))} d\xi$$
$$\to_{n \to \infty} \frac{1}{\pi} \int_0^\pi \frac{\sin(\xi)}{\xi} d\xi = 0,58949...$$

wie man aus Tabellen für den Integralsinus entnehmen kann. Wir betrachten nun das letzte der drei Integrale in Gleichung 1.6 für $t = t_n$:

$$\int_{t_n - T/2}^{-T/2} D_n(\eta)d\eta =: \delta_n$$

Der Integrand ist in dem Integrationsintervall aber gleichmäßig beschränkt bzgl. n, denn:

$$|D_n(\eta)| = \frac{|\sin(n + 1/2)\omega\eta|}{|\sin \omega\eta/2|} \leq \frac{1}{|\sin \omega\eta/2|} \leq \frac{1}{2/T \cdot \omega|\eta|/2} = \frac{T^2}{2\pi} \frac{1}{|\eta|}$$

Wegen $|\eta| \geq T/2 - t_n \geq T/2 - 2/3 \cdot T/2 = T/6$ bekommen wir:

$$|D_n(\eta)| \leq 3T/\pi \quad \text{für } -T/2 \leq \eta \leq -T/2 + t_n$$

Damit ist $(\delta_n)_n$ eine Nullfolge, denn die Länge des Integrationsintervalls t_n geht mit n gegen Unendlich gegen Null. Insgesamt bekommen wir:

$$s_n(t_n) = 1/2 + \rho_n + \delta_n$$

und damit

$$\lim_{n \to \infty} s_n(t_n) = 1,08949...$$

1.2.3 Konvergenz im quadratischen Mittel

Ziel der Betrachtung in diesem Abschnitt ist die folgende Aussage:

Ist das Quadrat einer auf $[0,T]$ periodischen Funktion $x(t)$ integrierbar, so konvergiert die zugehörige Fourierreihe im quadratischen Mittel gegen die Funktion $x(t)$, d.h.

$$\lim_{n\to\infty} \int_0^T |x(t) - s_n(t)|^2 dt = 0$$

wobei

$$s_n(t) = \sum_{k=-n}^{n} \alpha_k e^{jk\omega t}$$

die n-te Teilsummen der Fourier-Reihe ist.

In Satz 1.1.13 hatten wir gesehen, dass die Funktion $s_n(t)$ unter allen Summen der Form $\sum_{k=-n}^{n} \gamma_k e^{jk\omega t}$ den kleinsten Abstand im quadratischen Mittel zur Funktion $x(t)$ hat. In diesem Abschnitt werden wir zeigen, dass der Abstand $\|x - s_n\| = \sqrt{\frac{1}{T}\int_0^T |x(t) - s_n(t)|^2 dt}$ sogar für n gegen Unendlich gegen Null geht.

Um den Nachweis zu führen, benötigen wir die Aussage, dass die Folge der schon in Abschnitt 1.2.1 betrachteten arithmetischen Mittel der ersten n Teilsummen der Fourier-Reihe einer stetigen Funktion

$$\sigma_n(t) = \frac{\sum_{k=0}^{n} s_k(t)}{n+1}$$

gleichmäßig gegen diese Funktion konvergieren (vergl. [21]).

Satz 1.2.14   *Sei $y(t)$ eine auf $[0,T]$ stetige und periodische Funktion. Dann konvergiert die Funktionenfolge $(\sigma_n(t))_{n\epsilon\mathbb{N}}$ gleichmäßig gegen die Funktion $y(t)$, d.h.*

$$\lim_{n\to\infty} \max_{t\epsilon[0,T]} |y(t) - \sigma_n(t)| = 0$$

Beweis: In Gleichung 1.4 hatten wir gesehen:

$$\sigma_n(t) = \frac{1}{T} \int_{-T/2}^{T/2} y(\tau) K_n(t-\tau) d\tau$$

wobei $K_n(t)$ der Fejer-Kern ist. Für die Differenz von $y(t)$ und $\sigma_n(t)$ erhalten wir dann:

$$
\begin{aligned}
|y(t) - \sigma_n(t)| &= |y(t) - \frac{1}{T} \int_{-T/2}^{T/2} y(\tau) K_n(t-\tau) d\tau| \\
&= |\frac{1}{T} \int_{-T/2}^{T/2} (y(t) - y(\tau)) K_n(t-\tau) d\tau| \\
&\leq \frac{1}{T} \int_{-T/2}^{T/2} |y(t) - y(\tau)| K_n(t-\tau) d\tau
\end{aligned}
$$

wobei die letzte Gleichung wegen

$$\frac{1}{T} \int_{-T/2}^{T/2} K_n(t - \tau) d\tau = 1$$

und die Ungleichung wegen $K_n(t) \geq 0$ gilt (s. Satz 1.2.9).

Die Funktion $y(t)$ ist als stetige Funktion gleichmäßig stetig auf dem Intervall $[-\frac{T}{2}, \frac{T}{2}]$, d.h. zu gegebenem $\varepsilon > 0$ gibt es ein $\delta > 0$, so dass $|y(t) - y(\tau)| < \varepsilon$ sofern $|t - \tau| < \delta$ ist. Damit erhalten wir:

$$|y(t) - \sigma_n(t)| \leq \frac{1}{T} \int_{-T/2}^{T/2} |y(t) - y(\tau)| K_n(t - \tau) d\tau$$

$$= \frac{1}{T} \int_{-T/2}^{t-\delta} |y(t) - y(\tau)| K_n(t - \tau) d\tau + \frac{1}{T} \int_{t+\delta}^{T/2} |y(t) - y(\tau)| K_n(t - \tau) d\tau$$

$$+ \frac{1}{T} \int_{t-\delta}^{t+\delta} |y(t) - y(\tau)| K_n(t - \tau) d\tau$$

Die obige Zerlegung des Integrals ist gültig für $-\frac{T}{2} + \delta \leq t \leq \frac{T}{2} - \delta$. Für das letzte der Integrale bekommen wir mit der gleichmäßigen Stetigkeit von $y(t)$:

$$\frac{1}{T} \int_{t-\delta}^{t+\delta} |y(t) - y(\tau)| K_n(t - \tau) d\tau \leq \varepsilon \frac{1}{T} \int_{t-\delta}^{t+\delta} K_n(t - \tau) d\tau \leq \varepsilon \frac{1}{T} \int_{-\frac{T}{2}}^{\frac{T}{2}} K_n(t - \tau) d\tau = \varepsilon$$

Um zu zeigen, dass die anderen beiden Integrale klein werden, wenn n groß wird, benötigen wir die in Satz 1.2.9 gezeigte Darstellung für den Fejer-Kern: $K_n(t) = \frac{1}{n+1} \frac{1 - \cos(n+1)\omega t}{1 - \cos \omega t}$ für $t \neq 0$ und $K_n(0) = n+1$. Für $t + \delta \leq \tau \leq T/2$ (2. Integral) gilt dann $\delta \leq \tau - t \leq T - \delta$ und für $-T/2 \leq \tau \leq t - \delta$ (1. Integral) $-T + \delta \leq \tau - t \leq -\delta$. In beiden Situationen haben wir: $\cos \omega(t - \tau) \leq \cos \omega \delta$, d.h.

$$1 - \cos \omega(t - \tau) \geq 1 - \cos \omega \delta$$

Ferner gilt offenbar: $|1 - \cos(n+1)\omega(t - \tau)| \leq 2$, für den Fejer-Kern also

$$K_n(t - \tau) \leq \frac{1}{n+1} \frac{2}{1 - \cos \omega \delta} \text{ für } |t - \tau| \geq \delta$$

Als stetige Funktion ist $y(t)$ auf dem Intervall $[-\frac{T}{2}, \frac{T}{2}]$ beschränkt, d.h. $|y(t) - y(\tau)| \leq C$. Insgesamt bekommen wir:

$$|y(t) - \sigma_n(t)|$$

$$\leq \frac{C}{T} \frac{1}{n+1} \frac{2}{1 - \cos \omega \delta} \overbrace{(t - \delta + \frac{T}{2})}^{\leq T - 2\delta} + \frac{C}{T} \frac{1}{n+1} \frac{2}{1 - \cos \omega \delta} \overbrace{(\frac{T}{2} - t - \delta)}^{\leq T - 2\delta} + \varepsilon$$

$$\leq 2C \frac{1}{n+1} \frac{2}{1 - \cos \omega \delta} + \varepsilon$$

Wählt man nun n groß genug, so wird der erste Summand des letzten Ausdrucks beliebig klein, d.h.

$$|y(t) - \sigma_n(t)| < 2\varepsilon$$

für $n > N$ und alle $t \in [-\frac{T}{2} + \delta, \frac{T}{2} - \delta]$.

Ist nun $t < -T/2 + \delta$ so bekommt man folgende Zerlegung der Integrale:

$$\int_{-T/2}^{T/2} = \int_{-T/2}^{-T/2+\delta} + \int_{-T/2+\delta}^{T/2}$$

und für $T/2 - \delta < t$ die Zerlegung:

$$\int_{-T/2}^{T/2} = \int_{-T/2}^{T/2-\delta} + \int_{T/2-\delta}^{T/2}$$

Die Argumentation ist in beiden Fällen ähnlich wie oben.
$\square$

Satz 1.2.15 *(s. [28]) Ist für eine quadratintegrable Funktion $x(t)$*

$$\int_0^T x(t)e^{-j\omega kt}dt = 0 \text{ für alle } k\epsilon\mathbb{Z}$$

dann gilt : $x(t) = 0$ für alle $t\epsilon T$ bis auf eine Menge vom Maß Null.

Beweis: Nach der Cauchy-Schwarzschen Ungleichung gilt:

$$(\int_0^T |x(t)| \cdot 1dt)^2 \le \int_0^T 1dt \cdot \int_0^T |x(t)|^2dt$$

Damit ist auch $x(t)$ selbst über das Intervall $[0, T]$ integrierbar. Sei $y(t) := \int_0^t x(\tau)d\tau$, dann ist $y(t)$ eine stetige Funktion. Man kann zeigen, dass $y(t)$ bis auf eine Menge vom Maß Null differenzierbar ist und dass dort gilt: $y'(t) = x(t)$, d.h. 'im wesentlichen' gilt auch hier der Hauptsatz der Differential-und Integralrechnung. Insbesondere gilt offenbar $y(0) = 0$, aber auch $y(T) = \int_0^T x(\tau)d\tau = 0$, denn die Voraussetzung des Satzes gilt auch für $k = 0$. Damit ist $y(t)$ stetig und periodisch auf $[0, T]$. Partielle Integration liefert für $k \ne 0$:

$$\begin{aligned}
\int_0^T y(t)e^{-j\omega kt}dt &= [y(t)\frac{e^{-j\omega kt}}{-j\omega k}]_0^T - \int_0^T x(t)\frac{e^{-j\omega kt}}{-j\omega k}dt \\
&= y(T)\frac{e^{-j\omega kT}}{-j\omega k} - y(0)\frac{1}{-j\omega k} = 0
\end{aligned}$$

Setzen wir nun $z(t) := y(t) - c$ mit $c := \frac{1}{T} \int_0^T y(t) dt$ so gilt offenbar

$$\int_0^T z(t) dt = \int_0^T y(t) dt - T \cdot c = 0$$

Insgesamt steht die Funktion $z(t)$ also senkrecht auf allen Funktionen $e_k(t) = e^{j\omega kt}$ für alle $k \epsilon \mathbb{Z}$ im Sinne des in Gleichung 1.1 der geometrischen Betrachtung in Abschnitt 1.1.4 eingeführten Skalarprodukts, denn $z(t)$ und $y(t)$ unterscheiden sich nur um den Gleichanteil. Für die Folge der arithmetischen Mittel $(\sigma_n(t))_n$ der Fourier-Reihe von $z(t)$ erhalten gilt dann $\langle z, \sigma_n \rangle = 0$, d.h.:

$$\langle z, z - \sigma_n \rangle = \langle z, z \rangle - \langle z, \sigma_n \rangle = \langle z, z \rangle$$

Nach dem vorangegangenen Satz konvergiert $(\sigma_n(t))_{n \epsilon \mathbb{N}}$ gleichmäßig gegen $z(t)$. Mit Hilfe der Cauchy-Schwarzschen Ungleichung erhalten wir damit für ε beliebig und n hinreichend groß:

$$\langle z, z \rangle = \langle z, z - \sigma_n \rangle \leq \sqrt{\langle z, z \rangle} \sqrt{\langle z - \sigma_n, z - \sigma_n \rangle} \leq \sqrt{\langle z, z \rangle} \cdot \varepsilon$$

Es folgt $\sqrt{\langle z, z \rangle} \leq \varepsilon$ und damit nach den Eigenschaften des Skalarprodukts in Abschnitt 1.1.4 $z(t) = 0$ bis auf eine Menge vom Maß Null. Da nun $z'(t) = y'(t) = x(t)$ bis auf eine Menge vom Maß Null, ist damit auch $x(t) = 0$ bis auf eine Menge vom Maß Null.
$\square$

Mit Hilfe der Aussage des vorigen Satzes können wir nun zeigen, dass die Fourier-Reihe einer quadratintegrablen Funktion gegen diese Funktion im quadratischen Mittel konvergiert.

Satz 1.2.16   *Sei $x(t)$ eine Funktion, deren Quadrat integrierbar ist, dann konvergiert die Folge der Teilsummen $(s_n(t))_{n \epsilon \mathbb{N}}$ im quadratischen Mittel gegen die Funktion $x(t)$, d.h.*

$$\lim_{n \to \infty} \frac{1}{T} \int_0^T |x(t) - \sum_{k=-n}^{n} \alpha_k e^{j\omega kt}|^2 dt = 0$$

und es gilt die Parsevalsche Gleichung:

$$\frac{1}{T} \int_0^T |x(t)|^2 dt = \sum_{-\infty}^{\infty} |\alpha_k|^2$$

Beweis: Zunächst zeigen wir, dass die Folge $(s_n(t))_{n \epsilon \mathbb{N}}$ eine Cauchy-Folge im Sinne des quadratischen Mittels ist. Für $n > m$ erhalten wir:

$$
\begin{aligned}
\|s_n - s_m\|^2 &= \langle s_n - s_m, s_n - s_m \rangle \\
&= \langle \sum_{k=m+1}^{n} \alpha_k e_k + \sum_{k=-n}^{-(m+1)} \alpha_k e_k, \sum_{l=m+1}^{n} \alpha_l e_l + \sum_{l=-n}^{-(m+1)} \alpha_l e_l \rangle \\
&= \sum_{k=m+1}^{n} \alpha_k \overline{\alpha_k} + \sum_{k=-n}^{-(m+1)} \alpha_k \overline{\alpha_k} = \sum_{k=m+1}^{n} |\alpha_k|^2 + \sum_{k=-n}^{-(m+1)} |\alpha_k|^2
\end{aligned}
$$

denn $\langle e_k, e_l \rangle = 0$ für $k \neq l$ und $\langle e_k, e_k \rangle = 1$ für alle $k \epsilon \mathbb{Z}$. Nach der Besselschen Ungleichung (s. Satz 1.1.13) konvergiert aber die Reihe $\sum_{-\infty}^{\infty} |\alpha_k|^2$. Damit gilt für beliebiges $\varepsilon > 0$ und $m, n \epsilon \mathbb{N}$ hinreichend groß:

$$
\|s_n - s_m\|^2 = \sum_{k=m+1}^{n} |\alpha_k|^2 + \sum_{k=-n}^{-(m+1)} |\alpha_k|^2 < \varepsilon
$$

Man kann nun zeigen dass im Raum der quadratintegrablen Funktionen jede Cauchy-Folge konvergiert, d.h. es gibt eine (im Lebesgueschen Sinne) quadratintegrable Funktion $s(t)$ mit

$$
\lim_{n \to \infty} \|s_n - s\| = 0
$$

In der geometrischen Betrachtung des Abschnitts 1.1.4 hatten wir gesehen, dass $e_k(t)$ im Sinne des dort definierten Skalarprodukts senkrecht auf $x(t) - s_n(t)$ steht, sofern $-n \leq k \leq n$. Für festes $k \epsilon \mathbb{Z}$ erhalten wir dann nach der Cauchy-Schwarzschen Ungleichung für $n \geq |k|$:

$$
\begin{aligned}
|\langle e_k, x - s \rangle| &= |\langle e_k, x - s \rangle - \langle e_k, x - s_n \rangle| = |\langle e_k, s_n - s \rangle| \\
&\leq \|e_k\| \|s_n - s\| = \|s_n - s\|
\end{aligned}
$$

Die rechte Seite der Ungleichung geht aber mit n gegen Unendlich gegen Null und damit :

$$
\langle e_k, x - s \rangle = 0 \text{ für beliebiges } k \in \mathbb{Z}
$$

Der voraufgegangene Satz liefert dann:

$$
x(t) - s(t) = 0 \text{ bis auf eine Menge vom Maß Null}
$$

Insbesondere gilt: $\|x - s\| = 0$ und daher nach der Dreiecksungleichung:

$$
\|x - s_n\| \leq \|x - s\| + \|s - s_n\| = \|s - s_n\|
$$

d.h.

$$
\lim_{n \to \infty} \|x - s_n\|^2 = \lim_{n \to \infty} \frac{1}{T} \int_0^T |x(t) - \sum_{k=-n}^{n} \alpha_k e^{j\omega k t}|^2 dt = 0
$$

Zum Beweis der Parsevalschen Gleichung beobachten wir (vergl. Satz 1.1.13):

$$
\begin{aligned}
\|x - s_n\|^2 &= \langle x - s_n, x - s_n \rangle = \langle x, x \rangle - \langle s_n, x \rangle - \langle x, s_n \rangle + \langle s_n, s_n \rangle \\
&= \|x\|^2 - \sum_{k=-n}^{n} \alpha_k \langle e_k, x \rangle - \sum_{k=-n}^{n} \overline{\alpha_k} \langle x, e_k \rangle + \sum_{k=-n}^{n} \alpha_k \overline{\alpha_k} \\
&= \|x\|^2 - \sum_{k=-n}^{n} |\alpha_k|^2
\end{aligned}
$$

Die linke Seite der Gleichung geht für n gegen Unendlich gegen Null. Es folgt:

$$
\frac{1}{T} \int_0^T |x(t)|^2 dt = \|x\|^2 = \sum_{-\infty}^{\infty} |\alpha_k|^2
$$

$\square$

Beispiel 1.2.17 In Beispiel 1.1.3 hatten wir die Fourier-Koeffizienten der Funktion $x(t) = t$ für $t\epsilon[0, 2\pi)$ mit $\alpha_n = \frac{i}{n}, n \neq 0$ und $\alpha_0 = \pi$ bestimmt. Die Parsevalsche Gleichung liefert nun

$$
\frac{1}{2\pi} \int_0^{2\pi} |x(t)|^2 dt = \frac{1}{2\pi}[\frac{t^3}{3}]_0^{2\pi} = \frac{4}{3}\pi^2 = \pi^2 + \sum_{-\infty, n \neq 0}^{\infty} \frac{1}{n^2} = \pi^2 + 2 \sum_{n=1}^{\infty} \frac{1}{n^2}
$$

Damit erhält man übrigens

$$
\pi^2 + 2 \sum_{n=1}^{\infty} \frac{1}{n^2} = \frac{4\pi^2}{3}
$$

also

$$
\sum_{n=1}^{\infty} \frac{1}{n^2} = \frac{\pi^2}{6}
$$

1.2.4 Gleichmäßige Konvergenz

Ist $x(t)$ stetig differenzierbar, so konvergiert die Fourier-Reihe sogar gleichmäßig, wie der folgende Satz zeigt.

Satz 1.2.18   *Sei $x(t)$ stetig auf $[0, T]$ und periodisch, d.h. $x(0) = x(T)$, sei ferner $x(t)$ differenzierbar auf $(0, T)$ und die Ableitung $x'(t)$ dort von endlicher Energie, dann gilt*

  1. die Fourier-Reihe von $x(t)$ konvergiert gleichmäßig gegen $x(t)$

2. *die Reihe der Fourier-Koeffizienten konvergiert absolut, d.h.*

$$\sum_{-\infty}^{\infty} |\alpha_n| < \infty$$

Beweis: In Satz 1.1.11 hatten wir gesehen, dass unter den obigen Voraussetzungen gilt: $\alpha'_n = jn\omega\alpha_n$. Insbesondere gilt also für $n \neq 0$:

$$\alpha_n = \frac{1}{jn\omega}\alpha'_n$$

Wir wollen uns nun der Frage der gleichmäßigen Konvergenz zuwenden. Hierzu zeigen wir zunächst, dass die Reihe über die Beträge der Fourier-Koeffizienten von $x(t)$ konvergiert:

$$\sum_{n=-N}^{N} |\alpha_n| = |\alpha_0| + \sum_{n=-N, n\neq 0}^{N} |\frac{1}{jn\omega}| \cdot |\alpha'_n|$$

Der Ausdruck unter der Summe auf der rechten Seite lässt sich als Skalarprodukt zweier Vektoren mit $2N$ reellen Komponenten interpretieren. Bekanntlich gilt hier die Schwarzsche Ungleichung $|\langle \vec{x}, \vec{y} \rangle| \leq |\vec{x}||\vec{y}|$. Setzt man $x_n = \frac{1}{n}$ und $y_n = |\alpha'_n|$ so erhält man:

$$\sum_{n=-N}^{N} |\alpha_n| \leq |\alpha_0| + \frac{1}{\omega}\{(\sum_{n=-N, n\neq 0}^{N} \frac{1}{n^2}) \cdot (\sum_{n=-N, n\neq 0}^{N} |\alpha'_n|^2)\}^{\frac{1}{2}}$$

$$\leq |\alpha_0| + C(\frac{1}{T}\int_0^T |x'(t)|^2 dt)^{\frac{1}{2}}$$

Die letzte Ungleichung ergibt sich aus der Besselschen Ungleichung (vergl. Satz 1.1.13) für $x'(t)$ und aus der Tatsache, dass die Reihe $\sum \frac{1}{n^2}$ konvergiert. Damit ist die monoton wachsende Folge (u_N) mit $u_N = \sum_{n=-N}^{N} |\alpha_n|$ beschränkt und daher konvergent.

Wegen $|e^{jn\omega t}| = 1$ sieht man, dass $\sum_{-\infty}^{\infty} |\alpha_n|$ eine Majorante für die Fourier-Reihe $\sum_{-\infty}^{\infty} \alpha_n e^{jn\omega t}$ ist. Damit konvergiert die Fourier-Reihe von $x(t)$ gleichmäßig und absolut. Der Grenzwert ist bekanntlich eine stetige Funktion $y(t)$. Man weist leicht nach, dass die Fourier-Reihe dann auch im quadratischen Mittel gegen $y(t)$ konvergiert. Andererseits konvergiert die Fourier-Reihe nach Satz 1.2.3 im quadratischen Mittel gegen $x(t)$, d.h. $x(t) = y(t)$ für alle $t \in [0, T]$, da beide Funktionen stetig sind.
$\square$

Bemerkungen:

1. Die Fourier-Reihe für $x'(t)$:

$$x'(t) \sim \sum_{-\infty}^{\infty} jn\omega\alpha_n e^{jn\omega t}$$

konvergiert im allgemeinen nur noch im quadratischen Mittel (vergl. Bemerkung 2 zum Differentiationssatz 1.1.11) gegen $x'(t)$.

2. Die Differenzierbarkeitsanforderungen an $x(t)$ lassen sich dahingehend abschwächen, dass $x(t)$ an endlich vielen Ausnahmestellen des Intervalls $(0, T)$ zwar immer noch stetig, aber nicht mehr differenzierbar ist, d.h. endlich viele 'Knicke' sind zugelassen. (vergl.Bemerkung 3 zum Differentiationssatz).

3. Für den Beweis der gleichmäßigen Konvergenz haben wir lediglich die Konvergenz der Reihe $\sum_{-\infty}^{\infty} |\alpha_n|$ benötigt.

Beispiel 1.2.19   Sei $x(t) = t$ für $0 \leq t \leq \pi$ u. $x(t) = 2\pi - t$ für $\pi \leq t \leq 2\pi$. Wir hatten oben gesehen (vergl. Beispiel 1.1.12)

$$\alpha_n = \frac{1}{\pi n^2}((-1)^n - 1)$$
$$\alpha_0 = \frac{\pi}{2}$$

Die Folge der Teilsummen

$$s_N(t) = \frac{\pi}{2} + \sum_{n=-N, n\neq 0}^{N} \frac{1}{\pi n^2}((-1)^n - 1)e^{jnt}$$

konvergiert also gleichmäßig gegen $x(t)$.

1.3 Faltung und Korrelation

Seien $x(t)$ und $y(t)$ periodische Signale endlicher Energie mit Periode T. Dann kann man die zyklische Faltung dieser beiden Signale definieren:

Definition 1.3.1   *Die Funktion*

$$z(t) := \frac{1}{T} \int_0^T x(\tau)y(t - \tau)d\tau$$

heißt zyklische Faltung *der periodischen Signale* $x(t)$ *und* $y(t)$, *symbolisch*

$$z(t) = x(t) * y(t)$$

□

Das Faltungsprodukt ist insbesondere von endlicher Energie, sofern $x(t)$ und $y(t)$ von endlicher Energie sind. Dies besagt der folgende

Satz 1.3.2   *Ist* $z(t)$ *die zyklische Faltung der beiden (periodischen) Funktionen* $x(t)$ *und* $y(t)$ *endlicher Energie, so ist* $z(t)$ *stetig.*

Beweis: 1. Wir zeigen zunächst: das Faltungsprodukt $z(t)$ ist stetig, wenn $y(t)$ stetig ist: Nach der Cauchy-Schwarzschen Ungleichung bekommen wir für $t_1, t_2 \epsilon [0, T]$:

$$|z(t_1) - z(t_2)| \leq \frac{1}{T} \int_0^T |x(\tau)(y(t_1 - \tau) - y(t_2 - \tau)|d\tau$$

$$\leq \frac{1}{T}(\int_0^T |x(\tau)|^2 d\tau \int_0^T |y(t_1 - \tau) - y(t_2 - \tau)|^2 d\tau)^{1/2}$$

Das Signal $y(t)$ ist gleichmäßig stetig auf dem Intervall $[-T, T]$, d.h. zu gegebenem $\epsilon > 0$ gibt es ein $\delta > 0$ mit $|y(t_1 - \tau) - y(t_2 - \tau)| < \epsilon$, sofern $|t_1 - t_2| < \delta$. Damit bekommen wir

$$|z(t_1) - z(t_2)| \leq \frac{1}{T}(\int_0^T |x(\tau)|^2 d\tau \int_0^T \epsilon^2 d\tau)^{1/2} = \epsilon \cdot c$$

für $|t_1 - t_2| < \delta$ und $c = \frac{1}{\sqrt{T}}(\int_0^T |x(\tau)|^2 d\tau)^{1/2}$.

2. Wir zeigen nun die allgemeinere Version des obigen Teilergebnisses:

Sei $s_n(t)$ die n-te Teilsumme der Fourier-Reihe von $y(t)$. Dann ist $s_n(t)$ stetig und konvergiert im quadratischen Mittel gegen $y(t)$ (s. Satz 1.2.16). Die Faltungsprodukte $z_n(t) = x(t) * s_n(t)$ sind nach dem oben Gesagten stetig. Dann gilt:

$$|z(t) - z_n(t)| \leq \frac{1}{T} \int_0^T |x(\tau)||y(t - \tau) - s_n(t - \tau)|d\tau$$

Nach der Cauchy-Schwarzschen Ungleichung gilt dann:

$$|z(t) - z_n(t)| \leq \frac{1}{T}(\int_0^T |x(\tau)|^2 d\tau \cdot \int_0^T |y(t - \tau) - s_n(t - \tau)|^2 d\tau)^{1/2}$$

$$= \frac{1}{T}(\int_0^T |x(\tau)|^2 d\tau \cdot \int_0^T |y(\tau) - s_n(\tau)|^2 d\tau)^{1/2}$$

der zweite Faktor der rechten Seite geht aber mit n gegen Unendlich gegen Null. Damit konvergiert $z_n(t)$ gleichmäßig gegen $z(t)$. Damit ist $z(t)$ eine stetige Funktion, denn gleichmäßige Grenzwerte stetiger Funktionen sind stetig.

□

Für die Fourier-Koeffizienten γ_k von $z(t)$ bekommt man nun:

$$\gamma_k = \frac{1}{T} \int_0^T z(t)e^{-jk\omega t}dt = \frac{1}{T^2} \int_0^T (\int_0^T x(\tau)y(t - \tau)d\tau)e^{-jk\omega t}dt$$

$$= \frac{1}{T^2} \int_0^T (\int_0^T x(\tau)y(t - \tau)e^{-jk\omega(t-\tau)}e^{-jk\omega\tau})d\tau dt$$

Vertauschung der Integrationsreihenfolge liefert

$$\gamma_k = \frac{1}{T^2} \int_0^T x(\tau)e^{-jk\omega\tau} \int_0^T y(t - \tau)e^{-jk\omega(t-\tau)}dt d\tau$$

Mit Hilfe der Substitution $\sigma = t - \tau$ bekommen wir:

$$\int_0^T y(t-\tau)e^{-jk\omega(t-\tau)}dt = \int_{-\tau}^{T-\tau} y(\sigma)e^{-jk\omega\sigma}\frac{dt}{d\sigma}d\sigma$$

Also gilt $\gamma_k = \alpha_k \cdot \beta_k$.

Die Reihe der Fourier-Koeffizienten des Faltungsproduktes konvergiert aber absolut, denn nach der Cauchy-Schwarzschen Ungleichung für Vektoren bekommt man:

$$\sum_{k=-n}^{n} |\gamma_k| = \sum_{k=-n}^{n} |\alpha_k \cdot \beta_k| \leq \left(\sum_{k=-n}^{n} |\alpha_k|^2 \cdot \sum_{k=-n}^{n} |\beta_k|^2 \right)^{1/2}$$

Nach der Besselschen Ungleichung erhält man daraus

$$\sum_{k=-n}^{n} |\gamma_k| \leq \left(\frac{1}{T} \int_0^T |x(t)|^2 dt \cdot \frac{1}{T} \int_0^T |y(t)|^2 dt \right)^{1/2}$$

und damit die behauptete Konvergenz der Reihe $\sum_{-\infty}^{\infty} |\gamma_k|$. Die entsprechende Fourier-Reihe konvergiert dann gleichmäßig und zwar gegen $z(t) = x(t) * y(t)$ (vergl. Bemerkung 3 zu Satz 1.2.18). Insgesamt erhalten wir dann den

Satz 1.3.3 *(Faltungssatz für Fourier-Reihen)   Seien $x(t)$ und $y(t)$ periodische Signale endlicher Energie mit Periode T. Dann ist das Faltungsprodukt stetig, und für die Fourier-Koeffizienten γ_k der zyklischen Faltung $x(t) * y(t)$ der beiden Signale gilt:*

$$\gamma_k = \alpha_k \cdot \beta_k \ \text{ für } k\epsilon\mathbb{Z}$$

wenn α_k bzw. β_k k-ter Fourier-Koeffizient von $x(t)$ bzw. $y(t)$ ist. Die Fourier-Reihe des Faltungsprodukts konvergiert gleichmäßig gegen das Faltungsprodukt.

$\square$

Den Faltungssatz kann man sich für die Manipulation des Spektrums eines gegebenen periodischen Signals $x(t)$ zunutze machen, indem man die zugehörigen Fourier-Koeffizienten mit solchen 'wünschenswerter Beschaffenheit' multipliziert. Im Zeitbereich bedeutet dies: zyklische Faltung von $x(t)$ mit einem entsprechenden periodischen Signal.

Will man etwa die Fourier-Koeffizienten zwischen $-n$ und n ungeändert beibehalten und sämtliche höheren Frequenzen unterdrücken (d.h. die zugehörigen Fourier-Koeffizienten Null setzen), so bedeutet dies:

$$\beta_k = \left\{ \begin{array}{ll} 1 & \text{für } -n \leq k \leq n \\ 0 & \text{sonst} \end{array} \right.$$

Das zugehörige periodische Zeitsignal ist dann der Dirichlet-Kern

$$D_n(t) = \sum_{m=-n}^{n} e^{jm\omega t}$$

in Satz 1.2.9 wird gezeigt:

$$D_n(t) = \begin{cases} \frac{\sin(n+1/2)\omega t}{\sin \omega t/2} & \text{für } t \neq 0 \\ 2n+1 & \text{für } t = 0 \end{cases}$$

Man erhält:

$$x(t) * D_n(t) = \frac{1}{T} \int_0^T x(\tau) D_n(t-\tau) d\tau = \sum_{k=-n}^{n} \alpha_k e^{jk\omega t} = s_n(t)$$

Eine stärkere Dämpfung höherer Frequenzen liefert der Fejer-Kern, der als arithmetisches Mittel von Dirichlet-Kernen definiert ist:

$$K_n(t) = \frac{1}{n+1} \sum_{k=0}^{n} D_k(t)$$

Setzt man die Definition der Dirichlet-Kerne ein, so bekommt man:

$$K_n(t) = \frac{1}{n+1} \sum_{k=0}^{n} \sum_{m=-k}^{k} e^{jm\omega t} = \sum_{m=-n}^{n} \frac{n+1-|m|}{n+1} e^{jm\omega t}$$

Die letzte Gleichung weist man ohne weiteres mit vollständiger Induktion über n nach. Für die Fourier-Koeffizienten des Fejer-Kerns bekommt man also

$$\beta_m = \begin{cases} 1 - \frac{|m|}{n+1} & \text{für } -n \leq m \leq n \\ 0 & \text{sonst} \end{cases}$$

In Satz 1.2.9 wird noch gezeigt:

$$K_n(t) = \begin{cases} \frac{1}{n+1} \frac{1-\cos(n+1)\omega t}{1-\cos \omega t} & \text{für } t \neq 0 \\ n+1 & \text{für } t = 0 \end{cases}$$

Man erhält:

$$x(t) * K_n(t) = \frac{1}{T} \int_0^T x(\tau) K_n(t-\tau) d\tau = \sum_{k=-n}^{n} \alpha_k \cdot (1 - \frac{|k|}{n+1}) e^{jk\omega t} = \sigma_n(t)$$

wobei $\sigma_n(t)$ das arithmetische Mittel der n-ten Teilsummen der Fourier-Reihe ist (vergl. den Teilabschnitt über Dirichlet- u. Fejer-Kern des Abschnitts 1.2.1).

Während Dirichlet- und Fejer-Kern nur endlich viele Frequenzen von $x(t)$ berücksichtigen, dämpft der Abel-Poussin-Kern $P_r(t)$ höhere Fourier-Koeffizienten im Sinne einer geometrischen Folge: sei $0 < r < 1$. Setzt man nun

$$P_r(t) = \sum_{-\infty}^{\infty} r^{|k|} e^{jk\omega t}$$

so konvergiert die Reihe offenbar absolut, damit auch jede Umordnung gegen denselben Grenzwert und man bekommt nach der Formel für den Grenzwert einer geometrischen Reihe:

$$
\begin{aligned}
P_r(t) &= \sum_{k=0}^{\infty} r^{|k|} (e^{j\omega t})^k + \sum_{k=0}^{\infty} r^{|k|} (e^{-jk\omega t})^k - 1 \\
&= \frac{1}{1 - re^{j\omega t}} + \frac{1}{1 - re^{-j\omega t}} - 1 \\
&= \frac{1 - r^2}{1 - 2r\cos\omega t + r^2}
\end{aligned}
$$

Der k-te Fourier-Koeffizient von $x(t) * P_r(t)$ lautet dann $\alpha_k \cdot r^{|k|}$. Die zugehörige Fourier-Reihe $\sum_{-\infty}^{\infty} \alpha_k \cdot r^{|k|} e^{jk\omega t}$ konvergiert dann gleichmäßig gegen $x(t) * P_r(t)$

1.3.0.1 Kreuz-und Autokorrelation

Definition 1.3.4 *Seien die reellen Funktionen $x(t)$ und $y(t)$ von endlicher Energie. Dann bezeichnet man die Funktion*

$$r_{xy}(t) := \frac{1}{T} \int_0^T x(\tau)y(\tau + t)d\tau$$

als Kreuzkorrelation von $x(t)$ und $y(t)$.

Der Begriff der Kreuzkorrelation ist eng mit dem der Faltung verwandt, denn für $v(\sigma) := y(-\sigma)$ bekommt man:

$$r_{xy}(-t) := \frac{1}{T} \int_0^T x(\tau)y(\tau - t)d\tau = \frac{1}{T} \int_0^T x(\tau)v(t - \tau)d\tau = x(t) * v(t)$$

Seien α_k bzw. β_k die k-ten Fourier-Koeffizienten von $x(t)$ bzw. $y(t)$, dann ist der k-te Fourier-Koeffizient von $v(t)$ gleich $\overline{\beta}_k$, denn mit der Substitution $\sigma = -t$ erhält man

$$\overline{\beta}_k = \frac{1}{T} \int_0^T y(t)e^{jk\omega t}dt = \frac{1}{T} \int_0^T v(\sigma)e^{-jk\omega\sigma}d\sigma$$

Nach dem Faltungssatz ist dann der k-te Fourier-Koeffizient von $r_{xy}(-t)$ gleich $\alpha_k \cdot \overline{\beta}_k$ und damit der entsprechende Koeffizient von $r_{xy}(t)$ gleich dem dazu konjugiert Komplexen, nämlich gleich $\overline{\alpha}_k \cdot \beta_k$. Aus dem Faltungssatz folgt: die Kreuzkorrelation $r_{xy}(t)$ ist eine stetige Funktion, deren Fourier-Reihe gleichmäßig gegen $r_{xy}(t)$ konvergiert.

Sind $x(t)$ und $y(t)$ identisch erhalten wir als Spezialfall der Kreuzkorrelation:

Definition 1.3.5 *Sei die Funktion $x(t)$ von endlicher Energie. Dann bezeichnet man die Funktion*

$$r_x(t) := \frac{1}{T} \int_0^T x(\tau)x(\tau + t)d\tau$$

als Autokorrelation *von $x(t)$.*

Der k-te Fourier-Koeffizient von $r_x(t)$ ist gleich $|\alpha_k|^2$ und wird als *spektrale Leistungsdichte* bezeichnet. Die zu $r_x(t)$ gehörige Fourier-Reihe $\sum_{-\infty}^{\infty} |\alpha_k|^2 e^{jk\omega t}$ konvergiert gleichmäßig gegen $r_x(t)$. Insbesondere gilt für t beliebig:

$$r_x(t) = \sum_{-\infty}^{\infty} |\alpha_k|^2 e^{jk\omega t}$$

Offenbar gilt noch für beliebiges t:

$$|r_x(t)| \leq \sum_{-\infty}^{\infty} |\alpha_k|^2 = r_x(0)$$

d.h. der Maximalwert der Autokorrelation wird an der Stelle 0 angenommen.

Beispiel 1.3.6   Sei $x(t) = t$ mit $t \in [0, T)$ sowie $x(T) = 0$. Dann gilt:

$$\begin{aligned}
r_x(t) &= \frac{1}{T} \int_0^T x(\tau)x(t + \tau)d\tau = \frac{1}{T} \int_0^t \tau(\tau + T - t)d\tau + \frac{1}{T} \int_t^T \tau(\tau - t)d\tau \\
&= \frac{1}{T}([\frac{\tau^3}{3} + \frac{\tau^2}{2}(T - t)]_0^t + [\frac{\tau^3}{3} - \frac{\tau^2}{2}t]_t^T) = \frac{1}{2}t(t - T) + \frac{T^2}{3}
\end{aligned}$$

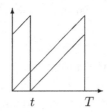

Ferner gilt: $\alpha_0 = \frac{T}{2}$ und $\alpha_k = \frac{T}{2\pi}\frac{j}{k}$ für $k \neq 0$.

1.4 Zusammenfassung u. Aufgaben

1.4.1 Zusammenfassung

$x(t)$ periodisch mit Periode T

- Fourier-Koeffizient: $\alpha_n = \frac{1}{T} \int_0^T x(t) e^{-jwnt} dt$

- Fourier-Reihe (komplex): $x(t) \sim \sum_{-\infty}^{\infty} \alpha_n e^{jnwt}$
  Fourier-Reihe (reell): $x(t) \sim \frac{A_0}{2} + \sum_{n=1}^{\infty}(A_n \cos nwt + B_n \sin nwt)$,
  wobei $\alpha_n = \frac{1}{2}(A_n - j \cdot B_n)$ (s. Abschnitt 1.1.1)

- Symmetrie: ist $x(t)$ gerade Funktion, dann α_n reell, ist $x(t)$ ungerade, dann α_n imaginär (s. Satz 1.1.9)

- Differentiationssatz: ist $x(t)$ differenzierbar und $x'(t)$ von endlicher Energie, dann gilt: $\alpha_n' = jnw \cdot \alpha_n$ (α_n': n-ter Fourier-Koeffizient von $x'(t)$) (s. Satz 1.1.11)

- zyklische Faltung: $z(t) = x(t) * y(t) = \frac{1}{T} \int_0^T x(\tau)y(t - \tau)d\tau$
  Faltungssatz: n-ter FourierKoeffizient von $z(t)$: $\alpha_n \cdot \beta_n$,
  (α_n bzw. β_n n-ter Fourier-Koeffizient von $x(t)$ bzw. $y(t)$) (s. Satz 1.3.3)

- Konvergenzaussagen: sei $s_n(t) = \sum_{k=-n}^{n} \alpha_k e^{jkwt}$ n-te Teilsumme der Fourier-Reihe
  - ist $x(t)$ von endlicher Energie auf $[0, T]$, so konvergiert die Fourier-Reihe im quadratischen Mittel gegen $x(t)$, d.h.

$$\lim_{n \to \infty} \int_0^T |x(t) - s_n(t)|^2 = 0$$

  und es gilt die Parsevalsche Gleichung

$$\sum_{-\infty}^{\infty} |\alpha_n|^2 = \frac{1}{T} \int_0^T |x(t)|^2 dt$$

  (s. Satz 1.2.16)
  - besteht $x(t)$ aus endlich vielen monotonen Stücken, so konvergiert die Fourier-Reihe (im wesentlichen) punktweise gegen $x(t)$, genauer:

$$\lim_{n \to \infty} s_n(t) = \frac{1}{2}(x(t+) + x(t-))$$

  in den Sprungstellen (falls vorhanden) also gegen den Mittelwert aus rechts- u. linksseitigem Grenzwert (s. Satz 1.2.12)
  - ist $x(t)$ differenzierbar und $x'(t)$ von endlicher Energie, dann konvergiert $s_n(t)$ gleichmäßig gegen $x(t)$ auf $[0, T]$, d.h.

$$\lim_{n \to \infty} \max_{t \in [0,T]} |x(t) - s_n(t)| = 0$$

  (s. Satz 1.2.18)

1.4.2 Aufgaben

1. Berechnen Sie die Fourierkoeffizienten für

   a)

   $$x(t) = \begin{cases} 1 & 0 \leq t < \pi \\ -1 & \pi \leq t < 2\pi \end{cases}$$

   b) $x(t) = 1 - \sin 2t$ für $0 \leq t \leq 2\pi$

   c) $x(t) = 1 - \sin \frac{t}{2}$ für $0 \leq t \leq 2\pi$

   und geben Sie die zugehörigen Fourierreihen an.

2. Stellen Sie die Funktionen

   a)

   $$x(t) = \begin{cases} t & 0 \leq t < \frac{\pi}{2} \\ \pi - t & \frac{\pi}{2} \leq t < \frac{3}{2}\pi \\ t - 2\pi & \frac{3}{2}\pi \leq t < 2\pi \end{cases}$$

   b) $x(t) = t^2 - 2\pi t$ für $0 \leq t \leq 2\pi$

   c)

   $$x(t) = \begin{cases} -(t - \frac{\pi}{2})^2 + \frac{\pi^2}{4} & 0 \leq t < \pi \\ (t - \frac{3}{2}\pi)^2 - \frac{\pi^2}{4} & \pi \leq t < 2\pi \end{cases}$$

   graphisch dar und berechnen Sie die zugehörigen Fourierkoeffizienten. (Hinweis: Differentiationssatz)

3.   a) Berechnen sie die Fourier-Koeffizienten der mit der Periode T_0 periodischen Funktion $x(t) = e^{-t/\tau}$ für $0 \leq t < T_0$, wobei $0 < \tau < T_0$ vorausgesetzt wird. Geben Sie die komplexe und reelle Darstellung der Fourier-Reihe an.

   b) Berechnen Sie die Fourier-Koeffizienten für $x(t - T_0/2)$ mit $x(t)$ wie oben.

4. Berechnen Sie die Fourier-Koeffizienten der mit T_0 periodischen Rechteckschwingung

   $$x(t) = \begin{cases} 1 & \text{für } 0 \leq t < T_0/4 \\ -1 & \text{für } T_0/4 \leq t < 3/4T_0 \\ 1 & \text{für } 3/4T_0 \leq t < T_0 \end{cases}$$

2 Die Fourier-Transformation

Im Kapitel über Fourier-Reihen haben wir gesehen, dass zu einer *periodischen* Funktion ein *diskretes* Spektrum gehört, das durch die Fourier-Koeffizienten dieser Funktion gegeben ist. Dabei gibt der k-te Fourier-Koeffizient die komplexe Amplitude der k-ten Oberschwingung bezogen auf das Periodizitätsintervall T an, wobei durch Überlagerung aller dieser Anteile (d.h. durch die Fourier-Reihe) die gegebene periodische Funktion im wesentlichen wiedergewonnen wird. Allerdings sind, je nach Glattheit der periodischen Funktion, unterschiedliche Aussagen darüber möglich, in welchem Sinne dies für die Fourier-Reihe zutrifft.

Bei der Betrachtung des Spektrums von *nichtperiodischen* Funktionen finden wir in Vielem verwandte Verhältnisse vor, allerdings mit einem entscheidenden Unterschied: das Spektrum einer nichtperiodischen Funktion wird sich als *kontinuierlich* herausstellen, sofern diese gewisse Integrierbarkeitseigenschaften aufweist.

Das folgende Beispiel soll ein Gefühl dafür vermitteln, was mit dem diskreten Spektrum passiert, wenn man ein gegebenes 'Mustersignal' periodisch wiederholt, allerdings dabei die Periodenlänge immer weiter vergrößert.

Beispiel 2.0.1   Sei $0 < \tau < T$ und

$$x(t) := \left\{ \begin{array}{ll} 1 & \text{für } |t| \leq \frac{\tau}{2} \\ 0 & \text{sonst} \end{array} \right.$$

Die Funktion $x(t)$ ist offenbar eine nichtperiodische Funktion. Betrachtet man diese auf dem Intervall $[-\frac{T}{2}, \frac{T}{2}]$ und setzt dieses 'Mustersignal' periodisch fort, indem man festlegt

$$x_{p,T}(t) := \sum_{-\infty}^{\infty} x(t - nT)$$

so ist $x_{p,T}(t)$ eine periodische Funktion mit Periode T, die auf jedem Intervall $[nT - \frac{T}{2}, nT + \frac{T}{2}]$ das Mustersignal wiederholt.

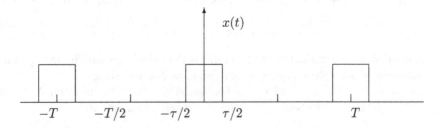

Im folgenden wollen wir T als variabel und τ als konstant betrachten. Mit $\omega(T) = \frac{2\pi}{T}$ erhalten wir dann für die Fourier-Koeffizienten $\alpha_k(T)$ von $x_{p,T}(t)$ zunächst für $k \neq 0$:

$$
\begin{aligned}
\alpha_k(T) &= \frac{1}{T} \int_{-\frac{T}{2}}^{\frac{T}{2}} x(t) e^{-jk\omega(T)t} dt = \frac{1}{T} \int_{-\frac{\tau}{2}}^{\frac{\tau}{2}} e^{-jk\omega(T)t} dt \\
&= \frac{1}{T} \left[\frac{e^{-jk\omega(T)t}}{-jk\omega(T)} \right]_{-\frac{\tau}{2}}^{\frac{\tau}{2}} = \frac{1}{-jk2\pi} \left(e^{-jk\omega(T)\frac{\tau}{2}} - e^{jk\omega(T)\frac{\tau}{2}} \right) \\
&= \frac{1}{-jk2\pi} \left(-2j \sin(k\omega(T)\frac{\tau}{2}) \right) = \frac{1}{k\pi} \sin(k\omega(T)\frac{\tau}{2}) \\
&= \frac{\tau}{T} \frac{\sin(k\pi\frac{\tau}{T})}{k\pi\frac{\tau}{T}}
\end{aligned}
$$

und für $k = 0$:

$$
\alpha_0(T) = \frac{1}{T} \int_{-\frac{T}{2}}^{\frac{T}{2}} x(t) dt = \frac{1}{T} \int_{-\frac{\tau}{2}}^{\frac{\tau}{2}} dt = \frac{\tau}{T}
$$

Mit Hilfe einer Grenzwertbetrachtung lässt sich leicht nachweisen, dass die Funktion $\frac{\sin t}{t}$ an der Stelle Null stetig durch 1 ergänzbar ist. Da diese Funktion im Rahmen der Fourier-Analyse häufig auftritt, führt man für sie einen eigenen Namen ein. Man definiert

$$
\mathrm{si}(t) := \begin{cases} \frac{\sin t}{t} & \text{für } t \neq 0 \\ 1 & \text{für } t = 0 \end{cases}
$$

Mit dieser Bezeichnung können wir dann für alle $k\epsilon\mathbb{Z}$ schreiben:

$$
\alpha_k(T) = \frac{\tau}{T} \mathrm{si}(k\pi\frac{\tau}{T})
$$

Wir wollen nun untersuchen, was geschieht, wenn wir bei festem τ die Periode T von $x_{p,T}(t)$ immer weiter vergrößern. Die zum Intervall $[-\frac{T}{2}, \frac{T}{2}]$ gehörige Grundschwingung wird dann immer langwelliger, die Frequenzabstände zwischen aufeinander folgenden Oberschwingungen immer kleiner und somit ein immer dichteres Raster von Frequenzen berücksichtigt. Um dies zu verdeutlichen, setzen wir $h = \frac{1}{T}$. Offenbar gilt:

$$
T \cdot \alpha_k(T) = \tau \cdot \mathrm{si}(\pi\tau k h)
$$

Für T gegen Unendlich geht h gegen Null, d.h. die Funktion $X(f) := \tau \cdot \mathrm{si}(\pi\tau f)$ für $f \in \mathbb{R}$ wird mit immer kleiner werdender Schrittweite h äquidistant 'abgetastet', um die Fourier-Koeffizienten von $x_{p,T}(t)$, genauer die Produkte $T \cdot \alpha_k(T)$ für $k \in \mathbb{Z}$, zu bestimmen. Insbesondere gilt bei Verdoppelung von T, bzw. bei Halbierung von h:

$$
T \cdot \alpha_k(T) = \tau \cdot \mathrm{si}(\pi\tau k h) = \tau \cdot \mathrm{si}(\pi\tau 2k \frac{h}{2}) = 2T \cdot \alpha_{2k}(2T)
$$

d.h. die Fourier-Koeffizienten für die einfache Periodenlänge sind in denen für die doppelte Periodenlänge enthalten (wenn auch in anderer Numerierung).

Im folgenden Abschnitt wird sich herausstellen, dass die Funktion $X(f)$ das kontinuierliche Spektrum der oben definierten Funktion $x(t)$ darstellt.

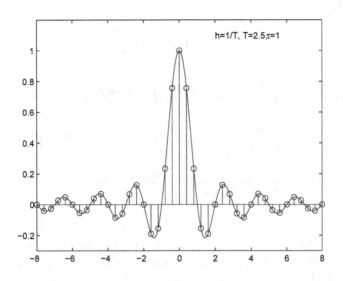

Abtastung der Funktion $\tau \cdot \mathrm{si}(\pi\tau f)$ im Abstand h

2.1 Die Fourier-Transformation

Sei $x(t)$ eine über die ganze reelle Achse absolut integrierbare Funktion, d.h. es soll gelten

$$\int_{-\infty}^{\infty} |x(t)| dt < \infty$$

Dann ist auch das Integral

$$\int_{-\infty}^{\infty} x(t)\mathrm{e}^{-j2\pi ft} dt$$

für jedes feste $f\epsilon\mathbb{R}$ definiert (es gilt ja $|\mathrm{e}^{-j2\pi ft}| = 1$). Die entstehende Funktion der Variablen f nennen wir die Fourier-Transformierte $X(f)$ von $x(t)$ und schreiben

$$\mathcal{F}\{x(t)\} = \int_{-\infty}^{\infty} x(t)\mathrm{e}^{-j2\pi ft} dt = X(f)$$

Des Öfteren werden wir auch das Symbol

$$x(t) \circ\!\!-\!\!\bullet\, X(f)$$

verwenden, wenn aus dem Zusammenhang klar ist, um welche Transformation es sich handelt.

Beispiel 2.1.1

$$x(t) := \begin{cases} 1 & \text{für } |t| \leq \frac{\tau}{2} \\ 0 & \text{sonst} \end{cases}$$

Man erhält

$$\begin{aligned}
\mathcal{F}\{x(t)\} &= \int_{-\infty}^{\infty} x(t)\mathrm{e}^{-j2\pi ft}dt = \int_{-\frac{\tau}{2}}^{\frac{\tau}{2}} \mathrm{e}^{-j2\pi ft}dt \\
&= \left[\frac{\mathrm{e}^{-j2\pi ft}}{-j2\pi f}\right]_{-\frac{\tau}{2}}^{\frac{\tau}{2}} = \frac{1}{-j2\pi f}\left(\mathrm{e}^{-j2\pi f\frac{\tau}{2}} - \mathrm{e}^{j2\pi f\frac{\tau}{2}}\right) \\
&= \frac{1}{\pi f}\left(\sin(2\pi f\frac{\tau}{2})\right) = \tau\frac{\sin(\pi f\tau)}{\pi f\tau} = \tau \cdot \mathrm{si}(\pi f\tau) = X(f)
\end{aligned}$$

$\square$

Im allgemeinen Fall lassen sich die Werte $X(f)$ ebenfalls zumindest annähernd als Fourier-Koeffizienten einer 'abgeschnittenen' Funktion verstehen: sei das 'Mustersignal' $x_T(t)$ definiert durch

$$x_T(t) := \begin{cases} x(t) & \text{für } |t| \leq \frac{T}{2} \\ 0 & \text{sonst} \end{cases}$$

und sei $x_{p,T}(t)$ die periodische Fortsetzung des Mustersignals, definiert durch:

$$x_{p,T}(t) := \sum_{-\infty}^{\infty} x_T(t - nT)$$

dann erhält man für die Fourier-Koeffizienten von $x_{p,T}(t)$ offenbar:

$$T\alpha_k(T) = \int_{-\frac{T}{2}}^{\frac{T}{2}} x(t)\mathrm{e}^{-j2\pi\frac{k}{T}t}dt$$

Wählt man T hinreichend groß, so unterscheidet sich das rechtstehende Integral wegen der absoluten Integrierbarkeit von $x(t)$ beliebig wenig von dem Integral

$$\int_{-\infty}^{\infty} x(t)\mathrm{e}^{-j2\pi\frac{k}{T}t}dt = X(\frac{k}{T})$$

Mit anderen Worten: setzt man $h = \frac{1}{T}$, so unterscheiden sich die äquidistant abgegriffenen Werte $X(k \cdot h)$ für $k\epsilon\mathbb{Z}$ auch im allgemeinen Fall wenig von entsprechenden Produkten $T \cdot \alpha_k(T)$, sofern T hinreichend groß gewählt wird.

2.2 Korrespondenzen und Rechenregeln

In diesem Abschnitt wollen wir uns eine Reihe von Rechenregeln verschaffen, die es uns gestatten, aus einer Korrespondenz $x(t) \circ\!\!-\!\!\bullet X(f)$ weitere Korrespondenzen durch geeignete Operationen herzuleiten.

Unmittelbar aus den Eigenschaften des Integrals folgt die häufig verwendete *Linearität* der Fourier-Transformation:

Satz 2.2.1 *(Überlagerungssatz)*   *Sei $x_1(t) \circ\!\!-\!\!\bullet X_1(f)$ und $x_2(t) \circ\!\!-\!\!\bullet X_2(f)$.*
Dann gilt:

$$c_1 \cdot x_1(t) + c_2 \cdot x_2(t) \circ\!\!-\!\!\bullet c_1 \cdot X_1(f) + c_2 \cdot X_2(f)$$

2.2.1 Ähnlichkeit und Verschiebung

Kennt man die Transformierte einer Zeitfunktion, so kann man hieraus auch die Transformierte derjenigen Zeitfunktion bestimmen, die man erhält, wenn man das Argument mit einem konstanten Faktor versieht:

Satz 2.2.2 *(Ähnlichkeitssatz)*   *Wenn $x(t) \circ\!\!-\!\!\bullet X(f)$, dann gilt für $a \neq 0$:*

$$x(at) \circ\!\!-\!\!\bullet \frac{1}{|a|}X(\frac{f}{a})$$

Beweis: Es gilt:

$$\frac{1}{|a|}X(\frac{f}{a}) = \frac{1}{|a|}\int_{-\infty}^{\infty} x(t)e^{-j2\pi\frac{f}{a}t}dt$$

Mit der Substitution $\tau = \frac{t}{a}$ erhalten wir, wenn wir das Vorzeichen von a mit $\mathrm{sign}(a)$ bezeichnen:

$$\frac{1}{|a|}X(\frac{f}{a}) = \frac{1}{|a|}\int_{-\mathrm{sign}(a)\cdot\infty}^{\mathrm{sign}(a)\cdot\infty} x(\tau \cdot a)e^{-j2\pi f\tau}\frac{dt}{d\tau}d\tau = \frac{a}{|a|}\int_{-\mathrm{sign}(a)\cdot\infty}^{\mathrm{sign}(a)\cdot\infty} x(\tau \cdot a)e^{-j2\pi f\tau}d\tau$$

Für $a > 0$ ist der letzte Ausdruck gleich

$$\int_{-\infty}^{\infty} x(\tau \cdot a)e^{-j2\pi f\tau}d\tau$$

für $a < 0$ gleich

$$-\int_{\infty}^{-\infty} x(\tau \cdot a)e^{-j2\pi f\tau}d\tau = \int_{-\infty}^{\infty} x(\tau \cdot a)e^{-j2\pi f\tau}d\tau$$

$\square$

Beispiel 2.2.3

$$x(t) := \begin{cases} 1 & \text{für } |t| \leq \frac{\tau}{2} \\ 0 & \text{sonst} \end{cases}$$

Nach Beispiel 2.1.1 ist die zugehörige Transformierte gegeben durch $X(f) = \tau \cdot \text{si}(\pi f \tau)$. Der Ähnlichkeitssatz liefert dann $x(at) \circ\!-\!\bullet \frac{\tau}{|a|} \cdot \text{si}(\pi \frac{f}{a} \tau)$.

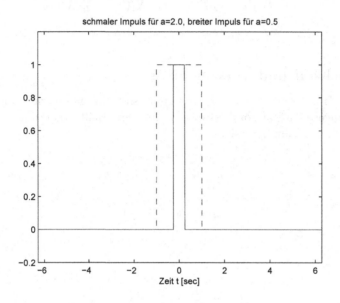

schmaler Impuls für a=2.0, breiter Impuls für a=0.5

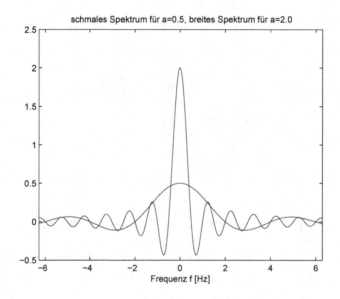

schmales Spektrum für a=0.5, breites Spektrum für a=2.0

Für große a wird man einen schmalen Impuls erhalten. Hierzu gehört dann ein breites Spektrum. Umgekehrt gehört zu einem kleinen a ein breiter Impuls und ein schmales Spektrum. Die nächsten beiden Rechenregeln betreffen den Effekt von Verschiebungen im Argument von Zeit- und Frequenzfunktion.

Satz 2.2.4 *(1. Verschiebungssatz)   Wenn $x(t) \circ\!\!-\!\!\bullet\, X(f)$, dann gilt*

$$x(t - t_0) \circ\!\!-\!\!\bullet\, X(f) \cdot \mathrm{e}^{-j2\pi f t_0}$$

Beweis:

$$X(f) \cdot \mathrm{e}^{-j2\pi f t_0} = \mathrm{e}^{-j2\pi f t_0} \cdot \int_{-\infty}^{\infty} x(t)\mathrm{e}^{-j2\pi f t}dt = \int_{-\infty}^{\infty} x(t)\mathrm{e}^{-j2\pi f(t+t_0)}dt$$

Substituieren wir im letzten Integral $\tau = t + t_0$, dann erhalten wir:

$$X(f) \cdot \mathrm{e}^{-j2\pi f t_0} = \int_{-\infty}^{\infty} x(\tau - t_0)\mathrm{e}^{-j2\pi f \tau}d\tau$$

□

Beispiel 2.2.5   Sei

$$x(t) := \begin{cases} 1 & \text{für } 0 \leq t \leq \tau \\ 0 & \text{sonst} \end{cases}$$

und sei

$$x_0(t) := \begin{cases} 1 & \text{für } |t| \leq \frac{\tau}{2} \\ 0 & \text{sonst} \end{cases}$$

Dann gilt: $x(t) = x_0(t - \tau/2)$ für t beliebig. Man erhält

$$\mathcal{F}\{x(t)\} = X_0(f) \cdot \mathrm{e}^{-j2\pi f \tau/2}$$

In Beispiel 2.1.1 hatten wir gesehen

$$X_0(f) = \tau \cdot \mathrm{si}(\pi f \tau)$$

also

$$\mathcal{F}\{x(t)\} = \tau \cdot \mathrm{si}(\pi f \tau) \cdot \mathrm{e}^{-j2\pi f \tau/2}$$

□

Satz 2.2.6 *(2. Verschiebungssatz)   Wenn $x(t) \circ\!\!-\!\!\bullet\, X(f)$, dann gilt*

$$X(f - f_0) \bullet\!\!-\!\!\circ\, x(t) \cdot \mathrm{e}^{j2\pi f_0 t}$$

Beweis:

$$X(f - f_0) = \int_{-\infty}^{\infty} x(t)\mathrm{e}^{-j2\pi(f-f_0)t}dt = \int_{-\infty}^{\infty} x(t)\mathrm{e}^{j2\pi f_0 t}\mathrm{e}^{-j2\pi ft}dt$$

□

Beispiel 2.2.7   Berechnung des Spektrums einer amplitudenmodulierten Schwingung: sei $a(t)$ eine absolut integrierbare Funktion, dann ist auch die Funktion $x(t) := a(t) \cdot \cos 2\pi f_0 t$ eine absolut integrierbare Funktion und es gilt:

$$x(t) = a(t) \cdot \frac{1}{2}(\mathrm{e}^{j2\pi f_0 t} + \mathrm{e}^{-j2\pi f_0 t}) = \frac{1}{2}(a(t) \cdot \mathrm{e}^{j2\pi f_0 t} + a(t) \cdot \mathrm{e}^{-j2\pi f_0 t})$$

Nach dem Überlagerungssatz und dem 2. Verschiebungssatz erhalten wir dann:

$$\mathcal{F}\{x(t)\} = \frac{1}{2}(A(f - f_0) + A(f + f_0))$$

Das Spektrum der mit $a(t)$ modulierten harmonischen Schwingung der Frequenz f_0 ist also das arithmetische Mittel der nach links und rechts um f_0 verschobenen Spektren der Modulation.

Setzen wir etwa

$$a(t) := \left\{ \begin{array}{ll} 1 & \text{für } |t| \leq \frac{T}{2} \\ 0 & \text{sonst} \end{array} \right.$$

so erhalten wir

$$X(f) = \frac{T}{2}(\mathrm{si}(\pi(f - f_0)T) + \mathrm{si}(\pi(f + f_0)T)\,)$$

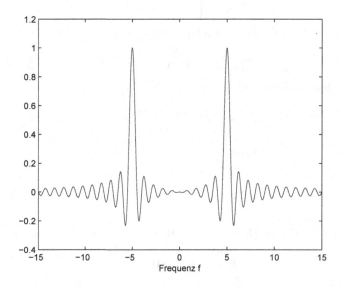

2.2.2 Symmetrie

Schon bei den Fourier-Reihen haben wir festgestellt, dass Symmetrien für die Fourier-Koeffizienten eine erhebliche Rolle spielen (vergl. Satz 1.1.9). Ähnlich liegen die Verhältnisse auch hier. Sei $x(t)$ eine beliebige auf ganz $\mathbb{R}$ definierte Funktion. Dann lässt sie sich in einen geraden und einen ungeraden Anteil zerlegen: sei nämlich

$$x_g(t) \quad := \quad \frac{1}{2}(x(t) + x(-t))$$

$$x_u(t) \quad := \quad \frac{1}{2}(x(t) - x(-t))$$

so haben wir

$$x_g(-t) = \frac{1}{2}(x(-t) + x(-(-t))) = \frac{1}{2}(x(-t) + x(t)) = x_g(t)$$

und genauso

$$x_u(-t) = -x_u(t)$$

d.h. $x_g(t)$ ist eine gerade und $x_u(t)$ ist eine ungerade Funktion. Offenbar gilt aber $x(t) = x_g(t) + x_u(t)$ für beliebiges t. Sei nun $x(t)$ reell und absolut integrierbar. Dann bekommen wir nach dem Ähnlichkeitssatz für $a = -1$:

$$x(-t) \circ\!\!-\!\!\bullet\, X(-f)$$

Andererseits gilt:

$$X(-f) = \int_{-\infty}^{\infty} x(t)\mathrm{e}^{-j2\pi(-f)t}dt = \overline{\int_{-\infty}^{\infty} x(t)\mathrm{e}^{-j2\pi ft}dt} = \overline{X(f)}$$

Damit erhalten wir

$$x(-t) \circ\!\!-\!\!\bullet\, \overline{X(f)}$$

Für den geraden und den ungeraden Anteil von $x(t)$ bekommen wir dann:

$$x_g(t) \quad \circ\!\!-\!\!\bullet \quad \frac{1}{2}(X(f) + \overline{X(f)}) = \mathrm{Re}\,(X(f))$$

$$x_u(t) \quad \circ\!\!-\!\!\bullet \quad \frac{1}{2}(X(f) - \overline{X(f)}) = j \cdot \mathrm{Im}\,(X(f))$$

Realteil und Imaginärteil von $X(f)$ sind aber nun selber gerade bzw. ungerade, denn:

$$\mathrm{Re}\,(X(-f)) \quad = \quad \frac{1}{2}(X(-f) + \overline{X(-f)}) = \frac{1}{2}(\overline{X(f)} + \overline{\overline{X(f)}}) = \mathrm{Re}\,(X(f))$$

$$\mathrm{Im}\,(X(-f)) \quad = \quad \frac{1}{2j}(X(-f) - \overline{X(-f)}) = \frac{1}{2j}(\overline{X(f)} - \overline{\overline{X(f)}}) = -\mathrm{Im}\,(X(f))$$

Satz 2.2.8 *(Zuordnungssatz)   Sei $x(t)$ reell. Das folgende Diagramm gibt die Zuordnung der geraden und ungeraden Anteile von Signal und Spektrum an:*

$$x(t) \qquad = \quad x_g(t) \qquad\qquad + \qquad\qquad x_u(t)$$

$$X(f) \qquad = \quad \mathrm{Re}\,(X(f)) \qquad + \qquad j \cdot \mathrm{Im}\,(X(f))$$

□

Ist insbesondere die Funktion $x(t)$ gerade, d.h. $x_g(t) = x(t)$, so ist $X(f)$ reell und gerade. Ist hingegen $x(t)$ ungerade, so ist $X(f)$ imaginär und ungerade.

2.3 Glattheit u. Abklingverhalten der Transformierten

In dem Kapitel über Fourier-Reihen hatten wir festgestellt, dass ein Zusammenhang zwischen der Glattheit der periodischen Funktion $x(t)$ und der Konvergenzgeschwindigkeit der zugehörigen Fourier-Koeffizienten gegen Null besteht. Ein ähnlicher Zusammenhang findet sich auch bei den hier betrachteten nichtperiodischen Funktionen und ihren kontinuierlichen Spektren. Die Beziehung ist hier im wesentlichen sogar wechselseitig.

Ein erstes Ergebnis in diesem Sinne liefert der folgende Satz.

Satz 2.3.1   *Sei $x(t)$ absolut integrierbar und $X(f)$ die zugehörige Fourier-Transformierte, dann ist $X(f)$ stetig und beschränkt.*

Beweis: Seien f_1 und f_2 beliebig aus $\mathbb{R}$, dann erhalten wir nach der Dreiecksungleichung für beliebiges $a > 0$:

$$
\begin{aligned}
|X(f_1) - X(f_2)| \;=\; & \left| \int_{-\infty}^{\infty} x(t)\mathrm{e}^{-j2\pi f_1 t}dt - \int_{-\infty}^{\infty} x(t)\mathrm{e}^{-j2\pi f_2 t}dt \right| \\
\leq \;& \left| \int_{-\infty}^{\infty} x(t)\mathrm{e}^{-j2\pi f_1 t}dt - \int_{-a}^{a} x(t)\mathrm{e}^{-j2\pi f_1 t}dt \right| \\
+ \;& \left| \int_{-a}^{a} x(t)\mathrm{e}^{-j2\pi f_1 t}dt - \int_{-a}^{a} x(t)\mathrm{e}^{-j2\pi f_2 t}dt \right| \\
+ \;& \left| \int_{-a}^{a} x(t)\mathrm{e}^{-j2\pi f_2 t}dt - \int_{-\infty}^{\infty} x(t)\mathrm{e}^{-j2\pi f_2 t}dt \right|
\end{aligned}
$$

Nun gilt für gegebenes $\varepsilon > 0$ wegen der absoluten Integrierbarkeit der Funktion $x(t)$ für

a hinreichend groß:

$$|\int_{-\infty}^{\infty} x(t)e^{-j2\pi ft}dt - \int_{-a}^{a} x(t)e^{-j2\pi ft}dt|$$

$$\leq |\int_{-\infty}^{-a} x(t)e^{-j2\pi ft}dt| + |\int_{a}^{\infty} x(t)e^{-j2\pi ft}dt|$$

$$\leq \int_{-\infty}^{-a} |x(t)|dt + \int_{a}^{\infty} |x(t)|dt \leq \frac{\varepsilon}{2}$$

gleichmäßig für beliebiges f. Damit bekommen wir

$$|X(f_1) - X(f_2)| \leq |\int_{-a}^{a} x(t)\left(e^{-j2\pi f_1 t} - e^{-j2\pi f_2 t}\right)dt| + \varepsilon$$

Sei für das Folgende die Zahl a fest gewählt. Wir müssen nun nachweisen, dass das verbleibende Integral klein wird, wenn $|f_1 - f_2|$ klein ist. Zunächst einmal gilt:

$$|\int_{-a}^{a} x(t)\left(e^{-j2\pi f_1 t} - e^{-j2\pi f_2 t}\right)dt| \leq \int_{-a}^{a} |x(t)||e^{-j2\pi f_1 t} - e^{-j2\pi f_2 t}|dt$$

Nach der Eulerschen Formel gilt aber

$$e^{-j2\pi f_1 t} - e^{-j2\pi f_2 t} = \cos(2\pi f_1 t) - \cos(2\pi f_2 t) + j(\sin(2\pi f_1 t) - \sin(2\pi f_2 t))$$

und nach dem Mittelwertsatz

$$\frac{\cos(2\pi f_1 t) - \cos(2\pi f_2 t)}{2\pi f_1 t - 2\pi f_2 t} = -\sin\beta$$

für ein β zwischen $2\pi f_1 t$ und $2\pi f_2 t$ Es folgt

$$|\cos(2\pi f_1 t) - \cos(2\pi f_2 t)| = |2\pi f_1 t - 2\pi f_2 t||\sin\beta| \leq |t|2\pi|f_1 - f_2| \leq a2\pi|f_1 - f_2|$$

und entsprechend

$$|\sin(2\pi f_1 t) - \sin(2\pi f_2 t)| \leq a2\pi|f_1 - f_2|$$

insgesamt also

$$|e^{-j2\pi f_1 t} - e^{-j2\pi f_2 t}| \leq a2\pi|f_1 - f_2| \cdot \sqrt{2} \qquad (2.1)$$

Damit erhalten wir

$$|\int_{-a}^{a} x(t)\left(e^{-j2\pi f_1 t} - e^{-j2\pi f_2 t}\right)dt| \leq a2\pi|f_1 - f_2|\int_{-a}^{a} |x(t)|dt \cdot \sqrt{2}$$

$$\leq a2\pi|f_1 - f_2|\int_{-\infty}^{\infty} |x(t)|dt \cdot \sqrt{2}$$

Die Beschränktheit erhält man aus

$$|X(f)| \leq \int_{-\infty}^{\infty} |x(t)||e^{-j2\pi ft}|dt = \int_{-\infty}^{\infty} |x(t)|dt$$

$\square$

Zum Nachweis der Gültigkeit der Inversionsformel (s.Satz 2.4.7) benötigen wir die folgende Aussage:

Satz 2.3.2   *Wenn die Folge* $(x_n(t))$ *von absolut integrierbaren Funktionen gegen die Funktion* $x(t)$ *im Mittel konvergiert, d.h. wenn*

$$\lim_{n \to \infty} \int_{-\infty}^{\infty} |x_n(t) - x(t)| dt = 0$$

dann konvergiert die Folge der Transformierten $(X_n(f))$ *gleichmäßig gegen* $X(f)$.

Beweis: Nach der Dreiecksungleichung für Zahlen gilt:

$$
\begin{aligned}
\int_{-\infty}^{\infty} |x(t)| dt &\leq \int_{-\infty}^{\infty} (|x(t) - x_n(t)| + |x_n(t)|) dt \\
&= \int_{-\infty}^{\infty} |x(t) - x_n(t)| dt + \int_{-\infty}^{\infty} |x_n(t)| dt
\end{aligned}
$$

Damit ist auch die Grenzfunktion absolut integrierbar und daher deren Fourier-Transformierte $X(f)$ definiert. Nach Definition gilt:

$$
\begin{aligned}
|X_n(f) - X(f)| &= |\int_{-\infty}^{\infty} x_n(t)\mathrm{e}^{-j2\pi ft} dt - \int_{-\infty}^{\infty} x(t)\mathrm{e}^{-j2\pi ft} dt| \\
&= |\int_{-\infty}^{\infty} (x_n(t) - x(t))\mathrm{e}^{-j2\pi ft} dt| \leq \int_{-\infty}^{\infty} |x_n(t) - x(t)| dt
\end{aligned}
$$

Die rechte Seite ist unabhängig von f und wird klein, wenn n groß wird.
□

2.3.1 Differentiationssätze

In diesem Abschnitt werden wir zwei weitgehend symmetrische Aussagen nachweisen, die eine Beziehung zwischen Abklingverhalten und Differenzierbarkeit der Zeitfunktion und ihrer Transformierten herstellen.

1. ist die Zeitfunktion $x(t)$ differenzierbar und genauso wie ihre Ableitung $x'(t)$ absolut integrierbar, so ist die Funktion $f \cdot X(f)$ beschränkt.

2. ist die Funktion $t \cdot x(t)$ absolut integrierbar, so ist die Transformierte $X(f)$ von $x(t)$ differenzierbar und $X'(f)$ ist beschränkt.

Diese Aussagen gelten entsprechend auch für höhere Ableitungen.

Satz 2.3.3 *(Differentiationssatz für die Zeitfunktion)*   *Sei* $x(t)$ *eine m-mal differenzierbare Funktion, und seien die k-ten Ableitungen von* $x(t)$ *für* $0 \leq k \leq m$ *absolut integrierbar. Dann gilt:*

$$\mathcal{F}\{x^{(m)}(t)\} = (j2\pi f)^m X(f)$$

Darüberhinaus erhält man

$$|f^m X(f)| \leq c_m$$

d.h. $|X(f)|$ geht für f gegen Unendlich wenigstens so schnell gegen Null wie $\frac{1}{f^m}$.

Beweis: Zunächst einmal haben wir für $k < m$

$$\int_0^t x^{(k+1)}(\tau)d\tau = x^{(k)}(t) - x^{(k)}(0)$$

Da der Grenzwert der linken Seite für t gegen Unendlich existiert, gilt dies auch für die rechte Seite, d.h. $\lim_{t\to\infty} x^{(k)}(t)$ existiert. Die k-te Ableitung von $x(t)$ kann aber nur dann absolut integrierbar sein, wenn $\lim_{t\to\infty} x^{(k)}(t) = 0$ ist. Genauso erhält man $\lim_{t\to-\infty} x^{(k)}(t) = 0$. Weiterhin bekommt man mit Hilfe partieller Integration:

$$\int_{-\infty}^{\infty} x^{(k+1)}(t)e^{-j2\pi ft}dt = [x^{(k)}(t)e^{-j2\pi ft}]_{-\infty}^{\infty} - \int_{-\infty}^{\infty} x^{(k)}(t)(-j2\pi f)e^{-j2\pi ft}dt$$

Diese Beziehung kann man folgendermaßen ausdrücken:

$$\mathcal{F}\{x^{(k+1)}(t)\} = j2\pi f \cdot \mathcal{F}\{x^{(k)}(t)\}$$

Daraus erhält man durch vollständige Induktion:

$$\mathcal{F}\{x^{(m)}(t)\} = (j2\pi f)^m X(f)$$

Damit bekommen wir

$$|(2\pi f)^m X(f)| \leq \int_{-\infty}^{\infty} |x^{(m)}(t)e^{-j2\pi ft}|dt = \int_{-\infty}^{\infty} |x^{(m)}(t)|dt$$

Setzt man

$$c_m := \frac{\int_{-\infty}^{\infty} |x^{(m)}(t)|dt}{(2\pi)^m}$$

so erhält man die gewünschte Abschätzung.
$\square$

Bemerkung: Dieser Satz liefert neben der Aussage über das Abklingverhalten der Transformierten die wichtige Rechenregel

$$\mathcal{F}\{x^{(m)}(t)\} = (j2\pi f)^m X(f) \tag{2.2}$$

die später eine der Grundlagen für die *Impulsmethode* bilden wird. Die Bedingung über die Differenzierbarkeit lässt sich übrigens abschwächen: 'Knicke' sind, ähnlich wie bei Fourier-Reihen (vergl. Satz 1.1.11) erlaubt.

Beispiel 2.3.4   Sei

$$x_0(t) := \begin{cases} \frac{1}{T} & \text{für } |t| \le \frac{T}{2} \\ 0 & \text{sonst} \end{cases}$$

und

$$x(t) := \begin{cases} \frac{1}{T}(T+t) & \text{für } -T \le t \le 0 \\ \frac{1}{T}(T-t) & \text{für } 0 \le t \le T \\ 0 & \text{sonst} \end{cases}$$

Dann erhalten wir für die Ableitung von $x(t)$:

$$x'(t) := \begin{cases} \frac{1}{T} & \text{für } -T < t < 0 \\ -\frac{1}{T} & \text{für } 0 < t < T \\ 0 & \text{für } |t| > T \end{cases}$$

d.h. bis auf endlich viele Punkte gilt:

$$x'(t) = x_0(t + \frac{T}{2}) - x_0(t - \frac{T}{2})$$

und damit nach dem Verschiebungssatz 2.2.4:

$$\begin{aligned} \mathcal{F}\{x'(t)\} &= \mathcal{F}\{x_0(t + \frac{T}{2})\} - \mathcal{F}\{x_0(t - \frac{T}{2})\} \\ &= (e^{j2\pi f\frac{T}{2}} - e^{-j2\pi f\frac{T}{2}}) \cdot \mathcal{F}\{x_0(t)\} \\ &= 2j\sin(\pi fT) \cdot \mathcal{F}\{x_0(t)\} \end{aligned}$$

Nach dem Differentiationssatz gilt aber

$$\mathcal{F}\{x'(t)\} = j2\pi f \mathcal{F}\{x(t)\}$$

und damit

$$\mathcal{F}\{x(t)\} = \frac{2j\sin(\pi fT)}{j2\pi f} \cdot \mathcal{F}\{x_0(t)\} = T\text{si}(\pi fT) \cdot \mathcal{F}\{x_0(t)\}$$

Nach Beispiel 2.1.1 gilt aber für $\tau = T$:

$$\mathcal{F}\{x_0(t)\} = \frac{1}{T} \cdot T\text{si}(\pi fT) = \text{si}(\pi fT)$$

Insgesamt erhalten wir:

$$\mathcal{F}\{x(t)\} = T(\text{si}(\pi fT))^2$$

□

Satz 2.3.5 *(Differentiationssatz für die Bildfunktion)*   *Sei* $t^k x(t)$ *für* $k =$

0, 1, ..., n *absolut integrierbar, dann ist* $X(f)$ *n-mal differenzierbar und es gilt*
für $0 \leq k \leq n$:

$$(\frac{d}{df})^k X(f) = \int_{-\infty}^{\infty} x(t)(-j2\pi t)^k e^{-j2\pi ft} dt$$

Darüberhinaus sind alle Ableitungen von $X(f)$ *beschränkt.*

Beweis: Sei $0 \leq k \leq n$. Wegen

$$\int_{-\infty}^{\infty} |x(t)(-j2\pi t)^k e^{-j2\pi ft}| dt = \int_{-\infty}^{\infty} |x(t)|(2\pi|t|)^k dt$$

konvergieren sämtliche Integrale gleichmäßig bezüglich des Parameters f, da die rechte
Seite nach Voraussatzung endlich ist. Nach einem Satz der Integrationstheorie darf man
Integration und Differentiation nach dem Parameter vertauschen, sofern das Integral über
die partielle Ableitung des Integranden nach dem Parameter gleichmäßig konvergiert:

$$\begin{aligned}
(\frac{d}{df})^k X(f) &= (\frac{d}{df})^k \int_{-\infty}^{\infty} x(t) e^{-j2\pi ft} dt \\
&= \int_{-\infty}^{\infty} x(t)(\frac{\partial}{\partial f})^k e^{-j2\pi ft} dt \\
&= \int_{-\infty}^{\infty} x(t)(-j2\pi t)^k e^{-j2\pi ft} dt
\end{aligned}$$

Darüberhinaus hat man

$$|(\frac{d}{df})^k X(f)| \leq \int_{-\infty}^{\infty} |x(t)|(2\pi|t|)^k dt$$

Die rechte Seite der Ungleichung ist eine von der Variablen f unabhängige Zahl, d.h. die
k-te Ableitung von $X(f)$ ist beschränkt.
□

Als Folgerung erhalten wir den folgenden Satz, der uns u.a. bei der Aufstellung der
Inversionsformel von Nutzen sein wird.

Satz 2.3.6 *Seien die Werte der Funktion* $x(t)$ *gleich Null für alle t außerhalb*
eines endlichen Intervalls, dann ist $X(f)$ *beliebig oft differenzierbar, und alle*
Ableitungen von $X(f)$ *sind beschränkt.*

Beweis: Da $x(t)$ außerhalb eines endlichen Intervalls gleich Null ist, existieren sämtliche
Integrale

$$\int_{-\infty}^{\infty} |x(t)||t|^k dt$$

Der Rest folgt mit dem vorigen Satz.
□

2.4 Parsevalsche Gleichung und inverse Transformation

Sei zunächst $x(t)$ gleich Null außerhalb eines endlichen Intervalls und sei T so groß gewählt, dass sämtliche Werte ungleich Null auf dem Intervall $[-\frac{T}{2}, \frac{T}{2}]$ angenommen werden. Ferner sei die Funktion $x(t)$ zweimal stetig differenzierbar.

Beispiel 2.4.1   Sei $t_0 < t_1$ und $4 \cdot \delta < t_1 - t_0$. Wir definieren zunächst eine 'abgerundete Sprungfunktion', die den Anstieg von Null auf 1 auf dem Intervall $[-2\delta, 2\delta]$ mit Hilfe eines kubischen Splines realisiert ($\alpha := \frac{1}{12\delta^3}$ und $\beta := \frac{1}{2\delta}$):

$$\sigma(t) := \begin{cases} 0 & \text{für } t < -2\delta \\ \alpha \cdot (t + 2 \cdot \delta)^3 & \text{für } -2 \cdot \delta \leq t < -\delta \\ \alpha \cdot (-t)^3 + \beta \cdot (t + \delta) & \text{für } -\delta \leq t < \delta \\ \alpha \cdot (t - 2 \cdot \delta)^3 + 1 & \text{für } \delta \leq t < 2 \cdot \delta \\ 1 & \text{für } t \geq 2 \cdot \delta \end{cases}$$

Mit Hilfe der gerade definierten Funktion erhalten wir einen abgerundeten Impuls:

$$x(t) := \begin{cases} \sigma(t - t_0) & \text{für } t < t_0 + 2\delta \\ 1 & \text{für } t_0 + 2\delta \leq t < t_1 - 2 \cdot \delta \\ 1 - \sigma(t - t_1) & \text{für } t_1 - 2\delta \leq t \end{cases}$$

Der Rechteckimpuls

$$x_0(t) := \begin{cases} 0 & \text{für } t < t_0 \\ 1 & \text{für } t_0 \leq t < t_1 \\ 0 & \text{für } t_1 \leq t \end{cases}$$

unterscheidet sich von dem abgerundeten Impuls nur 'in der Nähe' von t_0 und t_1:

$$|x(t) - x_0(t)| = \begin{cases} \sigma(t - t_0) & \text{für } t_0 - 2\delta \leq t < t_0 \\ 1 - \sigma(t - t_0) & \text{für } t_0 \leq t < t_0 + 2\delta \\ 0 & \text{für } t_0 + 2\delta \leq t < t_1 - 2 \cdot \delta \\ \sigma(t - t_1) & \text{für } t_1 - 2\delta \leq t < t_1 \\ 1 - \sigma(t - t_1) & \text{für } t_1 \leq t < t_1 + 2\delta \end{cases}$$

Wählt man δ klein, so ist die Fläche unter der dem Betrag der Differenzfunktion klein. Dies gilt auch für das Quadrat der Differenzfunktion.

Hat man nun eine beliebige Treppenfunktion, so kann man die einzelnen Stufen durch abgerundete Impulse so annähern, dass das Integral über das Quadrat der Differenzfunktion klein wird, wenn δ entsprechend klein gewählt wird.
□

Sei nun die Funktion $x(t)$ gleich Null außerhalb des Intervalls $[-\frac{T_0}{2}, \frac{T_0}{2}]$ und zweimal stetig differenzierbar. Sei $T \geq T_0$, dann konvergiert die Fourier-Reihe $\sum_{-\infty}^{\infty} \alpha_n e^{jn\frac{2\pi}{T}t}$ mit

$$\alpha_n = \frac{1}{T} \int_{-\frac{T}{2}}^{\frac{T}{2}} x(\tau) e^{-jn\frac{2\pi}{T}\tau} d\tau$$

(sogar gleichmäßig) gegen $x(t)$ (vergl. Satz 1.2.18), d.h.

$$x(t) = \sum_{-\infty}^{\infty} \left(\frac{1}{T} \int_{-\frac{T}{2}}^{\frac{T}{2}} x(\tau) e^{-jn\frac{2\pi}{T}\tau} d\tau \right) e^{jn\frac{2\pi}{T}t}$$

für alle $t \in [-\frac{T}{2}, \frac{T}{2}]$. Setzt man nun $h = \frac{1}{T}$ und berücksichtigt man

$$\int_{-\frac{T}{2}}^{\frac{T}{2}} x(\tau) e^{-jnh2\pi\tau} d\tau = \int_{-\infty}^{\infty} x(\tau) e^{-jnh2\pi\tau} d\tau = X(nh)$$

so erhält man

$$x(t) = \sum_{-\infty}^{\infty} h X(nh) e^{jnh2\pi t} \tag{2.3}$$

Die Summe erinnert an eine numerische Näherung für das Integral $\int_{-\infty}^{\infty} X(f) e^{jf2\pi t} df$. Die Qualität der Näherung wollen wir nun untersuchen. Zunächst einmal haben wir nach dem Differentiationssatz für die Zeitfunktion (s.Satz 2.3.3) :

$$|X(nh)| \le \frac{c}{(nh)^2}$$

und damit für beliebiges $N \in \mathbb{N}$:

$$\sum_{n=N+1}^{\infty} |hX(nh)e^{jnh2\pi t}| \le \sum_{n=N+1}^{\infty} h\frac{c}{(nh)^2} = \frac{c}{h} \sum_{n=N+1}^{\infty} \frac{1}{n^2}$$

Bekanntlich ist die Reihe $\sum_{n=1}^{\infty} \frac{1}{n^2}$ konvergent. Hier benötigen wir aber auch eine Aussage über die Konvergenzgeschwindigkeit. Es gilt:

$$\frac{1}{n^2} < \frac{1}{(n-1)n} = \frac{1}{n-1} - \frac{1}{n}$$

und damit

$$\sum_{n=N+1}^{M} \frac{1}{n^2} < \sum_{N+1}^{M} \left(\frac{1}{n-1} - \frac{1}{n}\right) = \frac{1}{N} - \frac{1}{M} < \frac{1}{N}$$

für alle $M > N + 1$. Damit

$$\left| \sum_{n=N+1}^{\infty} hX(nh)e^{jnh2\pi t} \right| < \frac{c}{h}\frac{1}{N} \tag{2.4}$$

Genauso erhält man

$$\left| \sum_{n=-\infty}^{-(N+1)} X(nh)e^{jnh2\pi t} \right| < \frac{c}{h}\frac{1}{N}$$

Wir betrachten nun den restlichen Ausdruck

$$\sum_{n=-N}^{N} hX(nh)e^{jnh2\pi t}$$

Setzen wir $T = T_0\sqrt{N}$, so ist $h = \frac{1}{T_0\sqrt{N}}$ und $N \cdot h = \sqrt{N}\frac{1}{T_0} =: a$. Der Ausdruck

$$q_N(t) := h\left(\frac{1}{2}(X(-a)e^{-ja2\pi t} + X(a)e^{ja2\pi t}) + \sum_{n=-N+1}^{N-1} X(nh)e^{jnh2\pi t}\right)$$

entspricht der Näherung durch die Sehnentrapezregel für das Integral

$$\int_{-a}^{a} X(f)e^{jf2\pi t}df$$

Der Betrag E des Fehlers dieser Näherung ist kleiner oder gleich $\frac{L}{12}h^2$, multipliziert mit dem Betrag der zweiten Ableitung des Integranden an einer Zwischenstelle, wenn L die Länge des Integrationsintervalls bezeichnet (s.[8]). Wir bekommen durch Ableiten nach f mit Hilfe der Produktregel:

$$(X(f)e^{jf2\pi t})'' = (X''(f) + 2(j2\pi t)X'(f) + (j2\pi t)^2 X(f))e^{j2\pi ft}$$

Nach Satz 2.3.3 sind die Ableitungen von $X(f)$ beschränkt. Somit erhalten man für die zweite Ableitung des Integranden folgende Abschätzung:

$$|(X(f)e^{jf2\pi t})''| \leq |X''(f)| + 4\pi|X'(f)||t| + 4\pi^2|X(f)|t^2 \leq \alpha + \beta|t| + \gamma t^2$$

Damit erhalten wir für den Fehler der Sehnentrapezregel:

$$E = |q_N(t) - \int_{-a}^{a} X(f)e^{jf2\pi t}df| \leq \frac{2\sqrt{N}}{12T_0^3} \cdot \frac{1}{N}(\alpha + \beta|t| + \gamma t^2) = \frac{1}{6T_0^3} \cdot \frac{1}{\sqrt{N}}(\alpha + \beta|t| + \gamma t^2)$$

Insgesamt erhalten wir unter Verwendung von Ungleichung 2.4 und Gleichung 2.3:

$$|x(t) - \int_{-a}^{a} X(f)e^{jf2\pi t}df| \leq |x(t) - q_N(t)| + E \leq \frac{h}{2}(|X(a)| + |X(-a)|) + 2\frac{c}{h} \cdot \frac{1}{N} + E$$

Wegen $|X(a)| \leq \frac{c}{a^2} = \frac{cT_0^2}{N}$ bekommen wir schließlich

$$|x(t) - \int_{-\sqrt{N}/T_0}^{\sqrt{N}/T_0} X(f)e^{jf2\pi t}df| \leq \frac{cT_0}{N^{3/2}} + 2\frac{cT_0}{\sqrt{N}} + \frac{1}{6T_0^3} \cdot \frac{1}{\sqrt{N}}(\alpha + \beta|t| + \gamma t^2)$$

Für festes t geht der Fehler somit für N gegen Unendlich gegen Null. Da $X(f)$ nach Satz 2.3.3 insbesondere absolut integrierbar ist, haben wir den folgenden Satz bewiesen:

Satz 2.4.2 *Sei die Funktion $x(t)$ zweimal stetig differenzierbar und gleich Null außerhalb eines endlichen Intervalls. Dann gilt*

$$x(t) = \int_{-\infty}^{\infty} X(f)e^{j2\pi ft}df$$

für alle $t \in \mathbb{R}$.

$\square$

Der Satz besagt, dass man unter den genannten Bedingungen das Zeitsignal $x(t)$ aus dem kontinuierlichen Spektrum $X(f)$ rekonstruieren kann. Dabei unterscheidet sich das Integral auf der rechten Seite formal lediglich durch das Vorzeichen im Exponenten der e-Funktion von der Fourier-Transformation (abgesehen davon, dass hier nach f und nicht nach t integriert wird). Es ist nun wünschenswert, eine solche *Inversionsformel* für eine möglichst breite Klasse von Funktionen und nicht nur für die angegebene spezielle zur Verfügung zu haben. Grundlage hierfür ist der im folgenden behandelte Satz von Plancherel, der zugleich die Möglichkeit eröffnet, die Fourier-Transformation auf Funktionen endlicher Energie auszudehnen.

Definition 2.4.3 *Wir sagen, eine Funktion $x(t)$ hat endliche Energie , wenn*

$$\int_{-\infty}^{\infty} |x(t)|^2 dt < \infty$$

ist.

Eine Funktion, die endliche Energie besitzt, muss (anders als bei endlichen Intervallen) nicht unbedingt absolut integrabel sein, wie das folgende Beispiel zeigt:

Beispiel 2.4.4 Sei

$$x(t) := \begin{cases} 1 & \text{für } |t| \le 1 \\ \frac{1}{|t|} & \text{sonst} \end{cases}$$

Dann gilt:

$$\int_{-\infty}^{\infty} |x(t)|^2 dt = 2 + 2\int_{1}^{\infty} \frac{1}{t^2}dt = 2 + 2[-\frac{1}{t}]_1^{\infty} = 4$$

Aber schon

$$\int_{1}^{N} |x(t)|dt = \int_{1}^{N} \frac{1}{t}dt = [\ln t]_1^{N} = \ln N \to_{N\to\infty} \infty$$

$\square$

Geometrische Vorbemerkung zum Satz von Plancherel

Ähnlich wie bei den periodischen Funktionen (vergl. die Definition in Gleichung 1.1) kann man auch für die nichtperiodischen Signale endlicher Energie ein Skalarprodukt einführen:

$$\langle x, y \rangle := \int_{-\infty}^{\infty} x(t) \cdot \overline{y(t)}dt \tag{2.5}$$

Das rechts stehende Integral existiert wegen der Cauchy-Schwarzschen Ungleichung (vergl.
Satz 1.1.15)

$$|\int_{-\infty}^{\infty} x(t) \cdot \overline{y(t)}dt|^2 \leq \int_{-\infty}^{\infty} |x(t)|^2 dt \cdot \int_{-\infty}^{\infty} |y(t)|^2 dt$$

Das so definierte Skalarprodukt erlaubt es (analog zu der Situation bei den periodischen
Signalen), einem Signal endlicher Energie eine 'Euklidische Länge' zuordnen:

$$\|x\| := \sqrt{\langle x, x \rangle} = \sqrt{\int_{-\infty}^{\infty} |x(t)|^2 dt}$$

Für diese 'Länge' gilt (vergl 1.1):

1. $\|\lambda x\| = |\lambda| \|x\|$ für ein beliebiges Signal $x(t)$ endlicher Energie und eine beliebige
   Zahl λ

2. Dreiecksungleichung:
$$\|x + y\| \leq \|x\| + \|y\|$$
   für beliebige Signale x, y endlicher Energie

Insbesondere hat man dann nach der Dreiecksungleichung:

$$\|x\| = \|(x - y) + y\| \leq \|x - y\| + \|y\|$$

d.h.

$$\|x\| - \|y\| \leq \|x - y\|$$

und genauso

$$\|y\| = \|(y - x) + x\| \leq \|y - x\| + \|x\|$$

d.h. mit Eigenschaft 1. $(\lambda = -1)$:

$$\|y\| - \|x\| \leq \|y - x\| = \|x - y\|$$

insgesamt also :

$$|\|x\| - \|y\|| \leq \|x - y\| \tag{2.6}$$

Satz 2.4.5 *(Plancherel)   Die Funktion $x(t)$ besitze endliche Energie. Dann
hat die Funktion $X_N(f)$ mit*

$$X_N(f) = \int_{-N}^{N} x(t)e^{-j2\pi ft}dt$$

*endliche Energie. Die Funktionenfolge $(X_N(f))_{N \in \mathbb{N}}$ konvergiert im quadra-
tischen Mittel gegen eine Funktion $X(f)$ endlicher Energie und es gilt die
Gleichung:*

$$\int_{-\infty}^{\infty} |x(t)|^2 dt = \int_{-\infty}^{\infty} |X(f)|^2 df$$

*Ist darüberhinaus $x(t)$ absolut integrierbar, so ist $X(f)$ die gewöhnliche Fourier-
Transformierte von $x(t)$.*

Beweis: Wir betrachten zunächst eine Funktionen $z(t)$, die zweimal stetig differenzierbar und gleich Null außerhalb eines endlichen Intervalls ist. Nach Satz 2.4.2 gilt dann:

$$\int_{-\infty}^{\infty} z(t) \cdot \overline{z(t)} dt = \int_{-\infty}^{\infty} z(t) \left(\overline{\int_{-\infty}^{\infty} Z(f) e^{j2\pi ft} df} \right) dt$$

$$= \int_{-\infty}^{\infty} \overline{Z(f)} \left(\int_{-\infty}^{\infty} z(t) e^{-j2\pi ft} dt \right) df$$

$$= \int_{-\infty}^{\infty} \overline{Z(f)} \cdot Z(f) df$$

und daher

$$\int_{-\infty}^{\infty} |z(t)|^2 dt = \int_{-\infty}^{\infty} |Z(f)|^2 df \tag{2.7}$$

Die Vertauschung der Integrationsreihenfolge ist erlaubt, da das Doppelintegral

$$\int_{-\infty}^{\infty} \int_{-\infty}^{\infty} |z(t)| |Z(f)| df \, dt$$

existiert. Sei nun $y(t)$ eine Funktion endlicher Energie, die außerhalb des Intervalls $[-r, r]$ verschwindet. Dann kann man eine Folge $(z_n(t))$ von Funktionen, die zweimal stetig differenzierbar sind und ebenfalls außerhalb des Intervalls $[-r, r]$ verschwinden, konstruieren, die gegen $y(t)$ im quadratischen Mittel konvergiert. Dies kann man folgendermaßen einsehen:

1. nach Satz 1.2.16 konvergiert die zur periodischen Fortsetzung von $y(t)$ gehörige Fourier-Reihe im quadratischen Mittel auf $[-r, r]$ gegen $y(t)$. Da alle Teilsummen der Fourier-Reihe stetige Funktionen sind, gibt es also stetige Funktionen $s_n(t)$, die sich von $y(t)$ auf $[-r, r]$ im quadratischen Mittel beliebig wenig unterscheiden.

2. jede stetige Funktion lässt sich durch Treppenfunktionen im quadratischen Mittel approximieren: man denke etwa an Ober-u. Untersummen bei der Definition des gewöhnlichen (Riemann-) Integrals. Außerhalb von $[-r, r]$ denken wir uns die Treppnfunktionen durch Null fortgesetzt.

3. nun verwendet man die in Beispiel 2.4.1 angegebene Konstruktion zur Annäherung von Treppenfunktionen durch 'abgerundete', zweimal stetig differenzierbare Impulse (bzw. an den Rändern des Intervalls durch abgerundete Sprungfunktionen).

Sei nun $(z_n(t))$ eine geeignet konstruierte Folge, d.h. es gelte

$$\lim_{n \to \infty} \int_{-\infty}^{\infty} |z_n(t) - y(t)|^2 dt = 0$$

Nach der Cauchy-Schwarzschen Ungleichung erhält man für $a > r$:

$$\int_{-a}^{a} |z_n(t) - y(t)| dt \leq \sqrt{2a} \sqrt{\int_{-a}^{a} |z_n(t) - y(t)|^2 dt}$$

d.h. $(z_n(t))$ konvergiert auch im Mittel gegen $y(t)$. Nach Satz 2.3.2 konvergiert dann aber die Folge der Transformierten $(Z_n(f))$ gleichmäßig gegen $Y(f)$. Nach Gleichung 2.7 haben wir aber

$$\int_{-\infty}^{\infty} |z_n(t) - z_m(t)|^2 dt = \int_{-\infty}^{\infty} |Z_n(f) - Z_m(f)|^2 df$$

Für große m, n wird die linke Seite klein und damit auch die rechte Seite. Mit anderen Worten: die Folge $(Z_n(f))$ ist eine Cauchy-Folge im Sinne des quadratischen Mittels und konvergiert damit in diesem Sinne gegen eine Funktion endlicher Energie. Diese Funktion kann aber keine andere als (der gleichmäßige Grenzwert) $Y(f)$ sein, d.h. $Y(f)$ ist quadratintegrabel über $(-\infty, \infty)$. Darüberhinaus erhalten wir wegen $|\|z_n\| - \|y\|| \leq \|z_n - y\|$ bzw. $|\|Z_n\| - \|Y\|| \leq \|Z_n - Y\|$:

$$\int_{-\infty}^{\infty} |y(t)|^2 dt = \lim_{n \to \infty} \int_{-\infty}^{\infty} |z_n(t)|^2 dt = \lim_{n \to \infty} \int_{-\infty}^{\infty} |Z_n(f)|^2 df = \int_{-\infty}^{\infty} |Y(f)|^2 df$$

wobei wir bei den beiden linken Integralen die Grenzen $-r$ und r hätten nehmen können. Damit haben wir die im zweiten Teil des Satzes behauptete Gleichung zunächst einmal für solche Funktionen bewiesen, die außerhalb eines endlichen Intervalls verschwinden. Die gegebene Funktion $x(t)$ wollen wir nun durch solche Funktionen im quadratischen Mittel annähern. Sei nämlich

$$x_N(t) := \begin{cases} x(t) & \text{für } |t| \leq N \\ 0 & \text{sonst} \end{cases}$$

dann gilt, wie wir soeben bewiesen haben:

$$\int_{-\infty}^{\infty} |x_N(t)|^2 dt = \int_{-\infty}^{\infty} |X_N(f)|^2 df$$

aber auch

$$\int_{-\infty}^{\infty} |x_N(t) - x_M(t)|^2 dt = \int_{-\infty}^{\infty} |X_N(f) - X_M(f)|^2 df$$

Die Folge $(x_N(t))$ konvergiert aber im quadratischen Mittel gegen $x(t)$. Damit ist die Folge $(X_N(f))$ eine Cauchy-Folge im Sinne des quadratischen Mittels und damit konvergent in diesem Sinne gegen eine Funktion $X(f)$ endlicher Energie. Wie oben bekommen wir dann:

$$\int_{-\infty}^{\infty} |x(t)|^2 dt = \lim_{N \to \infty} \int_{-\infty}^{\infty} |x_N(t)|^2 dt = \lim_{N \to \infty} \int_{-\infty}^{\infty} |X_N(f)|^2 df = \int_{-\infty}^{\infty} |X(f)|^2 df$$

was zu beweisen war. Ist schließlich $x(t)$ zusätzlich absolut integrierbar, so gilt natürlich

$$\lim_{N \to \infty} \int_{-\infty}^{\infty} |x_N(t) - x(t)| dt = 0$$

nach Satz 2.3.2 konvergiert dann die Folge $(X_N(f))$ gleichmäßig gegen die gewöhnliche Fourier-Transformierte von $x(t)$. Da die Folge $(X_N(f))$ aber im quadratischen Mittel gegen die Funktion $X(f)$ konvergiert, muss $X(f)$ gleich der gewöhnlichen Transformierten sein.

$\square$

Bemerkung: Der soeben bewiesene Satz ist der Schlüssel für die weiteren Betrachtungen in diesem Abschnitt. Insbesondere besagt er, dass zwei verschiedene Zeitsignale $x_1(t)$ und $x_2(t)$ auch verschiedene Transformierte $X_1(f)$ und $X_2(f)$ besitzen, denn

$$0 < \int_{-\infty}^{\infty} |x_1(t) - x_2(t)|^2 dt = \int_{-\infty}^{\infty} |X_1(f) - X_2(f)|^2 df$$

Die obige Beziehung besagt, dass der Abstand (im quadratischen Mittel) der Zeitfunktionen gleich dem Abstand ihrer Transformierten ist. Derartige Verhältnisse trifft man in der Linearen Algebra bei den Drehungen und Spiegelungen an.

$\square$

Als weitere Folgerung erhalten wir zunächst die

Satz 2.4.6 *(Parsevalsche Gleichung)* *Seien $x_1(t)$ und $x_2(t)$ Signale endlicher Energie, dann gilt:*

$$\int_{-\infty}^{\infty} x_1(t)\overline{x_2(t)}dt = \int_{-\infty}^{\infty} X_1(f)\overline{X_2(f)}df \qquad (2.8)$$

Beweis: Seien $x_1(t)$ und $x_2(t)$ zunächst reell. Nach dem gerade bewiesenen Satz von Plancherel gilt

$$\int_{-\infty}^{\infty} (x_1(t) + x_2(t))^2 dt$$

$$= \int_{-\infty}^{\infty} (x_1(t))^2 dt + 2\int_{-\infty}^{\infty} x_1(t) \cdot x_2(t) dt + \int_{-\infty}^{\infty} (x_2(t))^2 dt$$

$$= \int_{-\infty}^{\infty} (X_1(f) + X_2(f))\overline{(X_1(f) + X_2(f))} df$$

$$= \int_{-\infty}^{\infty} X_1(f)\overline{(X_1(f)}df + \int_{-\infty}^{\infty} X_1(f)\overline{X_2(f)}df$$

$$+ \int_{-\infty}^{\infty} X_2(f)\overline{X_1(f)}df + \int_{-\infty}^{\infty} X_2(f)\overline{X_2(f)})df$$

und damit

$$\int_{-\infty}^{\infty} x_1(t) \cdot x_2(t) dt = \text{Re}\left(\int_{-\infty}^{\infty} X_1(f)\overline{X_2(f)}df\right)$$

Nach dem Zuordnungssatz ist aber $\text{Re}\,(X_k)$ eine gerade und $\text{Im}\,(X_k)$ eine ungerade Funktion für $k = 1,2$. Es folgt: $\text{Im}\,(X_1 \cdot \overline{X_2}) = \text{Im}\,(X_1) \cdot \text{Re}\,(X_2) - \text{Re}\,(X_1) \cdot \text{Im}\,(X_2)$ ist eine ungerade Funktion und damit

$$\int_{-\infty}^{\infty} \text{Im}\,(X_1(f) \cdot \overline{X_2(f)})df = 0$$

Wir erhalten somit

$$\int_{-\infty}^{\infty} x_1(t) \cdot x_2(t)dt = \int_{-\infty}^{\infty} X_1(f)\overline{X_2(f)}df$$

Schreibt man im allgemeinen Fall $x_k(t) = r_k(t) + j \cdot i_k(t)$ für $k = 1,2$ so bekommt man mit dem obigen Ergebnis für reele Signale nach leichter Rechnung:

$$\int_{-\infty}^{\infty} x_1(t) \cdot \overline{x_2(t)}dt \;=\; \int_{-\infty}^{\infty} (R_1(f) + jI_1(f))(\overline{R_2(f) + jI_2(f)})df$$

$$=\; \int_{-\infty}^{\infty} X_1(f) \cdot \overline{X_2(f)}df$$

wenn $R_k(f)$ bzw. $I_k(f)$ die transformierten von $r_k(t)$ bzw. $i_k(t)$ für $k = 1,2$ bezeichnen. $\square$

Bemerkung: Eine solche Gleichung vom 'Parsevalschen Typ' findet sich auch bei den Drehungen und Spiegelungen der Linearen Algebra:

$$\langle \vec{x}, \vec{y} \rangle = \langle A\vec{x}, A\vec{y} \rangle$$

für alle Vektoren $\vec{x}, \vec{y}$, wenn A die Matrix der entsprechenden linearen Transformation bezeichnet. Die transponierte Matrix von A ist zugleich die inverse, denn

$$\langle \vec{x}, \vec{y} \rangle = \langle A\vec{x}, A\vec{y} \rangle = \langle A^T A\vec{x}, \vec{y} \rangle$$

also

$$\langle A^T A\vec{x} - \vec{x}, \vec{y} \rangle = 0$$

für alle Vektoren $\vec{x}, \vec{y}$. Wählt man speziell

$$\vec{y} = A^T A\vec{x} - \vec{x}$$

so erhält man für beliebiges $\vec{x}$:

$$A^T A\vec{x} - \vec{x} = \vec{0}$$

d.h. A^T muss die Inverse von A sein.

Satz 2.4.7 *(Inversionsformel)*   *Sei $x(t)$ ein Zeitsignal endlicher Energie* *und $X(f)$ ihre Fourier-Transformierte. Dann konvergiert die Folge $(x_N(t))$ mit*

$$x_N(t) = \int_{-N}^{N} X(f)e^{j2\pi ft}df$$

im quadratischen Mittel gegen $x(t)$, symbolisch:

$$x(t) = l.i.m._{N\to\infty} \int_{-N}^{N} X(f)e^{j2\pi ft}df$$

wobei l.i.m. für Limes im quadratischen Mittel steht.

Ist $X(f)$ insbesondere absolut integrierbar, so ist die Konvergenz sogar gleichmäßig und es gilt

$$x(t) = \int_{-\infty}^{\infty} X(f)e^{j2\pi ft}df$$

für alle t, falls $x(t)$ stetig, sonst bis auf eine Menge vom Maß Null.

Beweis: Der Grundgedanke des ersten Teils des Beweises der Inversionsformel entspricht dem der voraufgegangenen Bemerkung. Nach der Parsevalschen Gleichung gilt nämlich:

$$\int_{-\infty}^{\infty} x(t)\overline{y(t)}dt = \int_{-\infty}^{\infty} X(f)\overline{Y(f)}df$$

Das Transponieren entspricht hier der Vertauschung der Integrationsreihenfolge, hinzu kommt der Übergang zum konjugiert Komplexen. In Analogie zu den Verhältnissen der Linearen Algebra wären also folgende Rechenschritte naheliegend:

$$\int_{-\infty}^{\infty} X(f)\overline{Y(f)}df = \int_{-\infty}^{\infty} X(f) \left(\overline{\int_{-\infty}^{\infty} y(t)e^{-j2\pi ft}dt} \right) df$$

$$= \int_{-\infty}^{\infty} X(f) \left(\int_{-\infty}^{\infty} \overline{y(t)}e^{j2\pi ft}dt \right) df$$

$$= \int_{-\infty}^{\infty} \overline{y(t)} \left(\int_{-\infty}^{\infty} X(f)e^{j2\pi ft}df \right) dt$$

Dann hätte man

$$\int_{-\infty}^{\infty} \overline{y(t)} \left(x(t) - \int_{-\infty}^{\infty} X(f)e^{j2\pi ft}df \right) dt = 0$$

für eine beliebige Funktion $y(t)$, d.h.

$$x(t) = \int_{-\infty}^{\infty} X(f)e^{j2\pi ft}df$$

bis auf eine Menge vom Maß Null (man setze nämlich: $y(t) = \overline{x(t) - \tilde{x}(t)}$ mit $\tilde{x}(t) := \int_{-\infty}^{\infty} X(f)e^{j2\pi ft}df$).

Leider enthält diese Argumentation einige Schwächen:

1. für die Vertauschung der Integrationsreihenfolge braucht man, dass sowohl $y(t)$ als auch $X(f)$ absolut integrierbar sind. Dies ist aber schon für ziemlich einfache Beispiele (vergl. 2.1.1) nicht mehr der Fall, d.h. das Integral $\int_{-\infty}^{\infty} X(f)e^{j2\pi ft}df$ existiert im allgemeinen nicht.

2. die Funktion $\tilde{x}(t)$ ist im allgemeinen nur von endlicher Energie, selbst, wenn $X(f)$ absolut integrierbar ist, d.h. die Differenzfunktion $x(t) - \tilde{x}(t)$ ist im allgemeinen nicht absolut integrierbar. Dies ist aber mit der Eigenschaft von $y(t)$, die wir für die Vertauschung der Integrationsreihenfolge benötigen, nicht vereinbar.

Trotzdem ist diese Vorüberlegung nicht wertlos, man muss nur etwas behutsamer argumentieren. Insbesondere kann man die Vertauschung der Integrationsreihenfolge vornehmen, wenn man sich auf endliche Intervallgrenzen beschränkt.

Sie nun $y(t)$ ein beliebiges Zeitsignal endlicher Energie und $M \in \mathbb{N}$ beliebig, dann haben wir mit

$$y_M(t) := \begin{cases} y(t) & \text{für } |t| \le M \\ 0 & \text{sonst} \end{cases}$$

und $Y_M(f) \bullet\!\!-\!\!\circ y_M(t)$:

$$
\begin{aligned}
\int_{-N}^{N} X(f)\overline{Y_M(f)}df &= \int_{-N}^{N} X(f)\left(\overline{\int_{-M}^{M} y(t)e^{-j2\pi ft}dt}\right) df & (2.9) \\
&= \int_{-N}^{N} X(f)\left(\int_{-M}^{M} \overline{y(t)}e^{j2\pi ft}dt\right) df \\
&= \int_{-M}^{M} \overline{y(t)}\left(\int_{-N}^{N} X(f)e^{j2\pi ft}df\right) dt \\
&= \int_{-M}^{M} \overline{y(t)}x_N(t)dt = \int_{-\infty}^{\infty} \overline{y_M(t)}x_N(t)dt
\end{aligned}
$$

wobei die letzte und die vorletzte Gleichung aus den Definitionen von $x_N(t)$ und $y_M(t)$ folgt. Zunächst bekommen wir

$$\lim_{N\to\infty} \int_{-N}^{N} X(f)\overline{Y_M(f)}df = \int_{-\infty}^{\infty} X(f)\overline{Y_M(f)}df \qquad (2.10)$$

da sowohl $X(f)$ als auch $Y_M(f)$ endliche Energie besitzen und damit das Produkt von beiden absolut integrierbar ist. Die Parsevalsche Gleichung liefert dann:

$$\int_{-\infty}^{\infty} X(f)\overline{Y_M(f)}df = \int_{-\infty}^{\infty} x(t)\overline{y_M(t)}dt \qquad (2.11)$$

Sei nun

$$X_N(f) := \begin{cases} X(f) & \text{für } |f| \le N \\ 0 & \text{sonst} \end{cases}$$

Dann kann man ähnlich wie im Beweis des Satzes von Plancherel (durch Vertauschung der Rollen von $X_N(f)$ und $x_N(t)$) nachweisen, dass die Folge $(x_N(t))$ im quadratischen Mittel gegen ein Signal endlicher Energie konvergiert, das wir mit $\tilde{x}(t)$ bezeichnen wollen. Dann gilt wegen

$$\left| \int_{-\infty}^{\infty} (x_N(t) - \tilde{x}(t))\overline{y_M(t)}dt \right|^2 \leq \int_{-\infty}^{\infty} |x_N(t) - \tilde{x}(t)|^2 dt \cdot \int_{-\infty}^{\infty} |y_M(t)|^2 dt$$

$$\leq \int_{-\infty}^{\infty} |x_N(t) - \tilde{x}(t)|^2 dt \cdot \int_{-\infty}^{\infty} |y(t)|^2 dt$$

die Beziehung

$$\lim_{N \to \infty} \int_{-\infty}^{\infty} \overline{y_M(t)} x_N(t) dt = \int_{-\infty}^{\infty} \overline{y_M(t)} \tilde{x}(t) dt \tag{2.12}$$

Schließlich erhalten wir mit den Gleichungen 2.9, 2.10, 2.11 u. 2.12

$$\int_{-\infty}^{\infty} \overline{y_M(t)} \tilde{x}(t) dt =^{12} \lim_{N \to \infty} \int_{-\infty}^{\infty} \overline{y_M(t)} x_N(t) dt =^{9} \lim_{N \to \infty} \int_{-N}^{N} X(f)\overline{Y_M(f)} df$$

$$=^{10} \int_{-\infty}^{\infty} X(f)\overline{Y_M(f)} df =^{11} \int_{-\infty}^{\infty} \overline{y_M(t)} x(t) dt$$

und damit

$$\int_{-\infty}^{\infty} \overline{y_M(t)} x(t) dt = \int_{-\infty}^{\infty} \overline{y_M(t)} \tilde{x}(t) dt$$

oder auch

$$\int_{-M}^{M} y(t)(\tilde{x}(t) - x(t)) dt = 0$$

für jedes $M \epsilon \mathbb{N}$ und ein beliebiges Signal endlicher Energie $y(t)$. Das ist aber nur möglich, wenn $\tilde{x}(t)$ und $x(t)$ sich lediglich auf einer Menge vom Maß Null unterscheiden. Damit haben wir mit

$$x(t) = l.i.m._{N \to \infty} x_N(t) = l.i.m._{N \to \infty} \int_{-N}^{N} X(f)e^{j2\pi ft} df$$

den ersten Teil des Satzes bewiesen.

Wir zeigen nun den zweiten Teil des Satzes: da $X(f)$ absolut integrierbar ist, existiert das Integral $\int_{-\infty}^{\infty} X(f)e^{j2\pi ft} df =: \hat{x}(t)$ für alle t, und es gilt

$$|\hat{x}(t) - x_N(t)| = \left| \int_{-\infty}^{\infty} X(f)e^{j2\pi ft} df - \int_{-N}^{N} X(f)e^{j2\pi ft} df \right|$$

$$= \left| \int_{-\infty}^{-N} X(f)e^{j2\pi ft} df + \int_{N}^{\infty} X(f)e^{j2\pi ft} df \right|$$

$$\leq \int_{-\infty}^{-N} |X(f)| df + \int_{N}^{\infty} |X(f)| df \to_{N \to \infty} 0$$

gleichmäßig bezüglich t. Es bleibt, die Beziehung zwischen $x(t)$und $\hat{x}(t)$ zu untersuchen: wegen $(a+b)^2 \leq 2 \cdot (a^2 + b^2)$ gilt mit Hilfe der Dreiecksungleichung für jedes t:

$$
\begin{aligned}
|x(t) - \hat{x}(t)|^2 &= |(x(t) - x_N(t)) + (x_N(t) - \hat{x}(t))|^2 \\
&\leq (|x(t) - x_N(t)| + |x_N(t) - \hat{x}(t)|)^2 \\
&\leq 2 \cdot (|(x(t) - x_N(t))|^2 + |(x_N(t) - \hat{x}(t))|^2)
\end{aligned}
$$

Sei $M > 0$ beliebig, dann

$$
\int_{-M}^{M} |x(t) - \hat{x}(t)|^2 dt \leq 2 \left(\int_{-M}^{M} |x(t) - x_N(t)|^2 dt + \int_{-M}^{M} |x_N(t) - \hat{x}(t)|^2 dt \right)
$$

Beide Ausdrücke auf der rechten Seite konvergieren aber mit $N \to \infty$ gegen Null, da x_N gegen x wie oben gesehen im quadratischen Mittel und x_N gegen $\hat{x}$ gleichmäßig, also auf jedem endlichen Intervall auch im quadratischen Mittel konvergiert. Damit stimmen $x(t)$ und $\hat{x}(t)$ überein bis auf eine Menge vom Maß Null. Entsprechend Satz 2.3.1 ist aber $\hat{x}(t)$ stetig (bei Vertauschung der Rollen von Zeit- und Frequenzfunktion). Ist nun $x(t)$ ebenfalls stetig, so gilt

$$
x(t) = \hat{x}(t) = \int_{-\infty}^{\infty} X(f) e^{j2\pi ft} df
$$

für alle $t \in \mathbb{R}$.

$\square$

Bemerkung: Auch, wenn $x(t)$ zusätzlich absolut integrierbar ist, kann es passieren, dass die zugehörige Fourier-Transformierte $X(f)$ nicht absolut integrierbar ist, wie Beispiel 2.1.1 mit

$$
x(t) := \begin{cases} 1 & \text{für } |t| \leq \frac{\tau}{2} \\ 0 & \text{sonst} \end{cases}
$$

und $X(f) = \tau \cdot \text{si}(\pi f \tau)$ zeigt.

$\square$

Definition 2.4.8   *Sei $x(t)$ ein Zeitsignal endlicher Energie und sei $X(f) = \mathcal{F}\{x(t)\}$ die Fourier-Transformierte von $x(t)$, d.h.*

$$
X(f) = l.i.m._{N \to \infty} \int_{-N}^{N} x(t) e^{-j2\pi ft} dt
$$

Dann bezeichnen wir den Grenzwert (im quadratischen Mittel)

$$
l.i.m._{N \to \infty} \int_{-N}^{N} X(f) e^{j2\pi ft} df
$$

als inverse Fourier-Transformation, *symbolisch*

$$\mathcal{F}^{-1}\{X(f)\} = l.i.m._{N \to \infty} \int_{-N}^{N} X(f)e^{j2\pi ft}df$$

Ist $X(f)$ *darüberhinaus absolut integrierbar, dann*

$$\mathcal{F}^{-1}\{X(f)\} = \int_{-\infty}^{\infty} X(f)e^{j2\pi ft}df$$

Satz 2.4.7 besagt, dass diese Festlegung berechtigt ist.

Bei Zeitsignalen endlicher Energie sind also Hin-und Rücktransformation symmetrisch gebaut. Diese Symmetrie wird durch den folgenden Satz noch untermauert:

Satz 2.4.9 *(Vertauschungssatz) Sei* $x(t)$ *von endlicher Energie und* $X(f) = \mathcal{F}\{x(t)\}$. *Dann gilt:*

$$x(-f) = \mathcal{F}\{X(t)\}$$

Beweis: Sei wie im vorigen Satz

$$x_N(t) := \int_{-N}^{N} X(f)e^{j2\pi ft}df$$

Dann gilt

$$x_N(-t) = \int_{-N}^{N} X(f)e^{j2\pi f(-t)}df = \int_{-N}^{N} X(f)e^{-j2\pi ft}df$$

und damit

$$x(-t) = l.i.m._{N \to \infty} \int_{-N}^{N} X(f)e^{-j2\pi ft}df$$

Der Name der Integrationsvariablen ist aber ohne Bedeutung und wir bekommen

$$x(-f) = l.i.m._{N \to \infty} \int_{-N}^{N} X(t)e^{-j2\pi ft}dt$$

□

Man kann also die Rollen von Zeitsignal und Spektrum in gewissem Sinne vertauschen.

Beispiel 2.4.10   Sei

$$x(t) := \begin{cases} 1 & \text{für } |t| \leq \frac{\tau}{2} \\ 0 & \text{sonst} \end{cases}$$

dann $X(f) = \tau \cdot \mathrm{si}(\pi f \tau)$ (s. Beispiel 2.1.1). Nach dem Vertauschungssatz gilt:

$$\mathcal{F}\{a \cdot \mathrm{si}(\pi t a)\} = x(-f) = x(f) = \begin{cases} 1 & \text{für } |f| \leq \frac{a}{2} \\ 0 & \text{sonst} \end{cases}$$

denn $x(t)$ ist eine gerade Funktion. Wäre übrigens $X(f)$ absolut integrierbar, so müßte $x(t)$ nach Satz 2.3.1 stetig sein, was offensichtlich nicht der Fall ist.

2.5 Andere Formen der Fourier- Transformation

In der Literatur begegnet einem die Fourier-Transformation häufig in leicht abgewandelter Form:

1.

$$\hat{\mathcal{F}}\{x(t)\} = \int_{-\infty}^{\infty} x(t)\mathrm{e}^{-j\omega t} dt = \hat{X}(\omega)$$

Der Vergleich mit

$$\mathcal{F}\{x(t)\} = \int_{-\infty}^{\infty} x(t)\mathrm{e}^{-j2\pi ft} dt = X(f)$$

ergibt:

$$\hat{X}(2\pi f) = X(f)$$

Für die Rücktransformation erhält man dann mit der Substitution $\omega = 2\pi f$:

$$\begin{aligned} x(t) &= l.i.m._{N\to\infty} \int_{-N}^{N} X(f)\mathrm{e}^{j2\pi ft} df \\ &= l.i.m._{N\to\infty} \int_{-N}^{N} \hat{X}(2\pi f)\mathrm{e}^{j2\pi ft} df \\ &= l.i.m._{N\to\infty} \int_{-2\pi N}^{2\pi N} \hat{X}(\omega)\mathrm{e}^{j\omega t} \frac{df}{d\omega} d\omega \\ &= \frac{1}{2\pi} l.i.m._{N\to\infty} \int_{-2\pi N}^{2\pi N} \hat{X}(\omega)\mathrm{e}^{j\omega t} d\omega \end{aligned}$$

d.h.

$$x(t) = \hat{\mathcal{F}}^{-1}\{\hat{X}(\omega)\} = l.i.m._{M\to\infty} \frac{1}{2\pi} \int_{-M}^{M} \hat{X}(\omega)\mathrm{e}^{j\omega t} d\omega$$

2.

$$\tilde{\mathcal{F}}\{x(t)\} = \frac{1}{\sqrt{2\pi}} \int_{-\infty}^{\infty} x(t)\mathrm{e}^{-j\omega t} dt = \tilde{X}(\omega)$$

Offenbar gilt:

$$\tilde{X}(\omega) = \frac{1}{\sqrt{2\pi}} \hat{X}(\omega)$$

d.h.

$$x(t) = \tilde{\mathcal{F}}^{-1}\{\tilde{X}(\omega)\} = l.i.m._{M\to\infty} \frac{1}{\sqrt{2\pi}} \int_{-M}^{M} \tilde{X}(\omega)\mathrm{e}^{j\omega t} d\omega$$

2.6 Faltungssatz und zeitinvariante lineare Systeme

In diesem Abschnitt wollen wir Systeme betrachten, die zu einem gegebenen Eingangssignal $x(t)$ ein Ausgangssignal $y(t)$ erzeugen, symbolisch

$$\mathcal{S}\{x(t)\} = y(t)$$

und zwar so, dass die lineare Überlagerung von zwei Eingangssignalen die entsprechende Überlagerung der zugehörigen Ausgangssignale ergibt:

aus $\mathcal{S}\{x_1(t)\} = y_1(t)$ und $\mathcal{S}\{x_2(t)\} = y_2(t)$ soll also folgen

$$\mathcal{S}\{c_1 \cdot x_1(t) + c_2 \cdot x_2(t)\} = c_1 \cdot \mathcal{S}\{x_1(t)\} + c_2 \cdot \mathcal{S}\{x_2(t)\}$$

Diese Eigenschaft bezeichnet man als *Linearität* des Systems.

Zusätzlich wollen wir für die hier betrachteten Systeme fordern, dass sie ihre Wirkungsweise nicht mit der Zeit ändern, d.h. es soll gelten:

$$\mathcal{S}\{x(t - t_0)\} = y(t - t_0)$$

d.h. bei zeitlicher Verschiebung des Eingangssignals um t_0 wird das Ausgangssignal ebenfalls um t_0 verschoben. Dies Verhalten nennt man die *Zeitinvarianz* des Systems. Systeme mit diesen beiden Eigenschaften werden in der englischsprachigen Literatur mit *linear time invariant systems* bezeichnet, daher ist es auch in der deutschsprachigen Literatur üblich, diese kurz *LTI-Systeme* zu nennen.

Wir machen nun ein Gedankenexperiment und wählen als Eingangssignal eine Sinusschwingung der Frequenz f. Diese Sinusschwingung möge bereits seit sehr langer Zeit auf das System einwirken. Es ist plausibel (und mit der Beobachtung stabiler Systeme (s. 5.10 in Abschnitt 5.4.3) vereinbar), das sich am Ausgang ebenfalls eine Sinusschwingung gleicher Frequenz einstellt, allerdings phasenverschoben und mit veränderter Amplitude:

$$\mathcal{S}\{\sin(2\pi f t)\} = A\sin(2\pi f t + \varphi)$$

Wenn das betrachtete System etwa ein Tiefpaßfilter ist, so ist $A \approx 1$ im Durchlaßbereich und $A << 1$ im Sperrbereich des Filters.

Wegen der Zeitinvarianz des Systems gilt dann:

$$\mathcal{S}\{\sin(2\pi f(t - t_0))\} = A\sin(2\pi f(t - t_0) + \varphi)$$

Setzt man insbesondere $2\pi f t_0 = -\frac{\pi}{2}$, so bekommt man wegen $\sin(\alpha + \frac{\pi}{2}) = \cos(\alpha)$:

$$\mathcal{S}\{\cos(2\pi f t)\} = A\cos(2\pi f t + \varphi)$$

und damit

$$
\begin{aligned}
\mathcal{S}\{e^{j2\pi f t}\} &= \mathcal{S}\{\cos(2\pi f t) + j\sin(2\pi f t)\} \\
&= A\cos(2\pi f t + \varphi) + jA\sin(2\pi f t + \varphi) \\
&= A \cdot e^{j(2\pi f t + \varphi)} = Ae^{j\varphi} \cdot e^{j2\pi f t}
\end{aligned}
$$

Setzt man als komplexe Amplitude $H := A \cdot e^{j\varphi}$, so erhält man:

$$\mathcal{S}\{e^{j2\pi ft}\} = H \cdot e^{j2\pi ft}$$

d.h. wirkt eine komplexe harmonische Schwingung beliebiger Frequenz lange Zeit auf ein (stabiles) System ein, so erhält man am Ausgang eine komplexe harmonische Schwingung gleicher Frequenz mit der komplexen Amplitude H. Diese komplexe Amplitude wird im allgemeinen von der Frequenz f abhängen.

Ist das Eingangssignal nun eine Linearkombination von harmonischen Schwingungen verschiedener Frequenzen f_k mit komplexen Amplituden $X(f_k)$, so erhält man aus der Linearität des Systems:

$$\mathcal{S}\{\sum_{k=1}^{n} X(f_k)e^{j2\pi f_k t}\} = \sum_{k=1}^{n} H(f_k)X(f_k)e^{j2\pi f_k t}$$

Es ist naheliegend eine entsprechende Beziehung für die Überlagerung eines Kontinuums von harmonischen Schwingungen zu fordern:

$$\mathcal{S}\{\int_{-N}^{N} X(f)e^{j2\pi ft}df\} = \int_{-N}^{N} H(f)X(f)e^{j2\pi ft}df$$

Nimmt man nun an, dass das Eingangssignal $x(t)$ von endlicher Energie ist, so konvergiert die Folge $(x_N(t))$ mit

$$x_N(t) = \int_{-N}^{N} X(f)e^{j2\pi ft}df$$

wie wir gesehen haben, im quadratischen Mittel gegen $x(t)$. Ist auch $H(f)$ von endlicher Energie, so ist $X(f) \cdot H(f)$ nach der Cauchy-Schwarzschen Ungleichung absolut integrierbar, denn

$$\int_{-\infty}^{\infty} |X(f)H(f)|df \leq \sqrt{\int_{-\infty}^{\infty} |X(f)|^2 df} \cdot \sqrt{\int_{-\infty}^{\infty} |H(f)|^2 df}$$

Ist $H(f)$ beschränkt, so ist $H(f)X(f)$ auch von endlicher Energie. Setzt man dann

$$y(t) = \int_{-\infty}^{\infty} H(f)X(f)e^{j2\pi ft}df$$

so bekommt man

$$y(t) = \mathcal{F}^{-1}\{H(f) \cdot X(f)\}$$

Das Ein/Ausgabeverhalten eines zeitvarianten linearen Systems ließe sich somit folgendermaßen festlegen:

$$y(t) = \mathcal{S}\{x(t)\} := \mathcal{F}^{-1}\{H(f) \cdot \mathcal{F}\{x(t)\}\} \tag{2.13}$$

Die Funktion $H(f)$ heißt *Frequenzgang* des linearen zeitinvarianten Systems $\mathcal{S}$.

Wir haben hier eine Beschreibung des Systems S mit Hilfe der Transformation des Eingangssignals in den Frequenzbereich und des Frequenzganges erhalten. Dies legt die Frage nahe ob und wie eine direkte Beschreibung von S im Zeitbereich möglich ist. Es wird sich zeigen, dass hierbei die folgende Operation eine zentrale Rolle spielt:

Definition 2.6.1 *Seien die Funktionen $x(t)$ und $y(t)$ absolut integrierbar, dann nennt man die Funktion $z(t)$ mit*

$$z(t) = \int_{-\infty}^{\infty} x(\tau) \cdot y(t - \tau) d\tau$$

die Faltung *der Funktionen $x(t)$ und $y(t)$, symbolisch:*

$$z(t) = x(t) * y(t)$$

Wir zeigen zunächst:

Satz 2.6.2 *Sind die Funktionen $x(t)$ und $y(t)$ absolut integrierbar und von endlicher Energie, so ist die Funktion $x(t) * y(t)$ beschränkt, absolut integrierbar und von endlicher Energie.*

Beweis: Wir zeigen zunächst, dass $x(t) * y(t)$ absolut integrierbar ist. Hierzu führen wir in dem inneren Integral von

$$\int_{-\infty}^{\infty} |y(\tau)| d\tau \cdot \int_{-\infty}^{\infty} |x(\sigma)| d\sigma = \int_{-\infty}^{\infty} |y(\tau)| (\int_{-\infty}^{\infty} |x(\sigma)| d\sigma) d\tau$$

die Substitution $t - \tau = \sigma$ durch und erhalten:

$$\int_{-\infty}^{\infty} |y(\tau)| (\int_{-\infty}^{\infty} |x(\sigma)| d\sigma) d\tau = \int_{-\infty}^{\infty} |y(\tau)| \cdot \int_{-\infty}^{\infty} |x(t - \tau)| \frac{d\sigma}{dt} dt d\tau$$

$$= \int_{-\infty}^{\infty} |y(\tau)| \cdot \int_{-\infty}^{\infty} |x(t - \tau)| dt d\tau$$

$$= \int_{-\infty}^{\infty} \int_{-\infty}^{\infty} |y(\tau)| |x(t - \tau)| dt d\tau$$

Da $x(t)$ und $y(t)$ absolut integrierbar sind, existiert auch das Bereichsintegral. Man kann daher die Integrationsreihenfolge vertauschen und wir erhalten:

$$\int_{-\infty}^{\infty} \int_{-\infty}^{\infty} |y(\tau)| |x(t - \tau)| dt d\tau = \int_{-\infty}^{\infty} \cdot \int_{-\infty}^{\infty} |y(\tau)| |x(t - \tau)| d\tau dt$$

$$\geq \int_{-\infty}^{\infty} |\int_{-\infty}^{\infty} y(\tau) x(t - \tau) d\tau| dt$$

Insgesamt bekommen wir also mit $z(t) = x(t) * y(t)$:

$$\int_{-\infty}^{\infty} |z(t)|dt = \int_{-\infty}^{\infty} |\int_{-\infty}^{\infty} y(\tau)x(t-\tau)d\tau|dt \le \int_{-\infty}^{\infty} |y(\tau)|d\tau \cdot \int_{-\infty}^{\infty} |x(\sigma)|d\sigma$$

d.h. $x(t) * y(t)$ ist absolut integrierbar.

Die Beschränktheit sieht man mit Hilfe der Cauchy-Schwarzschen Ungleichung ein:

$$\begin{aligned} |z(t)|^2 &= |\int_{-\infty}^{\infty} y(\tau)x(t-\tau)d\tau|^2 \le \int_{-\infty}^{\infty} |y(\tau)|^2 d\tau \cdot \int_{-\infty}^{\infty} |x(t-\tau)|^2 d\tau \\ &= \int_{-\infty}^{\infty} |y(\tau)|^2 d\tau \cdot \int_{-\infty}^{\infty} |x(\tau)|^2 d\tau \end{aligned}$$

Da $x(t)$ und $y(t)$ von endlicher Energie sind, ist die rechte Seite der Ungleichung endlich. Wir können somit eine Konstante $M > 0$ finden mit $|z(t)| \le M$. Dann gilt:

$$|\frac{z(t)}{M}|^2 \le |\frac{z(t)}{M}| \le 1$$

und damit

$$\int_{-\infty}^{\infty} |\frac{z(t)}{M}|^2 dt \le \int_{-\infty}^{\infty} |\frac{z(t)}{M}|dt = \frac{1}{M}\int_{-\infty}^{\infty} |z(t)|dt < \infty$$

also

$$\int_{-\infty}^{\infty} |z(t)|^2 dt < \infty$$

d.h. $z(t) = x(t) * y(t)$ ist von endlicher Energie.

$\square$

Wir wollen nun zur Betrachtung des linearen, zeitinvarianten Systems $\mathcal{S}$ zurückkehren. Für das Ausgangssignal hatten wir:

$$y(t) = \mathcal{F}^{-1}\{H(f) \cdot X(f)\}$$

d.h. für die Fourier-Transformierte des Ausgangssignals:

$$\mathcal{F}\{y(t)\} = Y(f) = H(f) \cdot X(f)$$

Sei nun $h(t) := \mathcal{F}^{-1}\{H(f)\}$ die Rücktransformierte des Frequenzganges, dann können wir den folgenden Zusammenhang herstellen:

$$\begin{aligned} Y(f) &= \mathcal{F}\{h(t)\} \cdot \mathcal{F}\{x(t)\} = \int_{-\infty}^{\infty} h(t)e^{-j2\pi ft}dt \cdot \int_{-\infty}^{\infty} x(\tau)e^{-j2\pi f\tau}d\tau \\ &= \int_{-\infty}^{\infty}\int_{-\infty}^{\infty} h(t)e^{-j2\pi ft} \cdot x(\tau)e^{-j2\pi f\tau}d\tau dt \\ &= \int_{-\infty}^{\infty}\int_{-\infty}^{\infty} h(t) \cdot x(\tau)e^{-j2\pi f(t+\tau)}d\tau dt \end{aligned}$$

Substituieren wir nun im inneren Integral des letzten Ausdrucks $\sigma = t + \tau$ so erhalten wir:

$$
\begin{aligned}
Y(f) &= \int_{-\infty}^{\infty} \int_{-\infty}^{\infty} h(t) \cdot x(\tau) e^{-j2\pi f(t+\tau)} d\tau dt \\
&= \int_{-\infty}^{\infty} \int_{-\infty}^{\infty} h(t) \cdot x(\sigma - t) e^{-j2\pi f\sigma} \frac{d\tau}{d\sigma} d\sigma dt \\
&= \int_{-\infty}^{\infty} \int_{-\infty}^{\infty} h(t) \cdot x(\sigma - t) e^{-j2\pi f\sigma} d\sigma dt
\end{aligned}
$$

Da das Bereichsintegral existiert, kann man die Reihenfolge der Integration vertauschen und erhält:

$$
\begin{aligned}
Y(f) &= \int_{-\infty}^{\infty} \int_{-\infty}^{\infty} h(t) \cdot x(\sigma - t) e^{-j2\pi f\sigma} d\sigma dt \\
&= \int_{-\infty}^{\infty} \left(\int_{-\infty}^{\infty} h(t) \cdot x(\sigma - t) dt \right) e^{-j2\pi f\sigma} d\sigma
\end{aligned}
$$

Damit bekommen wir:

$$
Y(f) = \mathcal{F}\{ \int_{-\infty}^{\infty} h(t) \cdot x(\sigma - t) dt \}
$$

Wenden wir nun auf beiden Seiten die Inverse Fourier-Transformation an, so erhalten wir:

$$
y(\sigma) = \int_{-\infty}^{\infty} h(t) \cdot x(\sigma - t) dt
$$

d.h. das Ausgangssignal des linearen, zeitinvarianten Systems S bekommt man durch Faltung des Eingangssignals mit der Rücktransformierten $h(t)$ des Frequenzgangs $H(f)$. Die Funktion $h(t)$ wird auch als *Impulsantwort* des Systems bezeichnet. Warum diese Bezeichnung berechtigt ist, werden wir in einem späteren Abschnitt (s. Gleichung 3.7 in Abschnitt 3.1.2) erfahren.

Mit unserer obigen Herleitung haben wir den folgenden Satz bewiesen:

Satz 2.6.3 *(Faltungssatz 1)   Seien die Funktionen $x(t)$ und $h(t)$ absolut integrierbar und von endlicher Energie, dann gilt:*

$$
\mathcal{F}\{(h(t) * x(t)\} = \mathcal{F}\{h(t)\} \cdot \mathcal{F}\{x(t)\}
$$

Bemerkung: Der Satz von Plancherel zusammen mit dem voraufgegangenen Satz zeigen, dass (unter den Voraussetzungen des Faltungssatzes) auch $Y(f) = H(f) \cdot X(f)$ von endlicher Energie ist.

$\square$

Ein solcher Faltungssatz stellt ein sehr allgemeines Prinzip zur Beschreibung von linearen zeitinvarianten Systemen dar. Wir werden diesem Prinzip u.a. bei der diskreten Fourier-Transformation, der Laplace-Transformation und der Z-Transformation wiederbegegnen.

Wir haben bisher die Faltung nur für den Fall betrachtet, dass beide Faktoren absolut integrierbar sind. Diese Forderung könnte man dahingehend abschwächen, dass man für einen der Faktoren (etwa für das Eingangssignal $x(t)$) lediglich verlangt, dass er beschränkt und lokal (d.h. für jedes endliche Intervall) integrierbar sein soll, während für den anderen Faktor die Forderung nach der absoluten Integrierbarkeit weiterhin aufrechterhalten wird. Offenbar gilt unter diesen modifizierten Voraussetzungen für das Faltungsintegral

$$ |\int_{-\infty}^{\infty} h(\tau) \cdot x(t-\tau)d\tau| \leq M \cdot \int_{-\infty}^{\infty} |h(\tau)|d\tau < \infty $$

Insbesondere bereitet es so gesehen kein Problem, als Eingangssignal eine harmonische Schwingung $\sin 2\pi ft$ zuzulassen, wenn wir als Ausgangssignal deren Faltung mit der Impulsantwort ansehen.

Schwierigkeiten bekommen wir allerdings bei diesem Eingangssignal mit unserer Festlegung

$$ \mathcal{S}\{x(t)\} = y(t) = \mathcal{F}^{-1}\{H(f) \cdot \mathcal{F}\{x(t)\}\} $$

denn die Fourier-Transformierte einer harmonischen Schwingung ist nach dem jetzigen Stand der Dinge gar nicht definiert. Um diesen erheblichen Schönheitsfehler (harmonische Schwingungen als Eingangssignal hatten uns ja erst zu dem Begriff des Frequenzgangs motiviert) zu beheben, werden wir in Kapitel 3 eine Erweiterung der Fourier-Transformation auf eine wesentlich breitere Klasse vornehmen. Bei dieser Erweiterung wird die Parsevalsche Gleichung eine zentrale Rolle spielen.

Zunächst aber wollen wir einige Beispiele für die Anwendung des Faltungssatzes kennenlernen.

2.6.1 Kreuz-und Autokorrelation

Definition 2.6.4   *Seien die Funktionen $x(t)$ und $y(t)$ absolut integrierbar und von endlicher Energie. Dann bezeichnet man die Funktion*

$$ r_{xy}(t) := \int_{-\infty}^{\infty} x(\tau)y(\tau+t)d\tau $$

als Kreuzkorrelation von $x(t)$ und $y(t)$.

Der Begriff der Kreuzkorrelation ist eng mit dem der Faltung verwandt, wie die folgende Betrachtung zeigt: Sei $v(\sigma) := y(-\sigma)$, dann bekommt man:

$$ r_{xy}(-t) := \int_{-\infty}^{\infty} x(\tau)y(\tau-t)d\tau = \int_{-\infty}^{\infty} x(\tau)v(t-\tau)d\tau = x(t) * v(t) $$

Für das zugehörige Spektrum bekommen wir mit dem Faltungssatz:

$$\mathcal{F}\{r_{xy}(-t)\} = \mathcal{F}\{x(t) * v(t)\} = X(f) \cdot V(f) = X(f) \cdot \overline{Y(f)}$$

und damit

$$s_{xy}(f) = \mathcal{F}\{r_{xy}(t)\} = \overline{X(f)} \cdot Y(f)$$

Der obige Spektralausdruck wird als *Kreuzenergiespektrum* bezeichnet. Offenbar bekommt man durch Vertauschung der Reihenfolge von x und y:

$$s_{yx}(f) = \overline{s_{xy}(f)}$$

Sind $x(t)$ und $y(t)$ identisch erhalten wir als Spezialfall der Kreuzkorrelation:

Definition 2.6.5 *Sei die Funktion $x(t)$ absolut integrierbar und von endlicher Energie. Dann bezeichnet man die Funktion*

$$r_x(t) := \int_{-\infty}^{\infty} x(\tau)x(\tau + t)d\tau$$

als Autokorrelation *von $x(t)$.*

Für das Spektrum der Autokorrelation erhalten wir dann:

$$s_x(f) = \mathcal{F}\{r_x(t)\} = \overline{X(f)} \cdot X(f) = |X(f)|^2$$

Die Funktion $|X(f)|^2$ wir als *spektrale Energiedichte* bezeichnet.

Von besonderem Interesse für systemtheoretische Untersuchungen ist die Kreuzkorrelation zwischen Eingangssignal und Ausgangssignal eines zeitunabhängigen linearen Systems. Letzteres bekommt man durch Faltung des Eingangssignals mit der Impulsantwort $y(t) = h(t) * x(t)$ und daher:

$$
\begin{aligned}
r_{xy}(t) &= \int_{-\infty}^{\infty} x(\tau)y(\tau + t)d\tau \\
&= \int_{-\infty}^{\infty} x(\tau) \left(\int_{-\infty}^{\infty} h(\sigma)x(\tau + t - \sigma)d\sigma \right) d\tau \\
&= \int_{-\infty}^{\infty} h(\sigma) \left(\int_{-\infty}^{\infty} x(\tau)x(\tau + t - \sigma)d\tau \right) d\sigma \\
&= \int_{-\infty}^{\infty} h(\sigma)r_x(t - \sigma)d\sigma = h(t) * r_x(t)
\end{aligned}
$$

und damit für die zugehörigen Spektren nach dem Faltungssatz:

$$s_{xy}(f) = H(f) \cdot s_x(f) = H(f) \cdot |X(f)|^2$$

Genauso erhält man für die Autokorrelation des Ausgangssignals:

$$
\begin{aligned}
r_y(t) &= \int_{-\infty}^{\infty} y(\tau)y(\tau + t)d\tau \\
&= \int_{-\infty}^{\infty} y(\tau)\left(\int_{-\infty}^{\infty} h(\sigma)x(\tau + t - \sigma)d\sigma\right)d\tau \\
&= \int_{-\infty}^{\infty} h(\sigma)\left(\int_{-\infty}^{\infty} y(\tau)x(\tau + t - \sigma)d\tau\right)d\sigma \\
&= \int_{-\infty}^{\infty} h(\sigma)r_{yx}(t - \sigma)d\sigma = h(t) * r_{yx}(t)
\end{aligned}
$$

Für die zugehörigen Spektren bekommt man:

$$s_y(f) = H(f) \cdot s_{yx}(f) = H(f) \cdot \overline{s_{xy}(f)} = H(f) \cdot \overline{H(f)} \cdot \overline{s_x(f)} = |H(f)|^2 \cdot s_x(f)$$

Im Zeitbereich lässt sich diese Beziehung folgendermaßen darstellen:

$$r_y(t) = r_h(t) * r_x(t)$$

2.6.2 Das Gibbs'sche Phänomen

In diesem Abschnitt werden wir die Rekonstruktion eines Rechteckimpulses aus seinem Spektrum betrachten, wenn wir dabei die Beiträge hoher Frequenzen ignorieren (vergl. [1]). Um diese Untersuchung mit Hilfe des Faltungssatzes vornehmen zu können, benötigen wir eine Variante des Faltungssatzes 1.

Satz 2.6.6 *(Faltungssatz 2)*   *Sei die Funktionen $x(t)$ absolut integrierbar und von endlicher Energie und die Funktion $h(t)$ von endlicher Energie und beschränkt, dann gilt:*

$$\mathcal{F}\{(h(t) * x(t)\} = \mathcal{F}\{h(t)\} \cdot \mathcal{F}\{x(t)\}$$

Beweis: Sei

$$H_N(f) = \int_{-N}^{N} h(t)e^{-j2\pi ft}dt$$

dann erhält man nach dem 1. Faltungssatz

$$H_N(f) \cdot X(f) = \int_{-\infty}^{\infty}\left(\int_{-N}^{N} h(t)x(\sigma - t)dt\right)e^{-j2\pi f\sigma}d\sigma$$

d.h. mit

$$z_N(\sigma) = \int_{-N}^{N} h(t)x(\sigma - t)dt$$

hat man:

$$H_N(f) \cdot X(f) = \mathcal{F}\{z_N(\sigma)\}$$

$z_N(\sigma)$ ist nach Satz 2.6.2 von endlicher Energie und absolut integrierbar. Nach dem Satz von Plancherel ist $H_N(f)$ von endlicher Energie für jedes N, und die Folge $(H_N(f))$ konvergiert im quadratischen Mittel gegen eine Funktion endlicher Energie, die wir mit $H(f)$ bezeichnen. Da die Funktion $x(t)$ absolut integrierbar ist, ist ihre Fourier- Transformierte $X(f)$ nach Satz 2.3.1 beschränkt. Damit konvergiert die Folge $(H_N(f) \cdot X(f))$ im quadratischen Mittel gegen die Funktion $H(f) \cdot X(f)$, denn

$$\int_{-\infty}^{\infty} |H(f) \cdot X(f) - H_N(f) \cdot X(f)|^2 df = \int_{-\infty}^{\infty} |H(f) - H_N(f)|^2 \cdot |X(f)|^2 df$$

$$\leq M \int_{-\infty}^{\infty} |H(f) - H_N(f)|^2 df$$

Nach dem Satz von Plancherel konvergiert dann die Folge $(z_N(t))$ im quadratischen Mittel gegen $\tilde{z}(t) = \mathcal{F}^{-1}\{H(f) \cdot X(f)\}$. Da aber $h(t)$ beschränkt ist und $x(t)$ absolut integrierbar ist, ist auch $h(t) \cdot x(\sigma - t)$ absolut integrierbar und es gilt für jedes feste σ

$$\lim_{N \to \infty} z_N(\sigma) = \lim_{N \to \infty} \int_{-N}^{N} h(t)x(\sigma - t)dt = \int_{-\infty}^{\infty} h(t)x(\sigma - t)dt$$

Dann aber muss gelten (bis auf eine Menge vom Maß Null):

$$\tilde{z}(\sigma) = \int_{-\infty}^{\infty} h(t)x(\sigma - t)dt$$

Damit haben wir schließlich

$$H(f) \cdot X(f) = \mathcal{F}\{\int_{-\infty}^{\infty} h(t)x(\sigma - t)dt\}$$

□

Wir wollen nun das Gibbs'sche Phänomen anhand eines Rechteckimpulses studieren. Sei

$$x(t) := \begin{cases} 1 & \text{für } -T \leq t < T \\ 0 & \text{sonst} \end{cases}$$

dann lässt sich $x(t)$ offenbar mit Hilfe der Sprungfunktion $\varepsilon(t)$

$$\varepsilon(t) := \begin{cases} 1 & \text{für } t \geq 0 \\ 0 & \text{sonst} \end{cases}$$

ausdrücken:

$$x(t) = \varepsilon(t + T) - \varepsilon(t - T)$$

Als lineares System wollen wir nun einen idealen Tiefpaß mit dem Frequenzgang

$$H_N(f) := \begin{cases} 1 & \text{für } -N \leq f \leq N \\ 0 & \text{sonst} \end{cases}$$

betrachten. Wir erhalten:

$$y_N(t) = \mathcal{F}^{-1}\{H_N(f) \cdot X(f)\} = \int_{-\infty}^{\infty} H_N(f) \cdot X(f)e^{j2\pi ft}df = \int_{-N}^{N} X(f)e^{j2\pi ft}df$$

Nach dem Satz über die inverse Fourier-Transformation konvergiert die Folge $(y_N(t))$ im quadratischen Mittel gegen den Impuls $x(t)$. Mit Hilfe des Faltungssatzes wollen wir nun die 'Qualität' dieser Konvergenz, insbesondere in der Nähe der Sprungstellen untersuchen.

Nach dem Vertauschungssatz haben wir (vergl. Beispiel 2.4.10):

$$h_N(t) = \mathcal{F}^{-1}\{H_N(f)\} = 2N \cdot \text{si}(2\pi Nt)$$

Mit dem Faltungssatz 2 erhalten wir dann:

$$y_N(t) = x(t) * h_N(t) = x(t) * 2N \cdot \text{si}(2\pi Nt)$$

Stellen wir nun $x(t)$ mit Hilfe der Sprungfunktion dar, so bekommen wir:

$$\begin{aligned}
y_N(t) &= (\varepsilon(t+T) - \varepsilon(t-T)) * 2N \cdot \text{si}(2\pi Nt) \\
&= 2N \int_{-\infty}^{\infty} \varepsilon(t+T) \cdot \text{si}(2\pi N(t-\tau))d\tau \\
&- 2N \int_{-\infty}^{\infty} \varepsilon(t-T) \cdot \text{si}(2\pi N(t-\tau))d\tau \\
&= 2N \int_{-T}^{\infty} \text{si}(2\pi N(t-\tau))d\tau - 2N \int_{T}^{\infty} \text{si}(2\pi N(t-\tau))d\tau
\end{aligned}$$

Substituieren wir nun in dem Integral

$$\int_{-T}^{\infty} \text{si}(2\pi N(t-\tau))d\tau$$

$\sigma = 2\pi N(t-\tau)$, d.h. $\tau = -\frac{\sigma}{2\pi N} + t$, dann erhalten wir:

$$\begin{aligned}
2N \int_{-T}^{\infty} \text{si}(2\pi N(t-\tau))d\tau &= 2N \int_{2\pi N(t+T)}^{-\infty} \text{si}(\sigma)\frac{d\tau}{d\sigma}d\sigma \\
&= -\frac{2N}{2\pi N} \int_{2\pi N(t+T)}^{-\infty} \text{si}(\sigma)d\sigma \\
&= \frac{1}{\pi} \int_{-\infty}^{2\pi N(t+T)} \text{si}(\sigma)d\sigma
\end{aligned}$$

und entsprechend

$$2N \int_T^\infty \text{si}(2\pi N(t-\tau))d\tau = \frac{1}{\pi} \int_{-\infty}^{2\pi N(t-T)} \text{si}(\sigma)d\sigma$$

Dies liefert

$$
\begin{aligned}
y_N(t) &= \frac{1}{\pi} \int_{-\infty}^{2\pi N(t+T)} \text{si}(\sigma))d\sigma - \frac{1}{\pi} \int_{-\infty}^{2\pi N(t-T)} \text{si}(\sigma)d\sigma \\
&= \frac{1}{\pi} \left(\int_0^{2\pi N(t+T)} \text{si}(\sigma)d\sigma - \int_0^{2\pi N(t-T)} \text{si}(\sigma)d\sigma \right)
\end{aligned}
$$

Mit der Definition des *Integralsinus*:

$$\text{Si}(z) := \int_0^z \text{si}(\tau)d\tau$$

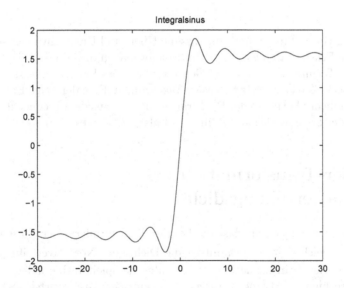

Integralsinus

bekommen wir schließlich

$$y_N(t) = \frac{1}{\pi} \left(\text{Si}(2\pi N(t+T)) - \text{Si}(2\pi N(t-T)) \right)$$

und damit einen 'verwackelten' Rechteckimpuls, denn es gilt

$$\lim_{z \to \infty} \text{Si}(z) = \frac{\pi}{2} \quad \text{und} \quad \lim_{z \to -\infty} \text{Si}(z) = -\frac{\pi}{2}$$

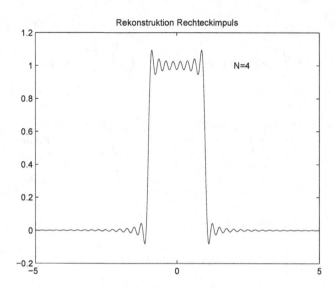

Vergrößerung von N führt nun dazu, dass die Über- und Unterschwinger schmaler werden und auf die Ecken zuwandern, ihre Höhe bleibt jedoch unverändert. Dies liegt daran, dass eine Vergrößerung von N an dem Gesamtverlauf des Integralsinus nichts ändert, es wird lediglich eine Skalierung der t-Achse vorgenommen. Eine derartige Erscheinung tritt allgemein in ähnlicher Form bei der Rücktransformation aus dem Frequenzbereich an den Sprungstellen der Signalfunktion auf und wird als *Gibbs'sches Phänomen* bezeichnet.

2.7 Fourier-Transformation der Normalverteilungsdichte

In diesem Abschnitt zeigen wir, dass die Fourier-Transformierte der Normalverteilungsdichte $\frac{1}{\sqrt{2\pi}}e^{-\frac{t^2}{2}}$ gleich $e^{-\frac{\omega^2}{2}}$ ist. Damit ist die Dichte der Normalverteilung eine Eigenfunktion der Fourier-Transformation. Diese Tatsache spielt insbesondere in der Wahrscheinlichkeitsrechnung (z.B. beim Beweis des zentralen Grenzwertsatzes) eine bedeutende Rolle.

Als Hilfsmittel zeigen wir zunächst den

Satz 2.7.1

$$\int_{-\infty}^{\infty} e^{-\frac{x^2}{2}}\,dx = \sqrt{2\pi}$$

Beweis: Es gilt:

$$\int_{-\infty}^{\infty} e^{-\frac{x^2}{2}}\,dx \cdot \int_{-\infty}^{\infty} e^{-\frac{y^2}{2}}\,dy = \int_{-\infty}^{\infty}\int_{-\infty}^{\infty} e^{-\frac{x^2+y^2}{2}}\,dx\,dy$$

Mit der Substitution $x = r\cos t$, $y = r\sin t$ und der Jacobi-Determinante

$$\begin{vmatrix} \cos t & -r\sin t \\ \sin t & r\cos t \end{vmatrix} = r\cos^2 t + r\sin^2 t = r$$

erhält man

$$\int_{-\infty}^{\infty} e^{-\frac{x^2}{2}}\,dx \cdot \int_{-\infty}^{\infty} e^{-\frac{y^2}{2}}\,dy = \int_0^{2\pi}\int_0^{\infty} e^{-\frac{r^2}{2}} r\,dr\,dt$$

$$= \int_0^{2\pi}\int_0^{\infty} [-e^{-\frac{r^2}{2}}]_0^{\infty}\,dt = \int_0^{2\pi} (0-(-1))\,dt = 2\pi$$

und damit die Behauptung.

□

Wir zeigen nun

Satz 2.7.2

$$\hat{\mathcal{F}}\{e^{-\frac{t^2}{2}}\} = \int_{-\infty}^{\infty} e^{-\frac{t^2}{2}} e^{-j\omega t}\,dt = \sqrt{2\pi}\, e^{-\frac{\omega^2}{2}}$$

Beweis: Nach dem Cauchyschen Integralsatz gilt

$$\int_\gamma e^{\frac{z^2}{2}}\,dz = 0$$

für jede einfach geschlossene Kurve γ. Sei nun γ eine von der positiven Größe a abhängige Kurve mit $\gamma = \gamma_1 + \gamma_2 + \gamma_3 + \gamma_4$ mit den Parametrisierungen

$$\gamma_1 \quad : \quad (t, 0) \text{ mit } t \in [-a, a]$$
$$\gamma_2 \quad : \quad (a, j\omega t) \text{ mit } t \in [0, 1]$$
$$\gamma_3 \quad : \quad (-t, j\omega) \text{ mit } t \in [-a, a]$$
$$\gamma_4 \quad : \quad (-a, j\omega - j\omega t) \text{ mit } t \in [0, 1]$$

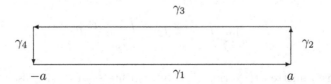

dann gilt

$$\int_\gamma e^{-\frac{z^2}{2}} dz = \int_{\gamma_1} e^{-\frac{z^2}{2}} dz + \int_{\gamma_2} e^{-\frac{z^2}{2}} dz + \int_{\gamma_3} e^{-\frac{z^2}{2}} dz + \int_{\gamma_4} e^{-\frac{z^2}{2}} dz = 0$$

also

$$-\int_{\gamma_3} e^{-\frac{z^2}{2}} dz = \int_{-\gamma_3} e^{-\frac{z^2}{2}} dz = \int_{\gamma_1} e^{-\frac{z^2}{2}} dz + \int_{\gamma_2} e^{-\frac{z^2}{2}} dz + \int_{\gamma_4} e^{-\frac{z^2}{2}} dz$$

wobei die Kurve $-\gamma_3$ die Parametrisierung $-\gamma_3 : (t, j\omega)$ mit $t \in [-a, a]$ besitzt. Mit $z(t) = t + j\omega$ bekommt man

$$\int_{-\gamma_3} e^{-\frac{z^2}{2}} dz = \int_{-a}^a e^{-\frac{z^2(t)}{2}} dz(t) = \int_{-a}^a e^{-\frac{(t+j\omega)^2}{2}} dt$$

Nun gilt:

$$-\frac{(t+j\omega)^2}{2} = -\frac{t^2 + 2j\omega t - \omega^2}{2} = -\frac{t^2}{2} - j\omega t + \frac{\omega^2}{2}$$

also

$$\int_{-\gamma_3} e^{-\frac{z^2}{2}} dz = \int_{-a}^a e^{-\frac{t^2}{2}} e^{-j\omega t} e^{\frac{\omega^2}{2}} dt = e^{\frac{\omega^2}{2}} \int_{-a}^a e^{-\frac{t^2}{2}} e^{-j\omega t} dt$$

Ferner gilt

$$\int_{\gamma_1} e^{-\frac{z^2}{2}} dz = \int_{-a}^a e^{-\frac{t^2}{2}} dt$$

Nun gilt allgemein:

$$|\int_\alpha^\beta f(z(t)) \cdot z'(t) dt| \leq \int_\alpha^\beta |f(z(t))| \cdot |z'(t)| dt$$

und für $f(z(t)) = e^{-\frac{z^2(t)}{2}}$ und die Kurve γ_2:

$$|e^{-\frac{z^2(t)}{2}}| = |e^{-\frac{(a+j\omega)^2}{2}}| = ||e^{-\frac{a^2+2aj\omega t - \omega^2 t^2}{2}}| = e^{-\frac{a^2-\omega^2 t^2}{2}} = e^{-\frac{a^2}{2}} e^{\frac{\omega^2 t^2}{2}} \leq e^{-\frac{a^2}{2}} e^{\frac{\omega^2}{2}}$$

Wegen $|z'(t)| = |j\omega| = |\omega|$, folgt

$$|\int_{\gamma_2} e^{-\frac{z^2}{2}} dz| \leq \int_0^1 |e^{-\frac{(a+j\omega)^2}{2}}| |j\omega| dt \leq e^{-\frac{a^2}{2}} e^{\frac{\omega^2}{2}} |\omega| \to_{a \to \infty} 0$$

und genauso

$$\int_{\gamma_4} e^{-\frac{z^2}{2}} dz \to_{a \to \infty} 0$$

Wir erhalten:

$$\lim_{a \to \infty} \int_{-\gamma_3} e^{-\frac{z^2}{2}} dz = e^{\frac{\omega^2}{2}} \lim_{a \to \infty} \int_{-a}^a e^{-\frac{t^2}{2}} e^{-j\omega t} dt = e^{\frac{\omega^2}{2}} \int_{-\infty}^\infty e^{-\frac{t^2}{2}} e^{-j\omega t} dt$$

$$= \lim_{a \to \infty} \int_{\gamma_1} e^{-\frac{z^2}{2}} dz = \int_{-\infty}^\infty e^{-\frac{t^2}{2}} dt = \sqrt{2\pi}$$

□

Die Fourier-Transformierte der Normalverteilungsdichte $\frac{1}{\sqrt{2\pi}} e^{-\frac{t^2}{2}}$ ist also $e^{-\frac{\omega^2}{2}}$.

2.8 Zusammenfassung und Aufgaben

2.8.1 Zusammenfassung

- Fourier-Transformation

    1. $x(t)$ absolut integrierbar, d.h. $\int_{-\infty}^{\infty} |x(t)|dt < \infty$ und von endlicher Energie, d.h. $\int_{-\infty}^{\infty} |x(t)|^2 dt < \infty$, dann

    $$\mathcal{F}\{x(t)\} = \int_{-\infty}^{\infty} x(t)\mathrm{e}^{-j2\pi ft}dt = X(f)$$

    für alle $f \in \mathbb{R}$

    2. ist $x(t)$ nur von endlicher Energie, dann ist $X(f)$ nur Limes im quadratischen Mittel

    $$\mathcal{F}\{x(t)\} = l.i.m._{N\to\infty} \int_{-N}^{N} x(t)\mathrm{e}^{-j2\pi ft}dt = X(f)$$

    d.h.

    $$\lim_{N\to\infty} \int_{-\infty}^{\infty} |X(f) - X_N(f)|^2 df = 0$$

    mit $X_N(f) = \int_{-N}^{N} x(t)\mathrm{e}^{-j2\pi ft}dt$

    Kurzschreibweise: $x(t) \circ\!\!-\!\!\bullet X(f)$ und es gilt die Parsevalsche Gleichung (s. Satz 2.4.5)

    $$\int_{-\infty}^{\infty} |x(t)|^2 dt = \int_{-\infty}^{\infty} |X(f)|^2 df$$

    bzw. in allgemeiner Form (s. Satz 2.4.6):
    $x_1(t)$ und $x_2(t)$ von endlicher Energie dann

    $$\int_{-\infty}^{\infty} x_1(t)\overline{x_2(t)}dt = \int_{-\infty}^{\infty} X_1(f)\overline{X_2(f)}df$$

- Inversionsformel (Rücktransformation):

    $$x(t) = l.i.m._{N\to\infty} \int_{-N}^{N} X(f)\mathrm{e}^{j2\pi ft}df = \mathcal{F}^{-1}\{X(f)\}$$

    $X(f)$ insbesondere absolut integrierbar, dann Konvergenz sogar gleichmäßig und

    $$x(t) = \int_{-\infty}^{\infty} X(f)\mathrm{e}^{j2\pi ft}df$$

    für alle t (s. Satz 2.4.7 u. Definition 2.4.8)

- Eigenschaften und Rechenregeln:

1. Linearität: sei $x_1(t) \circ\!\!-\!\!\bullet\, X_1(f)$ und $x_2(t) \circ\!\!-\!\!\bullet\, X_2(f)$, dann

$$c_1 \cdot x_1(t) + c_2 \cdot x_2(t) \circ\!\!-\!\!\bullet\, c_1 \cdot X_1(f) + c_2 \cdot X_2(f)$$

2. Ähnlichkeit (s. Satz 2.2.2): $a \neq 0$, dann

$$x(at) \circ\!\!-\!\!\bullet\, \frac{1}{|a|} X(\frac{f}{a})$$

3. Zeitverschiebung: (s. Satz 2.2.4):

$$x(t - t_0) \circ\!\!-\!\!\bullet\, X(f) \cdot e^{-j2\pi f t_0}$$

4. Frequenzverschiebung (s. Satz 2.2.6):

$$X(f - f_0) \bullet\!\!-\!\!\circ\, x(t) \cdot e^{j2\pi f_0 t}$$

5. Symmetrie (s. Satz 2.2.8): $x(t)$ reell, dann Zuordnung der geraden u. ungeraden Anteile von Signal und Spektrum:

$$
\begin{array}{ccccc}
x(t) & = & x_g(t) & + & x_u(t) \\
\circ & & \circ & & \circ \\
\big| & & \big| & & \big| \\
\bullet & & \bullet & & \bullet \\
X(f) & = & \mathrm{Re}\,(X(f) & + & j \cdot \mathrm{Im}\,(X(f)
\end{array}
$$

6. Ableitung der Zeitfunktion (s. Satz 2.3.3): $x(t)$ m-mal differenzierbar und die k-ten Ableitungen von $x(t)$ für $0 \leq k \leq m$ absolut integrierbar, dann

$$\mathcal{F}\{x^{(m)}(t)\} = (j2\pi f)^m X(f)$$

und

$$|f^m X(f)| \leq c_m$$

7. Ableitung der Bildfunktion (s. Satz 2.3.5): $t^k x(t)$ für $k = 0, 1, ..., n$ absolut integrierbar, dann $X(f)$ n-mal differenzierbar und für $0 \leq k \leq n$:

$$(\frac{d}{df})^k X(f) = \mathcal{F}\{x(t)(-j2\pi t)^k\}$$

8. Vertauschung (s. Satz 2.4.9) $x(t)$ von endlicher Energie und $X(f) = \mathcal{F}\{x(t)\}$, dann

$$x(-f) = \mathcal{F}\{X(t)\}$$

9. Faltung:

$$z(t) = \int_{-\infty}^{\infty} x(\tau) \cdot y(t - \tau) d\tau$$

heißt Faltung der Funktionen $x(t)$ und $y(t)$, symbolisch:

$$z(t) = x(t) * y(t)$$

a) $x(t)$ und $y(t)$ absolut integrierbar und von endlicher Energie (s. Satz 2.6.2)

b) oder $x(t)$ absolut integrierbar und von endlicher Energie und $y(t)$ von endlicher Energie und beschränkt (s. Satz 2.6.6), dann

$$\mathcal{F}\{(y(t) * x(t)\} = \mathcal{F}\{y(t)\} \cdot \mathcal{F}\{x(t)\}$$

10. LTI-Systeme: $x(t)$ Eingangssignal, $y(t)$ Ausgangssignal, $h(t)$ Impulsantwort

a) Zeitbereich: $y(t) = x(t) * h(t)$

b) Frequenzbereich: $Y(f) = X(f) \cdot H(f)$
   mit $H(f) = \mathcal{F}\{h(t)\}$ Frequenzgang

- Beispiele

1. $x(t) = e^{-a|t|}$ für $a > 0$ dann $X(f) = \frac{2a}{a^2 + 4\pi^2 f^2}$

2. $x(t) = \begin{cases} e^{-at} & \text{für } t \geq 0 \\ 0 & \text{sonst} \end{cases}$ dann $X(f) = \frac{a - j2\pi f}{a^2 + 4\pi^2 f^2} = \frac{1}{a + j2\pi f}$

3. $\hat{\mathcal{F}}\{e^{-\frac{t^2}{2}}\} = \sqrt{2\pi}\, e^{-\frac{\omega^2}{2}}$ (s. Satz 2.7.2)

4. (s. Beispiel 2.1.1)

$$x(t) := \begin{cases} 1 & \text{für } |t| \leq \frac{\tau}{2} \\ 0 & \text{sonst} \end{cases}$$

dann

$$\mathcal{F}\{x(t)\} = \tau \cdot \text{si}(\pi f \tau) = X(f)$$

5. (s. Beispiel 2.2.7) $x(t) := a(t) \cdot \cos 2\pi f_0 t$ dann

$$\mathcal{F}\{x(t)\} = \frac{1}{2}(A(f - f_0) + A(f + f_0))$$

insbesondere für

$$a(t) := \begin{cases} 1 & \text{für } |t| \leq \frac{T}{2} \\ 0 & \text{sonst} \end{cases}$$

somit

$$X(f) = \frac{T}{2}(\text{si}(\pi(f - f_0)T) + \text{si}(\pi(f + f_0)T)\,)$$

6. (s. Beispiel 2.3.4)

$$x(t) := \begin{cases} \frac{1}{T}(T+t) & \text{für } -T \leq t \leq 0 \\ \frac{1}{T}(T-t) & \text{für } 0 \leq t \leq T \\ 0 & \text{sonst} \end{cases}$$

$$\mathcal{F}\{x(t)\} = T(\text{si}(\pi fT))^2$$

7. (s. Beispiel 2.4.3) Sei

$$x(t) := \begin{cases} 1 & \text{für } |t| \leq \frac{\tau}{2} \\ 0 & \text{sonst} \end{cases}$$

dann $X(f) = \tau \cdot \text{si}(\pi f\tau)$ (s. o.) u. damit nach Vertauschungssatz:

$$\mathcal{F}\{a \cdot \text{si}(\pi ta)\} = x(-f) = x(f) = \begin{cases} 1 & \text{für } |f| \leq \frac{a}{2} \\ 0 & \text{sonst} \end{cases}$$

2.8.2 Aufgaben

1. Berechnen Sie die Fourier-Transformierte von

a)

$$x(t) = \begin{cases} \cos(\pi t/T) & \text{für } |t| \leq T/2 \\ 0 & \text{sonst} \end{cases}$$

b) $x(t) = e^{-a|t|}$ für $a > 0$

c) für $a > 0$:

$$x(t) = \begin{cases} e^{-at} & \text{für } t \geq 0 \\ 0 & \text{sonst} \end{cases}$$

d) für $a > 0$:

$$x(t) = \begin{cases} e^{at} & \text{für } t \leq 0 \\ 0 & \text{sonst} \end{cases}$$

2. Berechnen sie die Faltungsfunktion $y(t) = x_1(t) * x_2(t)$ mit

$$x_1(t) = \begin{cases} A & \text{für } 0 \leq t \leq T \\ 0 & \text{sonst} \end{cases}$$

$$x_2(t) = \begin{cases} B & \text{für } 0 \leq t \leq T \\ 0 & \text{sonst} \end{cases}$$

3. Berechnen Sie die Fourier-Transformierte der Funktion

$$x(t) = \begin{cases} t+T & \text{für } -T \leq t \leq -T/2 \\ -t & \text{für } -T/2 \leq t \leq T/2 \\ t-T & \text{für } T/2 \leq t \leq T \end{cases}$$

3 Erweiterung der Fourier-Transformation

3.1 Distributionen

Die Überlegungen dieses Abschnitts dienen dazu, den Definitionsbereich der Fourier-Transformation erheblich zu erweitern, z.B. um das Spektrum von periodischen Funktionen zu berechnen. Hierbei wird sich zeigen, dass schon die Fourier-Transformierte einer konstanten Funktion oder einer harmonischen Schwingung außerhalb des Bereiches der gewöhnlichen Funktionen liegt. Hier taucht zum ersten Mal die sog. 'Delta-Funktion' auf, die allerdings keine Funktion im eigentlichen Sinne ist (es gibt keine gewöhnliche Funktion mit ihren Eigenschaften). Diese Erweiterung des Definitionsbereiches der Fourier-Transformation ist kein Selbstzweck. Sie dient u.a.

1. der Beschreibung von linearen, zeitunabhängigen Systemen für eine ziemlich allgemeine Klasse von Eingangssignalen

2. der Entwicklung der sog. *Impulsmethode* zur einfachen Berechnung der Fourier-Transformierten von z.B. stückweise linearen Funktionen

3. der Formulierung des *Abtasttheorems* von Shannon

Um den erweiterten Bereich, für den wir die Fourier-Transformation erklären wollen, zu präzisieren, benötigen wir zunächst eine Menge von von Funktionen mit besonders angenehmen Eigenschaften:

Definition 3.1.1   *Die Funktion $\varphi : \mathbb{R} \to \mathbb{C}$ heißt* Testfunktion, *wenn*

1. es ein endliches Intervall gibt mit $\varphi(t) = 0$ für t außerhalb dieses Intervalls

2. $\varphi(t)$ beliebig oft in jedem Punkt der reellen Achse differenzierbar ist

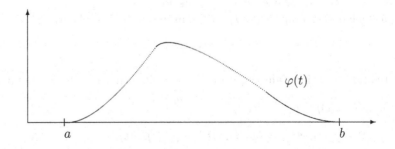

Wir folgen hierbei der in [23] beschriebenen Vorgehensweise von L. Schwarz (ohne allerdings auf dem Raum der Testfunktionen eine Topologie einzuführen).

Offenbar sind alle Ableitungen einer Testfunktion außerhalb des 'Trägerintervalls' gleich Null.

Beispiel 3.1.2

$$\varphi(t) := \begin{cases} e^{-\frac{1}{a^2-t^2}} & \text{für } |t| < a \\ 0 & \text{sonst} \end{cases}$$

Die Menge aller Testfunktionen nennen wir **D** . Die Menge **D** ist ein Vektorraum, denn Summe und skalares Vielfaches von Testfunktionen ist wieder eine Testfunktion.

Sei nun $x(t)$ eine auf ganz $\mathbb{R}$ definierte Funktion, die über jedes endliche Intervall integrierbar ist. Offenbar macht dann das Integral

$$\int_{-\infty}^{\infty} \varphi(t) \cdot \overline{x(t)} dt$$

für jede Testfunktion einen Sinn, da $\varphi(t)$ außerhalb eines endlichen Intervalls gleich Null ist und somit im Effekt nur über ein endliches Intervall integriert wird. Für das obige Integral wollen wir eine Bezeichnung einführen, die an das Skalarprodukt aus Gleichung 2.5 in Abschnitt 2.4 erinnert:

$$\langle \varphi(t), x(t) \rangle := \int_{-\infty}^{\infty} \varphi(t) \cdot \overline{x(t)} dt$$

Der Unterschied zu 2.5 besteht darin, dass hier an die beiden Faktoren unterschiedliche Forderungen gestellt werden, denn $\varphi(t)$ soll Testfunktion, $x(t)$ lediglich lokal integrierbar sein (während bei dem Skalarprodukt in 2.5 beide Faktoren von endlicher Energie waren).

Für spätere Zwecke benötigen wir noch eine Rechenregel: Sei $\lambda : \mathbb{R} \to \mathbb{C}$ eine beliebig oft differenzierbare Funktion, dann gilt:

$$\begin{aligned} \langle \varphi(t), \lambda(t)x(t) \rangle &= \int_{-\infty}^{\infty} \varphi(t) \cdot \overline{\lambda(t) \cdot x(t)} dt = \int_{-\infty}^{\infty} \overline{\lambda(t)} \cdot \varphi(t) \cdot \overline{x(t)} dt \\ &= \langle \overline{\lambda(t)} \cdot \varphi(t), x(t) \rangle \end{aligned} \tag{3.1}$$

Offenbar ist $\overline{\lambda(t)} \cdot \varphi(t)$ wieder eine Testfunktion.

Bei festgehaltener Funktion $x(t)$ wird nun durch die Vorschrift

$$\varphi \mapsto \langle \varphi(t), x(t) \rangle$$

jeder Testfunktion eine Zahl zugeordnet. Diese Zuordnung ist linear, denn es gilt

1. $\langle c \cdot \varphi(t), x(t) \rangle = c \langle \varphi(t), x(t) \rangle$

2. $\langle \varphi_1(t) + \varphi_2(t), x(t) \rangle = \langle \varphi_1(t), x(t) \rangle + \langle \varphi_2(t), x(t) \rangle$

wegen der entsprechenden Eigenschaften des Integrals.

Eine Zuordnung, bei der jeder Funktion aus einem Funktionenraum eine Zahl zugeordnet wird, nennt man ein Funktional. Ist diese Zuordnung zudem linear, spricht man von einem *linearen Funktional*. Offenbar ist ein solches Funktional vollständig festgelegt, wenn bestimmt ist, welche Zahl für jede Testfunktion bei der Zuordnung herauskommt.

Wie wir gesehen haben, gehört zu jeder lokal integrierbaren Funktion $x(t)$ ein lineares Funktional auf dem Raum der Testfunktionen. Derartige lineare Funktionale werden als *reguläre Distributionen* bezeichnet.

Man kann nun aber sehr leicht lineare Funktionale auf dem Raum der Testfunktionen konstruieren, die nicht mehr mit Hilfe einer lokal integrierbaren Funktion dargestellt werden können. Derartige Funktionale nennt man *singuläre Distributionen*. Wichtigstes und einfachstes Beispiel ist die sog. Dirac'sche Delta-Funktion δ_{t_0}:

$$\langle \varphi(t), \delta_{t_0} \rangle := \varphi(t_0)$$

d.h. einer Testfunktion $\varphi(t)$ wird ihr Wert an der Stelle t_0 zugeordnet. Diese Zuordnung ist offenbar linear. Damit ist δ_{t_0} ein lineares Funktional auf dem Raum $\mathbf{D}$ der Testfunktionen. Wie schon oben angedeutet gibt es keine lokal integrierbare Funktion mit den Eigenschaften von δ_{t_0}. Trotzdem wird in der technischen Literatur häufig die Integralschreibweise

$$\langle \varphi(t), \delta_{t_0} \rangle = \int_{-\infty}^{\infty} \varphi(t)\delta(t - t_0)dt = \varphi(t_0)$$

verwendet. Diese Schreibweise stellt eine Anlehnung an diejenige für reguläre Distributionen dar, hat aber nur symbolischen Charakter.

Allerdings kann man die Delta-Distribution durch Folgen $(x_n(t))_n$ regulärer Distributionen annähern in dem Sinne, dass die Werte der zugehörigen Funktionale für jede festgehaltene Testfunktion $\varphi(t)$ gegen den Wert des durch die Delta-Distribution beschriebenen Funktionals konvergiert, symbolisch:

$$\lim_{n \to \infty} \langle \varphi(t), x_n(t) \rangle = \langle \varphi(t), \delta_{t_0} \rangle \text{ für alle } \varphi(t) \in \mathbf{D} \tag{3.2}$$

Setzen wir z.B.

$$x_n(t) := \begin{cases} \frac{n}{2 \cdot T_1} & \text{für } t_0 - \frac{1}{n}T_1 \leq t \leq t_0 + \frac{1}{n}T_1 \\ 0 & \text{sonst} \end{cases}$$

so stellt $(x_n(t))$ eine Folge von Rechteckimpulsen dar, die für wachsendes n immer schmaler und immer höher werden und für alle n die Fläche 1 haben. Wir zeigen nun die Gültigkeit von Gleichung 3.2:

$$\langle \varphi(t), x_n(t) \rangle = \int_{-\infty}^{\infty} \varphi(t) \cdot x_n(t)dt = \int_{t_0 - \frac{1}{n}T_1}^{t_0 + \frac{1}{n}T_1} \varphi(t)\frac{n}{2T_1}dt$$

Nach dem Mittelwertsatz der Integralrechnung gibt es eine Zwischenstelle [1] $\xi_n \in [t_0 - \frac{1}{n}T_1, t_0 + \frac{1}{n}T_1]$ mit

$$\langle \varphi(t), x_n(t) \rangle = \varphi(\xi_n)$$

---

[1] genau genommen müsste man Realteil und Imaginärteil von φ getrennt behandeln

Offenbar gilt $\lim_{n\to\infty} \xi_n = t_0$ und damit wegen der Stetigkeit von $\varphi(t)$:

$$\lim_{n\to\infty} \langle\varphi(t), x_n(t)\rangle = \lim_{n\to\infty} \varphi(\xi_n) = \varphi(t_0) = \langle\varphi(t), \delta_{t_0}\rangle$$

Einer Konvergenz dieses Typs werden wir an verschiedenen Stellen wieder begegnen. Man spricht hier von *schwacher Konvergenz* gemäß der folgenden

Definition 3.1.3   *Die Folge $(x_n(t))$ von Distributionen heißt schwach konvergent gegen die Distribution $x(t)$, wenn*

$$\lim_{n\to\infty} \langle\varphi(t), x_n(t)\rangle = \langle\varphi(t), x(t)\rangle \text{ für alle } \varphi \in \mathbf{D}$$

$\square$

In einer Reihe von Anwendungen ist die Delta-Distribution mit einer Funktion zu multiplizieren, d.h. es ist das zu dem Ausdruck $\lambda(t)\cdot\delta_{t_0}$ gehörige Funktional zu betrachten. Zu diesem Zweck übertragen wir die Rechenregel 3.1 auf singuläre Distributionen, d.h. hier:

$$\langle\varphi(t), \lambda(t)\cdot\delta_{t_0}\rangle = \langle\overline{\lambda(t)}\cdot\varphi(t), \delta_{t_0}\rangle = \overline{\lambda(t_0)}\cdot\varphi(t_0) = \langle\varphi(t), \lambda(t_0)\cdot\delta_{t_0}\rangle$$

d.h. wenn man δ_{t_0} mit einer Funktion $\lambda(t)$ multipliziert, so ist dies dasselbe, als wenn man δ_{t_0} mit dem Wert $\lambda(t_0)$ multipliziert, symbolisch:

$$\lambda(t)\cdot\delta_{t_0} = \lambda(t_0)\cdot\delta_{t_0} \tag{3.3}$$

Für Untersuchungen im Zusammenhang mit dem Abtasttheorem benötigen wir insbesondere die Faltung eines (stetigen) Signals $x(t)$ mit der Delta-Distribution δ_{t_0}. Oben hatten wir gesehen, dass man δ_{t_0} durch eine Folge $(x_n(t))$ von Rechteckimpulsen mit

$$x_n(t) := \begin{cases} \dfrac{n}{2T_1} & \text{für } t_0 - \frac{1}{n}T_1 \leq t \leq t_0 + \frac{1}{n}T_1 \\ 0 & \text{sonst} \end{cases}$$

annähern kann, so dass diese Folge schwach gegen δ_{t_0} konvergiert. Für diese Impulse lässt sich die Faltung ohne weiteres durchführen:

$$x(t) * x_n(t) = \int_{-\infty}^{\infty} x_n(t)\cdot x(t-\tau)d\tau = \int_{t_0-\frac{1}{n}T_1}^{t_0+\frac{1}{n}T_1} \frac{n}{2T_1}x(t-\tau)d\tau$$

Substituiert man in dem letzten Integral $\sigma = t - \tau$, so erhält man:

$$x(t) * x_n(t) = \frac{n}{2T_1}\int_{t-t_0+\frac{1}{n}T_1}^{t-t_0-\frac{1}{n}T_1} x(\sigma)\frac{d\tau}{d\sigma}d\sigma = \frac{n}{2T_1}\int_{t-t_0-\frac{1}{n}T_1}^{t-t_0+\frac{1}{n}T_1} x(\sigma)d\sigma$$

Nach dem Mittelwertsatz der Integralrechnung gibt es für jedes $n \in \mathbb{N}$ ein t_n zwischen $t_0 - \frac{1}{n}T_1$ und $t_0 + \frac{1}{n}T_1$ mit der Eigenschaft

$$x(t - t_n) = \frac{n}{2T_1}\int_{t-t_0-\frac{1}{n}T_1}^{t-t_0+\frac{1}{n}T_1} x(\sigma)d\sigma$$

insgesamt also wegen der Stetigkeit von $x(t)$:

$$x(t) * x_n(t) = x(t - t_n) \to_{n \to \infty} x(t - t_0)$$

Aus dieser Sicht kann man die Festlegung

Definition 3.1.4

$$x(t) * \delta_{t_0} := x(t - t_0)$$

□

rechtfertigen.

Als nächstes wollen wir die Faltung einer stetigen Funktion mit einer Linearkombination von Dirac-Impulsen der Form $\sum_{k=-N}^{N} \beta_k \delta_{kT_0}$ betrachten. Dann bekommen wir durch 'Ausmultiplizieren':

$$x(t) * \sum_{k=-N}^{N} \beta_k \delta_{kT_0} = \sum_{-N}^{N} \beta_k x(t) * \delta_{kT_0} = \sum_{-N}^{N} \beta_k x(t - kT_0)$$

Für einen Impulskamm der Form $\sum_{-\infty}^{\infty} \beta_k \delta_{kT_0}$ können wir dann die Festlegung

$$x(t) * \sum_{k=-\infty}^{\infty} \beta_k \delta_{kT_0} := \sum_{-\infty}^{\infty} \beta_k x(t - kT_0) \tag{3.4}$$

treffen, sofern die Reihe auf der rechten Seite in einem vernünftigen Sinne konvergiert. Diese Festlegungen lassen sich natürlich gleichermaßen im Frequenzbereich treffen.

3.1.1 Fourier-Transformation von Distributionen

In diesem Abschnitt werden wir daran gehen, die Fourier-Transformation auf Distributionen auszudehnen. Daß es sich hier um eine Obermenge des bisherigen Definitionsbereiches der Fourier-Transformation handelt ist klar: Funktionen endlicher Energie sind wegen

$$\int_a^b |x(t)| dt \leq \sqrt{b - a} \sqrt{\int_a^b |x(t)|^2 dt}$$

nach der Cauchy-Schwarzschen Ungleichung über jedes endliche Intervall absolut integrierbar.

Ehe wir uns der Definition der Fourier-Transformierten von Distributionen zuwenden, noch ein Wort über die Fourier-Transformierten der Testfunktionen. Nach den Differentiationssätzen für Zeit- u. Bildfunktion (2.3.3 u. 2.3.5) erhält man:

Sei $\Phi(f) = \mathcal{F}\{\varphi(t)\}$ dann gilt

1. $\Phi(f)$ ist beliebig oft differenzierbar

2. $|f^n \Phi(f)| \leq c_n$ für jede natürliche Zahl n, d.h. $|\Phi(f)|$ fällt schneller als jede Potenz von $\frac{1}{f}$

Insbesondere folgt aus 1. u. 2., dass $\Phi(f)$ absolut integrierbar ist.

Die Menge der zu den Testfunktionen $\varphi(t) \in \mathbf{D}$ gehörigen Fourier-Transformierten $\Phi(f)$ bildet wiederum einen Vektorraum, den wir mit $\mathbf{Z}$ bezeichnen wollen.

Die Bilder der Distributionen (d.h. der linearen Funktionale auf $\mathbf{D}$) unter der erweiterten Fourier-Transformation können nun als lineare Funktionale auf $\mathbf{Z}$ definiert werden:

zu diesem Zweck erinnern wir uns zunächst an die Parsevalsche Gleichung (s.Satz 2.4.6), die natürlich auch für Skalarprodukte von Testfunktionen $\varphi(t)$ mit beliebigen Funktionen $x(t)$ endlicher Energie gilt:

$$\int_{-\infty}^{\infty} \varphi(t) \cdot \overline{x}(t) dt = \int_{-\infty}^{\infty} \Phi(f) \cdot \overline{X}(f) df$$

oder in Kurzschreibweise:

$$\langle \varphi(t), x(t) \rangle = \langle \Phi(f), X(f) \rangle$$

Was passiert nun, wenn wir $x(t)$ durch eine beliebige Distribution $x(t)$ ersetzen? Zunächst einmal gar nichts, denn $\mathcal{F}\{x(t)\}$ ist im allgemeinen nicht definiert (bisher nur für absolut integrierbare Funktionen oder solche endlicher Energie). Die Erweiterung der Fourier-Transformation verwendet nun eine Erweiterung der Parsevalschen Gleichung:

Definition 3.1.5   *Sei $x(t)$ eine Distribution auf $\mathbf{D}$, dann legen wir als Fourier-Transformierte von $x(t)$ ein lineares Funktional auf $\mathbf{Z}$ auf folgende Weise fest:*

$$\langle \Phi(f), \mathcal{F}\{x(t)\} \rangle := \langle \varphi(t), x(t) \rangle$$

Die rechte Seite ergibt für jedes $\varphi(t) \in \mathbf{D}$ eine Zahl. Damit ist der Wert des Funktionals $\mathcal{F}\{x(t)\}$ für jedes $\Phi(f) \in \mathbf{Z}$ festgelegt. Man überzeugt sich leicht, dass das Funktional $\mathcal{F}\{x(t)\}$ linear ist. Für eine Funktion $x(t)$ endlicher Energie ist die Fourier-Transformierte nach dem Satz von Plancherel 2.4.5 gegeben durch

$$X(f) = l.i.m_{n\to\infty} \int_{-N}^{N} x(t) \mathrm{e}^{-j2\pi ft} dt$$

und ist nach demselben Satz von endlicher Energie. Nach der Parsevalschen Gleichung 2.4.6 gilt für eine beliebige Testfunktion $\varphi(t)$ (die natürlich auch von endlicher Energie ist):

$$\langle \varphi(t), x(t) \rangle = \langle \Phi(f), X(f) \rangle$$

d.h. $X(f)$ definiert ein (lineares) Funktional auf dem Raum $\mathbf{Z}$ der Transformierten Testfunktionen und stellt damit auch nach der 'neuen' Definition die Fourier-Transformierte von $x(t)$ dar.

Die folgende Überlegung zeigt, dass auch die erweiterte Definition der Fourier-Transformation umkehrbar eindeutig ist:

Satz 3.1.6   *Seien $x(t)$ und $y(t)$ verschiedene Distributionen auf **D**. Dann sind $\mathcal{F}\{x(t)\}$ und $\mathcal{F}\{y(t)\}$ verschiedene Distributionen auf **Z**.*

Beweis: Wenn $x(t)$ und $y(t)$ verschiedene Distributionen auf **D** sind, gibt es eine Testfunktion $\varphi_0(t) \in \mathbf{D}$ mit

$$\langle \varphi_0(t), x(t) \rangle \neq \langle \varphi_0(t), y(t) \rangle$$

Aber nach Definition gilt: $\langle \varphi_0(t), x(t) \rangle = \langle \Phi_0(f), \mathcal{F}\{x(t)\} \rangle$ und $\langle \varphi_0(t), y(t) \rangle = \langle \Phi_0(f), \mathcal{F}\{y(t)\} \rangle$, also

$$\langle \Phi_0(f), \mathcal{F}\{x(t)\} \rangle \neq \langle \Phi_0(f), \mathcal{F}\{y(t)\} \rangle$$

d.h. es gibt ein $\Phi_0(f) \epsilon \mathbf{Z}$ für die die Funktionale $\mathcal{F}\{x(t)\}$ und $\mathcal{F}\{y(t)\}$ verschiedene Werte haben.
$\square$

Bemerkung: Eine mit der obigen verwandte Frage ist die folgende:
Sind zwei reguläre Distributionen $x(t)$ und $y(t)$ verschieden, wenn sie als Funktionen verschieden sind?

Für stetige Funktionen $x(t)$ und $y(t)$ lässt sich dies sofort bestätigen: Gilt nämlich $x(t_0) \neq y(t_0)$ für ein t_0, so ist aus Stetigkeitsgründen $x(t) - y(t)$ entweder positiv oder negativ auf einem ganzen Intervall um t_0. Dann kann man aber eine Testfunktion $\varphi_0(t)$ konstruieren, die dort positiv und außerhalb des Intervalls gleich Null ist. Damit gilt:

$$\langle \varphi_0(t), x(t) - y(t) \rangle \neq 0$$

d.h. die zu $x(t)$ und $y(t)$ gehörigen Distributionen sind verschieden.
$\square$

Wir wollen nun für einige wichtige Beispiele von Distributionen deren Fourier-Transformierte berechnen:

Beispiel 3.1.7   Sei $x(t)$ eine harmonische Schwingung der Frequenz f_0, genauer:

$$x(t) = e^{j2\pi f_0 t}$$

dann $\langle \varphi(t), x(t) \rangle = \langle \Phi(f), \mathcal{F}\{x(t)\} \rangle$. Aber

$$\langle \varphi(t), x(t) \rangle = \int_{-\infty}^{\infty} \varphi(t) \cdot \overline{e^{j2\pi f_0 t}} dt = \int_{-\infty}^{\infty} \varphi(t) e^{-j2\pi f_0 t} dt$$

Das Integral auf der rechten Seite ergibt nun den Wert der Fourier-Transformierten von $\varphi(t)$ an der Stelle f_0, d.h.

$$\langle \varphi(t), x(t) \rangle = \Phi(f_0)$$

also

$$\langle \Phi(f), \mathcal{F}\{x(t)\} \rangle = \Phi(f_0) = \langle \Phi(f), \delta_{f_0} \rangle$$

und somit

$$\mathcal{F}\{e^{j2\pi f_0 t}\} = \delta_{f_0} \qquad (3.5)$$

Für den Sonderfall $f_0 = 0$ (hier $x(t) = 1$ für alle t) erhält man:

$$\mathcal{F}\{1\} = \delta_0$$

Beispiel 3.1.8   Sei $x(t)$ die Delta-Distribution δ_{t_0} dann gilt nach der Definition über die erweiterte Parsevalsche Gleichung: $\langle \varphi(t), \delta_{t_0} \rangle = \langle \Phi(f), \mathcal{F}\{\delta_{t_0}\} \rangle$. Aber nach Definition der Delta-Distribution hat man

$$\langle \varphi(t), \delta_{t_0} \rangle = \varphi(t_0)$$

Da $\Phi(f)$ absolut integrierbar ist, bekommt man mit der Inversionsformel

$$\varphi(t_0) = \int_{-\infty}^{\infty} \Phi(f) e^{j2\pi f t_0} df$$

Das letzte Integral kann man aber als Anwendung des durch die Funktion $e^{-j2\pi f t_0}$ definierten Funktionals auf die Testfunktion $\Phi(f)$, also durch das Skalarprodukt $\langle \Phi(f), e^{-j2\pi f t_0} \rangle$ interpretieren. Damit erhalten wir:

$$\langle \Phi(f), \mathcal{F}\{\delta_{t_0}\} \rangle = \langle \Phi(f), e^{-j2\pi f t_0} \rangle$$

für alle Testfunktionen $\varphi(t)$ aus **D** und damit für alle Testfunktionen $\Phi(f)$ aus **Z**, d.h.

$$\mathcal{F}\{\delta_{t_0}\} = e^{-j2\pi f t_0} \qquad (3.6)$$

Für den Sonderfall $t_0 = 0$ erhält man:

$$\mathcal{F}\{\delta_0\} = 1$$

3.1.2 Zeitinvariante lineare Systeme und die erweiterte Fourier-Transformation

Für zeitinvariante lineare Systeme hatten wir im vorigen Kapitel in Gleichung 2.13 die folgende – vorläufige – Festlegung

$$\mathcal{S}\{x(t)\} = y(t) = \mathcal{F}^{-1}\{H(f) \cdot \mathcal{F}\{x(t)\}\}$$

getroffen, wobei $x(t)$ das Eingangssignal, $y(t)$ das Ausgangssignal und $H(f)$ den Frequenzgang des Systems bezeichnete. Diese Festlegung krankte daran, dass in Kapitel 2 die Fourier-Transformation lediglich für absolut integrierbare Signale oder solche endlicher Energie erklärt war. Insbesondere konnten wir die Fourier-Transformierte einer harmonischen Schwingung nicht bestimmen. Damit blieben unsere Erläuterungen zum Frequenzgang unvollständig. Nach Erweiterung des Definitionsbereiches der Fourier-Transformation können wir diese Lücke schließen:

$$\begin{aligned}
\mathcal{S}\{e^{j2\pi f_0 t}\} &= y(t) = \mathcal{F}^{-1}\{H(f) \cdot \mathcal{F}\{e^{j2\pi f_0 t}\}\} = \mathcal{F}^{-1}\{H(f) \cdot \delta_{f_0}\} \\
&= \mathcal{F}^{-1}\{H(f_0) \cdot \delta_{f_0}\} = H(f_0) \cdot \mathcal{F}^{-1}\{\delta_{f_0}\} \\
&= H(f_0) \cdot e^{j2\pi f_0 t}
\end{aligned}$$

Das zugehörige Ausgangssignal ist wiederum eine harmonische Schwingung gleicher Frequenz f_0, allerdings mit der komplexen Amplitude $H(f_0)$, genauso, wie bei der Einführung des Frequenzgangs im vorigen Kapitel vorgesehen.

Wir wollen nun als Eingangssignal einen *Dirac-Impuls* (Delta-Distribution) δ_{t_0} betrachten:

$$\mathcal{S}\{\delta_{t_0}\} = y(t) = \mathcal{F}^{-1}\{H(f) \cdot \mathcal{F}\{\delta_{t_0}\}\} = \mathcal{F}^{-1}\{H(f) \cdot e^{-j2\pi f t_0}\} = h(t - t_0)$$

wobei das letzte Gleichheitszeichen aus dem Verschiebungssatz für die Zeitfunktion 2.2.4 folgt. Für $t_0 = 0$ erhält man insbesondere:

$$\mathcal{S}\{\delta_0\} = y(t) = h(t) \tag{3.7}$$

Die Antwort des Systems auf den Dirac-Impuls δ_0 ist also die Rücktransformierte $h(t)$ des Frequenzgangs. $h(t)$ wird daher auch als *Impulsantwort* bezeichnet.

3.1.3 Schwache Ableitung u. Differentiationssätze

In diesem Abschnitt werden wir eine Verallgemeinerung der gewöhnlichen Ableitung kennenlernen, die es erlauben wird, jeder Distribution ihre sogenannte *schwache Ableitung* zuzuordnen. Für in gewöhnlichem Sinne differenzierbare Funktionen wird sich zeigen, dass die schwache Ableitung mit der gewöhnlichen Ableitung übereinstimmt.

Des weiteren werden wir feststellen, dass die Differentiationssätze aus 2.3.3 und 2.3.5 sich auf die schwache Ableitung übertragen lassen. Diese Tatsache werden wir benutzen, um die *Impulsmethode* zur Berechnung der Fourier-Transformierten insbesondere von Polygonzügen zu entwickeln.

Definition 3.1.9   *Sei $x(t)$ eine Distribution auf* **D**. *Dann definieren wir die Distribution $Dx(t)$ (die schwache Ableitung) auf folgende Weise.*

$$\langle \varphi(t), Dx(t) \rangle := -\langle \varphi'(t), x(t) \rangle$$

für eine beliebige Testfunktion $\varphi(t)$. Die rechte Seite ist definiert, denn auch $\varphi'(t)$ ist eine Testfunktion, wenn $\varphi(t)$ Testfunktion ist.

Bemerkung: Ist die reguläre Distribution $x(t)$ durch eine im gewöhnlichen Sinne differenzierbare Funktion dargestellt, so entspricht $Dx(t)$ der gewöhnlichen Ableitung $x'(t)$, denn mit Hilfe partieller Integration erhält man:

$$\langle \varphi(t), x'(t) \rangle = \int_{-\infty}^{\infty} \varphi(t) \overline{x'(t)} dt = [\varphi(t) \overline{x(t)}]_{-\infty}^{\infty} - \int_{-\infty}^{\infty} \varphi'(t) \overline{x(t)} dt = -\langle \varphi'(t), x(t) \rangle$$

$\square$

Beispiel 3.1.10   Die Sprungfunktion ist definiert durch:

$$\varepsilon(t) := \begin{cases} 1 & \text{für } 0 \leq t \\ 0 & \text{sonst} \end{cases}$$

dann gilt

$$\begin{aligned}
\langle \varphi(t), D\varepsilon(t) \rangle &= -\langle \varphi'(t), \varepsilon(t) \rangle = -\int_{-\infty}^{\infty} \varphi'(t) \overline{\varepsilon(t)} dt \\
&= -\int_{0}^{\infty} \varphi'(t) dt = -[\varphi(t)]_{0}^{\infty} \\
&= -(0 - \varphi(0)) = \varphi(0) = \langle \varphi(t), \delta_0 \rangle
\end{aligned}$$

d.h. die schwache Ableitung der Sprungfunktion ist gleich dem Dirac-Impuls an der Stelle Null.

Beispiel 3.1.11

$$\varepsilon_{t_0}(t) := \begin{cases} 1 & \text{für } t_0 \leq t \\ 0 & \text{sonst} \end{cases}$$

dann gilt

$$\begin{aligned}
\langle \varphi(t), D\varepsilon_{t_0}(t) \rangle &= -\langle \varphi'(t), \varepsilon_{t_0}(t) \rangle = -\int_{-\infty}^{\infty} \varphi'(t) \overline{\varepsilon_{t_0}(t)} dt \\
&= -\int_{t_0}^{\infty} \varphi'(t) dt = -[\varphi(t)]_{t_0}^{\infty} = -(0 - \varphi(t_0)) \\
&= \varphi(t_0) = \langle \varphi(t), \delta_{t_0} \rangle
\end{aligned}$$

d.h. die schwache Ableitung der Sprungfunktion $\varepsilon_{t_0}(t)$ ist gleich dem Dirac-Impuls an der Stelle t_0.

Beispiel 3.1.12   Sei der Rechteckimpuls $x_{a,b}(t)$ gegeben durch

$$x_{a,b}(t) := \begin{cases} 1 & \text{für } a \leq t \leq b \\ 0 & \text{sonst} \end{cases}$$

dann gilt

$$\langle \varphi(t), Dx_{a,b}(t) \rangle \quad = \quad -\langle \varphi'(t), x_{a,b}(t) \rangle = -\int_{-\infty}^{\infty} \varphi'(t)\overline{x_{a,b}(t)}dt$$

$$= \quad -\int_{a}^{b} \varphi'(t)dt = -[\varphi(t)]_{a}^{b} = -(\varphi(b) - \varphi(a))$$

$$= \quad \varphi(a) - \varphi(b) = \langle \varphi(t), \delta_a - \delta_b \rangle$$

d.h. die schwache Ableitung des Rechteckimpulses $x_{a,b}(t)$ ist gleich der Differenz der Dirac-Impulse an den Stellen a und b, symbolisch

$$Dx_{a,b}(t) = \delta_a - \delta_b$$

□

Eine Verallgemeinerung des obigen Beispiels liefert der folgende

Satz 3.1.13 *Sei $x(t)$ differenzierbar und $x'(t)$ stetig auf dem Intervall $[a,b]$, dann gilt*

$$D\left(x(t) \cdot x_{a,b}(t) \right) = x(t) \cdot D(x_{a,b}(t)) + x'(t) \cdot x_{a,b}(t)$$

eine Art Produktregel.

Beweis: Sei $\varphi(t)$ eine beliebige Testfunktion, dann gilt mit Hilfe gewöhnlicher partieller Integration:

$$\langle \varphi(t), D(x(t) \cdot x_{a,b}(t)) \rangle \quad = \quad -\langle \varphi'(t), x(t) \cdot x_{a,b}(t) \rangle = -\int_{-\infty}^{\infty} \varphi'(t)\overline{x(t) \cdot x_{a,b}(t)}dt$$

$$= \quad -[\varphi(t)\bar{x}(t)]_{a}^{b} + \int_{a}^{b} \varphi(t)\bar{x}'(t)dt$$

$$= \quad (\varphi(a)\bar{x}(a) - \varphi(b)\bar{x}(b)) + \langle \varphi(t), x'(t) \cdot x_{a,b}(t) \rangle$$

$$= \quad \langle \varphi(t), x(t) \cdot (\delta_a - \delta_b) \rangle + \langle \varphi(t), x'(t) \cdot x_{a,b}(t) \rangle$$

$$= \quad \langle \varphi(t), x(t) \cdot D(x_{a,b}(t)) + x'(t) \cdot x_{a,b}(t) \rangle$$

□

Die folgende Version des Differentiationssatzes liefert die angekündigte Grundlage für die Impulsmethode.

Satz 3.1.14 *Sei $x(t)$ eine Distribution auf $\mathbf{D}$, dann gilt:*

$$\mathcal{F}\{Dx(t)\} = j2\pi f \cdot \mathcal{F}\{x(t)\}$$

Beweis: Nach Definition der erweiterten Fourier-Transformation gilt für alle Testfunktionen $\varphi(t)$:

$$\langle \varphi(t), Dx(t) \rangle = \langle \mathcal{F}\{\varphi(t)\}, \mathcal{F}\{Dx(t)\} \rangle = \langle \Phi(f), \mathcal{F}\{Dx(t)\} \rangle$$

Nach Definition der schwachen Ableitung $Dx(t)$ gilt:

$$\langle \varphi(t), Dx(t) \rangle = -\langle \varphi'(t), x(t) \rangle$$

Aber mit Hilfe der erweiterten Parsevalschen Gleichung bekommen wir:

$$-\langle \varphi'(t), x(t) \rangle = -\langle \mathcal{F}\{\varphi'(t)\}, \mathcal{F}\{x(t)\} \rangle$$

Der gewöhnliche Differentiationssatz 2.3.3 besagt nun:

$$\mathcal{F}\{\varphi'(t)\} = j2\pi f \cdot \mathcal{F}\{\varphi(t)\} = j2\pi f \cdot \Phi(f)$$

Insgesamt erhalten wir damit für beliebige Testfunktion $\Phi(f)$:

$$\langle \Phi(f), \mathcal{F}\{Dx(t)\} \rangle = -\langle j2\pi f \cdot \Phi(f), \mathcal{F}\{x(t)\} \rangle = \langle \Phi(f), j2\pi f \cdot \mathcal{F}\{x(t)\} \rangle$$

wobei die letzte Gleichung aus der Rechenregel 3.1 folgt. Damit gilt:

$$\mathcal{F}\{Dx(t)\} = j2\pi f \cdot \mathcal{F}\{x(t)\}$$

$\square$

Beispiel 3.1.15   Ist $x(t) = 1$ für alle t, so ist die $Dx(t)$ gleich Null, denn die Funktion $x(t)$ ist differenzierbar und damit die schwache gleich der gewöhnlichen Ableitung. Wir erhalten dann mit Hilfe des Differentiationssatzes:

$$0 = \langle \varphi(t), D1 \rangle = \langle \Phi(f), j2\pi f \cdot \mathcal{F}\{1\} \rangle = \langle \Phi(f), j2\pi f \cdot \delta_0 \rangle$$

Auf den ersten Blick mag dies Ergebnis verwunderlich erscheinen, denn es bedeutet:

$$j2\pi f \cdot \delta_0 = 0$$

Aber die Multiplikationsregel 3.3 besagt allgemein:

$$h(f)\delta_{f_0} = h(f_0)\delta_{f_0}$$

$\square$

Beispiel 3.1.16   Das folgende Beispiel ist für eine Erweiterung der unten beschriebenen Impulsmethode zu verwenden:

$$\mathcal{F}\{D\delta_{t_0}\} = j2\pi f \mathcal{F}\{\delta_{t_0}\} = j2\pi f e^{-j2\pi f t_0}$$

Ähnliche Beziehungen lassen sich für höhere schwache Ableitungen der Delta-Funktion herleiten.

Auch der Differentiationssatz für die Bildfunktion lässt sich auf die schwache Ableitung übertragen:

Satz 3.1.17 *Sei $x(t)$ eine Distribution auf* **D**, *dann gilt:*

$$DF\{x(t)\} = F\{-j2\pi t \cdot x(t)\}$$

Beweis: Sei $\Phi(f)$ eine beliebige Testfunktion aus **Z**, dann gilt nach Definition der schwachen Ableitung:

$$\langle \Phi(f), DF\{x(t)\}\rangle = -\langle \Phi'(f), F\{x(t)\}\rangle$$

Nach dem gewöhnlichen Differentiationssatz für die Bildfunktion bekommt man mit Hilfe der erweiterten Parsevalschen Gleichung:

$$-\langle \Phi'(f), F\{x(t)\}\rangle = -\langle -j2\pi t \cdot \varphi(t), x(t)\rangle = \langle \varphi(t), -j2\pi t \cdot x(t)\rangle$$

wobei die letzte Gleichung wiederum nach Rechenregel 3.1 gilt. Nach der erweiterten Parsevalschen Gleichung erhält man dann:

$$\langle \varphi(t), -j2\pi t \cdot x(t)\rangle = \langle \Phi(f), F\{-j2\pi t \cdot x(t)\}\rangle$$

insgesamt also für jede Testfunktion $\Phi(f)$:

$$\langle \Phi(f), DF\{x(t)\}\rangle = \langle \Phi(f), F\{-j2\pi t \cdot x(t)\}\rangle$$

d.h.

$$DF\{x(t)\} = F\{-j2\pi t \cdot x(t)\}$$

$\square$

Beispiel 3.1.18

$$F\{j2\pi t\} = -F\{-j2\pi t \cdot 1\} = -DF\{1\} = -D\delta_0$$

3.1.4 Weitere Rechenregeln

3.1.4.1 Verschiebungssatz

Für reguläre Distributionen kann man auch einen Verschiebungssatz formulieren:

Satz 3.1.19 *(Verschiebungssatz)* *Sei $x(t)$ eine reguläre Distribution, dann gilt:*

$$F\{x(t - t_0)\} = e^{-j2\pi f t_0} F\{x(t)\}$$

Beweis: Es gilt für eine beliebige Testfunktion $\varphi(t)$:

$$\langle \varphi(t), x(t - t_0) \rangle = \int_{-\infty}^{\infty} \varphi(t)\overline{x(t - t_0)}dt = \langle \Phi(f), \mathcal{F}\{x(t - t_0)\} \rangle$$

Substituiert man in dem obigen Integral $\tau = t - t_0$, so erhält man:

$$\int_{-\infty}^{\infty} \varphi(t)\overline{x(t - t_0)}dt = \int_{-\infty}^{\infty} \varphi(\tau + t_0)\overline{x(\tau)}dt = \langle \mathcal{F}\{\varphi(\tau + t_0)\}, \mathcal{F}\{x(\tau)\} \rangle$$

Nach dem gewöhnlichen Verschiebungssatz gilt:

$$\mathcal{F}\{\varphi(\tau + t_0)\} = e^{j2\pi f t_0} \cdot \mathcal{F}\{\varphi(\tau)\}$$

und damit

$$
\begin{aligned}
\langle \Phi(f), \mathcal{F}\{x(t - t_0)\} \rangle &= \langle e^{j2\pi f t_0} \cdot \mathcal{F}\{\varphi(\tau)\}, \mathcal{F}\{x(t)\} \rangle \\
&= \langle \mathcal{F}\{\varphi(\tau)\}, e^{-j2\pi f t_0}\mathcal{F}\{x(t)\} \rangle
\end{aligned}
$$

wobei das letzte Gleichheitszeichen auf Rechenregel 3.1 zurückgeht. Insgesamt liefert dies die Behauptung.

□

3.1.4.2 Vertauschungssatz

Nach dem gewöhnlichen Vertauschungssatz (s.2.4.9) gilt für Funktionen endlicher Energie:

$$\mathcal{F}^2\{x(t)\} = x(-t)$$

Insbesondere ist damit $\mathcal{F}^2\{\varphi(t)\}$ wiederum eine Testfunktion, wenn $\varphi(t)$ eine solche ist. Um $\mathcal{F}^2\{x(t)\}$ für beliebige Distributionen $x(t)$ zu erklären, definieren wir:

$$\langle \mathcal{F}^2\{\varphi(t)\}, \mathcal{F}^2\{x(t)\} \rangle := \langle \mathcal{F}\{\varphi(t)\}, \mathcal{F}\{x(t)\} \rangle$$

Mit der erweiterten Parsevalschen Gleichung erhalten wir dann:

$$\langle \varphi(-t), \mathcal{F}^2\{x(t)\} \rangle = \langle \varphi(t), x(t) \rangle$$

d.h. das Funktional $\mathcal{F}^2\{x(t)\}$ wirkt auf $\varphi(-t)$ so, wie $x(t)$ auf auf $\varphi(t)$.
Für reguläre Distributionen heißt dies

$$\mathcal{F}^2\{x(t)\} = x(-t)$$

denn mit Hilfe der Substitution $\tau = -t$ ergibt sich:

$$\int_{-\infty}^{\infty} \varphi(-t)\overline{x(-t)}dt = \int_{\infty}^{-\infty} \varphi(\tau)\overline{x(\tau)}\frac{dt}{d\tau}d\tau = \int_{-\infty}^{\infty} \varphi(\tau)\overline{x(\tau)}d\tau$$

Für den Dirac-Impuls erhält man:

$$\mathcal{F}^2\{\delta_{t_0}\} = \delta_{-t_0}$$

denn

$$\langle \varphi(-t), \delta_{-t_0} \rangle = \varphi(-(-t_0)) = \langle \varphi(t), \delta_{t_0} \rangle$$

Die Distribution $x^*(t) = \mathcal{F}^2\{x(t)\}$ ist also sozusagen die zu $x(t)$ gespiegelte Distribution.

Mit $\mathcal{F}\{x(t)\} = X(f)$ können wir das bisherige Ergebnis dieser Betrachtung zusammenfassen durch $\mathcal{F}\{X(f)\} = x^*(t)$ oder, wenn wir die Variablennamen vertauschen

$$\mathcal{F}\{X(t)\} = x^*(f) \tag{3.8}$$

Allerdings macht diese formale Vertauschung nur für solche Distributionen $x(t)$ auf **D** Sinn, von denen wir wissen, dass sie auch als Distributionen auf **Z** aufgefaßt werden können (Wachstum !).

3.1.5 Impulsmethode

3.1.5.1 Zeitbereich

Sei $a = t_0 < t_1 < ... < t_{n-1} < t_n = b$ eine Zerlegung des Intervalls $[a, b]$ mit den Stützwerten $x_0, x_1, ..., x_n$ und $x(t)$ ein zu dieser Zerlegung gehöriger stetiger Polygonzug, der die Stützwerte interpoliert, d.h.

$$x(t) := a_k(t - t_k) + x_k \text{ für } t_k \leq t \leq t_{k+1}$$

mit

$$a_k := \begin{cases} \frac{x_{k+1} - x_k}{t_{k+1} - t_k} & \text{für } 0 \leq k \leq n - 1 \\ 0 & \text{für } k = -1 \text{ und } k = n \end{cases}$$

sowie $x(t) = 0$ für $t \leq a$ und $t \geq b$ (also insbesondere $x_0 = x_n = 0$). Unser Ziel ist es, mit Hilfe der schwachen Ableitungen eine Methode zu entwickeln, mit der es gelingt, die Fourier-Transformierte solcher Zeitfunktionen auf einfache Weise zu ermitteln.

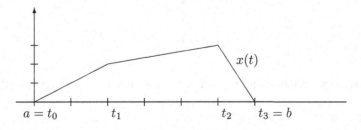

Zunächst erhalten wir auf (t_k, t_{k+1}) für die gewöhnliche Ableitung: $x'(t) = a_k$ für $k = 0, 1, ..., n$ und $x'(t) = 0$ für t nicht aus $[a, b]$.

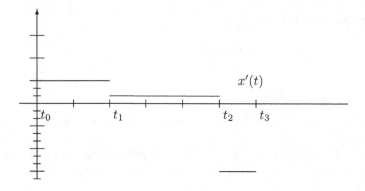

Die Höhe der Treppenstufe ist gleich der Steigung des entsprechenden Geradenstücks.

Diese Treppenfunktion entspricht dann auch der schwachen Ableitung von $x(t)$. Zur Berechnung von $D^2x(t)$ betrachten wir zunächst die schwache Ableitung einer Treppenstufe. Nach Beispiel 3.1.12 erhalten wir für:

$$x_{\alpha,\beta}(t) := \begin{cases} 1 & \text{für } \alpha < t < \beta \\ 0 & \text{sonst} \end{cases}$$

die schwache Ableitung

$$Dx_{\alpha,\beta}(t) = \delta_\alpha - \delta_\beta$$

und damit:

$$D^2x(t) = \sum_{k=0}^{n}(a_k - a_{k-1})\delta_{t_k}$$

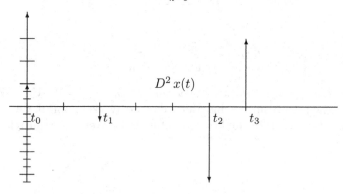

Länge und Richtung des Pfeils richtet sich nach der Höhendifferenz benachbarter Treppenstufen

Damit erhalten wir nach Gleichung 3.6

$$\mathcal{F}\{D^2x(t)\} = \sum_{k=0}^{n}(a_k - a_{k-1})\mathcal{F}\{\delta_{t_k}\} = \sum_{k=0}^{n}(a_k - a_{k-1})e^{-j2\pi f t_k}$$

Der Differentiationssatz 3.1.14 liefert aber nun

$$\mathcal{F}\{D^2 x(t)\} = (j2\pi f)^2 \mathcal{F}\{x(t)\}$$

und damit

$$\mathcal{F}\{x(t)\} = -\frac{1}{4\pi^2 f^2} \sum_{k=0}^{n} (a_k - a_{k-1}) e^{-j2\pi f t_k}$$

Beispiel 3.1.20

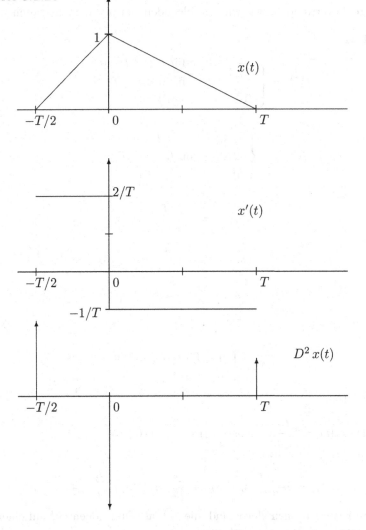

d.h.

$$D^2 x(t) = \frac{2}{T}\delta_{-T/2} - \frac{3}{T}\delta_0 + \frac{1}{T}\delta_T$$

damit

$$\mathcal{F}\{D^2 x(t)\} = \frac{2}{T} e^{j2\pi f T/2} - \frac{3}{T} + \frac{1}{T} e^{-j2\pi f T}$$

und schließlich

$$\mathcal{F}\{x(t)\} = \frac{1}{(j2\pi f)^2} \left(\frac{2}{T} e^{j2\pi f T/2} - \frac{3}{T} + \frac{1}{T} e^{-j2\pi f T} \right)$$

Die Impulsmethode lässt sich nicht nur für Polygonzüge, sondern auch für stückweise polynomiale Signale verwenden, was wir am folgenden Beispiel demonstrieren wollen:

Beispiel 3.1.21

$$x(t) := \begin{cases} \left(\frac{-t-T}{T} \right)^2 & \text{für } -T < t \leq 0 \\ \left(\frac{t-T}{T} \right)^2 & \text{für } 0 < t \leq T \\ 0 & \text{sonst} \end{cases}$$

dann

$$x'(t) := \begin{cases} 2\frac{t+T}{T^2} & \text{für } -T < t < 0 \\ 2\frac{t-T}{T^2} & \text{für } 0 < t < T \\ 0 & \text{für } |t| > T \end{cases}$$

sei nun

$$y_1(t) := 2\frac{t+T}{T^2}$$

$$y_2(t) := 2\frac{t-T}{T^2}$$

ferner

$$x_1(t) := \begin{cases} 1 & \text{für } -T \leq t \leq 0 \\ 0 & \text{sonst} \end{cases}$$

sowie

$$x_2(t) := \begin{cases} 1 & \text{für } 0 \leq t \leq T \\ 0 & \text{sonst} \end{cases}$$

dann nach Satz 3.1.13

$$D(y_1(t) \cdot x_1(t)) = 2\frac{t+T}{T^2}(\delta_{-T} - \delta_0) + \frac{2}{T^2} \cdot x_1(t) = -\frac{2}{T}\delta_0 + \frac{2}{T^2} \cdot x_1(t)$$

und

$$D(y_2(t) \cdot x_2(t)) = 2\frac{t-T}{T^2}(\delta_0 - \delta_T) + \frac{2}{T^2} \cdot x_2(t) = -\frac{2}{T}\delta_0 + \frac{2}{T^2} \cdot x_2(t)$$

Da zwei reguläre Distributionen gleich sind, die sich als Funktionen nur auf einer Menge vom Maß Null unterscheiden, bekommt man:

$$D^2 x(t) = Dx'(t) = D(y_1(t) \cdot x_1(t)) + D(y_2(t) \cdot x_2(t)) = -\frac{4}{T}\delta_0 + \frac{2}{T^2} \cdot x_0(t)$$

mit

$$x_0(t) := \begin{cases} 1 & \text{für } -T \le t \le T \\ 0 & \text{sonst} \end{cases}$$

Damit

$$D^3 x(t) = -\frac{4}{T} D\delta_0 + \frac{2}{T^2} \cdot (\delta_{-T} - \delta_T)$$

und

$$\mathcal{F}\{D^3 x(t)\} = -\frac{4}{T} \mathcal{F}\{D\delta_0\} + \frac{2}{T^2} \cdot (e^{j2\pi fT} - e^{-j2\pi fT})$$

Wegen $\mathcal{F}\{D\delta_0\} = j2\pi f \mathcal{F}\{\delta_0\} = j2\pi f$ erhalten wir:

$$\mathcal{F}\{D^3 x(t)\} = -\frac{4}{T} j2\pi f + \frac{2}{T^2} \cdot 2j \sin 2\pi fT$$

also nach dem Differentiationsatz

$$\mathcal{F}\{x(t)\} = \frac{1}{(j2\pi f)^2} \cdot \frac{4}{T} (\text{si } 2\pi fT - 1)$$

3.1.5.2 Frequenzbereich

Die Impulsmethode lässt sich mit Hilfe des Differentiationssatzes im Bildbereich ohne weiteres auf den Frequenzbereich übertragen, denn mit $\mathcal{F}\{(-j2\pi t)^2 x(t)\} = D^2 X(f)$ bekommen wir

$$x(t) = \frac{1}{(j2\pi t)^2} \mathcal{F}^{-1}\{D^2 X(f)\}$$

Wir wollen die Methode anhand eines Beispiels demonstrieren, das wir im Zusammenhang mit bandbegrenztem weißem Rauschen aufgreifen werden:

Beispiel 3.1.22

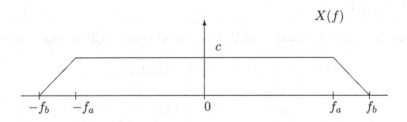

Offenbar gilt:

$$D^2 X(f) = \frac{c}{f_b - f_a} (\delta_{-f_b} - \delta_{-f_a} - \delta_{f_a} + \delta_{f_b})$$

Nun gilt wegen $\mathcal{F}\{e^{j2\pi f_0 t}\} = \delta_{f_0}$

$$
\begin{aligned}
x(t) &= \frac{1}{(j2\pi t)^2}\mathcal{F}^{-1}\{D^2 X(f)\} \\
&= \frac{1}{(j2\pi t)^2}\mathcal{F}^{-1}\{\frac{c}{f_b - f_a}(\delta_{-f_b} - \delta_{-f_a} - \delta_{f_a} + \delta_{f_b})\} \\
&= \frac{1}{(j2\pi t)^2}\frac{c}{f_b - f_a}(e^{-j2\pi f_b t} - e^{-j2\pi f_a t} - e^{j2\pi f_a t} + e^{j2\pi f_b t}) \\
&= \frac{c}{f_b - f_a}\frac{2}{(j2\pi t)^2}(\cos(2\pi f_b t) - \cos(2\pi f_a t))
\end{aligned}
$$

3.2 Schwache Konvergenz von Distributionen

Definition 3.2.1   *Sei $(x_n(t))$ eine Folge von Distributionen, dann sagen wir, die Folge konvergiert schwach gegen die Distribution $x(t)$, wenn für jede Testfunktion $\varphi(t)$ gilt:*

$$
\lim_{n \to \infty}\langle \varphi(t), x_n(t)\rangle = \langle \varphi(t), x(t)\rangle
$$

Um die schwache Konvergenz zu bezeichnen schreiben wir

$$
x_n(t) \rightharpoonup_{n \to \infty} x(t)
$$

Die obige Definition wurde für Distributionen auf **D** aufgeschrieben. Eine entsprechende Festlegung kann man natürlich auch für die Distributionen auf **Z** treffen.

Die Erweiterung der Fourier-Transformation auf Distributionen über die erweiterte Parsevalsche Gleichung liefert nun ohne große Mühe den folgenden

Satz 3.2.2   *Sei $(x_n(t))$ eine Folge von Distributionen, die schwach gegen die Distribution $x(t)$ konvergiert. Dann konvergiert die Folge $(\mathcal{F}\{x_n(t)\})$ schwach gegen $\mathcal{F}\{x(t)\}$.*

Beweis: Nach Definition der erweiterten Fourier-Transformation gilt für jede Testfunktion $\varphi(t)$:

$$
\langle \varphi(t), x_n(t)\rangle = \langle \Phi(f), \mathcal{F}\{x_n(t)\}\rangle
$$

und

$$
\langle \varphi(t), x(t)\rangle = \langle \Phi(f), \mathcal{F}\{x(t)\}\rangle
$$

Nach Voraussetzung gilt aber

$$
\lim_{n \to \infty}\langle \varphi(t), x_n(t)\rangle = \langle \varphi(t), x(t)\rangle
$$

und damit

$$\lim_{n \to \infty} \langle \Phi(f), X_n(f) \rangle = \langle \Phi(f), X(f) \rangle$$

für jede Testfunktion $\Phi(f)$ aus $\mathbf{Z}$, d.h.

$$X_n(f) \rightharpoonup_{n \to \infty} X(f)$$

$\square$

3.2.1 Das Spektrum periodischer Funktionen

Sei $x(t)$ eine periodische Funktion mit der Periode T. Wie wir in Satz 1.2.16 gesehen haben gilt: hat $x(t)$ auf dem Intervall $[0, T]$ endliche Energie, so konvergiert die zugehörige Fourier-Reihe im quadratischen Mittel gegen $x(t)$, d.h. mit

$$\alpha_k = \frac{1}{T} \int_0^T x(t) e^{-j\frac{2\pi}{T} kt} dt$$

und

$$x_m(t) = \sum_{k=-m}^{m} \alpha_k e^{j\frac{2\pi}{T} kt}$$

gilt

$$\lim_{m \to \infty} \frac{1}{T} \int_0^T |x(t) - x_m(t)|^2 t \, dt = 0$$

Wir wollen zeigen: die Folge $(x_m(t))_m$ konvergiert schwach gegen $x(t)$.

Sei $\varphi(t)$ eine beliebige Testfunktion, dann gilt:

$$\langle \varphi(t), x(t) - x_m(t) \rangle = \int_{-\infty}^{\infty} \varphi(t) \overline{(x(t) - x_m(t))} dt$$

Nun ist $\varphi(t)$ eine Testfunktion aus $\mathbf{D}$, d.h. außerhalb eines endlichen Intervalls ist sie gleich Null. Es gibt also ganze Zahlen l, r, so dass $\varphi(t)$ außerhalb des Intervalls $[lT, rT]$ gleich Null ist. Nach der Cauchy-Schwarzschen Ungleichung folgt dann

$$|\langle \varphi(t), x(t) - x_m(t) \rangle|^2 \leq \int_{lT}^{rT} |\varphi(t)|^2 dt \int_{lT}^{rT} |x(t) - x_m(t)|^2 dt$$

$$= \int_{-\infty}^{\infty} |\varphi(t)|^2 dt \cdot (r - l) \int_0^T |x(t) - \sum_{k=-m}^{m} \alpha_k e^{j\frac{2\pi}{T} kt}|^2 dt$$

wobei die letzte Gleichung aus der Periodizität von $x(t)$ und $x_m(t)$ folgt. Da das letzte Integral mit m gegen Unendlich gegen Null geht, bekommen wir:

$$\lim_{m \to \infty} \langle \varphi(t), x(t) - x_m(t) \rangle = 0$$

d.h.

$$\lim_{m\to\infty} \langle\varphi(t), x_m\rangle = \langle\varphi(t), x(t)\rangle$$

für jede Testfunktion $\varphi(t)$. Nach Satz 3.2.2 folgt dann aber

$$\mathcal{F}\{x_m(t)\} \longrightarrow_{m\to\infty} \mathcal{F}\{x(t)\}$$

Nun gilt nach Beispiel 3.5

$$\mathcal{F}\{x_m(t)\} = \mathcal{F}\{\sum_{k=-m}^{m} \alpha_k e^{j\frac{2\pi}{T}kt}\} = \sum_{k=-m}^{m} \alpha_k \mathcal{F}\{e^{j2\pi\frac{k}{T}t}\} = \sum_{k=-m}^{m} \alpha_k \delta_{\frac{k}{T}}$$

Für eine beliebige Testfunktion $\Phi(f)$ haben wir:

$$\lim_{m\to\infty} \langle\Phi(f), \sum_{k=-m}^{m} \alpha_k \delta_{\frac{k}{T}}\rangle = \lim_{m\to\infty} \sum_{k=-m}^{m} \alpha_k \Phi(\frac{k}{T}) = \sum_{-\infty}^{\infty} \alpha_k \Phi(\frac{k}{T})$$

Da insbesondere (vergl. Satz 2.3.3)

$$|\Phi(f)| \le \frac{c}{f^2}$$

folgt

$$|\Phi(\frac{k}{T})| \le \frac{cT^2}{k^2}$$

Damit ist die rechts stehende Reihe konvergent. Somit bekommen wir:

$$\mathcal{F}\{x(t)\} = \sum_{k=-\infty}^{\infty} \alpha_k \delta_{\frac{k}{T}}$$

Betrachten wir nun das zu der periodischen Funktion $x(t)$ gehörige 'Mustersignal' $x_T(t)$:

$$x_T(t) := \begin{cases} x(t) & \text{für } 0 \le t \le T \\ 0 & \text{sonst} \end{cases}$$

dann können wir die Fourier-Koeffizienten von $x(t)$ mit Hilfe der Fourier-Transformierten des Mustersignals ausdrücken:

$$\alpha_k = \frac{1}{T}\int_0^T x_T(t)e^{-j\frac{2\pi}{T}kt}dt = \frac{1}{T}\int_{-\infty}^{\infty} x_T(t)e^{-j2\pi\frac{k}{T}t}dt = \frac{1}{T}X_T(\frac{k}{T})$$

Damit bekommen wir:

$$\mathcal{F}\{x(t)\} = \frac{1}{T}\sum_{k=-\infty}^{\infty} X_T(\frac{k}{T})\delta_{\frac{k}{T}}$$

Nach Rechenregel 3.3 für die Multiplikation einer Funktion mit der Delta-Distribution haben wir noch

$$X_T(\frac{k}{T})\delta_{\frac{k}{T}} = X_T(f)\delta_{\frac{k}{T}}$$

Insgesamt haben wir den folgenden Satz bewiesen:

Satz 3.2.3   *Sei $x(t)$ eine periodische Funktion mit der Periode T und endlicher Energie auf dem Intervall $[0, T]$. Dann gilt:*

$$\mathcal{F}\{x(t)\} = \frac{X_T(f)}{T} \sum_{k=-\infty}^{\infty} \delta_{\frac{k}{T}}$$

wenn $X_T(f)$ die Fourier-Transformierte des zu $x(t)$ gehörigen Mustersignals bezeichnet. Für die Fourier-Koeffizienten von $x(t)$ gilt

$$\alpha_k = \frac{1}{T} X_T(\frac{k}{T})$$

Bemerkung: Am Ergebnis des obigen Satzes ändert sich offenbar nichts, wenn als Mustersignal die Funktion

$$x_T(t) := \begin{cases} x(t) & \text{für } t_0 \leq t \leq t_0 + T \\ 0 & \text{sonst} \end{cases}$$

ausgewählt wird. Es gilt nämlich auch dann für den k-ten Fourier-Koeffizienten von $x(t)$:

$$\alpha_k = \frac{1}{T} \int_{t_0}^{t_0+T} x_T(t) e^{-j\frac{2\pi}{T}kt} dt = \frac{1}{T} \int_{-\infty}^{\infty} x_T(t) e^{-j2\pi\frac{k}{T}t} dt = \frac{1}{T} X_T(\frac{k}{T})$$

$\square$

Beispiel 3.2.4   Sei das Mustersignal $x_T(t)$ mit $T = \frac{3}{2}T_0$ gegeben durch

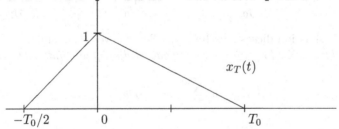

Dann lautet die Fourier-Transformierte des Mustersignals

$$X_T(f) = \mathcal{F}\{x_T(t)\} = \frac{1}{(j2\pi f)^2}(\frac{2}{T_0} e^{j2\pi f T_0/2} - \frac{3}{T_0} + \frac{1}{T_0} e^{-j2\pi f T_0})$$

(s. Beispiel 3.1.18) und für die Fourier-Koeffizienten bekommt man

$$\alpha_k = \frac{1}{T} X_T(\frac{k}{T}) = \frac{1}{(j2\pi k)^2}(3e^{j2\pi k/3} - \frac{9}{2} + \frac{3}{2} e^{-j4\pi k/3})$$

und mit Hilfe der l'Hospitalschen Regel angewendet auf $X_T(f)$ (oder direkt) $\alpha_0 = \frac{1}{2}$.

3.2.2 Periodische Spektren

In diesem Abschnitt werden wir in gewissem Sinne eine Umkehrung der Ergebnisse des vorigen Abschnitts kennenlernen.

Sei nämlich $x(t)$ ein *bandbegrenztes* Signal endlicher Energie, d.h. $X(f) = 0$ für $|f| > f_0$

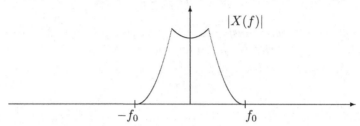

und sei $X_p(f)$ die periodische Fortsetzung (Periode: $2f_0$) von $X(f)$, d.h.

$$X_p(f) = \sum_{-\infty}^{\infty} X(f - n2f_0)$$

Hier steht nur scheinbar eine unendliche Reihe, in Wirklichkeit sind nur lauter verschobene Exemplare von $X(f)$ nebeneinandergesetzt.

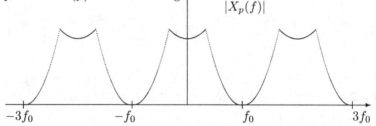

Das Ergebnis der Diskussion dieses Abschnitts wollen wir vorwegnehmen:

Das zu dem Spektrum $X_p(f)$ gehörige Zeitsignal ist die äquidistante Abtastung

$$x_d(t) := T_0 \cdot \sum_{-\infty}^{\infty} x(k \cdot T_0)\delta_{k \cdot T_0}$$

im Abstand $T_0 := \frac{1}{2f_0}$

Dieses Ergebnis wird eine wichtige Rolle bei der Herleitung des Abtasttheorems spielen.

Sei $T_0 = \frac{1}{2f_0}$, dann definieren wir die Folge $(x_m(t))_m$ von Distributionen

$$x_m(t) := T_0 \sum_{k=-m}^{m} x(kT_0) \cdot \delta_{kT_0}$$

Sei ferner $x_d(t)$ die äquidistante Abtastung von $x(t)$ im Abstand T_0, d.h.

$$x_d(t) := T_0 \sum_{-\infty}^{\infty} x(kT_0) \cdot \delta_{kT_0} \tag{3.9}$$

dann gilt für eine beliebige Testfunktion $\varphi(t)$ offenbar

$$\lim_{m\to\infty} \langle \varphi(t), x_m(t) \rangle = T_0 \lim_{m\to\infty} \sum_{k=-m}^{m} x(kT_0)\varphi(kT_0) = T_0 \sum_{-\infty}^{\infty} x(kT_0)\varphi(kT_0)$$

$$= \langle \varphi(t), x_d(t) \rangle$$

da dieser Grenzwert bereits für ein endliches m_0 erreicht wird ($\varphi(t)$ ist ja Testfunktion und daher außerhalb eines endlichen Intervalls gleich Null, d.h. $\varphi(kT_0) = 0$ für $|k| > m_0$.).

Nach Gleichung 3.6 aus Beispiel 3.1.8 gilt nun

$$\mathcal{F}\{x_m(t)\} = T_0 \sum_{k=-m}^{m} x(kT_0)\mathcal{F}\{\delta_{kT_0}\} = T_0 \sum_{k=-m}^{m} x(kT_0)e^{-j2\pi f kT_0}$$

Summiert man die letzte Summe in umgekehrter Reihenfolge (d.h. ersetzt man k durch $-k$), so ändert sich der Wert nicht und man erhält :

$$\mathcal{F}\{x_m(t)\} = \frac{1}{2f_0} \sum_{k=-m}^{m} x\left(-\frac{k}{2f_0}\right)e^{j2\pi \frac{k}{2f_0} f}$$

Da die Funktion $x(t)$ endliche Energie besitzt, gilt dies auch für ihr Spektrum $X(f)$, d.h. die zur periodischen Fortsetzung $X_p(f)$ gehörige Fourier-Reihe

$$X_p(f) \sim \sum_{-\infty}^{\infty} \alpha_k e^{jk\frac{2\pi}{2f_0} f}$$

konvergiert im quadratischen Mittel gegen $X_p(f)$. Für die Fourier-Koeffizienten gilt:

$$\alpha_k = \frac{1}{2f_0} \int_{-f_0}^{f_0} X_p(f)e^{-jk\frac{2\pi}{2f_0} f} df = \frac{1}{2f_0} \int_{-\infty}^{\infty} X(f)e^{j2\pi f \frac{-k}{2f_0}} df = \frac{1}{2f_0} x\left(\frac{-k}{2f_0}\right) \qquad (3.10)$$

Damit erhalten wir:

$$\mathcal{F}\{x_m(t)\} = \sum_{k=-m}^{m} \alpha_k e^{j2\pi \frac{k}{2f_0} f}$$

$S_m(f) = \mathcal{F}\{x_m(t)\}$ ist natürlich die m-te Teilsumme der Fourier-Reihe von $X_p(f)$.

Wir müssen nun zeigen, dass die Folge der Teilsummen $(S_m(f))$ schwach gegen $X_p(f)$ konvergiert. Eine entsprechende Aussage hatten wir im vorigen Abschnitt für periodische Zeitfunktionen und die Teilsummen ihrer Fourier-Reihen gezeigt, hatten allerdings dort davon profitiert, dass die Testfunktionen aus $\mathbf{D}$ außerhalb eines endlichen Intervalls gleich Null sind. In dem vorliegenden Fall werden wir verwenden, dass die Testfunktionen $\Phi(f)$ mit f gegen Unendlich schnell gegen Null gehen.

Sei $\Phi(f)$ eine beliebige Testfunktion aus $\mathbf{Z}$. Dann gilt:

$$\left| \int_{-\infty}^{\infty} \Phi(f)(\overline{X_p(f) - S_m(f)})df \right| \leq \int_{-\infty}^{\infty} |\Phi(f)||X_p(f) - S_m(f)|df$$

$$= \sum_{n=-\infty}^{\infty} \int_{2nf_0}^{2(n+1)f_0} |\Phi(f)||X_p(f) - S_m(f)|df$$

Nach dem Mittelwertsatz der Integralrechnung gibt es nun für jede ganze Zahl n ein f_n^* zwischen $2nf_0$ und $2(n+1)f_0$ mit

$$|\Phi(f_n^*)| \cdot \int_{2nf_0}^{2(n+1)f_0} |X_p(f) - S_m(f)|df = \int_{2nf_0}^{2(n+1)f_0} |\Phi(f)||X_p(f) - S_m(f)|df$$

Das Integral $\int_{2nf_0}^{2(n+1)f_0} |X_p(f) - S_m(f)|df$ ist wegen der Periodizität von $X_p(f)$ und $S_m(f)$ von n völlig unabhängig und kleiner oder gleich einer von m unabhängigen Konstanten, wie die folgende Überlegung zeigt: Nach der Cauchy-Schwarzschen Ungleichung bekommen wir:

$$\int_{2nf_0}^{2(n+1)f_0} |S_m(f)|df \leq \sqrt{\int_{2nf_0}^{2(n+1)f_0} 1 df} \sqrt{\int_{2nf_0}^{2(n+1)f_0} |S_m(f)|^2 df}$$

$$= \sqrt{2f_0} \cdot \sqrt{\int_{-f_0}^{f_0} |S_m(f)|^2 df}$$

$$\leq \sqrt{2f_0} \cdot \sqrt{\int_{-f_0}^{f_0} |X_p(f)|^2 df} =: c_1$$

wobei die letzte Ungleichung in Satz 1.1.13 des Kapitels über Fourier-Reihen bewiesen wurde. Ebenfalls mit Hilfe der Cauchy-Schwarzschen Ungleichung erhält man:

$$\int_{2nf_0}^{2(n+1)f_0} |X_p(f)|df \leq c_1$$

und damit

$$\int_{2nf_0}^{2(n+1)f_0} |X_p(f) - S_m(f)|df \leq 2 \cdot c_1$$

Nach Satz 2.3.3 gilt für die Testfunktion $\Phi(f)$ insbesondere:

$$|\Phi(f_n^*)| \leq \frac{c_2}{(f_n^*)^2}$$

Für $n > 0$ erhalten wir $|f_n^*| \geq 2nf_0$, d.h.

$$|\Phi(f_n^*)| \leq \frac{c_2}{(2nf_0)^2}$$

für $n < -1$ hingegen $|f_n^*| \geq 2(|n| - 1)f_0$, d.h.

$$|\Phi(f_n^*)| \leq \frac{c_2}{(2(|n| - 1)f_0)^2}$$

Sei nun $\varepsilon > 0$ gegeben und N so groß gewählt, dass

$$\frac{c_2}{2f_0^2} \sum_{-\infty}^{-N-1} \frac{1}{(|n| - 1)^2} < \varepsilon$$

ist. Aus den bisherigen Überlegungen folgt dann:

$$|\int_{-\infty}^{\infty} \Phi(f)(\overline{X_p(f) - S_m(f)})df|$$

$$\leq \sum_{-\infty}^{-N-1} |\Phi(f_n^*)| \cdot \int_{2nf_0}^{2(n+1)f_0} |X_p(f) - S_m(f)|df$$

$$+ \int_{-2Nf_0}^{2(N+1)f_0} |\Phi(f)||X_p(f) - S_m(f)|df$$

$$+ \sum_{n=N+1}^{\infty} |\Phi(f_n^*)| \cdot \int_{2nf_0}^{2(n+1)f_0} |X_p(f) - S_m(f)|df$$

$$\leq 4c_1\varepsilon + \int_{-2Nf_0}^{2(N+1)f_0} |\Phi(f)||X_p(f) - S_m(f)|df$$

Mit Hilfe der Cauchy-Schwarzschen Ungleichung erhalten wir für die letzte Summe

$$\int_{-2Nf_0}^{2(N+1)f_0} |\Phi(f)||X_p(f) - S_m(f)|df$$

$$\leq \sqrt{\int_{-2Nf_0}^{2(N+1)f_0} |\Phi(f)|^2 df} \sqrt{(2N+1) \int_0^{2f_0} |X_p(f) - S_m(f)|^2 df}$$

Da die Folge der Teilsummen $(S_m(f))$ im quadratischen Mittel gegen $X_p(f)$ konvergiert, geht der zweite Faktor gegen Null, d.h. es gibt ein M so dass für $m > M$ gilt

$$\sqrt{\int_0^{2f_0} |X_p(f) - S_m(f)|^2 df} < \frac{\varepsilon}{2N + 1}$$

d.h.

$$\int_{-2Nf_0}^{2(N+1)f_0} |\Phi(f)||X_p(f) - S_m(f)|df \leq \varepsilon \sqrt{\int_{-2Nf_0}^{2(N+1)f_0} |\Phi(f)|^2 df}$$

Nun ist aber jede Testfunktion von endlicher Energie, d.h.

$$\sqrt{\int_{-2Nf_0}^{2(N+1)f_0} |\Phi(f)|^2 df} \leq \sqrt{\int_{-\infty}^{\infty} |\Phi(f)|^2 df} =: c$$

und damit

$$\int_{-2Nf_0}^{2(N+1)f_0} |\Phi(f)||X_p(f) - S_m(f)|df \leq c\varepsilon$$

Insgesamt bekommen wir also:

$$\lim_{m \to \infty} \langle \Phi, S_m \rangle = \langle \Phi, X_p \rangle$$

Damit haben wir den folgenden Satz bewiesen:

Satz 3.2.5   *Sei $x(t)$ ein bandbegrenztes Signal (d.h. $X(f) = 0$ für $|f| > f_0$) endlicher Energie, und sei $X_p(f)$ die periodische Fortsetzung von $X(f)$, d.h.*

$$X_p(f) = \sum_{-\infty}^{\infty} X(f - n2f_0)$$

Dann gilt für die äquidistante Abtastung

$$x_d(t) := T_0 \cdot \sum_{-\infty}^{\infty} x(k \cdot T_0)\delta_{k \cdot T_0}$$

im Abstand $T_0 := \frac{1}{2f_0}$:

$$\mathcal{F}\{x_d(t)\} = X_p(f)$$

3.2.3 Die Fourier-Transformierte der Sprungfunktion

Zur Demonstration der oben angewandten Technik, die Transformation einer Distribution durch Transformation der Glieder einer schwach konvergenten Folge von Distributionen zu berechnen, wobei die Transformation der Folgenglieder einfach zu bewerkstelligen ist, wollen wir die Fourier-Transformierte der Sprungfunktion

$$\varepsilon(t) := \begin{cases} 1 & \text{für } 0 \leq t \\ 0 & \text{sonst} \end{cases}$$

ermitteln. Im Verlauf dieses Abschnitts werden wir zeigen:

$$\mathcal{F}\{\varepsilon(t)\} = \frac{1}{2}\delta_0 + \frac{1}{j2\pi f}$$

Auf dieses Ergebnis werden wir bei der Besprechung der Hilbert-Transformation (Spektren kausaler Signale, einseitige Spektren analytischer Signale) noch einmal zurückkommen.

Zunächst einmal ist es naheliegend, die Berechnung über den Differentiationssatz direkt zu versuchen. Es gilt nach unseren bisherigen Ergebnissen

$$j2\pi f \cdot \mathcal{F}\{\varepsilon(t)\} = \mathcal{F}\{D\varepsilon(t)\} = \mathcal{F}\{\delta_0\} = 1$$

Ein naheliegender Kurzschluß könnte einen dazu verleiten, beide Seiten der Gleichung durch $j2\pi f$ zu teilen und damit die Distribution $\frac{1}{j2\pi f}$ als Transformierte zu ermitteln. Bei diesem Vorgehen hätte man aber außer Acht gelassen, daß $\mathcal{F}\{\varepsilon(t)\}$ auch noch Vielfache der Delta-Distribution als Summanden beinhalten könnte. Wie wir gesehen haben gilt aber $j2\pi f \cdot \delta_0 = 0$.

3.2.4 Zugang 1

Da sich der direkte Weg über den Differentiationssatz als nicht gangbar erweist, betrachten wir

$$\varepsilon_a(t) := \begin{cases} 1 & \text{für } 0 \leq t \leq a \\ 0 & \text{sonst} \end{cases}$$

Die hier definierte Funktion $\varepsilon_a(t)$ ist eine absolut integrierbare Funktion endlicher Energie, die sich im gewöhnlichen Sinne ohne weiteres transformieren läßt:

$$\begin{aligned} \mathcal{F}\{\varepsilon_a(t)\} &= \int_0^a e^{-j2\pi ft}dt = [\frac{e^{-j2\pi ft}}{-j2\pi f}]_0^a \\ &= \frac{e^{-j2\pi fa} - 1}{-j2\pi f} = \frac{1 - \cos 2\pi fa}{j2\pi f} + \frac{\sin 2\pi fa}{2\pi f} \end{aligned}$$

Man sieht nun leicht, daß für a gegen Unendlich $\varepsilon_a(t)$ schwach gegen die Sprungfunktion konvergiert, denn für a hinreichend groß ist

$$\langle \varphi(t), \varepsilon_a(t)\rangle = \int_0^a \varphi(t)dt = \int_0^\infty \varphi(t)dt = \langle \varphi(t), \varepsilon(t)\rangle$$

da $\varphi(t)$ Testfunktion ist. Um also die Fourier-Transformierte von $\varepsilon(t)$ zu bestimmen, muss man den schwachen Grenzwert der zu den Funktionen

$$\frac{1 - \cos 2\pi fa}{j2\pi f} + \frac{\sin 2\pi fa}{2\pi f}$$

gehörigen Distributionen für a gegen Unendlich ermitteln.

Wir betrachten zunächst den zweiten Summanden. Zu diesem Zweck definieren wir

$$r_a(t) := \begin{cases} 1 & \text{für } -a \leq t \leq a \\ 0 & \text{sonst} \end{cases}$$

Ähnlich wie oben sieht man, daß für a gegen Unendlich $r_a(t)$ schwach gegen die Funktion identisch 1 konvergiert, d.h.

$$\mathcal{F}\{r_a(t)\} \xrightarrow{a\to\infty} \mathcal{F}\{1\} = \delta_0$$

Nun gilt:

$$\mathcal{F}\{r_a(t)\} \doteq \int_{-a}^{a} e^{-j2\pi ft} dt = [\frac{e^{-j2\pi ft}}{-j2\pi f}]_{-a}^{a}$$

$$= \frac{e^{-j2\pi fa} - e^{j2\pi fa}}{-j2\pi f} = \frac{\sin 2\pi fa}{\pi f} = 2a \cdot \text{si}(2\pi fa)$$

und damit

$$2a \cdot \text{si}(2\pi fa) \rightarrow_{a\to\infty} = \delta_0$$

Damit ist der schwache Grenzwert von $\frac{\sin 2\pi fa}{2\pi f}$ die Distribution $\frac{1}{2}\delta_0$.

Wir wollen uns nun mit der Funktion

$$\frac{1 - \cos 2\pi fa}{f} =: U_a(f)$$

befassen. Zunächst einmal erkennt man sofort, daß dies eine ungerade Funktion ist, d.h. multipliziert man sie mit einer geraden Funktion und integriert von $-\infty$ bis ∞, so erhält man den Wert Null.

Wir betrachten nun das Verhalten für a gegen Unendlich . Hierzu folgende Vorbemerkung: sei $\varphi(t)$ eine beliebige Testfunktion, dann ist offenbar auch $-j2\pi t \cdot \varphi(t)$ eine Testfunktion. Nach dem Differentiationssatz für die Bildfunktion gilt aber

$$\mathcal{F}\{-j2\pi t \cdot \varphi(t)\} = \Phi'(f)$$

Damit ist auch $\Phi'(f)$ eine Testfunktion aus **Z**. Auch der ungerade Anteil von $\Phi(f)$, den wir als $\Phi_u(f)$ bezeichnen wollen ist Testfunktion, denn $\Phi_u(f) = \frac{1}{2}(\Phi(f) - \Phi(-f))$ und $\mathcal{F}\{\varphi(-t)\} = \Phi(-f)$ nach dem Ähnlichkeitssatz 2.2.2. Damit ist auch $\Phi'_u(f)$ Testfunktion (s.o.). Sei nun

$$Y(f) := \left\{ \begin{array}{ll} \Phi'_u(0) & \text{für } f = 0 \\ \frac{\Phi_u(f)}{f} & \text{für } f \neq 0 \end{array} \right.$$

Für unsere Konvergenzbetrachtungen für a gegen Unendlich benötigen wir den folgenden Hilfssatz:

Lemma 3.2.6 $Y(f)$ *ist absolut integrierbar, von endlicher Energie und stetig differenzierbar. Ihre Ableitung $Y'(f)$ ist ebenfalls absolut integrierbar und von endlicher Energie.*

Beweis: Die Funktion $Y(f)$ ist stetig im Nullpunkt, denn wegen $\Phi_u(0) = 0$ gilt:

$$\lim_{f\to 0} Y(f) = \lim_{f\to 0} \frac{\Phi_u(f) - \Phi_u(0)}{f} = \Phi'_u(0) = Y(0)$$

Da $\Phi_u(f)$ absolut integrierbar und von endlicher Energie ist, folgt dies auch für $Y(f)$. $Y(f)$ ist aber auch differenzierbar, denn für $f \neq 0$ erhält man

$$Y'(f) = (\frac{\Phi_u(f)}{f})' = \frac{\Phi'_u(f) \cdot f - \Phi_u(f)}{f^2}$$

Nach dem Satz von Taylor gilt:

$$\Phi_u(f) = \Phi_u(0) + f\Phi'_u(0) + \frac{f^2}{2}\Phi''_u(\eta)$$

mit η zwischen Null und f. Damit bekommt man wegen $\Phi_u(0) = 0$:

$$\Phi_u(f) - f\Phi'_u(f) = f(\Phi'_u(0) - \Phi'_u(f)) + \frac{f^2}{2}\Phi''_u(\eta)$$

Division beider Seiten durch f^2 liefert:

$$\frac{\Phi_u(f) - f\Phi'_u(f)}{f^2} = \frac{\Phi'_u(0) - \Phi'_u(f)}{f} + \frac{1}{2}\Phi''_u(\eta)$$

Beim Grenzübergang für f gegen Null erhalten wir, weil $\Phi_u(f)$ als Testfunktion aus $\mathbf{Z}$ beliebig oft differenzierbar ist:

$$\lim_{f \to 0} \frac{\Phi_u(f) - f\Phi'_u(f)}{f^2} = \lim_{f \to 0}\left(\frac{\Phi'_u(0) - \Phi'_u(f)}{f} + \frac{1}{2}\Phi''_u(\eta)\right)$$

$$= -\Phi''_u(0) + \frac{1}{2}\Phi''_u(0) = -\frac{1}{2}\Phi''_u(0)$$

also

$$\lim_{f \to 0} Y'(f) = \frac{1}{2}\Phi''_u(0)$$

Andererseits bekommen wir wiederum mit Hilfe der obigen Taylor-Entwicklung:

$$Y'(0) = \lim_{f \to 0} \frac{Y(f) - Y(0)}{f} = \lim_{f \to 0} \frac{\frac{\Phi_u(f)}{f} - \Phi'_u(0)}{f}$$

$$= \lim_{f \to 0} \frac{\Phi_u(f) - f\Phi'_u(0)}{f^2} = \lim_{f \to 0} \frac{1}{2}\Phi''_u(\eta) = \frac{1}{2}\Phi''_u(0)$$

Insgesamt erhalten wir

$$Y'(f) = \begin{cases} \frac{1}{2}\Phi''_u(0) & \text{für } f = 0 \\ \frac{f\Phi'_u(f) - \Phi_u(f)}{f^2} & \text{für } f \neq 0 \end{cases}$$

Wir haben gesehen: $Y'(f)$ ist überall stetig. Da $\Phi_u(f)$ und $\Phi'_u(f)$ Testfunktionen aus $\mathbf{Z}$ sind, sind sie absolut integrierbar und von endlicher Energie, erst recht also $Y'(f)$, wie man aus der obigen Darstellung erkennt.

$\square$

Der Differentiationssatz für die Bildfunktion 2.3.5 liefert

$$\mathcal{F}^{-1}\{Y'(f)\} = -j2\pi t \cdot y(t)$$

Wegen der absoluten Integrierbarkeit von $Y'(f)$ erhalten wir daraus

$$2\pi|ty(t)| \leq \int_{-\infty}^{\infty} |Y'(f)| df =: c$$

d.h.

$$|y(t)| \le \frac{c}{2\pi}\frac{1}{|t|}$$

Wegen

$$\int_{-\infty}^{\infty} Y(f)e^{j2\pi fa}df = y(a)$$

für beliebiges reelles $a \ne 0$ erhält man:

$$|\int_{-\infty}^{\infty} Y(f)\cos 2\pi fa df| = |\frac{1}{2}(y(a) + y(-a))| \le \frac{c}{2\pi}\cdot\frac{1}{|a|}$$

Hieraus folgt

$$\lim_{a\to\infty} \int_{-\infty}^{\infty} \Phi_u(f)\frac{1 - \cos 2\pi fa}{f}df$$

$$= \lim_{a\to\infty} \int_{-\infty}^{\infty} Y(f)(1 - \cos 2\pi fa)df$$

$$= \int_{-\infty}^{\infty} Y(f)df + \lim_{a\to\infty} \int_{-\infty}^{\infty} Y(f)\cos 2\pi fa df$$

$$= \int_{-\infty}^{\infty} Y(f)df = \int_{-\infty}^{\infty} \Phi_u(f)\frac{1}{f}df$$

Diese Beziehung gilt aber nicht nur für den ungeraden Anteil jeder Testfunktion $\Phi(f)$ sondern für $\Phi(f)$ selbst, da die Integrale über den geraden Anteil von $\Phi(f)$ gleich Null sind (s.o.). Damit können wir die obige Beziehung folgendermaßen zusammenfassen:

$$U_a(f) \to_{a\to\infty} U(f)$$

mit $U(f) = \frac{1}{f}$. Insgesamt erhalten wir also:

$$\mathcal{F}\{\varepsilon(t)\} = \frac{1}{2}\delta_0 + \frac{1}{j2\pi f}$$

Bemerkung: $\frac{1}{f}$ ist eine singuläre Distribution, da nicht lokal integrierbar.

3.2.5 Zugang 2

Ein alternativer Zugang zum obigen Ergebnis liefert zum einen ein Konstruktionsprinzip für Folgen von regulären Distributionen, die schwach gegen die Delta-Funktion konvergieren, zum anderen liefert er eine (negative) Einsicht in den Zusammenhang zwischen Laplace- und Fourier-Transformation.

Wie wir in Kapitel 5 sehen werden, gilt

$$\mathcal{L}\{\varepsilon(t)\} = \frac{1}{s} = \frac{1}{\sigma + j\omega} = \frac{1}{\sigma + j2\pi f}$$

für $Re(s) = \sigma > 0$. Andererseits

$$\mathcal{F}\{\varepsilon(t)e^{-\sigma t}\} = \int_0^\infty e^{-\sigma t}e^{-j2\pi ft}dt = \int_0^\infty e^{-(\sigma+j2\pi f)t}dt$$

$$= \left[\frac{e^{-(\sigma+j2\pi f)t}}{-(\sigma+j2\pi f)}\right]_0^\infty = \frac{0-1}{-(\sigma+j2\pi f)} = \frac{1}{\sigma+j2\pi f}$$

Ferner:

$$\frac{1}{\sigma+j2\pi f} = \frac{\sigma-j2\pi f}{\sigma^2+(2\pi)^2 f^2} = \frac{\sigma}{\sigma^2+(2\pi)^2 f^2} - j\frac{2\pi f}{\sigma^2+(2\pi)^2 f^2}$$

Setzt man nun $\sigma = \frac{1}{n}$, so kann man die Frage stellen, was für n gegen Unendlich im Sinne der schwachen Konvergenz passiert (im Sinne der punktweisen Konvergenz ist der Grenzwert offenbar $-j\frac{1}{2\pi f}$). Für die Beantwortung dieser Frage benötigen wir den folgenden

Satz 3.2.7 *Sei $g_n(t)$ eine Folge nicht-negativer Funktionen mit folgenden Eigenschaften*

1. $\int_{-\infty}^\infty g_n(t)dt = 1$

2. es existiere positive Nullfolgen (α_n) und (ε_n) mit $\int_{-\alpha_n}^{\alpha_n} g_n(t)dt = 1 - \varepsilon_n$

Dann gilt für eine beliebige Testfunktion

$$\langle\varphi(t), g_n(t)\rangle \to_{n\to\infty} \langle\varphi(t), \delta_0\rangle$$

d.h. $g_n(t) \rightharpoonup \delta_0$ im Sinne der schwachen Konvergenz.

Beweis: Nach dem (erweiterten) Mittelwertsatz der Integralrechnung gibt es ein τ_n mit $-\alpha_n \le \tau_n \le \alpha_n$ mit

$$\int_{-\alpha_n}^{\alpha_n} \varphi(t)g_n(t)dt = \varphi(\tau_n)\cdot\int_{-\alpha_n}^{\alpha_n} g_n(t)dt = \varphi(\tau_n)(1-\varepsilon_n) \to_{n\to\infty} = \varphi(0)$$

Weiterhin ist $\varphi(t)$ als Testfunktion durch eine Zahl M_φ beschränkt, also

$$\left|\int_{-\infty}^\infty \varphi(t)g_n(t)dt - \int_{-\alpha_n}^{\alpha_n} \varphi(t)g_n(t)dt\right|$$

$$= \left|\int_{-\infty}^{-\alpha_n} \varphi(t)g_n(t)dt + \int_{\alpha_n}^\infty \varphi(t)g_n(t)dt\right|$$

$$\le M_\varphi\left|\int_{-\infty}^{-\alpha_n} g_n(t)dt + \int_{\alpha_n}^\infty g_n(t)dt\right| = M_\varphi\cdot\varepsilon_n \to_{n\to\infty} 0$$

Zusammen mit dem ersten Teil folgt

$$\langle\varphi(t), g_n(t)\rangle = \int_{-\infty}^\infty \varphi(t)g_n(t)dt \to_{n\to\infty} \varphi(0) = \langle\varphi(t), \delta_0\rangle$$

□

Entsprechendes gilt natürlich auch im Frequenzbereich.

Beispiel 3.2.8

$$g_n(f) = \frac{\frac{2}{n}}{\frac{1}{n^2} + (2\pi f)^2} = \frac{2n}{1 + (n2\pi f)^2}$$

Dann gilt für $\alpha_n = \frac{1}{\sqrt{n}\cdot 2\pi}$ mit der Substitution $v = n2\pi f$:

$$\int_{-\alpha_n}^{\alpha_n} \frac{\frac{2}{n}}{\frac{1}{n^2} + (2\pi f)^2} df = 2n \int_{-n2\pi\alpha_n}^{n2\pi\alpha_n} \frac{1}{1 + v^2} \frac{df}{dv} dv$$

$$= \frac{1}{\pi}[\arctan v]_{-n2\pi\alpha_n}^{n2\pi\alpha_n} = \frac{2}{\pi}\arctan(n2\pi\alpha_n) = \frac{2}{\pi}\arctan(\sqrt{n}) \to_{n\to\infty} 1$$

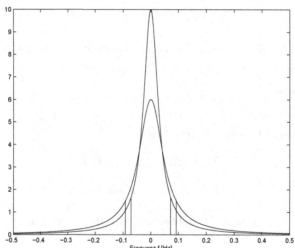

Darstellung der Funktionen $g_n(f)$ für $n = 3$ und $n = 5$

Natürlich gilt auch $\int_{-\infty}^{\infty} g_n(f)df = \frac{1}{\pi}[\arctan v]_{-\infty}^{\infty} = 1$. Damit folgt aus dem obigen Satz

$$\langle \Phi(f), \frac{\frac{2}{n}}{\frac{1}{n^2} + (2\pi f)^2} \rangle \to_{n\to\infty} \langle \Phi(f), \delta_0 \rangle$$

□

In Bezug auf unsere eingangs aufgeworfene Fragestellung erhalten wir dann für $\sigma = \frac{1}{n}$:

$$\frac{\frac{1}{n}}{\frac{1}{n^2} + (2\pi f)^2} - j\frac{2\pi f}{\frac{1}{n^2} + (2\pi f)^2} \to_{n\to\infty} \frac{1}{2}\delta_0 - j\frac{1}{2\pi f}$$

im Sinne der schwachen Konvergenz.

Genau genommen muss man dafür noch den folgenden Satz beweisen:

Satz 3.2.9 $h_n(f) = \frac{2\pi f}{\frac{1}{n^2}+(2\pi f)^2}$ *konvergiert schwach gegen* $\frac{1}{2\pi f}$.

Beweis: Für $f \neq 0$ ist die punktweise Konvergenz offensichtlich. Zum Nachweis der schwachen Konvergenz folgende Überlegung: sei $\Phi(f)$ eine beliebige Testfunktion im Frequenzbereich und sei $\Phi_u(f) = \frac{1}{2}(\Phi(f) - \Phi(-f))$ deren ungerader sowie $\Phi_g(f) = \frac{1}{2}(\Phi(f) + \Phi(-f))$ deren gerader Anteil, mithin $\Phi(f) = \Phi_g(f) + \Phi_u(f)$. Wir erhalten dann:

$$
\langle \Phi_g(f), \frac{1}{2\pi f} \rangle = \lim_{\delta \to 0} \left(\int_{-\infty}^{-\delta} \Phi_g(f)\frac{1}{2\pi f}df + \int_{\delta}^{\infty} \Phi_g(f)\frac{1}{2\pi f}df \right) = 0
$$

$$
= \int_{-\infty}^{\infty} \Phi_g(f)h_n(f)df
$$

da $h_n(f)$ offenbar eine ungerade Funktion ist. Ferner gilt:

$$
h_n(f) - \frac{1}{2\pi f} = \frac{(2\pi f)^2 - \frac{1}{n^2} - (2\pi f)^2}{(\frac{1}{n^2} + (2\pi f)^2)(2\pi f)} = -\frac{1}{(1 + n^2 \cdot (2\pi f)^2) \cdot 2\pi f}
$$

Sei $Y(f) = \frac{\Phi_u(f)}{f}$ für $f \neq 0$ dann folgt nach der Überlegung in Zugang 1: $\lim_{f \to 0} Y(f) = \Phi_u'(0)$, damit ist $Y(f)$ insbesondere beschränkt und man bekommt mit der Substitution $v = n2\pi f$:

$$
|\langle \Phi_u(f), h_n(f) - \frac{1}{2\pi f} \rangle| = |\frac{1}{2\pi} \int_{-\infty}^{\infty} -\frac{1}{1 + (n2\pi f)^2} \cdot Y(f)df|
$$

$$
\leq M \int_{-\infty}^{\infty} \frac{1}{1 + (n2\pi f)^2}df = M \int_{-\infty}^{\infty} \frac{1}{1 + v^2}\frac{df}{dv}dv
$$

$$
= \frac{M}{2\pi n}[\arctan v]_{-\infty}^{\infty} \to_{n \to \infty} 0
$$

$\square$

Wir hatten oben gesehen

$$
\mathcal{F}\{\varepsilon(t)e^{-\frac{1}{n}t}\} = \frac{\frac{1}{n}}{\frac{1}{n^2} + (2\pi f)^2} - j\frac{2\pi f}{\frac{1}{n^2} + (2\pi f)^2} \to_{n \to \infty} \frac{1}{2}\delta_0 - j\frac{1}{2\pi f}
$$

Es bleibt zu zeigen: $\varepsilon(t)e^{-\frac{1}{n}t}$ konvergiert schwach gegen $\varepsilon(t)$. Sei $\varphi(t)$ eine Testfunktion, dann gibt es ein Intervall $[a,b]$ mit $\varphi(t) = 0$ für $t \notin [a,b]$. Sei ferner $c = \max\{b, 0\}$, dann gilt

$$
|\langle \varphi(t), \varepsilon(t)e^{-\frac{1}{n}t} - \varepsilon(t) \rangle| = |\int_0^{\infty} \varphi(t)(e^{-\frac{1}{n}t} - 1)dt|
$$

$$
\leq \int_0^{\infty} |\varphi(t)|(1 - e^{-\frac{1}{n}t})dt \leq M_\varphi \int_0^c (1 - e^{-\frac{1}{n}t})dt
$$

$$
= M_\varphi[t - \frac{e^{-\frac{1}{n}t}}{-\frac{1}{n}}]_0^c = M_\varphi(c + n(e^{-\frac{c}{n}} - 1)) \to_{n \to \infty} 0
$$

denn mit Hilfe der L'Hospitalschen Regel erkennt man: $\lim_{x\to 0} \frac{e^{-cx}-1}{x} = -c$.

Insgesamt erhalten wir also wie in Zugang 1:

$$\mathcal{F}\{\varepsilon(t)\} = \frac{1}{2}\delta_0 - j\frac{1}{2\pi f}$$

Bemerkung: Die obige Diskussion des Spektrum der Sprungfunktion zeigt unter anderem, dass man in der Laplace-Transformierten nicht einfach die Variable s durch $j2\pi f$ ersetzen darf: hierfür ist erforderlich, dass das Signal absolut integrierbar ist, was bei der Sprungfunktion natürlich nicht der Fall ist.

3.2.6 Die Fourier-Transformierte eines Impulskammes

In diesem Abschnitt wollen wir die Fourier-Transformierte eines Impulskammes der Form $\sum_{-\infty}^{\infty} \delta_{kT}$ bestimmen und dabei den folgenden Satz beweisen:

Satz 3.2.10

$$\sum_{-\infty}^{\infty} \delta_{kT} \circ\!\!-\!\!\bullet \frac{1}{T}\sum_{-\infty}^{\infty} \delta_{\frac{k}{T}}$$

Dieser Satz gibt uns die Möglichkeit, die Ergebnisse der beiden Abschnitte über Spektren periodischer Funktionen und über periodische Spektren in Form von 'Faltungssätzen' zu formulieren:

1. sei $x(t)$ ein periodisches Signal mit Periode T, dann lautet das zugehörige Spektrum nach Satz 3.2.3:

$$X_T(f) \cdot \frac{1}{T}\sum_{-\infty}^{\infty} \delta_{\frac{n}{T}}$$

wobei $X_T(f)$ das Spektrum des Mustersignals $x_T(t)$ von $x(t)$ bezeichnet. Andererseits kann man die periodische Funktion $x(t)$ auch als Faltung des Mustersignals $x_T(t)$ mit einem Impulskamm darstellen (vergl. Definition 3.1.4):

$$x(t) = x_T(t) * \sum_{-\infty}^{\infty} \delta_{k\cdot T} = \sum_{-\infty}^{\infty} x_T(t - k \cdot T)$$

Insgesamt also

$$x(t) = x_T(t) * \sum_{-\infty}^{\infty} \delta_{k\cdot T} \circ\!\!-\!\!\bullet X_T(f) \cdot \frac{1}{T}\sum_{-\infty}^{\infty} \delta_{\frac{n}{T}}$$

Satz 3.2.10 erlaubt dann folgende Schreibweise:

$$\mathcal{F}\{x_T(t) * \sum_{-\infty}^{\infty} \delta_{k\cdot T}\} = \mathcal{F}\{x_T(t)\} \cdot \mathcal{F}\{\sum_{-\infty}^{\infty} \delta_{k\cdot T}\}$$

2. sei $x(t)$ ein bandbegrenztes Signal, d.h. das Spektrum $X(f)$ von $x(t)$ ist gleich Null für $|f| > f_0$. Die periodischen Fortsetzung $X_p(f)$ von $X(f)$ mit Periode $2f_0$ kann man dann wie oben als Faltung von $X(f)$ mit einem Impulskamm schreiben $(T_0 = \frac{1}{2f_0})$:

$$X_p(f) = X(f) * \sum_{-\infty}^{\infty} \delta_{\frac{n}{T_0}} = \sum_{-\infty}^{\infty} X(f - \frac{n}{T_0})$$

Das zu $X_p(f)$ gehörige Zeitsignal ist nach Satz 3.2.5:

$$x_d(t) = x(t) \cdot T_0 \cdot \sum_{-\infty}^{\infty} \delta_{k \cdot T_0}$$

d.h. mit Satz 3.2.10:

$$
\begin{aligned}
\mathcal{F}\{x_d(t)\} &= \mathcal{F}\{x(t) \cdot T_0 \cdot \sum_{-\infty}^{\infty} \delta_{k \cdot T_0}\} \\[2mm]
&= \mathcal{F}\{x(t)\} * \mathcal{F}\{T_0 \sum_{-\infty}^{\infty} \delta_{k \cdot T_0}\} \\[2mm]
&= X(f) * \sum_{-\infty}^{\infty} \delta_{\frac{n}{T_0}} = X_p(f)
\end{aligned}
$$

Beweis des Satzes: Man erkennt sofort für eine beliebige Testfunktion $\varphi(t)$:

$$\lim_{n \to \infty} \langle \varphi(t), \sum_{k=-n}^{n} \delta_{kT} \rangle = \lim_{n \to \infty} \sum_{k=-n}^{n} \varphi(kT) = \sum_{-\infty}^{\infty} \varphi(kT)$$

denn die unendliche Reihe bricht nach endlich vielen Summanden ab. Damit konvergiert die Folge $(\sum_{-n}^{n} \delta_{kT})_n$ schwach gegen den Impulskamm $\sum_{-\infty}^{\infty} \delta_{kT}$. Für eine endliche Summe von Impulsen gilt nach Gleichung 3.6 aus Beispiel 3.1.8 :

$$\sum_{k=-n}^{n} \delta_{kT} \circ\!\!-\!\!\bullet \sum_{k=-n}^{n} e^{-j2\pi f kT}$$

Nach Satz 1.2.9 ist die letzte Summe aber gleich dem Dirichlet-Kern an der Stelle f, d.h.

$$\sum_{k=-n}^{n} \delta_{kT} \circ\!\!-\!\!\bullet D_n(f)$$

mit

$$D_n(f) = \begin{cases} \dfrac{\sin((n+\frac{1}{2})2\pi Tf)}{\sin(\pi Tf)} & \text{für } f \neq 0 \\[2mm] 2n+1 & \text{für } f = 0 \end{cases}$$

Sei nun $\Phi(f)$ eine beliebige Testfunktion, dann gilt:

$$\langle \Phi(f), D_n(f) \rangle = \int_{-\infty}^{\infty} \Phi(f) D_n(f) df = \sum_{-\infty}^{\infty} \int_{k\frac{1}{T}-\frac{1}{2T}}^{k\frac{1}{T}+\frac{1}{2T}} \Phi(f) D_n(f) df$$

Für jeden einzelnen Summanden dieser unendlichen Reihe gilt aber mit der Substitution $v = f - \frac{k}{T}$:

$$\int_{k\frac{1}{T}-\frac{1}{2T}}^{k\frac{1}{T}+\frac{1}{2T}} \Phi(f) D_n(f) df = \int_{-\frac{1}{2T}}^{\frac{1}{2T}} \Phi(v + \frac{k}{T}) D_n(v + \frac{k}{T}) dv$$

$$= \int_{-\frac{1}{2T}}^{\frac{1}{2T}} \Phi(v + \frac{k}{T}) D_n(v) dv$$

denn der Dirichlet-Kern ist periodisch mit der Periode $\frac{1}{T}$. Damit bekommen wir:

$$\langle \Phi(f), D_n(f) \rangle = \sum_{-\infty}^{\infty} \int_{-\frac{1}{2T}}^{\frac{1}{2T}} \Phi(v + \frac{k}{T}) D_n(v) dv$$

Die Reihe $\sum_{-\infty}^{\infty} \Phi(v + \frac{k}{T})$ konvergiert auf dem Intervall $[-\frac{1}{2T}, \frac{1}{2T}]$ gleichmäßig gegen eine stetige Funktion, die wir mit $M(v)$ bezeichnen wollen, symbolisch:

$$M(v) = \sum_{-\infty}^{\infty} \Phi(v + \frac{k}{T})$$

denn nach Satz 2.3.3 gilt mit $v \epsilon [-\frac{1}{2T}, \frac{1}{2T}]$:

$$|\Phi(v + \frac{k}{T})| \leq \frac{c}{(v + \frac{k}{T})^2} \leq \frac{c}{(-\frac{1}{2T} + \frac{|k|}{T})^2} = 4T^2 \frac{c}{(2|k| - 1)^2}$$

Wegen der Konvergenz der Reihe $\sum_k 1/k^2$, liefert die rechte Seite der obigen Ungleichung eine konvergente Majorante, die nicht von v abhängt.

Daher kann man Summation und Integration vertauschen und erhält:

$$\langle \Phi(f), D_n(f) \rangle = \int_{-\frac{1}{2T}}^{\frac{1}{2T}} (\sum_{-\infty}^{\infty} \Phi(v + \frac{k}{T})) D_n(v) dv = \int_{-\frac{1}{2T}}^{\frac{1}{2T}} M(v) D_n(v) dv$$

Die Reihe der Ableitungen

$$\sum_{-\infty}^{\infty} \Phi'(v + \frac{k}{T})$$

konvergiert ebenfalls gleichmäßig, da $\Phi'(f)$ als Fourier-Transformierte von $-j2\pi t\varphi(t)$ auch eine Testfunktion ist und damit dieselben Argumente wie oben zutreffen. Nach einem entsprechenden Satz der Analysis ist dann die Funktion $M(v)$ stetig differenzierbar

und damit von beschränkter Schwankung (s. Definition 1.2.2). Für die Folge der n-ten
Teilsummen der Fourier-Reihe von $M(v)$ auf $[-\frac{1}{2T}, \frac{1}{2T}]$ gilt (man beachte: Periode $\frac{1}{T}$!):

$$s_n(f) = T \int_{-\frac{1}{2T}}^{\frac{1}{2T}} M(v) D_n(f - v) dv$$

mithin

$$s_n(0) = T \int_{-\frac{1}{2T}}^{\frac{1}{2T}} M(v) D_n(v) dv$$

da $D_n(v)$ gerade. Nach dem Satz von Dirichlet aus Kapitel 1 gilt nun aber:

$$\lim_{n \to \infty} \frac{1}{T} s_n(0) = \lim_{n \to \infty} \int_{-\frac{1}{2T}}^{\frac{1}{2T}} M(v) D_n(v) dv = \frac{1}{T} M(0)$$

$$= \frac{1}{T} \sum_{-\infty}^{\infty} \Phi(\frac{k}{T}) = \langle \Phi(f), \frac{1}{T} \sum_{-\infty}^{\infty} \delta_{\frac{k}{T}} \rangle$$

Insgesamt erhalten wir damit

$$\lim_{n \to \infty} \langle \Phi(f), D_n(f) \rangle = \langle \Phi(f), \frac{1}{T} \sum_{-\infty}^{\infty} \delta_{\frac{k}{T}} \rangle$$

Die Folge der Dirichlet-Kerne konvergiert damit schwach gegen den Impulskamm $\frac{1}{T} \sum_{-\infty}^{\infty} \delta_{\frac{k}{T}}$
und wir erhalten die Korrespondenz:

$$\sum_{-\infty}^{\infty} \delta_{kT} \circ\!\!-\!\!\bullet \frac{1}{T} \sum_{-\infty}^{\infty} \delta_{\frac{k}{T}}$$

□

3.3 Das Abtasttheorem

In diesem Abschnitt werden wir sehen, dass sich ein bandbegrenztes Signal aus einer
äquidistanten idealen Abtastung hinreichender Frequenz verzerrungsfrei rekonstruieren
lässt.

Für die Untersuchung von 'realen Abtastungen' benötigen wir den folgenden

Satz 3.3.1 *(Faltungssatz 3)*   *Sei das Signal $x(t)$ von endlicher Energie*
und sei $y(t)$ periodisch mit Periode T und von endlicher Energie auf $[0, T]$.
Zusätzlich sei eine von den folgenden Bedingungen erfüllt

1. $x(t)$ gleich Null außerhalb eines endlichen Intervalls

2. $x(t)$ *absolut integrierbar und* $y(t)$ *aus endlich vielen monotonen Stücken*

dann gilt:
$$\mathcal{F}\{x(t) \cdot y(t)\} = \mathcal{F}\{x(t)\} * \mathcal{F}\{y(t)\}$$

Beweis: Sei $\sum_{-\infty}^{\infty} \alpha_k e^{jk\frac{2\pi}{T}t}$ die zu $y(t)$ gehörige Fourier-Reihe, die nach Satz 1.2.16 im quadratischen Mittel gegen $y(t)$ konvergiert. Wir zeigen nun, dass dann die Folge $(z_N(t))$ mit

$$z_N(t) := x(t) \cdot \sum_{-N}^{N} \alpha_k e^{jk\frac{2\pi}{T}t}$$

im Mittel gegen die Funktion $z(t)$ mit $z(t) := x(t) \cdot y(t)$ konvergiert.

1. In diesem Fall gibt es Zahlen a und b mit $a < b$, so dass $x(t) = 0$ für t außerhalb von $[a, b]$. Dann gibt es ganze Zahlen l, r, so dass das Intervall $[a, b]$ in dem Intervall $[l \cdot T, r \cdot T]$ enthalten ist. Nach der Cauchy-Schwarzschen Ungleichung gilt dann

$$\int_{-\infty}^{\infty} |x(t) \cdot y(t)| dt = \int_{lT}^{rT} |x(t) \cdot y(t)| dt \leq \sqrt{\int_{lT}^{rT} |x(t)|^2 dt} \cdot \sqrt{\int_{lT}^{rT} |y(t)|^2 dt} < \infty$$

d.h. die Funktion $x(t) \cdot y(t)$ ist absolut integrierbar.

Wählen wir nun N so groß, dass

$$\int_{0}^{T} |y(t) - \sum_{-N}^{N} \alpha_k e^{jk\frac{2\pi}{T}t}|^2 dt < \varepsilon^2$$

dann erhalten wir:

$$
\begin{aligned}
\int_{-\infty}^{\infty} |z(t) - z_N(t)| dt &= \int_{lT}^{rT} |x(t) \cdot (y(t) - \sum_{-N}^{N} \alpha_k e^{jk\frac{2\pi}{T}t})| dt \\
&\leq \sqrt{\int_{lT}^{rT} |x(t)|^2 dt} \cdot \sqrt{\int_{lT}^{rT} |y(t) - \sum_{-N}^{N} \alpha_k e^{jk\frac{2\pi}{T}t}|^2 dt} \\
&\leq \sqrt{\int_{a}^{b} |x(t)|^2 dt} \cdot \varepsilon \cdot \sqrt{r - l}
\end{aligned}
$$

2. Im Großen und Ganzen gehen wir ähnlich vor wie unter 1. In dem vorliegenden Fall ist $x(t)$ absolut integrierbar. Dann können wir eine natürliche Zahl r wählen mit

$$\int_{-\infty}^{-rT} |x(t)| dt < \varepsilon \text{ und } \int_{rT}^{\infty} |x(t)| dt < \varepsilon$$

Da $y(t)$ aus endlich vielen monotonen Stücken besteht, sind die Fourier-Summen $s_N(t)$ mit $s_N(t) = \sum_{-N}^{N} \alpha_k e^{jk\frac{2\pi}{T}t}$ gleichmäßig bezüglich N und t beschränkt (s. Satz 1.2.10), d.h. es gibt eine Zahl M mit

$$|y(t) - \sum_{-N}^{N} \alpha_k e^{jk\frac{2\pi}{T}t}| < M$$

für beliebiges t und N. Damit bekommen wir für N hinreichend groß:

$$\int_{-\infty}^{\infty} |z(t) - z_N(t)| dt = \int_{-rT}^{rT} |x(t) \cdot (y(t) - \sum_{-N}^{N} \alpha_k e^{jk\frac{2\pi}{T}t})| dt + 2M\varepsilon$$

$$\leq \sqrt{\int_{-rT}^{rT} |x(t)|^2 dt} \cdot \sqrt{2r \int_{0}^{T} |y(t) - \sum_{-N}^{N} \alpha_k e^{jk\frac{2\pi}{T}t}|^2 dt} + 2M\varepsilon$$

$$\leq \sqrt{\int_{-\infty}^{\infty} |x(t)|^2 dt} \cdot \sqrt{2r\varepsilon} + 2M\varepsilon$$

Für beide Fälle haben wir damit gezeigt, dass die Folge $(z_N(t))$ im Mittel gegen die Funktion $z(t)$ konvergiert. Die Folge $(\mathcal{F}\{z_N(t)\})$ der Fourier-Transformierten konvergiert dann nach Satz 2.3.2 gleichmäßig für N gegen Unendlich gegen $\mathcal{F}\{z(t)\}$.

Wir bekommen:

$$\mathcal{F}\{z_N(t)\} = \int_{-\infty}^{\infty} (x(t) \cdot \sum_{-N}^{N} \alpha_k e^{jk\frac{2\pi}{T}t}) \cdot e^{-j2\pi ft} dt$$

$$= \sum_{-N}^{N} \alpha_k \int_{-\infty}^{\infty} x(t) e^{-j2\pi t(f-\frac{k}{T})} dt$$

$$= \sum_{-N}^{N} \alpha_k X(f - \frac{k}{T})$$

und damit

$$\mathcal{F}\{x(t) \cdot y(t)\} = \sum_{-\infty}^{\infty} \alpha_k X(f - \frac{k}{T})$$

wobei die rechts stehende Reihe von Funktionen gleichmäßig konvergiert. Die Fourier-Koeffizienten lassen sich durch die Fourier-Transformierte $Y_T(f)$ des Mustersignals $y_T(t)$ ausdrücken (vergl.Satz 3.2.3):

$$\alpha_k = \frac{1}{T} \int_{0}^{T} y(t) e^{-jk\frac{2\pi}{T}t} dt = \frac{1}{T} Y_T(\frac{k}{T})$$

Auf Grund unserer Festlegung über die Faltung mit einem Impulskamm können wir nun schreiben:

$$\mathcal{F}\{x(t) \cdot y(t)\} = X(f) * \sum_{-\infty}^{\infty} \frac{1}{T} Y(\frac{k}{T}) \delta_{\frac{k}{T}} = X(f) * \left(\frac{Y_T(f)}{T} \sum_{-\infty}^{\infty} \delta_{\frac{k}{T}} \right)$$

Mit Satz 3.2.3 folgt dann die Behauptung.
□

Beispiel 3.3.2   Sei $x(t) = e^{-|t|} \cdot \sin 2\pi f_0 t$. Dann gilt nach dem obigen Faltungssatz:

$$\mathcal{F}\{x(t)\} = \mathcal{F}\{e^{-|t|}\} * \mathcal{F}\{\sin 2\pi f_0 t\}$$

Nach Aufgabe 1b aus Kapitel 2 gilt:

$$\mathcal{F}\{e^{-|t|}\} = \frac{2}{1 + (2\pi f)^2}$$

Ferner gilt:

$$\mathcal{F}\{\sin 2\pi f_0 t\} = \frac{1}{2j} \mathcal{F}\{e^{j2\pi f_0 t} - e^{-j2\pi f_0 t}\} = \frac{1}{2j}(\delta_{f_0} - \delta_{-f_0})$$

Insgesamt bekommen wir nach der Rechenregel über die Faltung mit einer Delta-Funktion:

$$\mathcal{F}\{x(t)\} = \frac{2}{1 + (2\pi f)^2} * \frac{1}{2j}(\delta_{f_0} - \delta_{-f_0})$$

$$= j(\frac{1}{1 + (2\pi(f + f_0))^2} - \frac{1}{1 + (2\pi(f - f_0))^2})$$

□

Für die Herleitung des Abtasttheorems benötigen wir noch den

Satz 3.3.3   *(Faltungssatz 4)*   *Sei $Y(f)$ eine Frequenzfunktion endlicher Energie und gleich Null außerhalb eines endlichen Intervalls. Ferner sei $X(f)$ von endlicher Energie auf dem Intervall $[-f_0, f_0]$, gleich Null außerhalb dieses Intervalls und sei $X_p(f)$ die periodische Fortsetzung von $X(f)$. Dann gilt:*

$$\mathcal{F}^{-1}\{Y(f) \cdot X_p(f)\} = \mathcal{F}^{-1}\{Y(f)\} * \mathcal{F}^{-1}\{X_p(f)\}$$

Ferner konvergiert die rechts stehende Reihe der Beziehung

$$\mathcal{F}^{-1}\{Y(f) \cdot X_p(f)\} = \frac{1}{2f_0} \sum_{-\infty}^{\infty} x(\frac{k}{2f_0}) y(t - \frac{k}{2f_0})$$

gleichmäßig bezüglich t.

Beweis: Sei $\sum_{-\infty}^{\infty} \alpha_k e^{jk\frac{2\pi}{2f_0}f}$ die zu $X_p(f)$ gehörige Fourier-Reihe, die nach Satz 1.2.16 im quadratischen Mittel gegen $X_p(f)$ konvergiert. Dann kann man genauso wie im vorigen Satz zeigen, dass dann die Folge $(Z_N(f))$ mit

$$Z_N(f) := Y(f) \cdot \sum_{-N}^{N} \alpha_k e^{jk\frac{2\pi}{2f_0}f}$$

im Mittel gegen die Funktion $Z(f)$ mit

$$Z(f) := Y(f) \cdot X_p(f)$$

konvergiert.

Die Folge $(\mathcal{F}^{-1}\{Z_N(f)\})$ der Rücktransformierten konvergiert dann nach Satz 2.3.2 gleichmäßig gegen $\mathcal{F}^{-1}\{Z(f)\}$.

Wir bekommen, da $Y(f)$ und $Z_N(f)$ absolut integrierbar sind:

$$\begin{aligned}
\mathcal{F}^{-1}\{Z_N(f)\} &= \int_{-\infty}^{\infty} (Y(f) \cdot \sum_{k=-N}^{N} \alpha_k e^{jk\frac{2\pi}{2f_0}f}) \cdot e^{j2\pi ft} df \\
&= \sum_{k=-N}^{N} \alpha_k \int_{-\infty}^{\infty} Y(f) e^{j2\pi f(t+\frac{k}{2f_0})} df \\
&= \sum_{k=-N}^{N} \alpha_k y(t + \frac{k}{2f_0}) \\
&= \sum_{k=-N}^{N} \alpha_{-k} y(t - \frac{k}{2f_0})
\end{aligned}$$

und damit

$$\mathcal{F}^{-1}\{Y(f) \cdot X_p(f)\} = \sum_{-\infty}^{\infty} \alpha_{-k} y(t - \frac{k}{2f_0})$$

wobei die rechts stehende Reihe von Funktionen (wegen der Konvergenz im Mittel von $Z_N(f)$ gegen $Z(f)$) gleichmäßig konvergiert. Berücksichtigt man für die Fourier-Koeffizienten (s. Gleichung 3.10 aus Abschnitt 3.2.5)

$$\alpha_k = \frac{1}{2f_0} x(\frac{-k}{2f_0})$$

($x(t)$ ist hier die Rücktransformierte des 'Mustersignals' $X(f)$), so bekommt man mit Hilfe unserer Festlegung über die Faltung mit einem Impulskamm:

$$\mathcal{F}^{-1}\{Y(f) \cdot X_p(f)\} = y(t) * \sum_{-\infty}^{\infty} \frac{1}{2f_0} x(\frac{k}{2f_0}) \delta_{\frac{k}{2f_0}}$$

Mit der Definition $T_0 := \frac{1}{2f_0}$ erhalten wir über Satz 3.2.5 die Behauptung.
$\square$

Sei nun $x(t)$ ein bandbegrenztes Signal endlicher Energie, d.h. für das zugehörige Spektrum $X(f)$ gelte:

$$X(f) = 0 \text{ für } |f| > f_0$$

Insbesondere ist $X(f)$ absolut integrierbar (dies folgt aus der Cauchy-Schwarzschen Ungleichung) und damit

$$x(t) = \mathcal{F}^{-1}\{X(f)\} = \int_{-\infty}^{\infty} X(f)e^{j2\pi ft}df = \int_{-f_0}^{f_0} X(f)e^{j2\pi ft}df$$

Sei nun $X_p(f)$ die periodische Fortsetzung von $X(f)$ mit Periode $2f_0$, d.h.:

$$X_p(f) = \sum_{-\infty}^{\infty} X(f - 2nf_0)$$

dann ist, wie wir in Satz 3.2.5 gesehen haben, das zu $X_p(f)$ gehörige Zeitsignal $x_d(t)$ die äquidistante Abtastung von $x(t)$ im Abstand $T := \frac{1}{2f_0}$, symbolisch:

$$x_d(t) = Tx(t) \cdot \sum_{-\infty}^{\infty} \delta_{kT} = T \sum_{-\infty}^{\infty} x(kT)\delta_{kT} \circ\!\!-\!\!\bullet\, X_p(f)$$

Bezeichnen wir nun noch den Frequenzgang eines idealen Tiefpaßfilters der Bandbreite f_0 mit $F_{TP}(f)$:

$$F_{TP}(f) := \begin{cases} 1 & \text{für } |f| < f_0 \\ 0 & \text{sonst} \end{cases}$$

so erhalten wir mit Faltungssatz 4, Beispiel 2.4.10 und Satz 3.2.5:

$$\begin{aligned} x(t) &= \mathcal{F}^{-1}\{X(f)\} = \mathcal{F}^{-1}\{F_{TP}(f) \cdot X_p(f)\} \\ &= \mathcal{F}^{-1}\{F_{TP}(f)\} * \mathcal{F}^{-1}\{X_p(f)\} = \frac{1}{T}\text{si}(\pi\frac{t}{T}) * x_d(t) \end{aligned}$$

Unsere Betrachtungen über die Faltung einer Funktion mit einem gewichteten Impulskamm liefern dann (vergl. die Definition in Gleichung 3.4):

$$x(t) = \sum_{-\infty}^{\infty} x(kT) \cdot \text{si}(\frac{\pi}{T}(t - kT))$$

wobei die rechts stehende Reihe gleichmäßig konvergiert (s. Satz 3.3.3).

Bemerkung: *Das bandbegrenzte Signal $x(t)$ kann also für alle t aus der Folge seiner Abtastwerte $(x(kT))_{-\infty}^{\infty}$ rekonstruiert werden, indem man diese Abtastwerte mit* si($\frac{\pi}{T}(t - kT)$) *multipliziert und aufsummiert. Voraussetzung ist allerdings, dass für die Abtastungsabstand T gilt:*

$$T = \frac{1}{2f_0}$$

wobei f_0 wenigstens so groß sein muss wie die Grenzfrequenz, d.h. für das Spektrum $X(f)$ muss gelten:

$$X(f) = 0 \ \text{für} \ |f| > f_0$$

Die oben dargelegte Art der Wiedergewinnung des ursprünglichen Signals aus seinen Abtastwerten

$$x(t) = \sum_{-\infty}^{\infty} x(kT) \cdot \text{si}(\frac{\pi}{T}(t - kT))$$

nennt man Whittaker-Rekonstruktion *oder auch* Shannon-Interpolation.

Als Grenzfrequenz f_g *bezeichnet man hierbei die kleinste Zahl f_0, für die gilt:*

$$X(f) = 0 \ \text{für} \ |f| > f_0$$

Die Hälfte der nach obiger Maßgabe gerade noch zulässigen Abtastfrequenz $\frac{1}{2T_g} = f_g$ wird als Nyquist-Frequenz *bezeichnet.*

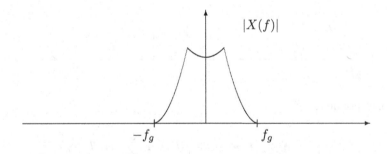

Einen anderen Zugang zur Wiedergewinnung des ursprünglichen Signals aus seinen Abtastwerten erhält man, wenn man $x_d(t)$ über einen idealen Tiefpaß leitet. Nach unserer Festlegung über das Verhalten zeitunabhängiger linearer Systeme bekommen wir als Ausgangssignal

$$\begin{aligned} S_{TP}\{x_d(t)\} &= \mathcal{F}^{-1}\{F_{TP}(f) \cdot \mathcal{F}\{x_d(t)\}\} \\ &= \mathcal{F}^{-1}\{F_{TP}(f) \cdot X_p(f)\} = \mathcal{F}^{-1}\{X(f)\} \\ &= x(t) \end{aligned}$$

das ursprüngliche Signal.

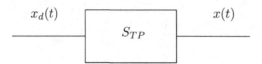

Wir wollen nun untersuchen, was geschieht, wenn man den Rasterabstand T_a der Abtastung verändert. Die bisher betrachtete Situation war die folgende: der Rasterabstand war $T = \frac{1}{2f_0}$ mit $f_0 \geq f_g$ und, wie wir gesehen hatten, war das ursprüngliche Signal $x(t)$ aus der Abtastung $x_d(t)$ ohne Informationsverlust rekonstruierbar. Sei nun $T_g := \frac{1}{2f_g}$.

1. Fall: Verkleinerung des Rasterabstandes: $T_a < T_g$
es folgt: $\frac{1}{T_a} > \frac{1}{T_g} = 2f_g$, d.h. $\frac{1}{2T_a} > f_g$. Wegen $X(f) = 0$ für $|f| > f_g$ folgt erst recht $X(f) = 0$ für $|f| > \frac{1}{2T_a}$.

Setzt man nun $X(f)$ periodisch fort mit der Periode $\frac{1}{T_a}$, so erhält man mit

$$X_{p,T_a}(f) = \sum_{-\infty}^{\infty} X(f - \frac{n}{T_a})$$

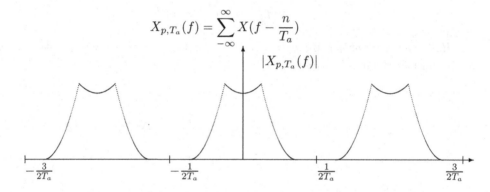

die Korrespondenz

$$X_{p,T_a}(f) \bullet\!\!-\!\!\circ x_{d,T_a}(t) = T_a \sum_{-\infty}^{\infty} x(nT_a)\delta_{nT_a}$$

Nach wie vor ist das ursprüngliche Signal $x(t)$ aus der Abtastung $x_{d,T_a}(t)$ ohne Informationsverlust rekonstruierbar. Allerdings wird ein Abtastungsaufwand getrieben, der nicht unbedingt erforderlich ist.

2. Fall: Vergrößerung des Rasterabstandes: $T_a > T_g$
Es folgt: $\frac{1}{T_a} < \frac{1}{T_g} = 2f_g$, d.h. $\frac{1}{2T_a} < f_g$. Setzt man nun $X(f)$ mit der Periode $\frac{1}{T_a}$ periodisch fort, so erhält man eine Überlappung der verschobenen Exemplare des Spektrums $X(f)$.

Die Auswirkung ist, dass das ursprüngliche Signal $x(t)$ nicht mehr verzerrungsfrei aus der Abtastung $x_{d,T_a}(t)$ zurückgewonnen werden kann. Rechnerisch kann man dies folgendermaßen einsehen. Nach der Formel für die Rücktransformation hat man:

$$x(kT_a) \;=\; \int_{-\infty}^{\infty} X(f)e^{j2\pi f k T_a}\,df = \int_{-f_g}^{f_g} X(f)e^{j\frac{2\pi}{T_a}kf}\,df$$

$$=\; \int_{-\frac{1}{2T_a}}^{\frac{1}{2T_a}} X(f)e^{j\frac{2\pi}{T_a}kf}\,df + \int_{-f_g}^{-\frac{1}{2T_a}} X(f)e^{j\frac{2\pi}{T_a}kf}\,df + \int_{\frac{1}{2T_a}}^{f_g} X(f)e^{j\frac{2\pi}{T_a}kf}\,df$$

Für den letzten Summanden erhält man mit Hilfe der Substitution $f = \phi - \frac{1}{T_a}$:

$$\int_{\frac{1}{2T_a}}^{f_g} X(\phi)e^{j\frac{2\pi}{T_a}k\phi}\,d\phi \;=\; \int_{-\frac{1}{2T_a}}^{f_g-\frac{1}{T_a}} X(f+\frac{1}{T_a})e^{j\frac{2\pi}{T_a}k(f+\frac{1}{T_a})}\,df$$

$$=\; \int_{-\frac{1}{2T_a}}^{f_g-\frac{1}{T_a}} X(f+\frac{1}{T_a})e^{j\frac{2\pi}{T_a}kf}\,df$$

Ganz entsprechend erhält man

$$\int_{-f_g}^{-\frac{1}{2T_a}} X(\phi)e^{j\frac{2\pi}{T_a}k\phi}\,d\phi = \int_{-f_g+\frac{1}{T_a}}^{\frac{1}{2T_a}} X(f-\frac{1}{T_a})e^{j\frac{2\pi}{T_a}kf}\,df$$

Insgesamt bekommt man dann, jedenfalls sofern $f_g \le \frac{3}{2T_a}$:

$$x(kT_a) = \int_{-\frac{1}{2T_a}}^{\frac{1}{2T_a}} \tilde{X}_{T_a}(f)e^{j2\pi kT_a f}\,df$$

mit

$$\tilde{X}_{T_a}(f) := \begin{cases} X(f) + X(f+\frac{1}{T_a}) + X(f-\frac{1}{T_a}) & \text{für } |f| \le \frac{1}{2T_a} \\ 0 & \text{sonst} \end{cases}$$

und nach Satz 3.2.5 die Korrespondenz

$$x_{d,T_a}(t) \circ\!\!-\!\!\bullet \tilde{X}_{p,T_a}(f)$$

Das zum Spektrum $\tilde{X}_{T_a}(f)$ gehörige Zeitsignal $\tilde{x}_{T_a}(t)$ stimmt zwar an den Stellen kT_a mit dem ursprünglichen Signal $x(t)$ überein, wird sich aber im Übrigen von diesem unterscheiden.

Insgesamt haben wir folgenden Satz bewiesen:

Satz 3.3.4 *(Abtasttheorem)*   *Ein Zeitsignal $x(t)$, das mit f_g bandbegrenzt ist und mit einer Abtastfrequenz $\frac{1}{T_a} \geq 2f_g$ abgetastet wird, kann aus dem Abtastsignal $x_{d,T_a}(t)$ fehlerfrei wiedergewonnen werden*

1. *mit Hilfe der Shannon-Interpolation*

$$x(t) = \sum_{-\infty}^{\infty} x(kT_a) \cdot \mathrm{si}(\frac{\pi}{T_a}(t - kT_a))$$

2. *mit Hilfe eines idealen Tiefpasses der Bandbreite f_b, wobei $f_g \leq f_b \leq \frac{1}{2T_a}$*

Eine Abtastfrequenz $\frac{1}{T_a} < 2f_g$ führt im allgemeinen dazu, dass das ursprüngliche Signal nicht verzerrungsfrei wiedergewonnen werden kann.

Beispiel 3.3.5   In Beispiel 1.1.12 hatten wir gesehen, dass zu der Zeitfunktion

$$x(t) := \begin{cases} \frac{T+t}{T} & \text{für } -T \leq t \leq 0 \\ \frac{T-t}{T} & \text{für } 0 \leq t \leq T \\ 0 & \text{sonst} \end{cases}$$

das Spektrum $X(f) = T \cdot \mathrm{si}^2(\pi fT)$ gehört. Nach dem Vertauschungssatz gilt dann, da $x(t)$ eine gerade Funktion ist, $y(t) = f_0 \cdot \mathrm{si}^2(\pi t f_0) \circ\!\!-\!\!\bullet\, Y(f)$ mit

$$Y(f) := \begin{cases} \frac{f_0+f}{f_0} & \text{für } -f_0 \leq f \leq 0 \\ \frac{f_0-f}{f_0} & \text{für } 0 \leq f \leq f_0 \\ 0 & \text{sonst} \end{cases}$$

Das Signal $y(t)$ ist offenbar bandbegrenzt. Das Abtasttheorem besagt, dass aus dem Abtastsignal $y_{d,T_a}(t)$ für $T_a \leq \frac{1}{2f_0}$ das ursprüngliche Signal $y(t)$ rekonstruiert werden kann. Für $T_a = T_0 = \frac{1}{2f_0}$ erhält man folgende Abtastwerte: $y(kT_a) = f_0\mathrm{si}^2(k\frac{\pi}{2})$.

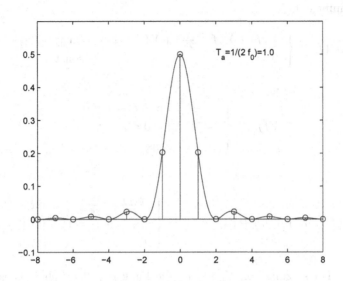

Abtastung der Funktion $y(t) = f_0 \cdot \text{si}^2(\pi t f_0)$ im Abstand $T_a = \frac{1}{2f_0}$

Für k gerade und ungleich Null ergibt dies den Wert Null, für $k = 0$ den Wert f_0 und für $k = 2n - 1$ erhält man

$$y((2n - 1)T_0) = f_0 \frac{1}{((2n - 1)\frac{\pi}{2}))^2}$$

Die Shannon-Interpolation liefert dann:

$$y(t) = \frac{1}{2T_0}\text{si}(\frac{\pi}{T_0}t) + \frac{2}{T_0\pi^2}\sum_{-\infty}^{\infty}\frac{1}{(2n - 1)^2}\text{si}(\frac{\pi}{T_0}(t - (2n - 1)T_0))$$

Wählen wir hingegen $T_a = \frac{1}{f_0} > \frac{1}{2f_0}$, dann ist die Abtastbedingung verletzt. Man bekommt $y(kT_a) = f_0\text{si}^2(k\pi)$, d.h. $y_{d,T_a}(t) = T_a f_0 \cdot \delta_0 = \delta_0$. Hier überschieben sich die Teilspektren

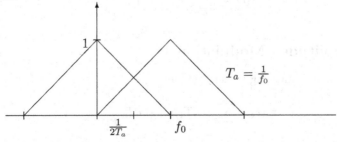

und man bekommt mit

$$\tilde{Y}_{T_a}(f) = \begin{cases} Y(f) + Y(f + \frac{1}{T_a}) + Y(f - \frac{1}{T_a}) & \text{für } |f| \leq \frac{1}{2T_a} \\ 0 & \text{sonst} \end{cases}$$

und

$$Y(f) = \begin{cases} \frac{f_0+f}{f_0} & \text{für } -f_0 \leq t \leq 0 \\ \frac{f_0-f}{f_0} & \text{für } 0 \leq t \leq f_0 \\ 0 & \text{sonst} \end{cases}$$

die Beziehung

$$\tilde{Y}_{T_a}(f) = Y(f) + Y(f + f_0) + Y(f - f_0) = \begin{cases} \frac{f_0+f}{f_0} + \frac{-f}{f_0} = 1 & \text{für } -\frac{f_0}{2} \leq f \leq 0 \\ \frac{f_0-f}{f_0} + \frac{f}{f_0} = 1 & \text{für } 0 \leq f \leq \frac{f_0}{2} \\ 0 & \text{sonst} \end{cases}$$

Die periodische Fortsetzung von $\tilde{Y}_{T_a}(f)$ ist die Funktion identisch 1. Dies ist, wie wir wissen, die Fourier-Transformierte von $y_{d,T_a}(t) = \delta_0$.

3.4 Abtastung mit realen Impulsen

In dem voraufgegangenen Abschnitt haben wir die Abtastung eines bandbegrenzten Zeitsignals mit einem Impulskamm aus Dirac-Impulsen betrachtet. An die Stelle der Dirac-Impulse wollen wir nun Rechteckimpulse endlicher Breite und Höhe setzen und untersuchen, welche Auswirkungen sich durch eine reale Abtastung für das zugehörige Spektrum ergeben.

Sei nämlich $\frac{1}{T_a} \geq 2f_g$, sei $\tau < T_a$, dann wählen wir als Abtastimpuls:

$$r(t) := \begin{cases} \frac{1}{\tau} & \text{für } |t| < \frac{\tau}{2} \\ 0 & \text{sonst} \end{cases}$$

Als 'realen Impulskamm' setzen wir:

$$\kappa(t) := \sum_n r(t - nT_a)$$

3.4.1 Puls-Amplituden-Modulation 1

Als Ergebnis der realen Abtastung setzen wir hier

$$x_a(t) = \sum_n x(nT_a)r(t - nT_a)$$

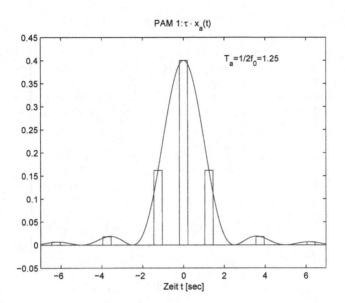

reale Abtastung von $x(t) = f_0 \cdot \mathrm{si}^2(\pi t f_0)$

(zur besseren Veranschaulichung wurde $\tau \cdot x_a(\tau)$ anstelle von $x_a(\tau)$ dargestellt)

d.h. das n-te Exemplar des Abtastimpulses bekommt den Faktor $x(nT_a)$. Für das zugehörige Spektrum bekommen wir dann:

$$X_a(f) = \int_{-\infty}^{\infty} x_a(t)\mathrm{e}^{-j2\pi ft}dt = \sum_n x(nT_a) \cdot \int_{-\infty}^{\infty} r(t - nT_a)\mathrm{e}^{-j2\pi ft}dt$$

Die Vertauschung von Integration und Summation ist hier ohne weiteres möglich, da die verschiedenen Impulse sich nicht überlappen. Mit Hilfe des Verschiebungssatzes bekommen wir:

$$X_a(f) = \sum_n x(nT_a) \cdot \mathrm{e}^{-j2\pi fnT_a} \mathcal{F}\{r(t)\} = R(f) \cdot \sum_n x(nT_a)\mathrm{e}^{-j2\pi fnT_a}$$

Der zweite Faktor ist im wesentlichen (bis auf den Faktor T_a) die Fourier-Reihe von X_{p,T_a}. Nach Beispiel 2.1.1 gilt: $R(f) = \mathrm{si}(\pi f\tau)$ und damit:

$$X_a(f) = \frac{1}{T_a}\mathrm{si}(\pi f\tau) \sum_k X(f - \frac{k}{T_a})$$

Das Spektrum der idealen Abtastung ist hier also durch das Spektrum des Abtastimpulses, also durch den Faktor $\mathrm{si}(\pi f\tau)$, frequenzabhängig verzerrt.

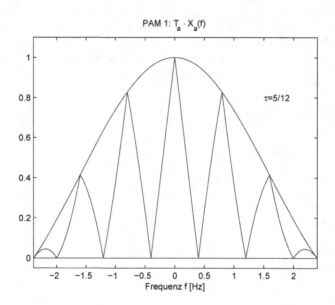

hier $X(f)$ wie $Y(f)$ in Beispiel 3.3.5

Bemerkung: Für $\tau \to 0$ nähert sich die Gestalt des Spektrums dem der idealen Abtastung. Zum einen liegt die erste Nullstelle von $\mathrm{si}(\pi f \tau)$ bei $1/\tau$, zum anderen konvergieren die Rechteckimpulse, wie zu Beginn dieses Kapitels ausgeführt, schwach gegen die entsprechenden Dirac-Impulse.

3.4.2 Puls-Amplituden-Modulation 2

Als Ergebnis der realen Abtastung setzen wir hier das Produkt aus $x(t)$ und dem realen Impulskamm:

$$x_a(t) = x(t) \cdot \sum_n r(t - nT_a)$$

Der zweite Faktor ist eine periodische Funktion mit $r(t)$ als Mustersignal. Nach dem Faltungssatz 3 (3.3.1) und dem Satz über die Spektren periodischer Funktionen gilt dann für das

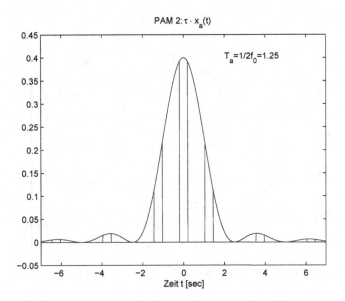

reale Abtastung von $x(t) = f_0 \cdot \text{si}^2(\pi t f_0)$

(zur besseren Veranschaulichung wurde $\tau \cdot x_a(\tau)$ anstelle von $x_a(\tau)$ dargestellt)

zugehörige Spektrum

$$X_a(f) = X(f) * (R(f) \cdot \frac{1}{T_a} \sum_k \delta_{k/T_a})$$

Die weitere Rechnung ergibt:

$$
\begin{aligned}
X_a(f) &= \frac{1}{T_a} X(f) * \sum_k R(\frac{k}{T_a}) \delta_{k/T_a} \\
&= \frac{1}{T_a} \sum_k R(\frac{k}{T_a}) X(f) * \delta_{k/T_a} \\
&= \frac{1}{T_a} \sum_k R(\frac{k}{T_a}) X(f - k/T_a)
\end{aligned}
$$

Insgesamt erhalten wir also

$$X_a(f) = \frac{1}{T_a} \sum_k \text{si}(\pi \frac{k}{T_a} \tau) X(f - \frac{k}{T_a})$$

Im Unterschied zu PAM1 hat man hier keine frequenzabhängige Verzerrung der Frequenzbänder, sondern nur eine Verringerung der Amplitude mit zunehmender Frequenz.

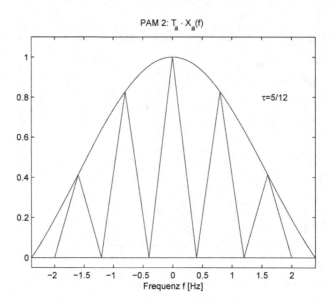

hier $X(f)$ wie $Y(f)$ in Beispiel 3.3.5

3.5 Zusammenfassung und Aufgaben

3.5.1 Zusammenfassung

- Distributionen und Testfunktionen

  1. $\varphi(t)$ heißt Testfunktion, wenn gilt

     a) $\varphi(t)$ ist beliebig oft differenzierbar

     b) zu $\varphi(t)$ gibt es ein Intervall $[a, b]$ mit $\varphi(t) = 0$ für $t \notin [a, b]$

     Da Summe und Vielfache von Testfunktionen wieder Testfunktionen ergeben, bilden die Testfunktionen einen Vektorraum.

  2. lineare Funktionale auf dem Vektorraum der Testfunktionen werden Distributionen genannt, hierzu gehören

     a) lokal integrierbare Funktionen $x(t)$ (sog. reguläre Distributionen)

     $$\varphi(t) \mapsto \int_{-\infty}^{\infty} \varphi(t)\bar{x}(t)dt = \langle \varphi(t), x(t) \rangle$$

     b) sog. singuläre Distributionen, wie z.B. die sog. Diracsche δ-Funktion

     $$\varphi(t) \mapsto \int_{-\infty}^{\infty} \varphi(t)\delta(t - t_0)dt = \langle \varphi(t), \delta_{t_0} \rangle = \varphi(t_0)$$

3. Rechenregeln für die δ-Funktion:

   a) (s. Gleichung 3.3) $\lambda(t) \cdot \delta_{t_0} = \lambda(t_0) \cdot \delta_{t_0}$

   b) (s. Definition 3.1.4) $x(t) * \delta_{t_0} := x(t - t_0)$

- Erweiterung der Fourier-Transformation auf Distributionen: für Funktionen endlicher Energie $x_1(t), x_2(t)$ gilt die Parsevalsche Gleichung (s. Satz 2.4.6)

$$\langle x_1(t), x_2(t) \rangle = \int_{-\infty}^{\infty} x_1(t)\overline{x_2(t)}dt = \int_{-\infty}^{\infty} X_1(f)\overline{X_2(f)}df$$
$$= \langle X_1(f), X_2(f) \rangle = \langle \mathcal{F}\{x_1(t)\}, \mathcal{F}\{x_2(t)\} \rangle$$

Verkleinert man die Klasse der Funktionen im ersten Faktor auf den Raum der Testfunktionen, so lässt sich die Klasse im zweiten Faktor auf die Distributionen erweitern und man erhält eine Definition der Fourier-Transformation von Distibutionen:

$$\langle \varphi(t), x(t) \rangle = \langle \mathcal{F}\{\varphi(t)\}, \mathcal{F}\{x(t)\} \rangle = \langle \Phi(f), \mathcal{F}\{x(t)\} \rangle$$

Beispiele:

1. (s. Gleichung 3.5) $\mathcal{F}\{e^{j2\pi f_0 t}\} = \delta_{f_0}$

2. (s. Gleichung 3.6) $\mathcal{F}\{\delta_{t_0}\} = e^{-j2\pi f t_0}$

3. (s. Satz 3.2.3) $x(t)$ periodische Funktion mit der Periode T dann

$$\mathcal{F}\{x(t)\} = \frac{X_T(f)}{T} \sum_{k=-\infty}^{\infty} \delta_{\frac{k}{T}}$$

   ($X_T(f)$ Fourier-Transformierte des Mustersignals)

4. periodische Spektren (s. Satz 3.2.5): sei $x(t)$ ein bandbegrenztes Signal (d.h. $X(f) = 0$ für $|f| > f_0$) und sei $X_p(f)$ die periodische Fortsetzung von $X(f)$, d.h.

$$X_p(f) = \sum_{-\infty}^{\infty} X(f - n2f_0)$$

   Dann gilt für die äquidistante Abtastung

$$x_d(t) := T_0 \cdot \sum_{-\infty}^{\infty} x(k \cdot T_0)\delta_{k \cdot T_0}$$

   im Abstand $T_0 := \frac{1}{2f_0}$:

$$\mathcal{F}\{x_d(t)\} = X_p(f)$$

5. (s. Abschnitt 3.2.3) Transformierte der Sprungfunktion $\varepsilon(t)$:

$$\mathcal{F}\{\varepsilon(t)\} = \frac{1}{2}\delta_0 + \frac{1}{j2\pi f}$$

6. (s. Satz 3.2.10) Transformierte eines Impulskamms:

$$\mathcal{F}\{\sum_{-\infty}^{\infty} \delta_{kT}\} = \frac{1}{T} \sum_{-\infty}^{\infty} \delta_{\frac{k}{T}}$$

Folgerung: sei $x(t)$ periodisch mit Mustersignal $x_T(t)$, dann (vergl. Definition 3.1.4):

$$x(t) = x_T(t) * \sum_{-\infty}^{\infty} \delta_{k \cdot T} = \sum_{-\infty}^{\infty} x_T(t - k \cdot T)$$

somit (s. Beispiel 3)

$$x(t) = x_T(t) * \sum_{-\infty}^{\infty} \delta_{k \cdot T} \circ\!\!-\!\!\bullet X_T(f) \cdot \frac{1}{T} \sum_{-\infty}^{\infty} \delta_{\frac{n}{T}}$$

und mit Beispiel 4 in der Schreibweise eines Faltungssatzes:

$$\mathcal{F}\{x(t)\} = \mathcal{F}\{x_T(t) * \sum_{-\infty}^{\infty} \delta_{k \cdot T}\} = \mathcal{F}\{x_T(t)\} \cdot \mathcal{F}\{\sum_{-\infty}^{\infty} \delta_{k \cdot T}\}$$

• schwache Ableitung als Erweiterung der gewöhnlichen Differentiation: (s. Definition 3.1.9) sei $x(t)$ eine Distribution, dann definieren wir die Distribution $Dx(t)$ (die schwache Ableitung) folgendermaßen:

$$\langle \varphi(t), Dx(t) \rangle := -\langle \varphi'(t), x(t) \rangle$$

für eine beliebige Testfunktion $\varphi(t)$. ($\varphi'(t)$ ist auch Testfunktion !) Beispiele:

1. $D\varepsilon(t) = \delta_0$

2. (s. Beispiel 3.1.12) Rechteckimpuls $x_{a,b}(t)$ gegeben durch

$$x_{a,b}(t) := \begin{cases} 1 & \text{für } a \leq t \leq b \\ 0 & \text{sonst} \end{cases}$$

dann $Dx_{a,b}(t) = \delta_a - \delta_b$

• Differentiationssatz

1. für die Zeitfunktion (s. Satz 3.1.14) $\mathcal{F}\{Dx(t)\} = j2\pi f \cdot \mathcal{F}\{x(t)\}$

2. für die Bildfunktion (s. Satz 3.1.17) $D\mathcal{F}\{x(t)\} = \mathcal{F}\{-j2\pi t \cdot x(t)\}$

Anwendung: Impulsmethode (s. Abschnitt 3.1.5)

• Abtasttheorem (s. Satz 3.3.4): sei $x(t)$ mit f_g bandbegrenzt und mit Abtastfrequenz $\frac{1}{T_a} \geq 2f_g$ abgetastet, dann kann $x(t)$ aus dem idealen Abtastsignal

$$x_{d,T_a}(t) = T_a \sum_{-\infty}^{\infty} x(nT_a)\delta_{nT_a}$$

mit Hilfe der Shannon-Interpolation

$$x(t) = \sum_{-\infty}^{\infty} x(kT_a) \cdot \mathrm{si}(\frac{\pi}{T_a}(t - kT_a))$$

fehlerfrei wiedergewonnen werden, Abtastfrequenz $\frac{1}{T_a} < 2f_g$ führt zu Verzerrungen des ursprüngliche Signals

siehe auch: Abschnitt 3.4: Abtastung mit realen Impulsen

3.5.2 Aufgaben

1. Berechnen Sie die schwache Ableitung von

   a)

   $$x(t) = \begin{cases} a & \text{für } |t| \leq T \\ 0 & \text{sonst} \end{cases}$$

   b) für $a > 0$:

   $$x(t) = \begin{cases} e^{-at} & \text{für } |t| \leq T \\ 0 & \text{sonst} \end{cases}$$

2. Berechnen sie die Fourier-Transformierte für $x(t)$ durch zweimaliges bilden der schwachen Ableitung unter Verwendung des Differentiationssatzes für Distributionen ('Impulsmethode')

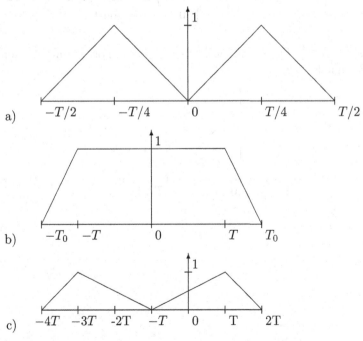

3. Berechnen Sie die Fourier-Transformierte der periodischen Fortsetzung $x_p(t)$ des 'Mustersignals' $x_0(t)$ mit:

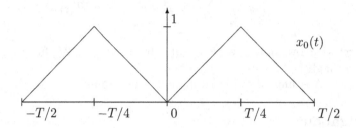

Wie lauten die zu $x_p(t)$ gehörigen Fourier-Koeffizienten ?

4. Berechnen Sie die Fourier-Transformierte von

$$x(t) = \begin{cases} (\frac{|t|-T}{T})^2 & \text{für } 0 \le |t| \le T \\ 0 & \text{sonst} \end{cases}$$

mit Hilfe des Differentiationssatzes für die schwache Ableitung

5. Berechnen sie das Spektrum für folgende Signale mit Hilfe des Faltungssatzes 3

a) unter der Voraussetzung $0 < T_0 < T$:

$$x(t) = \begin{cases} \cos(\frac{2\pi}{T_0}t) & \text{für } |t| \le T \\ 0 & \text{sonst} \end{cases}$$

b) $x(t) = e^{-a|t|} \cdot y_p(t)$, wobei $y_p(t)$ periodische Fortsetzung des folgenden Mustersignals

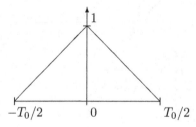

ist.

4 Diskrete und schnelle Fourier-Transformation

In der Signalverarbeitung nimmt die Fourier-Transformation, wie wir in Kapitel 2 und 3 gesehen haben, eine zentrale Stellung ein. Ihre diskrete Version, auf die man bei der numerischen Auswertung von äquidistant abgetasteten periodischen Signalen stößt, bezeichnet man als diskrete Fourier-Transformation (DFT), deren mathematischen Eigenschaften wir im ersten Abschnitt studieren werden. Mit dem Ziel, die Anzahl der Operationen möglichst gering zu halten, kann man aus der diskreten Fourier-Transformation durch geschicktes Zusammenfassen von Ausdrücken verschiedene Versionen der sog. schnellen Fourier-Transformation (FFT von *Fast Fourier Transform*) entwickeln, denen wir uns im 2. Teil dieses Kapitels zuwenden wollen.

4.1 Die diskrete Fourier-Transformation

Zur diskreten Fourier-Transformation führt uns eine Interpolationsaufgabe, die sich folgendermaßen mathematisch beschreiben läßt (s. [24]):

gegeben seien

1. N äquidistant auf dem Intervall $[0, T]$ verteilte Stützstellen

$$t_k = k \cdot h, \, k = 0, ..., N - 1 \text{ mit } h = T/N$$

2. zugehörigen Stützwerten $x(t_k) = x_k$, $k = 0, ..., N-1$ von denen wir annehmen, daß sie durch Abtastung eines periodisches Signals mit Periode T erzeugt worden sind.

Dabei braucht wegen der vorausgestzten Periodizität des Signals $x(t)$ der Wert an der Stelle $t_N = T$ nicht aufgeführt zu werden. Unter Verwendung der Bezeichnung $\omega = 2\pi/T$ suchen wir nun dasjenige trigonometrische Polynom

$$q(t) = X_0 + X_1 e^{j\omega t} + ... + X_{N-1} e^{j(N-1)\omega t}$$

das die gegebenen Werte an den Stützstellen interpoliert.d.h.

$$q(t_k) = x_k, \, k = 0, 1, ..., N - 1$$

oder etwas ausführlicher

$$\sum_{l=1}^{N-1} X_l e^{jl\omega t_k} = x_k$$

Mit $\varepsilon_N = e^{j\omega t_1}$ sind auch alle zugehörigen Potenzen für $k = 0, 1, ..., N - 1$

$$\varepsilon_N^k = (e^{j\omega t_1})^k = e^{j\frac{2\pi}{T}\frac{T}{N}k} = e^{j\frac{2\pi}{N}k} = e^{j\omega t_k}$$

in gleichem Winkelabstand über den Einheitskreis verteilt. Setzen wir $\varepsilon = e^{j\omega t}$ so erhalten wir für das Polynom

$$p(\varepsilon) = X_0 + X_1\varepsilon + ... + X_{N-1}\varepsilon^{N-1}$$

die Beziehung

$$p(\varepsilon_N^k) = x_k \text{ für } k = 0, 1, ..., N - 1$$

d.h. die trigonometrische Interpolation entspricht einer Polynominterpolation mit äquidistanten Stützstellen ε_N^k auf dem Einheitskreis. Da der Grad von $p(\varepsilon)$ kleiner oder gleich $N - 1$ ist, sind damit die Koeffizienten $X_l, l = 0, 1, ..., N - 1$ eindeutig bestimmt.

Wir wollen nun eine explizite Formel für diese Koeffizienten herleiten. Hierfür ist es nützlich, eine geometrische Betrachtung im Raum $\mathbb{C}^N$ der Vektoren mit N komplexen Komponenten anzustellen. Die Werte der diskretisierten Funktion $x(t)$ können wir durch einen Vektor $\vec{x} = (x_0, x_1, ..., x_{N-1})$ darstellen. Für die Diskretisierung der harmonischen Schwingung $e^{jn\omega t}$ erhalten wir entsprechend:

$$\vec{v}_n = (e^{jn\omega t_0}, e^{jn\omega t_1}, ..., e^{jn\omega t_{N-1}}), \text{ für } n = 0, 1, ..., N - 1$$

Ähnlich wie im kontinuierlichen Fall kann man zeigen, daß die Vektoren $\{\vec{v}_1, ..., \vec{v}_{N-1}\}$ zueinander im Sinne des Skalarproduktes

$$\langle \vec{x}, \vec{y} \rangle := \frac{1}{N} \sum_{i=0}^{N-1} x_i \overline{y_i}$$

orthogonal sind:

Satz 4.1.1   *Seien n und m ganze Zahlen zwischen 0 und $N - 1$. Dann gilt:*

$$\langle \vec{v}_n, \vec{v}_m \rangle = \begin{cases} 1 & \text{für } n = m \\ 0 & \text{sonst} \end{cases}$$

Beweis: Alle ε_N^k sind Nullstellen des Polynoms $\varepsilon^N - 1$, denn

$$(\varepsilon_N^k)^N = (e^{jk\frac{2\pi}{N}})^N = e^{jk2\pi} = 1$$

Wegen der dieser Eigenschaft werden die Größen ε_N^k auch N-te Einheitswurzeln genannt.

Sei nun $n - m = l > 0$, dann gilt $0 < l \leq N - 1$:

$$e^{jn\omega t_k} e^{-jm\omega t_k} = e^{j(n-m)\omega t_k} = e^{jlk\frac{2\pi}{N}} = (e^{jl\frac{2\pi}{N}})^k$$

Somit erhalten wir:

$$\langle \vec{v}_n, \vec{v}_m \rangle = \frac{1}{N} \sum_{k=0}^{N-1} e^{jn\omega t_k} e^{-jm\omega t_k} = \frac{1}{N} \sum_{k=0}^{N-1} (e^{jl\frac{2\pi}{N}})^k$$

Offenbar ist $e^{jl\frac{2\pi}{N}} \neq 1$ und damit nach der Summenformel für die geometrische Summe:

$$\langle \vec{v}_n, \vec{v}_m \rangle = \frac{1 - (e^{jl\frac{2\pi}{N}})^N}{1 - e^{jl\frac{2\pi}{N}}} = \frac{1 - e^{jl2\pi}}{1 - e^{jl\frac{2\pi}{N}}} = 0$$

für $n \neq m$.

Andererseits gilt

$$\langle \vec{v}_n, \vec{v}_n \rangle = \frac{1}{N} \sum_{k=0}^{N-1} e^{jn\omega t_k} e^{-jn\omega t_k} = \frac{1}{N} \sum_{k=0}^{N-1} e^0 = 1$$

□

Bemerkung Die Vektoren $v_0, v_1, ..., v_{N-1}$ stellen also eine Orthonormalbasis des $\mathbb{C}^N$ dar.

Mit Hilfe des vorigen Satzes ist es nun leicht, die Interpolationskoeffizienten X_n, $n = 0, 1, ..., N-1$ zu bestimmen. Der nun folgende Satz besagt, daß eine formale Ähnlichkeit zu den Fourier-Koeffizienten der Fourier-Reihe von $x(t)$ besteht:

Satz 4.1.2 *Für die Interpolationskoeffizienten gilt*

$$X_n = \frac{1}{N} \sum_{k=0}^{N-1} x_k e^{-jn\omega t_k} \text{ für } n = 0, 1, ..., N-1$$

Beweis: Wegen der Interpolationseigenschaft von $q(t)$ gilt für $k = 0, 1, ..., N-1$:

$$q(t_k) = \sum_{l=0}^{N-1} X_l e^{jl\omega t_k} = x_k$$

oder in vektorieller Schreibweise:

$$\sum_{l=0}^{N-1} X_l \vec{v}_l = \vec{x}$$

Damit erhalten wir für $n = 0, 1, ..., N-1$:

$$\langle \vec{x}, \vec{v}_n \rangle = \langle \sum_{l=0}^{N-1} X_l \vec{v}_l, \vec{v}_n \rangle = \sum_{l=0}^{N-1} X_l \langle \vec{v}_l, \vec{v}_n \rangle = X_n$$

In ausgeschriebener Form haben wir damit:

$$X_n = \langle \vec{x}, \vec{v}_n \rangle = \frac{1}{N} \sum_{k=0}^{N-1} x_k e^{-jn\omega t_k}$$

□

Wegen der Interpolationseigenschaft des trigonometrischen Polynoms $q(t)$ ($q(t)$ stellt ja in gewissem Sinne die gegebenen Daten x_k dar) und der formalen Verwandtschaft der Interpolationskoeffizienten der trigonometrischen Interpolation von periodischen Daten mit den Fourier-Koeffizienten einer periodischen Funktion bezeichnet man die Gesamtheit der Interpolationkoeffizienten auch als das zu den Daten gehörige *diskrete Spektrum*.

Beispiel 4.1.3   Sei $x(t) = t$ für $0 \leq t < T$, d.h. $x_k = kh$ für $k = 0, 1, ..., N-1$ mit $N = 8$ (diskretisierte Sägezahnschwingung). Dann gilt:

$$X_0 = \frac{1}{8} \sum_{k=0}^{7} kh = \frac{h}{8} \sum_{k=0}^{7} k = \frac{h}{8} \frac{7 \cdot 8}{2} = h\frac{7}{2}$$

Für die Berechnung der übrigen Koeffizienten ist folgende Formel von Nutzen, die sich durch Differentiation aus der Formel für die geometrische Summe ergibt ($q \neq 1$):

$$\sum_{n=0}^{N-1} nq^n = q\left(\frac{1-q^N}{1-q}\right)' = \frac{q + (N-1)q^{N+1} - Nq^N}{(1-q)^2}$$

Ist nun q eine N-te Einheitswurzel (d.h. $q^N = 1$), dann erhalten wir

$$\sum_{n=0}^{N-1} nq^n = \frac{q + (N-1)q - N}{(1-q)^2} = \frac{N}{q-1}$$

1.

$$X_1 = \frac{1}{8} \sum_{k=0}^{7} kh(e^{-j\frac{\pi}{4}})^k$$

mit $q := e^{-j\frac{\pi}{4}} = \frac{1}{2}(\sqrt{2} - \sqrt{2}j)$ erhält man:

$$X_1 = h\frac{1}{q-1} = \frac{h}{2}(-1 + j(\sqrt{2}+1))$$

2.

$$X_2 = \frac{1}{8} \sum_{k=0}^{7} kh(e^{-j\frac{\pi}{4}})^{2k}$$

mit $q := e^{-j\frac{\pi}{2}} = -j$ erhält man:

$$X_2 = -h\frac{1}{j+1} = h\frac{-1+j}{2}$$

3.

$$X_3 = \frac{1}{8}\sum_{k=0}^{7} kh(e^{-j\frac{\pi}{4}})^{3k}$$

mit $q := e^{-j\frac{3\pi}{4}} = \frac{1}{2}(-\sqrt{2} - \sqrt{2}j)$ erhält man:

$$X_3 = h\frac{1}{q-1} = \frac{h}{2}(-1 + j(\sqrt{2}+1))$$

4.

$$X_4 = \frac{1}{8}\sum_{k=0}^{7} kh(e^{-j\frac{\pi}{4}})^{4k}$$

mit $q := e^{-j\pi} = -1$ erhält man:

$$X_4 = -h\frac{1}{2}$$

Nach der Regel $X_{N-n} = \overline{X_n}$ ergeben sich die übrigen Koeffizienten zu:

$$X_5 = \overline{X_3} = \frac{h}{2}(-1 - j(\sqrt{2}+1))$$
$$X_6 = \overline{X_2} = h\frac{-1-j}{2}$$
$$X_7 = \overline{X_1} = \frac{h}{2}(-1 - j(\sqrt{2}+1))$$

4.1.1 Fourier-Koeffizienten und Abminderungsfaktoren

In diesem Abschnitt wollen wir die Betrachtung der Beziehung zwischen Fourier-Koeffizienten und den Interpolationskoeffizienten der trigonometrischen Interpolation vertiefen. Es zeigt sich, daß die Interpolationskoeffizienten für niedrige Indizes eine numerische Näherung der Fourier-Koeffizienten der diskretisierten periodischen Funktion $x(t)$ liefern.

Interpoliert man die diskreten Werte auf jedem Teilintervall linear, so zeigt sich, daß man sämtliche Fourier-Koeffizienten der so entstandenen stückweise linearen Funktion exakt bestimmen kann, indem man die Koeffizienten der trigonometrischen Interpolation mit datenunabhängigen sog. Abminderungsfaktoren multipliziert.

Verdichtet man nun die ursprünglichen Daten, indem man die so erhaltene stückweise lineare Funktion mit z.B. halber Schrittweite diskretisiert, so kann man mit Hilfe der Abminderungsfaktoren das diskrete Spektrum der verdichteten Daten aus dem diskreten Spektrum der ursprünglichen Daten berechnen.

Zunächst wollen wir uns jedoch dem numerischen Aspekt zuwenden.

4.1.1.1 Interpolationskoeffizienten als numerische Näherung

Es besteht nicht nur eine rein formale Analogie zu den Fourier-Koeffizienten $\alpha_n = \frac{1}{T}\int_0^T x(t)\mathrm{e}^{-jn\omega t}\,dt$, sondern man kann auch, zumindest für kleine n, die Interpolations-koeffizienten X_n als numerische Näherung für die Fourier-Koeffizienten ansehen, denn mit $h = \frac{T}{N}$ und $t_k = k\cdot h$ bekommen wir für $x_k = x(t_k)$:

$$X_n = \frac{1}{T}\cdot h\cdot \sum_{k=0}^{N-1} x(t_k)\mathrm{e}^{-jn\omega t_k}$$

Damit entspricht X_n der Rechteckregel für das zu α_n gehörige Integral. Berücksichtigt man noch die Periodizität von $x(t)$, so gilt $x_0 = x_N$ und daher

$$X_n = \frac{1}{T}h\left(\sum_{k=1}^{N-1} x(t_k)\mathrm{e}^{-jn\omega t_k} + \frac{1}{2}(x(t_0)\mathrm{e}^{-jn\omega t_0} + x(t_N)\mathrm{e}^{-jn\omega t_N})\right)$$

Dies ist gerade die Sehnentrapezregel für das Integral $\frac{1}{T}\int_0^T x(t)\mathrm{e}^{-jn\omega t}\,dt$. Für n fest bekommen wir somit:

$$\lim_{N\to\infty} X_n = \alpha_n$$

für hinreichend vernünftige Funktionen $x(t)$.

Beispiel 4.1.4   Sei

$$x(t) = \left\{\begin{array}{l} 1 \text{ für } 0 \le t < T/2 \\ 0 \text{ für } T/2 \le t < T \end{array}\right.$$

ein Rechteckimpuls, den wir uns periodisch mit Periode T forgesetzt denken. Dann lautet der n-te Fourier-Koeffizient $(n \ne 0)$:

$$\begin{aligned}
\alpha_n &= \frac{1}{T}\int_0^{T/2} \mathrm{e}^{-jn\omega t}dt = \frac{1}{T}[\frac{\mathrm{e}^{-jn\omega t}}{-jn\omega}]_0^{T/2} \\
&= \frac{1}{T}\frac{\mathrm{e}^{-jn\omega T/2} - 1}{-jn\omega}
\end{aligned}$$

Wegen $n\omega T/2 = n2\pi/T\cdot T/2 = n\pi$ bekommen wir:

$$\alpha_n = j\frac{(-1)^n - 1}{2n\pi}$$

und für $n = 0$ offenbar $\alpha_0 = 1/2$.

Der obige Rechteckimpuls wird nun im Abstand $h = T/N$ abgetastet und wir bekommen für N gerade: $x_k = 1$ für $k = 0, 1, ..., N/2 - 1$ und $x_k = 0$ für $k = N/2, ..., N - 1$.

Die Werte des diskreten Spektrums für $0 < n \leq N - 1$ lauten dann:

$$X_n = \frac{1}{N} \sum_{k=0}^{N-1} x_k e^{-jn\omega t_k} = \frac{1}{N} \sum_{k=0}^{N/2-1} e^{-jn\omega kh}$$

$$= \frac{1}{N} \sum_{k=0}^{N/2-1} (e^{-jn\omega h})^k = \frac{1}{N} \frac{1 - (e^{-jn\omega h})^{N/2}}{1 - e^{-jn\omega h}}$$

Nun gilt $\omega h = \frac{2\pi}{T} \frac{T}{N} = \frac{2\pi}{N}$ und damit

$$X_n = \frac{1}{N} \frac{1 - (e^{-jn\frac{2\pi}{N}})^{\frac{N}{2}}}{1 - e^{-jn\frac{2\pi}{N}}}$$

$$= \frac{1}{N} \frac{1 - e^{-jn\pi}}{1 - e^{-jn\frac{2\pi}{N}}} = \frac{1}{N} \frac{1 - (-1)^n}{1 - e^{-jn\frac{2\pi}{N}}}$$

Für $0 < n \leq N - 1$ erhalten wir somit

$$X_n = \begin{cases} 0 & \text{für } n \text{ gerade} \\ \frac{1}{N} \dfrac{2}{1 - e^{-jn\frac{2\pi}{N}}} & \text{für } n \text{ ungerade} \end{cases}$$

Ferner haben wir $X_0 = \frac{1}{N} \sum_{k=0}^{N/2-1} 1 = \frac{1}{2}$.

Betrachten wir nun X_n bei festem n für N gegen Unendlich. Für n ungerade haben wir:

$$X_n = \frac{1}{N} \frac{2}{1 - e^{-jn\frac{2\pi}{N}}}$$

Erweitern mit dem konjugiert Komplexen des Nenners liefert:

$$X_n = \frac{1}{N} \frac{2 - 2e^{jn\frac{2\pi}{N}}}{2 - 2\cos n\frac{2\pi}{N}} = \frac{1}{N}\left(1 - j\frac{\sin n\frac{2\pi}{N}}{1 - \cos n\frac{2\pi}{N}}\right)$$

$$= \frac{1}{N} - j\frac{n\frac{2\pi}{N} \cdot \sin n\frac{2\pi}{N}}{1 - \cos n\frac{2\pi}{N}} \cdot \frac{1}{n2\pi}$$

Um den Grenzwert für N gegen Unendlich zu bestimmen, setzen wir $\tau_N = n\frac{2\pi}{N}$. Dies ist offenbar für N gegen Unendlich eine Nullfolge und wir müssen

$$\lim_{N\to\infty} \frac{\tau_N \cdot \sin \tau_N}{1 - \cos \tau_N}$$

berechnen. Dies geschieht am einfachsten mit der L'Hospitalsche Regel:

$$\lim_{x\to 0} \frac{x \cdot \sin x}{1 - \cos x} = \lim_{x\to 0} \frac{\sin x + x \cdot \cos x}{\sin x}$$

$$= \lim_{x\to 0} \left(1 + \frac{x}{\tan x}\right) = \lim_{x\to 0} \left(1 + \frac{1}{1 + \tan^2 x}\right) = 2$$

und damit

$$\lim_{N \to \infty} X_n = -j\frac{1}{n\pi} = \alpha_n \text{ für } n \text{ ungerade}$$

$\square$

Hingegen erhält man für große n bei festgehaltenem N eine schlechte Näherung für die Fourier-Koeffizienten, denn wegen $e^{-jN\omega t_k} = e^{-jNk2\pi/N} = 1$ folgt:

$$\begin{aligned} X_{n+N} &= \frac{1}{N}\sum_{k=0}^{N-1} x_k e^{-j(n+N)\omega t_k} = \frac{1}{N}\sum_{k=0}^{N-1} x_k e^{-jn\omega t_k} e^{-jN\omega t_k} = \frac{1}{N}\sum_{k=0}^{N-1} x_k e^{-jn\omega t_k} \\ &= X_n \end{aligned}$$

d.h. die X_n wiederholen sich periodisch mit der Periodenlänge N, während für die Fourier-Koeffizienten $\lim_{n \to \infty} \alpha_n = 0$ gilt (vergl. Satz 1.1.13).

4.1.1.2 Abminderungsfaktoren

Seien die Stützwerte $x_i, i = 0, 1, ..., N - 1$ gegeben, dann definieren wir

$$y_i := x_i - x_0 \text{ für } i = 0, 1, ..., N - 1$$

Offenbar gilt dann $y_0 = 0$. Diese neuen Stützwerte wollen wir nun stückweise linear interpolieren. Mit $h = T/N$ definieren wir uns zu diesem Zweck eine stückweise lineare Funktion ('Dachfunktion'):

$$v(t) := \begin{cases} \frac{t}{h} + 1 & \text{für } -h \le t \le 0 \\ 1 - \frac{t}{h} & \text{für } 0 \le t \le h \\ 0 & \text{sonst} \end{cases}$$

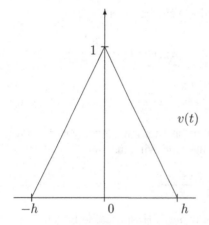

Die Funktion $y_L(t)$, die die neuen Stützwerte stückweise linear interpoliert, erhält man dann auf folgende Weise:

$$y_L(t) := \sum_{i=0}^{N-1} y_i \cdot v(t - ih)$$

denn für $kh \leq t \leq (k+1)h$ gilt:

$$y_L(t) = y_k \cdot v(t - kh) + y_{k+1} \cdot v(t - (k+1)h)$$

da die übrigen Summanden hier gleich Null sind, d.h. insbesondere $y_L(kh) = y_k$ und $y_L((k+1)h) = y_{k+1}$. Wegen $y_0 = 0$ ist außerdem $y_L(t) = 0$ für $t \notin (0, T)$.

Um nun die Fourier-Koeffizienten der periodischen Fortsetzung von $y_L(t)$ zu bestimmen, berechnen wir zunächst die (kontinuierliche) Fourier-Transformation des Mustersignals $y_L(t)$ (vergl. 3.2.3):

$$Y_L(f) = \mathcal{F}\{y_L(t)\} = \sum_{i=0}^{N-1} y_i \mathcal{F}\{v(t - ih)\}$$

Der Verschiebungssatz liefert dann:

$$Y_L(f) = \sum_{i=0}^{N-1} y_i e^{-j2\pi f ih} \mathcal{F}\{v(t)\} = V(f) \sum_{i=0}^{N-1} y_i e^{-j2\pi f ih}$$

In Beispiel 1.1.12 hatten wir gesehen:

$$V(f) = h \left(\frac{\sin(\pi f h)}{\pi f h} \right)^2 = h \cdot \text{si}^2(\pi f h)$$

Für die Fourier-Koeffizienten der periodischen Fortsetzung von $y_L(t)$ erhält man dann (vergl. Satz 3.2.3):

$$\tilde{\alpha}_k = \frac{1}{T} \cdot Y_L(\frac{k}{T})$$

d.h.

$$\tilde{\alpha}_k = \frac{1}{T} V(\frac{k}{T}) \cdot \sum_{i=0}^{N-1} y_i e^{-j2\pi \frac{k}{T} ih} = \frac{N}{T} V(\frac{k}{T}) \cdot \frac{1}{N} \sum_{i=0}^{N-1} y_i e^{-jik\omega h} = \frac{1}{h} V(\frac{k}{T}) \cdot Y_k$$

Für den Faktor des Interpolationskoeffizienten Y_k der trigonometrischen Interpolation erhalten wir:

$$\frac{1}{h} V(\frac{k}{T}) = \text{si}^2(\pi \frac{k}{T} \frac{T}{N}) = \text{si}^2(\pi \frac{k}{N})$$

insgesamt also:

$$\tilde{\alpha}_k = \text{si}^2(\pi \frac{k}{N}) \cdot Y_k$$

Wir wollen nun nachweisen, daß eine entsprechende Beziehung für das Mustersignal $x_L(t)$ besteht, das man durch stückweise lineare Interpolation der ursprünglichen Daten $x_i, i = 0, 1, ..., N$ auf dem Intervall $[0, T]$ und mit Fortsetzung durch Null außerhalb dieses Intervalls erhält. Offenbar gilt mit $r(t) = 1$ für $t \in [0, T]$ und $r(t) = 0$ für $t \notin [0, T]$:

$$x_L(t) = y_L(t) + x_0 \cdot r(t) \text{ für } t \in \mathbb{R}$$

Für $k \neq 0$ sind damit die zum Mustersignal $x_L(t)$ gehörigen Fourier-Koeffizienten α_k gleich den zum Mustersignal $y_L(t)$ gehörigen Fourier-Koeffizienten $\tilde{\alpha}_k$, denn die periodischen Fortsetzungen von $y_L(t)$ und $x_L(t)$ unterscheiden sich nur um den Gleichanteil. Für $k = 0$ gilt folgende Beziehung:

$$\alpha_0 = \tilde{\alpha}_0 + \frac{x_0}{T} \int_0^T r(t)\,dt = \tilde{\alpha}_0 + x_0$$

Ähnliche Verhältnisse treffen wir bei den Interpolationskoeffizienten der trigonometrischen Interpolation an: es gilt

$$\text{für } k \neq 0: X_k = Y_k$$

$$\text{für } k = 0: X_0 = \frac{1}{N}\sum_{i=0}^{N-1} x_i = \frac{1}{N}\left(Nx_0 + \sum_{i=0}^{N-1}(x_i - x_0)\right) = x_0 + \frac{1}{N}\sum_{i=0}^{N-1} y_i$$

$$= x_0 + Y_0$$

Insgesamt erhalten wir damit

$$\alpha_k = \text{si}^2(\pi\frac{k}{N})X_k \text{ für } k \neq 0$$

und für $k = 0$:

$$\alpha_0 = \tilde{\alpha}_0 + x_0 = \text{si}^2(0)Y_0 + x_0 = Y_0 + x_0 = X_0 = \text{si}^2(0)X_0$$

Wir können somit folgendes Fazit ziehen:

Satz 4.1.5   *Die Fourier-Koeffizienten derjenigen Funktion, die die gegebenen Daten $x_i, i = 0, 1, ..., N - 1$ stückweise linear interpoliert, lassen sich aus den Interpolationskoeffizienten der trigonometrischen Interpolation $X_k, k = 0, 1, ..., N - 1$ bestimmen, indem man diese mit von den Daten unabhängigen Faktoren (den sog. Abminderungsfaktoren) multipliziert:*

$$\alpha_k = \text{si}^2(\pi\frac{k}{N})X_k \text{ für } k\epsilon\mathbb{Z}$$

Hierbei denken wir uns das diskrete Spektrum periodisch fortgesetzt.

Bemerkung: Resultate vom Typ

$$\alpha_k = \frac{1}{h}V(\frac{k}{T}) \cdot Y_k$$

lassen sich auch für verallgemeinerte Interpolationsschemata z.B. mit B-Splines (s. etwa [24]) erzielen.

4.1.2 Datenverdichtung (Upsampling)

In einer Reihe von Anwendungen benötigt man eine höhere Datendichte als die ursprüngliche Abtastung liefert. Eine Möglichkeit hierfür ist, zusätzliche Daten durch stückweise
lineare Interpolation zu beschaffen. Für die Berechnung der zugehörigen Interpolationskoeffizienten werden wir die Ergebnisse des vorigen Abschnitts verwenden. Sei

$$u_{2i} = y_i \text{ für } i = 0, ..., N-1$$

$$u_{2i+1} = y_L(ih + \frac{h}{2}) = \frac{1}{2}(y_i + y_{i+1}) \text{ für } i = 0, ..., N-2$$

Sei ferner die Dachfunktion $w(t)$ definiert durch:

$$w(t) := \begin{cases} \frac{2}{h}t + 1 & \text{für } -\frac{h}{2} \leq t \leq 0 \\ 1 - \frac{2}{h}t & \text{für } 0 \leq t \leq \frac{h}{2} \\ 0 & \text{sonst} \end{cases}$$

dann ist offenbar die Funktion, die die neuen Stützwerte linear interpoliert, wiederum
$y_L(t)$, d.h. für $y_L(t)$ erhalten wir die Darstellung

$$y_L(t) = \sum_{i=0}^{2N-1} u_i \cdot w(t - i\frac{h}{2})$$

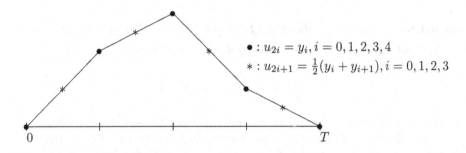

$$\bullet : u_{2i} = y_i, i = 0, 1, 2, 3, 4$$
$$* : u_{2i+1} = \frac{1}{2}(y_i + y_{i+1}), i = 0, 1, 2, 3$$

Mittels Fourier-Transformation erhält man daraus wie oben:

$$Y_L(f) = W(f) \sum_{i=0}^{2N-1} u_i e^{-j2\pi f i \frac{h}{2}}$$

und für die zugehörigen Fourier-Koeffizienten gilt entsprechend:

$$\tilde{\alpha}_k = \frac{2N}{T} W(\frac{k}{T}) \frac{1}{2N} \sum_{i=0}^{2N-1} u_i e^{-jik\omega\frac{h}{2}} = \frac{2}{h} W(\frac{k}{T}) U_k = \text{si}^2(\pi \frac{k}{2N}) U_k$$

Setzt man nun

$$z_i = u_i + x_0 \text{ für } i = 0, 1, ..., 2N-1$$

so interpoliert $x_L(t)$ die Stützwerte z_i stückweise linear. Ähnlich wie oben erhält man dann:

$$\alpha_k = \text{si}^2(\pi\frac{k}{2N})Z_k$$

Dies bedeutet aber

$$\text{si}^2(\pi\frac{k}{N})X_k = \text{si}^2(\pi\frac{k}{2N})Z_k \text{ für } k \in \mathbb{Z}$$

d.h. wir können die Interpolationskoeffizienten der trigonometrischen Interpolation für die neuen Stützstellen $z_i, i = 0, 1, ..., 2N - 1$ durch die Interpolationskoeffizienten für die alten Stützstellen $x_i, i = 0, 1, ..., N - 1$ ausdrücken.

Lösen wir die obige Gleichung nach Z_k auf, so erhalten wir:

$$Z_k = \left(\frac{\pi\frac{k}{2N}}{\pi\frac{k}{N}}\right)^2 \left(\frac{\sin(\pi\frac{k}{N})}{\sin(\pi\frac{k}{2N})}\right)^2 X_k$$

Wegen $\sin 2\beta = 2\cos\beta\sin\beta$ erhält man:

$$Z_k = \cos^2(\pi\frac{k}{2N})X_k \text{ für } k = 0, 1, ..., 2N - 1$$

Wir haben damit den folgenden Satz bewiesen:

Satz 4.1.6   *Sei $x_L(t)$ diejenige Funktion, die die Stützwerte $x_i, i =$ 0, 1, ..., N mit $x_N = x_0$ stückweise linear interpoliert und sei*

$$z_i := x_L(i\frac{h}{2}) \text{ für } i = 0, 1, ..., 2N - 1$$

der verdichtete Datensatz, den man aus der stückweise linearen Interpolation der ursprünglichen Daten durch äquidistante Diskretisierung bei halbierter Schrittweite erhält. Dann gilt für das zugehörigen diskrete Spektrum der verdichteten Daten:

$$Z_k = \cos^2(\pi\frac{k}{2N})X_k \text{ für } k = 0, 1, ..., 2N - 1$$

Bemerkung: Die Werte X_k für $k = N, ..., 2N - 1$ sind natürlich nur die periodische Fortsetzung des diskreten Spektrums X_k für $k = 0, ..., N - 1$ der ursprünglichen Stützwerte x_i mit $i = 0, ..., N - 1$. Für 'kleine' und 'große' k, d.h. k nahe bei Null oder bei $2N$, wird X_k durch Z_k im wesentlichen reproduziert ($\cos^2$ nahe bei 1), für 'mittlere' k, d.h. k nahe bei N, ist Z_k nahe bei Null.

4.1.3 Trigonometrische Interpolation für reelle Stützwerte

Sei x_k reell für $k = 0, 1, ..., N - 1$, dann sind die Größen

$$A_n = \frac{2}{N} \sum_{k=0}^{N-1} x_k \cos n\omega t_k$$

$$B_n = \frac{2}{N} \sum_{k=0}^{N-1} x_k \sin n\omega t_k$$

offenbar ebenfalls reell. Nach der Eulerschen Formel erhält man hieraus

$$X_n = \frac{1}{2}(A_n - jB_n)$$

Eine entsprechende Beziehung gilt, wie wir gesehen haben, für die Fourier-Koeffizienten α_n einer Fourier-Reihe.

Für reelle Stützwerte ergibt sich darüberhinaus eine gewisse Symmetrie für die Interpolationskoeffizienten mit 'hohem' zu denen mit 'niedrigem' Index:

$$X_{N-n} = \frac{1}{N} \sum_{k=0}^{N-1} x_k e^{-j(N-n)\omega t_k} = \frac{1}{N} \sum_{k=0}^{N-1} x_k e^{jn\omega t_k} e^{-jN\omega t_k} = \frac{1}{N} \sum_{k=0}^{N-1} x_k e^{jn\omega t_k} = \overline{X_n}$$

Damit gilt wegen $N\omega t_k = N\frac{2\pi}{T}k\frac{T}{N} = k2\pi$:

$$\begin{aligned}
X_n e^{jn\omega t_k} + X_{N-n} e^{j(N-n)\omega t_k} &= X_n e^{jn\omega t_k} + \overline{X_n} e^{-jn\omega t_k} e^{jN\omega t_k} \\
&= X_n e^{jn\omega t_k} + \overline{X_n e^{jn\omega t_k}} = 2\mathrm{Re}\left(X_n e^{jn\omega t_k}\right)
\end{aligned}$$

Mit Hilfe der Eulerschen Formel erhält man:

$$\begin{aligned}
X_n e^{jn\omega t_k} &= \frac{1}{2}(A_n - jB_n)(\cos n\omega t_k + j \sin n\omega t_k) \\
&= \frac{1}{2}(A_n \cos n\omega t_k + B_n \sin n\omega t_k + j(A_n \sin n\omega t_k - B_n \cos n\omega t_k))
\end{aligned}$$

und damit:

$$X_n e^{jn\omega t_k} + X_{N-n} e^{j(N-n)\omega t_k} = A_n \cos n\omega t_k + B_n \sin n\omega t_k$$

Ist nun N gerade, d.h. $N = 2M$ so gilt auf Grund der Interpolationseigenschaft von $q(t)$:

$$\begin{aligned}
x_k = q(t_k) &= \sum_{n=0}^{N-1} X_n e^{jn\omega t_k} \\
&= X_0 + \sum_{n=1}^{M-1} X_n e^{jn\omega t_k} + X_M e^{jM\omega t_k} + \sum_{n=M+1}^{N-1} X_n e^{jn\omega t_k} \\
&= X_0 + \sum_{n=1}^{M-1} \left(X_n e^{jn\omega t_k} + X_{N-n} e^{j(N-n)\omega t_k} \right) + X_M e^{jM\omega t_k} \\
&= X_0 + \sum_{n=1}^{M-1} (A_n \cos n\omega t_k + B_n \sin n\omega t_k) + X_M e^{jM\omega t_k}
\end{aligned}$$

Wir betrachten nun die beiden einzeln stehenden Summanden genauer. Zunächst erhält man:

$$e^{jM\omega t_k} = \cos M\omega t_k + j\sin M\omega t_k = \cos M\omega t_k = (-1)^k$$

denn $\sin M\omega t_k = \sin Mk\frac{2\pi}{N} = \sin k\pi = 0$ und $\cos k\pi = (-1)^k$. Ferner gilt für die Imaginärteile der Interpolationskoeffizienten X_0 und X_M:

$$B_0 = \frac{2}{N}\sum_{k=0}^{N-1} x_k \sin 0\omega t_k = 0$$

$$B_M = \frac{2}{N}\sum_{k=0}^{N-1} x_k \sin M\omega t_k = \frac{2}{N}\sum_{k=0}^{N-1} x_k \sin Mk\frac{2\pi}{N} = 0$$

Insgesamt erhalten wir:

$$x_k = q(t_k) = \frac{A_0}{2} + \sum_{n=1}^{M-1}(A_n\cos n\omega t_k + B_n\sin n\omega t_k) + \frac{A_M}{2}(-1)^k$$

Ganz entsprechend erhält man für N ungerade, d.h. $N = 2M + 1$:

$$x_k = q(t_k) = \frac{A_0}{2} + \sum_{n=1}^{M}(A_n\cos n\omega t_k + B_n\sin n\omega t_k)$$

d.h. die trigonometrische Funktion $s(t)$ mit

$$s(t) = \frac{A_0}{2} + \sum_{n=1}^{M-1}(A_n\cos n\omega t + B_n\sin n\omega t) + \frac{A_M}{2}\cos Mt \text{ für } N = 2M$$

bzw.

$$s(t) = \frac{A_0}{2} + \sum_{n=1}^{M}(A_n\cos n\omega t + B_n\sin n\omega t) \text{ für } N = 2M + 1$$

interpoliert die Stützwerte an den Stützstellen, unterscheidet sich allerdings im allgemeinen von $q(t)$ für beliebiges t. Insofern liegen hier etwas andere Verhältnisse vor als bei der reellen Darstellung der Fourier-Reihe.

Bemerkung Die höchste Frequenz, die bei N Daten aufgelöst werden kann, ist für N gerade $\omega\frac{N}{2}$, für N ungerade $\omega\frac{N-1}{2}$.

4.1.4 Die diskrete Fourier-Transformation

Wie wir gesehen haben gilt für das diskrete Spektrum der periodischen Fortsetzung der endlichen Folge $(x_k)_{k=0}^{N-1}$

$$X_n = \frac{1}{N}\sum_{k=0}^{N-1} x_k e^{-jn\omega t_k} \text{ für } n = 0, 1, ..., N-1$$

In symbolischer Schreibweise mit den Vektoren $\vec{X} = (X_0, ..., X_{N-1})$ und $\vec{x} = (x_0, ..., x_{N-1})$ lässt sich dies ausdrücken durch

$$\vec{X} = \mathcal{D}\vec{x}$$

wenn wir betonen wollen, daß $\mathcal{D}$ eine lineare Abbildung von $\mathbb{C}^N$ nach $\mathbb{C}^N$ ist, die man auch als Matrix darstellen kann (s.u.). In Anlehnung an die Schreibweise von Fourier-, Laplace- und Z-Transformation können wir auch die Schreibweise

$$X_k = \mathcal{D}\{x_i\}$$

verwenden. Die Transformation $\mathcal{D}$ werden wir als *diskrete Fourier-Transformation* bezeichnen.

Umgekehrt gilt wegen der Interpolationseigenschaft:

$$x_k = \sum_{n=0}^{N-1} X_n e^{jn\omega t_k} \text{ für } k = 0, 1, ..., N-1$$

oder symbolisch:

$$\vec{x} = \mathcal{D}^{-1}\vec{X}$$

Bis auf den Faktor $1/N$ unterscheidet sich Hin- und Rücktransformation lediglich durch das Vorzeichen im Exponenten der e-Funktion. Wir treffen hier also ähnliche Verhältnisse wie bei der kontinuierlichen Fourier-Transformation an. Auf Grund der Formel

$$X_n = \frac{1}{N} \sum_{k=0}^{N-1} x_k e^{-jn\omega t_k} \text{ für } n = 0, 1, ..., N-1$$

lässt sich die Beziehung

$$\vec{X} = \mathcal{D}\vec{x}$$

folgendermaßen in Matrixschreibweise angeben:

$$\begin{pmatrix} X_0 \\ X_1 \\ X_2 \\ \vdots \\ X_{N-1} \end{pmatrix} = \frac{1}{N} \begin{pmatrix} 1 & 1 & \cdots & 1 \\ e^{-j\omega t_0} & e^{-j\omega t_1} & \cdots & e^{-j\omega t_{N-1}} \\ e^{-j2\omega t_0} & e^{-j2\omega t_1} & \cdots & e^{-j2\omega t_{N-1}} \\ \vdots & & & \\ e^{-j(N-1)\omega t_0} & e^{-j(N-1)\omega t_1} & \cdots & e^{-j(N-1)\omega t_{N-1}} \end{pmatrix} \begin{pmatrix} x_0 \\ x_1 \\ x_2 \\ \vdots \\ x_{N-1} \end{pmatrix} = F\vec{x}$$

Die Matrix F wird als *Fourier-Matrix* bezeichnet. Entsprechend erhält man für die Beziehung

$$\vec{x} = \mathcal{D}^{-1}\vec{X}$$

in Matrixschreibweise:

$$\begin{pmatrix} x_0 \\ x_1 \\ x_2 \\ \vdots \\ x_{N-1} \end{pmatrix} = \begin{pmatrix} 1 & e^{j\omega t_0} & e^{j2\omega t_0} & \cdots & e^{j(N-1)\omega t_0} \\ 1 & e^{j\omega t_1} & e^{j2\omega t_1} & \cdots & e^{j(N-1)\omega t_1} \\ 1 & e^{j\omega t_2} & e^{j2\omega t_2} & \cdots & e^{j(N-1)\omega t_2} \\ \vdots & & & & \\ 1 & e^{j\omega t_{N-1}} & e^{j2\omega t_{N-1}} & \cdots & e^{(N-1)\omega t_{N-1}} \end{pmatrix} \begin{pmatrix} X_0 \\ X_1 \\ X_2 \\ \vdots \\ X_{N-1} \end{pmatrix} = B\vec{X}$$

Die hier auftretenden Matrizen F und B sind zueinander invers. Darüberhinaus sind beide Matrizen wegen

$$e^{jl\omega t_k} = e^{jlk\frac{2\pi}{N}} = e^{jk\omega t_l}$$

symmetrisch. Insbesondere gilt:

$$N \cdot \overline{F} = B = F^{-1}$$

Die Analogie zur kontinuierlichen Fourier-Transformation geht sogar noch weiter, denn es gilt auch für die diskrete Fourier-Transformation ein entsprechender Faltungssatz.

Definition 4.1.7   *Wir nennen den Vektor $\vec{z}$, dessen Komponenten durch*

$$z_n = \frac{1}{N} \sum_{k=0}^{N-1} x_k y_{n-k} \ \text{für } n = 0, 1, ..., N-1$$

definiert sind, die diskrete zyklische Faltung der Vektoren $\vec{x}$ und $\vec{y}$, symbolisch

$$\vec{z} = \vec{x} * \vec{y}$$

Hierbei gehen wir von der Vorstellung aus, daß die Komponenten der Vektoren $\vec{x}$ und $\vec{y}$ aus einer äquidistanten Diskretisierung mit der Schrittweite $h = T/N$ der mit der Periode T periodischen Funktionen $x(t)$ und $y(t)$ hervorgegangen sind, wobei wir die Bezeichnungen $x_n = x(nh)$ und $y_n = y(nh)$ für ganzzahliges n gewählt haben. Dies bedeutet $y_n = y_{n \bmod N}$, wobei $\vec{x}$ und $\vec{y}$ lediglich die diskretisierten Werte einer Periode beinhalten. Eine derartige Vorstellung einer periodischen Fortsetzung der Komponenten von $\vec{y}$ benötigen wir in der obigen Definition der Komponenten von $\vec{z}$, denn es treten ja negative Indizes $n - k$ von $\vec{y}$ auf.

Bemerkung: die diskrete zyklische Faltung kann man als numerische Näherung für die zyklische Faltung periodischer Signale betrachten.
□

Die diskrete zyklische Faltung lässt sich auch als Multiplikation einer aus den Komponenten des einen Faltungsfaktors aufgebauten Matrix mit dem anderen Faltungsfaktor darstellen:

$$
\begin{pmatrix} z_0 \\ z_1 \\ z_2 \\ \vdots \\ z_{N-1} \end{pmatrix}
= \frac{1}{N}
\begin{pmatrix}
y_0 & y_{N-1} & y_{N-2} & \cdots & y_1 \\
y_1 & y_0 & y_{N-1} & \cdots & y_2 \\
y_2 & y_1 & y_0 & \cdots & y_3 \\
\vdots & \vdots & \vdots & & \vdots \\
y_{N-1} & y_{N-2} & y_{N-3} & \cdots & y_0
\end{pmatrix}
\begin{pmatrix} x_0 \\ x_1 \\ x_2 \\ \vdots \\ x_{N-1} \end{pmatrix}
= \frac{1}{N} C \vec{x}
$$

Die (aus den Komponenten von $\vec{y}$ aufgebaute) Matrix C ist offenbar auf den Diagonalen konstant. Die 2. Zeile entsteht aus der 1., indem das letzte Element der Zeile zyklisch nach vorne getauscht wird (d.h. das letzte Element der 1. Zeile wird zum 1. Element der

2. Zeile, die übrigen Elemente der 2. Zeile bekommt man, indem man die Elemente der 1. Zeile um eine Position nach rechts verschiebt). Die weiteren Zeilen werden genauso behandelt. Matrizen dieser Struktur werden *Zirkulanten* genannt.

Der nun folgende Satz besagt, daß man die diskrete Fourier-Transformation eines Faltungsproduktes erhält, indem man die einzelnen Faktoren transformiert und die so entstehenden Vektoren komponentenweise miteinander multipliziert.

Satz 4.1.8 *(Faltungssatz)*

$$\mathcal{D}(\vec{x} * \vec{y}) = \mathcal{D}\vec{x} \cdot \mathcal{D}\vec{y}$$

Beweis: Für die zu $\vec{z} = \vec{x} * \vec{y}$ gehörigen Interpolationskoeffizienten gilt nach Definition:

$$Z_l = \frac{1}{N} \sum_{n=0}^{N-1} z_n e^{-jl\omega t_n} = \frac{1}{N} \sum_{n=0}^{N-1} \left(\frac{1}{N} \sum_{k=0}^{N-1} x_k y_{n-k} \right) e^{-jl\omega t_n}$$

Nach Vertauschung der Summationsreihenfolge erhält man mit $t_n = n \cdot h$:

$$
\begin{aligned}
Z_l &= \frac{1}{N^2} \sum_{k=0}^{N-1} x_k \sum_{n=0}^{N-1} y_{n-k} e^{-jl\omega nh} = \frac{1}{N} \sum_{k=0}^{N-1} x_k \frac{1}{N} \sum_{n=0}^{N-1} y_{n-k} e^{-jl\omega(n-k)h} e^{-jl\omega kh} \\
&= \frac{1}{N} \sum_{k=0}^{N-1} x_k e^{-jl\omega kh} \frac{1}{N} \sum_{n=0}^{N-1} y_{n-k} e^{-jl\omega(n-k)h} \\
&= X_l \cdot \frac{1}{N} \sum_{n=0}^{N-1} y_{n-k} e^{-jl\omega(n-k)h}
\end{aligned}
$$

Für $n - k < 0$ gilt wegen $\omega N h = \frac{2\pi}{T} N \frac{T}{N} = 2\pi$:

$$y_{n-k} e^{-jl\omega(n-k)h} = y_{N+(n-k)} e^{-jl\omega(N+(n-k))h}$$

aufgrund der Periodizität der hier auftretenden Folgen, also für jedes k:

$$\frac{1}{N} \sum_{n=0}^{N-1} y_{n-k} e^{-jl\omega(n-k)h} = \frac{1}{N} \sum_{n=0}^{N-1} y_n e^{-jl\omega nh} = Y_l$$

denn in der zweiten Summe tauchen dieselben Summanden auf wie in der ersten, lediglich die Reihenfolge ist eine andere. Dies erkennt man, wenn man sich die in der ersten Summe auftretenden Indizes ansieht:

$$\underbrace{-k}_{N-k}, \underbrace{-k+1}_{N-k+1}, ..., \underbrace{-1}_{N-1}, 0, 1, ..., N-1-k$$

Insgesamt bedeutet dies:

$$\mathcal{D}(\vec{x} * \vec{y}) = \mathcal{D}\vec{x} \cdot \mathcal{D}\vec{y}$$

wobei das Produkt auf der rechten Seite denjenigen Vektor bezeichnet, der durch komponentenweise Multiplikation der am Produkt beteiligten Vektoren entsteht.
□

Beispiel 4.1.9   Sei $z_n := \frac{1}{4}y_n + \frac{1}{2}y_{n-1} + \frac{1}{4}y_{n-2}$ Dann lässt sich $\vec{z}$ auch als Faltungsprodukt von $\vec{y}$ mit dem Vektor $\vec{x}$ schreiben, also $z_n = \frac{1}{N}\sum_{k=0}^{N-1} x_k y_{n-k}$, wobei die Komponenten von $\vec{x}$ durch $x_0 = \frac{N}{4}, x_1 = \frac{N}{2}, x_2 = \frac{N}{4}$ und $x_k = 0$ für $k = 3, ..., N-1$ definiert sind. Ist nun $\vec{X} = \mathcal{D}\vec{x}$ so erhält man für die zugehörigen Komponenten:

$$
\begin{aligned}
X_n &= \frac{1}{N}\sum_{k=0}^{N-1} x_k e^{-jn\omega t_k} = \frac{1}{N}\sum_{k=0}^{N-1} x_k e^{-jn\frac{2\pi}{N}k} \\
&= \frac{1}{N}\left(\frac{N}{4}e^{-jn\frac{2\pi}{N}0} + \frac{N}{2}e^{-jn\frac{2\pi}{N}} + \frac{N}{4}e^{-jn\frac{2\pi}{N}\cdot 2}\right) \\
&= \frac{1}{4}\left(1 + 2e^{-jn\frac{2\pi}{N}} + (e^{-jn\frac{2\pi}{N}})^2\right) \\
&= \frac{1}{4}(1 + e^{-jn\frac{2\pi}{N}})^2
\end{aligned}
$$

Es gilt:

$$|X_n| = \frac{1}{4}(1 + e^{-jn\frac{2\pi}{N}})(1 + e^{jn\frac{2\pi}{N}}) = \frac{1}{2}\left(1 + \cos(n\frac{2\pi}{N})\right)$$

Insbesondere hat man $X_0 = 1$ und $X_{N/2} = 0$. Für das diskrete Spektrum von $\vec{z}$ erhalten wir dann:

$$|Z_n| = |Y_n| \cdot |X_n| = |Y_n| \cdot \frac{1}{2}\left(1 + \cos(n\frac{2\pi}{N})\right)$$

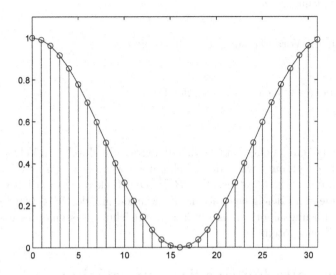

diskretes Amplitudenspektrum $|X_n|$ für $n = 0, 1, ..., N-1$ und $N = 32$

Offenbar ist $Z_n \approx Y_n$ für kleine n und $Z_n \approx 0$ für n in der Nähe von $N/2$, d.h. die komplexen Amplituden Y_n für die 'kleinen' Frequenzen werden durch Z_n im wesentlichen reproduziert, diejenigen für die 'großen' Frequenzen ($n \approx N/2$) gedämpft. Durch die Bildung des gewichteten Mittels von aufeinanderfolgenden Komponenten von $\vec{y}$ wird also eine Art Tiefpassfilterung durchgeführt.
$\square$

Den Faltungssatz kann man u.a. dazu benutzen, um lineare Gleichungssysteme mit Zirkulanten zu lösen (und dies kann 'schnell' unter Einsatz der FFT - s. nächster Abschnitt - geschehen), wenn man folgende Aussage zur Verfügung hat:

Satz 4.1.10   *Sei die Zirkulante C aus den Komponenten von $\vec{y}$ (wie oben beschrieben) aufgebaut und sei C nichtsingulär. Dann sind sämtliche Komponenten des diskreten Spektrums $\vec{Y}$ von $\vec{y}$ ungleich Null.*

Beweis: Angenommen es wäre Y_k mit $0 \leq k \leq N-1$ gleich Null. Sei dann $\vec{E}$ derjenige Einheits-Vektor mit

$$E_i := \begin{cases} 1 & \text{für } i = k \\ 0 & \text{sonst} \end{cases}$$

für $i = 0, 1, ..., N-1$. Sei nun $\vec{e} := \mathcal{D}^{-1}\vec{E}$, dann ist $\vec{e}$ nicht der Nullvektor, denn $\mathcal{D}^{-1}$ (bzw. F^{-1}) ist nichtsingulär. Andererseits haben wir nach der obigen Konstruktion $\vec{0} = \vec{Y} \cdot \vec{E}$

und nach dem Faltungssatz

$$\vec{0} = \vec{y} * \vec{e} = C \cdot \vec{e}$$

im Widerspruch zur Voraussetzung: C nichtsingulär.

□

Ist nun ein lineares Gleichungssystem der Form

$$C \cdot \vec{x} = \vec{b}$$

gegeben, bei dem C eine nichtsinguläre Zirkulante ist, die durch den Vektor $\vec{y}$ in der oben beschriebenen Form erzeugt wird, dann bekommen wir: $\vec{y} * \vec{x} = \vec{b}$ und daraus mit Hilfe des Faltungs- u. des vorigen Satzes: $\vec{X} = \vec{B}/\vec{Y}$. Die Rücktransformation liefert dann die Lösung $\vec{x}$ des linearen Gleichungssystems. Zusammen mit der FFT (s.u.) erhält man so einen schnellen Lösungsalgorithmus für lineare Gleichungssysteme des genannten Typs (sofern N eine Zweierpotenz ist).

4.2 Die schnelle Fourier-Transformation

Eine naive Betrachtung des Berechnungsaufwandes für die Interpolationskoeffizienten liefert eine Größenordnung von N (im allgemeinen komplexen) Additionen und Multiplikationen für jeden der N Koeffizienten, insgesamt also einen Rechenaufwand proportional zu N^2. Mitte der 60ger Jahre wurde von Cooley und Tukey ein Berechnungsverfahren für die Bestimmung sämtlicher Koeffizienten (wieder-)entdeckt, das die Gesamtzahl der Operationen auf die Größenordnung von $N \log N$ reduziert. Wir wollen hier zwei Reduktionsstrategien diskutieren, die als *decimation in frequency* bzw. als *decimation in time* bekannt sind.

4.2.1 Der Sande-Tukey Algorithmus

Der Grundgedanke der FFT beruht darauf, die zu berechnenden Summen der Länge N (für N gerade) auf Summen gleicher Struktur der Länge $N/2$ zu reduzieren. Wir wollen uns dieses Prinzip anhand einer Variante von Sande und Tukey für den Fall $N = 2^n$ klarmachen: Wie wir oben gesehen haben gilt für die Interpolationskoeffizienten:

$$X_i = \frac{1}{N} \sum_{k=0}^{N-1} x_k e^{-jik\frac{2\pi}{N}} \text{ für } i = 0, 1, ..., N-1$$

Wir fassen nun in der obigen Summe am Einheitskreis gegenüberliegende Terme, nämlich $x_k \cdot e^{-jik\frac{2\pi}{N}}$ und $x_{k+N/2} \cdot e^{-ji(k+N/2)\frac{2\pi}{N}}$ für $k = 0, 1, ..., N/2 - 1$ zusammen und erhalten für gerade Indizes:

$$N \cdot X_{2i} = \sum_{k=0}^{N-1} x_k e^{-j2ik\frac{2\pi}{N}} = \sum_{k=0}^{N/2-1} \left(x_k \cdot e^{-j2ik\frac{2\pi}{N}} + x_{k+N/2} \cdot e^{-j2i(k+N/2)\frac{2\pi}{N}} \right)$$

Nun hat man nach den Regeln über das Rechnen mit der Exponentialfunktion:

$$e^{-j2i(k+N/2)\frac{2\pi}{N}} = e^{-j2ik\frac{2\pi}{N}} \cdot e^{-j2iN/2\frac{2\pi}{N}} = e^{-jik\frac{2\pi}{N/2}} \cdot e^{-ji2\pi} = e^{-jik\frac{2\pi}{N/2}}$$

d.h.:

$$N \cdot X_{2i} = \sum_{k=0}^{N/2-1} (x_k + x_{k+N/2}) e^{-jik\frac{2\pi}{N/2}}$$

Mit der Bezeichnung $x'_k = x_k + x_{k+N/2}$ erhält man damit

$$N \cdot X_{2i} = \sum_{k=0}^{N/2-1} x'_k e^{-jik\frac{2\pi}{N/2}}$$

d.h. die Interpolationskoeffizienten mit geradem Index lassen sich als Summen der halben Länge darstellen, wobei diese neuen Summen dieselbe Bauart besitzen wie die ursprünglichen.

Eine entsprechende Überlegung lässt sich für die Koeffizienten mit ungeradem Index anstellen:

$$N \cdot X_{2i+1} = \sum_{k=0}^{N-1} x_k e^{-j(2i+1)k\frac{2\pi}{N}}$$

$$= \sum_{k=0}^{N/2-1} \left(x_k \cdot e^{-j(2i+1)k\frac{2\pi}{N}} + x_{k+N/2} \cdot e^{-j(2i+1)(k+N/2)\frac{2\pi}{N}} \right)$$

Ähnlich wie oben gilt:

$$e^{-j(2i+1)k\frac{2\pi}{N}} = e^{-jik\frac{2\pi}{N/2}} \cdot e^{-jk\frac{2\pi}{N}}$$

und damit

$$e^{-j(2i+1)(k+N/2)\frac{2\pi}{N}} = e^{-j(2i+1)k\frac{2\pi}{N}} \cdot e^{-j(2i+1)\frac{N}{2}\frac{2\pi}{N}} = e^{-jik\frac{2\pi}{N/2}} \cdot e^{-jk\frac{2\pi}{N}} \cdot e^{-j(2i+1)\pi}$$

Der letzte Faktor ist gleich -1, d.h.:

$$NX_{2i+1} = \sum_{k=0}^{N/2-1} \left((x_k - x_{k+N/2}) e^{-jk\frac{2\pi}{N}} \right) e^{-jik\frac{2\pi}{N/2}}$$

Mit der Bezeichnung $x''_k = (x_k - x_{k+N/2}) e^{-jk\frac{2\pi}{N}}$ erhält man damit

$$NX_{2i+1} = \sum_{k=0}^{N/2-1} x''_k e^{-jik\frac{2\pi}{N/2}}$$

d.h. auch die Interpolationskoeffizienten mit ungeradem Index lassen sich als Summen der halben Länge unveränderter Bauart darstellen.

Dieser Reduktionsvorgang lässt sich natürlich auch auf die beiden neuen Summen anwenden, und es ist naheliegend, dies solange fortzuführen, bis die Summen nur noch aus einem einzigen Summanden bestehen.

Die so entstehende Transformation wollen wir im folgenden mit $\mathcal{S}$ bezeichnen. Diese Transformation ist natürlich eng verwandt mit der diskreten Fourier-Transformation $\mathcal{D}$. Wenn es notwendig ist, die Anzahl der transformierten Daten hervorzuheben, werden wir dies durch die Bezeichnung $\mathcal{S}_N$ angeben.

Zur Berechnung der neuen Funktionswerte x'_k und x''_k mußten wir einen Aufwand von $\kappa \cdot N$ Additionen und Multiplikationen treiben, vorausgesetzt, die N-ten Einheitswurzeln $\mathrm{e}^{-jk2\pi/N}$ liegen in tabellierter Form vor. Für den Rechenaufwand K einer so arrangierten diskreten Fourier-Transformation erhalten wir damit:

$$K(\mathcal{S}_N) = \kappa \cdot N + 2 \cdot K(\mathcal{S}_{N/2})$$

Entsprechende Verhältnisse trifft man bei den weiteren Reduktionsschritten an. Setzt man $a_j = K(\mathcal{S}_{2^j})$, so erhält man die Rekursion:

$$a_j = \kappa 2^j + 2a_{j-1}$$

Berücksichtigt man noch $a_1 = \kappa 2$, so lässt sich leicht mit vollständiger Induktion $a_j = \kappa 2^j j$ für $j \in \mathbb{N}$ zeigen. Für den Gesamtrechenaufwand einer Reduktion in dem obigen Sinne bedeutet dies:

$$K(\mathcal{S}_N) = \kappa N \log_2 N$$

Bemerkung: Um den Wert der Konstanten κ anzugeben, muß man sich darüber klar werden, was man unter Rechenaufwand verstehen will: Wenn wir den allgemeinen Fall von komplexen Stützwerten zugrundelegen, sind zur Berechnung der 'gestrichenen' Größen N komplexe Additionen bzw. Subtraktionen sowie $N/2$ komplexe Multiplikationen erforderlich. Eine komplexe Multiplikation lässt sich nun in 4 reelle Multiplikationen und jeweils eine reelle Addition und Subtraktion auflösen. Nimmt man nun an, und dies ist für viele moderne Rechner realistisch, daß (reelle) Addition, Subtraktion und Multiplikation dieselbe Zeit benötigen, so erhält man einen Rechenaufwand von

$$2N + 4N/2 + 2N/2 = 5N$$

reellen Operationen zur Berechnung der 'gestrichenen' Größen, d.h. $\kappa = 5$.
□

Wir wollen nun die Fortführung der Reduktion etwas genauer betrachten. Wie wir gesehen haben werden aus dem ursprünglichen Satz von N Funktionswerten zwei Sätze von jeweils $N/2$ neuen Funktionswerten erzeugt. Aus diesen wiederum entstehen 4 Sätze von jeweils $N/4$ Daten und so fort, wobei die Gesamtanzahl der Daten natürlich unverändert bleibt. Um hier den Überblick zu behalten, empfiehlt sich eine systematische Numerierung:

ALGORITHMUS VON SANDE UND TUKEY

Sei $N = 2^n$ und $x_k^{(0)} = x_k$ für $k = 0, 1, ..., N - 1$.

Im m-ten Schritt der Reduktion ist die Länge eines Datensatzes $N/2^m = 2^{n-m} =: r$. Die Daten des $m + 1$-ten Schrittes erhält man mit $s := l \cdot r$:

$$
\begin{aligned}
x_{s+k}^{(m+1)} &= x_{s+k}^{(m)} + x_{s+r/2+k}^{(m)} \\
x_{s+r/2+k}^{(m+1)} &= \left(x_{s+k}^{(m)} - x_{s+r/2+k}^{(m)} \right) \cdot e^{-jk\frac{2\pi}{r}}
\end{aligned}
$$

für $k = 0, 1, ..., r/2 - 1$ und $l = 0, 1, ..., 2^m - 1$, wobei m die Werte $0, 1, ..., n - 1$ annimmt.
□

Für $m = 0$ erhält man insbesondere (denn hier ist $s = 0$ und $r = N$):

$$
\begin{aligned}
x_k^{(1)} &= x_k^{(0)} + x_{N/2+k}^{(0)} \\
x_{N/2+k}^{(1)} &= \left(x_k^{(0)} - x_{N/2+k}^{(0)} \right) e^{-jk\frac{2\pi}{N}}
\end{aligned}
$$

mit $k = 0, 1, ..., N/2 - 1$.

Den eingangs beschriebenen 1. Reduktionschritt gewinnt man zurück, indem man die Vereinbarungen $x_k^{(1)} = x_k'$ und $x_{k+N/2}^{(1)} = x_k''$ für $k = 0, 1, ..., N/2 - 1$ trifft. Alle weiteren Schritte sind von derselben Struktur, nur daß man im $m + 1$-ten Schritt 2^m Datensätze der Länge r verarbeiten muß.

Der Fall $m = n - 1$ ist ebenfalls von Interesse. Da hier $r = 2$, $s = 2l$ und $k = 0$ sind, lautet der n-te Reduktionsschritt:

$$
x_{2l}^{(n)} = x_{2l}^{(n-1)} + x_{2l+1}^{(n-1)}
$$

bzw.

$$
x_{2l+1}^{(n)} = x_{2l}^{(n-1)} - x_{2l+1}^{(n-1)}
$$

für $l = 0, 1, ..., 2^{n-1} - 1$, denn es ist $e^{-j0\frac{2\pi}{2}} = 1$. Der letzte Reduktionsschritt erzeugt also N Datensätze der Länge 1. Diese Daten sind deswegen wichtig, weil sie im wesentlichen (bis auf den Faktor N) die gesuchten Interpolationskoeffizienten darstellen, alerdings – wie wir sehen werden – in Bit-invertierter Reihenfolge.

Wir wollen diese Aussage durch die folgende Betrachtung untermauern, bei der es um den Werdegang der reduzierten Summen geht. Gleichzeitig werden wir unser Augenmerk auf die Indizes der im folgenden definierten Größen richten. Sei

$$
\gamma_{lr+i}^{(m)} = \sum_{k=0}^{r-1} x_{lr+k}^{(m)} e^{-jik\frac{2\pi}{r}}
$$

für $i = 0, 1, ..., r - 1$ sowie $l = 0, 1, ..., 2^m - 1$ und $m = 0, ..., n$. Offenbar gilt für $m = 0$ (d.h. $l = 0$ und $r = N$:

$$
\gamma_i^{(0)} = \sum_{k=0}^{N-1} x_k^{(0)} e^{-jik\frac{2\pi}{N}} = N X_i \text{ für } i = 0, 1, ..., N - 1
$$

und für $m = n$ (d.h. $r = 1$ und $i = 0$):

$$\gamma_l^{(n)} = \sum_{k=0}^{0} x_{l+k}^{(n)} = x_l^{(n)} \text{ für } l = 0, 1, ..., N - 1$$

Für $m = 0, 1, ..., n-1$ erweisen sich die Komponenten des Vektors $\vec{\gamma}^{(m+1)}$ als Permutation der Komponenten des Vektors $\vec{\gamma}^{(m)}$, denn mit $r = 2^{n-m}$ erhalten wir unter Verwendung der zur Begründung des Sande-Tukey Algorithmus beschriebenen Reduktionen für $i = 0, 1, ..., r/2 - 1$:

$$\gamma_{2l\cdot(r/2)+i}^{(m+1)} = \sum_{k=0}^{r/2-1} x_{lr+k}^{(m+1)} e^{-jik\frac{2\pi}{r/2}} = \sum_{k=0}^{r/2-1} (x_{lr+k}^{(m)} + x_{lr+r/2+k}^{(m)}) e^{-j2ik\frac{2\pi}{r}}$$

$$= \sum_{k=0}^{r-1} x_{lr+k}^{(m)} e^{-j2ik\frac{2\pi}{r}} = \gamma_{lr+2i}^{(m)}$$

Genauso:

$$\gamma_{(2l+1)r/2+i}^{(m+1)} = \sum_{k=0}^{r/2-1} x_{lr+r/2+k}^{(m+1)} e^{-jik\frac{2\pi}{r/2}} = \sum_{k=0}^{r/2-1} (x_{lr+k}^{(m)} - x_{lr+r/2+k}^{(m)}) e^{-jk\frac{2\pi}{r}} e^{-j2ik\frac{2\pi}{r}}$$

$$= \sum_{k=0}^{r-1} x_{lr+k}^{(m)} e^{-j(2i+1)k\frac{2\pi}{r}} = \gamma_{lr+2i+1}^{(m)}$$

Insbesondere ist also der Vektor $\vec{x}^{(n)}$, den wir ja nach n Schritten des Sande-Tukey Algorithmus (als Endergebnis) erhalten, eine Permutation des gesuchten Vektors $N\vec{X}$.

Um welche Permutation es sich handelt, wollen wir nun untersuchen. Wie wir gesehen haben gilt

$$\gamma_{2l\cdot r/2+i}^{(m+1)} = \gamma_{lr+2i}^{(m)}$$

und

$$\gamma_{(2l+1)r/2+i}^{(m+1)} = \gamma_{lr+2i+1}^{(m)}$$

für $r = 2^{n-m}$, $i = 0, 1, ..., r/2 - 1$ und $l = 0, 1, ..., 2^m - 1$. Natürlich sind wir daran interessiert eine möglichst einfache Beschreibung dieser Permutation zu bekommen und es wird sich zeigen, dass es zu diesem Zweck nützlich ist, die Indizes durch Dualzahlen darzustellen:

sei k eine ganze Zahl mit $0 \leq k \leq 2^n - 1$, dann lässt sich k schreiben als:

$$k = k_n 2^{n-1} + k_{n-1} 2^{n-2} + ... + k_2 2^1 + k_1 2^0$$

mit $k_i \in \{0, 1\}$ für $1 \leq i \leq n$. Anstelle des Index k werden wir dann bei Bedarf die zugehörige Dualzahl $k_n k_{n-1}...k_2 k_1$ verwenden. Um die Zusammenhänge zu erkennen, ist es lehrreich, sich zunächst die ersten Reduktionsschritte anzusehen:

1. $m = 0$, d.h. $l = 0$ und $r = N$. Es gilt für $i = 0, 1, ..., N/2 - 1$:

$$\gamma_i^{(1)} = \gamma_{2i}^{(0)}$$

und

$$\gamma_{N/2+i}^{(1)} = \gamma_{2i+1}^{(0)}$$

Dies lässt sich folgendermaßen interpretieren: die Komponenten von $\vec{\gamma}^{(0)}$ mit geraden Index werden der 'oberen' Hälfte (niedrige Indizes) von $\vec{\gamma}^{(1)}$, die mit ungeradem Index der 'unteren' Hälfte (hohe Indizes) von $\vec{\gamma}^{(1)}$ zugewiesen. Dies kann man auch so ausdrücken: die niedrigste Dualstelle des Index k der Komponente von $\vec{\gamma}^{(0)}$, nämlich k_1, wird zur höchsten Dualstelle des Zielindex der Komponente von $\vec{\gamma}^{(1)}$, symbolisch:

$$\gamma_{k_1 k_n ... k_2}^{(1)} = \gamma_{k_n ... k_2 k_1}^{(0)}$$

Das letzte Bit wird also zyklisch nach vorne getauscht.

2. $m = 1$, d.h. $l = 0, 1$ und $r = N/2$. Es gilt für $i = 0, 1, ..., N/4 - 1$:

$$\gamma_i^{(2)} = \gamma_{2i}^{(1)}$$
$$\gamma_{N/4+i}^{(2)} = \gamma_{2i+1}^{(1)}$$
$$\gamma_{N/2+i}^{(2)} = \gamma_{N/2+2i}^{(1)}$$
$$\gamma_{N/2+N/4+i}^{(2)} = \gamma_{N/2+2i+1}^{(1)}$$

Der Zielindex liegt hier in derselben Hälfte wie der Ausgangsindex. Das niedrigste Bit des Ausgangsindex entscheidet, in welchem Viertel innerhalb der zugehörigen Hälfte der Zielindex liegt, mit anderen Worten: das niedrigste Bit wird zyklisch an die zweithöchste Stelle getauscht, symbolisch:

$$\gamma_{k_n k_1 k_{n-1} ... k_2}^{(2)} = \gamma_{k_n k_{n-1} ... k_2 k_1}^{(1)}$$

In diesem Lichte lässt sich nun auch der allgemeine Fall

$$\gamma_{lr+i}^{(m+1)} = \gamma_{lr+2i}^{(m)}$$

und

$$\gamma_{lr+r/2+i}^{(m+1)} = \gamma_{lr+2i+1}^{(m)}$$

für $r = 2^{n-m}$, $i = 0, 1, ..., r/2 - 1$ und $l = 0, 1, ..., 2^m - 1$ betrachten. Das niedrigste Bit entscheidet hier darüber, ob sich die neue Position zwischen lr und $lr + r/2 - 1$ oder zwischen $lr + r/2$ und $(l+1)r - 1$ befindet. Die höchsten Bits $k_n, ..., k_{n-m+1}$ bleiben hiervon unberührt; das niedrigste Bit wird zyklisch an die $n - m$-te Stelle getauscht, symbolisch:

$$\gamma_{k_n ... k_{n-m+1} k_1 k_{n-m} ... k_2}^{(m+1)} = \gamma_{k_n k_{n-m+1} k_{n-m} ... k_2 k_1}^{(m)}$$

Verfolgt man nun den Werdegang der k-ten Komponente von $\vec{\gamma}^{(0)}$ ($k = k_n...k_1$) über mehrere Reduktionsschritte, so erhält man z.B.:

$$\gamma^{(2)}_{k_1 k_2 k_n ... k_3} = \gamma^{(0)}_{k_n...k_3 k_2 k_1}$$

Schließlich nach n Schritten bekommt man:

$$\gamma^{(n)}_{k_1 k_2 ... k_{n-1} k_n} = \gamma^{(0)}_{k_n k_{n-1} ... k_2 k_1}$$

und damit die Komponenten von $\vec{\gamma}^{(0)}$ in Bit-gespiegelter Reihenfolge. Die entsprechende Permutation wird Bit-Umkehr-Permutation genannt. Wir wollen sie mit $\mathcal{R}$ bezeichnen und ihre Wirkung auf einen Vektor $\vec{x}$ durch $R\vec{x}$, also als Produkt aus Matrix und Vektor, darstellen. Nun hatten wir oben gesehen: $\gamma^{(0)}_k = N X_k$ und $\gamma^{(n)}_k = x^{(n)}_k$. Damit erhält man:

$$x^{(n)}_{k_1 k_2 ... k_{n-1} k_n} = N \cdot X_{k_n k_{n-1} ... k_2 k_1}$$

d.h. das Endergebnis des Sande-Tukey Algorithmus, nämlich der Vektor $\vec{x}^{(n)}$, enthält die gesuchten Interpolationskoeffizienten in Bit-gespiegelter Reihenfolge.

Wir haben damit den folgenden Satz bewiesen:

Satz 4.2.1   *Seien die Stützwerte $x_0, x_1, ..., x_{N-1}$ für die äquidistanten Stütz-stellen $t_k = kT/N$ für $k = 0, 1, ..., N - 1$ gegeben und sei $\vec{x}^{(n)}$ der mit Hilfe des Sande-Tukey Algorithmus nach $n = \log_2 N$ Reduktionschritten berechne-te Vektor. Den gesuchten Vektor $N\vec{X}$ der Interpolationskoeffizienten erhält man, indem man auf $S\vec{x} = \vec{x}^{(n)}$ die Bit-Umkehr-Permutation $\mathcal{R}$ anwendet, symbolisch:*

$$\frac{1}{N} S\vec{x} = \mathcal{R}\vec{X} = \mathcal{R}\mathcal{D}\vec{x}.$$

Die Anzahl der arithmetischen Operationen ist von der Größenordnung $\kappa N \log_2 N$.

Beispiel 4.2.2   (vergl. Beispiel 4.1.3) Sei $N = 8$ und sei $x_k = hk$ für $k = 0, 1, ..., 7$ und $h = 2\pi/8$. Das folgende Bild zeigt die Berechnung der Vektoren $\vec{x}^{(m)}$ für $m = 0, 1, 2, 3$ nach dem Sande-Tukey Algorithmus (offenbar gilt: $e^{-j\frac{2\pi}{8}} = \frac{\sqrt{2}}{2}(1 - j)$).

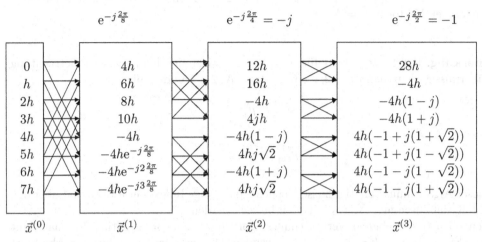

Die gesuchten Fourier-Koeffizienten erhält man dann durch Spiegelung der Dualdarstellung der Indizes:

$$8X_0 \;=\; 8X_{000} = x_{000}^{(3)} = x_0^{(3)} = 28h$$

$$8X_4 \;=\; 8X_{100} = x_{001}^{(3)} = x_1^{(3)} = -4h$$

$$8X_2 \;=\; 8X_{010} = x_{010}^{(3)} = x_2^{(3)} = -4h(1-j)$$

$$8X_6 \;=\; 8X_{110} = x_{011}^{(3)} = x_3^{(3)} = -4h(1+j)$$

$$8X_1 \;=\; 8X_{001} = x_{100}^{(3)} = x_4^{(3)} = 4h(-1+j(1+\sqrt{2}))$$

$$8X_5 \;=\; 8X_{101} = x_{101}^{(3)} = x_5^{(3)} = 4h(-1+j(1-\sqrt{2}))$$

$$8X_3 \;=\; 8X_{011} = x_{110}^{(3)} = x_6^{(3)} = 4h(-1-j(1-\sqrt{2}))$$

$$8X_7 \;=\; 8X_{111} = x_{111}^{(3)} = x_7^{(3)} = 4h(-1-j(1+\sqrt{2}))$$

Will man nun aus den permutierten Interpolationskoeffizienten solche in natürlicher Reihenfolge erhalten, so kann man hierfür die Überlegungen zum Werdegang der reduzierten Summen verwenden, denn wir hatten gesehen, daß die Komponenten von $\vec{\gamma}^{(n)}$ diejenigen von $\vec{\gamma}^{(0)}$ in Bit-gespiegelter Reihenfolge sind. Berücksichtigt man noch, daß zweimalige Anwendung der Bit-Umkehr-Permutation die ursprüngliche Reihenfolge wiederherstellt (d.h. die Bit-Umkehr-Permutation ist zu sich selbst invers), so erhält man den folgenden n-stufigen

VERTAUSCHUNGS-ALGORITHMUS I

Sei $\vec{\rho}^{(0)} = \frac{1}{N}\,\vec{x}^{(n)} = \mathcal{R}\vec{X}$ der Vektor der permutierten Interpolationskoeffizienten, dann erhält man durch

$$\rho_{lr+i}^{(m+1)} = \rho_{lr+2i}^{(m)}$$

und:

$$\rho_{lr+r/2+i}^{(m+1)} = \rho_{lr+2i+1}^{(m)}$$

für $r = 2^{n-m}$, $i = 0, 1, ..., r/2 - 1$, $l = 0, 1, ..., 2^m - 1$ und $m = 0, 1, ..., n - 1$ nach n
Schritten den Vektor $\vec{\rho}^{(n)} = \vec{X}$.
□

Bemerkung: Der letzte Schritt für $m = n - 1$ erweist sich bei genauerer Betrachtung
als überflüssig, denn dann $r = 2, i = 0, l = 0, ..., N/2 - 1$ und somit

$$\rho_{2l}^{(n)} = \rho_{2l}^{(n-1)}$$

und:

$$\rho_{2l+1}^{(n)} = \rho_{2l+1}^{(n-1)}$$

d.h. $\vec{\rho}^{(n)} = \vec{\rho}^{(n-1)}$.

Dieser Algorithmus benötigt ausschließlich ganzzahlige Indexoperationen, hat aber den
Nachteil, daß insgesamt $N \log_2 N$ Daten bewegt werden.

Den oben beschriebenen Vertauschungsalgorithmus kann man natürlich genausogut
auf die Stützwerte $x_k, k = 0, ..., N - 1$ anwenden. Dies wird sich im folgenden Abschnitt
als nützlich erweisen.

Beispiel 4.2.3   Sei $x_k = k \cdot h, k = 0, 1, ..., 7$ und $\vec{\rho}^{(0)} = \vec{x}$, dann

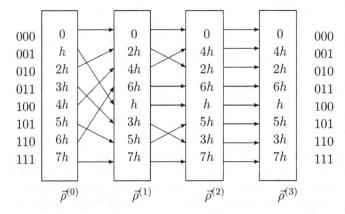

Eine direkte Realisierung der Bit-Umkehr-Permutation benötigt lediglich Datenbewe-
gungen der Ordnung N. Allerdings sind Mechanismen zur direkten Bitmanipulation nicht
in jeder höheren Programmiersprache vorhanden. Ein ganzzahliger Algorithmus, der eine
solche Manipulation simuliert kann auf folgende Weise realisiert werden:

VERTAUSCHUNGS-ALGORITHMUS II (BIT-UMKEHR)

Sei $0 \leq k \leq N - 1 = 2^n - 1$, dann lässt sich k als Summe von 2-er Potenzen schreiben:

$$k = \sum_{i=0}^{n-1} k_i 2^i$$

oder kurz als Dualzahl: $k = (k_{n-1}...k_1 k_0)$.

Die Koeffizienten k_i ('Bits') können wir dann durch folgende Rekursion bestimmen:

1. Initialisierung:
$$\lambda_0 = k$$

2. Rekursion:

$$\text{für } i = 0, 1, ..., n - 1:$$
$$k_i = \lambda_i \mathrm{mod} 2$$
$$\lambda_{i+1} = (\lambda_i - k_i)/2$$

Offenbar gilt $\lambda_i = \sum_{j=0}^{n-i-1} k_{j+i} 2^j$ für $i = 0, ..., n-1$. Hieraus kann man die Wirkung der obigen Rekursion ablesen.

3. Bit-Umkehr und Datenvertauschung:
Sei nun

$$k' = \sum_{i=0}^{n-1} k_{n-i-1} 2^i$$

dann ist k' offenbar diejenige ganze Zahl, die man aus k durch Spiegelung der Darstellung als Dualzahl bekommt, d.h. $k' = (k_0 k_1 ... k_{n-1})$.

Ist nun $\vec{\rho} = \mathcal{R}\vec{X}$ und setzen wir $Y_{k'} = \rho_k$ für $k = 0, ..., N - 1$, dann gilt: $\vec{Y} = \vec{X}$.

$\square$

Beispiel 4.2.4   Sei $n = 7$, d.h. $N = 2^7 = 128$ und $k = 53$, dann

$$
\begin{aligned}
\lambda_0 &= 53, k_0 = 53 \mathrm{mod} 2 = 1 \\
\lambda_1 &= (53 - 1)/2 = 26, k_1 = 26 \mathrm{mod} 2 = 0 \\
\lambda_2 &= (26 - 0)/2 = 13, k_2 = 13 \mathrm{mod} 2 = 1 \\
\lambda_3 &= (13 - 1)/2 = 6, k_3 = 6 \mathrm{mod} 2 = 0 \\
\lambda_4 &= (6 - 0)/2 = 3, k_4 = 3 \mathrm{mod} 2 = 1 \\
\lambda_5 &= (3 - 1)/2 = 1, k_5 = 1 \mathrm{mod} 2 = 1 \\
\lambda_6 &= (1 - 1)/2 = 0, k_6 = 0 \mathrm{mod} 2 = 0
\end{aligned}
$$

also $k = (0110101)$ als Dualzahl. Dann gilt:

$$k' = (1010110) = 1 \cdot 64 + 0 \cdot 32 + 1 \cdot 16 + 0 \cdot 8 + 1 \cdot 4 + 1 \cdot 2 + 0 \cdot 1 = 86$$

$\square$

Um den Sande-Tukey Algorithmus durchzuführen, ist es sinnvoll, die komplexen Multiplikatoren ein für allemal zur Verfügung zu haben. Die Eulersche Formel liefert

$$w_k := \varepsilon_N^k = \mathrm{e}^{-jk\frac{2\pi}{N}} = \cos(k\frac{2\pi}{N}) - j\sin(k\frac{2\pi}{N}) \text{ für } k = 0, 1, ..., \frac{N}{2} - 1$$

Ein anderer Weg, der sich in der numerischen Praxis als schneller aber ungenauer erweist, ist der folgende:

$$\varepsilon_N = \mathrm{e}^{-j\frac{2\pi}{N}} = \cos(\frac{2\pi}{N}) - j\sin(\frac{2\pi}{N})$$

$$w_0 = 1$$

$$w_{k+1} = \varepsilon_N^{k+1} = \varepsilon_N^k \cdot \varepsilon_N = w_k \cdot \varepsilon_N, \text{ für } k = 0, 1, ..., \frac{N}{2} - 2$$

Die im Verlauf des Algorithmus auftretenden Multiplikatoren $\mathrm{e}^{-jk\frac{2\pi}{r}}$ mit $r = 2^{n-m}$ sind dann in den oben berechneten enthalten, denn

$$\mathrm{e}^{-jk\frac{2\pi}{r}} = \mathrm{e}^{-jk\frac{2\pi}{2^{n-m}}} = \mathrm{e}^{-jk2^m\frac{2\pi}{N}} = w_{k2^m}$$

Damit erhält man den folgenden
ALGORITHMUS VON SANDE UND TUKEY (endgültige Fassung)
Sei $N = 2^n$, sei ferner $\varepsilon_N = \mathrm{e}^{-j\frac{2\pi}{N}}$.

1. Bestimmung der komplexen Multiplikatoren:

   $w_0 = 1$

   for $k = 1 : N/2 - 1$

   $\qquad w_k = w_{k-1} \cdot \varepsilon_N$

   end

2. Initialisierung

   for $k = 0 : N - 1$

   $\qquad x_k^{(0)} = x_k$

   end

3. Durchführung

   for $m = 0 : n - 1$

   $\qquad r = 2^{n-m}$

   $\qquad$ for $l = 0 : 2^m - 1$

   $\qquad s = l \cdot r$

   $\qquad\qquad$ for $k = 0 : r/2 - 1$

   $\qquad\qquad x_{s+k}^{(m+1)} = x_{s+k}^{(m)} + x_{s+r/2+k}^{(m)}$

   $\qquad\qquad x_{s+r/2+k}^{(m+1)} = (x_{s+k}^{(m)} - x_{s+r/2+k}^{(m)})w_{k2^m}$

end

  end

 end

$\square$

Will man nun die Rücktransformation $\mathcal{D}^{-1}$ realisieren, d.h. bei gegebenen Interpolationskoeffizienten $X_i, i = 0, 1, ..., N-1$ die Stützwerte $x_k, k = 0, 1, ..., N-1$ rekonstruieren, so sind offenbar Summen der Form

$$\sum_{i=0}^{N-1} X_i \mathrm{e}^{jik\frac{2\pi}{N}}$$

zu berechnen. Diese Summen unterscheiden sich formal lediglich um das Vorzeichen im Exponenten der e-Funktion von denjenigen, die wir mit dem Sande-Tukey Algorithmus behandelt haben. Damit lässt sich die Rücktransformation im wesentlichen ebenfalls nach dem Sande-Tukey Algorithmus realisieren, vorausgesetzt, die Interpolationskoeffizienten liegen in natürlicher Reihenfolge vor.

4.2.2 Der Algorithmus von Cooley und Tukey

Wir wollen uns nun einer anderen Zerlegungsstrategie zuwenden. Diese Strategie lässt sich folgendermaßen skizzieren: es wird in $n = \log_2 N$ Schritten eine Folge von Interpolationsaufgaben mit nach einem gerade-ungerade Schema 'ausgedünnten' Daten vorgenommen. Wie wir gesehen haben, gilt für die Interpolationskoeffizienten:

$$X_k = \frac{1}{N} \sum_{i=0}^{N-1} x_i \mathrm{e}^{-jk\omega t_i}$$

Wir werden hier lediglich die Summen ohne den Faktor $1/N$ betrachten, d.h. für $k = 0, 1, ..., N-1$ die Größen:

$$Y_k := \sum_{i=0}^{N-1} x_i \mathrm{e}^{-jik\frac{2\pi}{N}}$$

Diese Summen werden nun jeweils in zwei Teilsummen gleicher Struktur aufgespalten, wobei in der einen die Stützwerte mit geradem, in der anderen die mit ungeradem Index auftauchen. Man bekommt für $k = 0, 1, ..., N-1$:

$$\begin{aligned}
Y_k &= \sum_{i=0}^{N/2-1} x_{2i}\mathrm{e}^{-j2ik\frac{2\pi}{N}} + \sum_{i=0}^{N/2-1} x_{2i+1}\mathrm{e}^{-j(2i+1)k\frac{2\pi}{N}} \\
&= \sum_{i=0}^{N/2-1} x_{2i}\mathrm{e}^{-jik\frac{2\pi}{N/2}} + \mathrm{e}^{-jk\frac{2\pi}{N}}\sum_{i=0}^{N/2-1} x_{2i+1}\mathrm{e}^{-jik\frac{2\pi}{N/2}}
\end{aligned}$$

Setzt man hier insbesondere $k = N/2 + l$ mit $l = 0, 1, ..., N/2 - 1$ so erhält man:

$$Y_{N/2+l} = \sum_{i=0}^{N/2-1} x_{2i} e^{-ji(N/2+l)\frac{2\pi}{N/2}} + e^{-j(N/2+l)\frac{2\pi}{N}} \sum_{i=0}^{N/2-1} x_{2i+1} e^{-ji(N/2+l)\frac{2\pi}{N/2}}$$

$$= \sum_{i=0}^{N/2-1} x_{2i} e^{-jil\frac{2\pi}{N/2}} - e^{-jl\frac{2\pi}{N}} \sum_{i=0}^{N/2-1} x_{2i+1} e^{-jil\frac{2\pi}{N/2}}$$

Die letzte Gleichung gilt wegen $e^{-j\pi} = -1$. Setzen wir nun für $k = 0, 1, ..., N/2 - 1$:

$$Y'_k = \sum_{i=0}^{N/2-1} x_{2i} e^{-jik\frac{2\pi}{N/2}}$$

und

$$Y''_k = \sum_{i=0}^{N/2-1} x_{2i+1} e^{-jik\frac{2\pi}{N/2}}$$

so lassen sich die obigen Gleichungen in folgende kurze Form für $k = 0, 1, ..., N/2 - 1$ bringen:

$$Y_k = Y'_k + e^{-jk\frac{2\pi}{N}} Y''_k$$
$$Y_{N/2+k} = Y'_k - e^{-jk\frac{2\pi}{N}} Y''_k$$

Diese beiden Gleichungen stellen die Grundlage für den Cooley-Tukey Algorithmus dar, den wir nun entwickeln wollen. Der Grundgedanke dieses Algorithmus besteht naheliegenderweise darin, die Strategie der obigen Zerlegung auf die Größen Y'_k und Y''_k anzuwenden, die ja offenbar die gleiche Bauart besitzen wie Y_k. Hierzu müssen die 'neuen' Daten, die in den Summen für Y'_k und Y''_k verwendet werden, wiederum nach geraden und ungeraden Indizes getrennt werden.

Um dabei die Übersicht zu behalten, empfiehlt sich eine systematische Numerierung: sei

$$x_i^{(n)} = x_i \text{ für } i = 0, 1, ..., N - 1$$

dann definieren wir für $m = n - 1, ..., 1, 0$:

$$x_{2lr+i}^{(m)} := x_{l2r+2i}^{(m+1)}$$

und

$$x_{(2l+1)r+i}^{(m)} := x_{l2r+2i+1}^{(m+1)}$$

für $r = 2^m$, $i = 0, 1, ..., r - 1$ und $l = 0, 1, ..., 2^{n-m-1} - 1$. Die Daten der m-ten Stufe sind offenbar eine Permutation der Daten der $m + 1$-ten Stufe.

Für $m = n-1$ ergibt sich dann (hier ist $r = 2^{n-1} = N/2$, $l = 0$ und $i = 0, 1, ..., N/2-1$):

$$x_i^{(n-1)} = x_{2i}^{(n)} = x_{2i}$$

und

$$x_{N/2+i}^{(n-1)} = x_{2i+1}^{(n)} = x_{2i+1}$$

eine Aufteilung nach Daten mit geraden und ungeraden Indizes.

Für $m = 0$ erhalten wir hingegen (hier ist $r = 1$, $i = 0$ und $l = 0, 1, ..., 2^{n-1} - 1 = N/2 - 1$):

$$x_{2l}^{(0)} = x_{2l}^{(1)}$$

und

$$x_{2l+1}^{(0)} = x_{2l+1}^{(1)}$$

Ein Vergleich mit dem Werdegang der reduzierten Summen aus dem Sande-Tukey Algorithmus zeigt, daß man den Vektor $\vec{x}^{(0)}$ als Bit-Umkehr-Permutation des Stützwertevektors $\vec{x}$ erhält, symbolisch: $\vec{x}^{(0)} = \mathcal{R}\vec{x}$.

Wir wollen uns nun den reduzierten Summen, die zu den Daten der m-ten Stufe gehören, zuwenden. Wir definieren:

$$Y_{s+k}^{(m)} := \sum_{i=0}^{r-1} x_{s+i}^{(m)} e^{-jik\frac{2\pi}{r}}$$

für $r = 2^m$, $l = 0, 1, ..., N/r - 1$, $s = l \cdot r$ und $k = 0, 1, ..., r - 1$. Sehen wir uns die beiden Grenzfälle $m = n$ und $m = 0$ an:

1. $m = n$: dann $r = 2^n = N$, $l = 0$ und $k = 0, 1, ..., N - 1$ und es gilt:

$$Y_k^{(n)} = \sum_{i=0}^{N-1} x_i^{(n)} e^{-jik\frac{2\pi}{N}} = Y_k$$

2. $m = 0$: dann $r = 1$, $l = 0, 1, ..., N - 1$, $s = l$ und $k = 0$ und es gilt:

$$Y_l^{(0)} = \sum_{i=0}^{0} x_{l+i}^{(0)} e^{-jik2\pi} = x_l^{(0)}$$

d.h. $Y_l^{(0)}$ mit $l = 0, 1, ..., N-1$ enthält die gemäß der Bitinversion permutierten Eingangsdaten. Wir betrachten nun, wie die reduzierten Summen der $m + 1$-ten Stufe aus denen der m-ten Stufe hervorgehen (hier ist $r' = 2^{m+1} = 2r$, $s = l \cdot r'$, $l = 0, ..., 2^{n-m-1} - 1$ und $k = 0, ..., r' - 1 = 2r - 1$). Es gilt genauso, wie bei der Überlegung zur Aufspaltung der Summen zu Beginn dieses Abschnitts:

$$\begin{aligned} Y_{s+k}^{(m+1)} &= \sum_{i=0}^{r'-1} x_{s+i}^{(m+1)} e^{-jik\frac{2\pi}{r'}} = \sum_{i=0}^{r-1} x_{s+2i}^{(m+1)} e^{-j2ik\frac{2\pi}{2r}} + \sum_{i=0}^{r-1} x_{s+2i+1}^{(m+1)} e^{-j(2i+1)k\frac{2\pi}{2r}} \\ &= \sum_{i=0}^{r-1} x_{s+2i}^{(m+1)} e^{-jik\frac{2\pi}{r}} + e^{-jk\frac{2\pi}{2r}} \sum_{i=0}^{r-1} x_{s+2i+1}^{(m+1)} e^{-jik\frac{2\pi}{r}} \end{aligned}$$

Für $k = 0, ..., r - 1$ bedeutet dies:

$$Y_{2lr+k}^{(m+1)} = \sum_{i=0}^{r-1} x_{2lr+i}^{(m)} e^{-jik\frac{2\pi}{r}} + e^{-jk\frac{2\pi}{2r}} \sum_{i=0}^{r-1} x_{2lr+r+i}^{(m)} e^{-jik\frac{2\pi}{r}} = Y_{2lr+k}^{(m)} + e^{-jk\frac{2\pi}{2r}} Y_{2lr+r+k}^{(m)}$$

und weiterhin mit $s = l \cdot 2r$:

$$
\begin{aligned}
Y_{s+r+k}^{(m+1)} &= \sum_{i=0}^{r-1} x_{s+2i}^{(m+1)} e^{-ji(r+k)\frac{2\pi}{r}} + e^{-j(r+k)\frac{2\pi}{2r}} \sum_{i=0}^{r-1} x_{s+2i+1}^{(m+1)} e^{-ji(r+k)\frac{2\pi}{r}} \\
&= \sum_{i=0}^{r-1} x_{s+2i}^{(m+1)} e^{-jik\frac{2\pi}{r}} - e^{-jk\frac{2\pi}{2r}} \sum_{i=0}^{r-1} x_{s+2i+1}^{(m+1)} e^{-jik\frac{2\pi}{r}} \\
&= \sum_{i=0}^{r-1} x_{l2r+i}^{(m)} e^{-jik\frac{2\pi}{r}} - e^{-jk\frac{2\pi}{2r}} \sum_{i=0}^{r-1} x_{l2r+r+i}^{(m)} e^{-jik\frac{2\pi}{r}} \\
&= Y_{2lr+k}^{(m)} - e^{-jk\frac{2\pi}{2r}} Y_{2lr+r+k}^{(m)}
\end{aligned}
$$

Damit erhalten wir den folgenden

ALGORITHMUS VON COOLEY UND TUKEY

Sei $N = 2^n$ und $\vec{Y}^{(0)} = \mathcal{R}\vec{x}$ der Vektor der gemäß der Bit-Umkehr-Permutation vertauschten Stützstellen. Für $m = 0, 1, ..., n - 1$, $l = 0, ..., 2^{n-m-1} - 1$, $r = 2^m$ und $k = 0, 1, ..., r - 1$ setzen wir:

$$Y_{2lr+k}^{(m+1)} = Y_{2lr+k}^{(m)} + e^{-jk\frac{\pi}{r}} Y_{(2l+1)r+k}^{(m)}$$

sowie

$$Y_{(2l+1)r+k}^{(m+1)} = Y_{2lr+k}^{(m)} - e^{-jk\frac{\pi}{r}} Y_{(2l+1)r+k}^{(m)}$$

□

Wie wir gesehen haben gilt dann

$$X_k = \frac{1}{N} Y_k^{(n)} \text{ für } k = 0, 1, ..., N - 1$$

Bezeichnen wir die durch den Cooley-Tukey Algorithmus beschriebene Transformation mit $\mathcal{T}$, so erhalten wir folgende Beziehung zur diskreten Fourier-Transformation:

$$\mathcal{D}\vec{x} = \vec{X} = \frac{1}{N} \mathcal{T}\mathcal{R}\vec{x}$$

Der Rechenaufwand des Cooley-Tukey Algorithmus ist gleich dem des Sande-Tukey Algorithmus, nämlich $\kappa N \log_2 N$.

Beispiel 4.2.5   Sei $x_k = k \cdot h, k = 0, 1, ..., 7$ dann liefert die Bit-Umkehr Permutation von $\vec{x}$, wie im vorangegangenen Beispiel beschrieben, den Ausgangsvektor $\vec{Y}^{(0)}$. Datenfluss und Zwischenergebnisse des Cooley-Tukey Algorithmus kann man dann dem folgenden Diagramm entnehmen:

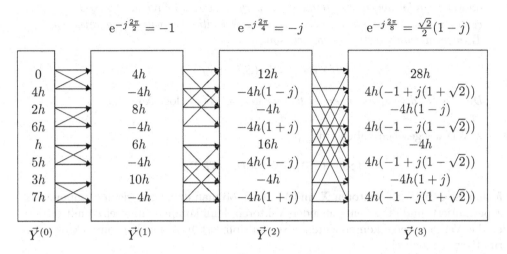

In Analogie zu dem Sande-Tukey Algorithmus lässt sich die Rücktransformation ebenfalls mit Hilfe des Cooley-Tukey Algorithmus realisieren, vorausgesetzt, die Interpolationskoeffizienten liegen in der durch die Bit-Umkehr-Permutation gegebenen Reihenfolge
vor. Die zugehörige Transformation wollen wir mit $\tilde{\mathcal{T}}$ bezeichnen. Sie unterscheidet sich
von $\mathcal{T}$ lediglich um das Vorzeichen im Exponenten der komplexen Multiplikatoren. Ihre Beziehung zur diskreten Fourier-Transformation lässt sich symbolisch folgendermaßen
ausdrücken:

$$\tilde{\mathcal{T}}\mathcal{R}\mathcal{D}\vec{x} = \tilde{\mathcal{T}}\mathcal{R}\vec{X} = \vec{x}.$$

4.2.3 Die schnelle Faltung

Die diskrete zyklische Faltung zweier Vektoren $\vec{z} = \vec{x} * \vec{y}$ mit

$$z_l = \frac{1}{N} \sum_{k=0}^{N-1} x_k y_{l-k} \text{ für } l = 0,1,...,N\text{-}1$$

erfordert naiv betrachtet für jede Komponente von $\vec{z}$ arithmetische Operationen von
der Größenordnung N, für den gesamten Vektor $\vec{z}$ also Operationen von der Größenordnung N^2. Die diskrete Version des Faltungssatzes gibt uns nun die Möglichkeit, die
zyklische Faltung mit Hilfe der diskreten Fourier-Transformation durchzuführen. Die Beziehungen der diskreten Fourier-Transformation zu verschiedenen Varianten der schnellen
Fourier-Transformation versetzt uns nun in die Lage, die Operationsanzahl drastisch zu
reduzieren. Auskunft hierüber gibt der folgende

Satz 4.2.6 *(Schnelle Faltung)   Die schnelle Faltung zwischen $\vec{x}$ und $\vec{y}$ lässt*
sich realisieren, indem man für beide Vektoren zunächst mit dem Sande-Tukey

Algorithmus die zugehörigen diskreten Spektren berechnet und das komponen-
tenweise (in bitinvertierter Reihenfolge vorgenommene) Produkt der Spektral-
vektoren mit der durch den Cooley-Tukey Algorithmus realisierten inversen
Transformation rücktransformiert, symbolisch:

$$N^2 \cdot \vec{x} * \vec{y} = \tilde{\mathcal{T}}\left((\mathcal{S}\vec{x}) \cdot (\mathcal{S}\vec{y})\right)$$

Die Anzahl der Operationen ist kleiner als $2\kappa \cdot N(1 + \log_2 N)$.

Beweis: Wie wir gesehen haben gilt:

$$(\mathcal{S}\vec{x}) \cdot (\mathcal{S}\vec{y}) = N^2\left(\mathcal{R}\mathcal{D}\vec{x}\right) \cdot \left(\mathcal{R}\mathcal{D}\vec{y}\right)$$

Offenbar ist es für zwei Vektoren $\vec{X}$ und $\vec{Y}$ gleich, ob man die zugehörigen Komponenten
erst permutiert, und die so entstehenden Vektoren dann komponentenweise multipliziert
oder die Vektoren erst komponentenweise multipliziert und den Ergebnisvektor dann
permutiert, symbolisch:

$$\mathcal{R}\vec{X} \cdot \mathcal{R}\vec{Y} = \mathcal{R}(\vec{X} \cdot \vec{Y})$$

Damit erhalten wir:

$$(\mathcal{S}\vec{x}) \cdot (\mathcal{S}\vec{y}) = N^2\mathcal{R}\left((\mathcal{D}\vec{x}) \cdot (\mathcal{D}\vec{y})\right) = N^2\mathcal{R}\mathcal{D}(\vec{x} * \vec{y})$$

wobei das letzte Gleichheitszeichen aufgrund des Faltungssatzes gilt. Anwendung von $\tilde{\mathcal{T}}$
auf beide Seiten der Gleichung liefert dann die gewünschte Darstellung der Faltung. Die
Aussage über die Anzahl der Rechenoperationen folgt aus dem in den beiden vorangegangenen Abschnitten gesagten. Insbesondere erfordern die N komplexen Multiplikationen
einen Rechenaufwand von weniger als $2\kappa N$.
□

4.3 Zusammenfassung und Aufgaben

4.3.1 Zusammenfassung

- die diskrete Fourier-Transformation (s. Abschnitt 4.1.4 und Satz 4.1.2): liefert das
  diskrete Spektrum der äquidistanten Folge $(x_k)_{k=0}^{N-1}$

$$X_n = \frac{1}{N} \sum_{k=0}^{N-1} x_k \mathrm{e}^{-jn\omega t_k} \text{ für } n = 0, 1, ..., N-1$$

mit den Vektoren $\vec{X} = (X_0, ..., X_{N-1})$ und $\vec{x} = (x_0, ..., x_{N-1})$

$$\vec{X} = \mathcal{D}\vec{x}$$

in Matrixschreibweise:

$$
\begin{pmatrix} X_0 \\ X_1 \\ X_2 \\ \vdots \\ X_{N-1} \end{pmatrix} = \frac{1}{N} \begin{pmatrix} 1 & 1 & \cdots & 1 \\ e^{-j\omega t_0} & e^{-j\omega t_1} & \cdots & e^{-j\omega t_{N-1}} \\ e^{-j2\omega t_0} & e^{-j2\omega t_1} & \cdots & e^{-j2\omega t_{N-1}} \\ \vdots & & & \\ e^{-j(N-1)\omega t_0} & e^{-j(N-1)\omega t_1} & \cdots & e^{-j(N-1)\omega t_{N-1}} \end{pmatrix} \begin{pmatrix} x_0 \\ x_1 \\ x_2 \\ \vdots \\ x_{N-1} \end{pmatrix}
$$

Umgekehrt erhält man aus dem Spektrum das diskrete Signal:

$$
x_k = \sum_{n=0}^{N-1} X_n e^{jn\omega t_k} \text{ für } k = 0, 1, ..., N-1
$$

bzw.

$$
\vec{x} = \mathcal{D}^{-1}\vec{X}
$$

in Matrixschreibweise:

$$
\begin{pmatrix} x_0 \\ x_1 \\ x_2 \\ \vdots \\ x_{N-1} \end{pmatrix} = \begin{pmatrix} 1 & e^{j\omega t_0} & e^{j2\omega t_0} & \cdots & e^{j(N-1)\omega t_0} \\ 1 & e^{j\omega t_1} & e^{j2\omega t_1} & \cdots & e^{j(N-1)\omega t_1} \\ 1 & e^{j\omega t_2} & e^{j2\omega t_2} & \cdots & e^{j(N-1)\omega t_2} \\ \vdots & & & & \\ 1 & e^{j\omega t_{N-1}} & e^{j2\omega t_{N-1}} & \cdots & e^{(N-1)\omega t_{N-1}} \end{pmatrix} \begin{pmatrix} X_0 \\ X_1 \\ X_2 \\ \vdots \\ X_{N-1} \end{pmatrix}
$$

Die hier auftretenden Matrizen sind zueinander invers.

- reelle Darstellung für x_k reell (s. Abschnitt 4.1.3):
  mit $X_n = \frac{1}{2}(A_n - jB_n)$ folgt $X_{N-n} = \overline{X_n}$, und für N gerade, d.h. $N = 2M$:

$$
x_k = \frac{A_0}{2} + \sum_{n=1}^{M-1} (A_n \cos n\omega t_k + B_n \sin n\omega t_k) + \frac{A_M}{2}(-1)^k
$$

entsprechend für N ungerade, d.h. $N = 2M + 1$:

$$
x_k = \frac{A_0}{2} + \sum_{n=1}^{M} (A_n \cos n\omega t_k + B_n \sin n\omega t_k)
$$

in beiden Fällen: höchste auflösbare (Kreis-)Frequenz: $M\omega$

- (s. Definition 4.1.7) Wir nennen den Vektor $\vec{z}$, dessen Komponenten durch

$$
z_n = \frac{1}{N} \sum_{k=0}^{N-1} x_k y_{n-k} \text{ für } n = 0, 1, ..., N-1
$$

definiert sind, die diskrete zyklische Faltung der Vektoren $\vec{x}$ und $\vec{y}$, symbolisch

$$\vec{z} = \vec{x} * \vec{y}$$

und es gilt der Faltungssatz (s. 4.1.8)

$$\mathcal{D}(\vec{x} * \vec{y}) = \mathcal{D}\vec{x} \cdot \mathcal{D}\vec{y}$$

- Abminderungsfaktoren (s. Satz 4.1.5): Fourier-Koeffizienten der stückweise linear Interpolierenden der gegebenen Daten $x_i, i = 0, 1, ..., N-1$, aus diskretem Spektrum $X_k, k = 0, 1, ..., N-1$ mit von den Daten unabhängigen Faktoren (den sog. Abminderungsfaktoren):

$$\alpha_k = \text{si}^2(\pi\frac{k}{N})X_k \text{ für } k\epsilon\mathbb{Z}$$

- Upsampling (Datenverdichtung): (s. Satz 4.1.6): sei $x_L(t)$ stückweise linear Interpolierende der gegebenen Daten $x_i, i = 0, 1, ..., N$ und sei

$$z_i := x_L(i\frac{h}{2}) \text{ für } i = 0, 1, ..., 2N-1$$

der verdichtete Datensatz mit halbierter Schrittweite, dann gilt für das diskrete Spektrum der verdichteten Daten:

$$Z_k = \cos^2(\pi\frac{k}{2N})X_k \text{ für } k = 0, 1, ..., 2N-1$$

- schnelle Fourier-Transformation (FFT):
  1. Sande-Tukey Algorithmus (decimation in frequency) (s. Abschnitt 4.2.1)
  2. Cooley-Tukey Algorithmus (decimation in time) (s. Abschnitt 4.2.2)

4.3.2 Aufgaben

1. Sei $z_n := \frac{1}{16}y_n + \frac{4}{16}y_{n-1}\frac{6}{16}y_{n-2} + \frac{4}{16}y_{n-3} + \frac{1}{16}y_{n-4}$ für $n = 0, 1, ..., N-1$. Zeigen Sie, dass sich $\vec{z}$ auch als zyklische Faltung von $\vec{y}$ mit dem Vektor $\vec{x}$ darstellen lässt, wobei $x_0 = x_4 = \frac{N}{16}$, $x_1 = x_3 = \frac{4N}{16}$, $x_2 = \frac{6N}{16}$ und $x_k = 0$ für $k = 5, ..., N-1$ sind, und weisen Sie nach, dass

$$|X_n| = \frac{1}{4}|1 + \cos(n\frac{2\pi}{N})|^2$$

Wieso bewirkt $\vec{y} * \vec{x}$ eine Tiefpass-Filterung von $\vec{y}$?

2. sei N gerade

$$x_k = \begin{cases} 1 & \text{für } k \leq \frac{N}{2} - 1 \\ -1 & \text{sonst} \end{cases}$$

Berechnen Sie das diskrete Spektrum

3. sei N gerade

$$x_k = \begin{cases} 1 & \text{für } k \leq \frac{N}{2} - 1 \\ 0 & \text{sonst} \end{cases}$$

$$y_k = \begin{cases} 0 & \text{für } k \leq \frac{N}{2} - 1 \\ 1 & \text{sonst} \end{cases}$$

Berechnen Sie das diskrete Spektrum der diskreten zyklischen Faltung $\vec{z} = \vec{x} * \vec{y}$

5 Die Laplace-Transformation

Die Laplace-Transformation ist, wie wir sehen werden, ein zentrales Werkzeug zur Beschreibung des Ein-und Ausgabeverhaltens linearer zeitinvarianter Systeme für kontinuierliche Signale. Das Verhalten solcher Systeme läßt sich häufig durch lineare Differentialgleichungen mit konstanten Koeffizienten darstellen. Derartige Differentialgleichungen kann man – wie sich zeigen wird – mit Hilfe der Laplace-Transformation in algebraische Gleichungen überführen.

Sei $x(t)$ eine für nichtnegative Argumente definierte Funktion, die wir uns für $t < 0$ mit Null fortgesetzt denken. Wir betrachten die Beziehung

$$X(s) = \int_0^\infty \mathrm{e}^{-st} x(t)\, dt \tag{5.1}$$

für solche s, für die das Integral auf der rechten Seite existiert. Im allgemeinen Fall läßt man hier komplexe Zahlen s zu.

Durch die obige Beziehung wird – Existenz des Integrals vorausgesetzt – einer Funktion $x(t)$ eine neue Funktion $X(s)$ zugeordnet. Man bezeichnet $X(s)$ als Laplace-Transformierte von $x(t)$, symbolisch:

$$X(s) = \mathcal{L}\{x(t)\} \tag{5.2}$$

Häufig verwendet man hier auch das Korrespondenzzeichen

$$X(s) \bullet - \circ x(t) \tag{5.3}$$

Damit die Laplace-Transformierte existiert, reicht es aus, folgendes zu fordern:

1. das Quadrat von $x(t)$ ist über jedes endliche Intervall $[0, b]$ integrierbar

2. es gibt nichtnegative Zahlen α, M und γ mit der Eigenschaft, dass $\mid \mathrm{e}^{-\gamma t} x(t) \mid\, \leq M$ für alle $t \geq \alpha \geq 0$.

Sind beide Bedingungen für eine gegebene Funktion $x(t)$ erfüllt, so sagt man: $x(t)$ ist von *exponentieller Ordnung* bzw. $x(t)$ ist *exponentiell beschränkt*.

Wir weisen nun nach:

Satz 5.0.1 *Ist $x(t)$ von exponentieller Ordnung so existiert die zugehörige Laplace-Transformierte $X(s)$ für $\mathrm{Re}\,(s) > \gamma$.*

Beweis: Zunächst folgt aus der Integrierbarkeit des Quadrates von $x(t)$ über jedes endliche Intervall auch die Integrierbarkeit des Absolutbetrages, denn man bekommt nach der

Cauchy-Schwarzschen Ungleichung (vergl. 1.1.15 Kapitel 1):

$$\left(\int_0^b |x(t)|dt\right)^2 \leq \int_0^b 1\,dt \cdot \int_0^b |x(t)|^2 dt$$

Sei ferner $s := \sigma + j\omega$, $\sigma > \gamma$ und $t \geq \alpha$, dann gilt nach dem Additionstheorem für die Exponentialfunktion und wegen $|e^{-j\omega t}| = 1$:

$$|\,e^{-st}x(t)\,| = e^{-\sigma t}|e^{-j\omega t}||x(t)| = |\,e^{-\gamma t}x(t)\,|\,e^{-(\sigma-\gamma)t} \leq Me^{-(\sigma-\gamma)t}$$

Wegen $\sigma - \gamma > 0$ geht der rechte Ausdruck für t gegen ∞ gegen Null. Damit erhalten wir für $\sigma > \gamma$:

$$
\begin{aligned}
\int_0^\infty |x(t)e^{-st}|\,dt &= \underbrace{\int_0^\alpha |\,x(t)e^{-st}|\,dt}_{=:c} + \int_\alpha^\infty |x(t)e^{-st}|\,dt \qquad (5.4) \\
&\leq c + M\int_\alpha^\infty e^{-(\sigma-\gamma)t}\,dt \\
&= c + M\left[\frac{e^{-(\sigma-\gamma)t}}{-(\sigma-\gamma)}\right]_\alpha^\infty \\
&= c + M\frac{e^{-(\sigma-\gamma)\alpha}}{\sigma-\gamma} < \infty
\end{aligned}
$$

wobei man zur Begründung der ersten Ungleichung die Eigenschaften 1. und 2. zusammen mit den obigen Überlegungen heranzieht.
□

Bemerkung: insbesondere sind

- alle beschränkten und stetigen Funktionen

- der Logarithmus

- alle Polynome

- Exponentialfunktionen der Bauart $e^{\lambda t}$

exponentiell beschränkt. Sehen wir uns dies einmal für den Logarithmus an: für beliebige positive Zahlen α und γ ist die Funktion $e^{-\gamma t}\ln t$ auf dem Intervall $[\alpha, \infty)$ beschränkt. Man rechnet leicht nach, dass die Funktion $y(t) = t\ln t - t$ eine Stammfunktion von $\ln t$ ist. Mit partieller Integration erhält man:

$$
\begin{aligned}
\int_0^b (\ln t)^2\,dt &= [(t\ln t - t)\ln t]_0^b - \int_0^b (t\ln t - t)\cdot\frac{1}{t}\,dt \\
&= [(t\ln t - t)\ln t]_0^b - \int_0^b (\ln t - 1)dt = [(t(\ln t)^2 - 2t\ln t + t]_0^b
\end{aligned}
$$

wobei man sich mit Hilfe der L'Hospitalschen Regel leicht davon überzeugt, dass $\lim_{t\to 0} t\ln t = \lim_{t\to 0} t(\ln t)^2 = 0$ gilt. Eigenschaft 1. ist damit erfüllt, Eigenschaft 2. wegen des langsamen Wachstums des Logarithmus ebenfalls für jedes $\alpha > 0$.
$\square$

Wir wollen nun einige Beispiele für Laplace-Transformierte rechnen.

Beispiel 5.0.2 $x(t) = 1$, dann $\gamma = 0$ und

$$X(s) = \int_0^\infty e^{-st}\, dt = \left[\frac{e^{-st}}{-s}\right]_0^\infty = -\frac{1}{-s} = \frac{1}{s}$$

für $\operatorname{Re}(s) > 0$.

Beispiel 5.0.3 $x(t) = t^n$, dann

$$\mathcal{L}\{t^n\} = \int_0^\infty e^{-st}t^n\, dt = \left[\frac{e^{-st}}{-s}t^n\right]_0^\infty - \int_0^\infty \frac{e^{-st}}{-s}nt^{n-1}\, dt =$$

$$-\frac{1}{s}\lim_{t\to\infty} e^{-st}t^n + \frac{n}{s}\mathcal{L}\{t^{n-1}\} = \frac{n!}{s^{n+1}}$$

Die letzte Gleichung ergibt sich mit Hilfe vollständiger Induktion, wenn man berücksichtigt, dass der auf der linken Seite auftretende Grenzwert für $\operatorname{Re}(s) > 0$ gleich Null ist.

Beispiel 5.0.4 $x(t) = e^{\lambda t}$, dann gilt für $\gamma > \operatorname{Re}(\lambda)$ und $t \geq 0$:

$$|x(t)e^{-\gamma t}| = |e^{\lambda t}e^{-\gamma t}| = |e^{-(\gamma-\lambda)t}| = e^{-(\gamma-\operatorname{Re}(\lambda))t}|e^{j\operatorname{Im}(\lambda)t}| \leq 1$$

d.h. für $\operatorname{Re}(s) > \operatorname{Re}(\lambda)$ ist $X(s)$ definiert und es gilt:

$$X(s) = \int_0^\infty e^{-st}e^{\lambda t}\, dt = \int_0^\infty e^{(\lambda-s)t}\, dt = \left[\frac{e^{(\lambda-s)t}}{\lambda-s}\right]_0^\infty = -\frac{1}{\lambda-s} = \frac{1}{s-\lambda}$$

Beispiel 5.0.5 $x(t) = \sin t$, dann erhalten wir mit $\gamma = 0$ und $\operatorname{Re}(s) > 0$

$$\begin{aligned}
X(s) &= \int_0^\infty e^{-st}\sin t\, dt = \int_0^\infty e^{-st}\frac{e^{jt}-e^{-jt}}{2j}\, dt\\
&= \frac{1}{2j}\int_0^\infty \left(e^{(j-s)t}-e^{-(j+s)t}\right)dt\\
&= \frac{1}{2j}\left[\frac{e^{(j-s)t}}{j-s}-\frac{e^{-(j+s)t}}{-(j+s)}\right]_0^\infty = \frac{1}{2j}\left(-(\frac{1}{j-s}-\frac{1}{-(j+s)})\right)\\
&= -\frac{1}{2j}\frac{-j-s-j+s}{1+s^2} = \frac{1}{1+s^2}
\end{aligned}$$

5.1 Einige wichtige Eigenschaften

Man erkennt leicht, dass die lineare Überlagerung von exponentiell beschränkten Funktionen wiederum eine exponentiell beschränkte Funktion ergibt.

Offenbar ist die Laplace-Transformation eine lineare Transformation, d.h.

$$\mathcal{L}\{\lambda x(t) + \mu y(t)\} = \lambda \mathcal{L}\{x(t)\} + \mu \mathcal{L}\{y(t)\}$$

Wir wollen nun mit Hilfe der Umkehrformel für die Fourier-Transformation nachweisen, dass für exponentiell beschränkte Funktionen zu jeder Bildfunktion genau eine Originalfunktion gehört, anders ausgedrückt: zu verschiedenen Originalfunktionen gehören verschiedene Bildfunktionen.

Satz 5.1.1   *Die Laplace-Transformation ist umkehrbar eindeutig.*

Beweis: Sei $x(t)$ exponentiell beschränkt, dann haben wir mit $s = \sigma + j2\pi f$ und $\sigma > \gamma$:

$$
\begin{aligned}
X(s) &= \int_0^\infty e^{-st} x(t) dt = \int_0^\infty e^{-(\sigma + j2\pi f)t} x(t) dt \\
&= \int_0^\infty e^{-j2\pi ft} (e^{-\sigma t} x(t)) dt
\end{aligned}
$$

Sei nun

$$y_\sigma(t) := \begin{cases} e^{-\sigma t} x(t) & \text{für } t \geq 0 \\ 0 & \text{sonst} \end{cases}$$

dann ist nach Ungleichung 5.4 $y_\sigma(t)$ absolut integrierbar. Mit Hilfe einer entsprechenden Ungleichung erkennt man leicht, dass $y_\sigma(t)$ auch von endlicher Energie ist. Bezeichnen wir ihre Fourier-Transformierte mit $Y_\sigma(f)$, so bekommen wir

$$X(\sigma + j2\pi f) = \int_{-\infty}^\infty e^{-j2\pi ft} y_\sigma(t) dt = Y_\sigma(f)$$

Nach dem Satz von der Inversionsformel der Fourier-Transformation in Kapitel 2 konvergiert dann die Folge der Funktionen

$$y_{N,\sigma}(t) := \int_{-N}^N Y_\sigma(f) e^{j2\pi ft} df$$

im quadratischen Mittel gegen die Funktion $y_\sigma(t)$ d.h.

$$\lim_{N \to \infty} \int_{-\infty}^\infty |y_{N,\sigma}(t) - y_\sigma(t)|^2 dt = 0$$

Dies gilt natürlich auch für jedes endliche Teilintervall von $[0, \infty)$. Dort ist aber die Funktion $e^{\sigma t}$ beschränkt und wir bekommen

$$
\begin{aligned}
0 &= \lim_{N \to \infty} \int_0^b (e^{\sigma t})^2 |y_{N,\sigma}(t) - y_\sigma(t)|^2 dt \\
&= \lim_{N \to \infty} \int_0^b |\int_{-N}^N Y_\sigma(f) e^{(\sigma + j2\pi f)t} df - x(t)|^2 dt \\
&= \lim_{N \to \infty} \int_0^b |\int_{-N}^N X(\sigma + j2\pi f) e^{\sigma t + j2\pi ft} df - x(t)|^2 dt
\end{aligned}
$$

Haben nun die Originalfunktionen $x_1(t)$ und $x_2(t)$ dieselben Bildfunktionen $X_1(s)$ und $X_2(s)$, dann gilt nach Obigem für die Differenzfunktion $x_1(t) - x_2(t)$:

$$
\lim_{N \to \infty} \int_0^b |\int_{-N}^N (X_1(s) - X_2(s)) e^{\sigma t + j2\pi ft} df - (x_1(t) - x_2(t))|^2 dt
$$

$$
= \lim_{N \to \infty} \int_0^b |x_1(t) - x_2(t)|^2 dt = 0
$$

d.h. die Originalfunktionen sind im wesentlichen (d.h. bis auf eine Menge vom Maß Null, vergl. Gleichung 2.5 in Kapitel 1) gleich.
□

Die inverse Laplace-Transformation, symbolisch

$$
x(t) = \mathcal{L}^{-1}\{X(s)\}
$$

läßt sich damit als Integraltransformation schreiben, nämlich

$$
\mathcal{L}^{-1}\{X(s)\} = l.i.m._{N \to \infty} \int_{-N}^N X(\sigma + j2\pi f) e^{(\sigma + j2\pi f)t} df
$$

wobei der Grenzwert im quadratischen Mittel zu verstehen ist. Führen wir in dem obigen Integral noch die Substitution $\omega = 2\pi f$ durch, so bekommt man die Darstellung

$$
\mathcal{L}^{-1}\{X(s)\} = l.i.m._{N \to \infty} \frac{1}{2\pi} \int_{-N}^N X(\sigma + j\omega) e^{(\sigma + j\omega)t} d\omega \quad \text{für } \sigma > \gamma
$$

Substituieren wir in dem Integral noch $s = \sigma + j\omega$, so erhalten wir die übliche Form der Rücktransformation:

$$
x(t) = \mathcal{L}^{-1}\{X(s)\} = l.i.m._{N \to \infty} \frac{1}{2\pi j} \int_{\sigma - jN}^{\sigma + jN} X(s) e^{st} ds \quad \text{für } \sigma > \gamma
$$

Es wird also längs einer Parallelen zur imaginären Achse integriert, die hinreichend weit rechts liegt ($X(s)$ muss auf dem Integrationsweg ja existieren).

Häufig bestimmt man aber $x(t)$ aus $X(s)$ durch Nachschlagen in Tabellenwerken.

Es ist nun üblich, sich einen Fundus an Korrespondenzen durch Rechnen einiger wichtiger Beispiele (wir haben oben ja schon damit begonnen) zu verschaffen, weitere Korrespondenzen aber hieraus durch Verwendung gewisser Rechenregeln abzuleiten. Die Entwicklung derartiger Rechenregeln soll nun Hauptgegenstand dieses Abschnittes sein.

Satz 5.1.2 *(Ähnlichkeitssatz)   Sei $x(t)$ exponentiell beschränkt und $a > 0$,*
dann gilt:

$$x(at) \circ - \bullet \frac{1}{a} X(\frac{s}{a})$$

$$X(as) \bullet - \circ \frac{1}{a} x(\frac{t}{a})$$

Beweis:

$$\mathcal{L}\{x(at)\} = \int_0^\infty e^{-st} x(at)\, dt$$

Wir substituieren $\tau = at$ und erhalten

$$\mathcal{L}\{x(at)\} = \int_0^\infty e^{-s\frac{\tau}{a}} x(\tau)\, \frac{d\tau}{a} = \frac{1}{a} \int_0^\infty e^{-\frac{s}{a}\tau} x(\tau)\, d\tau = \frac{1}{a} X(\frac{s}{a})$$

Andererseits gilt:

$$\mathcal{L}\{\frac{1}{a} x(\frac{t}{a})\} = \int_0^\infty e^{-st} \frac{1}{a} x(\frac{t}{a})\, dt$$

Substituieren wir nun $\tau = t/a$, so erhalten wir

$$\mathcal{L}\{\frac{1}{a} x(\frac{t}{a})\} = \frac{1}{a} \int_0^\infty e^{-s\tau a} x(\tau) a\, d\tau = \int_0^\infty e^{-as\tau} x(\tau)\, d\tau = X(as)$$

□

Die Auswirkung einer Verschiebung im Argument der Zeitfunktion wird durch den folgenden Satz beschrieben:

Satz 5.1.3 *(Verschiebungssatz für die Originalfunktion)*

$$x(t - a) \circ - \bullet e^{-as} X(s)$$

für $a > 0$.

Beweis: Substituieren wir in dem folgenden Integral $\tau = t - a$, so erhalten wir:

$$\int_0^\infty x(t - a) e^{-st}\, dt = \int_{-a}^\infty x(\tau) e^{-s(\tau+a)}\, d\tau = e^{-sa} \int_{-a}^\infty e^{-s\tau} x(\tau)\, d\tau$$

Im Rahmen der Laplace-Transformation stelle man sich die zu transformierenden Funktionen $x(t)$ für $t < 0$ als mit Null fortgesetzt vor. Damit erhält man:

$$\mathcal{L}\{x(t-a)\} = e^{-sa} \int_0^\infty e^{-s\tau} x(\tau) d\tau = e^{-as} X(s)$$

□

Eine Verschiebung des Argumentes der Bildfunktion führt zu dem

Satz 5.1.4 *(Verschiebungssatz für die Bildfunktion)*
Für $\mathrm{Re}(s) > \gamma - \alpha$ *gilt:*

$$e^{-\alpha t} x(t) \circ\!\!-\!\!\bullet X(s + \alpha)$$

Hierbei kann α beliebig gewählt werden.

Beweis: Wenn $|e^{-\gamma t} \cdot x(t)| \le M$, dann gilt mit $\gamma' := \gamma - \alpha$:

$$|e^{-\gamma' t} \cdot (e^{-\alpha t} \cdot x(t))| \le M$$

und wir bekommen für $\mathrm{Re}(s) > \gamma'$:

$$\int_0^\infty e^{-\alpha t} x(t) e^{-st} dt = \int_0^\infty e^{-(s+\alpha)t} x(t) dt = X(s + \alpha)$$

□

In der Literatur wird dieser Satz auch als Dämpfungssatz bezeichnet. Wirkliche Dämpfung liegt natürlich nur für $\alpha > 0$ vor.

Wir wollen nun eine Beziehung zwischen der Laplace-Transformierten einer Funktion $x(t)$ und der Laplace-Transformierten ihrer Ableitung $x'(t)$ herleiten. Diese Beziehung wird sich später als zentral bei der Behandlung gewisser Typen von Differentialgleichungen mit Hilfe der Laplace-Transformation erweisen. Als Vorbereitung benötigen wir die folgende Aussage:

Satz 5.1.5 *Ist $x'(t)$ von exponentieller Ordnung, dann gilt dies auch für $x(t)$.*

Beweis: $x(t)$ ist als differenzierbare Funktion stetig und damit über jedes endliche Intervall integrierbar.

Wenden wir uns nun der Eigenschaft 2. zu. Es gilt:

$$g(t) := \int_\alpha^t |x'(\tau)| d\tau \ge |\int_\alpha^t x'(\tau) d\tau| = |x(t) - x(\alpha)| \ge |x(t)| - |x(\alpha)|$$

und damit

$$|x(t)| \le g(t) + |x(\alpha)| \text{ für } t > \alpha \tag{5.5}$$

Sei nun γ so gewählt, dass $e^{-\gamma t}|x'(t)| \leq M$, dann gilt nach dem Mittelwertsatz für die Funktion $g(t)e^{-\gamma t}$:

$$\frac{1}{t-\alpha}(g(t)e^{-\gamma t} - g(\alpha)e^{-\gamma \alpha}) = (g(\tau)e^{-\gamma \tau})' = g'(\tau)e^{-\gamma \tau} - \gamma g(\tau)e^{-\gamma \tau}$$

für ein geeignetes $\tau \in (\alpha, t)$ und damit wegen $g(\alpha) = 0$ und $g'(\tau) = |x'(\tau)|$:

$$\frac{1}{t-\alpha}g(t)e^{-\gamma t} = |x'(\tau)|e^{-\gamma \tau} - \gamma g(\tau)e^{-\gamma \tau}$$

d.h.

$$\frac{1}{t-\alpha}g(t)e^{-\gamma t} + \gamma g(\tau)e^{-\gamma \tau} = |x'(\tau)|e^{-\gamma \tau} \leq M$$

da $x'(t)$ exponentiell beschränkt ist. Da $g(\tau) \geq 0$ ist, folgt:

$$0 \leq \frac{1}{t-\alpha}g(t)e^{-\gamma t} \leq M$$

d.h. $g(t)/(t-\alpha)$ erfüllt Bedingung 2. der exponentiellen Beschränktheit und damit auch $g(t) = (t-\alpha)(g(t)/(t-\alpha))$. Andererseits haben wir oben in Gleichung 5.5 gesehen:

$$|x(t)| \leq g(t) + |x(\alpha)|$$

und damit $x(t)$ exponentiell beschränkt.
$\square$

Die Umkehrung dieses Satzes gilt übrigens nicht: $\ln t$ ist von exponentieller Ordnung, $1/t$ aber nicht (hier 1. verletzt). Genauso ist $\sin(e^{t^2})$ von exponentieller Ordnung, nicht jedoch

$$(\sin(e^{t^2}))' = 2te^{t^2}\cos(e^{t^2})$$

(hier 2. verletzt).

Mit dieser Vorbereitung können wir uns nun daran machen, verschiedene Beziehungen zwischen der Laplace-Transformierten einer Funktion und der ihrer Ableitungen herzustellen.

Satz 5.1.6 *(Differentiationssatz für die Originalfunktion)*   *Sei $x'(t)$ von exponentieller Ordnung, dann gilt:*

$$x'(t) \circ\!\!-\!\!\bullet \; sX(s) - x(0)$$

Beweis: Mit $x'(t)$ ist nach dem vorangehenden Satz auch $x(t)$ von exponentieller Ordnung und besitzt daher eine Laplace-Transformierte. Durch partielle Integration erhält man:

$$\int_0^\infty x'(t)e^{-st}dt = [x(t)e^{-st}]_0^\infty - \int_0^\infty x(t)(-s)e^{-st}dt$$

$$= \lim_{t\to\infty} x(t)e^{-st} - x(0) + s \int_0^\infty x(t)e^{-st}dt = sX(s) - x(0)$$

$\square$

Entsprechende Beziehungen für höhere Ableitungen erhält man auf folgende Weise:

$$\int_0^\infty x''(t)e^{-st}dt = s\mathcal{L}\{x'(t)\} - x'(0) = s(sX(s) - x(0)) - x'(0)$$

$$= s^2 X(s) - sx(0) - x'(0) \tag{5.6}$$

und allgemein:

$$\mathcal{L}\{x^{(n)}(t)\} = s\mathcal{L}\{x^{(n-1)}(t)\} - x^{(n-1)}(0) = s^n X(s) - \sum_{k=0}^{n-1} s^k x^{n-1-k}(0)$$

Bemerkung: Genau genommen sollte man anstelle von $y(0), y'(0), \dots$ den rechtsseitigen Grenzwert $y(+0), y'(+0), \dots$ schreiben, insbesondere, wenn man sich die Funktion $y(t)$ für negative t mit Null fortgesetzt denkt.
$\square$

Ganz ähnlich erhält man für $g(t) = \int_0^t x(\tau)d\tau$ (wegen $g'(t) = x(t)$):

$$X(s) = \int_0^\infty x(t)e^{-st}dt = s\mathcal{L}\{g(t)\} - g(0) = s\mathcal{L}\{g(t)\}$$

und somit $\mathcal{L}\{g(t)\} = X(s)/s$. Wir haben damit folgenden Satz bewiesen:

Satz 5.1.7 *(Integrationssatz für die Originalfunktion)*   *Sei $x(t)$ von exponentieller Ordnung, dann gilt:*

$$\int_0^t x(\tau)d\tau \; \circ\!\!-\!\!\bullet \; \frac{X(s)}{s}$$

Beispiel 5.1.8

$$\mathcal{L}\{\cos at\} = \mathcal{L}\{\frac{1}{a}(\sin at)'\} = \frac{1}{a}\mathcal{L}\{(\sin at)'\} = \frac{1}{a}(s\mathcal{L}\{\sin at\} - \sin a \cdot 0)$$

nun war

$$\mathcal{L}\{\sin t\} = \frac{1}{s^2 + 1}$$

also auf Grund des Ähnlichkeitssatzes:

$$\mathcal{L}\{\sin at\} = \frac{1}{a}\frac{1}{(\frac{s}{a})^2 + 1} = \frac{a}{s^2 + a^2}$$

und somit

$$\mathcal{L}\{\cos at\} = \frac{s}{s^2 + a^2}$$

Beispiel 5.1.9   Die Hyperbelfunktionen sind wie folgt definiert

$$\sinh t = \frac{e^t - e^{-t}}{2}$$

$$\cosh t = \frac{e^t + e^{-t}}{2}$$

mithin also $(\sinh t)' = \cosh t$. Man erhält:

$$\mathcal{L}\{\sinh t\} = \frac{1}{2}\mathcal{L}\{e^t\} - \frac{1}{2}\mathcal{L}\{e^{-t}\}$$

$$= \frac{1}{2}\frac{1}{s-1} - \frac{1}{2}\frac{1}{s+1} = \frac{1}{2}\frac{s+1-(s-1)}{s^2-1} = \frac{1}{s^2-1}$$

für $\operatorname{Re}(s) > 1$ und nach dem Ähnlichkeitssatz erhält man für $\operatorname{Re}(s) > a$:

$$\mathcal{L}\{\sinh at\} = \frac{1}{a}\left(\frac{1}{(\frac{s}{a})^2 - 1}\right) = \frac{a}{s^2 - a^2}$$

Ähnlich wie oben liefert dies

$$\mathcal{L}\{\cosh at\} = \frac{s}{s^2 - a^2}$$

Differenziert man nun anstelle der Originalfunktion deren Laplace- Transformierte so entsteht eine Korrespondenz ähnlicher Bauart.

Satz 5.1.10   *(Differentiationsatz für die Bildfunktion)*

$$-tx(t) \circ\!\!-\!\!\bullet X'(s)$$

Beweis: Mit $x(t)$ ist auch $tx(t)$ exponentiell beschränkt. Damit liefert die Differentiation des Integrals nach dem Parameter s:

$$X'(s) = \frac{d}{ds}\int_0^\infty e^{-st}x(t)dt = \int_0^\infty e^{-st}(-t)x(t)dt$$

$\square$

Ein entsprechendes Ergebnis erhält man für höhere Ableitungen:

$$(-1)^n t^n x(t) \circ\!\!-\!\!\bullet X^{(n)}(s)$$

Beispiel 5.1.11   Wir hatten gesehen

$$e^{\lambda t} \circ\!\!-\!\!\bullet \frac{1}{s - \lambda}$$

Der obige Differentiationssatz liefert dann

$$-te^{\lambda t} \circ\!\!-\!\!\bullet \left(\frac{1}{s - \lambda}\right)' = -\frac{1}{(s - \lambda)^2}$$

Hieraus entnehmen wir die bei der Behandlung von Differentialgleichungen wichtige Beziehung

$$te^{\lambda t} \circ\!\!-\!\!\bullet \frac{1}{(s - \lambda)^2}$$

Genauso erhält man

$$t^n e^{\lambda t} \circ\!\!-\!\!\bullet \frac{n!}{(s - \lambda)^{n+1}}$$

Die bisher aufgefundenen Korrespondenzen zwischen Original- und Bildfunktion lassen sich wie folgt in einer Tabelle zusammenfassen. Sei

$$\varepsilon(t) := \begin{cases} 1 & \text{für } t \geq 0 \\ 0 & \text{sonst} \end{cases}$$

die Sprungfunktion, dann

Originalfunktion	Bildfunktion
$\varepsilon(t)$	$\frac{1}{s}$
$\varepsilon(t)t^n$	$\frac{n!}{s^{n+1}}$
$\varepsilon(t)e^{\lambda t}$	$\frac{1}{s-\lambda}$
$\varepsilon(t)te^{\lambda t}$	$\frac{1}{(s-\lambda)^2}$
$\varepsilon(t)t^n e^{\lambda t}$	$\frac{n!}{(s-\lambda)^{n+1}}$
$\varepsilon(t)\sin at$	$\frac{a}{s^2+a^2}$
$\varepsilon(t)\cos at$	$\frac{s}{s^2+a^2}$
$\varepsilon(t)\sinh at$	$\frac{a}{s^2-a^2}$
$\varepsilon(t)\cosh at$	$\frac{s}{s^2-a^2}$

Hierbei ist zu beachten, dass man sich die Originalfunktionen für $t < 0$ mit Null fortgesetzt denken muss.

Wir kommen nun zur Faltung zweier Funktionen und einer zugehörigen Korrespondenz, die bei der Beschreibung linearer zeitunabhängiger Systeme von zentraler Bedeutung ist (s.u.).

Definition 5.1.12   *Die Faltung zwischen zwei Funktionen $x_1(t)$ und $x_2(t)$, die für* *negative Argumente gleich Null sind, ist wie folgt definiert:*

$$x_1(t) * x_2(t) := \int_0^t x_1(\tau)x_2(t-\tau)d\tau$$

Bemerkung: diese Definition ist - wie man leicht sieht - mit der Definition aus Kapitel 2 verträglich:

$$\int_{-\infty}^{\infty} x_1(\tau)x_2(t-\tau)d\tau = \int_0^t x_1(\tau)x_2(t-\tau)d\tau$$

denn für $\tau < 0$ ist der erste Faktor des ersten Integrals, für $\tau > t$ der zweite Faktor des ersten Integrals gleich Null.
□

Mit Hilfe der Substitution $\sigma = t - \tau$ erkennt man sofort, dass die Faltung eine kommutative Operation ist, also

$$x_1(t) * x_2(t) = x_2(t) * x_1(t)$$

Dass die bei der Faltung entstehende neue Funktion wiederum exponentiell beschränkt ist, zeigt der folgende

Satz 5.1.13   *Seien $x_1(t)$ und $x_2(t)$ exponentiell beschränkt, dann ist auch $x_1(t) * x_2(t)$ exponentiell beschränkt.*

Beweis: Sei nun z.B. $x_2(t)$ stetig, also insbesondere auf jedem Intervall $[0, a]$ beschränkt, d.h. $\alpha_2 = 0$. Sei $\gamma = \max\{\gamma_1, \gamma_2\}$, $\alpha = \alpha_1$ und $M = M_2 \cdot \int_0^\alpha |x_1(\tau)|d\tau$ dann gilt für beliebiges $\beta > 0$ und $t \geq \alpha$:

$$|x_1(t) * x_2(t)e^{-(\gamma+\beta)t}| = |e^{-(\gamma+\beta)t} \int_0^t x_1(\tau)x_2(t-\tau)d\tau|$$

$$= |e^{-\beta t} \int_0^t x_1(\tau)e^{-\gamma\tau}x_2(t-\tau)e^{-\gamma(t-\tau)}d\tau|$$

$$\leq \int_0^\alpha |x_1(\tau)||x_2(t-\tau)|e^{-\gamma(t-\tau)}d\tau + |e^{-\beta t}\int_\alpha^t x_1(\tau)e^{-\gamma\tau}x_2(t-\tau)e^{-\gamma(t-\tau)}d\tau|$$

$$\leq M + e^{-\beta t} \int_\alpha^t |x_1(\tau)e^{-\gamma\tau}||x_2(t-\tau)e^{-\gamma(t-\tau)}|d\tau \leq M + e^{-\beta t}\int_\alpha^t M_1 M_2 d\tau$$

$$= M + (t-\alpha)e^{-\beta t}M_1 M_2 \leq M_3$$

Damit ist Eigenschaft 2. für $x_1(t) * x_2(t)$ gezeigt. Ferner

$$\int_0^b |x_1(t) * x_2(t)|^2 dt = \int_0^b |\int_0^t x_1(\tau)x_2(t-\tau)d\tau|^2 dt$$

$$\leq \int_0^b (\int_0^t |x_1(\tau)|^2 d\tau \int_0^t |x_2(t-\tau)|^2 d\tau) dt$$

$$\leq \int_0^b (\int_0^b |x_1(\tau)|^2 d\tau \int_0^b |x_2(\sigma)|^2 d\sigma) dt$$

$$= b \cdot \int_0^b |x_1(\tau)|^2 d\tau \int_0^b |x_2(\sigma)|^2 d\sigma < \infty$$

und damit gilt Eigenschaft 1. $\Box$

Der folgende Faltungssatz sagt aus, dass zu der relativ komplizierten Faltungsoperation im Bereich der Originalfunktionen eine einfache Operation im Bereich der Bildfunktionen, nämlich die Multiplikation, korrespondiert. Einem Phänomen dieser Art waren wir ja schon bei den Differentiationssätzen begegnet.

Satz 5.1.14 *(Faltungssatz)*   *Seien $x_1(t)$ und $x_2(t)$ exponentiell beschränkt.*

$$x_1(t) * x_2(t) \quad \circ\!\!-\!\!\bullet \; X_1(s) \cdot X_2(s)$$

Beweis: Da nach Satz 5.1.13 $x_1(t) * x_2(t)$ exponentiell beschränkt ist, existiert

$$\mathcal{L}\{x_1(t) * x_2(t)\} = \int_0^\infty e^{-st}(\int_0^t x_1(\tau)x_2(t-\tau)d\tau) dt$$

Da insbesondere $x_2(t)$ für negative Argumente gleich Null ist, lässt sich das Faltungsintegral in folgender Form schreiben:

$$x_1(t) * x_2(t) = \int_0^\infty x_1(\tau)x_2(t-\tau)d\tau$$

und damit

$$\mathcal{L}\{x_1(t) * x_2(t)\} = \int_0^\infty \int_0^\infty e^{-st} x_1(\tau)x_2(t-\tau)d\tau dt$$

Hierbei haben wir davon Gebrauch gemacht, dass der Faktor e^{-st} unabhängig von der Integrationsvariablen τ ist. Vertauschung der Integrationsreihenfolge ergibt:

$$\mathcal{L}\{x_1(t) * x_2(t)\} = \int_0^\infty \int_0^\infty e^{-st} x_1(\tau)x_2(t-\tau)dt d\tau$$

$$= \int_0^\infty \int_0^\infty e^{-s(t-\tau)}e^{-s\tau} x_1(\tau)x_2(t-\tau)dt d\tau$$

$$= \int_0^\infty e^{-s\tau} x_1(\tau) \int_0^\infty e^{-s(t-\tau)} x_2(t-\tau)dt d\tau$$

Mit Hilfe der Substitution $\sigma = t - \tau$ erhält man:

$$\int_0^\infty x_2(t-\tau)\mathrm{e}^{-s(t-\tau)}dt = \int_\tau^\infty x_2(t-\tau)\mathrm{e}^{-s(t-\tau)}dt = \int_0^\infty x_2(\sigma)\mathrm{e}^{-s\sigma}d\sigma = X_2(s)$$

Insgesamt bedeutet dies:

$$\mathcal{L}\{x_1(t) * x_2(t)\} = \int_0^\infty x_1(\tau)\mathrm{e}^{-s\tau}X_2(s)d\tau = X_2(s) \cdot X_1(s)$$

Zur Zulässigkeit der Vertauschung der Integrationsreihenfolge ist folgendes zu sagen:

1. das Integral $d\tau dt$ existiert, da $x_1(t) * x_2(t)$ exponentiell beschränkt ist, wie oben gesehen

2. das Integral $dtd\tau$ existiert, da alle dies Integral betreffenden Umformungen bis zum Ergebnis $X_1(s) \cdot X_2(s)$ umkehrbar sind.

3. das Bereichsintegral mit dem Integranden $\mathrm{e}^{-st}x_1(\tau)x_2(t-\tau)$ wegen der 'Vernünftigkeit' des Integranden.

Nach entsprechenden Sätzen über Doppelintegrale (s. z.B. [6]) sind daher alle Integrale gleich.
□

5.2 Grenzwertsätze

Für manche Untersuchungen ist es von Nutzen, asymptotische Aussagen für die Beziehung zwischen Original - und Bildfunktion zur Verfügung zu haben. Der folgende Satz gibt eine derartige Beziehung für die Laplace-Transformierte einer exponentiell beschränkten Funktion an.

Satz 5.2.1 *(1. Grenzwertsatz)* it Sei $x(t)$ exponentiell beschränkt, dann gilt mit der Bezeichnung $s = \sigma + j\omega$:

$$\lim_{\sigma \to \infty} X(s) = 0$$

Beweis: Da wir $X(s)$ für große σ betrachten, können wir ohne weiteres $\sigma > 0$ annehmen. Wegen

$$X(s) = \int_0^\infty x(t)\mathrm{e}^{-st}dt$$

und $|\mathrm{e}^{-j\omega t}| = 1$ gilt:

$$|X(s)| \leq \int_0^\infty |x(t)|\mathrm{e}^{-\sigma t}dt = \int_0^\alpha \mathrm{e}^{-\sigma t}|x(t)|dt + \int_\alpha^\infty \mathrm{e}^{-\sigma t}|x(t)|dt$$

Sei nun $\beta := \int_0^\alpha e^{-\sigma t}|x(t)|dt$, dann gilt für $\alpha > 0$:

$$e^{-\sigma\alpha}\int_0^\alpha |x(t)|dt \le \beta < e^{-\sigma\cdot 0}\int_0^\alpha |x(t)|dt$$

Nach dem Zwischenwertsatz gibt es dann ein $t_0 > 0$ derart, dass

$$e^{-\sigma t_0}\int_0^\alpha |x(t)|dt = \beta$$

Insgesamt erhält man:

$$\begin{aligned}
|X(s)| &\le e^{-\sigma t_0}\int_0^\alpha |x(t)|dt + \int_\alpha^\infty e^{-\sigma t}|x(t)|dt \\
&= e^{-\sigma t_0}\int_0^\alpha |x(t)|dt + \int_\alpha^\infty |x(t)|e^{-(\sigma-\gamma)t}e^{-\gamma t}dt \\
&\le e^{-\sigma t_0}\int_0^\alpha |x(t)|dt + M\int_0^\infty e^{-(\sigma-\gamma)t}dt \\
&= e^{-\sigma t_0}\int_0^\alpha |x(t)|dt + \frac{M}{\sigma-\gamma}
\end{aligned}$$

Der Limes beider Summanden des letzten Ausdrucks für σ gegen Unendlich ist aber gleich Null.
$\square$

Satz 5.2.2 *(2. Grenzwertsatz / Anfangswertsatz)*   *Sei $x(t)$ differenzierbar für $t > 0$, $x'(t)$ exponentiell beschränkt und sei $\lim_{t\to 0} x(t) = x(0)$, dann gilt:*

$$x(0) = \lim_{\sigma\to\infty} sX(s)$$

Beweis: Da $x'(t)$ exponentiell beschränkt ist, gilt dies auch für $x(t)$. Insbesondere existieren damit auch deren Laplace-Transformierte. Nach dem Differentiationssatzes gilt:

$$\int_0^\infty x'(t)e^{-st}dt = -x(0) + sX(s)$$

Wenden wir nun den 1. Genzwertsatz auf $x'(t)$ an, so erhalten wir:

$$\lim_{\sigma\to\infty}\int_0^\infty x'(t)e^{-st}dt = 0$$

und damit

$$x(0) = \lim_{\sigma\to\infty} sX(s)$$

□

Bemerkung: Da die Funktion $x'(t)$ exponentiell beschränkt ist, existiert nach Eigenschaft 1. $g(t) := \int_0^t x'(\tau)d\tau$. $g(t)$ ist stetig in Null und unterscheidet sich von $x(t)$ nur um eine Konstante, d.h. die exponentielle Beschränktheit von $x'(t)$ erzwingt die Existenz von $\lim_{t\to 0} x(t)$. Läßt man diese Forderung an $x'(t)$ fallen, so muss der Satz nicht mehr gelten.

Satz 5.2.3 *(3. Grenzwertsatz / Endwertsatz)   Sei $x(t)$ differenzierbar, darüberhinaus $x'(t)$ exponentiell beschränkt und absolut integrierbar, dann gilt:*

$$\lim_{t\to\infty} x(t) = \lim_{s\to 0} sX(s)$$

Beweis: Da $x'(t)$ exponentiell beschränkt ist, existiert $\lim_{t\to 0} x(t)$ (s.o.). Da $x'(t)$ absolut integrierbar ist, existiert ferner $\lim_{t\to\infty} x(t)$, denn

$$\int_0^\infty x'(\tau)d\tau = \lim_{t\to\infty} x(t) - x(0)$$

Damit existiert der Grenzwert auf der linken Seite der zu beweisenden Beziehung.

Mit Hilfe des Differentiationssatzes haben wir zusammen mit der obigen die folgenden Beziehungen:

1. $\int_0^\infty x'(t)e^{-st}dt = -x(0) + sX(s)$

2. $\int_0^\infty x'(t)dt = \lim_{t\to\infty} x(t) - x(0)$

Können wir nun zeigen, dass sich die rechte Seite von 1. von der rechten Seite von 2. für $|s|$ klein beliebig wenig unterscheidet, so haben wir offenbar den Beweis geführt. Da $x'(t)$ absolut integrierbar ist, existiert die zugehörige Laplace-Transformierte für jedes $\text{Re}\,(s) \geq 0$. Sei nun $a > 0$ und $s = \sigma + j\omega$, dann gilt:

$$|\int_0^a x'(t)e^{-st}dt - \int_0^\infty x'(t)e^{-st}dt| = |\int_a^\infty x'(t)e^{-st}dt|$$
$$\leq \int_a^\infty |x'(t)|e^{-\sigma t}dt \leq \int_a^\infty |x'(t)|dt$$

für alle $\sigma \geq 0$.

Damit erhält man mit Hilfe der Dreiecksungleichung:

$$| \int_0^\infty x'(t)e^{-st}dt - \int_0^\infty x'(t)dt|$$

$$\leq | \int_0^\infty x'(t)e^{-st}dt - \int_0^a x'(t)e^{-st}dt| + | \int_0^a x'(t)e^{-st}dt - \int_0^a x'(t)dt|$$

$$+ | \int_a^\infty x'(t)dt|$$

$$\leq 2 \int_a^\infty |x'(t)|dt + \int_0^a |e^{-st} - 1||x'(t)|dt$$

Ebenfalls nach der Dreiecksungleichung bekommen wir

$$|e^{-st} - 1| \leq |e^{-(\sigma+j\omega)t} - e^{-j\omega t}| + |e^{-j\omega t} - 1|$$

Nun hat man offenbar für $t \leq a$

$$|e^{-(\sigma+j\omega)t} - e^{-j\omega t}| \leq |e^{-j\omega t}||e^{-\sigma t} - 1| \leq 1 - e^{-\sigma a}$$

sowie nach Ungleichung 2.1 im Beweis von Satz 2.3.1

$$|e^{-j\omega t} - 1| \leq \sqrt{2}a|\omega|$$

Insgesamt haben wir dann:

$$|e^{-st} - 1| \leq 1 - e^{-\sigma a} + \sqrt{2}a|\omega|$$

Also

$$| \int_0^\infty x'(t)e^{-st}dt - \int_0^\infty x'(t)dt| \leq 2 \int_a^\infty |x'(t)|dt + (1 - e^{-\sigma a} + \sqrt{2}a|\omega|) \int_0^\infty |x'(t)|dt$$

Der erste Ausdruck auf der rechten Seite der Ungleichung wird für genügend großes a beliebig klein, der zweite Ausdruck geht für festes a mit s gegen Null ebenfalls gegen Null.
□

Bemerkung: Ohne die absolute Integrierbarkeit von $x'(t)$ über $[0,\infty)$ muss der Satz nicht gelten, wie das Beispiel $x(t) = \sin t$ mit $X(s) = \frac{1}{1+s^2}$ zeigt: $\lim_{t\to\infty} x(t)$ existiert nicht, dagegen ist $\lim_{s\to 0} sX(s) = 0$. Natürlich ist $x'(t) = \cos t$ nicht absolut integrierbar über $[0,\infty)$.

5.3 Laplace-Transformation und gewöhnliche Differentialgleichungen

In der Technik ist es üblich, linear inhomogene Differentialgleichungen mit konstanten Koeffizienten mit Hilfe der Laplace-Transformation zu behandeln.

5.3.1 Lineare Differentialgleichungen 1. und 2.Ordnung mit konstanten Koeffizienten

Um uns mit der Methode vertraut zu machen betrachten wir zunächst Differentialgleichungen dieses Typs 1. Ordnung.

5.3.1.1 Lineare Differentialgleichungen 1.Ordnung mit konstanten Koeffizienten

Sei also das Anfangswertproblem (AWP)

$$y' + ay = x(t)$$

mit $y(0) = y_0$ gestellt. Wir wenden auf beide Seiten der Differentialgleichung die Laplace-Transformation an und erhalten auf Grund der Linearität dieser Transformation und des Differentiationssatzes für die linke Seite:

$$\mathcal{L}\{y' + ay\} = \mathcal{L}\{y'\} + a\mathcal{L}\{y\} = sY(s) - y(0) + aY(s) = (s + a)Y(s) - y(0)$$

und für die rechte Seite

$$\mathcal{L}\{x(t)\} = X(s)$$

Damit entsteht die algebraische Gleichung:

$$(s + a)Y(s) - y(0) = X(s)$$

Löst man diese nach $Y(s)$ auf, so erhält man eine Darstellung der Laplace-Transformierten der Lösung des obigen AWP:

$$Y(s) = \frac{1}{s + a}X(s) + \frac{y(0)}{s + a}$$

Man spricht hier von der Lösung des AWP im Bereich der Bildfunktionen. Mit Hilfe der Korrespondenz $e^{-at} \circ\!\!-\!\!\bullet \frac{1}{s+a}$ und des Faltungssatzes erhält man dann durch Rücktransformation:

$$y(t) = x(t) * e^{-at} + y(0)e^{-at}$$

Schreibt man die Faltungsoperation als Integral, so erhält man:

$$y(t) = (\int_0^t x(\tau)e^{-a(t-\tau)}d\tau) + y(0)e^{-at} = e^{-at}\int_0^t x(\tau)e^{a\tau}d\tau + y(0)e^{-at}$$

Für konkrete Beispiele wird man allerdings versuchen, die Berechnung des Faltungsintegrals zu vermeiden und anstelle dessen die Rücktransformation von $\frac{X(s)}{s+a}$ auf direktem Wege zu berechnen.

Beispiel 5.3.1

$$y' + y = t,\, y(0) = 3$$

Offenbar erhält man

$$Y(s) = \frac{X(s)}{s+1} + \frac{3}{s+1}$$

wobei $X(s) = \mathcal{L}\{t\} = \frac{1}{s^2}$ also

$$Y(s) = \frac{1}{s^2(s+1)} + \frac{3}{s+1}$$

Für den ersten Ausdruck der rechten Seite führen wir eine Partialbruchzerlegung durch. Der Ansatz lautet folgendermaßen:

$$\frac{1}{s^2(s+1)} = \frac{As+B}{s^2} + \frac{C}{s+1}$$

Koeffizientenvergleich ergibt: $A = -1, B = 1, C = 1$ und somit

$$Y(s) = -\frac{1}{s} + \frac{1}{s^2} + \frac{4}{s+1}$$

d.h.

$$y(t) = -1 + t + 4\mathrm{e}^{-t}$$

Beispiel 5.3.2 *(P-T$_1$-Glied)*   Wir betrachten ein RC-Glied

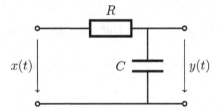

und erhalten für die zugehörigen Spannungen $x(t) = u_R + u_C$ wobei $u_C = \frac{Q}{C}$, also $u'_C = \frac{Q'}{C} = \frac{i}{C}$ und $u_R = R \cdot i$, also

$$x(t) = R \cdot i + u_C = RC \cdot u'_C + u_C$$

Damit bekommt man die folgende Differentialgleichung für $y = u_C$ als Funktion der Zeit t:

$$y' + \frac{1}{RC}y = \frac{1}{RC}x(t)$$

Setzt man $T_1 := R \cdot C$ und führt noch einen Verstärkungsfaktor K_p ein, so erhält man das mathematische Modell für ein $P - T_1$-Glied:

$$T_1 \cdot y' + y = K_p \cdot x(t)$$

Setzt man $y(0) = 0$ und wählt man für $x(t)$ die Sprungfunktion $\varepsilon(t)$, so bekommt man als Lösung im Bildbereich wegen $\varepsilon(t) \circ\!\!-\!\!\bullet\, 1/s$:

$$Y(s) = \frac{1}{s + \frac{1}{T_1}} \frac{K_p}{T_1} \frac{1}{s}$$

Partialbruchzerlegung liefert:

$$Y(s) = \frac{K_p}{s} - \frac{K_p}{s + \frac{1}{T_1}}$$

und damit die Lösung

$$y(t) = K_p(1 - e^{-\frac{t}{T_1}})$$

Beispiel 5.3.3   Als weiteres Beispiel betrachten wir:

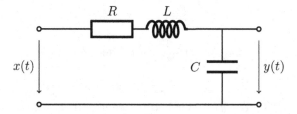

Hier $x(t) = u_R + u_L + u_C$. Wie oben gilt: $u_R = R \cdot i$, $C \cdot u'_C = i$, zusätzlich $u_L = L \cdot i' = LC \cdot u''_C$.

Insgesamt entsteht ähnlich wie oben eine Differentialgleichung 2. Ordnung für $y = u_C$:

$$y'' + \frac{R}{C} \cdot y' + \frac{1}{LC} \cdot y = \frac{1}{LC} \cdot x(t)$$

5.3.1.2 Lineare Differentialgleichungen 2. Ordnung mit konstanten Koeffizienten

Im Prinzip lassen sich lineare Differentialgleichungen n-ter Ordnung mit konstanten Koeffizienten auf einheitliche Art und Weise behandeln. Wir wollen uns allerdings zunächst auf solche 2. Ordnung konzentrieren, da sich hier bereits die wesentlichen Phänomene studieren lassen. Sei also die Differentialgleichung

$$y'' + py' + qy = x(t)$$

mit reellen Zahlen p und q gegeben und seien die Anfangsbedingungen $y(0)$ und $y'(0)$ gestellt. Transformation der linken Seite liefert:

$$\mathcal{L}\{y'' + py' + qy\} = Y(s)(s^2 + ps + q) - y(0)(s + p) - y'(0)$$

Der Faktor von $Y(s)$ ist das sog. charakteristische Polynom der Differentialgleichung. Insgesamt erhalten wir mit $\mathcal{L}\{x(t)\} = X(s)$ folgende Lösung im Bereich der Bildfunktionen:

$$Y(s) = X(s)\frac{1}{s^2 + ps + q} + y(0)\frac{s + p}{s^2 + ps + q} + y'(0)\frac{1}{s^2 + ps + q}$$

Seien nun λ_1 und λ_2 die Nullstellen des charakteristischen Polynoms, d.h.

$$s^2 + ps + q = (s - \lambda_1)(s - \lambda_2) = s^2 - s(\lambda_1 + \lambda_2) + \lambda_1\lambda_2$$

Für die weitere Rechnung müssen wir nun verschiedene Fälle unterscheiden

1. $\lambda_1 \neq \lambda_2$

   Der Ansatz für die Partialbruchzerlegung von $\frac{1}{s^2 + ps + q}$ lautet:

$$\frac{1}{s^2 + ps + q} = \frac{A}{s - \lambda_1} + \frac{B}{s - \lambda_2}$$

Man erhält $A = \frac{1}{\lambda_1 - \lambda_2}$ sowie $B = \frac{1}{\lambda_2 - \lambda_1}$ und damit

$$\frac{1}{s^2 + ps + q} \quad \bullet\!\!-\!\!\circ \quad \frac{1}{\lambda_1 - \lambda_2}(e^{\lambda_1 t} - e^{\lambda_2 t}) =: g(t)$$

Der entsprechende Ansatz für den Ausdruck $\frac{s+p}{s^2+ps+q}$ lautet:

$$\frac{s + p}{s^2 + ps + q} = \frac{C}{s - \lambda_1} + \frac{D}{s - \lambda_2}$$

Auf Grund der Beziehung $\lambda_1 + \lambda_2 = -p$ erhält man

$$D = \frac{\lambda_1}{\lambda_1 - \lambda_2}$$

und

$$C = \frac{\lambda_2}{\lambda_2 - \lambda_1}$$

Damit ergibt sich die folgende Korrespondenz:

$$\frac{s + p}{s^2 + ps + q} \quad \bullet\!\!-\!\!\circ \quad \frac{\lambda_1}{\lambda_1 - \lambda_2}e^{\lambda_2 t} + \frac{\lambda_2}{\lambda_2 - \lambda_1}e^{\lambda_1 t} =: h(t)$$

Bekanntlich gilt für die Nullstellen des charakteristischen Polynoms: $\lambda_{1,2} = -\frac{p}{2} \pm \sqrt{\Delta}$ mit $\Delta = \frac{p^2}{4} - q$. Ist $\Delta > 0$ sind die oben aufgeführten Anteile der Lösung reell.

Ist jedoch $\Delta < 0$, so erhält man mit $\omega = \sqrt{|\Delta|}$ zwei konjugiert komplexe Nullstellen: $\lambda_1 = -\frac{p}{2} + j\omega$ und $\lambda_2 = -\frac{p}{2} - j\omega$. Es ist $\lambda_1 - \lambda_2 = 2j\omega$ und damit

$$g(t) = \frac{1}{\omega}e^{-\frac{p}{2}t}\sin\omega t$$

Ferner gilt

$$h(t) = \frac{e^{-\frac{p}{2}t}}{2j\omega}\{(-\frac{p}{2}+j\omega)e^{-j\omega t} - (-\frac{p}{2}-j\omega)e^{j\omega t}\}$$

Der Ausdruck in den geschweiften Klammern ist gleich
$2j\text{Im}\,((-\frac{p}{2}+j\omega)e^{-j\omega t})$. Dies führt zu

$$h(t) = \frac{e^{-\frac{p}{2}t}}{\omega}(\omega\cos\omega t + \frac{p}{2}\sin\omega t)$$

2. $\lambda_1 = \lambda_2$

Im Fall einer doppelten Nullstelle ist wegen $\Delta = 0$

$$\lambda_1 = \lambda_2 = -\frac{p}{2}$$

Damit erhält man

$$\frac{1}{s^2 + ps + q} = \frac{1}{(s-\lambda_1)^2}\ \bullet\!\!-\!\!\circ\ te^{-\frac{p}{2}t} =: g(t)$$

Für $\frac{s+p}{s^2+ps+q}$ erhält man folgenden Ansatz:

$$\frac{s+p}{s^2 + ps + q} = \frac{A}{s-\lambda_1} + \frac{B}{(s-\lambda_1)^2}$$

Nach Koeffizientenvergleich ergibt dies

$$\frac{s+p}{s^2 + ps + q} = \frac{1}{s-\lambda_1} + \frac{\frac{p}{2}}{(s-\lambda_1)^2}\ \bullet\!\!-\!\!\circ\ e^{-\frac{p}{2}t}(1 + \frac{p}{2}t) =: h(t)$$

Insgesamt erhält man für Fall 1 und Fall 2 folgende gemeinsame Darstellung der Lösung des AWP:

$$y(t) = x(t) * g(t) + y(0)h(t) + y'(0)g(t) \tag{5.7}$$

wobei wir natürlich wiederum vom Faltungssatz Gebrauch gemacht haben.
Bemerkung: Für verschwindende Anfangsbedingungen entsteht die besonders einfache Beziehung

$$y(t) = x(t) * g(t)$$

Für konkret gegebene Funktionen $x(t)$ wird man allerdings versuchen, das Faltungsintegral zu vermeiden und die Rücktransformation direkt, häufig mit Hilfe einer Partialbruchzerlegung, durchzuführen. Wir wollen dies anhand einiger Beispiele demonstrieren.

Beispiel 5.3.4

$$y'' + k^2 y = \sin\omega t, k \neq \omega$$

Nach Transformation in den Bildbereich erhält man:

$$(s^2 + k^2)Y(s) - sy(0) - y'(0) = \frac{\omega}{s^2 + \omega^2}$$

Die Lösung im Bildbereich lautet daher

$$Y(s) = \frac{\omega}{(s^2 + \omega^2)(s^2 + k^2)} + y(0)\frac{s}{s^2 + k^2} + y'(0)\frac{1}{s^2 + k^2}$$

Der erste Ausdruck auf der rechten Seite verlangt eine Partialbruchzerlegung, während für die anderen beiden unsere bisherigen Ergebnisse zur Rücktransformation ausreichen. Der entsprechende Ansatz lautet:

$$\frac{\omega}{(s^2 + \omega^2)(s^2 + k^2)} = \frac{As + B}{s^2 + \omega^2} + \frac{Cs + D}{s^2 + k^2}$$

Ein Koeffizientenvergleich liefert: $A = C = 0$, $B = \frac{\omega}{k^2 - \omega^2}$ sowie $D = -B$ und damit:

$$\frac{\omega}{(s^2 + \omega^2)(s^2 + k^2)} = \frac{\frac{\omega}{k^2 - \omega^2}}{s^2 + \omega^2} + \frac{\frac{\omega}{\omega^2 - k^2}}{s^2 + k^2}$$

Sämtliche Summanden sind nun in einer Form, deren Rücktransformation wir kennen:

$$y(t) = \frac{1}{k^2 - \omega^2}\left(\sin \omega t - \frac{\omega}{k}\sin kt\right) + y(0)\cos kt + y'(0)\frac{1}{k}\sin kt$$

Was geschieht, wenn für festes t der Parameter k gegen ω strebt, ist aus der obigen Lösung zumindest nicht auf den ersten Blick erkennbar, da dann Zähler und Nenner des ersten Summanden der rechten Seite gegen Null gehen. Mit Hilfe der L'Hospitalschen Regel ehalten wir durch Differentiation von Zähler und Nenner nach k:

$$\lim_{k \to \omega} \frac{1}{k^2 - \omega^2}\left(\sin \omega t - \frac{\omega}{k}\sin kt\right) = \lim_{k \to \omega} \frac{\frac{\omega}{k^2}\sin kt - \frac{\omega}{k}t\cos kt}{2k}$$

$$= \frac{\frac{1}{\omega}\sin \omega t - t\cos \omega t}{2\omega} = \frac{1}{2\omega^2}\sin \omega t - \frac{1}{2\omega}t\cos \omega t$$

Dies Ergebnis kann man folgendermaßen interpretieren: im Grenzfall wird die Amplitude des cos für große t beliebig groß ('Resonanzkatastrophe').

Beispiel 5.3.5 Sehen wir uns nun die Differentialgleichung aus dem vorangegangenen Beispiel für den Fall $k = \omega$ an.

$$y'' + \omega^2 y = \sin \omega t$$

Die Lösung im Bildbereich lautet nun

$$Y(s) = \frac{\omega}{(s^2 + \omega^2)^2} + y(0)\frac{s}{s^2 + \omega^2} + y'(0)\frac{1}{s^2 + \omega^2}$$

Für die Partialbruchzerlegung des ersten Terms der rechten Seite erhalten wir nun:

$$\frac{\omega}{(s^2 + \omega^2)^2} = \frac{\omega}{(s + j\omega)^2(s - j\omega)^2}$$

$$= \frac{A}{s + j\omega} + \frac{B}{(s + j\omega)^2} + \frac{C}{s - j\omega} + \frac{D}{(s - j\omega)^2}$$

Man erhält: $A = -\frac{1}{4j\omega^2}$, $C = -A$ und $B = D = -\frac{1}{4\omega}$, somit

$$\frac{\omega}{(s^2+\omega^2)^2} = -\frac{1}{4j\omega^2}\Big(\frac{1}{s+j\omega} - \frac{1}{s-j\omega}\Big) - \frac{1}{4\omega}\Big(\frac{1}{(s+j\omega)^2} + \frac{1}{(s-j\omega)^2}\Big)$$

Damit bekommt man folgende Korrespondenz:

$$\frac{\omega}{(s^2+\omega^2)^2} \;\bullet\!\!-\!\!\circ\; -\frac{1}{4j\omega^2}(e^{-j\omega t} - e^{j\omega t}) - \frac{1}{4\omega}(te^{-j\omega t} + te^{j\omega t})$$

$$= \frac{1}{2\omega^2}\sin\omega t - \frac{t}{2\omega}\cos\omega t$$

Dies entspricht dem Ergebnis des Grenzübergangs für k gegen ω aus dem vorigen Beispiel.

Beispiel 5.3.6

$$y'' + y' - 2y = e^{-2t} \text{ mit } y(0) = 1 \text{ und } y'(0) = 1$$

Für die Lösung im Bildbereich erhält man:

$$\begin{aligned}
Y(s) &= \frac{1}{(s+2)(s^2+s-2)} + \frac{s+1}{s^2+s-2} + \frac{1}{s^2+s-2} \\
&= \frac{1}{(s+2)(s^2+s-2)} + \frac{s+2}{s^2+s-2}
\end{aligned}$$

Als Nullstellen des charakteristischen Polynoms $s^2 + s - 2$ erhält man: $\lambda_1 = -2$ und $\lambda_2 = 1$. Damit können wir die Lösung im Bildbereich folgendermaßen schreiben:

$$Y(s) = \frac{1}{(s+2)^2(s-1)} + \frac{s+2}{(s+2)(s-1)} = \frac{1}{(s+2)^2(s-1)} + \frac{1}{s-1}$$

Als Ansatz für die Partialbruchzerlegung des ersten Terms erhält man:

$$\frac{1}{(s+2)^2(s-1)} = \frac{A}{s+2} + \frac{B}{(s+2)^2} + \frac{C}{s-1}$$

Dies liefert die für alle s gültige Gleichung

$$1 = A(s+2)(s-1) + B(s-1) + C(s+2)^2$$

Setzt man in diese Gleichung $s = 1$, $s = -2$ und schließlich $s = 0$ ein (Einsetzungsmethode bei einfachen Nullstellen), so erhält man in derselben Reihenfolge: $C = \frac{1}{9}$, $B = -\frac{1}{3}$ und $A = -\frac{1}{9}$, d.h.

$$Y(s) = -\frac{1}{9}\frac{1}{s+2} - \frac{1}{3}\frac{1}{(s+2)^2} + \frac{1}{9}\frac{1}{s-1} + \frac{1}{s-1}$$

Die Lösung des AWP lautet daher:

$$y(t) = -\frac{1}{9}e^{-2t} - \frac{1}{3}te^{-2t} + \frac{10}{9}e^t$$

Beispiel 5.3.7

$$y'' + 2y' + 5y = e^{-t} \text{ mit } y(0) = 1 \text{ und } y'(0) = 0$$

Die Nullstellen des charakteristischen Polynoms $s^2 + 2s + 5$ liegen bei $\lambda_1 = -1 + 2j$ und $\lambda_2 = -1 - 2j = \overline{\lambda_1}$. Laplace-Transformation beider Seiten ergibt:

$$Y(s)(s^2 + 2s + 5) - sy(0) - y'(0) - 2y(0) = \frac{1}{s+1}$$

also

$$Y(s) = \frac{1}{(s+1)(s-\lambda_1)(s-\lambda_2)} + \frac{s+2}{(s-\lambda_1)(s-\lambda_2)}$$

Mit Hilfe von Partialbruchzerlegung erhält man hieraus:

$$Y(s) = \frac{1}{4}\frac{1}{s+1} - \frac{1}{8}(\frac{1}{s-\lambda_1} + \frac{1}{s-\lambda_2}) + \frac{1}{4}((2+j)\frac{1}{s-\lambda_1} + (2-j)\frac{1}{s-\lambda_2})$$

wobei die beiden Ausdrücke in der letzten Klammer zueinander konjugiert komplex sind. Als Lösung im Zeitbereich erhalten wir:

$$y(t) = \frac{1}{4}e^{-t} - \frac{1}{8}(e^{\lambda_1 t} + e^{\lambda_2 t}) + \frac{1}{4}((2+j)e^{\lambda_1 t} + \overline{(2+j)e^{\lambda_1 t}})$$

Der Ausdruck in der ersten Klammer ist gleich $2e^{-t}\cos 2t$, der in der zweiten Klammer gleich $e^{-t}(4\cos 2t - 2\sin 2t)$. Insgesamt erhalten wir also:

$$y(t) = e^{-t}(\frac{1}{4} + \frac{3}{4}\cos 2t - \frac{1}{2}\sin 2t)$$

5.3.2 Differentialgleichungen n-ter Ordnung

Die Differentialgleichungen n-ter Ordnung mit konstanten Koeffizienten

$$y^{(n)} + a_{n-1}y^{(n-1)} + ... + a_0y = x(t)$$

lassen sich auf die gleiche Weise behandeln wie diejenigen 2. Ordnung. Der Einfachheit halber führen wir die Betrachtung für verschwindende Anfangsbedingungen durch, d.h.

$$y(0) = y'(0) = ... = y^{(n-1)}(0) = 0$$

Mit dem *charakteristischen Polynom*

$$P(s) = s^n + a_{n-1}s^{n-1} + \dots + a_0$$

der Differentialgleichung erhalten wir mit Hilfe des Differentiationssatzes 5.1.6 nach Transformation beider Seiten: $P(s) \cdot Y(s) = X(s)$ und damit als Lösung im Bildraum:

$$Y(s) = \frac{1}{P(s)} \cdot X(s) \qquad (5.8)$$

Mit $g(t) := \mathcal{L}^{-1}\{\frac{1}{P(s)}\}$ erhalten wir dann nach dem Faltungssatz 5.1.14 die Lösung der Differentialgleichung durch Faltung mit der rechten Seite:

$$y(t) = g(t) * x(t)$$

Die Rücktransformation $g(t) := \mathcal{L}^{-1}\{\frac{1}{P(s)}\}$ führen wir, wie schon bei DGLen 2. Ordnung mit Hilfe der Partialbruchzerlegung von $\frac{1}{P(s)}$ durch. Nach dem Fundamentalsatz der Algebra kann man $P(s)$ als Produkt von n Linearfaktoren schreiben:

$$P(s) = (s - \lambda_1) \cdot (s - \lambda_2) \cdot \dots \cdot (s - \lambda_n)$$

Da $P(s)$ reelle Koeffizienten besitzt, treten die Nullstellen entweder als einfache oder mehrfache reelle Nullstellen oder als Paare konjugiert komplexer Nullstellen auf.

Ist nun λ_m eine einfache Nullstelle (reell oder komplex), dann lautet der zugehörige Zerlegungsanteil $\frac{A}{s-\lambda_m}$, bei einer l-fachen Nullstelle lautet er

$$\sum_{k=1}^{l} \frac{A_k}{(s - \lambda_m)^k}$$

Die Bildfunktion $\frac{1}{P(s)}$ läßt sich also als Summe von Ausdrücken der Form $\frac{A_k}{(s-\lambda_m)^k}$ darstellen. Nach unserer Tabelle von Korrespondenzen haben wir aber

$$\frac{A_k}{(s - \lambda_m)^k} \quad \bullet\!\!-\!\!\circ \quad A_k \frac{1}{(k-1)!} t^{k-1} e^{\lambda_m t}$$

Die Lösung $y(t)$ der Differentialgleichung hat man daher bestimmt, sobald alle Koeffizienten der Zerlegung berechnet sind.

5.4 Systeme und Differentialgleichungen

Kontinuierliche Systeme, die zeitunabhängig und linear sind, lassen sich häufig duch Differentialgleichungen mit konstanten Koeffizienten bei verschwindenden Anfangsbedingungen beschreiben. Hierbei stellt die Inhomogenität $x(t)$ der Differentialgleichung das Eingangssignal und die Lösung $y(t)$ das Ausgangssignal des Systems dar. Sei nun $P(s)$ das charakteristische Polynom der Differentialgleichung, für solche 2.Ordnung z.B.

$P(s) = s^2 + ps + q$. Wir hatten gesehen, dass bei verschwindenden Anfangsbedingungen die Lösung im Bildraum gegeben ist durch (vergl. Gleichung 5.8):

$$Y(s) = X(s) \cdot \frac{1}{P(s)}$$

Die Funktion $G(s) := \frac{1}{P(s)}$ bezeichnet man als *Übertragungsfunktion* des Systems. Die Laplace-Transformierte des Ausgangssignals erhält man, indem man die Laplace-Transformierte des Eingangssignals mit der Übertragungsfunktion multipliziert, symbolisch:

$$Y(s) = X(s) \cdot G(s)$$

Ist $g(t)$ die zu $G(s)$ gehörige Originalfunktion, so ergibt sich nach Satz 5.1.14 die Lösung als Faltung $y(t) = x(t) * g(t)$. In Gleichung 3.7 in Abschnitt 3.1.2 des Kapitels über die erweiterte Fourier-Transformation hatten wir gesehen, dass es Sinn macht, $g(t)$ als *Impulsantwort* des Systems zu bezeichnen. Wir werden dies später unter dem Gesichtspunkt der Differentialgleichungen noch einmal aufgreifen.

5.4.1 Sprungantwort

Sei

$$\varepsilon(t) := \begin{cases} 1 & \text{für } t \geq 0 \\ 0 & \text{sonst} \end{cases}$$

die Sprungfunktion, dann erhält man die zugehörige Antwort als

$$y(t) = g(t) * \varepsilon(t) = \int_0^t g(\tau) d\tau \tag{5.9}$$

Beispiel 5.4.1 *(P − T_1-Glied)*   Das mathematische Modell für ein $P − T_1$-Glied lautet:

$$T_1 \cdot y' + y = K_p \cdot x(t)$$

Die zugehörige Übertragungsfunktion lautet offenbar:

$$G(s) = \frac{K_p}{T_1} \frac{1}{s + \frac{1}{T_1}}$$

und damit

$$g(t) = \frac{K_p}{T_1} e^{-\frac{t}{T_1}}$$

Für die Sprungantwort bekommt man dann:

$$y(t) = \frac{K_p}{T_1} \int_0^t e^{-\frac{\tau}{T_1}} d\tau = \frac{K_p}{T_1} [-T_1 e^{-\frac{\tau}{T_1}}]_0^t = K_p(1 - e^{-\frac{t}{T_1}})$$

$\square$

Bemerkung: Ist die Impulsantwort $g(t)$ absolut integrierbar, so erhält man die Beziehung

$$\lim_{t\to\infty} y(t) = \int_0^\infty g(\tau)d\tau = \lim_{s\to 0} G(s)$$

denn nach dem Integrationssatz für die Originalfunktion bekommt man

$$\mathcal{L}\{\int_0^t g(\tau)d\tau\} = \frac{G(s)}{s}$$

Der 3. Grenzwertsatz liefert dann für die Sprungantwort $y(t)$:

$$\lim_{t\to\infty} y(t) = \int_0^\infty g(\tau)d\tau = \lim_{s\to 0} s \cdot \frac{G(s)}{s} = \lim_{s\to 0} G(s)$$

5.4.2 Impulsantwort

Nach Gleichung 5.7 in Abschnitt 5.3.1 lautet die Lösung einer homogenen DGL 2.Ordnung

$$y'' + py' + qy = 0 \text{ mit den Anfangsbedingungen } y(0) = 0 \text{ und } y'(0) = 1$$

gerade $g(t)$. Die Funktion ist also insbesondere für $t > 0$ zweimal stetig differenzierbar und es gilt $g(0) = 0$ und $g'(0) = 1$.

Wir betrachten nun eine DGL 2.Ordnung mit verschwindenden Anfangsbedingungen

$$y'' + py' + qy = x(t) \text{ mit } y(0) = 0 \text{ und } y'(0) = 0$$

wobei die rechte Seite durch einen Rechteckimpuls gegeben ist:

$$x(t) = x_T(t) = \begin{cases} \frac{1}{T} & \text{für } 0 \le t \le T \\ 0 & \text{sonst} \end{cases}$$

Die Lösung der DGL lautet dann

$$\begin{aligned} y(t) &= g(t) * x_T(t) = \int_0^t g(\tau)x_T(t-\tau)d\tau \\ &= \begin{cases} \frac{1}{T}\int_0^t g(\tau)d\tau & \text{für } 0 \le t \le T \\ \frac{1}{T}\int_{t-T}^t g(\tau)d\tau & \text{für } T \le t \end{cases} \end{aligned}$$

Man sieht leicht: $y(t)$ und $y'(t)$ sind stetig und erfüllen die (verschwindenden) Anfangsbedingungen, $y''(t)$ hat an der Stelle $t = T$ eine Sprungstelle. Letzteres darf nicht überraschen, da die rechte Seite $x_T(t)$ an der Stelle $t = T$ unstetig ist.

Sei $(T_n)_n$ eine Nullfolge positiver Zahlen. Wir betrachten nun die obige DGL mit den rechten Seiten $x_{T_n}(t)$. Dann gilt für die zugehörigen Lösungen $y_n(t)$:

$$y_n(t) = \frac{1}{T_n}\int_{t-T_n}^t g(\tau)d\tau$$

für $t \geq T_n$, nach dem Mittelwertsatz der Integralrechnung also $y_n(t) = g(\tau_n)$ mit $t -$
$T_n < \tau_n < t$. Damit konvergiert für $t > 0$ fest und n gegen Unendlich die Folge der
Lösungen $(y_n(t))_n$ punktweise gegen $g(t)$. An der Stelle $t = 0$ sind die Werte auf Grund
der Anfangsbedingungen und wegen $g(0) = 0$ ohnehin gleich.

Ähnlich wie in Gleichung 3.2 aus Abschnitt 3.1 kann man nun einsehen, dass die Folge
der Rechteckimpulse $(x_{T_n}(t))_n$ schwach gegen den Dirac-Impuls δ_0 konvergiert. In diesem
Sinne könnte man $g(t)$ als Impulsantwort betrachten.

Allerdings erfüllt $g(t)$ weder die verschwindenden Anfangsbedingungen (denn $g'(0) =$
1), noch - ohne weiteres - die DGL, auf deren rechter Seite der Dirac-Impuls steht. Eine
solche Formulierung kann man jedoch erzielen, wenn man die DGL im Distributionssinne,
insbesondere unter Verwendung der schwachen Ableitung betrachtet:

Wir denken uns $g(t)$ für $t < 0$ mit Null forgesetzt. Dann hat die Ableitung von $g(t)$
an der Stelle 0 wegen $g'(+0) = 1$ einen Sprung. Sei $\varphi(t)$ eine beliebige Testfunktion (s.
Definition 3.1.1), dann gilt für die schwache Ableitung (s. Definition 3.1.9) von $g'(t)$:

$$\langle \varphi(t), Dg'(t) \rangle = -\langle \varphi'(t), g'(t) \rangle = -\int_0^\infty \varphi'(t) \cdot g'(t) dt$$

Mit Hilfe partieller Integration bekommen wir ($g''(t)$ denken wir uns für $t \leq 0$ mit Null
fortgesetzt):

$$\langle \varphi(t), Dg'(t) \rangle = -[\varphi(t)g'(t)]_0^\infty + \int_0^\infty \varphi(t)g''(t) dt = \varphi(0)g'(+0) + \langle \varphi(t), g''(t) \rangle$$

Wegen $g'(+0) = 1$ bekommen wir dann

$$\langle \varphi(t), Dg'(t) \rangle = \langle \varphi(t), \delta_0 + g''(t) \rangle$$

und damit

$$D^2 g(t) = Dg'(t) = \delta_0 + g''(t)$$

Insgesamt erhalten wir:

$$\langle \varphi(t), D^2 g(t) + pDg(t) + qg(t) \rangle = \langle \varphi(t), \delta_0 + g''(t) + pg'(t) + qg(t) \rangle = \langle \varphi(t), \delta_0 \rangle$$

für jede Testfunktion $\varphi(t)$, wobei die letzte Gleichung gilt, weil $g(t)$ die homogene DGL
erfüllt. Damit gilt im Sinne der Gleichheit von Distributionen (gleiche Wirkung auf Testfunktionen):

$$D^2 g(t) + p \cdot Dg(t) + q \cdot g(t) = \delta_0$$

Die Anfangsbedingungen sind hier sozusagen in die schwachen Ableitungen eingearbei-
tet. Die obige abgeschwächte Formulierung einer Differentialgleichung liefert eine weitere
Rechtfertigung für die Bezeichnung *Impulsantwort*.

5.4.3 Frequenzgang

Wir wollen hier den Fall betrachten, dass die Inhomogenität eine harmonische Schwingung $x(t) = \mathrm{e}^{j2\pi ft}$ ist (die natürlich für $t < 0$ als mit Null fortgesetzt gedacht werden muss, genau genommen also $x(t) = \varepsilon(t) \cdot \mathrm{e}^{j2\pi ft}$, wenn $\varepsilon(t)$ die Sprungfunktion bezeichnet).

Es ist plausibel, dass sich, zumindest nach einiger Zeit, auf diese harmonische Erregung ebenfalls eine harmonische Schwingung als Lösung ergibt, allerdings mit veränderter Amplitude und Phase (vergl. Abschnitt 2.6). Wenn also eine Lösung der Form

$$y(t) = H(f) \cdot \mathrm{e}^{j2\pi ft}$$

existiert, so können wir durch Einsetzen in die Differentialgleichung eine notwendige Bedingung für $H(f)$ herleiten. Es muss dann gelten (für eine Differentialgleichung 2. Ordnung):

$$H(f)(j2\pi f)^2 \mathrm{e}^{j2\pi ft} + pH(f)(j2\pi f)\mathrm{e}^{j2\pi ft} + qH(f)\mathrm{e}^{j2\pi ft} = \mathrm{e}^{j2\pi ft}$$

oder mit der Bezeichnung $P(s)$ für das charakteristische Polynom der Differentialgleichung, d.h. $P(s) = s^2 + ps + q$ für eine DGL 2.Ordnung:

$$H(f)P(j2\pi f)\mathrm{e}^{j2\pi ft} = \mathrm{e}^{j2\pi ft}$$

Somit erhalten wir:

$$H(f) = \frac{1}{P(j2\pi f)} = G(j2\pi f)$$

Die Funktion $H(f) = G(j2\pi f)$ heißt *Frequenzgang* der Differentialgleichung. Der Frequenzgang ist also durch die Werte der Übertragungsfunktion auf der imaginären Achse gegeben, falls diese dort überhaupt definiert ist.

Wann dies der Fall ist und wie die Lösungen der Differentialgleichung für eine harmonische Inhomogenität genau aussehen, wollen wir nun untersuchen. Bei verschwindenden Anfangsbedingungen erhalten wir:

$$
\begin{aligned}
y(t) &= g(t) * \mathrm{e}^{j2\pi ft} = \int_0^t g(\tau)\mathrm{e}^{j2\pi f(t-\tau)}d\tau \\
&= \mathrm{e}^{j2\pi ft} \int_0^t g(\tau)\mathrm{e}^{-j2\pi f\tau}d\tau
\end{aligned}
$$

Ist nun $g(t)$ absolut integrierbar, so können wir ihre Laplace-Transformierte auch für rein imaginäre Argumente $s = j2\pi f$ betrachten:

$$\int_0^\infty g(\tau)\mathrm{e}^{-j2\pi f\tau}d\tau = G(j2\pi f) = H(f)$$

Berücksichtigt man noch, dass $g(t) = 0$ für $t < 0$, dann haben wir offenbar

$$H(f) = \mathcal{F}\{g(t)\}$$

d.h. $H(f)$ ist die Fourier-Transformierte von $g(t)$. Die obige Lösung der Differential-gleichung lässt sich nun mit Hilfe des Frequenzgangs ausdrücken, sofern $g(t)$ *absolut integrierbar* ist:

$$y(t) = e^{j2\pi ft}(\int_0^\infty g(\tau)e^{-j2\pi f\tau}d\tau - \int_t^\infty g(\tau)e^{-j2\pi f\tau}d\tau)$$

$$= H(f)e^{j2\pi ft} - e^{j2\pi ft}\int_t^\infty g(\tau)e^{-j2\pi f\tau}d\tau \qquad (5.10)$$

Der zweite Summand geht für $t \to \infty$ gegen Null. Der erste Summand stellt den einge-schwungenen Zustand dar. Damit habe wir

Satz 5.4.2 *Ist $g(t)$ absolut integrierbar, so existiert der Frequenzgang und es gilt*

$$\int_0^\infty g(\tau)e^{-j2\pi f\tau}d\tau = G(j2\pi f) = H(f)$$

Darüberhinaus stellt $H(f)e^{j2\pi ft}$ die stationäre Lösung mit der harmonischen Schwingung $e^{j2\pi ft}$ als Eingangssignal dar.

Wir wollen nun untersuchen, unter welchen Bedingungen an die Übertragungsfunktion der Frequenzgang existiert. Wir hatten soeben gesehen, dass es ausreicht, die absolute Integrierbarkeit von $g(t)$ zu fordern. Bei einer linearen Differentialgleichung 2. Ordnung mit konstanten Koeffizienten erhält man, wie wir oben gesehen haben:

$$g(t) := \begin{cases} \frac{1}{\lambda_1 - \lambda_2}(e^{\lambda_1 t} - e^{\lambda_2 t}) & \text{für } \lambda_1 \neq \lambda_2 \\ te^{\lambda_1 t} & \text{für } \lambda_1 = \lambda_2 = -\frac{p}{2} \end{cases}$$

Im allgemeinen Fall der linearen Differentialgleichung n-ter Ordnung ist $g(t)$ Summe von Ausdrücken der Form

$$A_k \frac{1}{(k-1)!}t^{k-1}e^{\lambda_m t}$$

wenn k kleiner oder gleich der Vielfachheit der Nullstelle λ_m des charakteristischen Po-lynoms ist (s.o.).

Ist nun $\text{Re}(\lambda_m) < 0$ für alle Nullstellen, so ist $g(t)$ offenbar absolut integrierbar. Dies kann man auch folgendermaßen ausdrücken:

Satz 5.4.3 *Liegen die Pole der Übertragungsfunktion $G(s)$ in der linken Halbebene, so existiert der Frequenzgang*

5.4.4 Stabilität

Eng verknüpft mit der Existenz des Frequenzgangs sind die Bedingungen für die *Stabilität* eines Systems:

Definition 5.4.4   *Ein lineares zeitinvariantes System heißt stabil, wenn ein beschränktes Eingangssignal $x(t)$ stets ein beschränktes Ausgangssignal erzeugt, d.h.: aus $|x(t)| \leq M$ für alle $t \geq 0$ folgt $|y(t)| \leq M'$ für alle $t \geq 0$.*

Bemerkung *In der englischsprachigen Literatur wird dieses Verhalten eines Systems durch* bounded input – bounded output *charakterisiert. Daher wird dies auch in der deutschsprachigen Literatur als* BIBO-stabil, *gelegentlich auch als* asymptotisch stabil *bezeichnet.*

Es gilt der folgende

Satz 5.4.5   *Ein System ist stabil, wenn die Impulsantwort absolut integrierbar ist.*

Beweis: Sei $x(t)$ ein beschränktes Eingangssignal. Dann erhalten wir das Ausgangssignal $y(t)$ als Faltung des Eingangssignals mit der Impulsantwort $g(t)$. Damit bekommen wir:

$$|y(t)| = |\int_0^t g(\tau) \cdot x(t-\tau)d\tau| \leq \int_0^t |g(\tau)| \cdot |x(t-\tau)|d\tau \leq M \int_0^\infty |g(\tau)|d\tau =: M'$$

$\square$

Bemerkung *Die Bezeichnung asymptotisch stabil lässt sich folgender maßen motivieren: sei $x(t)$ ein beschränktes Eingangssignal endlicher Dauer, d.h. $x(t) = 0$ für $t \notin [0, t_0]$, dann gilt für das zugehörige Ausgangssignal $y(t)$ für $t \geq t_0$:*

$$|y(t)| = |x(t) * g(t)| = |\int_{t-t_0}^t g(\tau) \cdot x(t-\tau)d\tau| \leq M \int_{t-t_0}^t |g(\tau)|d\tau \to_{t\to\infty} 0$$

Indem wir identisch argumentieren, wie im vorigen Abschnitt erhalten wir folgende Beschreibung der Stabilität durch die Pole der Übertragungsfunktion:

Satz 5.4.6   *Ein System ist stabil, wenn die Pole der Übertragungsfunktion in der linken Halbebene liegen.*

Das folgende Beispiel zeigt, dass auf die Forderung der absoluten Integrierbarkeit nicht ohne weiteres verzichtet werden kann: selbst, wenn die Impulsantwort quadratintegrabel (also von endlicher Energie) und die zugehörige Sprungantwort beschränkt ist, muss das System nicht stabil sein.

Beispiel 5.4.7   Sei $g(t) = \varepsilon(t) \cdot \text{si}(t)$, dann ist die Sprungantwort $y_\varepsilon(t) = \int_0^t \text{si}(\tau)d\tau =$

$\mathrm{Si}(t)$ gleich dem Integralsinus (s. Abschnitt 2.6.2), und damit beschränkt. Die Impulsantwort $g(t)$ ist zwar quadratintegrabel, aber nicht absolut integrierbar, denn

$$\int_0^\infty |\mathrm{si}(\tau)|d\tau = \sum_{k=0}^\infty \int_{k\pi}^{(k+1)\pi} |\frac{\sin\tau}{\tau}|d\tau \geq \sum_{k=0}^\infty \frac{1}{(k+1)\pi} \int_{k\pi}^{(k+1)\pi} |\sin\tau|d\tau$$

$$= \sum_{k=0}^\infty \frac{2}{(k+1)\pi} = \frac{2}{\pi}\sum_{k=1}^\infty \frac{1}{k} = \infty$$

wegen der Divergenz der harmonischen Reihe. Sei nun das Eingangssignal $x(t)$ gegeben durch

$$x(t) := \begin{cases} 1 & \text{für } n\pi \leq t < (n+1)\pi \text{ und } n \text{ gerade} \\ -1 & \text{für } n\pi \leq t < (n+1)\pi \text{ und } n \text{ ungerade} \end{cases}$$

mit n ganzzahlig und nicht-negativ. Das zugehörige Ausgangssignal lautet dann:

$$y(t) = \int_0^t g(\tau)x(t-\tau)d\tau$$

insbesondere erhalten wir:

$$y(n\pi) = \int_0^{n\pi} \mathrm{si}(\tau)x(n\pi - \tau)d\tau = \sum_{k=0}^{n-1} \int_{k\pi}^{(k+1)\pi} \mathrm{si}(\tau)x(n\pi - \tau)d\tau$$

Wir betrachten nun die Summanden der letzten Summe und treffen eine Fallunterscheidung:

1. n ungerade

   a) k gerade, dann $\mathrm{si}(\tau) \geq 0$ auf $[k\pi, (k+1)\pi]$. Ferner $x(n\pi - k\pi) = x(\underbrace{(n-k)}_{\text{ungerade}}\pi)$

   sowie $x(n\pi - (k+1)\pi) = x(\underbrace{(n-(k+1))}_{\text{gerade}}\pi)$, und damit $x(n\pi - \tau) = 1$ auf

   $[k\pi, (k+1)\pi]$. Es folgt $\mathrm{si}(\tau)x(n\pi - \tau) \geq 0$ auf $[k\pi, (k+1)\pi]$.

   b) k ungerade, dann $\mathrm{si}(\tau) \leq 0$ auf $[k\pi, (k+1)\pi]$. Ferner $x(n\pi - k\pi) = x(\underbrace{(n-k)}_{\text{gerade}}\pi)$

   sowie $x(n\pi - (k+1)\pi) = x(\underbrace{(n-(k+1))}_{\text{ungerade}}\pi)$, und damit $x(n\pi - \tau) = -1$ auf

   $[k\pi, (k+1)\pi]$. Es folgt $\mathrm{si}(\tau)x(n\pi - \tau) \geq 0$ auf $[k\pi, (k+1)\pi]$.

   Wir erhalten mit $n = 2m+1$:

$$y((2m+1)\pi) = \int_0^{(2m+1)\pi} |\mathrm{si}(\tau)|d\tau \geq \sum_{k=0}^{2m} \int_{k\pi}^{(k+1)\pi} \frac{1}{(k+1)\pi}|\sin(\tau)|d\tau$$

$$= \frac{2}{\pi}\sum_{k=1}^{2m} \frac{1}{k} \to_{m\to\infty} \infty$$

2. n gerade

   a) k gerade, dann si$(\tau) \geq 0$ auf $[k\pi, (k+1)\pi]$. Ferner $x(n\pi - k\pi) = x(\underbrace{(n-k)}_{\text{gerade}}\pi)$

      sowie $x(n\pi - (k+1)\pi) = x(\underbrace{(n-(k+1))}_{\text{ungerade}}\pi)$, und damit $x(n\pi - \tau) = -1$ auf

      $[k\pi, (k+1)\pi]$. Es folgt si$(\tau)x(n\pi - \tau) \leq 0$ auf $[k\pi, (k+1)\pi]$.

   b) k ungerade, dann si$(\tau) \leq 0$ auf $[k\pi, (k+1)\pi]$. Ferner $x(n\pi - k\pi) = x(\underbrace{(n-k)}_{\text{ungerade}}\pi)$

      sowie $x(n\pi - (k+1)\pi) = x(\underbrace{(n-(k+1))}_{\text{gerade}}\pi)$, und damit $x(n\pi - \tau) = 1$ auf

      $[k\pi, (k+1)\pi]$. Es folgt si$(\tau)x(n\pi - \tau) \leq 0$ auf $[k\pi, (k+1)\pi]$.

Wir erhalten mit $n = 2m$:

$$
\begin{aligned}
y(2m\pi) &= -\int_0^{2m\pi} |\text{si}(\tau)|d\tau \leq -\sum_{k=0}^{2m-1} \int_{k\pi}^{(k+1)\pi} \frac{1}{(k+1)\pi} |\sin(\tau)|d\tau \\
&= -\frac{2}{\pi}\sum_{k=1}^{2m} \frac{1}{k} \rightarrow_{m\to\infty} -\infty
\end{aligned}
$$

Damit ist das Ausgangssignal $y(t)$ unbeschränkt, obgleich das Eingangssignal $x(t)$ beschränkt ist.

5.5 Anwendung: Filterentwurf

Als Anwendung betrachten wir den Entwurf eines Tiefpassfilters. Dabei beschränken wir uns auf sog. Polynomfilter. Hier gilt es, die Koeffizienten des charakterisischen Polynoms $P(s)$ der Differentialgleichung so zu bestimmen, dass der zugehörige Frequenzgang dem eines idealen Tiefpasses möglichst nahe kommt. Mit $\omega = 2\pi f$ kann man dies folgendermaßen formulieren:

der Betrag des Frequenzganges $G(j\omega)$ soll für $|\omega|$ zwischen Null und ω_g möglichst wenig von 1, für $|\omega|$ größer ω_g wenig von Null abweichen. Der Wert ω_g wird als Grenzfrequenz bezeichnet und ist durch $|G(j\omega_g)| = \frac{1}{\sqrt{2}}$ festgelegt. Dies entspricht eine Dämpfung um 3 Dezibel.

Ein naheliegender Ansatz ist der folgende (s. [2]):

$$
|G(j\omega)|^2 = \frac{1}{1 + Q_n^2(\omega)}
$$

wobei $Q_n(\omega)$ ein Polynom n-ter Ordnung mit nur geraden oder nur ungeraden Potenzen ist (die Bedingung an die Potenzen ist nicht so offensichtlich, wird aber weiter unten erläutert).

5.5.1 Butterworth-Filter

Den einfachsten Ansatz bekommt man durch $Q_n(\omega) = \omega^n$. Hier ist die Grenzfrequenz ω_g offenbar gleich 1, denn es gilt

$$|G(j\omega_g)|^2 = \frac{1}{1 + \omega_g^{2n}} = \frac{1}{2}$$

Wir wollen die Bestimmung der Koeffizienten zunächst für eine Differentialgleichung 2. Ordnung explizit vornehmen. Hier ist $P(s) = s^2 + ps + q$ und wir haben

$$|G(j\omega)|^2 = \frac{1}{|(j\omega)^2 + pj\omega + q|^2} = \frac{1}{1 + \omega^4}$$

Nun gilt

$$|(j\omega)^2 + pj\omega + q|^2 = ((j\omega)^2 + q + jp\omega)((j\omega)^2 + q - jp\omega)$$
$$= (-\omega^2 + q)^2 + p^2\omega^2 = \omega^4 + (p^2 - 2q)\omega^2 + q^2$$

Durch Koeffizientenvergleich bekommen wir: $q^2 = 1$ und $p^2 - 2q = 0$ mit der Lösung $p = \sqrt{2}$ und $q = 1$, und damit für das charakteristische Polynom:

$$P(s) = s^2 + \sqrt{2}s + 1$$

Für $n > 2$ empfiehlt sich eine andere Vorgehensweise:

Wir betrachten die Polstellen von $|G(j\omega)|^2$, d.h. die Nullstellen des Polynoms $1 + \omega^{2n}$. Dies ist ein Polynom $2n$-ten Grades ohne reelle Nullstellen (aber mit n Paaren $\lambda_k, \bar\lambda_k$ von konjugiert komplexer Nullstellen). Die Gleichung

$$\omega^{2n} = -1 = e^{j\pi} = e^{-j\pi}$$

wird – wie man durch Einsetzen leicht nachrechnet – durch

$$\lambda_k = e^{j\frac{2k-1}{2n}\pi} = \cos(\frac{2k-1}{2n}\pi) + j\sin(\frac{2k-1}{2n}\pi)$$

für $k = 1, ..., n$ erfüllt, sowie durch

$$\bar\lambda_k = \cos(\frac{2k-1}{2n}\pi) - j\sin(\frac{2k-1}{2n}\pi)$$

für $k = 1, ..., n$. Die Zerlegung des Polynoms $1 + \omega^{2n}$ in Linearfaktoren lautet dann:

$$1 + \omega^{2n} = (\omega - \lambda_1) \cdot ... \cdot (\omega - \lambda_n) \cdot (\omega - \bar\lambda_1) \cdot ... \cdot (\omega - \bar\lambda_n)$$

Setzen wir nun für das charakteristische Polynom der Differentialgleichung

$$P(s) = (s - j\lambda_1) \cdot ... \cdot (s - j\lambda_n)$$

so bekommen wir:

$$P(j\omega) = (j\omega - j\lambda_1) \cdot ... \cdot (j\omega - j\lambda_n) = j^n(\omega - \lambda_1) \cdot ... \cdot (\omega - \lambda_n)$$

und damit

$$\overline{P(j\omega)} = (-j)^n(\omega - \bar{\lambda}_1) \cdot ... \cdot (\omega - \bar{\lambda}_n)$$

schließlich also:

$$|P(j\omega)|^2 = P(j\omega) \cdot \overline{P(j\omega)} = 1 + \omega^{2n}$$

Die Nullstellen von $P(s)$ (und damit die Polstellen von $G(s) = 1/P(s)$) liegen bei

$$j\lambda_k = j(\cos(\frac{2k-1}{2n}\pi) + j\sin(\frac{2k-1}{2n}\pi)) = -\sin(\frac{2k-1}{2n}\pi) + j\cos(\frac{2k-1}{2n}\pi)$$

für $k = 1, ..., n$ und damit in der linken Halbebene, d.h. der Frequenzgang existiert nach Satz 5.4.3.

Darüberhinaus sind die Koeffizienten von $P(s)$ reell (nach Ausmultiplizieren der Linearfaktoren und Ordnen nach Potenzen von s). Dies sieht man folgendermaßen ein:

Das Polynom $1+\omega^{2n}$ enthält nur gerade Potenzen. Damit liegen die Nullstellen symmetrisch zum Nullpunkt. Da die Nullstellen als konjugiert komplexe Paare auftreten, liegen sie symmetrisch zur reellen Achse und insgesamt damit auch symmetrisch zur imaginären Achse. Dies gilt insbesondere auch für die Nullstellen $\lambda_1, ..., \lambda_n$ der oberen Halbebene.

Die Nullstellen von $P(s)$ entstehen aus diesen durch Multiplikation mit j, was einer Drehung um 90 Grad im Gegenuhrzeigersinn entspricht. Die Nullstellen von $P(s)$ lassen sich somit zu konjugiert komplexen Paaren zusammenfassen, was bei Ausmultiplizieren der entsprechenden Linearfaktoren zu quadratischen Faktoren mit reellen Koeffizienten führt.

Für n ungerade tritt zudem die reelle Nullstelle $j \cdot \lambda_{\frac{n+1}{2}} = -1$ auf.

Beispiel 5.5.1   Es gilt für $k = 1, ..., n$

$$j\lambda_k = je^{j\frac{2k-1}{2n}\pi}$$

Sei $n = 3$, dann

$$\begin{aligned}
j\lambda_1 &= je^{j\frac{\pi}{6}} = -\sin\frac{\pi}{6} + j\cos\frac{\pi}{6} = -\frac{1}{2} + j\frac{\sqrt{3}}{2} \\
j\lambda_2 &= je^{j\frac{3\pi}{6}} = -\sin\frac{\pi}{2} + j\cos\frac{\pi}{2} = -1 \\
j\lambda_3 &= je^{j\frac{5\pi}{6}} = -\sin\frac{5\pi}{6} + j\cos\frac{5\pi}{6} = -\frac{1}{2} - j\frac{\sqrt{3}}{2}
\end{aligned}$$

und

$$\begin{aligned}
P(s) &= (s + \frac{1}{2} - j\frac{\sqrt{3}}{2})(s + \frac{1}{2} + j\frac{\sqrt{3}}{2})(s + 1) \\
&= ((s + \frac{1}{2})^2 - j^2(\frac{\sqrt{3}}{2})^2)(s + 1) = (s^2 + s + 1)(s + 1) \\
&= s^3 + 2s^2 + 2s + 1
\end{aligned}$$

Beispiel 5.5.2   Sei $n = 4$, dann

$$j\lambda_1 = je^{j\frac{\pi}{8}} , j\lambda_2 = je^{j\frac{3\pi}{8}} , j\lambda_3 = je^{j\frac{5\pi}{8}} , j\lambda_4 = je^{j\frac{7\pi}{8}}$$

und damit

$$
\begin{aligned}
P(s) &= (s - je^{j\frac{\pi}{8}})(s - je^{j\frac{7\pi}{8}})(s - je^{j\frac{3\pi}{8}})(s - je^{j\frac{5\pi}{8}}) \\
&= (s^2 - s \cdot j(e^{j\frac{\pi}{8}} + e^{j\frac{7\pi}{8}}) + j^2 e^{j\pi}) \cdot (s^2 - s \cdot j(e^{j\frac{3\pi}{8}} + e^{j\frac{5\pi}{8}}) + j^2 e^{j\pi})
\end{aligned}
$$

Wegen $\cos(\pi - \alpha) = -\cos\alpha$ und $\sin(\pi - \alpha) = \sin\alpha$ bekommen wir:

$$P(s) = (s^2 + 2s \cdot \sin\frac{\pi}{8} + 1) \cdot (s^2 + 2s \cdot \sin\frac{3\pi}{8} + 1)$$

Der Amplitudengang eines Butterworth-Filters 6. Ordnung wird in den folgenden Graphiken dargestellt

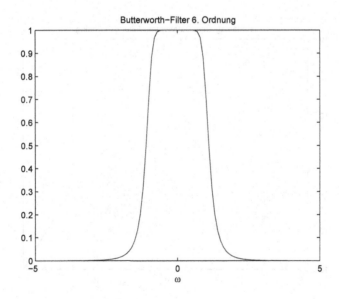

Hier ein genaueres Bild des Durchlassbereichs:

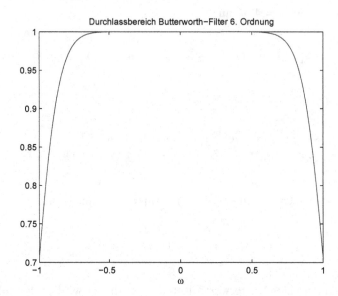

In der doppeltlogarithmischen Darstellung erkennt man das Dämpfungsverhalten

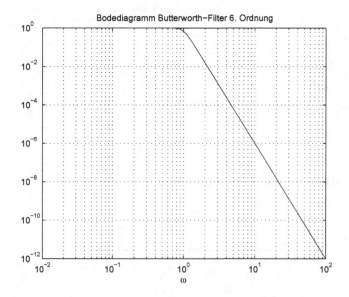

mit 6 Zehnerpotenzen pro Dekade. Der Phasengang ergibt sich aus

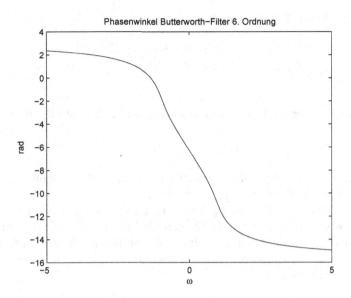

5.5.2 Tschebyscheff-Filter

Hier setzen wir $Q_n(\omega) = T_n(\omega)$, das n-te normierte Tschebyscheff-Polynom. Man kann zeigen, dass $T_n(\omega)$ dasjenige Polynom vom Grad n mit führendem Koeffizienten 1 ist, das auf dem Intervall $[-1, 1]$ die geringste Abweichung von Null hat. Man erhält die Tschebyscheff-Polynome, indem man

$$C_n(\omega) := \cos(n \arccos(\omega)) \text{ für } -1 \le \omega \le 1$$

setzt. Sofort folgt $C_0(\omega) = 1$ und $C_1(\omega) = \omega$. Mit Hilfe des Additionstheorems:

$$2\cos\frac{\alpha + \beta}{2} \cdot \cos\frac{\alpha - \beta}{2} = \cos\alpha + \cos\beta$$

erhält man daraus

$$\cos((n+1)\arccos(\omega)) + \cos((n-1)\arccos(\omega)) \tag{5.11}$$
$$= 2\cos(n\arccos(\omega))\cos(\arccos(\omega))$$

und damit die Rekursionsformel

$$C_{n+1}(\omega) = 2\omega C_n(\omega) - C_{n-1}(\omega)$$

Aus dieser Rekursionsformel erkennt man auch, dass $C_n(\omega)$ für alle n tatsächlich ein Polynom vom Grade n ist. Für n gerade treten nur gerade Potenzen, für n ungerade nur ungerade Potenzen von ω auf. Damit ist $C_n(\omega)$ für n gerade eine gerade, für n ungerade eine ungerade Funktion. Z.B. bekommt man:

$$C_2(\omega) \;\; = \;\; 2\omega C_1(\omega) - C_0(\omega) = 2\omega^2 - 1$$
$$C_3(\omega) \;\; = \;\; 2\omega C_2(\omega) - C_1(\omega) = 4\omega^3 - 3\omega$$

Durch geeignete Normierung kann man erreichen, dass der höchste Koeffizient zu 1 wird:

$$T_n(\omega) = \frac{1}{2^{n-1}} C_n(\omega)$$

Da für $-1 \leq \omega \leq 1$ nach der obigen Definition $|C_n(\omega)| \leq 1$ ist, kann $T_n(\omega)$ dort dem Betrage nach höchstens Werte von $\frac{1}{2^{n-1}}$ erreichen.

Wir wollen nun das Verhalten des Ausdrucks $1/(1+T_n^2(\omega))$ für $\omega > 1$ untersuchen. Hier gilt $C_n(\omega) = \cosh(n \cdot \mathrm{areacosh}(\omega))$, da für den Cosinushyperbolicus das formal gleiche Additionstheorem wie in Gleichung 5.11 gilt und damit dieselbe Rekursionsformel. Zudem gilt: $\cosh(0) = 1$ und $\cosh(\mathrm{areacosh}(\omega)) = \omega$. Sei nun $a > 1$ und $\omega > \cosh(\frac{1}{n}\ln a)$, d.h. $n \cdot \mathrm{areacosh}(\omega) > \ln a$. Wegen

$$\cosh(\ln a) = \frac{e^{\ln a} + e^{-\ln a}}{2} = \frac{a + \frac{1}{a}}{2} > \frac{a}{2}$$

gilt dann $C_n(\omega) = \cosh(n \cdot \mathrm{areacosh}(\omega)) > \frac{a}{2}$. Für verschiedene Werte von a erhalten wir folgende Aussagen:

1. $a = 2^n$, dann $\ln a = n \ln 2$ und für $\omega > \cosh(\ln 2) = \frac{5}{4}$ folgt $C_n(\omega) > 2^{n-1}$, d.h. $T_n(\omega) > 1$.

2. $a = 2^{2n}$, dann $\ln a = 2n \ln 2$ und für $\omega > \cosh(2\ln 2) = \frac{17}{8}$ folgt $C_n(\omega) > 2^{2n-1}$, d.h. $T_n(\omega) > 2^n$.

Wir zeigen nun

Satz 5.5.3   *Für die Grenzfrequenz $\omega_g^{(n)}$ gilt $\lim_{n \to \infty} \omega_g^{(n)} = \frac{5}{4}$. Ferner gilt für $\rho > 0$:*

$$T_n(\frac{5}{4} + \rho) \to_{n \to \infty} \infty$$

Beweis: offenbar gilt:

$$\cosh^2 t = 1 + \sinh^2 t$$

und damit für $t \geq 0$:

$$\ln(\sqrt{\cosh^2 t - 1} + \cosh t) = \ln(\sinh t + \cosh t) = \ln(e^t) = t$$

also für $t = \mathrm{areacosh}\, x$:

$$\ln(\sqrt{x^2 - 1} + x) = \mathrm{areacosh}\, x$$

Wir erhalten dann für $\rho > 0$:

$$\text{areacosh}(\frac{5}{4} + \rho) = \ln(\sqrt{(\frac{5}{4} + \rho)^2 - 1} + \frac{5}{4} + \rho)$$

$$= \ln(\sqrt{(\frac{3}{4} + \rho)^2 + \rho} + \frac{5}{4} + \rho)$$

$$\geq \ln(\frac{3}{4} + \rho + \frac{5}{4} + \rho) = \ln(2(1 + \rho))$$

Damit bekommen wir

$$C_n(\frac{5}{4} + \rho) = \cosh(n \cdot \text{areacosh}(\frac{5}{4} + \rho)) \geq \cosh(n \ln(2(1 + \rho)))$$

$$= \frac{2^n(1 + \rho)^n + 2^{-n}(1 + \rho)^{-n}}{2}$$

Für die normierten Tschebyscheff-Polynome bedeutet dies:

$$T_n(\frac{5}{4} + \rho) = \frac{1}{2^{n-1}} C_n(\frac{5}{4} + \rho) \geq \frac{2^n(1 + \rho)^n + 2^{-n}(1 + \rho)^{-n}}{2^n} \geq (1 + \rho)^n \to_{n \to \infty} \infty$$

und weiterhin $T_n(\frac{5}{4}) = \frac{2^n + 2^{-n}}{2^n} = 1 + 2^{-2n}$ und damit

$$|G(j\frac{5}{4})|^2 = \frac{1}{1 + T_n^2(\frac{5}{4})} = \frac{1}{1 + (1 + 2^{-2n})^2} \to_{n \to \infty} \frac{1}{2}$$

$\square$

Wir wollen die Bestimmung der Filter-Koeffizienten nun für eine Differentialgleichung 2. Ordnung explizit vornehmen. Hier ist $P(s) = s^2 + ps + q$ und wir haben

$$|G(j\omega)|^2 = \frac{1}{|(j\omega)^2 + pj\omega + q|^2} = \frac{1}{1 + T_2^2(\omega)}$$

Bei der entsprechenden Betrachtung im vorigen Abschnitt über das Butterworth-Filter hatten wir gesehen:

$$|(j\omega)^2 + pj\omega + q|^2 = \omega^4 + (p^2 - 2q)\omega^2 + q^2$$

Ferner gilt –wie oben gesehen–:

$$C_2(\omega) = 2\omega^2 - 1$$

und damit

$$T_2(\omega) = \omega^2 - \frac{1}{2}$$

Wir bekommen:

$$\omega^4 + (p^2 - 2q)\omega^2 + q^2 = 1 + (\omega^2 - \frac{1}{2})^2 = 1 + \omega^4 - \omega^2 + \frac{1}{4}$$

Durch Koeffizientenvergleich erhalten wir: $q^2 = \frac{5}{4}$ und $p^2 - 2q = -1$. Dies liefert $q = \frac{\sqrt{5}}{2}$ und $p = \sqrt{\sqrt{5}-1}$. Für die Nullstellen des zugehörigen charakteristischen Polynoms erhält man:

$$\lambda_{1,2} = -\frac{p}{2} \pm \sqrt{\frac{p^2}{4} - q} = -\frac{\sqrt{\sqrt{5}-1}}{2} \pm j\sqrt{\frac{1+\sqrt{5}}{4}}$$

d.h. die Nullstellen sind konjugiert komplex und liegen in der linken Halbebene.

Setzen wir die berechneten Größen ein, so erhalten wir für den Betrag des Frequenzgangs:

$$|G(j\omega)|^2 = \frac{1}{\omega^4 - \omega^2 + \frac{5}{4}}$$

Für den Fall $n > 2$ ist die Vorgehensweise im Prinzip dieselbe wie für den Butterworth-Filter: das Polynom $2n$-ten Grades $1 + T_n^2(\omega)$ besitzt n Paare konjugiert komplexer Nullstellen. Die Zerlegung in Linearfaktoren lautet:

$$1 + T_n^2(\omega) = (\omega - \lambda_1) \cdot ... \cdot (\omega - \lambda_n) \cdot (\omega - \bar{\lambda}_1) \cdot ... \cdot (\omega - \bar{\lambda}_n)$$

wobei λ_k für $k = 1, ..., n$ aus der oberen Halbebene gewählt werden. Das charakteristische Polynom setzen wir dann wie oben

$$P(s) = (s - j\lambda_1) \cdot ... \cdot (s - j\lambda_n)$$

Insbesondere liegen dann die Nullstellen von $P(s)$, nämlich $j\lambda_k = j(x_k + jy_k) = -y_k + jx_k$ mit $y_k > 0$ für $k = 1, ..., n$ in der linken Halbebene. Zudem sind die Koeffizienten von $P(s)$ reell, denn in dem Polynom $1 + T_n^2(\omega)$ gibt es nur gerade Potenzen von ω. Im Übrigen argumentiert man genauso wie beim Butterworth-Filter.

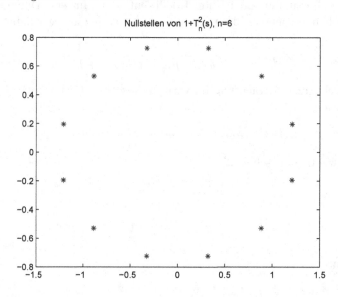

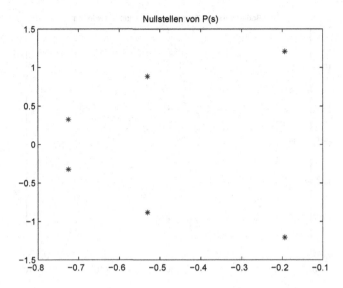

Wir betrachten nun noch Amplituden- und Phasengang eines Tschebyscheff-Filters.

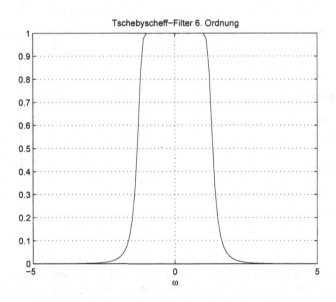

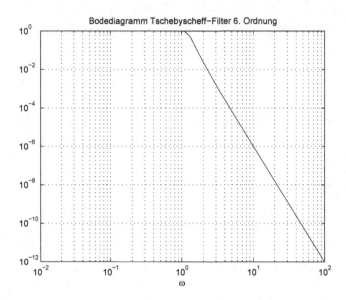

Für ein Tschebyscheff-Filter 6. Ordnung erhält man eine Dämpfung von 6 Zehnerpotenzen (120 dB) pro Dekade. Die Welligkeit des Amplitudengangs für $-1 \leq \omega \leq 1$ erkennt man aus folgendem Diagramm

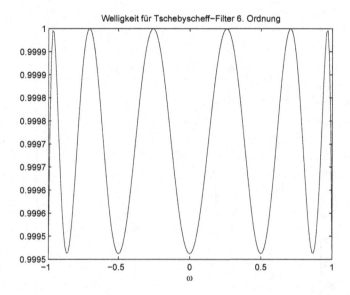

Allerdings ist die entsprechende Amplitude nur in der Größenordnung von $\frac{1}{2^{2n-1}}$, für $n = 6$ also bei ca $\frac{1}{2}10^{-3}$. Den Durchlassbereich erkennt man in der folgenden Graphik

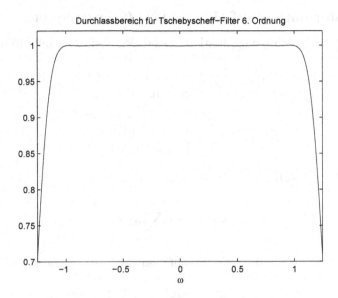

Der Phasengang ist auch im Durchlassbereich – ähnlich wie beim Butterworth-Filter – nicht vollständig linear:

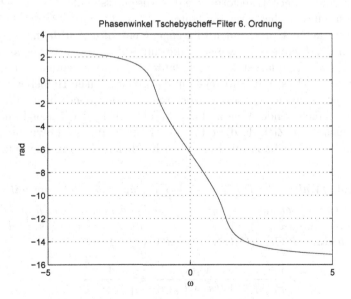

5.5.3 Transformation auf eine andere Grenzfrequenz

Sei $G(s) = \frac{1}{P(s)}$ die Übertragungsfunktion eines realen Tiefpasses mit Grenzfrequenz ω_g, dann gilt

$$|P(j\omega)| \approx \begin{cases} 1 & \text{für } |\omega| < \omega_g \\ \infty & \text{für } |\omega| > \omega_g \end{cases}$$

und damit

$$|P(j\omega \cdot \frac{\omega_g}{\hat{\omega}_g})| \approx \begin{cases} 1 & \text{für } |\omega| < \hat{\omega}_g \\ \infty & \text{für } |\omega| > \hat{\omega}_g \end{cases}$$

Insbesondere gilt $|P(j\omega_g)| = \frac{1}{\sqrt{2}}$, also $|\tilde{P}(j\hat{\omega}_g)| = |P(j\hat{\omega}_g \cdot \frac{\omega_g}{\hat{\omega}_g})| = \frac{1}{\sqrt{2}}$. Mit

$$P(s) = s^n + \sum_{k=0}^{n-1} a_k s^k$$

bekommen wir dann die Koeffizienten des auf Grenzfrequenz $\hat{\omega}_g$ transformierten Tiefpasses

$$\tilde{P}(s) = P(s \cdot \frac{\omega_g}{\hat{\omega}_g}) = (\frac{\omega_g}{\hat{\omega}_g})^n s^n + \sum_{k=0}^{n-1} (\frac{\omega_g}{\hat{\omega}_g})^k a_k s^k$$

5.5.4 Bessel-Filter

Hier soll ein Polynom-Filter entworfen werden, das im Durchlassbereich eine möglichst verzerrungsfreie Übertragung gewährleistet. Im Idealfall wird einem Eingangssignal $x(t)$ das zeitlich verzögerte Ausgangssignal $x(t - t_0)$ zugeordnet. Nach dem Verschiebungssatz lautet dann die Laplace-Transformierte des Ausgangssignals $X(s) \cdot e^{-st_0}$. Die Übertragungsfunktion eines solchen Systems lautet dann e^{-st_0} und $e^{-j2\pi f t_0}$ der zugehörige Frequenzgang. Für den entsprechenden Phasengang enthalten wir dann mit $-2\pi f t_0$ eine lineare Funktion der Frequenz f, wobei t_0 die durch das System verursachte Verzögerungszeit ist. Setzen wir zunächst $t_0 = 1$, so lautet die Entwurfsaufgabe: bestimme eine Folge von Polynomen $P_n(s)$ mit Nullstellen in der offenen linken Halbebene (sogenannte Hurwitz-Polynome) , deren zugehörige Übertragungsfunktionen die Funktion e^{-s} approximieren. Der naheliegende Ansatz, dafür Anfangsstücke der Taylor-Reihe von e^s zu nehmen, führt nicht zum Ziel, da diese für $n > 4$ keine Hurwitz-Polynome sind. Einen Hinweis auf den Zusammenhang mit Kettenbrüchen liefert der folgende Satz [29]:

Satz 5.5.4 *(Wall)   Sei $P_n(s) := s^n + \sum_{k=0}^{n-1} a_k s^k$ ein Polynom mit reellen Koeffizienten und sei $U_n(s)$ der gerade Anteil von $P_n(s)$, wenn n gerade und der ungerade Anteil von $P_n(s)$ wenn n ungerade ist und sei $V_n(s) := P_n(s) - U_n(s)$. Offenbar gilt $Grad(U_n(s)) \geq Grad(V_n(s) + 1)$ und*

$$\frac{V_n(s)}{P_n(s)} = \frac{V_n(s)}{V_n(s) + U_n(s)} = \frac{1}{1 + \frac{V_n(s)}{U_n(s)}}$$

Dann ist $P(s)$ ein Hurwitz-Polynom, genau dann, wenn in der Kettenbruch-entwicklung von $\frac{V_n(s)}{U_n(s)}$ nach dem Euklidischen Algorithmus (zur Bestimmung eines größten gemeinsamen Teilers):

$$\frac{U_n(s)}{P_n(s)} = \cfrac{1}{c_1 s + \cfrac{1}{c_2 s + \dots}}$$

$$\ddots$$

$$\cfrac{1}{c_{n-1} s + \cfrac{1}{c_n s}}$$

alle Koeffizienten c_k positiv sind.

Beispiel 5.5.5 $P(s) = s^3 + 6s^2 + 15s + 15$, dann $a_1 = U(s) = s^3 + 15s$ und $a_2 = V(s) = 6s^2 + 15$. Der Euklidische Algorithmus läuft nun nach folgenden Schema ab: a_{k-1} wird durch a_k geteilt (im Sinne der Polynomdivision) mit Rest a_{k+1}:

$$a_{k-1} = q_k a_k + a_{k+1}$$

für $k = 2, 3, \dots$. Da der Grad von a_{k+1} stets kleiner als der von a_k ist, endet der Prozess nach endlich vielen Schritten. Man bekommt:

$$\frac{a_1}{a_2} = q_1 + \frac{a_3}{a_2} = q_1 + \cfrac{1}{\frac{a_2}{a_3}} = q_1 + \cfrac{1}{q_2 + \frac{a_4}{a_3}}$$

und damit

$$\frac{s^3 + 15s}{6s^2 + 15} = \frac{1}{6}s + \cfrac{1}{\frac{6s^2+15}{\frac{25}{2}s}} = \frac{1}{6}s + \cfrac{1}{\frac{12}{25}s + \frac{15}{\frac{25}{2}s}} = \frac{1}{6}s + \cfrac{1}{\frac{12}{25}s + \frac{1}{\frac{5}{6}s}}$$

Eine Beziehung zwischen Kettenbrüchen und Rekursionsformeln stellt der folgende Satz von Perron [19] her:

Satz 5.5.6 *(Perron)*   *Sei $A_0 = b_0$, $B_0 = 1$ sowie $A_1 = b_0 b_1 + a_1$, $B_1 = b_1$ und sei*

$$A_n = b_n A_{n-1} + a_n A_{n-2}$$
$$B_n = b_n B_{n-1} + a_n B_{n-2}$$

dann gilt

$$\frac{A_n}{B_n} = b_0 + \cfrac{a_1}{b_1 + \cfrac{a_2}{b_2 + \dots}}$$

$$\ddots$$

$$\cfrac{a_{n-1}}{b_{n-1} + \frac{a_n}{b_n}}$$

für $n = 0, 1, 2, \ldots$.

Beweis: durch Induktion über n:

1. Induktionsanfang: $\frac{A_0}{B_0} = b_0$ sowie $\frac{A_1}{B_1} = \frac{b_0 b_1 + a_1}{b_1} = b_0 + \frac{a_1}{b_1}$

2. Induktionsschritt: setze $\beta_n := b_n + \frac{a_{n+1}}{b_{n+1}}$, dann

$$
\begin{aligned}
\tilde{A}_n &= \beta_n A_{n-1} + a_n A_{n-2} \\
\tilde{B}_n &= \beta_n B_{n-1} + a_n B_{n-2}
\end{aligned}
$$

und nach Induktionsannahme

$$
\frac{\tilde{A}_n}{\tilde{B}_n} = b_0 + \cfrac{a_1}{b_1 + \cfrac{a_2}{b_2 + \ldots}}
$$

$$
\cfrac{a_{n-1}}{b_{n-1} + \frac{a_n}{\beta_n}}
$$

ferner gilt:

$$
\begin{aligned}
\frac{\tilde{A}_n}{\tilde{B}_n} &= \frac{(b_n + \frac{a_{n+1}}{b_{n+1}})A_{n-1} + a_n A_{n-2}}{(b_n + \frac{a_{n+1}}{b_{n+1}})B_{n-1} + a_n B_{n-2}} \\
&= \frac{b_{n+1}(b_n A_{n-1} + a_n A_{n-2}) + a_{n+1} A_{n-1}}{b_{n+1}(b_n B_{n-1} + a_n B_{n-2}) + a_{n+1} B_{n-1}} \\
&= \frac{b_{n+1} A_n + a_{n+1} A_{n-1}}{b_{n+1} B_n + a_{n+1} B_{n-1}} \\
&= \frac{A_{n+1}}{B_{n+1}}
\end{aligned}
$$

und damit

$$
\frac{A_{n+1}}{B_{n+1}} = b_0 + \cfrac{a_1}{b_1 + \cfrac{a_2}{b_2 + \ldots}}
$$

$$
\cfrac{a_{n-1}}{b_{n-1} + \cfrac{a_n}{b_n + \frac{a_{n+1}}{b_{n+1}}}}
$$

$\square$

Umgekehrt lassen sich die Koeffizienten der Rekursionen aus der Kettenbruchentwicklung gewinnen.

Wir versuchen nun, eine Approximation von e^s durch Hurwitz-Polynome $P_n(s)$ aus einer Kettenbruchentwicklung zu gewinnen. Mit $G_n(s) = \frac{a_0}{P_n(s)}$ erhielte man dann $G_n(s) \approx e^{-s}$. Offenbar gilt $e^s = \cosh s + \sinh s$. Die Funktion $\sinh s$ ist offenbar der ungerade Anteil von e^s und wir setzen in Analogie zum Vorgehen des Satzes von Wall:

$$\frac{\sinh s}{e^s} = \frac{\sinh s}{\cosh s + \sinh s} = \frac{1}{1 + \frac{\cosh s}{\sinh s}} \tag{5.12}$$

Für eine – zunächst – unendliche Kettenbruchentwicklung benötigen wir eine geeignete Rekursionsformel. Diese wird durch die Besselfunktionen geliefert (s. Anhang A2):

$$J_{\nu-1}(w) + J_{\nu+1}(w) = \frac{2\nu}{w} J_\nu(w)$$

und damit

$$\frac{J_{\nu-1}(w)}{J_\nu(w)} + \frac{J_{\nu+1}(w)}{J_\nu(w)} = \frac{2\nu}{w}$$

also

$$\begin{aligned}
\frac{J_{\nu-1}(w)}{J_\nu(w)} &= \frac{2\nu}{w} - \cfrac{1}{\frac{J_\nu(w)}{J_{\nu+1}(w)}} \\[2ex]
&= \frac{2\nu}{w} - \cfrac{1}{\frac{2(\nu+1)}{w} - \cfrac{1}{\frac{J_{\nu+1}(w)}{J_{\nu+2}(w)}}} \\[2ex]
&= \frac{2\nu}{w} - \cfrac{1}{\frac{2(\nu+1)}{w} - \cfrac{1}{\frac{2(\nu+2)}{w} - \cfrac{1}{\frac{J_{\nu+2}(w)}{J_{\nu+3}(w)}}}}
\end{aligned}$$

Setzen wir $w = -js$, so bekommen wir

$$\frac{J_{\nu-1}(-js)}{jJ_\nu(-js)} = \frac{1}{j}\left(\frac{2\nu}{-js} - \frac{1}{\frac{J_\nu(-js)}{J_{\nu+1}(-js)}}\right)$$

$$= \frac{2\nu}{s} + \frac{1}{\frac{J_\nu(-js)}{jJ_{\nu+1}(-js)}}$$

$$= \frac{2\nu}{s} + \cfrac{1}{\frac{2(\nu+1)}{s} + \cfrac{1}{\frac{J_{\nu+1}(-js)}{jJ_{\nu+2}(-js)}}}$$

$$= \frac{2\nu}{s} + \cfrac{1}{\frac{2(\nu+1)}{s} + \cfrac{1}{\frac{2(\nu+2)}{s} + \cfrac{1}{\frac{J_{\nu+2}(-js)}{jJ_{\nu+3}(-js)}}}}$$

Speziell für $\nu = \frac{1}{2}$ erhält man:

$$\frac{J_{-\frac{1}{2}}(-js)}{jJ_{\frac{1}{2}}(-js)} = \frac{1}{s} + \cfrac{1}{\frac{3}{s} + \cfrac{1}{\frac{5}{s} + \cfrac{1}{\frac{J_{\frac{1}{2}+2}(-js)}{jJ_{\frac{1}{2}+3}(-js)}}}}$$

Nun gilt aber (s. Anhang A2):

$$\frac{J_{-\frac{1}{2}}(-js)}{jJ_{\frac{1}{2}}(-js)} = \frac{\cosh s}{\sinh s}$$

$$\frac{\cosh s}{\sinh s} = \frac{1}{s} + \cfrac{1}{\frac{3}{s} + \ldots}$$

$$\cfrac{\ddots}{\cfrac{1}{\frac{2n+1}{s} + \ldots}}$$

und für $s = \frac{1}{z}$ schließlich:

$$\frac{\cosh\frac{1}{z}}{\sinh\frac{1}{z}} = z + \cfrac{1}{3z + \ldots}$$

$$\cfrac{\ddots}{\cfrac{1}{(2n+1)z + \ldots}}$$

Bricht man diese (unendliche) Kettenbruchentwicklung nach endlich vielen Schritten ab, so bekommt man

$$\frac{U_n(z)}{V_n(z)} = z + \cfrac{1}{3z + \dots}$$

$$\ddots$$

$$\cfrac{1}{(2n-1)z}$$

bzw.

$$\frac{U_{n+1}(z)}{V_{n+1}(z)} = z + \cfrac{1}{3z + \dots}$$

$$\ddots$$

$$\cfrac{1}{(2n-1)z + \frac{1}{(2n+1)z}}$$

Setzen wir im Sinne des Satzes von Perron $b_0 = z, b_1 = 3z, \dots, b_n = (2n+1)z$ sowie $a_k = 1$ für $k = 0, 1, \dots, n$, ferner $A_0 = b_0$, $A_1 = b_0 b_1 + a_1 = 3z^2 + 1$, $B_0 = 1$ und $B_1 = 3z$ aus den folgenden Rekursionsformeln

$$A_n = b_n A_{n-1} + a_n A_{n-2}$$
$$B_n = b_n B_{n-1} + a_n B_{n-2}$$

erhalten wir für $U_{n+1} = A_n$ und $V_{n+1} = B_n$

$$U_{n+1}(z) = (2n+1)z U_n(z) + U_{n-1}(z)$$
$$V_{n+1}(z) = (2n+1)z V_n(z) + V_{n-1}(z)$$

Setzen wir $Y_n(z) = U_n(z) + V_n(z)$, so bekommen wir offenbar

$$Y_{n+1}(z) = (2n+1)z Y_n(z) + Y_{n-1}(z)$$

und wegen $U_1(z) = A_0 = b_0 = z$ und $V_1 = B_0 = 1$ schließlich $Y_1(z) = U_1(z) + V_1(z) = z+1$. Mit $U_0(z) = 1$ und $V_0(z) = 0$, also $Y_0(z) = 1$, erhalten wir dann die Bessel-Polynome nach [13]. Da in der Kettenbruchentwicklung von $\frac{U_n(z)}{V_n(z)}$ die Koeffizienten $c_k = 2k - 1$ für $k = 1, \dots, n$ positiv sind ist $Y_n(z)$ nach dem Satz von Wall ein Hurwitz-Polynom.

Beispiel 5.5.7

$$Y_2(z) = 3z Y_1(z) + Y_0(z) = 3z(z+1) + 1 = 3z^2 + 3z + 1$$
$$Y_3(z) = 5z Y_2(z) + Y_1(z) = 5z(3z^2 + 3z + 1) + z + 1 = 15z^3 + 15z^2 + 6z + 1$$

Nach Konstruktion ist $Y_n(z)$ ein Polynom n-ten Grades, ferner ist für n gerade $U_n(z)$ ein gerades und $V_n(z)$ ein ungerades, für n ungerade $U_n(z)$ ein ungerades und $V_n(z)$ ein gerades Polynom. Ersetzen wir nun wiederum z durch $\frac{1}{s}$, so wird aus der obigen Rekursionsformel für Y_n:

$$Y_{n+1}(\frac{1}{s}) = (2n+1)\frac{1}{s}Y_n(\frac{1}{s}) + Y_{n-1}(\frac{1}{s})$$

Multiplikation beider Seiten mit s^{n+1} liefert

$$s^{n+1}Y_{n+1}(\frac{1}{s}) = (2n+1)(s^nY_n(\frac{1}{s})) + s^2(s^{n-1}Y_{n-1}(\frac{1}{s}))$$

Definiert man nun $P_n(s) := s^nY_n(\frac{1}{s})$, so erhält man folgende Rekursionsformel:

$$P_{n+1}(s) = (2n+1)P_n(s)) + s^2P_{n-1}(s))$$

Beispiel 5.5.8

$$
\begin{aligned}
P_0(s) &= s^0Y_0(\frac{1}{s}) = 1 \\
P_1(s) &= s^1Y_1(\frac{1}{s}) = s(\frac{1}{s}+1) = s+1 \\
P_2(s) &= 3P_1(s) + s^2P_0(s) = 3(s+1) + s^2 = s^2 + 3s + 3 \\
P_3(s) &= 5P_2(s) + s^2P_1(s) = 5(s^2+3s+3) + s^2(s+1) = s^3 + 6s^2 + 15s + 15
\end{aligned}
$$

Dies sind die (modifizierten) Bessel-Polynome in [25]. Offenbar ist $P_n(s)$ auch ein Hurwitz-Polynom, denn, da $Y_n(z)$ ein Polynom n-ten Grades ist, kann 0 keine Nullstelle von $P_n(s)$ sein:

$$P_n(s) = s^nY_n(\frac{1}{s}) = s^n\sum_{k=0}^{n}b_ks^{-k} = \sum_{k=0}^{n}b_ks^{n-k} = b_n + \sum_{k=0}^{n-1}b_ks^{n-k}$$

Gilt nun $0 = P_n(\lambda) = \lambda^nY_n(\frac{1}{\lambda})$, so ist offenbar $\frac{1}{\lambda}$ Nullstelle von Y_n, also $\mathrm{Re}\,(\frac{1}{\lambda}) < 0$. Wegen $\frac{1}{\lambda} = \frac{\bar{\lambda}}{|\lambda|^2}$ ist dann auch $\mathrm{Re}\,(\lambda) = \mathrm{Re}\,(\bar{\lambda}) < 0$.

Setzt man noch $R_n(s) := s^n \cdot U_n(\frac{1}{s})$ und $S_n(s) := s^n \cdot V_n(\frac{1}{s})$, so gilt offenbar

$$R_n(s) + S_n(s) = s^n \cdot (U_n(\frac{1}{s}) + V_n(\frac{1}{s})) = s^n \cdot Y_n(\frac{1}{s}) = P_n(s)$$

Man sieht leicht: für n gerade ist $R_n(z)$ ein gerades und $S_n(z)$ ein ungerades, für n ungerade $R_n(z)$ ein ungerades und $S_n(z)$ ein gerades Polynom. Ferner erhalten wir durch

$$\frac{R_n(s)}{S_n(s)} = \frac{s^nU_n(\frac{1}{s})}{s^nV_n(\frac{1}{s})} = \frac{1}{s} + \cfrac{1}{3\frac{1}{s} + ...}$$

$$\cfrac{\ddots}{\cfrac{1}{(2n-1)\frac{1}{s}}}$$

die abgebrochene Kettenbruchentwicklung von $\frac{\cosh s}{\sinh s}$.

Für die Koeffizienten von $P_n(s) = \sum_{k=0}^{n} a_k^{(n)} s^k$ erhält man:

$$a_k^{(n)} = \frac{(2n-k)!}{2^{n-k} k!(n-k)!} \tag{5.13}$$

wie man mit vollständige Induktion über n nachweist: den Induktionsanfang verifiziert man direkt durch Vergleich mit $P_1(s) = s + 1$. Durch Einsetzen in die Rekursionsformel bekommt man

$$\sum_{k=0}^{n+1} a_k^{(n+1)} s^k = (2n+1) \sum_{k=0}^{n} a_k^{(n)} s^k + s^2 \sum_{k=0}^{n-1} a_k^{(n-1)} s^k$$

und durch Koeffizientenvergleich

$$\begin{aligned}
a_0^{n+1} &= (2n+1)a_0^{(n)} \text{ und } a_1^{n+1} = (2n+1)a_1^{(n)} \\
a_k^{n+1} &= (2n+1)a_k^{(n)} + a_{k-2}^{(n-1)} \text{ für } 2 \leq k \leq n \\
a_{n+1}^{n+1} &= a_{n-1}^{(n-1)}
\end{aligned}$$

unter Verwendung der Induktionsannahme für $n-1$ und n weist man durch direktes Nachrechnen die Gültigkeit von Gleichung 5.13 für $n+1$ nach.

Wir werden nun zeigen, dass die Koeffizienten von $1/a_0^{(n)} P_n(s)$ für k fest und n gegen Unendlich gegen die entsprechenden Koeffizienten der Taylor-Entwicklung von $e^s = \sum_{k=0}^{\infty} \frac{s^k}{k!}$ konvergieren:

$$\begin{aligned}
\frac{a_k^{(n)}}{a_0^{(n)}} &= \frac{(2n-k)! 2^n n!}{(2n)! 2^{n-k} k!(n-k)!} = \frac{2^k n(n-1) \cdot ... \cdot (n-k+1)}{2n \cdot (2n-1) \cdot ... \cdot (2n-k+1)} \frac{1}{k!} \\
&= \frac{n(n-1) \cdot ... \cdot (n-(k-1))}{n \cdot (n-\frac{1}{2}) \cdot ... \cdot (n-\frac{k-1}{2})} \frac{1}{k!} = \frac{1(1-\frac{1}{n}) \cdot ... \cdot (1-\frac{k-1}{n})}{1 \cdot (1-\frac{1}{2n}) \cdot ... \cdot (1-\frac{k-1}{2n})} \frac{1}{k!} \xrightarrow{n \to \infty} \frac{1}{k!}
\end{aligned}$$

Die folgenden Graphiken stellen Amplitudengang und Phasengang des Besselfilters mit der Übertragungsfunktion $G_n(s) = a_0^{(n)}/P_n(s)$ für verschiedene n dar, wobei wir $s = j\omega$ gesetzt haben (dies entspricht $t_0 = 1$).

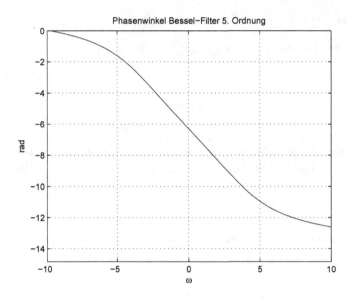

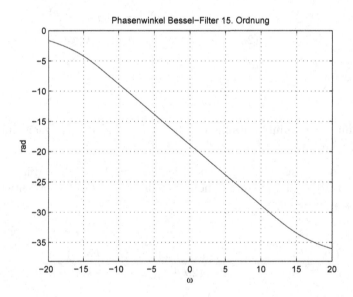

Man erkennt aus den Graphiken, dass der lineare Bereich des Phasenganges annähernd zwischen $-n$ und n liegt.

Der Vollständigkeit halber wollen wir hier noch den Amplitudengang eines Bessel-Filters darstellen:

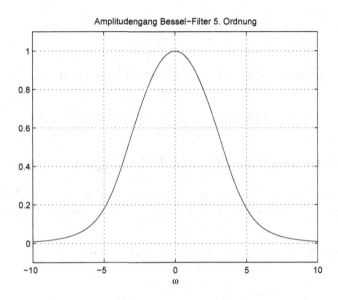

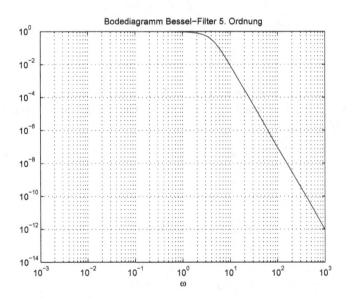

Andere Gruppenlaufzeiten t_0 erhält man durch eine einfache Transformation, die einer neuen Skalierung der ω-Achse entspricht: sei $P_n(s) = s^n + \sum_{k=0}^{n-1} a_k^{(n)} s^k$ das n−te (modifizierte) Besselpolynom, dann

$$\frac{1}{a_0^{(n)}} P_n(s) \approx \mathrm{e}^s$$

somit

$$\frac{1}{a_0^{(n)}} P_n(t_0 s) \approx e^{t_0 s}$$

für n groß. Die transformierte Übetragungsfunktion lautet dann

$$\tilde{G}_n(s) = \frac{a_0^{(n)} t_0^{-n}}{s^n + \sum_{k=0}^{n-1} t_0^{k-n} a_k^{(n)} s^k}$$

5.6 Zusammenschaltung und Zerlegung von Systemen

Bei Zusammenschaltung von Systemen lässt sich auf einfache Art die Übertragungsfunktion des Gesamtsystems ermitteln. Hierbei sind drei Grundkonstellationen zu berücksichtigen.

1. Hintereinanderschaltung der Systeme S_1 und S_2 mit den Übertragungsfunktionen $G(s)$ bzw. $H(s)$:

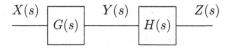

   Mit $Y(s) = G(s) \cdot X(s)$ und $Z(s) = H(s) \cdot Y(s)$ bekommt man $Z(s) = (H(s) \cdot G(s)) \cdot X(s)$. Die Übertragungsfunktion des Gesamtsystems ist damit gleich dem Produkt $H(s) \cdot G(s)$.

2. Parallelschaltung der Systeme S_1 und S_2 mit den Übertragungsfunktionen $G(s)$ bzw. $H(s)$:

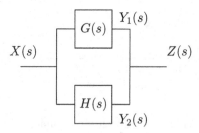

   Mit $Y_1(s) = G(s) \cdot X(s)$ und $Y_2(s) = H(s) \cdot X(s)$ bekommt man als Ausgangssignal $Z(s)$ des Gesamtsystems: $Z(s) = Y_1(s) + Y_2(s) = (G(s) + H(s)) \cdot X(s)$. Die Übertragungsfunktion des Gesamtsystems ist damit gleich der Summe $H(s) + G(s)$.

3. Rückkopplungsschaltung der Systeme S_1 und S_2 mit den Übertragungsfunktionen $G(s)$ bzw. $H(s)$:

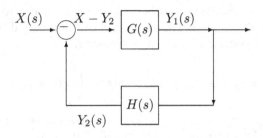

Mit $Y_1(s) = G(s) \cdot (X(s) - Y_2(s))$ und $Y_2(s) = H(s) \cdot Y_1(s)$ bekommt man

$$Y_1(s) = G(s) \cdot (X(s) - H(s) \cdot Y_1(s)) = G(s) \cdot X(s) - G(s) \cdot H(s) \cdot Y_1(s)$$

Löst man diese Gleichung nach $Y_1(s)$ auf so erhält man:

$$Y_1(s) = \frac{G(s)}{1 + G(s) \cdot H(s)} \cdot X(s)$$

als Ausgangssignal des Gesamtsystems: Die Übertragungsfunktion des Gesamtsystems ist damit gleich dem Ausdruck $\frac{G(s)}{1+G(s)\cdot H(s)}$.

Sind nun die Übertragungsfunktionen $G(s)$ und $H(s)$ rationale Funktionen deren Zählergrad kleiner oder gleich dem Nennergrad ist, so gilt dies auch für die Übertragungsfunktionen der Gesamtsysteme. Sei nämlich $G(s) = P(s)/Q(s)$ und $H(s) = U(s)/V(s)$, wobei $P(s), Q(s), U(s)$ und $V(s)$ Polynome vom Grad p, q, u bzw. v mit $p \leq q$ und $u \leq v$ sind. Dann bekommen wir

1. Hintereinanderschaltung: $H(s) \cdot G(s) = \frac{P(s) \cdot U(s)}{Q(s) \cdot V(s)}$ und damit wegen $p + u \leq q + v$ die Behauptung

2. Parallelschaltung: $H(s) + G(s) = \frac{P(s)}{Q(s)} + \frac{U(s)}{V(s)} = \frac{P(s) \cdot V(s) + U(s) \cdot Q(s)}{Q(s) \cdot V(s)}$ und damit wegen $\max(p + v, u + q) \leq q + v$ die Behauptung

3. Rückkopplungsschaltung:

$$\frac{G(s)}{1 + G(s) \cdot H(s)} = \frac{\frac{P(s)}{Q(s)}}{1 + \frac{U(s)}{V(s)} \cdot \frac{P(s)}{Q(s)}} = \frac{P(s) \cdot V(s)}{Q(s) \cdot V(s) + U(s) \cdot P(s)}$$

Wegen $\frac{p+v}{\max(q+v, u+p)} \leq \frac{q+v}{\max(q+v, u+p)} = 1$ folgt die Behauptung.

Ist nun $G(s)$ eine echt gebrochen rationale Übertragungsfunktion (d.h. Zählergrad m kleiner als Nennergrad n), dann läßt sich das zu $G(s)$ gehörige System aus $P - T_1$-Gliedern bzw. sog. I-Gliedern mit Übertragungsfunktionen vom Typ $I_\alpha(s) = \alpha \cdot \frac{1}{s}$ zusammenschalten, wie die Überlegungen weiter unten zeigen. Ein System mit der Übertragungsfunktion $\alpha \cdot \frac{1}{s}$ bewirkt die Integration des Eingangssignals, multipliziert mit der Konstanten α, denn die Bildfunktion $1/s$ ist die Laplace-Transformierte der Sprungfunktion $\varepsilon(t)$ und für das Eingangssignal $x(t)$ bekommen wir das Ausgangssignal

$$y(t) = \varepsilon(t) * x(t) = \int_0^t x(\tau) \cdot \varepsilon(t - \tau)d\tau = \int_0^t x(\tau)d\tau$$

(vergl. Abschnitt über Sprungantwort). Sei nun $G(s)$ stabil und echt gebrochen rational, dann läßt sich $G(s)$ mit Hilfe der Partialbruchzerlegung als Summe von Ausdrücken der Form

1. $\frac{A}{(s-\lambda)^k}$, wobei $\lambda < 0$ reelle Nullstelle des Nenners von $G(s)$ ist

2. $\frac{As+B}{(s^2+ps+q)^k}$, wobei $p > 0$ und q reell sind, aber $s^2 + ps + q$ keine reellen Nullstellen hat

darstellen. Der Ausdruck $\frac{1}{s-\lambda}$ entspricht der Übertragungsfunktion eines $P - T_1$-Gliedes (s. Beispiel 5.4.1) und lässt sich folgendermaßen umschreiben:

$$\frac{1}{s - \lambda} = -\frac{1}{\lambda} \frac{-\lambda\frac{1}{s}}{1 - \lambda\frac{1}{s}}$$

Dies entspricht einer Rückkopplungsschaltung mit I-Glied ($G(s) = -\lambda\frac{1}{s}$, $H(s) = 1$), versehen mit dem Faktor $-1/\lambda$.

Ein Ausdruck der Form $\frac{1}{(s-\lambda)^k}$ läßt sich dann als k-fache Hintereinanderschaltung solcher Rückkopplungsschaltungen (bzw. von $P - T_1$-Gliedern) auffassen.

Ein Ausdruck der Form $\frac{As+B}{s^2+ps+q}$ ($s^2 + ps + q$ ohne reelle Nullstellen) lässt sich folgendermaßen behandeln:

Wir setzen zunächst $a := -p/2 < 0$ und $b := \sqrt{q - p^2/4}$. Nach Voraussetzung ist der Ausdruck unter der Wurzel positiv. Dann bekommen wir:

$$(s - a)^2 + b^2 = s^2 - 2as + a^2 + b^2 = s^2 + ps + p^2/4 + q - p^2/4 = s^2 + ps + q$$

und erhalten:

$$\frac{As + B}{s^2 + ps + q} = \frac{As + B}{(s - a)^2 + b^2} = \frac{A(s - a) + B + Aa}{(s - a)^2 + b^2}$$

Den Ausdruck $\frac{A(s-a)}{(s-a)^2+b^2}$ können wir folgendermaßen umschreiben:

$$\frac{A(s - a)}{(s - a)^2 + b^2} = \frac{A\frac{1}{s-a}}{1 + \frac{1}{(s-a)^2} \cdot b^2}$$

Dies lässt sich als Rückkopplungsschaltung von Übertragungsfunktionen vom Typ 1. $(P - T_1$-Glied) mit $G(s) = \frac{A}{s-a}$ und $H(s) = \frac{b^2}{A} \frac{1}{s-a}$ auffassen. Entsprechend bekommen wir für $\frac{B+Aa}{(s-a)^2+b^2}$ folgende Darstellung:

$$\frac{B + Aa}{(s - a)^2 + b^2} = \frac{(B + Aa)\frac{1}{(s-a)^2}}{1 + \frac{1}{(s-a)^2} \cdot b^2}$$

Dies lässt sich wiederum als Rückkopplungsschaltung von Hintereinanderschaltungen von Übertragungsfunktionen vom Typ 1. auffassen.

Das zur Übertragungsfunktion $G(s)$ gehörige Gesamtsystem erhält man dann als Parallelschaltung der zu den Summanden der Partialbruchzerlegung von $G(s)$ gehörigen Systeme.

Beispiel 5.6.1   Sei

$$G(s) = \frac{3s^2 + 11s + 12}{(s^2 + 2s + 2)(s + 2)}$$

Durch Partialbruchzerlegung erhält man:

$$G(s) = \frac{2s + 5}{s^2 + 2s + 2} + \frac{1}{s + 2}$$

Setzen wir für den ersten Summanden $a = -p/2 = -1$ und $b = \sqrt{q - p^2/4} = \sqrt{2 - 1} = 1$, so bekommen wir

$$G(s) = \frac{2(s + 1) + 3}{(s + 1)^2 + 1} + \frac{1}{s + 2} = 2\frac{\frac{1}{s+1}}{1 + \frac{1}{(s+1)^2}} + 3\frac{\frac{1}{(s+1)^2}}{1 + \frac{1}{(s+1)^2}} + \frac{1}{s + 2}$$

5.7 Zusammenfassung und Aufgaben

5.7.1 Zusammenfassung

- Laplace-Transformation $\mathcal{L}\{x(t)\} = \int_0^\infty e^{-st}x(t)\,dt = X(s)$, sofern $x(t)$ exponentiell beschränkt (s. Satz 5.0.1)

- Eigenschaften und Rechenregeln:
  1. Linearität: $\mathcal{L}\{\lambda x(t) + \mu y(t)\} = \lambda\mathcal{L}\{x(t)\} + \mu\mathcal{L}\{y(t)\}$
  2. Ähnlichkeit (s. Satz 5.1.2): $x(t)$ exponentiell beschränkt, dann für $a > 0$:
     $x(at) \circ\!\!-\!\!\bullet \frac{1}{a}X(\frac{s}{a})$ und $X(as) \bullet\!\!-\!\!\circ \frac{1}{a}x(\frac{t}{a})$
  3. Verschiebungssatz für die Originalfunktion (s. Satz 5.1.3)
     $x(t - a) \circ\!\!-\!\!\bullet e^{-as}X(s)$ für $a > 0$.
  4. Verschiebungssatz für die Bildfunktion (s. Satz 5.1.4)
     $e^{-\alpha t}x(t) \circ\!\!-\!\!\bullet X(s + \alpha)$

5. Differentiationssatz für die Originalfunktion (s. Satz 5.1.6)
$x'(t) \circ\!\!-\!\!\bullet\, sX(s) - x(0)$ und allgemein:

$$\mathcal{L}\{x^{(n)}(t)\} = s\mathcal{L}\{x^{(n-1)}(t)\} - x^{(n-1)}(0) = s^n X(s) - \sum_{k=0}^{n-1} s^k x^{n-1-k}(0)$$

6. Integrationssatz für die Originalfunktion (s. Satz 5.1.7)
$\int_0^t x(\tau)d\tau \circ\!\!-\!\!\bullet\, \frac{X(s)}{s}$

7. Differentiationsatz für die Bildfunktion (s. Satz 5.1.10)
$-tx(t) \circ\!\!-\!\!\bullet\, X'(s)$

8.

$$z(t) = \int_0^t x(\tau) \cdot y(t - \tau)d\tau$$

heißt Faltung der exponentiell beschränkten Funktionen $x(t)$ und $y(t)$, symbolisch:

$$z(t) = x(t) * y(t)$$

Faltungssatz: $\mathcal{L}\{(y(t) * x(t)\} = \mathcal{L}\{y(t)\} \cdot \mathcal{L}\{x(t)\}$ (s. Satz 5.1.14)

9. Grenzwertsätze

a) (s. Satz 5.2.1) $x(t)$ exponentiell beschränkt, dann mit $s = \sigma + j\omega$:

$$\lim_{\sigma \to \infty} X(s) = 0$$

b) (s. Satz 5.2.2 (Anfangswertsatz)): $x(t)$ differenzierbar für $t > 0$, $x'(t)$ exponentiell beschränkt, dann:

$$x(0) = \lim_{\sigma \to \infty} sX(s)$$

c) (s. Satz 5.2.3 (Endwertsatz)): $x(t)$ differenzierbar, $x'(t)$ exponentiell beschränkt und absolut integrierbar, dann:

$$\lim_{t \to \infty} x(t) = \lim_{s \to 0} sX(s)$$

• Beispiele

Originalfunktion	Bildfunktion
$\varepsilon(t)$	$\frac{1}{s}$
$\varepsilon(t)t^n$	$\frac{n!}{s^{n+1}}$
$\varepsilon(t)e^{\lambda t}$	$\frac{1}{s-\lambda}$
$\varepsilon(t)te^{\lambda t}$	$\frac{1}{(s-\lambda)^2}$
$\varepsilon(t)t^n e^{\lambda t}$	$\frac{n!}{(s-\lambda)^{n+1}}$
$\varepsilon(t)\sin at$	$\frac{a}{s^2+a^2}$
$\varepsilon(t)\cos at$	$\frac{s}{s^2+a^2}$
$\varepsilon(t)\sinh at$	$\frac{a}{s^2-a^2}$
$\varepsilon(t)\cosh at$	$\frac{s}{s^2-a^2}$

- LTI-Systeme: $x(t)$ Eingangssignal, $y(t)$ Ausgangssignal, $g(t)$ Impulsantwort

  1. Zeitbereich: $y(t) = x(t) * g(t)$

  2. Bildbereich: $Y(s) = X(s) \cdot G(s)$
     mit $G(s) = \mathcal{L}\{g(t)\}$ Übertragungsfunktion
     Beispiel:

     a) $P - T_1$-Glied (s. Beispiel 5.4.1):
        $G(s) = \frac{K_P}{T_1} \frac{1}{s + \frac{1}{T_1}}$

     b) RCL-Glied (s. Beispiel 5.3.3): $G(s) = \frac{1}{LCs^2 + RLs + 1}$

  3. Sprungantwort (s. Gleichung 5.9) $y(t) = g(t) * \varepsilon(t) = \int_0^t g(\tau)d\tau$

  4. Frequenzgang $H(f) = G(j2\pi f) = \mathcal{F}\{g(t)\}$

  5. Stabilität (s. Definition 5.4.4): beschränktes Eingangssignal $x(t)$ erzeugt stets ein beschränktes Ausgangssignal, d.h.:
     aus $|x(t)| \leq M$ für alle $t \geq 0$ folgt $|y(t)| \leq M'$ für alle $t \geq 0$. Ein System ist stabil,

     a) (s. Satz 5.4.5): wenn die Impulsantwort absolut integrierbar ist

     b) (s. Satz 5.4.3): wenn die Pole der Übertragungsfunktion $G(s)$ in der linken Halbebene liegen

- Tiefpass-Filter: Entwurfsziel:

  1. Amplitudengang $|H(f)| = \begin{cases} \approx 1 & \text{für } f \text{ im Durchlassbereich} \\ \approx 0 & \text{für } f \text{ im Sperrbereich} \end{cases}$: Butterworth-
     und Tschebyscheff-Filter (s. Abschnitt 5.5.1 bzw. 5.5.2)

  2. Frequenzgang $H(f)$ mit linearer Phase im Durchlassbereich: Bessel-Filter (s. Abschnitt 5.5.4)

- Zusammenschaltung von Systemen: 3 Grundkonfigurationen (s. Abschnitt 5.6)

  1. Hintereinanderschaltung: $G_{ges} = H(s) \cdot G(s)$

  2. Parallelschaltung $G_{ges} = H(s) + G(s)$

  3. Rückkopplungsschaltung: $G_{ges} = \frac{G(s)}{1 + G(s) \cdot H(s)}$

- Zerlegung von Systemen (s. Abschnitt 5.6): $G(s)$ lässt sich mit Hilfe Partialbruchzerlegung in ein Netzwerk aus Gliedern 1. u. 2. Ordnung unter Verwendung der 3 Grundkonfigurationen zerlegen

5.7.2 Aufgaben

1. Lösen Sie die folgenden Anfangswertaufgaben mit Hilfe der Laplace-Transformation:

   a) $y' + 3y = t$ mit $y(0) = 2$

   b) $y'' - 3y' + 2y = \mathrm{e}^{-t}$ mit $y(0) = 1, y'(0) = 1$

c) $y'' + y' + \frac{5}{4}y = 1$ mit $y(0) = y'(0) = 0$

d) $y'' - 4y = e^{2t}$ mit $y(0) = 1$ und $y'(0) = -1$

2. Sei $u(t) = \begin{cases} t & \text{für } 0 \leq t < T \\ 0 & \text{sonst} \end{cases}$ Berechnen Sie die Laplace-Transformierte von

$$x(t) = \sum_{n=0}^{\infty} u(t - nT)$$

3. Gegeben sei die Übertragungsfunktion

$$G(s) = \frac{5s^2 + 15s + 16}{(s^2 + 4s + 5)(s + 1)}$$

Zerlegen Sie $G(s)$ in ein Netzwerk von P- und $P - T_1$-Elementen

4. Berechnen Sie $(\varepsilon(t) \cdot e^{\lambda t}) * (\varepsilon(t) \cdot e^{\mu t})$

5. Die Impulsantwort eines LTI-Systems sei gegeben durch $g(t) = \varepsilon(t) \cdot e^{-at} \sin \omega_0 t$ mit $(a > 0)$.

   a) Wie lauten Frequenzgang und Übertragungsfunktion?

   b) Ist das System stabil?

6. Die Impulsantwort eines LTI-Systems sei gegeben durch $g(t) = \varepsilon(t) \cdot te^{-2t}$. Wie lautet das zum Eingangssignal $x(t) = \sin t$ gehörige Ausgangssignal?

6 Die Z-Transformation

In diesem Kapitel wollen wir das Verhalten diskreter Systeme mit Hilfe der Z-Transformation untersuchen. Im letzten Abschnitt werden wir noch betrachten, wie und in welchem Sinne sich kontinuierliche Systeme durch diskrete nachbilden lassen.

6.1 Zeitdiskrete Signale und zeitdiskrete Systeme

Ein *diskretes System* reagiert auf eine diskrete (zeitlich äquidistante) Wertefolge als Eingangssignal mit einer diskreten (zeitlich äquidistanten) Wertefolge als Ausgangssignal.

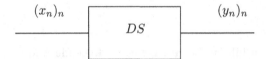

Die Wertefolge $(x_n)_n$ entstehe aus dem kontinuierlichen Signal $x(t)$ durch äquidistante Abtastung: $x_n = x(nT_a)$ für $n \in \mathbb{Z}$. Eine mathematisch äquivalente Beschreibung des Verhaltens eines diskreten Systems erhält man, wenn man sich das diskretisierte Signal als Treppenfunktion $x_h(t) := x(nT_a)$ für $nT_a \leq t < (n+1)T_a$ vorstellt, da ein diskretes System nur zu den diskreten Zeitpunkten $n \cdot T_a$ reagiert.

Spezielle diskrete Signale, die insbesondere bei der Beschreibung des Systemverhaltens von diskreten Systemen eine Rolle spielen, sind

1. der diskrete Einheitsimpuls $(\delta_n)_n$ mit

$$\delta_n := \begin{cases} 1 & \text{für } n = 0 \\ 0 & \text{sonst} \end{cases}$$

Eine Verschiebung um den Index $i \in \mathbb{N}$ ergibt dann die Wertefolge $(\delta_{n-i})_n$ mit

$$\delta_{n-i} = \begin{cases} 1 & \text{für } n = i \\ 0 & \text{für } n \neq i \end{cases}$$

2. die diskrete Sprungfunktion $(\varepsilon_n)_n$ mit

$$\varepsilon_n := \begin{cases} 1 & \text{für } n \geq 0 \\ 0 & \text{für } n < 0 \end{cases}$$

Offenbar gilt: $\delta_n = \varepsilon_n - \varepsilon_{n-1}$ für alle $n \in \mathbb{Z}$.

3. diskretisierte harmonische Schwingungen $(x_k)_k$ mit $x_k = \sin(2\pi f k T_a + \varphi)$, deren Eigenschaften wir im folgenden untersuchen wollen

6.1.0.1 Abtastung harmonischer Schwingungen

Wir wollen zeigen, dass zwei harmonische Schwingungen mit den Frequenzen f_1 und f_2 und den Phasenverschiebungen φ_1 und φ_2, die die gleichen Abtastwerte besitzen, in Frequenz und Phase übereinstimmen müssen.

Satz 6.1.1   *Gilt die Beziehung*

$$\sin(2\pi f_1 k T_a + \varphi_1) = \sin(2\pi f_2 k T_a + \varphi_2)$$

für alle $k = 0, 1, 2, 3, \ldots$ unter den Voraussetzungen

  1. $\frac{1}{2T_a} > f_1$ und $\frac{1}{2T_a} > f_2$

  2. $0 \leq \varphi_1 < 2\pi$ und $0 \leq \varphi_2 < 2\pi$

so ist $f_1 = f_2$ und $\varphi_1 = \varphi_2$.

Beweis: Um diesen Nachweis zu führen, benutzen wir das folgende Additionstheorem:

$$\sin\alpha - \sin\beta = 2\cos\frac{\alpha+\beta}{2}\sin\frac{\alpha-\beta}{2}$$

Damit bekommen wir:

$$\sin(2\pi f_1 k T_a + \varphi_1) - \sin(2\pi f_2 k T_a + \varphi_2) \tag{6.1}$$
$$= \ 2\cos(2\pi\frac{f_1+f_2}{2}kT_a + \frac{\varphi_1+\varphi_2}{2}) \cdot \sin(2\pi\frac{f_2-f_1}{2}kT_a + \frac{\varphi_2-\varphi_1}{2}) = 0$$

für alle $k = 0, 1, 2, \ldots$.

Angenommen nun, es wäre $f_2 > f_1 > 0$, dann müßte für alle k wenigstens einer der Faktoren auf der rechten Seite gleich Null sein.

Sei nun der erste Faktor für $0 < k_1 < k_2$ gleich Null, dann muss für nichtnegative ganze Zahlen m_1, m_2 gelten:

$$2\pi\frac{f_2+f_1}{2}k_1 T_a + \frac{\varphi_1+\varphi_2}{2} \ = \ (2m_1+1)\frac{\pi}{2}$$
$$2\pi\frac{f_2+f_1}{2}k_2 T_a + \frac{\varphi_1+\varphi_2}{2} \ = \ (2m_2+1)\frac{\pi}{2}$$

Subtraktion der beiden Gleichungen ergibt

$$2\pi\frac{f_2+f_1}{2}(k_2-k_1)T_a = 2(m_2-m_1)\frac{\pi}{2}$$

d.h. wegen $f_2 + f_1 < \frac{1}{T_a}$ bekommen wir:

$$k_2 - k_1 > (f_2 + f_1)T_a(k_2 - k_1) = m_2 - m_1 > 0$$

d.h. $k_2 > k_1 + 1$. Das bedeutet, dass der erste Faktor nicht für zwei aufeinander folgende k gleich Null sein kann. Dies führt aber zu einem Widerspruch: sei nämlich der zweite Faktor $\sin(2\pi\frac{f_2-f_1}{2}t + \frac{\varphi_2-\varphi_1}{2})$ für ein $t_0 = k_0 T_a$ gleich Null, d.h.:

$$\sin(2\pi\frac{f_2 - f_1}{2}k_0 T_a + \frac{\varphi_2 - \varphi_1}{2}) = 0$$

dann liegt die nächste Nullstelle dieses Faktors liegt bei $t_0 + \frac{1}{f_2-f_1} =: t_*$. Wegen $\frac{1}{f_2-f_1} > 2T_a$ nach Voraussetzung, ist dann aber der zweite Faktor für

$$\begin{aligned} t_1 &= t_0 + T_a = (k_0 + 1)T_a < t_* \\ \text{und } t_2 &= t_0 + 2T_a = (k_0 + 2)T_a < t_* \end{aligned}$$

ungleich Null, der erste Faktor kann aber nach obigem nicht sowohl für t_1 als auch für t_2 gleich Null sein. Es folgt: $f_1 = f_2$.

Aus Gleichung 6.1 erhalten wir dann

$$2\cos(2\pi f k T_a + \frac{\varphi_1 + \varphi_2}{2}) \cdot \sin(\frac{\varphi_2 - \varphi_1}{2}) = 0$$

für alle k. Der erste Faktor kann nicht für alle k gleich Null sein, da wir sonst den gleichen Widerspruch wie oben erhalten würden. Also muss gelten: $\sin(\frac{\varphi_2-\varphi_1}{2}) = 0$. Wegen $-\pi < \frac{\varphi_2-\varphi_1}{2} < \pi$ folgt dann $\varphi_1 = \varphi_2$.
$\square$

Die Abtastung im Abstand T_a von harmonischen Schwingungen mit Frequenzen höher als $\frac{1}{2T_a}$ führt nicht zu 'neuen' Wertefolgen, denn

Satz 6.1.2   *Ist andererseits eine harmonische Schwingung der Frequenz $f > \frac{1}{2T_a}$ abgetastet worden, dann gibt es eine Frequenz f_A mit $0 < f_A < \frac{1}{2T_a}$ und eine Phasenverschiebung φ_A, so dass*

$$\sin(2\pi f \cdot n T_a + \varphi) = \sin(2\pi f_A \cdot n T_a + \varphi_A)$$

für alle n.

Beweis: Sei nämlich $k_0 \in \mathbb{N}$ so gewählt, dass $\frac{1}{2T_a} \geq f - \frac{k_0}{2T_a} > 0$. Wir müssen nun zwei Fälle unterscheiden:

1. k_0 gerade: für $f_A := f - \frac{k_0}{2T_a}$ und $\varphi_A := \varphi$ erhält man:

$$\begin{aligned} \sin(2\pi f_A \cdot n T_a + \varphi_A) &= \sin(2\pi(f - \frac{k_0}{2T_a})n T_a + \varphi) \\ &= \sin(2\pi f n T_a - \pi k_0 n + \varphi) = \sin(2\pi f n T_a + \varphi) \end{aligned}$$

2. k_0 ungerade: wir setzen $f_A := \frac{k_0+1}{2T_a} - f$ und $\varphi_A := \pi - \varphi$. Wegen $\frac{1}{2T_a} \geq f - \frac{k_0}{2T_a} > 0$
bekommt man: $-\frac{1}{2T_a} \leq \frac{k_0}{2T_a} - f < 0$, d.h. $0 \leq f_A = \frac{k_0+1}{2T_a} - f < \frac{1}{2T_a}$ und damit

$$\sin(2\pi f_A \cdot nT_a + \varphi_A) = \sin(2\pi(\frac{k_0+1}{2T_a} - f)nT_a + \pi - \varphi)$$
$$= \sin(-2\pi f \cdot nT_a + \pi(k_0+1)n + \pi - \varphi) = \sin(-2\pi f nT_a + \pi - \varphi)$$

Wegen $\sin(\alpha + \pi) = -\sin(\alpha)$ bekommen wir:

$$\sin(2\pi f_A \cdot nT_a + \varphi_A) = \sin(-2\pi f \cdot nT_a + \pi - \varphi)$$
$$= -\sin(-2\pi f \cdot nT_a - \varphi) = \sin(2\pi f \cdot nT_a + \varphi)$$

□

6.1.1 Diskrete Systeme

Ähnlich wie bei kontinuierlichen Systemen werden wir unser Augenmerk auf *lineare zeitinvariante Systeme* richten. Diese beiden Eigenschafen lassen sich folgendermaßen ausdrücken:

1. Zeitinvarianz: wenn $\mathcal{DS}\{(x_n)_n\} = (y_n)_n$ gilt, dann auch $\mathcal{DS}\{(x_{n-i})_n\} = (y_{n-i})_n$

2. Linearität: $\mathcal{DS}\{(c_1 x_n^{(1)} + c_2 x_n^{(2)})_n\} = c_1 \mathcal{DS}\{(x_n^{(1)})_n\} + c_2 \mathcal{DS}\{(x_n^{(2)})_n\}$

Setzen wir für negative Indizes voraus, dass die zugehörigen Werte einer Folge gleich Null sind, so sprechen wir von einem *kausalen Signal*.

Lineare zeitinvariante diskrete Systeme werden typischerweise durch *Differenzengleichungen* beschrieben:

$$y_n = \sum_{i=0}^{N} b_i x_{n-i} + \sum_{i=1}^{M} a_i y_{n-i} \text{ für } n = 0, 1, 2, \ldots \tag{6.2}$$

mit $y_n = 0$ für ganzzahliges n kleiner Null, wobei wir die Eingangsfolge $(x_n)_n$ als kausal annehmen. Der Ausgangswert y_n ist hier nur abhängig

1. vom aktuellen Eingangswert x_n

2. von früheren Eingangswerten

3. von früheren Ausgangswerten

Ein diskretes System, das den obigen drei Forderungen genügt, bezeichnen wir als *kausales System*.

Beispiel 6.1.3   Gegeben sei die Differenzengleichung:

$$y_n = x_n + \frac{1}{2}y_{n-1}$$

und als Eingangssignal die diskrete Sprungfunktion: $(x_n)_n = (\varepsilon_n)_n$.

Die Ausgangsfolge lässt sich im Prinzip berechnen, indem man die Eingangsfolge in die Differenzengleichung einsetzt:

$$
\begin{aligned}
y_0 &= x_0 + \frac{1}{2}y_{-1} = \varepsilon_0 = 1 \\
y_1 &= x_1 + \frac{1}{2}y_0 = \varepsilon_1 + \frac{1}{2} = \frac{3}{2} \\
y_2 &= x_2 + \frac{1}{2}y_1 = \varepsilon_2 + \frac{1}{2} \cdot \frac{3}{2} = \frac{7}{4} \\
y_3 &= x_3 + \frac{1}{2}y_2 = \varepsilon_3 + \frac{1}{2} \cdot \frac{7}{4} = \frac{15}{8}
\end{aligned}
$$

Dieses Verfahren ist aber ziemlich mühselig und gestattet keine Übersicht über den Gesamtverlauf der Ausgangsfolge.

□

Ein diskretes System heißt *nichtrekursiv*, wenn es durch eine Differenzengleichung beschrieben wird, bei der $a_i = 0$ für $i = 1, ..., M$ ist. In diesem Fall hängt das Ausgangssignal nur vom aktuellen und früheren Werten des Eingangssignals ab.

Beispiel 6.1.4

$$y_n = 2 \cdot x_n - \frac{1}{2} \cdot x_{n-1}$$

□

Wir werden nun die *Impulsantwort* als eine Möglichkeit der Beschreibung des Verhaltens eines diskreten Systems kennenlernen.

Definition 6.1.5   *Als Impulsantwort eines diskreten Systems bezeichnen wir die zum Einheitsimpuls gehörige Ausgangsfolge $(g_n)_n$, symbolisch:*

$$\mathcal{DS}\{(\delta_n)_n\} = (g_n)_n$$

Beispiel 6.1.6   Die Differenzengleichung laute: $y_n = 2x_n - \frac{1}{2}x_{n-1}$, dann bekommen wir $g_n = 2\delta_n - \frac{1}{2}\delta_{n-1}$ d.h.:

$$
\begin{aligned}
g_0 &= 2\delta_0 - \frac{1}{2}\delta_{-1} = 2 \\
g_1 &= 2\delta_1 - \frac{1}{2}\delta_0 = -\frac{1}{2} \\
g_2 &= 2\delta_2 - \frac{1}{2}\delta_1 = 0
\end{aligned}
$$

Entsprechend erhält man hier $g_n = 0$ für $n \geq 2$.

Beispiel 6.1.7   Die Differenzengleichung laute: $y_n = -\frac{3}{4}(y_{n-1} + x_{n-1})$. Dann bekommen wir $g_n = -\frac{3}{4}(g_{n-1} + \delta_{n-1})$ d.h.:

$$
\begin{aligned}
g_0 &= -\frac{3}{4}(g_{-1} + \delta_{-1}) = 0 \\
g_1 &= -\frac{3}{4}(g_0 + \delta_0) = -\frac{3}{4} \\
g_2 &= -\frac{3}{4}(g_1 + \delta_1) = \left(-\frac{3}{4}\right)^2
\end{aligned}
$$

d.h. für $n > 0$ bekommen wir $g_n = (-\frac{3}{4})^n$.

Definition 6.1.8   *Seien $(x_n)_n$ und $(y_n)_n$ zwei kausale Folgen (d.h. $x_n = y_n = 0$ für $n < 0$) dann ist die diskrete Faltung dieser beiden Folgen definiert durch die Folge $(z_n)_n$ mit*

$$
z_n := \sum_{i=0}^{n} x_i \cdot y_{n-i}
$$

Symbolisch schreiben wir dann $z_n = x_n * y_n$ (genauer wäre eigentlich $(z_n)_n = (x_n)_n * (y_n)_n$ zu schreiben, denn es werden ja die Folgen miteinander gefaltet).

Beispiel 6.1.9 $(x_n)_n = (\delta_{n-k})_n$, dann

$$
z_n = \sum_{i=0}^{n} x_i \cdot y_{n-i} = \sum_{i=0}^{n} \delta_{i-k} \cdot y_{n-i} = \delta_0 \cdot y_{n-k} = y_{n-k}
$$

d.h. ähnlich wie beim Dirac-Impuls ergibt sich bei der Faltung mit dem verschobenen Einheitsimpuls eine Verschiebung des anderen Faltungsfaktors.
□

Die Bedeutung der Impulsantwort für die Beschreibung des Verhaltens eines diskreten Systems im Zeitbereich ergibt sich aus dem folgenden

Satz 6.1.10   *Ist die Impulsantwort $(g_n)_n$ des kausalen diskreten linearen und zeitinvarianten Systems bekannt, so kann man für jedes beliebige Eingangssignal $(x_n)_n$ das zugehörige Ausgangssignal $(y_n)_n$ mit Hilfe der diskreten Faltung berechnet werden:*

$$
y_n = x_n * g_n
$$

Beweis: Nach Definition gilt $\mathcal{DS}\{(\delta_n)_n\} = (g_n)_n$. Wegen der Zeitinvarianz erhält man daraus: $\mathcal{DS}\{(\delta_{n-i})_n\} = (g_{n-i})_n$ und mit Hilfe der Linearität des diskreten Systems für $k \in \mathbb{N}$:

$$\mathcal{DS}\{\sum_{i=0}^{k} x_i(\delta_{n-i})_n\} = \sum_{i=0}^{k} x_i(g_{n-i})_n$$

wobei die Summation der Folgen (wie üblich) komponentenweise zu erfolgen hat, d.h.:

$$\mathcal{DS}\{(\sum_{i=0}^{k} x_i\delta_{n-i})_n\} = (\sum_{i=0}^{k} x_i g_{n-i})_n$$

Nun gilt aber für $n \leq k$:

$$\sum_{i=0}^{k} x_i\delta_{n-i} = x_n$$

und

$$\sum_{i=0}^{k} x_i g_{n-i} = \sum_{i=0}^{n} x_i g_{n-i} = z_n$$

während wir für $n > k$ erhalten:

$$\sum_{i=0}^{k} x_i\delta_{n-i} = 0$$

und

$$\sum_{i=0}^{k} x_i g_{n-i} = \tilde{z}_n$$

Hierbei ist z_n natürlich die n-te Komponente des Faltungsprodukts $x_n * y_n$. Für $n > k$ unterscheiden sich im allgemeinen z_n und $\tilde{z}_n$ (die Summen sind sozusagen für $n > k$ zu kurz). Symbolisch können wir uns die Situation folgendermaßen veranschaulichen:

$$\mathcal{DS}\left\{\begin{pmatrix} x_0 \\ x_1 \\ \cdot \\ \cdot \\ x_k \\ 0 \\ \cdot \\ \cdot \end{pmatrix}\right\} = \begin{pmatrix} z_0 \\ z_1 \\ \cdot \\ \cdot \\ z_k \\ \tilde{z}_{k+1} \\ \cdot \end{pmatrix}$$

Da das diskrete System kausal ist, können sich die Werte y_0 bis y_k des Ausgangsignals bei der kompletten Folge (x_n) als Eingangssignal nicht von jeweils z_0 bis z_k unterscheiden, da die Elemente x_n der Eingangsfolge mit $n > k$ auf die ersten k Elemente der Ausgangsfolge keine Auswirkung haben können. Da k beliebig gewählt wurde, folgt die Behauptung.

□

6.2 Die Z-Transformation

Die Z-Transformation kann man sich im wesentlichen als diskrete Version der Laplace-Transformation vorstellen: sei nämlich $x_h(t)$ die Treppenfunktion definiert durch $x_h(t) := x(nT_a)$ für $nT_a \leq t < (n+1)T_a$ für $n = 0, 1, 2, ...$, dann lautet deren Laplace-Transformierte:

$$\mathcal{L}\{x_h(t)\} = \int_0^\infty e^{-st} x_h(t) dt = \sum_{n=0}^\infty \int_{nT_a}^{(n+1)T_a} e^{-st} x(nT_a) dt$$

Mit $x_n = x(nT_a)$ erhalten wir dann

$$\mathcal{L}\{x_h(t)\} = \sum_{n=0}^\infty x_n \int_{nT_a}^{(n+1)T_a} e^{-st} dt = \sum_{n=0}^\infty x_n \left[\frac{e^{-st}}{-s} \right]_{nT_a}^{(n+1)T_a}$$

$$= \sum_{n=0}^\infty x_n \frac{e^{-s(n+1)T_a} - e^{-snT_a}}{-s} = \frac{1 - e^{-sT_a}}{s} \sum_{n=0}^\infty x_n e^{-snT_a}$$

Führt man nun eine neue Variable $z = e^{sT_a}$ ein, so erhält man eine 'neue' Transformation, indem man den Faktor $\frac{1-e^{-sT_a}}{s}$ fortlässt:

$$\mathcal{Z}\{(x_n)_n\} := \sum_{n=0}^\infty x_n z^{-n} =: X(z)$$

Diese Transformation wird als *Z-Transformation* bezeichnet. Die Reihe $\sum_{n=0}^\infty x_n z^{-n}$ ist eine Potenzreihe in z^{-1}. Sie konvergiert, wie aus der Theorie der Potenzreihen bekannt, für alle $z \in \mathbb{C}$ mit $|\frac{1}{z}| < r$, (r: Radius des Konvergenzkreises), d.h. für $|z| > \frac{1}{r} =: R$. Aus der Theorie der Potenzreihen folgt ferner: $R = \lim_{n \to \infty} \sqrt[n]{|x_n|}$, falls der Grenzwert auf der rechten Seite existiert.

Außerhalb des Kreises mit Radius R konvergiert die Reihe $\sum_{n=0}^\infty x_n z^{-n}$ gleichmäßig gegen $X(z)$, d.h. dort wird die Z-Transformierte $X(z)$ der Folge $(x_n)_n$ durch die Reihe $\sum_{n=0}^\infty x_n z^{-n}$ dargestellt. Derartige Reihen werden übrigens auch als Laurent-Reihen (s.[4]) bezeichnet.

Damit R endlich ist, reicht es offenbar aus, zu fordern, dass $|x_n| \leq M^n$ für $n = 0, 1, ...$ gilt. Solche Folgen wollen wir in Zukunft *exponentiell beschränkt* nennen. Für sie macht die Z-Transformation einen Sinn.

Beispiel 6.2.1   Sei $(x_n)_n := (\delta_{n-k})_n$ der um k verschobene Einheitsimpuls, dann

$$X(z) = \sum_{n=0}^\infty \delta_{n-k} z^{-n} = \delta_0 \cdot z^{-k} = z^{-k}$$

Insbesondere bekommen wir für $k = 0$: $X(z) = 1$.

Beispiel 6.2.2   Sei $(x_n)_n := (\varepsilon_n)_n$ der diskrete Sprung, dann gilt für $|z| > 1$:

$$X(z) = \sum_{n=0}^{\infty} \varepsilon_n z^{-n} = \sum_{n=0}^{\infty} z^{-n} = \sum_{n=0}^{\infty} (z^{-1})^n$$

$$= \frac{1}{1 - \frac{1}{z}} = \frac{z}{z-1}$$

Hier haben wir natürlich die bekannte Formel für den Grenzwert einer geometrischen Reihe verwendet.

Beispiel 6.2.3   Sei $(x_n)_n := (a^n \varepsilon_n)_n$, dann gilt für $|az^{-1}| < 1$, d.h. $|z| > |a|$:

$$X(z) = \sum_{n=0}^{\infty} a^n \varepsilon_n z^{-n} = \sum_{n=0}^{\infty} (a \cdot z^{-1})^n$$

$$= \frac{1}{1 - a \cdot z^{-1}} = \frac{z}{z-a}$$

Beispiel 6.2.4   Sei $x_n = e^{jn\alpha} \varepsilon_n$. Nach dem vorangegangenen Beispiel ist $X(z) = \frac{z}{z-e^{j\alpha}}$. Sei ferner $y_n = e^{-jn\alpha} \varepsilon_n$. Dann bekommt man entsprechend $Y(z) = \frac{z}{z-e^{-j\alpha}}$. Insgesamt liefert dies

$$\cos n\alpha \, \varepsilon_n \circ\!\!-\!\!\bullet \frac{z(z - \cos\alpha)}{z^2 - 2z\cos\alpha + 1}$$

$$\sin n\alpha \, \varepsilon_n \circ\!\!-\!\!\bullet \frac{z\sin\alpha}{z^2 - 2z\cos\alpha + 1}$$

6.2.1 Eigenschaften der Z-Transformation

Offenbar ist die Z-Transformation linear. Darüberhinaus gelten, ähnlich wie bei den anderen Transformationen, die wir bereits kennengelernt haben, einige abgeleitete Gesetzmäßigkeiten, wie

Satz 6.2.5 *(Verschiebungssatz)*   *Aus $(x_n)_n \circ\!\!-\!\!\bullet X(z)$ folgt*

$$(x_{n-k})_n \circ\!\!-\!\!\bullet X(z) \cdot z^{-k}$$

für $k > 0$.

Beweis: Es gilt wegen $x_n = 0$ für $n < 0$:

$$\sum_{n=0}^{\infty} x_{n-k} z^{-n} = z^{-k} \sum_{n=0}^{\infty} x_{n-k} z^{-(n-k)} = z^{-k} \sum_{n=k}^{\infty} x_{n-k} z^{-(n-k)} = z^{-k} X(z)$$

$\square$

Beispiel 6.2.6   Sei $x_n = a^n \varepsilon_n$. Nach Beispiel 6.2.3 ist $X(z) = \frac{z}{z-a}$. Der Verschiebungssatz liefert dann:

$$(x_{n-1})_n = (a^{n-1}\varepsilon_{n-1})_n \; \circ\!-\!\bullet \; z^{-1} \cdot \frac{z}{z-a} = \frac{1}{z-a}$$

Satz 6.2.7   *(Differentiationssatz)*   *Aus* $(x_n)_n \circ\!-\!\bullet X(z)$ *folgt*

$$(n \cdot x_n)_n \; \circ\!-\!\bullet \; -z \cdot X'(z)$$

Beweis: Bei Potenzreihen darf man gliedweise differenzieren. Wir erhalten:

$$\begin{aligned}
X'(z) &= \sum_{n=0}^{\infty} x_n (z^{-n})' = \sum_{n=0}^{\infty} x_n (-n) z^{-n-1} \\
&= -z^{-1} \sum_{n=0}^{\infty} n \cdot x_n z^{-n} = -z^{-1} \mathcal{Z}\{(n x_n)_n\}
\end{aligned}$$

Also gilt:

$$(n \cdot x_n)_n \; \circ\!-\!\bullet \; -z \cdot X'(z)$$

$\square$

Beispiel 6.2.8   Sei $x_n = a^n \varepsilon_n$. Nach Beispiel 6.2.3 ist $X(z) = \frac{z}{z-a}$. Der Differentiationssatz liefert dann:

$$(n \cdot a^n \varepsilon_n)_n \; \circ\!-\!\bullet \; -z \cdot \left(\frac{z}{z-a}\right)' = -z \cdot \frac{z-a-z}{(z-a)^2} = \frac{az}{(z-a)^2}$$

Der Verschiebungssatz liefert dann noch:

$$((n-1) \cdot a^{n-1}\varepsilon_{n-1})_n \; \circ\!-\!\bullet \; \frac{a}{(z-a)^2}$$

In den kommenden Abschnitten werden wir häufig den folgenden Satz für die Beschreibung des Ein/Ausgabeverhaltens eines diskreten Systems heranziehen.

Satz 6.2.9   *(Faltungssatz)*   *Aus* $(x_n^{(1)})_n \circ\!-\!\bullet X_1(z)$ *und* $(x_n^{(2)})_n \circ\!-\!\bullet X_2(z)$ *folgt*

$$(x_n^{(1)} * x_n^{(2)})_n \; \circ\!-\!\bullet \; X_1(z) \cdot X_2(z)$$

Beweis: Es gilt:

$$\sum_{n=0}^{\infty}(x_n^{(1)} * x_n^{(2)})z^{-n} = \sum_{n=0}^{\infty}(\sum_{k=0}^{n} x_k^{(1)} \cdot x_{n-k}^{(2)})z^{-n} = \sum_{n=0}^{\infty}(\sum_{k=0}^{n} x_k^{(1)} z^{-k} \cdot x_{n-k}^{(2)} z^{-(n-k)})$$

Aus der Theorie der unendlichen Reihen weiß man, dass man absolut konvergente unendliche Reihen $\sum_{n=0}^{\infty} a_n$ und $\sum_{n=0}^{\infty} b_n$ auf folgende Weise miteinander multiplizieren kann: setzt man

$$c_n := \sum_{k=0}^{n} a_k b_{n-k}$$

so konvergiert die Reihe $\sum_{n=0}^{\infty} c_n$ ebenfalls absolut und für die Werte der Reihen bekommt man

$$(\sum_{n=0}^{\infty} a_n) \cdot (\sum_{n=0}^{\infty} b_n) = \sum_{n=0}^{\infty} c_n$$

Diese Produktbildung wird Cauchy-Produkt genannt. Wenden wir dies nun auf unseren obigen Ausdruck an, so erhalten wir:

$$\sum_{n=0}^{\infty}(\sum_{k=0}^{n} x_k^{(1)} z^{-k} \cdot x_{n-k}^{(2)} z^{-(n-k)}) = (\sum_{n=0}^{\infty} x_n^{(1)} z^{-n}) \cdot (\sum_{n=0}^{\infty} x_n^{(2)} z^{-n}) = X_1(z) \cdot X_2(z)$$

□

In Satz 6.1.10 hatten wir gesehen, dass man bei einem diskreten System das Ausgangssignal durch diskrete Faltung des Eingangssignals mit der Impulsantwort erhält, symbolisch:

$$(y_n)_n = (x_n * g_n)_n$$

Mit Hilfe des Faltungssatzes erhalten wir im Bildbereich die Beziehung:

$$Y(z) = X(z) \cdot G(z)$$

Die Funktion $G(z)$ mit $G(z) = \sum_{n=0}^{\infty} g_n z^{-n}$ heißt *Übertragungsfunktion* des diskreten Systems, d.h. die Transformierte des Ausgangssignals bekommt man, indem man die Transformierte des Eingangssignals mit der Übertragungsfunktion multipliziert.

Das Ausgangssignal erhalten wir dann durch Rücktransformation von $Y(z)$. Um überhaupt von der Rücktransformation sprechen zu können, müssen wir uns allerdings davon überzeugen, dass die Z-Transformation umkehrbar eindeutig ist.

Satz 6.2.10 *Sei $(x_k)_k$ eine (exponentiell beschränkte) Folge und sei $X(z) = \sum_{k=0}^{\infty} x_k z^{-k}$ die zugehörige Z-Transformierte, deren Reihe für $|z| > R$ konvergiere. Sei ferner $r > R$ dann gilt:*

$$x_n = T_a \int_0^{1/T_a} X(re^{-j2\pi fT_a}) \cdot (r \cdot e^{-j2\pi fT_a})^n df$$

für $n = 0, 1, 2, \ldots\ldots$

Beweis: Wir setzen

$$\chi_r(f) := X(re^{-j2\pi f T_a}) = \sum_{k=0}^{\infty} x_k \cdot r^{-k} e^{j2\pi k f T_a}$$

Wie aus der Theorie der Potenzreihen bekannt (vergl.[4]), konvergiert die rechts stehende Reihe gleichmäßig (bzgl. f).

Die Funktion $\chi_r(f)$ ist offenbar periodisch mit Periode $1/T_a$. Für ihren n-ten Fourier-Koeffizienten bekommt man :

$$\alpha_n = \frac{1}{1/T_a} \int_0^{1/T_a} \chi_r(f) \cdot e^{-j2\pi n f T_a} df$$

Da die Reihe $\sum_{k=0}^{\infty} x_k r^{-k} e^{j2\pi k f T_a}$ gleichmäßig gegen $\chi_r(f)$ konvergiert, darf man Summation und Integration vertauschen. Damit erhalten wir:

$$\begin{aligned}
\alpha_n &= T_a \int_0^{1/T_a} \left(\sum_{k=0}^{\infty} x_k r^{-k} e^{j2\pi k f T_a} \right) \cdot e^{-j2\pi n f T_a} df \\
&= T_a \sum_{k=0}^{\infty} x_k \int_0^{1/T_a} r^{-k} e^{j2\pi k f T_a} \cdot e^{-j2\pi n f T_a} df \\
&= T_a \sum_{k=0}^{\infty} x_k \int_0^{1/T_a} r^{-k} e^{j2\pi(k-n) f T_a} df
\end{aligned}$$

Sämtliche Summanden der letzten Summe sind gleich Null, bis auf denjenigen mit dem Index $k = n$. Wir bekommen daher:

$$\alpha_n = T_a x_n \int_0^{1/T_a} r^{-n} df = x_n r^{-n}$$

d.h.

$$x_n = r^n \cdot \alpha_n = T_a \int_0^{1/T_a} X(re^{-j2\pi f T_a}) \cdot r^n e^{-j2\pi n f T_a} df$$

□

Bemerkung: Das im obigen Satz auftretende Integral kann als Kurvenintegral über den im Uhrzeigersinn durchlaufenen Kreis γ_r mit Radius r um Null aufgefaßt werden:

$$x_n = -\frac{1}{2\pi j} \int_{\gamma_r} X(z) z^{n-1} dz$$

□

Der vorige Satz besagt insbesondere, dass zwei verschiedene Folgen nicht dieselbe Z-Transformierte haben können, d.h. es macht Sinn von *der* Rücktransformierten zu reden.

Im Zusammenhang mit der Berechnung von Rücktransformierten über eine Partial-bruchzerlegung ist der folgende Satz von Bedeutung.

Satz 6.2.11 *Sei*

$$x_n = \binom{n-1}{k-1} a^{n-k} \varepsilon_{n-k}$$

Dann gilt

$$(x_n)_n \circ\!\!-\!\!\bullet \frac{1}{(z-a)^k}$$

Beweis: Wir führen den Beweis durch Induktion über k. Nach Beispiel 6.2.6 gilt für $k = 1$:

$$(a^{n-1}\varepsilon_{n-1})_n \circ\!\!-\!\!\bullet \frac{1}{z-a}$$

Sei nun

$$(x_n)_n \circ\!\!-\!\!\bullet \frac{1}{(z-a)^k}$$

Dann gilt nach dem Differentiationssatz

$$(n \cdot x_n)_n \circ\!\!-\!\!\bullet -z \cdot ((z-a)^{-k})' = -z \cdot (-k)(z-a)^{-k-1} = k\frac{z}{(z-a)^{k+1}}$$

Mit dem Verschiebungssatz erhält man daraus:

$$((n-1) \cdot x_{n-1})_n \circ\!\!-\!\!\bullet \frac{k}{(z-a)^{k+1}} \tag{6.3}$$

Nach Induktionsvoraussetzung haben wir

$$(\binom{n-1}{k-1} a^{n-k}\varepsilon_{n-k})_n \circ\!\!-\!\!\bullet \frac{1}{(z-a)^k}$$

Differentiations- und Verschiebungssatz liefern dann nach Gleichung 6.3:

$$\left((n-1)\binom{n-2}{k-1} a^{n-1-k}\varepsilon_{n-1-k}\right)_n \circ\!\!-\!\!\bullet \frac{k}{(z-a)^{k+1}}$$

Nun gilt:

$$(n-1)\binom{n-2}{k-1} = (n-1)\frac{(n-2)!}{(k-1)!(n-2-(k-1))!} = \frac{(n-1)!}{(k-1)!(n-1-k)!}$$

und damit

$$\left(\frac{(n-1)!}{(k-1)!(n-1-k)!} a^{n-(k+1)}\varepsilon_{n-(k+1)}\right)_n \circ\!\!-\!\!\bullet \frac{k}{(z-a)^{k+1}}$$

Teilt man beide Seiten durch k, so bekommt man

$$\left(\binom{n-1}{k} a^{n-(k+1)}\varepsilon_{n-(k+1)}\right)_n \circ\!\!-\!\!\bullet \frac{1}{(z-a)^{k+1}}$$

was zu zeigen war.

$\square$

6.2.2 Differenzengleichung und Übertragungsfunktion

Sei die Differenzengleichung

$$y_n = \sum_{i=0}^{N} b_i x_{n-i} + \sum_{i=1}^{M} a_i y_{n-i} \text{ für } n = 0, 1, 2, \ldots$$

als Beschreibung eines diskreten Systems gegeben. Diese Gleichung kann auch als komponentenweise Gleichung entsprechender Folgen aufgefaßt werden. Transformiert man beide Seiten mit der Z-Transformation, so erhält man mit Hilfe des Verschiebungssatzes:

$$Y(z) = X(z) \sum_{i=0}^{N} b_i z^{-i} + Y(z) \sum_{i=1}^{M} a_i z^{-i}$$

Andererseits hatten wir im vorigen Abschnitt gesehen: $Y(z) = X(z)G(z)$, d.h.

$$X(z)G(z) = X(z) \sum_{i=0}^{N} b_i z^{-i} + X(z)G(z) \sum_{i=1}^{M} a_i z^{-i}$$

Teilt man beide Seiten durch $X(z)$ und löst nach $G(z)$ auf, so erhält man

$$G(z) = \frac{\sum_{i=0}^{N} b_i z^{-i}}{1 - \sum_{i=1}^{M} a_i z^{-i}}$$

d.h. die Übertragungsfunktion eines durch eine Differenzengleichung beschriebenen diskreten Systems kann man unmittelbar aus der Differenzengleichung ablesen.

Satz 6.2.12 *Zur Differenzengleichung*

$$y_n = \sum_{i=0}^{N} b_i x_{n-i} + \sum_{i=1}^{M} a_i y_{n-i} \text{ für } n = 0, 1, 2, \ldots$$

gehört die Übertragungsfunktion

$$G(z) = \frac{\sum_{i=0}^{N} b_i z^{-i}}{1 - \sum_{i=1}^{M} a_i z^{-i}}$$

Dies ist eine rationale Funktion, wobei der Grad des Zählers kleiner oder gleich dem Grad des Nenners ist.

Beweis: Es gilt wie wir oben gesehen haben

$$G(z) = \frac{\sum_{i=0}^{N} b_i z^{-i}}{1 - \sum_{i=1}^{M} a_i z^{-i}}$$

Erweiterung mit z^N/z^M liefert:

$$G(z) = z^{M-N} \frac{\sum_{i=0}^{N} b_i z^{N-i}}{z^M - \sum_{i=1}^{M} a_i z^{M-i}}$$

Dies ist offenbar eine rationale Funktion. Die restliche Aussage des Satzes erhalten wir nun durch eine Fallunterscheidung:

1. $M \geq N$: der Ausdruck mit der höchsten Potenz des Zählerpolynoms ist dann $z^{M-N} \cdot b_0 z^N = b_0 z^M$, die höchste Potenz des Nennerpolynoms ist hingegen z^M.

2. $M < N$: der Ausdruck mit der höchsten Potenz des Zählerpolynoms ist dann $b_0 z^N$, die höchste Potenz des Nennerpolynoms hingegen $z^{N-M} z^M = z^N$.

In jedem Fall ist der Zählergrad kleiner oder gleich dem Nennergrad, für $b_0 = 0$ sogar echt kleiner.
$\square$

Beispiel 6.2.13

$$y_n = x_n + 2y_{n-1}$$

dann

$$G(z) = \frac{1}{1 - 2z^{-1}} = \frac{z}{z - 2}$$

Bemerkung: Für nichtrekursive Differenzengleichungen (d.h. $a_i = 0$ für $i = 1, ..., M$) lautet die Übertragungsfunktion:

$$G(z) = \sum_{i=0}^{N} b_i z^{-i}$$

Die zugehörige Impulsantwort erhält man dann durch Rücktransformation der endlich vielen Summanden der rechten Seite:

$$g_n = \sum_{i=0}^{N} b_i \delta_{n-i} = \begin{cases} b_n & \text{für } n \leq N \\ 0 & \text{für } n > N \end{cases}$$

Dies Ergebnis hätten wir natürlich wegen $G(z) = \sum_{i=0}^{\infty} g_i z^{-i}$ (nach Definition) auch direkt (durch Koeffizientenvergleich) bekommen können.

Man spricht von einem FIR-Filter (Finite-Impulse-Response)
$\square$

Beispiel 6.2.14   Differenzengleichung:

$$y_n = 2x_n - \frac{1}{2} \cdot x_{n-1}$$

Übertragungsfunktion:

$$G(z) = 2 - \frac{1}{2z}$$

Die zugehörige Impulsantwort lautet: $g_0 = 2, g_1 = 1/2$ und $g_n = 0$ für $n > 1$.
□

Wir sind nun im Prinzip mit Hilfe des Faltungssatzes in der Lage, bei gegebener Differenzengleichung und bei einem Eingangssignal, dessen Z-Transformierte eine rationale Funktion ist, das Ausgangssignal mit Hilfe einer Partialbruchzerlegung zu berechnen.

Beispiel 6.2.15   Wir betrachten die Differenzengleichung

$$y_n = x_n + 2y_{n-1}$$

für ein Eingangssignal mit den Komponenten $x_n = 2^n \varepsilon_n - \delta_n$. Nach Beispiel 6.2.3 und Beispiel 6.2.1 gilt $X(z) = \frac{z}{z-2} - 1 = \frac{2}{z-2}$ und nach Satz 6.2.12 $G(z) = \frac{1}{1-2z^{-1}} = \frac{z}{z-2}$ Nach dem Faltungssatz bekommen wir dann:

$$Y(z) = G(z) \cdot X(z) = \frac{2z}{(z-2)^2}$$

und damit nach Beispiel 6.2.6 $y_n = n \cdot \varepsilon_n 2^n$.

Beispiel 6.2.16 *(Fibonacci)*   Wir wollen die Impulsantwort für die Differenzengleichung

$$y_n = y_{n-1} + y_{n-2} + x_{n-1}$$

bestimmen. Die hierbei entstehende Folge $y_0 = 0, y_1 = 1, y_2 = 1, y_3 = 2, y_4 = 3, y_5 = 5, y_6 = 8, y_7 = 13, y_8 = 21, y_9 = 34, \ldots$. wurde von Leonardo Pisano, genannt Fibonacci, (1170-1240) untersucht. Mit Hilfe der uns zur Verfügung stehenden Mittel kann man sie in geschlossener Form angeben. Es gilt:

$$Y(z) = G(z) = \frac{z^{-1}}{1 - (z^{-1} + z^{-2})} = \frac{z}{z^2 - z - 1}$$

Für die Nullstellen des Nenners erhält man: $\lambda_1 = \frac{1+\sqrt{5}}{2}$ und $\lambda_2 = \frac{1-\sqrt{5}}{2}$. Da die Transformierte des Einheitsimpulses identisch 1 ist, erhalten wir $Y(z) = G(z) = \frac{z}{(z-\lambda_1)(z-\lambda_2)}$. Der Ansatz für die Partialbruchzerlegung von $G(z)$ lautet:

$$\frac{z}{(z-\lambda_1)(z-\lambda_2)} = \frac{A}{(z-\lambda_1)} + \frac{B}{(z-\lambda_2)}$$

Multiplikation beider Seiten mit dem Hauptnenner der rechten Seite liefert:

$$A(z - \lambda_2) + B(z - \lambda_1) = z$$

Die Einsetzungsmethode ergibt: $A(\lambda_1 - \lambda_2) = \lambda_1$ und $B(\lambda_2 - \lambda_1) = \lambda_2$ und damit $A = \frac{1}{\sqrt{5}}\lambda_1$ sowie $B = -\frac{1}{\sqrt{5}}\lambda_2$. Damit bekommen wir:

$$G(z) = \frac{1}{\sqrt{5}}\lambda_1 \frac{1}{(z - \lambda_1)} - \frac{1}{\sqrt{5}}\lambda_2 \frac{1}{(z - \lambda_2)}$$

Die Rücktransformation gemäß 6.2.6 liefert

$$y_n = g_n = \frac{1}{\sqrt{5}}(\lambda_1^n - \lambda_2^n)\varepsilon_{n-1} = \frac{1}{\sqrt{5}}\left((\frac{1 + \sqrt{5}}{2})^n - (\frac{1 - \sqrt{5}}{2})^n \right) \cdot \varepsilon_{n-1}$$

6.2.3 Diskrete zyklische Faltung für nichtrekursive Systeme

Sei $(g_k)_k$ die Impulsantwort eines nichtrekursiven Systems, d.h. $g_k = 0$ für $k > N$, und sei die Eingangsfolge $(x_k)_k$ von endlicher Länge, d.h. $x_k = 0$ für $k > M$.

Beispiel 6.2.17 $N = 3$, $M = 4$

$$
\begin{aligned}
y_0 &= g_0 \cdot x_0 \\
y_1 &= g_0 \cdot x_1 + g_1 \cdot x_0 \\
y_2 &= g_0 \cdot x_2 + g_1 \cdot x_1 + g_2 \cdot x_0 \\
y_3 &= g_0 \cdot x_3 + g_1 \cdot x_2 + g_2 \cdot x_1 + g_3 \cdot x_0 \\
y_4 &= g_0 \cdot x_4 + g_1 \cdot x_3 + g_2 \cdot x_2 + g_3 \cdot x_1 \\
y_5 &= \qquad\quad g_1 \cdot x_4 + g_2 \cdot x_3 + g_3 \cdot x_2 \\
y_6 &= \qquad\qquad\qquad\quad g_2 \cdot x_4 + g_3 \cdot x_3 \\
y_7 &= \qquad\qquad\qquad\qquad\qquad\quad g_3 \cdot x_4
\end{aligned}
$$

Das Ausgangssignal $(y_n)_n$ ist gegeben durch die diskrete Faltung:

$$y_n = \sum_{k=0}^{n} x_k g_{n-k}$$

Unter den obigen Voraussetzungen verkürzt sich die Summe:

$$y_n = \sum_{k=\max(0, n-M)}^{\min(n, N)} x_k g_{n-k}$$

Insbesondere ist $y_k = 0$ für $k \geq K$. Dann lässt sich $(y_n)_n$ mit Hilfe der zyklischen Faltung bestimmen, wenn man folgende Vorkehrungen trifft (s. [1]):

sei $K := N + M + 1$, dann definieren wir zwei zu (g_k) und (x_k) gehörige Vektoren der Länge K auf folgende Weise:

$$\hat{g}_k := \begin{cases} g_k & \text{für } k = 0, 1, ..., N \\ 0 & \text{für } k = N + 1, ..., K - 1 \end{cases}$$

$$\hat{x}_k := \begin{cases} x_k & \text{für } k = 0, 1, ..., M \\ 0 & \text{für } k = M+1, ..., K-1 \end{cases}$$

Beide Vektoren denken wir uns periodisch mit Periode K fortgesetzt. Für das Ergebnis der diskreten zyklischen Faltung bekommen wir:

$$\hat{y}_n = \frac{1}{K} \sum_{k=0}^{K-1} \hat{x}_k \hat{g}_{n-k}$$

Im Kapitel über die Diskrete Fourier-Transformation hatten wir gesehen, dass man die zyklische Faltung als Multiplikation des einen Faltungsfaktors mit einer aus dem anderen Faltungsfaktor aufgebauten Matrix (einer sog. Zirkulanten) schreiben kann: $\hat{y} = G \cdot \hat{x}$, wobei G eine Zirkulante ist:

$$\begin{pmatrix} \hat{y}_0 \\ \hat{y}_1 \\ \hat{y}_2 \\ \vdots \\ \hat{y}_{K-1} \end{pmatrix} = \frac{1}{K} \begin{pmatrix} g_0 & 0 & 0 & \cdots & 0 & g_N & \cdots & g_1 \\ g_1 & g_0 & 0 & \cdots & 0 & & \cdots & g_2 \\ g_2 & g_1 & g_0 & 0 & & & \cdots & g_3 \\ \vdots & & & & & & & \\ g_N & \cdots & g_1 & g_0 & 0 & 0 & \cdots & 0 \\ \vdots & & & & & & & \\ 0 & 0 & \cdots & 0 & g_N & \cdots & g_1 & g_0 \end{pmatrix} \begin{pmatrix} x_0 \\ x_1 \\ \vdots \\ x_M \\ 0 \\ \vdots \\ 0 \end{pmatrix}$$

Da die letzten N Komponenten von $\hat{x}$ gleich Null sind, gilt offenbar

$$y_k = K \cdot \hat{y}_k \text{ für } k = 0, 1, ..., K-1.$$

Will man nun die im Kapitel über die diskrete Fourier-Transformation beschriebenen schnellen Algorithmen (FFT, schnelle Faltung) verwenden, so muss man dafür sorgen, dass die Anzahl der Komponenten der an der zyklischen Faltung beteiligten Vektoren eine Zweierpotenz ist. Dies lässt sich folgendermaßen bewerkstelligen:

Sei L die zu K nächstgrößere Zweierpotenz. Ist dann $M' := L - N - 1$, so bekommen wir:

$$L = 2^\ell = N + M' + 1 \geq K = N + M + 1 \tag{6.4}$$

Wir setzen nun

$$\hat{g}_k := \begin{cases} g_k & \text{für } k = 0, 1, ..., N \\ 0 & \text{für } k = N+1, ..., L-1 \end{cases}$$

und

$$\hat{x}_k := \begin{cases} x_k & \text{für } k = 0, 1, ..., M \\ 0 & \text{für } k = M+1, ..., L-1 \end{cases}$$

und beobachten, dass $\hat{g}$ mit M' Nullen und $\hat{x}$ mit $N + M' - M$ Nullen aufgefüllt wurden. Dann lauten die Komponenten der zyklischen Faltung $\hat{y}$ von $\hat{g}$ und $\hat{x}$:

$$\hat{y}_n = \frac{1}{L} \sum_{k=0}^{L-1} \hat{x}_k \hat{g}_{n-k}$$

d.h.

$$\hat{y}_n := \begin{cases} \frac{1}{L} \cdot y_n & \text{für } n = 0, 1, ..., K-1 \\ 0 & \text{für } n = K, ..., L-1 \end{cases}$$

Beispiel 6.2.18 $N = 3, M = 2$, dann $K = 6$ und $L = 8$, also $M' = 4$

$$\begin{pmatrix} \hat{y}_0 \\ \hat{y}_1 \\ \hat{y}_2 \\ \hat{y}_3 \\ \hat{y}_4 \\ \hat{y}_5 \\ 0 \\ 0 \end{pmatrix} = \frac{1}{8} \begin{pmatrix} g_0 & 0 & 0 & 0 & 0 & g_3 & g_2 & g_1 \\ g_1 & g_0 & 0 & 0 & 0 & 0 & g_3 & g_2 \\ g_2 & g_1 & g_0 & 0 & 0 & 0 & 0 & g_3 \\ g_3 & g_2 & g_1 & g_0 & 0 & 0 & 0 & 0 \\ 0 & g_3 & g_2 & g_1 & g_0 & 0 & 0 & 0 \\ 0 & 0 & g_3 & g_2 & g_1 & g_0 & 0 & 0 \\ 0 & 0 & 0 & g_3 & g_2 & g_1 & g_0 & 0 \\ 0 & 0 & 0 & 0 & g_3 & g_2 & g_1 & g_0 \end{pmatrix} \begin{pmatrix} x_0 \\ x_1 \\ x_2 \\ 0 \\ 0 \\ 0 \\ 0 \\ 0 \end{pmatrix}$$

Wegen $K = N + M + 1 \leq L \leq 2(N + M)$ ist die Anzahl der Operationen bei Anwendung der FFT für die diskrete zyklische Faltung höchstens proportional zu $L \log_2 L \sim (N + M) \log_2(N + M)$ (vergl. Abschnitt über zyklische Faltung). Die direkte Ausführung der diskreten Faltung erfordert $(\min(M, N) + 1) \cdot (\max(M, N) + 1)$ Multiplikationen und $\min(M, N) \cdot \max(M, N)$ Additionen (vergl. erstes Beispiel in diesem Abschnitt).

Bemerkung: Ist M sehr groß im Vergleich zu N, so empfiehlt sich eine Segmentierung der Eingangsfolge (x_k). Allerdings sind dann an den 'Nahtstellen' geeignete Korrekturen vorzunehmen.

6.2.4 Stabilität

Definition 6.2.19   *Ein kausales lineares zeitinvarinates diskretes System heißt stabil, wenn ein beschränktes Eingangssignal $(x_n)_n$ stets ein beschränktes Ausgangssignal erzeugt, d.h. wenn aus $|x_n| \leq M$ für alle $n \in \mathbb{N}$ folgt: $|y_n| \leq M'$ für alle $n \in \mathbb{N}$ und eine geeignete Zahl M'.*

Satz 6.2.20   *Ein diskretes System ist stabil, wenn die Reihe über die Komponenten der Impulsantwort absolut konvergiert, d.h. wenn*

$$\sum_{n=0}^{\infty} |g_n| < \infty$$

Beweis: Sei $(x_n)_n$ ein beschränktes Eingangssignal. Wie wir wissen erhalten wir das Ausgangssignal durch Faltung des Eingangssignals mit der Impulsantwort: Daraus bekommen wir:

$$|y_n| = |\sum_{k=0}^{n} g_k \cdot x_{n-k}| \le \sum_{k=0}^{n} |g_k| \cdot |x_{n-k}| \le M \sum_{k=0}^{n} |g_k| \le M \sum_{k=0}^{\infty} |g_k| =: M'$$

für $n = 0, 1, 2, \dots$.
□

Die Stabilität eines diskreten Systems lässt sich aber auch über die Pole der Übertragungsfunktion beschreiben, wie der folgende Satz zeigt:

Satz 6.2.21   *Es gilt $\sum_{n=0}^{\infty} |g_n| < \infty$ genau dann, wenn sämtliche Pole der Übertragungsfunktion im Inneren des Einheitskreises liegen.*

Beweis: Aus $\sum_{n=0}^{\infty} |g_n| < \infty$ folgt, dass die Reihe $G(z) = \sum_{n=0}^{\infty} g_n z^{-n}$ auf dem Rande des Einheitskreises und erst recht außerhalb des Einheitskreises absolut konvergiert, d.h. wenn $G(z)$ irgendwelche Polstellen hat, so müssen diese innerhalb des Einheitskreises liegen.

Andererseits wollen wir nun voraussetzen, das sämtliche Polstellen der Übertragungsfunktion in Inneren des Einheitskreises liegen. Nach den Betrachtungen in Satz 6.2.12 können wir die Übertragungsfunktion darstellen mit Hilfe von Polynomen $D(z)$ und $U(z)$ durch

$$G(z) = \frac{D(z)}{U(z)} \cdot z^{M-N}$$

wobei der Zählergrad der rationalen Funktion $G(z)$ kleiner oder gleich dem Nennergrad ist.

Um den Grundgedanken unserer Überlegung zu illustrieren wollen wir der Einfachheit halber zunächst annehmen, dass alle Nullstellen von $U(z)$ einfach sind und dass $M > N$ ist. Dann können wir $G(z)$ folgendermaßen schreiben, da $U(z)$ ein Polynom vom Grade M ist:

$$G(z) = z \cdot \frac{T(z)}{(z - \lambda_1)(z - \lambda_2) \cdot \dots \cdot (z - \lambda_M)}$$

Hierbei ist $T(z)$ definiert durch $T(z) := z^{M-N-1} \cdot D(z)$. Der Grad des Polynoms $T(z)$ ist nach dem oben gesagten offenbar kleiner als M. Die Partialbruchzerlegung von $\frac{T(z)}{U(z)}$ liefert dann:

$$\begin{aligned} G(z) &= z \cdot \{\frac{A_1}{z - \lambda_1} + \frac{A_2}{z - \lambda_2} + \dots + \frac{A_M}{z - \lambda_M}\} \\ &= A_1 \frac{z}{z - \lambda_1} + A_2 \frac{z}{z - \lambda_2} + \dots + A_M \frac{z}{z - \lambda_M} \end{aligned}$$

Sämtliche Summanden lassen sich nach Beispiel 6.2.3 sofort rücktransformieren und wir erhalten:

$$g_n = \{A_1 \lambda_1^n + A_2 \lambda_2^n + \dots + A_M \lambda_M^n\} \varepsilon_n$$

Damit bekommen wir:

$$\sum_{n=0}^{\infty} |g_n| = \sum_{n=0}^{\infty} |\{A_1\lambda_1^n + A_2\lambda_2^n + ... + A_M\lambda_M^n\}\varepsilon_n|$$

$$\leq \sum_{n=0}^{\infty} \{|A_1\lambda_1^n| + |A_2\lambda_2^n| + ... + |A_M\lambda_M^n|\}$$

$$= |A_1| \sum_{n=0}^{\infty} |\lambda_1|^n + |A_2| \sum_{n=0}^{\infty} |\lambda_2|^n + ... + |A_M| \sum_{n=0}^{\infty} |\lambda_M|^n$$

Da nun alle Polstellen im Inneren des Einheitskreises liegen, gilt $|\lambda_k| < 1$ für $1 \leq k \leq M$. Damit sind die entsprechenden geometrischen Reihen konvergent.

In der allgemeinen Situation können wir mit Hilfe der Polynomdivision folgende Darstellung der Übertragungsfunktion erreichen (b_0 ist der Koeffizient von x_n in der Differenzengleichung aus Satz 6.2.12):

$$G(z) = b_0 + \frac{P(z)}{Q(z)}$$

wobei der Grad von $P(z)$ kleiner ist als der Grad von $Q(z)$. Ist nun λ eine m-fache Nullstelle von $Q(z)$, so gehört zu ihr der Zerlegungsanteil

$$\frac{A_1}{(z - \lambda)} + \frac{A_2}{(z - \lambda)^2} + ... + \frac{A_m}{(z - \lambda)^m}$$

Die Rücktransformation von Ausdrücken dieses Typs erhalten wir nun aber über die Korrespondenz (s. Satz 6.2.11):

$$\frac{1}{(z - \lambda)^k} \bullet\!\!-\!\!\circ (r_n)_n$$

mit

$$r_n = \binom{n - 1}{k - 1} \lambda^{n-k}\varepsilon_{n-k}$$

Die Frage,ob die Reihe $\sum |r_n|$ konvergiert, können wir mit dem Wurzelkriterium untersuchen: ist $\lim_{n\to\infty} \sqrt[n]{|r_n|} < 1$ so liegt Konvergenz vor. Es gilt für $n \geq k$:

$$\sqrt[n]{|r_n|} = \sqrt[n]{\binom{n - 1}{k - 1}} |\lambda|^{n-k} = \sqrt[n]{\frac{(n - 1)!}{(k - 1)! \cdot (n - k)!}} \frac{|\lambda|}{\sqrt[n]{|\lambda|^k}}$$

Nun gilt $\lim_{n\to\infty} \sqrt[n]{|\lambda|^k} = 1$ und nach Voraussetzung ist $|\lambda| < 1$. Ferner gilt für $k > 1$: $\frac{(n-1)!}{(k-1)!\cdot(n-k)!} = \frac{(n-1)\cdot...\cdot(n-k+1)}{(k-1)!}$. Der Zähler ist kleiner als n^{k-1} und damit

$$\sqrt[n]{\frac{(n - 1)!}{(k - 1)! \cdot (n - k)!}} \leq \frac{\sqrt[n]{n^{k-1}}}{\sqrt[n]{(k - 1)!}}$$

Zähler und Nenner des letzten Ausdrucks gehen aber für n gegen Unendlich gegen 1. Damit haben wir insgesamt $\lim_{n \to \infty} \sqrt[n]{|r_n|} < 1$ nachgewiesen.

Die Impulsantwort $(g_n)_n$ setzt sich aber nun aus endlich vielen Summanden vom Typ $(r_n)_n$ zusammen (nämlich aus der Rücktransformation aller Partialbruchsummanden). Dann muss auch die Reihe $\sum g_n$ als endliche Summe absolut konvergenter Reihen absolut konvergieren.

$\square$

6.3 Frequenzgang und Sprungantwort

Ähnlich, wie wir dies bei den Differentialgleichungen getan haben, wollen wir noch Antworten für spezielle Eingangssignale untersuchen.

6.3.0.1 Frequenzgang

Wir wollen nun die Antwort eines diskreten Systems auf eine (diskretisierte) harmonische Schwingung der Frequenz f betrachten, d.h. für eine Eingangsfolge $(x_n)_n$ mit $x_n = e^{j2\pi f n T_a}$. Wir wollen weiterhin voraussetzen, dass die Stabilitätsbedingung $\sum_{n=0}^{\infty} |g_n| < \infty$ erfüllt ist. Die Systemantwort ergibt sich dann als diskrete Faltung des Eingangssignals mit der Impulsantwort, d.h.

$$
\begin{aligned}
y_n &= \sum_{k=0}^{n} g_k \cdot x_{n-k} = \sum_{k=0}^{n} g_k \cdot e^{j2\pi f(n-k)T_a} = e^{j2\pi f n T_a} \sum_{k=0}^{n} g_k \cdot e^{-j2\pi f k T_a} \\
&= e^{j2\pi f n T_a} \left(\sum_{k=0}^{\infty} g_k \cdot (e^{j2\pi f T_a})^{-k} - \sum_{k=n+1}^{\infty} g_k \cdot e^{-j2\pi f k T_a} \right)
\end{aligned}
$$

Wegen $G(z) = \sum_{k=0}^{\infty} g_k z^{-k}$ haben wir $G(e^{j2\pi f T_a}) = \sum_{k=0}^{\infty} g_k (e^{j2\pi f T_a})^{-k}$, d.h.

$$
y_n = e^{j2\pi f n T_a} \cdot G(e^{j2\pi f T_a}) - \sum_{k=n+1}^{\infty} g_k \cdot e^{j2\pi f(n-k)T_a}
$$

Für n gegen Unendlich geht der Ausdruck $\sum_{k=n+1}^{\infty} g_k \cdot e^{j2\pi f(n-k)T_a}$ wegen $|e^{j2\pi f(n-k)T_a}| = 1$ und $\sum_{n=0}^{\infty} |g_n| < \infty$ gegen Null, d.h. asymptotisch gilt näherungsweise für grose n:

$$
y_n \approx e^{j2\pi f n T_a} \cdot G(e^{j2\pi f T_a})
$$

Dies entspricht den Verhältnissen bei kontinuierlichen Systemen (s. Gleichung 5.10). Die Funktion

$$
H(f) := G(e^{j2\pi f T_a}) = \sum_{k=0}^{\infty} g_k e^{-j2\pi k f T_a}
$$

bezeichnen wir als *Frequenzgang* des diskreten Systems. Diese Funktion ist offenbar periodisch mit der Periode $1/T_a$.

Es besteht ein enger Zusammenhang zum Frequenzgang eines kontinuierlichen Systems:

$$G_c(j2\pi f) = \int_0^\infty g(t)\mathrm{e}^{-j2\pi ft}dt$$

(wobei wir hier die Übertragungsfunktion des kontinuierlichen Systems zur Unterscheidung mit G_c bezeichnen). Der Ausdruck $T_a \cdot \sum_{k=0}^\infty g_k\mathrm{e}^{-j2\pi fkT_a}$ kann nämlich als numerische Näherung (Rechtecksumme) des obigen Integrals aufgefaßt werden.

Ein weiterer Zusammenhang lässt sich zur diskreten Fourier-Transformation herstellen: Wegen $\sum_{n=0}^\infty |g_n| < \infty$ gibt es ein N, so dass sich $\sum_{k=0}^\infty g_k\mathrm{e}^{-j2\pi fkT_a}$ und $\sum_{k=0}^{N-1} g_k\mathrm{e}^{-j2\pi fkT_a}$ wenig unterscheiden. Setzen wir $T = N \cdot T_a$ sowie $t_k = k \cdot T_a$ für $k = 0, 1, ..., N-1$ und betrachten wir den Näherungsausdruck an den Stellen $f_n = \frac{n}{T}$ für $n = 0, 1, ..., N-1$, so bekommen wir:

$$H(f_n) \approx \sum_{k=0}^{N-1} g_k\mathrm{e}^{-j2\pi\frac{n}{T}k\frac{T}{N}} = \sum_{k=0}^{N-1} g_k\mathrm{e}^{-j\frac{2\pi}{T}nt_k} = N \cdot G_n$$

wobei

$$\mathcal{D}\begin{pmatrix} g_0 \\ g_1 \\ \cdot \\ \cdot \\ \cdot \\ g_{N-1} \end{pmatrix} = \begin{pmatrix} G_0 \\ G_1 \\ \cdot \\ \cdot \\ \cdot \\ G_{N-1} \end{pmatrix}$$

wenn $\mathcal{D}$ die diskrete Fourier-Transformation bezeichnet.

6.3.0.2 Sprungantwort

Die Sprungantwort eines diskreten Systems erhalten wir durch Faltung der Impulsantwort mit der diskretisierten Sprungfunktion:

$$y_n = \sum_{k=0}^n g_k\varepsilon_{n-k} = \sum_{k=0}^n g_k \tag{6.5}$$

Die Sprungantwort eines kontinuierlichen Systems lautet, wie wir gesehen haben entsprechend:

$$y(t) = \int_0^t g(\tau)d\tau$$

6.4 Nachbildung kontinuierlicher Systeme

In diesem Abschnitt wollen wir verschiedene Strategien untersuchen, mit denen man bis zu einem gewissen Grade das Verhalten kontinuierlicher Systeme durch diskrete Systeme nachbilden kann.

6.4.1 Impulsinvariante Nachbildung

Ein beliebiges kontinuierliches (kausales) Signal $x(t)$ werde im Abstand T_a abgetastet. Das hieraus entstehende Abtastsignal (vergl. Gleichung 3.9)

$$x_d(t) = T_a \sum_{k=0}^{\infty} x(kT_a)\delta_{kT_a}$$

werde auf ein kontinuierliches System geleitet, das durch die Impulsantwort $g(t)$ charakterisiert ist. Für das diskrete System ist die Impulsantwort so zu bestimmen, dass man für die Eingangswertefolge $(x_n)_n$ mit $x_n = x(nT_a)$ am Ausgang des diskreten Systems die Wertefolge $(y_n)_n$ mit $y_n = y(nT_a)$ erhält, wobei $y(t)$ das zu $x_d(t)$ gehörige Ausgangssignal des kontinuierlichen Systems ist.

Um den Sachverhalt zu formalisieren, führen wir eine 'Diskretisierungsabbildung' D_{T_a} ein, die einem kontinuierlichen Signal $x(t)$ die Wertefolge $(x_n)_n$ und dem Dirac-Impuls das $\frac{1}{T_a}$-Fache des diskreten Einheitsimpulses zuordnet, symbolisch:

$$D_{T_a}\{x(t)\} = (x_n)_n$$
$$D_{T_a}\{\delta_{kT_a}\} = \frac{1}{T_a}(\delta_{n-k})_n$$

Entsprechend erhält man:

$$D_{T_a}\{x_d(t)\} = T_a \sum_{k=0}^{\infty} x(kT_a)D_{T_a}\{\delta_{kT_a}\} = \sum_{k=0}^{\infty} x(kT_a)(\delta_{n-k})_n = (x_n)_n$$

Die Frage lautet nun: lässt sich eine Impulsantwort $(h_n)_n$ des diskreten Systems so bestimmen, dass

$$D_{T_a}\{x_d(t) * g(t)\} = D_{T_a}\{x_d(t)\} * (h_n)_n$$

gilt, d.h. derart dass das folgende Diagramm kommutativ wird ?

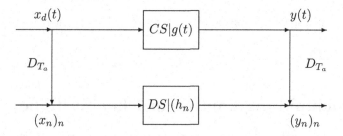

Bei impulsinvarianter Nachbildung erhält man nun die Folge $(h_n)_n$ durch Diskretisierung der Impulsantwort $g(t)$, denn zunächst bekommen wir nach den Regeln für die (kontinuierliche) Faltung:

$$y(t) = x_d(t) * g(t) = \left(T_a \sum_{k=0}^{\infty} x(kT_a)\delta_{kT_a} \right) * g(t)$$

$$= T_a \sum_{k=0}^{\infty} x(kT_a)\delta_{kT_a} * g(t) = T_a \sum_{k=0}^{\infty} x(kT_a)g(t - kT_a)$$

und mit $(h_n)_n := T_a \cdot (g_n)_n = T_a \cdot D_{T_a}\{g(t)\}$ erhalten wir:

$$D_{T_a}\{y(t)\} = T_a \sum_{k=0}^{\infty} x(kT_a)D_{T_a}\{g(t - kT_a)\}$$

$$= T_a \sum_{k=0}^{\infty} x(kT_a)(g(nT_a - kT_a))_n = T_a \sum_{k=0}^{\infty} x_k(g_{n-k})_n$$

Die hier stehende Summe von Folgen ist (wie immer) komponentenweise zu summieren. Für die n-te Komponente der Summenfolge erhält man, da $g(t)$ kausal ist für $n \geq 0$:

$$T_a \sum_{k=0}^{\infty} x_k g_{n-k} = T_a \sum_{k=0}^{n} x_k g_{n-k} = \sum_{k=0}^{n} x_k h_{n-k}$$

Dies ist aber nichts anderes als die n-te Komponente der diskreten Faltungsfolge. Also bekommen wir:

$$D_{T_a}\{y(t)\} = (x_n)_n * (h_n)_n = D_{T_a}\{x_d(t)\} * (T_a \cdot D_{T_a}\{g(t)\})$$

Wir haben bisher die Beziehung zwischen kontinuierlichem und diskretem System durch die Impulsantwort dargestellt. Es ist üblich, dies mit Hilfe der Übertragungsfunktionen zu tun. Die Beziehung lautet dann:

$$G(z) = T_a \cdot \mathcal{Z}\{D_{T_a}\{\mathcal{L}^{-1}\{G_c(s)\}\}\}$$

denn $g(t) = \mathcal{L}^{-1}\{G_c(s)\}$ und $(g_n)_n = D_{T_a}\{g(t)\}$.

Beispiel 6.4.1   Sei $g(t) = e^{\lambda t}$ die Impulsantwort eines kontinierlichen Systems. Dann lautet die zugehörige Übertragungsfunktion $G_c(s) = \frac{1}{s-\lambda}$. Die Diskretisierung der Impulsantwort liefert: $g_n = e^{\lambda n T_a} = a^n \cdot \varepsilon_n$ mit $a := e^{\lambda T_a}$. Die Übertragungsfunktion des nachbildenden diskreten Systems ist dann:

$$G(z) = T_a \cdot \mathcal{Z}\{(g_n)_n\} = T_a \cdot \frac{z}{z-a}$$

Satz 6.4.2   *Ist das kontinuierliche System stabil, so ist auch die impulsinvariante Nachbildung stabil.*

Beweis: Da das kontinuierliche System stabil ist, haben alle Polstellen $\lambda = -\rho + j\omega$ negativen Realteil und damit $|e^{\lambda T_a}| = |e^{-\rho T_a} e^{j\omega T_a}| = e^{-\rho T_a} < 1$. Ist nun λ eine $k+1$-fache Polstelle der Übertragungsfunktion des kontinuierlichen Systems, so ist die zugehörige Impulsantwort wegen

$$\mathcal{L}^{-1}\{\frac{k!}{(s-\lambda)^{k+1}}\} = t^k e^{\lambda t}\varepsilon(t)$$

Linearkombination von Ausdrücken der rechten Seite dieser Gleichung, deren Diskretisierung folgendermaßen lautet:

$$D_{T_a}\{t^k e^{\lambda t}\varepsilon(t)\} = T_a^k n^k e^{\lambda n T_a}\varepsilon_n = T_a^k n^k (e^{\lambda T_a})^n \varepsilon_n$$

Die Impulsantwort der impulsinvarianten Nachbildung ist dann Linearkombination derartiger Ausdrücke und damit absolut summierbar, denn man erhält mit dem Wurzelkriterium für unendliche Reihen wegen $\lim_{n\to\infty} \sqrt[n]{T_a} = 1$ und $\lim_{n\to\infty} \sqrt[n]{n} = 1$:

$$\lim_{n\to\infty} \sqrt[n]{|T_a^k n^k (e^{\lambda T_a})^n|} = e^{-\rho T_a} < 1$$

$\square$

6.4.2 Sprunginvariante Nachbildung

Bei der sprunginvarianten Nachbildung wird – anders als bei der impulsinvarianten Nachbildung anstelle von $x_d(t)$ die zu $x(t)$ und der Abtastung im Abstand T_a gehörige Treppenfunktion $x_h(t)$ verwendet. Sei der Rechteckimpuls $r(t) := \varepsilon(t) - \varepsilon(t - T_a)$, dann wird

$$x_h(t) = \sum_{k=0}^{\infty} x(kT_a) \cdot r(t - kT_a)$$

auf das kontinuierliche System mit der Impulsantwort $g(t)$ geleitet. Das zugehörige Ausgangssignal lautet dann nach den Regeln für die (kontinuierliche) Faltung:

$$y(t) = x_h(t) * g(t) = \int_0^t (\sum_{k=0}^{\infty} x(kT_a)r(\tau - kT_a))g(t - \tau)d\tau$$

Die Diskretisierung von $y(t)$ ergibt:

$$y(nT_a) = \int_0^{nT_a} (\sum_{k=0}^{\infty} x(kT_a)r(\tau - kT_a))g(nT_a - \tau)d\tau$$

Für $k > n$ ist $\tau - kT_a$ negativ und damit $r(\tau - kT_a)$ gleich Null. Damit bekommen wir:

$$y(nT_a) = \sum_{k=0}^{n} x(kT_a) \int_0^{nT_a} r(\tau - kT_a))g(nT_a - \tau)d\tau = \sum_{k=0}^{n} x(kT_a) \int_{kT_a}^{(k+1)T_a} g(nT_a - \tau)d\tau$$

Sei nun $v(t)$ die Sprungantwort des kontinuierlichen Systems, dann gilt (s.Abschnitt 5.4.1): $v(t) = \int_0^t g(\tau)d\tau$. Insbesondere ist $v(t)$ Stammfunktion von $g(t)$, d.h. nach Kettenregel haben wir: $\frac{d}{d\tau}(-v(t-\tau)) = g(t-\tau)$ und daher

$$
\begin{aligned}
y(nT_a) &= \sum_{k=0}^{n} x(kT_a)[-v(nT_a - \tau)]_{kT_a}^{(k+1)T_a} \\
&= \sum_{k=0}^{n} x(kT_a)(v(nT_a - kT_a) - v(nT_a - (k+1)T_a))
\end{aligned}
$$

d.h.

$$
y_n = \sum_{k=0}^{n} x_k(v_{n-k} - v_{n-1-k})
$$

Setzt man $h_n := v_n - v_{n-1}$ für $n = 0, 1, 2, ...$, so bekommt man

$$
(y_n)_n = (x_n)_n * (h_n)_n
$$

Mit $(h_n)_n$ als Impulsantwort erhält man somit ein diskretes System, das das gegebene kontinuierliche System mit der Impulsantwort $g(t)$ in dem geforderten Sinne nachbildet, wie noch einmal in dem folgenden Diagramm veranschaulicht:

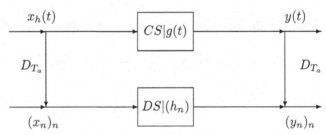

Auch hier ist es üblich, die Beziehung zwischen kontinuierlichem und diskretem System mit Hilfe der Übertragungsfunktionen darzustellen. Um dies zu tun, müssen wir uns eine Eigenschaft der Laplace-Transformation ins Gedächtnis rufen: Da $v(t) = \int_0^t g(\tau)d\tau$ gilt nach Satz 5.1.7 $\mathcal{L}\{v(t)\} = \frac{G_c(s)}{s}$ und damit

$$
(v_n)_n = D_{T_a}\{\mathcal{L}^{-1}\{\frac{G_c(s)}{s}\}\}
$$

Wegen $h_n = v_n - v_{n-1}$ können wir die Impulsantwort des diskreten Systems als diskrete Faltung darstellen:

$$
(h_n)_n = (v_n)_n * (\delta_n - \delta_{n-1})_n
$$

und erhalten damit nach dem Faltungssatz

$$
\mathcal{Z}\{(h_n)_n\} = \mathcal{Z}\{(v_n)_n\} \cdot (1 - \frac{1}{z})
$$

Insgesamt bekommen wir dann

$$G(z) = \mathcal{Z}\{D_{T_a}\{\mathcal{L}^{-1}\{\frac{G_c(s)}{s}\}\}\} \cdot \frac{z-1}{z}$$

Beispiel 6.4.3   Sei wie im Beispiel 6.4.1 $g(t) = e^{\lambda t}$ die Impulsantwort eines kontinierlichen Systems. Die Sprungantwort des kontinuierlichen Systems lautet dann:

$$v(t) = \int_0^t g(\tau)d\tau = \frac{1}{\lambda}(e^{\lambda t} - 1)$$

(Dies Ergebnis hätten wir natürlich auch durch Rücktransformation von $\frac{G_c(s)}{s} = \frac{1}{s(s-\lambda)}$ erzielen können). Diskretisierung der Sprungantwort liefert dann mit $a = e^{\lambda T_a}$:

$$v_n = \frac{1}{\lambda}(e^{\lambda n T_a} - 1) = \frac{1}{\lambda}(a^n - 1)\varepsilon_n$$

Für die Impulsantwort des nachbildenden diskreten Systems bekommen wir dann:

$$h_n = v_n - v_{n-1} = \frac{1}{\lambda}(a^n - a^{n-1})\varepsilon_{n-1}$$

für $n = 0, 1, 2, \dots$. Für die zugehörige Übertragungsfunktion erhalten wir:

$$G(z) = \frac{1}{\lambda}(a\frac{1}{z-a} - \frac{1}{z-a}) = \frac{1}{\lambda}\frac{a-1}{z-a}$$

Satz 6.4.4   *Ist das kontinuierliche System stabil, so ist auch die sprunginvariante Nachbildung stabil.*

Beweis: Mit den obigen Bezeichnungen erhalten wir:

$$h_n = v_n - v_{n-1} = v(nT_a) - v((n-1)T_a) = \int_{(n-1)T_a}^{nT_a} g(\tau)d\tau$$

und damit

$$\sum_{n=0}^{\infty} |h_n| = \sum_{n=0}^{\infty} |\int_{(n-1)T_a}^{nT_a} g(\tau)d\tau| \leq \sum_{n=0}^{\infty} \int_{(n-1)T_a}^{nT_a} |g(\tau)|d\tau = \int_0^{\infty} |g(\tau)|d\tau < \infty$$

$\square$

6.4.3 Bilineare Substitution

In Abschnitt 5.6 haben wir gesehen, dass sich alle kontinuierlichen Systeme durch Zusammenschaltung von Integratoren (I-Glieder) darstellen lassen.

Hoffnung: wenn ein Integrator durch ein entsprechendes diskretes System 'gut' nachgebildet wird, dann wird auch das aus Integratoren zusammengeschaltete System mit der Übertragungsfunktion $G_c(s)$ durch entsprechende Zusammenschaltung der diskreten Nachbildung des I-Gliedes 'gut' nachgebildet.

So ließe sich die Integration eines kontinuierlichen Eingangssignals $x(t)$ mit Hilfe der Sehnentrapezregel annähern. Dies führt zu der folgenden Differenzengleichung:

$$y_n = y_{n-1} + T_a \cdot \frac{1}{2}(x_{n-1} + x_n)$$

Als zur Differenzengleichung gehörige Übertragungsfunktion erhält man dann:

$$T(z) = \frac{T_a}{2} \cdot \frac{1 + z^{-1}}{1 - z^{-1}} = \frac{T_a}{2} \cdot \frac{z + 1}{z - 1}$$

Die Übertragungsfunktion $\frac{1}{s}$ eines Integrators in der entsprechenden Zerlegung von $G_c(s)$ wird man dann durch $T(z)$ ersetzen. Formal erhält man somit die Übertragungsfunktion $G(z)$ des nachbildenden Systems aus der Übertragungsfunktion des nachzubildenden kontinuierlichen Systems durch die sog. 'bilineare' Substitution

$$s = \frac{2}{T_a} \frac{z - 1}{z + 1}$$

Der Grad des Zählers von $G(z)$ ist kleiner oder gleich dem Grad des Nenners von $G(z)$, sofern entsprechendes für $G_c(s)$ gilt.

Die Transformation bildet den Einheitskreis der z-Ebene auf die imaginäre Achse der s-Ebene und das Innere des Einheitskreises auf die linke Halbebene ab. Sei nämlich $z = x + jy$, dann erhalten wir:

$$
\begin{aligned}
s &= \frac{2}{T_a} \frac{x + jy - 1}{x + jy + 1} = \frac{2}{T_a} \frac{(x - 1 + jy) \cdot (x + 1 - jy)}{(x + 1)^2 + y^2} \\
&= \frac{2}{T_a} \frac{x^2 - 1 + y^2 + 2jy}{(x + 1)^2 + y^2} = \frac{2}{T_a} \left(\frac{x^2 + y^2 - 1}{(x + 1)^2 + y^2} + j \frac{2y}{(x + 1)^2 + y^2} \right)
\end{aligned}
$$

Für $|z|^2 = x^2 + y^2 = 1$ ist der Realteil des letzten Ausdrucks gleich Null, für $|z|^2 = x^2 + y^2 < 1$ negativ. Wir bekommen

Satz 6.4.5   *Stabile kontinuierliche Systeme gehen also durch Bilineare Substitution in stabile diskrete Systeme über.*

Beweis: Liegen die Pole von $G_c(s)$ in der linken Halbebene (vergl Satz 5.4.3), so liegen die Pole von $G(z)$ im Inneren des Einheitskreises (vergl.Satz 6.2.21). □

Beispiel 6.4.6   Sei $G_c(s) = \frac{1}{Ts+1}$. Durch die bilineare Substitution erhalten wir

$$G(z) = \frac{1}{T\frac{2}{T_a}\frac{z-1}{z+1}+1} = \frac{z+1}{(2T/T_a+1)z-(2T/T_a-1)} = \beta\frac{z+1}{z-\alpha}$$

mit $\beta = \frac{T_a}{2T+T_a}$ und $\alpha = \frac{2T-T_a}{2T+T_a}$. Die Impulsantwort des diskreten Systems lautet dann nach Beispiel 6.2.3 und Beispiel 6.2.6 :

$$g_n = \beta(\alpha^n\varepsilon_n + \alpha^{n-1}\varepsilon_{n-1})$$

Für die Sprungantwort bekommen wir dann nach Gleichung 6.5 in Abschnitt 6.3:

$$
\begin{aligned}
y_n &= \sum_{k=0}^{n} g_k = \sum_{k=0}^{n} \beta(\alpha^k\varepsilon_k + \alpha^{k-1}\varepsilon_{k-1}) \\
&= \beta(\sum_{k=0}^{n}\alpha^k\varepsilon_k + \sum_{k=0}^{n}\alpha^{k-1}\varepsilon_{k-1}) = \beta(\frac{1-\alpha^{n+1}}{1-\alpha} + \frac{1-\alpha^n}{1-\alpha}) \\
&= \frac{\beta}{1-\alpha}(2 - \alpha^n - \alpha^{n+1})
\end{aligned}
$$

Wegen $\beta/(1-\alpha) = 1/2$ bekommen wir:

$$y_n = \varepsilon_n(1 - \frac{1+\alpha}{2}\alpha^n)$$

Wegen $0 < \alpha < 1$ erhält man insbesondere: $\lim_{n\to\infty} y_n = 1$.
   Die Impulsantwort des kontinuierlichen Systems lautet im Vergleich:

$$g(t) = \frac{1}{T}e^{-\frac{t}{T}}$$

und die Sprungantwort nach 5.9

$$y(t) = \int_0^t g(\tau)d\tau = 1 - e^{-\frac{t}{T}}$$

Insbesondere erhält man: $\lim_{t\to\infty} y(t) = 1$.

6.4.3.1 Vorverzerrung (Prewarping)

Den Frequenzgang des kontinuierlichen Systems erhält man bekanntlich durch $G_c(j\hat\omega)$, den des durch bilineare Substitution entstandenen diskreten Systems durch $G_D(e^{j\omega T_a})$. Die Transformation $s = \frac{2}{T_a}\frac{1-z^{-1}}{1+z^{-1}}$ führt nun zu einer nichtlinearen Verzerrung der Frequenzskala: Setzt man $s = j\hat\omega$ und $z = e^{j\omega T_a}$ in der obigen Transformation, so erhält man:

$$j\hat\omega = \frac{2}{T_a}\frac{1-e^{-j\omega T_a}}{1+e^{-j\omega T_a}}$$

Erweitern des Bruches auf der rechten Seite mit $e^{j\omega\frac{T_a}{2}}$ liefert

$$j\hat{\omega} = \frac{2}{T_a}\frac{e^{j\omega\frac{T_a}{2}} - e^{-j\omega\frac{T_a}{2}}}{e^{j\omega\frac{T_a}{2}} + e^{-j\omega\frac{T_a}{2}}} = j\frac{2}{T_a}\frac{\sin(\omega\frac{T_a}{2})}{\cos(\omega\frac{T_a}{2})}$$

und damit

$$\hat{\omega} = \frac{2}{T_a}\tan(\omega\frac{T_a}{2})$$

bzw.

$$\frac{T_a}{2}\hat{\omega} = \tan(\omega\frac{T_a}{2})$$

Für kleine T_a ist dieser Effekt allerdings nicht sehr groß. Soll nun ein kontinuierliches System mit Grenzfrequenz ω_g durch bilineare Substitution nachgebildet werden, so muss es auf die neue Grenzfrequenz $\hat{\omega}_g$ gemäß

$$\hat{\omega}_g = \frac{2}{T_a}\tan(\omega_g\frac{T_a}{2})$$

transformiert werden (s. Abschnitt 5.5.3), damit das diskrete System die Grenzfrequenz ω_g bekommt.

6.4.4 Anwendung: Nachbildung eines Butterworth-Filters

Wir wollen hier die Nachbildung eines Butterworth-Filters der Ordnung 3 diskutieren. In Abschnitt 5.5.1 hatten wir gesehen, dass die zugehörige Übertragungsfunktion $G_c(s) = \frac{1}{P(s)}$ mit $P(s) = s^3 + 2s^2 + 2s + 1$ und den Nullstellen $\lambda_1 = -\frac{1}{2} + j\frac{\sqrt{3}}{2}$, $\lambda_2 = -1$, sowie $\lambda_3 = \overline{\lambda_2}$ lautet.

6.4.4.1 Impulsinvariante Nachbildung

Für die Partialbruchzerlegung von $G_c(s)$ bekommen wir

$$G_c(s) = \frac{A}{s+1} + \frac{B}{s-\lambda_1} + \frac{C}{s-\overline{\lambda_1}}$$

und erhalten mit der Einsetzungsmethode: $A = 1$, $B = -\frac{1}{2} - j\frac{\sqrt{3}}{6}$ und $C = \bar{B}$. Die zugehörige Impulsantwort lautet dann

$$g(t) = (e^{-t} + Be^{\lambda_1 t} + \bar{B}e^{\overline{\lambda_1}t})\varepsilon(t)$$

und damit

$$
\begin{aligned}
g(nT_a) &= (e^{-nT_a} + Be^{\lambda_1 nT_a} + \bar{B}e^{\overline{\lambda_1}nT_a})\varepsilon(nT_a) \\
&= \left((e^{-T_a})^n + B(e^{\lambda_1 T_a})^n + \bar{B}(e^{\overline{\lambda_1}T_a})^n\right)\varepsilon_n = g_n
\end{aligned}
$$

Für die Übertragungsfunktion der impulsinvarianten Nachbildung erhalten wir dann mit $\alpha := e^{-\frac{T_a}{2}}$, $\beta := \cos(\frac{\sqrt{3}}{2}T_a)$ und $\gamma := \frac{\sqrt{3}}{3}\sin(\frac{\sqrt{3}}{2}T_a)$ und $h_n = T_a g_n$:

$$
\begin{aligned}
G(z) &= T_a\left(\frac{z}{z - e^{-T_a}} + B\frac{z}{z - e^{\lambda_1 T_a}} + \bar{B}\frac{z}{z - e^{\overline{\lambda_1}T_a}}\right)\\[2mm]
&= T_a\left(\frac{z}{z - \alpha^2} - \frac{z^2 - z(\beta + \gamma)\alpha}{z^2 - 2z\alpha\beta + \alpha^2}\right)\\[2mm]
&= T_a\frac{z^2 \cdot \alpha(-\beta + \gamma + \alpha) + z \cdot \alpha^2(1 - \beta\alpha - \gamma\alpha)}{z^3 - z^2 \cdot \alpha(2\beta + \alpha) + z \cdot \alpha^2(1 + 2\alpha\beta) - \alpha^4}\\[2mm]
&= T_a\frac{b_1 z^{-1} + b_2 z^{-2}}{1 - (a_1 z^{-1} + a_2 z^{-2} + a_3 z^{-3})}
\end{aligned}
$$

wobei $b_1 := \alpha(-\beta + \gamma + \alpha)$, $b_2 := \alpha^2(1 - \beta\alpha - \gamma\alpha)$, sowie $a_1 := \alpha(2\beta + \alpha)$, $a_2 := -\alpha^2(1 + 2\alpha\beta)$ und $a_3 := \alpha^4$. Die zugehörige Differenzengleichung lautet dann:

$$
y_n = T_a \cdot (b_1 \cdot x_{n-1} + b_2 \cdot x_{n-2}) + a_1 \cdot y_{n-1} + a_2 \cdot y_{n-2} + a_3 \cdot y_{n-3}
$$

Die obigen Koeffizienten des diskreten Filters enthalten noch immer den Parameter T_a. Dazu folgende Überlegung:

für $|\omega| \geq 3$ ist $|G_c(j\omega)|$ klein, denn es gilt dann

$$
|G_c(j\omega)|^2 = \frac{1}{1 + \omega^6} \leq \frac{1}{1 + 3^6} = \frac{1}{730}
$$

Für $\omega_g = 3 = 2\pi f_g$, also $f_g = \frac{3}{2\pi} \approx \frac{1}{2}$ bekommen wir mit dem Abtasttheorem

$$
T_a \leq \frac{1}{2f_g} \approx 1.
$$

Bemerkung: Die obige Abschätzung betrifft die Abtastung der Impulsantwort $g(t)$ des kontinuierlichen Systems, die wir hier als annähernd bandbegrenzt betrachten.

Für verschiedene Werte von T_a erhalten wir als Amplitudengang der Nachbildung im Vergleich zum Amplitudengang des Butterworth-Filters 3. Ordnung:

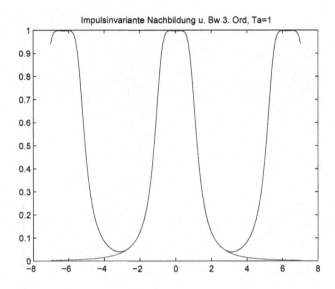

Für $T_a = 1$ erkennt man noch die Periode $\frac{2\pi}{T_a}$ über der ω-Achse, während bei $T_a = 0.1$ die weiteren Bänder bereits außerhalb des dargestellten Bereichs liegen.

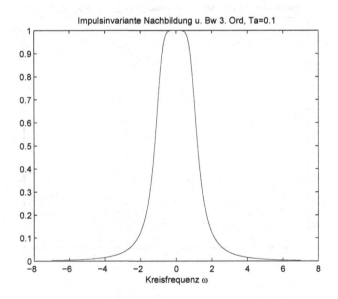

Wählt man hingegen $T_a = 2$, so ist keine nennenswerte Übereinstimmung zwischen Original und Nachbildung zu erkennen.

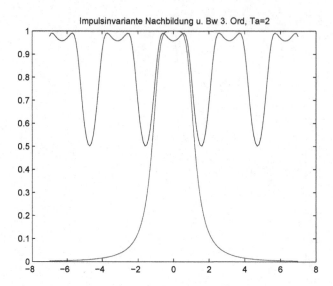

Für den Phasengang bekommt man für $T_a = 0.1$ wie beim Amplitudengang eine weitgehende Übereinstimmung

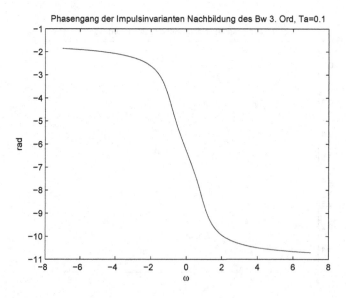

Im Zeitbereich erhält man, wenn man einen 'verrauschten' Sinus der Frequenz 0.1 Hz durch die zugehörige Differenzengleichung schickt (man beachte: der Durchlassbereich liegt bei $-\frac{1}{2\pi} \leq f \leq \frac{1}{2\pi}$):

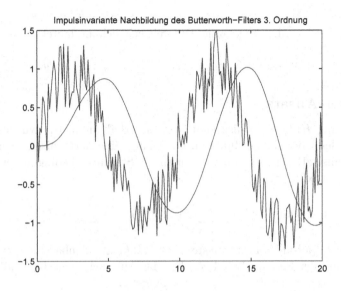

6.4.4.2 Bilineare Substitution

Wir wenden nun die bilineare Substitution auf das Butterworth-Filter 3. Ordnung an, wobei wir allerdings eine Kompensation für die in Abschnitt 6.4.3.1 genannte Verzerrung der Frequenzskala vornehmen: das Butterworth-Filter hat eine Grenzfrequenz von $\omega_g = 1$, muss nun aber auf eine neue Grenzfrequenz $\hat{\omega}_g$ gemäß

$$\hat{\omega}_g = \frac{2}{T_a} \tan(\omega_g \frac{T_a}{2}) = \frac{2}{T_a} \tan(\frac{T_a}{2})$$

transformiert werden, damit die diskrete Nachbildung die Grenzfrequenz 1 erhält. Damit lautet das vorverzerrte Butterworth-Filter nach Abschnitt 5.5.3:

$$G_c(\frac{s}{\hat{\omega}_g}) \frac{1}{\frac{s^3}{\hat{\omega}_g^3} + 2\frac{s^2}{\hat{\omega}_g^2} + 2\frac{s}{\hat{\omega}_g} + 1}$$

Ersetzen wir nun s durch $\frac{2}{T_a}\frac{1-z^{-1}}{1+z^{-1}}$, so erhalten wir nach Erweitern mit r^3 für $r := T_a \cdot \hat{\omega}_g$:

$$G_D(z) = \frac{r^3}{8(\frac{1-z^{-1}}{1+z^{-1}})^3 + 8r(\frac{1-z^{-1}}{1+z^{-1}})^2 + 4r^2(\frac{1-z^{-1}}{1+z^{-1}}) + r^3}$$

Erweitern wir den obigen Bruch mit $(1 + z^{-1})^3$, so bekommen wir nach Ordnen von Zähler und Nenner nach Potenzen von z^{-1}:

$$G_D(z) = \frac{r^3(1 + 3z^{-1} + 3z^{-2} + z^{-3})}{\alpha + z^{-1}\beta + z^{-2}\gamma + z^{-3}\delta}$$

mit $\alpha := 8 + 8r + 4r^2 + r^3$, $\beta := -24 - 8r + 4r^2 + 3r^3$, $\gamma := 24 - 8r - 4r^2 + 3r^3$ und $\delta := -8 + 8r - 4r^2 + r^3$. Die zugehörige Differenzengleichung lautet dann:

$$y_n = \frac{r^3}{\alpha} \cdot (x_n + 3 \cdot x_{n-1} + 3 \cdot x_{n-2} + x_{n-3}) - \frac{\beta}{\alpha} \cdot y_{n-1} - \frac{\gamma}{\alpha} \cdot y_{n-2} - \frac{\delta}{\alpha} \cdot y_{n-3}$$

6.4.5 Fourier-Ansatz

Den Frequenzgang $H(f)$ eines diskreten Systems erhält man, wie wir gesehen haben, indem man in der Übertragungsfunktion $G(z)$ für z eine harmonische Schwingung der Form $e^{j2\pi f T_a}$ einsetzt. Dies ist möglich, sofern die Stabilitätsbedingung erfüllt ist (d.h. wenn $\sum_{n=0}^{\infty} |g_n| < \infty$):

$$H(f) = G(e^{j2\pi f T_a}) = \sum_{k=0}^{\infty} g_k (e^{j2\pi f T_a})^{-k} = \sum_{k=0}^{\infty} g_k e^{-j2\pi f k T_a}$$

wobei $(g_k)_k$ die Impulsantwort des Systems ist. $H(f)$ ist offenbar eine periodische Frequenzfunktion mit der Periode $f_a = 1/T_a$. Für das Ausgangssignal $(y_n)_n$ gilt dann näherungsweise mit $(x_n)_n =: (e^{-j2\pi f k T_a})_n$ als Eingangssignal:

$$y_n = H(f) \cdot e^{j2\pi f \cdot n T_a}$$

Ist das diskrete System nichtrekursiv (FIR-Filter), so sind nach der Bemerkung zu Satz 6.2.12 nur endlich viele, sagen wir n, Komponenten der Impulsantwort ungleich Null. Für den Frequenzgang gilt dann:

$$H(f) = \sum_{k=0}^{n} g_k e^{-jk\frac{2\pi}{f_a} f}$$

Sei nun $K(f)$ eine vorgegebene Frequenzfunktion der Periode f_a. Wir wollen ein nichtrekursives diskretes System so entwerfen, dass sein Frequenzgang möglichst gut mit $K(f)$ übereinstimmt.

Da die Funktion $K(f)$ periodisch ist, kann man sie in eine Fourier-Reihe entwickeln, sofern $K(f)$ von endlicher Energie ist (vergl. Satz 1.2.16):

$$K(f) \sim \sum_{-\infty}^{\infty} \alpha_k e^{jk\frac{2\pi}{f_a} f}$$

$$\alpha_k = \frac{1}{f_a} \int_{-f_a/2}^{f_a/2} K(f) e^{-jk\frac{2\pi}{f_a} f} df$$

Die Folge der Teilsummen $K_m(f) = \sum_{-m}^{m} \alpha_k e^{jk\frac{2\pi}{f_a} f}$ konvergiert dann im quadratischen Mittel gegen $K(f)$ (s. Satz 1.2.16). Multiplizieren wir $K_m(f)$ mit dem Faktor $e^{-jm\frac{2\pi}{f_a} f}$, so erhalten wir einen Ausdruck, der formal mit dem Frequenzgang eines nichtrekursiven diskreten Systems übereinstimmt:

$$K_m(f) \cdot e^{-jm\frac{2\pi}{f_a} f} = \sum_{k=-m}^{m} \alpha_k e^{j(k-m)\frac{2\pi}{f_a} f}$$

Setzt man nämlich $g_k := \alpha_{m-k}$ für $k = 0, ..., 2m$, so bekommt man

$$H(f) = K_m(f) \cdot e^{-jm\frac{2\pi}{f_a}f} = \sum_{k=0}^{2m} g_k e^{-jk\frac{2\pi}{f_a}f}$$

Für den Betrag der Antwort des diskreten Systems bekommen wir dann näherungsweise:

$$|y_n| = |H(f) \cdot e^{j2\pi f \cdot nT_a}| = |H(f)| = |K_m(f)|$$

d.h. zumindest dem Betrage nach stimmt der Frequenzgang mit $K_m(f)$ und damit die Systemantwort auf eine mit T_a abgetasteten harmonischen Schwingung beliebiger Frequenz f überein. Ist m groß genug, so bekommt man auch eine 'gute' Übereinstimmung in dem obigen Sinne mit $K(f)$. Die Übertragungsfunktion des diskreten Systems lautet:

$$G(z) = z^{-m} \sum_{k=-m}^{m} \alpha_k z^k = \sum_{k=0}^{2m} g_k z^{-k}$$

Beispiel 6.4.7   Sei $f_c < f_a/2$ und sei

$$K(f) = \begin{cases} 1 \text{ für } |f| < f_c \\ 0 \text{ für } f_a/2 \geq |f| \geq f_c \end{cases}$$

Dann gilt (vergl. Beispiel 2.1.1): $\alpha_k = 2f_c/f_a \text{si}(k2\pi f_c/f_a)$. Die Übertragungsfunktion des diskreten Systems lautet dann:

$$G(z) = 2f_c/f_a \sum_{k=0}^{2m} \text{si}((k-m)2\pi f_c/f_a)z^{-k}$$

Der Frequenzgang nähert sich (im quadratischen Mittel) dem Rechteckimpuls $K(f)$ an, allerdings erhalten wir in der Nähe der Sprungstelle die zu erwartenden Überschwinger (Gibbs'sches Phänomen). Der Amplitudengang für $f_c = \frac{1}{2}Hz$, $T_a = 40/2048$ und $m = 256$ zeigt folgende Gestalt

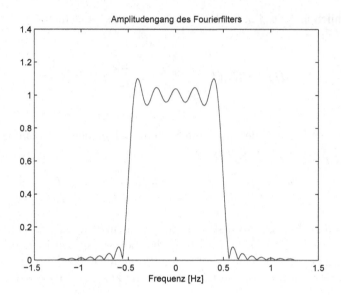

Der Phasengang ist linear über dem Durchlassbereich

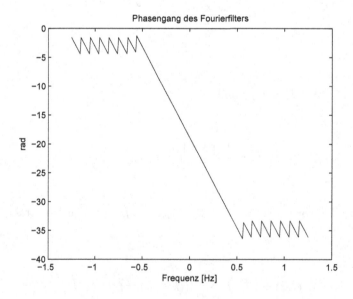

Dies geht aus der Gleichung $H(f) = K_m(f) \cdot e^{-jm\frac{2\pi}{f_a}f}$ unmittelbar hervor: $K_m(f)$ ist offenbar reell und positiv im Durchlassbereich, daher lautet dort die Phase $\varphi(f) = -m\frac{2\pi}{f_a}f$. Für die Verzögerung t_0 bekommt man damit $t_0 = m \cdot f_a \approx 5$ sec. Wir führen zur Filterung eines 'verrauschten' Sinus mit Frequenz $f_0 = 0.1$ Hz und $M = 1526$ Abtastwerten eine diskrete zyklische Faltung mit Hilfe der FFT durch (d.h $L = M + N + 1 = 2048$ im Sinne von Gleichung 6.4 mit $N = 2m = 512$) durch

Man erkennt leicht, dass der Frequenzgang des FIR-Filters bei geeigneter Diskretisierung das L-fache des diskreten Spektrums der Impulsantwort ist, genauer: sei $\vec{G} = \mathcal{D}\vec{g}$, dann lautet die n-te Komponente von $\vec{G}$:

$$G_n = \frac{1}{L} \sum_{k=0}^{L-1} \hat{g}_k e^{-jn2\pi/TkT_a} = \frac{1}{L} \sum_{k=0}^{N} g_k e^{-jn2\pi/TkT_a}$$

und der Frequenzgang des FIR-Filters

$$H(f) = G(e^{j2\pi f T_a}) = \sum_{k=0}^{N} g_k (e^{-j2\pi f T_a})^k = \sum_{k=0}^{N} g_k e^{-j2\pi f k T_a}$$

für $f_n = n \cdot \frac{1}{T}$ also:

$$H(f_n) = \sum_{k=0}^{N} g_k e^{-j2\pi f_n k T_a} = L \cdot G_n \text{ für } n = 0, 1, 2, ..., L-1$$

In der halblogarithmischer Darstellung der diskreten Spektren von Eingangs- und Ausgangssignal

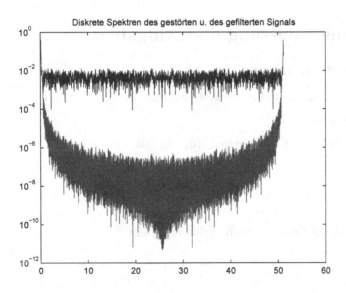

erkennt man, dass der Rauschanteil um 2 bis 3 Zehnerpotenzen gedämpft ist. Im Zeitbereich bekommt man schließlich die folgende Darstellung:

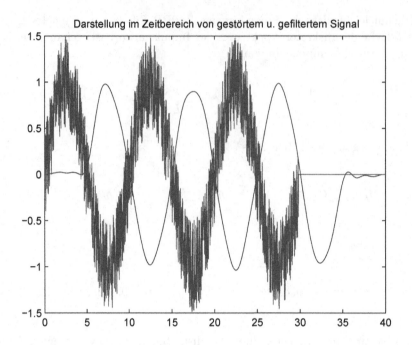

Darstellung im Zeitbereich von gestörtem u. gefiltertem Signal

6.5 Zusammenfassung und Aufgaben

6.5.1 Zusammenfassung

- zeitdiskrete Signale und zeitdiskrete Systeme (s. Abschnitt 6.1):

  - Beispiele:

    1. diskreter Einheitsimpuls $(\delta_{n-i})_n$ mit

    $$\delta_{n-i} = \begin{cases} 1 & \text{für } n = i \\ 0 & \text{für } n \neq i \end{cases}$$

    2. die diskrete Sprungfunktion $(\varepsilon_n)_n$ mit

    $$\varepsilon_n := \begin{cases} 1 & \text{für } n \geq 0 \\ 0 & \text{für } n < 0 \end{cases}$$

  - diskrete Faltung: $(x_n)_n$ und $(y_n)_n$ kausal dann $(z_n)_n$ mit
    $z_n := \sum_{i=0}^{n} x_i \cdot y_{n-i}$, kurz $z_n = x_n * y_n$ (s. Definition 6.1.8)

- Z-Transformation (s. Abschnitt 6.2)

$$\mathcal{Z}\{(x_n)_n\} := \sum_{n=0}^{\infty} x_n z^{-n} =: X(z)$$

konvergiert für $|z| > \frac{1}{r} =: R$ mit $R = \lim_{n \to \infty} \sqrt[n]{|x_n|} < \infty$, sofern $|x_n| \leq M^n$ für $n = 0, 1, \dots$ (Folge exponentiell beschränkt)

- Beispiele

    1. (s. Beispiel 6.2.2) Sei $(x_n)_n := (\varepsilon_n)_n$ der diskrete Sprung, dann für $|z| > 1$:
       $X(z) = \frac{z}{z-1}$

    2. (s. Beispiel 6.2.3) Sei $(x_n)_n := (a^n \varepsilon_n)_n$, dann für $|z| > |a|$:
       $X(z) = \frac{z}{z-a}$

    3. (s. Beispiel 6.2.4) $\varepsilon_n \cos n\alpha \;\; \circ\!\!-\!\!\bullet \;\; \frac{z(z - \cos\alpha)}{z^2 - 2z\cos\alpha + 1}$
       sowie $\varepsilon_n \sin n\alpha \;\; \circ\!\!-\!\!\bullet \;\; \frac{z\sin\alpha}{z^2 - 2z\cos\alpha + 1}$

    4. (s. Satz 6.2.11): Sei

       $$x_n = \binom{n-1}{k-1} a^{n-k} \varepsilon_{n-k}$$

       dann

       $$(x_n)_n \;\; \circ\!\!-\!\!\bullet \;\; \frac{1}{(z-a)^k}$$

- Eigenschaften u. Rechenregeln

    1. Verschiebungssatz (s. Satz 6.2.5): Aus $(x_n)_n \circ\!\!-\!\!\bullet X(z)$ folgt $(x_{n-k})_n \circ\!\!-\!\!\bullet X(z) \cdot z^{-k}$ für $k > 0$.

    2. Differentiationssatz (s. Satz 6.2.7): Aus $(x_n)_n \circ\!\!-\!\!\bullet X(z)$ folgt
       $(n \cdot x_n)_n \circ\!\!-\!\!\bullet -z \cdot X'(z)$

    3. Faltungssatz (s. Satz 6.2.9): Aus $(x_n^{(1)})_n \circ\!\!-\!\!\bullet X_1(z)$ und
       $(x_n^{(2)})_n \circ\!\!-\!\!\bullet X_2(z)$ folgt $(x_n^{(1)} * x_n^{(2)})_n \circ\!\!-\!\!\bullet X_1(z) \cdot X_2(z)$

    4. Z-Transformation umkehrbar eindeutig (s. Satz 6.2.10)

- Diskrete LTI-Systeme

    1. beschrieben durch Differenzengleichung (s. Gleichung 6.2):
       $y_n = \sum_{i=0}^{N} b_i x_{n-i} + \sum_{i=1}^{M} a_i y_{n-i}$ für $n = 0, 1, 2, \dots$

    2. Impulsantwort: (s. Definition 6.1.5): Ausgangsfolge $(g_n)_n$ mit $\mathcal{DS}\{(\delta_n)_n\} = (g_n)_n$

    3. I/O-Verhalten eines $\mathcal{DS}$ im Zeitbereich (s. Satz 6.1.10): Impulsantwort $(g_n)_n$, beliebige Eingangssignal $(x_n)_n$ dann zugehöriges Ausgangssignal: $y_n = x_n * g_n$

    4. $G(z)$ Übertragungsfunktion eines diskreten Systems:
       $G(z) = \sum_{n=0}^{\infty} g_n z^{-n} = \mathcal{DS}\{(g_n)_n\}$

5. I/O-Verhalten eines DS im Bildbereich:
$Y(z) = X(z) \cdot G(z)$ mit $X(z) = \mathcal{DS}\{(x_n)_n\}$ und $Y(z) = \mathcal{DS}\{(y_n)_n\}$

6. Die Übertragungsfunktion zur Differenzengleichung
$y_n = \sum_{i=0}^{N} b_i x_{n-i} + \sum_{i=1}^{M} a_i y_{n-i}$ für $n = 0, 1, 2, ...$, lautet
$G(z) = \frac{\sum_{i=0}^{N} b_i z^{-i}}{1 - \sum_{i=1}^{M} a_i z^{-i}}$ (s. Satz 6.2.12):

7. FIR-Filter: (s. Abschnitt 6.2.2): Differenzengleichung nichtrekursiv (d.h. $a_i = 0$ für $i = 1, ..., M$) dann Übertragungsfunktion: $G(z) = \sum_{i=0}^{N} b_i z^{-i}$ mit zugehöriger Impulsantwort:

$$g_n = \begin{cases} b_n & \text{für } n \leq N \\ 0 & \text{für } n > N \end{cases}$$

8. Stabilität:

   a) (s. Definition 6.2.19): diskretes LTI-System heißt stabil wenn beschränkte Eingangssignale $(x_n)_n$ stets ein beschränkte Ausgangssignale erzeugen

   b) diskretes System ist stabil, wenn

      i. (s. Satz 6.2.20): die Reihe über die Komponenten der Impulsantwort absolut konvergiert, d.h. wenn $\sum_{n=0}^{\infty} |g_n| < \infty$

      ii. (s. Satz 6.2.21) sämtliche Pole der Übertragungsfunktion im Inneren des Einheitskreises liegen

9. Frequenzgang (s. Abschnitt 6.3.0.1): $H(f) := G(e^{j2\pi f T_a}) = \sum_{k=0}^{\infty} g_k e^{-j2\pi k f T_a}$ (periodisch mit $f_a = \frac{1}{T_a}$)

- Diskrete Filter durch diskrete Nachbildung kontinuierlicher Filter mit Übertragungsfunktion $G_c(s)$ (stabil, sofern $G_c(s)$ stabil)

   1. Impulsinvariante Nachbildung (s. Abschnitt 6.4.1):
   $G(z) = T_a \cdot \mathcal{Z}\{D_{T_a}\{\mathcal{L}^{-1}\{G_c(s)\}\}\}$

   2. Sprunginvariante Nachbildung (s. Abschnitt 6.4.2):
   $G(z) = \mathcal{Z}\{D_{T_a}\{\mathcal{L}^{-1}\{\frac{G_c(s)}{s}\}\}\} \cdot \frac{z-1}{z}$

   3. Bilineare Substitution: ersetze s in $G_c(s)$ durch
   $\frac{2}{T_a}\frac{z-1}{z+1}$

- Diskreter FIR-Filter durch Fourier-Ansatz (s. Abschnitt 6.4.5):
$K(f)$ f_a-periodisch mit Fourier-Koeffizienten α_k, dann mit $g_k := \alpha_{m-k}$ für $k = 0, ..., 2m$:
$G(z) = \sum_{k=0}^{2m} g_k z^{-k}$

6.5.2 Aufgaben

1. Berechnen Sie die Z-Transformierte folgender diskreter Signale:

   a)
   $$x_n = \begin{cases} (1/4)^n & \text{für } n \geq 2 \\ 0 & \text{sonst} \end{cases}$$

   b) $x_n = n^2 \cdot \varepsilon_n \cdot a^n$

2. Berechnen Sie die Rücktransformierte von
   $$G(z) = \frac{z^3 + z^2 - 5z + 2}{z^3 - 3z^2 + 2z}$$

3. Bestimmen Sie für die Differenzengleichung
   $$y_n = x_n + 2x_{n-2} + 3y_{n-1} - 2y_{n-2}$$
   die zugehörige Übertragungsfunktion $G(z)$ und berechnen sie die Impulsantwort

4. Bestimmen Sie die Übertragungsfunktion $G(z)$ für ein diskretes System, wenn zu dem Eingangssignal $x_n = -\delta_{n-1} + n\varepsilon_n$ das Ausgangssignal $y_n = 2\delta_{n-2} - (n-1)2^{n-1}\varepsilon_{n-1}$ gehört. Wie sieht die zugehörige Differenzengleichung aus?

5. bilden Sie da kontinuierliche LTI-System mit der Übertragungsfunktion $G_c(s) = \frac{1}{s^2+\sqrt{2}s+1}$ impulsinvariant nach und bestimmen Sie die zugehörige Übertragungsfunktion $G(z)$ des diskreten Systems. Wie groß ist $G(j\omega)$ für $|\omega| \geq 10$ höchsten? Berücksichtigen Sie dies für eine geeignete Wahl von T_a (Begründung !).

6. Die Übertragungsfunktion eines kontinuierlichen Systems sei gegen durch $G_c(s) = \frac{s}{s^2+2s+5}$. Bestimmen Sie eine diskrete Nachbildung durch Bilineare Substitution. Wie lautet die zugehörige Differenzengleichung? Ist das diskrete System stabil?

7. Bilden Sie das System mit Übertragungsfunktion $G(s) = \frac{2s+2}{s^2+2s+2}$ sprunginvariant nach. Wie lautet die Übertragungfunktion des zugehörigen diskreten Systems ?

8. bilden Sie das Butterworth-Filter 3. Ordnung $(P(s) = s^3 + 2s^2 + 2s + 1)$ spunginvariant nach und bestimmen Sie die Übertragungsfunktion. Wie lautet die zugehörige Differenzengleichung ?

7 Die Hilbert-Transformation

In diesem Kapitel wollen wir uns mit einer Transformation befassen, die in der Modulationstheorie eine große Rolle spielt: durch geeignete Ergänzung des ursprünglichen Signals $x(t)$ zu einem sogenannten *analytischen Signal* $z(t) = x(t) - jy(t)$ erhält man eine komplexe Zeitfunktion mit einseitigem Spektrum. Dies geschieht dadurch, daß man $y(t)$ als Hilbert-Transformierte von $x(t)$ wählt.

7.1 Konjugierte Funktionen und die Hilbert-Transformation

Sei $x(t)$ ein reelles Signal endlicher Energie, dann läßt sich $x(t)$ durch sein Spektrum $X(f)$ als Grenzwert im quadratischen Mittel ausdrücken (s.Satz 2.4.7):

$$x(t) = l.i.m._{M \to \infty} \int_{-M}^{M} X(f) e^{j2\pi ft} df$$

Stellen wir $X(f)$ durch Real- und Imaginärteil dar, d.h. $X(f) = a(f) + jb(f)$ dann erhalten wir:

$$
\begin{aligned}
x(t) &= l.i.m._{M \to \infty} \int_{-M}^{M} (a(f) + jb(f))(\cos 2\pi ft + j \sin 2\pi ft) df \\
&= l.i.m._{M \to \infty} \int_{-M}^{M} (a(f) \cos 2\pi ft - b(f) \sin 2\pi ft) \\
&\quad + j(b(f) \cos 2\pi ft + a(f) \sin 2\pi ft) df
\end{aligned}
$$

Nach dem Zuordnungssatz (s.2.2.8) ist $a(f)$ gerade und $b(f)$ ungerade, d.h., da das Produkt einer geraden mit einer ungeraden Funktion ungerade, das Produkt einer ungeraden mit einer ungeraden Funktion aber gerade ist, erhalten wir:

$$x(t) = l.i.m._{M \to \infty} \int_{0}^{M} 2 \cdot (a(f) \cos 2\pi ft - b(f) \sin 2\pi ft) df$$

Setzen wir noch $A(f) := 2a(f)$ und $B(f) := -2b(f)$, so bekommen wir:

$$x(t) = l.i.m._{M \to \infty} \int_{0}^{M} (A(f) \cos 2\pi ft + B(f) \sin 2\pi ft) df$$

Definition 7.1.1 *Definieren wir nun wie in [26]*

$$y(t) = l.i.m._{M\to\infty} \int_0^M (B(f)\cos 2\pi ft - A(f)\sin 2\pi ft)df$$

so nennt man $y(t)$ *die zu* $x(t)$ konjugierte *Funktion*. Wir wollen $y(t)$ durch das Spektrum von $x(t)$ ausdrücken und erhalten zunächst:

$$y(t) = l.i.m._{M\to\infty}\, j\cdot \int_0^M 2j(b(f)\cos 2\pi ft + a(f)\sin 2\pi ft)df$$

Der Integrand läßt sich folgendermaßen umschreiben:

$$
\begin{aligned}
&\ 2j\cdot(b(f)\cos 2\pi ft + a(f)\sin 2\pi ft)\\
=&\ (a(f)\cos 2\pi ft - b(f)\sin 2\pi ft) + j\cdot(a(f)\sin 2\pi ft + b(f)\cos 2\pi ft)\\
&\ -\{(a(f)\cos 2\pi ft - b(f)\sin 2\pi ft) - j\cdot(a(f)\sin 2\pi ft + b(f)\cos 2\pi ft)\}\\
=&\ (a(f)+jb(f))\cdot(\cos 2\pi ft + j\sin 2\pi ft)\\
&\ -(a(f)-jb(f))\cdot(\cos 2\pi ft - j\sin 2\pi ft)\\
=&\ X(f)e^{j2\pi ft} - X(-f)e^{j2\pi(-f)t}
\end{aligned}
$$

Also bekommen wir:

$$y(t) = l.i.m._{M\to\infty} j\int_0^M \left(X(f)e^{j2\pi ft} - X(-f)e^{j2\pi(-f)t} \right)df$$

Nun erhalten wir aber mit Hilfe der Substitution $u = -f$:

$$
\begin{aligned}
-\ &\int_0^M X(-f)e^{j2\pi(-f)t}df = \int_M^0 X(-f)e^{j2\pi(-f)t}df\\
=\ &\int_{-M}^0 X(u)e^{j2\pi ut}\frac{df}{du}du = -\int_{-M}^0 X(u)e^{j2\pi ut}du
\end{aligned}
$$

und daher

$$
\begin{aligned}
y(t) \ &= \ l.i.m._{M\to\infty} j\left\{\int_0^M X(f)e^{j2\pi ft} - \int_{-M}^0 X(f)e^{j2\pi ft}df\right\}\\
&= \ l.i.m._{M\to\infty} j\int_{-M}^M \mathrm{sign}(f)\cdot X(f)e^{j2\pi ft}df
\end{aligned}
$$

Dies bedeutet aber für das Spektrum von $y(t)$ (vergl. [26]):

$$Y(f) = j\cdot \mathrm{sign}(f)\cdot X(f)$$

Dieses Ergebnis wollen wir in dem folgenden Satz verwerten:

Satz 7.1.2   *Sei die Funktion* $x(t)$ *reell und von endlicher Energie mit Spektrum* $X(f)$. *Dann hat die konjugierte Funktion* $y(t)$ *das Spektrum* $Y(f) = j\cdot \mathrm{sign}(f)\cdot X(f)$ *und es gilt:*

1. $x(t)$ *und* $y(t)$ *haben gleiche Energie, d.h.* $\int_{-\infty}^{\infty} |x(t)|^2 dt = \int_{-\infty}^{\infty} |y(t)|^2 dt$

2.

$$\frac{1}{2}(x(t) - jy(t)) \circ\!\!-\!\!\bullet \left\{ \begin{array}{ll} X(f) & \text{für } f > 0 \\ 0 & \text{für } f < 0 \end{array} \right.$$

3. $X(f) = -j \cdot \text{sign}(f)Y(f)$

4. *Mit* $Y(f) = \frac{1}{2}(C(f) - j \cdot D(f))$ *gilt:*

$$x(t) = l.i.m._{M\to\infty} \int_0^M (C(f) \cdot \sin 2\pi ft - D(f) \cdot \cos 2\pi ft)df$$

d.h. $x(t) = -w(t)$, *wenn* $w(t)$ *die zu* $y(t)$ *gehörige konjugierte Funktion bezeichnet.*

Beweis: Wegen

$$|Y(f)| = |j\text{sign}(f)X(f)| = |X(f)|$$

folgt 1. aus dem Satz von Plancherel.

Aus

$$\mathcal{F}\{x(t) - jy(t)\} = X(f) - jY(f) = X(f) + \text{sign}(f) \cdot X(f)$$

folgt 2. Die Eigenschaft 3. ist offensichtlich (wegen $\text{sign}(f) \cdot \text{sign}(f) = 1$) und 4. folgt aus 3.
$\square$

Definition 7.1.3 *Die komplexwertige Funktion* $z(t) = x(t) - jy(t)$ *heißt analytisches Signal, wenn* $y(t)$ *die konjugierte Funktion von* $x(t)$ *ist.*

Beispiel 7.1.4 Sei $u(t) = e^{-|t|}$, dann gilt:

$$\begin{aligned} \mathcal{F}\{u(t)\} &= \int_{-\infty}^{\infty} e^{-|t|} e^{-j2\pi ft} dt = \int_{-\infty}^{0} e^{t(1-j2\pi f)} dt + \int_0^{\infty} e^{-t(1+j2\pi f)} dt \\ &= \left[\frac{e^{t(1-j2\pi f)}}{1 - j2\pi f}\right]_{-\infty}^{0} + \left[\frac{e^{-t(1+j2\pi f)}}{-(1 + j2\pi f)}\right]_0^{\infty} \\ &= \frac{1 - 0}{1 - j2\pi f} + \frac{0 - 1}{-(1 + j2\pi f)} = \frac{1 + j2\pi f + 1 - j2\pi f}{1 + 4\pi^2 f^2} \\ &= \frac{2}{1 + 4\pi^2 f^2} \end{aligned}$$

Nach dem Vertauschungssatz (s.2.4.9) erhalten wir dann unter Berücksichtigung der Tatsache, dass $u(t)$ gerade ist:

$$x(t) = \frac{2}{1 + 4\pi^2 t^2} \circ\!\!-\!\!\bullet X(f) = e^{-|f|}$$

Damit lautet das Spektrum der konjugierten Funktion $y(t)$:

$$Y(f) = j\,\mathrm{sign}(f) \cdot \mathrm{e}^{-|f|}$$

Für $y(t)$ bekommen wir dann (da $Y(f)$ absolut integrierbar ist, können wir hier auf den Limes im quadratischen Mittel verzichten):

$$
\begin{aligned}
y(t) &= \int_{-\infty}^{\infty} Y(f)\mathrm{e}^{j2\pi ft}df = j\left\{\int_{-\infty}^{0} -\mathrm{e}^{f}\mathrm{e}^{j2\pi ft}df + \int_{0}^{\infty} \mathrm{e}^{-f}\mathrm{e}^{j2\pi ft}df\right\} \\
&= j\left\{-\left[\frac{\mathrm{e}^{f(1+j2\pi t)}}{1+j2\pi t}\right]_{-\infty}^{0} + \left[\frac{\mathrm{e}^{f(-1+j2\pi t)}}{-1+j2\pi t}\right]_{0}^{\infty}\right\} \\
&= j\left\{-\frac{1-0}{1+j2\pi t} + \frac{0-1}{-1+j2\pi t}\right\} = j\frac{-1+j2\pi t+1+j2\pi t}{1+4\pi^2 t^2} \\
&= -\frac{4\pi t}{1+4\pi^2 t^2}
\end{aligned}
$$

Beiläufig bemerken wir, daß $y(t)$ zwar von endlicher Energie, aber nicht mehr absolut integrierbar ist. Diese Eigenschaft von $x(t)$ kann also bei der konjugierten Funktion $y(t)$ verloren gehen.
□

Wir haben bisher die zu $x(t)$ konjugierte Funktion $y(t)$ indirekt, d.h. unter Zuhilfenahme des Spektrums $X(f)$ dargestellt. Wir wollen nun darangehen, eine Darstellung von $y(t)$ direkt, d.h. durch eine Transformation von $x(t)$ im Zeitbereich, zu suchen. Für diese Betrachtung benötigen wir zunächst eine Darstellung von Realteil $a(f)$ und Imaginärteil $b(f)$ von $X(f)$ durch Integrale, wobei wir der Einfacheit halber voraussetzen wollen, daß $x(t)$ absolut integrierbar ist.

$$
\begin{aligned}
a(f) &= \mathrm{Re}\,(X(f)) = \frac{1}{2}(X(f) + X(-f)) \\
&= \frac{1}{2}(\int_{-\infty}^{\infty} x(t)\mathrm{e}^{-j2\pi ft}dt + \int_{-\infty}^{\infty} x(t)\mathrm{e}^{j2\pi ft}dt) = \int_{-\infty}^{\infty} x(t)\cos 2\pi ft\,dt
\end{aligned}
$$

Entsprechend bekommt man

$$b(f) = \mathrm{Im}\,(X(f)) = \frac{1}{2j}(X(f) - X(-f)) = -\int_{-\infty}^{\infty} x(t)\sin 2\pi ft\,dt$$

Nach Definition gilt für die konjugierte Funktion $y(t)$ von $x(t)$:

$$y(t) = l.i.m._{M\to\infty}\, y_M(t)$$

für $y_M(t)$ mit

$$y_M(t) = \int_{0}^{M} (B(f)\cos 2\pi ft - A(f)\sin 2\pi ft)df$$

Wir erhalten dann wegen $A(f) = 2a(f)$ und $B(f) = -2b(f)$:

$$
\begin{aligned}
y_M(t) &= \int_0^M \{2 \int_{-\infty}^{\infty} (x(\tau) \sin 2\pi f \tau d\tau) \cdot \cos 2\pi f t \\
&\quad - 2 \int_{-\infty}^{\infty} (x(\tau) \cos 2\pi f \tau d\tau) \cdot \sin 2\pi f t\} df \\
&= 2 \int_0^M \int_{-\infty}^{\infty} x(\tau)(\sin 2\pi f \tau \cdot \cos 2\pi f t - \cos 2\pi f \tau \cdot \sin 2\pi f t) d\tau df
\end{aligned}
$$

Das Additionstheorem $\sin(\alpha - \beta) = \sin \alpha \cos \beta - \cos \alpha \sin \beta$ liefert dann:

$$
y_M(t) = 2 \int_0^M \int_{-\infty}^{\infty} x(\tau) \cdot \sin(2\pi f(\tau - t)) d\tau df
$$

In dem obigen Integral dürfen wir, jedenfalls sofern $x(t)$ absolut integrierbar ist, die Reihenfolge der Integration vertauschen und erhalten:

$$
\begin{aligned}
y_M(t) &= 2 \int_{-\infty}^{\infty} x(\tau) \int_0^M \sin 2\pi f(\tau - t) df d\tau \\
&= 2 \int_{-\infty}^{\infty} x(\tau) \left[-\frac{\cos 2\pi f(\tau - t)}{2\pi(\tau - t)} \right]_0^M d\tau \\
&= \frac{1}{\pi} \int_{-\infty}^{\infty} x(\tau) \frac{1 - \cos 2\pi M(\tau - t)}{\tau - t} d\tau
\end{aligned}
$$

Wie gesagt, konvergiert die Funktionenfolge $(y_M(t))_M$ im quadratischen Mittel für $M \to \infty$ gegen $y(t)$. Die Frage ist, was unter dem Integral für M gegen Unendlich passiert.

Um dies zu untersuchen, formen wir das obige Integral noch etwas um, indem wir die Substitution $s = \tau - t$ vornehmen, und bekommen:

$$
\begin{aligned}
y_M(t) &= \frac{1}{\pi} \int_{-\infty}^{\infty} x(t + s) \frac{1 - \cos 2\pi M s}{s} \frac{d\tau}{ds} ds \\
&= \frac{1}{\pi} \int_{-\infty}^0 x(t + s) \frac{1 - \cos 2\pi M s}{s} ds + \frac{1}{\pi} \int_0^{\infty} x(t + s) \frac{1 - \cos 2\pi M s}{s} ds
\end{aligned}
$$

Das erste der beiden Integrale auf der rechten Seite läßt sich noch folgendermaßen (Substitution $u = -s$) umformen:

$$
\begin{aligned}
\frac{1}{\pi} \int_{-\infty}^0 x(t + s) \frac{1 - \cos 2\pi M s}{s} ds &= \frac{1}{\pi} \int_{\infty}^0 x(t - u) \frac{1 - \cos 2\pi M u}{-u} \frac{ds}{du} du \\
&= -\frac{1}{\pi} \int_0^{\infty} x(t - u) \frac{1 - \cos 2\pi M u}{u} du
\end{aligned}
$$

Insgesamt bekommen wir dann:

$$
y_M(t) = \frac{1}{\pi} \int_0^{\infty} \frac{x(t + s) - x(t - s)}{s} (1 - \cos 2\pi M s) ds
$$

Um das Verhalten für M gegen Unendlich zu untersuchen, wollen wir (zunächst) eine bestimmte Klasse von Funktionen $x(t)$ zugrunde legen. Ist nämlich das Spektrum $X(f)$ von $x(t)$ absolut integrierbar, so konvergiert $y_M(t)$ nach Satz 2.3.2 für M gegen Unendlich sogar gleichmäßig gegen die konjugierte Funktion $y(t)$.

Dies ist jedenfalls dann der Fall, wenn $x(t)$ eine Testfunktion, d.h. beliebig oft differenzierbar und Null außerhalb eines endlichen Intervalls, ist (vergl. Definition 3.1.1). Für eine Testfunktion $x(t)$ kann man sogar nachweisen, daß die Funktionenfolge $(z_M(t))$ mit

$$z_M(t) := \frac{1}{\pi} \int_0^\infty \frac{x(t+s) - x(t-s)}{s} \cos 2\pi M s \, ds$$

für M gegen Unendlich gleichmäßig gegen Null geht. Wir werden uns hier allerdings damit begnügen, die punktweise Konvergenz zu zeigen. Für diesen Nachweis benötigen wir die folgende Tatsache

Lemma 7.1.5   *Sei $x(t)$ eine reelle Testfunktion, sei $h(s)$ definiert durch*

$$h(s) := x(t+s) - x(t-s)$$

und $g(s)$ durch

$$g(s) := \begin{cases} \frac{h(s)}{s} & \text{für } s \neq 0 \\ h'(0) & \text{für } s = 0 \end{cases}$$

für s rell. Dann ist $g(s)$ stetig differenzierbar und $g'(s)$ ist absolut integrierbar, d.h. es gibt eine Zahl K mit

$$\int_{-\infty}^\infty |g'(s)| ds \leq K$$

Beweis: Wegen $h(-s) = x(t-s) - x(t+s) = -h(s)$ ist $h(s)$ eine ungerade Funktion, insbesondere ist $h(0) = 0$. Aufgrund der Eigenschaften von $x(t)$ ist $h(s)$ offenbar beliebig oft differenzierbar. Damit ist

$$\lim_{s \to 0} g(s) = \frac{h(s) - h(0)}{s - 0} = h'(0) = g(0)$$

und daher $g(s)$ stetig. Die Funktion $g(s)$ ist aber auch stetig differenzierbar, denn für $s \neq 0$ gilt:

$$g'(s) = \frac{h'(s) \cdot s - h(s)}{s^2}$$

und für $s = 0$ gilt nach Definition

$$g'(0) = \lim_{s \to 0} \frac{\frac{h(s)}{s} - h'(0)}{s}$$

falls dieser Grenzwert existiert. Nach dem Satz von Taylor gilt aber

$$h(s) = h(0) + sh'(0) + \frac{s^2}{2}h''(\eta)$$

für ein η zwischen s und Null. Wegen $h(0) = 0$ bekommen wir dann

$$\frac{\frac{h(s)}{s} - h'(0)}{s} = \frac{h(s) - s \cdot h'(0)}{s^2} = \frac{1}{2}h''(\eta) \to_{s \to 0} \frac{1}{2}h''(0)$$

Die Stetigkeit von $g'(s)$ an der Stelle Null folgt dann aus

$$g'(s) = \frac{h'(s) \cdot s - h(s)}{s^2} = \frac{(h'(s) - h'(0)) \cdot s - (h(s) - h'(0) \cdot s)}{s^2}$$

$$= \frac{(h'(s) - h'(0))}{s} - \frac{\frac{h(s)}{s} - h'(0)}{s} \to_{s \to 0} h''(0) - \frac{1}{2}h''(0) = \frac{1}{2}h''(0)$$

Als stetige Funktion ist $g'(s)$ auf dem Intervall $[-1, 1]$ beschränkt und damit für $|s| \leq 1$:

$$|g'(s)| \leq K_1$$

Für $|s| > 1$ gilt $|g'(s)| \leq |h(s)| + |h'(s)|$ und somit

$$\int_{-\infty}^{\infty} |g'(s)|ds = \int_{-\infty}^{-1} |g'(s)|ds + \int_{-1}^{1} |g'(s)|ds + \int_{1}^{\infty} |g'(s)|ds$$

$$\leq \int_{-\infty}^{-1} (|h(s)| + |h'(s)|)ds + \int_{-1}^{1} K_1 ds + \int_{1}^{\infty} (|h(s)| + |h'(s)|)ds$$

$$\leq 2\int_{-\infty}^{\infty} |x(\tau)|d\tau + 2\int_{-\infty}^{\infty} |x'(\tau)|d\tau + 2K_1 =: K$$

□

Für die weiteren Untersuchungen brauchen wir den folgenden Hilfssatz:

Lemma 7.1.6 *Sei $x(t)$ eine Testfunktion, dann konvergiert die Funktionenfolge $(z_M(t))$ mit*

$$z_M(t) := \frac{1}{\pi}\int_0^{\infty} \frac{x(t+s) - x(t-s)}{s} \cos(2\pi M s)ds$$

für M gegen Unendlich punktweise gegen Null.

Beweis: Sei wie oben $h(s) := x(t+s) - x(t-s)$ und $g(s)$ definiert durch

$$g(s) := \begin{cases} \frac{h(s)}{s} & \text{für } s \neq 0 \\ h'(0) & \text{für } s = 0 \end{cases}$$

Nach Konstruktion sind $g(s)$ und $g'(s)$ absolut integrierbar und von endlicher Energie. Für die Fourier-Transformierte $G(f)$ von $g(s)$ bekommen wir:

$$\int_{-\infty}^{\infty} g(s)\mathrm{e}^{-j2\pi Ms}ds = G(M)$$

und nach dem Differentiationssatz 2.3.3

$$\int_{-\infty}^{\infty} g'(s)\mathrm{e}^{-j2\pi Ms}ds = j2\pi M \cdot G(M)$$

Damit erhalten wir

$$|G(M)| \leq \frac{1}{2\pi M} \int_{-\infty}^{\infty} |g'(s)|ds \leq \frac{1}{2\pi M} \cdot K$$

also für den Realteil von $G(M)$:

$$|\int_{-\infty}^{\infty} g(s)\cos(2\pi Ms)\ ds| = |\mathrm{Re}\,(G(M))| \leq \frac{1}{2\pi M} \cdot K$$

oder ausführlicher:

$$|z_M(t)| = \frac{1}{\pi}|\int_0^{\infty} \frac{x(t+s)-x(t-s)}{s} \cos(2\pi Ms)\ ds| \leq \frac{1}{4\pi^2 M} \cdot K \to_{M\to\infty} 0$$

$\square$

Bemerkung: Für den Beweis der beiden vorigen Lemmata haben wir im wesentlichen die Argumentation aus Abschnitt 3.2.3 (Fourier-Transformation der Sprungfunktion) wiederholt.
$\square$

Damit erhalten wir die folgende Aussage:

Satz 7.1.7 *Sei $x(t)$ eine Testfunktion, dann gilt für die zu $x(t)$ konjugierte Funktion $y(t)$:*

$$y(t) = \frac{1}{\pi} \int_{-\infty}^{\infty} \frac{x(\tau)}{\tau - t}d\tau = \frac{1}{\pi} \int_0^{\infty} \frac{x(t+s)-x(t-s)}{s}ds$$

für jedes $t \in \mathbb{R}$.

Beweis: Da insbesondere $x''(t)$ absolut integrierbar ist, ist $X(f)$ absolut integrierbar (s.Satz 2.3.3). Damit konvergiert $y_M(t)$ gleichmäßig, also jedenfalls punktweise gegen $y(t)$. Nach dem vorigen Lemma gilt dann:

$$y(t) = \lim_{M\to\infty} (y_M(t) + z_M(t))$$

Andererseits haben wir

$$y_M(t) + z_M(t) = \frac{1}{\pi} \int_0^\infty \frac{x(t+s) - x(t-s)}{s} ds = \frac{1}{\pi} \int_{-\infty}^\infty \frac{x(\tau)}{\tau - t} d\tau$$

□

Bemerkung: Für den Beweis des obigen Satzes haben wir lediglich verwendet, daß $x(t)$ von endlicher Energie und zweimal stetig differenzierbar ist und daß $x(t)$, $x'(t)$ und $x''(t)$ absolut integrierbar sind.

□

Definition 7.1.8   *Die Transformation*

$$\mathcal{H}\{x(t)\} := \frac{1}{\pi} \int_{-\infty}^\infty \frac{x(\tau)}{\tau - t} d\tau \tag{7.1}$$

wird als Hilbert-Transformation *bezeichnet.*

Während wir die Beziehung zwischen einer Funktion $x(t)$ und ihrer Konjugierten $y(t)$ allgemein für solche endlicher Energie hergestellt hatten, ist die Hilbert-Transformation nach unseren obigen Überlegungen zunächst nur für Testfunktionen $x(t)$ (bzw. für die in der obigen Bemerkung umrissene Funktionenklasse) definiert und liefert die zugehörige konjugierte Funktion $y(t)$.

Ist nun $x(t)$ eine beliebige Funktion endlicher Energie, dann setzen wir die Hilbert-Transformation fort, indem wir fordern, daß sie die zu $x(t)$ konjugierte Funktion $y(t)$ liefert, symbolisch:

$$\mathcal{H}\{x(t)\} := y(t)$$

Man kann zeigen, daß auch im allgemeinen Fall einer Funktion endlicher Energie eine zu Gleichung 7.1 ähnliche Beziehung gilt, nämlich

$$y(t) = \frac{1}{\pi} \int_{-\infty}^\infty \frac{x(\tau)}{\tau - t} d\tau$$

für alle $t \in \mathbb{R}$ bis auf eine Menge vom Maß Null (man sagt: fast überall), sofern man das Integral als Cauchyschen Hauptwert in der Nähe der Singularität $\tau = t$ des Integranden versteht (s.[4]).

Beispiel 7.1.9   Sei $a > 0$ und sei $x(t) = \frac{1}{1+at^2}$, dann können wir das Integral

$$\frac{1}{\pi} \int_{-\infty}^\infty \frac{1}{1 + a\tau^2} \frac{1}{\tau - t} d\tau$$

durch Partialbruchzerlegung berechnen. Wir bekommen mit dem Ansatz

$$\frac{1}{1 + a\tau^2} \frac{1}{\tau - t} = \frac{A}{\tau - t} + \frac{B + C\tau}{1 + a\tau^2}$$

folgende Werte für die unbekannten Koeffizienten A, B, C: $A = \frac{1}{1+at^2}$, $B = -\frac{at}{1+at^2}$ und $C = -\frac{a}{1+at^2}$. Integration der einzelnen Summanden ergibt:

$$\int_{t-R}^{t+R} \frac{1}{\tau - t} d\tau = [\ln|\tau - t|]_{t-R}^{t+R} = \ln(R) - \ln(R) = 0$$

(genau genommen hätten wir um die Singularität bei $\tau = t$ noch ein symmetrisches Intervall $[t-r, t+r]$ ($r < R$) legen müssen und die Integration außerhalb dieses Intervalls vornehmen müssen)

$$\int_{-\infty}^{\infty} \frac{\sqrt{a}}{1 + a\tau^2} d\tau = [\arctan \sqrt{a}\tau]_{-\infty}^{\infty} = \pi/2 - (-\pi/2) = \pi$$

und schließlich:

$$\begin{aligned}
\int_{t-R}^{t+R} \frac{2a\tau}{1 + a\tau^2} d\tau &= [\ln(1 + a\tau^2)]_{t-R}^{t+R} \\
&= \ln(1 + a(t + R)^2) - \ln(1 + a(t - R)^2) \\
&= \ln(\frac{1 + a(t + R)^2}{1 + a(t - R)^2}) \to_{R \to \infty} 0
\end{aligned}$$

Damit bekommen wir:

$$\mathcal{H}\{\frac{1}{1 + at^2}\} = -\frac{\sqrt{a}t}{1 + at^2}$$

in Übereinstimmung mit dem Ergebnis aus Beispiel 7.1.4 für $a = 2\pi$.

Zum Vergleich wollen wir die Berechnung über das Integral

$$\int_0^{\infty} \frac{x(t + s) - x(t - s)}{s} ds$$

durchführen. Wir bekommen:

$$\begin{aligned}
\frac{x(t + s) - x(t - s)}{s} &= \frac{1}{s}(\frac{1}{1 + a(t + s)^2} - \frac{1}{1 + a(t - s)^2}) \\
&= \frac{-4at}{(1 + a(t + s)^2)(1 + a(t - s)^2)}
\end{aligned}$$

Nach Partialbruchzerlegung ergibt sich:

$$\frac{x(t + s) - x(t - s)}{s} = \frac{1}{1 + at^2}(\frac{-at - a(s + t)}{1 + a(t + s)^2} + \frac{-at + a(s - t)}{1 + a(t - s)^2})$$

und wir erhalten:

$$\int_0^{\infty} \frac{\sqrt{a}}{1 + a(t + s)^2} ds = [\arctan(\sqrt{a}(t + s))]_0^{\infty} = \frac{\pi}{2} - \arctan(\sqrt{a}t)$$

und entsprechend

$$\int_0^\infty \frac{-\sqrt{a}}{1+a(t-s)^2}ds = [\arctan(\sqrt{a}(t-s)]_0^\infty = -\frac{\pi}{2} - \arctan(\sqrt{a}t)$$

Weiterhin:

$$\int_0^R (-\frac{2a(s+t)}{1+a(t+s)^2} + \frac{2a(s-t)}{1+a(t-s)^2})ds$$

$$= [-\ln(1+a(t+s)^2) + \ln(1+a(s-t)^2)]_0^R$$

$$= -\ln(1+a(t+R)^2) + \ln(1+at^2) + \ln(1+a(R-t)^2) - \ln(1+at^2)$$

$$= \ln(\frac{1+a(R-t)^2}{1+a(R+t)^2}) \to_{R\to\infty} \ln(1) = 0$$

Damit bekommen wir (natürlich) dasselbe Ergebnis wie bei dem ersten Rechenweg.
□

Die Rücktransformation der Hilbert-Transformation erhält man auf einfache Weise: da $x(t)$ bis aufs Vorzeichen die konjugierte Funktion von $y(t)$ ist, bekommen wir:

$$x(t) = -\frac{1}{\pi}\int_{-\infty}^\infty \frac{y(\tau)}{\tau-t}d\tau = \mathcal{H}^{-1}\{y(t)\}$$

fast überall, wenn man das Integral in dem obigen Sinne versteht.

Das Resultat aus Satz 7.1.2:

$$\frac{1}{2}(x(t) - jy(t)) \circ\!\!-\!\!\bullet \begin{cases} X(f) & \text{für } f > 0 \\ 0 & \text{für } f < 0 \end{cases}$$

können wir mit Hilfe der Sprungfunktion $V(f)$ des Frequenzbereichs mit

$$V(f) = \begin{cases} 1 & \text{für } f \geq 0 \\ 0 & \text{für } f < 0 \end{cases}$$

direkter ausdrücken:

$$\mathcal{F}\{\frac{1}{2}(x(t) - jy(t))\} = V(f) \cdot X(f)$$

Andererseits haben wir aufgrund der obigen Diskussion:

$$\frac{1}{2}(x(t) - jy(t)) = \frac{1}{2}x(t) - j\frac{1}{2\pi}\int_{-\infty}^\infty \frac{x(\tau)}{\tau-t}d\tau$$

In Abschnitt 3.2.3 haben wir nachgewiesen, daß die Fourier-Transformierte der Sprungfunktion $\varepsilon(t)$ des Zeitbereichs gleich der Distribution $\frac{1}{2}\delta_0 + \frac{1}{j2\pi f}$ ist. Der Vertauschungssatz Gleichung 3.8 in Abschnitt 3.1.4 liefert dann:

$$v(t) = \mathcal{F}^{-1}\{V(f)\} = \frac{1}{2}\delta_0 - \frac{1}{j2\pi t} = \frac{1}{2}\delta_0 + j\frac{1}{2\pi}\cdot\frac{1}{t}$$

Wegen $x(t) * \delta_0 = x(t)$ und $x(t) * \frac{1}{t} = \int_{-\infty}^{\infty} \frac{x(\tau)}{t-\tau} d\tau$ (s. Definition 3.1.4) bekommen wir dann

$$\frac{1}{2}(x(t) - jy(t)) = x(t) * (\frac{1}{2}\delta_0 + j\frac{1}{2\pi} \cdot \frac{1}{t}) = x(t) * v(t)$$

und damit

$$\mathcal{F}\{x(t) * v(t)\} = X(f) \cdot V(f)$$

d.h. der Faltungssatz gilt auch hier (dies ist keineswegs selbstverständlich, denn, wie wir gesehen haben, bedeutet die Begründung der Hilbert-Transformation einige Arbeit).

Bemerkung: Betrachtet man die Hilbert-Transformation als zeitunabhängiges lineares System mit $y(t) = \mathcal{S}\{x(t)\} = \mathcal{H}\{x(t)\}$, so kann man diesem System die Impulsantwort $h(t) = -\frac{1}{\pi t}$ und den Frequenzgang $H(f) = j \cdot \text{sign}(f)$ zuschreiben. In der Tat gilt ja $y(t) = h(t) * x(t)$ und $Y(f) = H(f) \cdot X(f)$.

Im Übrigen gilt wegen $\mathcal{F}\{\delta_0\} = 1$ und $\mathcal{F}\{\frac{1}{2}\delta_0 - \frac{1}{j2\pi} \cdot \frac{1}{t}\} = V(f)$ offenbar:

$$\mathcal{F}\{h(t)\} = \mathcal{F}\{-\frac{1}{\pi t}\} = j(2V(f) - 1) = j \cdot \text{sign}(f) = H(f) = \begin{cases} e^{j\frac{\pi}{2}} & \text{für } f > 0 \\ e^{-j\frac{\pi}{2}} & \text{für } f < 0 \end{cases}$$

$\square$

Im folgenden Abschnitt werden wir eine Anwendung aus der Modulationstheorie kennenlernen.

7.1.1 Anwendung: Frequenzmodulation

Sei $x(t)$ ein Signal, das bei der Frequenzmodulation mit Bandbreite B eines Trägersignals mit Frequenz f_0 entsteht. Dann ist das Spektrum $X(f)$ von $x(t)$ gleich Null außerhalb von $|f - f_0| \le B/2$ bzw. außerhalb von $|f + f_0| \le B/2$.

Eine unmittelbare Anwendung des Abtasttheorems würde eine Abtastrate $1/T_a > 2f_0 + B$ für eine Verzerrungsfreie Rekonstruktion (s.Abtasttheorem 3.3.4) erfordern.

Schneiden wir nun die linke Seite des Spektrums durch Multiplikation mit der Sprungfunktion $V(f)$ ab, so bekommen wir $Z(f) = X(f) \cdot V(f)$. Die obige Diskussion liefert dann als zu dem Spektrum $Z(f)$ gehörige Zeitsignal $z(t) = x(t) * v(t) = 1/2(x(t) - j\mathcal{H}\{x(t)\})$.

Verschieben wir das Spektrum $Z(f)$ noch um f_0, so bekommen wir als zum Spektrum $W(f) = Z(f + f_0)$ gehörige Zeitfunktion mit dem Verschiebungssatz 2.2.4:

$$w(t) = e^{-j2\pi f_0 t} \cdot z(t) = \frac{1}{2}e^{-j2\pi f_0 t} \cdot (x(t) - j\mathcal{H}\{x(t)\})$$

Das Spektrum $W(f)$ ist gleich Null für $|f| > B/2$, d.h. nach dem Abtasttheorem genügt eine Abtastrate $1/T_a > B$. Fordern wir zusätzlich daß f_0 ein ganzzahliges Vielfaches von $1/T_a$ ist ($f_0 = k_0/T_a$) dann bekommen wir bei Abtastung des Exponentialfaktors

$$e^{-j2\pi f_0 k \cdot T_a} = e^{-j2\pi(k_0/T_a)k \cdot T_a} = e^{-j2\pi k_0 k} = 1$$

Damit ergibt die eine so geartete Abtastung von $w(t)$ dieselben Werte wie die entsprechende Abtastung von $z(t)$, d.h. für eine Abtastung von $z(t)$ braucht man lediglich die Bedingungen

1. $1/T_a > B$

2. $1/T_a = f_0/k_0$

zu erfüllen. Diskussion und Angaben über die technische Realisierung findet man in [14].

7.1.2 Das Spektrum kausaler Signale

Sei $x(t)$ ein kausales Signal, d.h. $x(t) = 0$ für $t < 0$. Dann führen uns folgende Überlegungen zum Spektrum von $x(t)$: sei $x_M(t)$ definiert durch

$$x_M(t) = \int_{-M}^{M} X(f)e^{j2\pi ft}df$$

dann konvergiert die Folge $(x_M(t))_M$ nach Satz 2.4.5 im quadratischen Mittel gegen $x(t)$. Setzen wir

$$r_N(t) = \begin{cases} 1 & \text{für } 0 \le t \le N \\ 0 & \text{sonst} \end{cases}$$

dann konvergiert natürlich auch die Folge der abgeschnittenen Funktionen $x_{MN}(t) = x_M(t) \cdot r_N(t)$ im quadratischen Mittel für M gegen Unendlich gegen $z_N(t) = x(t) \cdot r_N(t)$. Setzen wir

$$X_{MN}(f) = \int_{0}^{N} x_M(t)e^{-j2\pi ft}dt$$

so ist $X_{MN}(f)$ offenbar gerade das zu $x_{MN}(t)$ gehörige Spektrum, das nach dem Satz von Plancherel für M gegen Unendlich gegen das Spektrum von $z_N(t)$ im quadratischen Mittel konvergiert, symbolisch

$$l.i.m._{M \to \infty} X_{MN}(f) = Z_N(f) = \int_{0}^{N} x(t)e^{-j2\pi ft}dt$$

Für $X_{MN}(f)$ erhalten wir aber

$$\begin{aligned} X_{MN}(f) &= \int_{0}^{N} x_M(t)e^{-j2\pi ft}dt = \int_{0}^{N}(\int_{-M}^{M} X(\sigma)e^{j2\pi\sigma t}d\sigma)e^{-j2\pi ft}dt \\ &= \int_{0}^{N}\int_{-M}^{M} X(\sigma)e^{j2\pi(\sigma-f)t}d\sigma dt \end{aligned}$$

Vertauschung der Reihenfolge der Integration liefert:

$$\begin{aligned} X_{MN}(f) &= \int_{-M}^{M}\int_{0}^{N} X(\sigma)e^{j2\pi(\sigma-f)t}dt d\sigma = \int_{-M}^{M} X(\sigma)\int_{0}^{N} e^{j2\pi(\sigma-f)t}dt d\sigma \\ &= \int_{-M}^{M} X(\sigma)[\frac{e^{j2\pi(\sigma-f)t}}{j2\pi(\sigma-f)}]_{0}^{N}d\sigma = \int_{-M}^{M} X(\sigma)\frac{e^{j2\pi(\sigma-f)N}-1}{j2\pi(\sigma-f)}d\sigma \end{aligned}$$

und damit

$$Z_N(f) = l.i.m_{M \to \infty} \int_{-M}^{M} X(\sigma) \frac{e^{j2\pi(\sigma-f)N} - 1}{j2\pi(\sigma - f)} d\sigma$$

Ist $x(t)$ Testfunktion, so ist $X(f)$ mit sämtlichen Ableitungen absolut integrierbar (s.Satz 2.3.3). Ähnlich wie oben bekommen wir mit Hilfe der Substitution $\tau = \sigma - f$:

$$
\begin{aligned}
Z_N(f) &= \int_{-\infty}^{\infty} X(f+\tau) \left(\frac{\cos 2\pi\tau N - 1}{j2\pi\tau} + \frac{\sin 2\pi\tau N}{2\pi\tau} \right) d\tau \\
&= \int_{0}^{\infty} (X(f+\tau) - X(f-\tau)) \frac{\cos 2\pi\tau N - 1}{j2\pi\tau} d\tau \\
&+ \int_{-\infty}^{\infty} X(f+\tau) \frac{\sin 2\pi\tau N}{2\pi\tau} d\tau
\end{aligned}
$$

Die Folge der Distributionen $(\frac{\sin 2\pi\tau N}{2\pi\tau})_N$ konvergiert (vergl. Abschnitt 3.2.3) schwach für N gegen Unendlich gegen $\frac{1}{2}\delta_0$, das erste Integral der rechten Seite wie im vorigen Abschnitt gegen $-\frac{1}{2\pi j} \int_{-\infty}^{\infty} \frac{X(\sigma)}{\sigma - f} d\sigma$ und die Folge $(Z_N(f))$ gegen $X(f)$, insgesamt also

$$X(f) = -\frac{1}{2\pi j} \int_{-\infty}^{\infty} \frac{X(\sigma)}{\sigma - f} d\sigma + \frac{1}{2} X(f)$$

und somit

$$j \cdot X(f) = -\frac{1}{\pi} \int_{-\infty}^{\infty} \frac{X(\sigma)}{\sigma - f} d\sigma$$

Mit $X(f) = a(f) + j \cdot b(f)$ bekommen wir dann:

$$j \cdot a(f) - b(f) = -\mathcal{H}\{a(f)\} - j \cdot \mathcal{H}\{b(f)\}$$

und damit den folgenden

Satz 7.1.10   *Der Imaginärteil des Spektrums $X(f)$ des kausalen Signals $x(t)$ ist die Hilbert-Transformierte des Realteils von $X(f)$, symbolisch: $\mathcal{H}\{a(f)\} = b(f)$ bzw. $\mathcal{H}\{b(f)\} = -a(f)$.*

Beispiel 7.1.11   Sei das kausale Signal $x(t)$ gegeben durch

$$x(t) = \begin{cases} e^{-t} & \text{für } 0 \le t \\ 0 & \text{sonst} \end{cases}$$

dann gilt:

$$
\begin{aligned}
\mathcal{F}\{x(t)\} &= \int_{0}^{\infty} e^{-t} e^{-j2\pi f t} dt = \int_{0}^{\infty} e^{-t(1+j2\pi f)} dt \\
&= [\frac{e^{-t(1+j2\pi f)}}{-(1+j2\pi f)}]_0^{\infty} = \frac{0-1}{-(1+j2\pi f)} = \frac{1 - j2\pi f}{1 + 4\pi^2 f^2}
\end{aligned}
$$

Vergleich mit Beispiel 7.1.4 zeigt, daß der Imaginärteil gerade die Hilbert-Transformierte des Realteils ist.

7.2 Holomorphe Transformationen

Bei manchen Anwendungen ist es von Bedeutung, zu wissen, unter welchen Bedingungen $g(z(t))$ ein analytisches Signal ist, wenn $z(t)$ ein analytisches Signal ist, d.h., wenn $z(t)$ die Form $z(t) = \frac{1}{2}(x(t) - jy(t))$ hat, wobei $y(t)$ die Hilbert-Transformierte von $x(t)$ ist. Wie wir gesehen haben gilt in diesem Fall:

$$\mathcal{F}\{z(t)\} = \begin{cases} X(f) & \text{für } f > 0 \\ 0 & \text{für } f < 0 \end{cases}$$

Ist nun $X(f)$ absolut integrierbar, so gilt nach der Inversionsformel:

$$z(t) = \int_0^\infty X(f)e^{j2\pi ft}df$$

Die Funktion $z(t)$ lässt sich wegen der Einseitigkeit ihres Spektrums in die obere Hälfte der komplexen Ebene fortsetzen und zwar auf folgende Weise: wir setzen $s := t + j\tau$ mit $\tau \geq 0$. Dann definieren wir:

$$z(s) := \int_0^\infty X(f)e^{-2\pi f\tau}e^{j2\pi ft}df$$

Dieses Integral existiert, denn der Faktor $e^{-2\pi f\tau}$ ist für positives τ kleiner oder gleich 1 und wir erhalten:

$$z(s) = \int_0^\infty X(f)e^{j2\pi f(t+j\tau)}df = \int_0^\infty X(f)e^{j2\pi fs}df$$

Ist nun sogar $f \cdot X(f)$ absolut integrierbar, so kann man $z(s)$ für alle s mit positivem Realteil nach s differenzieren, d.h. $z(s)$ ist holomorph in der oberen Hälfte der komplexen Ebene. Für holomorphe Funktionen existiert nun eine ausgebaute Theorie (s. [4]), deren Ergebnisse wir uns für die eingangs aufgeworfene Frage zunutze machen wollen. Einige davon wollen wir hier kurz zusammenstellen.

Definition 7.2.1 *Eine in einer offenen Teilmenge Ω der komplexen Zahlenebene definierte komplexwertige Funktion $h(s)$ heißt* holomorph, *wenn $h(s)$ in jedem Punkt aus Ω komplex differenzierbar ist, d.h. wenn der Grenzwert*

$$\lim_{s \to 0} \frac{h(s_0 + s) - h(s_0)}{s}$$

für jedes $s_0 \in \Omega$ existiert. Holomorphe Funktionen haben bemerkenswerte Eigenschaften

1. eine holomorphe Funktion lässt sich in jedem Punkt von Ω in eine Potenzreihe entwickeln, die die Funktion auf einer Kreisscheibe um diesen Punkt darstellt

2. eine holomorphe Funktion ist in jedem Punkt von Ω beliebig oft differenzierbar

3. stimmen zwei auf einer offenen und zusammenhängenden Menge Ω definierte holo-morphe Funktionen auf einer Teilmenge M von Ω, die in Ω einen Häufungspunkt besitzt (z.B. M Intervall) überein, so sind sie auf ganz Ω gleich. Diese Tatsache ist als Prinzip der analytischen Forsetzung bekannt.

4. es gilt die Cauchysche Integralformel (s.u.)

Die folgende Betrachtung gibt uns einen Rahmen für weitere Überlegungen:

Sei $h(s)$ holomorph in einer offenen Teilmenge Ω der komplexen Ebene. Dann gilt für jede einfach geschlossene Kurve, die (zusammen mit ihrem Inneren) in Ω liegt, die *Cauchysche Integralformel*

$$\frac{1}{2\pi j} \int_\gamma \frac{h(s)}{s - s_0} ds = h(s_0)$$

sofern s_0 im Inneren des von der Kurve γ umschlossenen Gebiets liegt.

In unsererm Fall soll Ω die obere Halbebene und die reelle Achse umfassen, $s_0 = t_0$ ein Punkt der reellen Achse sein und der Weg γ in dem links stehenden Kurvenintegral sich aus folgenden Teilwegen zusammensetzen: $\gamma = \gamma_1 + \gamma_2 + \gamma_3 + \gamma_4$. Dabei sei für R und r positive Zahlen mit $r < R$:

- γ_1 der in der oberen Halbebene gelegene im Gegenuhrzeigersinn durchlaufene Halb-kreis um t_0 mit Radius R und der Parameterdarstellung $s(t) = t_0 + Re^{jt}$ mit $t \in [0, \pi]$,

- γ_2 die Strecke $[t_0 - R, t_0 - r]$

- γ_3 der in der unteren Halbebene gelegene im Gegenuhrzeigersinn durchlaufene Halbkreis um t_0 mit Radius r und der Parameterdarstellung $s(t) = t_0 + re^{jt}$ mit $t \in [\pi, 2\pi]$ (hier ist darauf zu achten, dass r - evtl. abhängig von t_0 - klein genug gewählt wird, sodass γ_3 ganz in Ω liegt)

- γ_4 die Strecke $[t_0 + r, t_0 + R]$

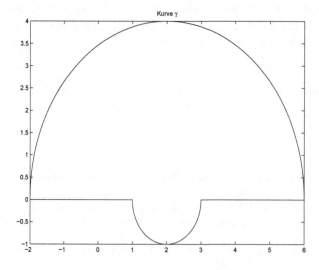

Kurve γ mit $R = 3$, $r = 1$ und $t_0 = 2$

Die einzelnen Beiträge zum Integral über die gesamte Kurve lauten dann:

$$\frac{1}{2\pi j} \int_{\gamma_1} \frac{h(s)}{s - t_0} ds = \frac{1}{2\pi j} \int_0^\pi \frac{h(t_0 + Re^{jt})}{t_0 + Re^{jt} - t_0} \frac{ds(t)}{dt} dt$$

$$= \frac{1}{2\pi j} \int_0^\pi \frac{h(t_0 + Re^{jt})}{Re^{jt}} j Re^{jt} dt = \frac{1}{2\pi} \int_0^\pi h(t_0 + Re^{jt}) dt$$

Gilt nun gleichmäßig in der oberen Halbebene $\lim_{|s| \to \infty} h(s) = 0$, so geht das obige Integral mit R gegen Unendlich gegen Null.

Entsprechend erhält man

$$\frac{1}{2\pi j} \int_{\gamma_3} \frac{h(s)}{s - t_0} ds = \frac{1}{2\pi} \int_\pi^{2\pi} h(t_0 + re^{jt}) dt$$

Das rechts stehende Integral geht mit r gegen Null aus Stetigkeitsgründen gegen $\frac{1}{2} h(t_0)$, denn

$$|\frac{1}{2\pi} \int_\pi^{2\pi} h(t_0 + re^{jt}) dt - \frac{1}{2} h(t_0)| = \frac{1}{2\pi} |\int_\pi^{2\pi} (h(t_0 + re^{jt}) - h(t_0)) dt|$$

$$\leq \frac{1}{2\pi} \int_\pi^{2\pi} |h(t_0 + re^{jt}) - h(t_0)| dt$$

Schließlich bekommen wir noch

$$\frac{1}{2\pi j} \int_{\gamma_2 + \gamma_4} \frac{h(s)}{s - t_0} ds = \frac{1}{2\pi j} \left(\int_{-R+t_0}^{-r+t_0} \frac{h(t)}{t - t_0} dt + \int_{r+t_0}^{R+t_0} \frac{h(t)}{t - t_0} dt \right)$$

Nach dem Cauchyschen Integralsatz gilt

$$h(t_0) = \frac{1}{2\pi j} \int_\gamma \frac{h(s)}{s - t_0} ds$$

Insgesamt erhalten wir dann für R gegen Unendlich:

$$h(t_0) - \frac{1}{2\pi j} \int_{\gamma_3} \frac{h(s)}{s - t_0} ds = \frac{1}{2\pi j} \left(\int_{-\infty}^{-r+t_0} \frac{h(t)}{t - t_0} dt + \int_{r+t_0}^\infty \frac{h(t)}{t - t_0} dt \right)$$

Die linke Seite geht für r gegen Null – wie oben gesehen – gegen $\frac{1}{2} h(t_0)$. Damit existiert der entsprechende Grenzwert auch auf der rechten Seite und wir bekommen:

$$\frac{1}{2} h(t_0) = \frac{1}{2\pi j} \int_{-\infty}^\infty \frac{h(t)}{t - t_0} dt$$

oder kurz

$$j \cdot h(t_0) = \frac{1}{\pi} \int_{-\infty}^\infty \frac{h(t)}{t - t_0} dt$$

wobei das Integral als Cauchyscher Hauptwert (d.h. als Grenzwert in dem obigen Sinne) bei t_0 betrachtet werden muss. Schreiben wir nun $h(t) = u(t) + jv(t)$, wobei $u(t)$ Realteil und $v(t)$ Imaginärteil von $h(t)$ sind, so erhalten wir durch Vergleich der Real- und Imaginärteile beider Seiten der obigen Gleichung:

$$u(t_0) = \frac{1}{\pi} \int_{-\infty}^{\infty} \frac{v(t)}{t - t_0} dt$$

$$-v(t_0) = \frac{1}{\pi} \int_{-\infty}^{\infty} \frac{u(t)}{t - t_0} dt$$

d.h. insbesondere ist $-v(t)$ die Hilbert-Transformierte von $u(t)$. Dieses Ergebnis können wir in dem folgenden Satz zusammenfassen:

Satz 7.2.2 *Sei $h(s)$ holomorph in einer offenen Teilmenge Ω der komplexen Ebene, die die obere Halbebene und die reelle Achse umfaßt. Ferner gebe es für jedes $\varepsilon > 0$ ein R, so dass für jedes s mit $\mathrm{Re}\,(s) \geq 0$ und $|s| \geq R$ die Ungleichung $|h(s)| \leq \varepsilon$ erfüllt ist (d.h. $h(s)$ geht in der oberen Halbebene gleichmäßig mit $|s|$ gegen Unendlich gegen Null). Dann ist $h(t) = u(t) + jv(t)$ ein analytisches Signal (d.h. $-v(t)$ ist die Hilbert-Transformierte von $u(t)$).*

Sei nun $z(t)$ ein analytisches Signal (endlicher Energie), dann lässt sich $z(s)$ unter gewissen Voraussetzungen an das Spektrum von $x(t)$ - wie wir gesehen haben - als holomorphe Funktion in die oberere Halbebene fortsetzen. Ist nun $z(s)$ zusätzlich in einer offenen Umgebung der reellen Achse holomorph (also auch in einem Bereich unterhalb der reellen Achse), so ist $z(s)$ in einem Gebiet Ω holomorph, das die obere Halbebene und die reelle Achse umfaßt. Zudem fordern wir noch, dass $z(s)$ in der oberen Halbebene gleichmäßig mit $|s|$ gegen Unendlich gegen Null geht. Ist dann $g(s)$ eine auf der gesamten komplexen Ebene holomorphe Funktion (eine sog. *ganze Funktion*) mit $g(0) = 0$, dann ist $g(z(s))$ holomorph in Ω und erfüllt die Voraussetzungen des vorigen Satzes, d.h. $g(z(t))$ ist ein analytisches Signal.

Beispiel 7.2.3 $g(s) = e^s - 1$ ist eine ganze Funktion mit $g(0) = 0$.

Die Funktion $g(z(t))$ ist auch von endlicher Energie, wenn $z(t)$ von endlicher Energie ist, denn da $g(s)$ eine ganze Funktion ist, lässt sie sich um den Nullpunkt in eine Potenzreihe entwickeln mit $a_0 = 0$ wegen $g(0) = 0$:

$$g(s) = \sum_{n=1}^{\infty} a_n s^n = s \cdot \sum_{n=1}^{\infty} a_n s^{n-1} = s \cdot q(s)$$

wobei $q(s) = \sum_{n=1}^{\infty} a_n s^{n-1}$ ebenfalls eine ganze Funktion ist. Ist nun M eine beschränkte Teilmenge von $\mathbb{C}$, so ist $q(s)$ dort als stetige Funktion beschränkt und damit für $s \in M$:

$$|g(s)| = |s||q(s)| \leq K|s|$$

Da das Spektrum $X(f)$ absolut integrierbar ist, ist nach Satz 2.3.1 $z(t)$ beschränkt und damit:

$$|g(z(t))| \le K|z(t)|$$

Damit ist die Zielrichtung für unsere weiteren Untersuchungen klar:

  welche Bedingungen muss man an das Signal $x(t)$ (bzw. an sein Spektrum) stellen, damit $z(s)$

  1. *holomorph in einer Umgebung der reellen Achse ist ?*

  2. *in der oberen Halbebene gleichmäßig mit $|s|$ gegen Unendlich gegen Null geht ?*

Eine erste Antwort auf die erste Frage gibt der folgende

Satz 7.2.4 *Für das Spektrum $X(f)$ des Signals $x(t)$ gebe es ein positives c mit*

$$|X(f)| \le a \cdot e^{-c|f|} \ \textit{für } |f| \ge f_0$$

dann ist $x(s)$ holomorph in dem Streifen $|\mathrm{Im}\,(s)| \le \frac{c}{2\pi}$ um die reelle Achse.

Beweis: Insbesondere ist $X(f)$ absolut integrierbar und für geeignete $s = t + j\tau$, die wir noch genauer identifizieren werden, können wir schreiben:

$$
\begin{aligned}
x(s) \ = \ & \int_{-\infty}^{\infty} X(f)e^{j2\pi f s}df = \int_{-f_0}^{f_0} X(f)e^{j2\pi f s}df \\
+ \ & \int_{-\infty}^{-f_0} X(f)e^{j2\pi f t} \cdot e^{-2\pi f \tau}df + \int_{f_0}^{\infty} X(f)e^{j2\pi f t} \cdot e^{-2\pi f \tau}df
\end{aligned}
$$

Für das dritte Integral der rechten Seite bekommen wir:

$$
\begin{aligned}
|\int_{f_0}^{\infty} X(f)e^{j2\pi f t} \cdot e^{-2\pi f \tau}df| &\le \int_{f_0}^{\infty} |X(f)|e^{-2\pi f \tau}df \\
\le \ a \int_{f_0}^{\infty} e^{-cf}e^{-2\pi f \tau}df &= a \int_{f_0}^{\infty} e^{-f(c+2\pi\tau)}df
\end{aligned}
$$

Für $c + 2\pi\tau > 0$, d.h. $\tau > -\frac{c}{2\pi}$ ist dieses Integral endlich. Entsprechend erhält man auch die Endlichkeit des zweiten Integrals der rechten Seite unter der Bedingung $\tau < \frac{c}{2\pi}$. Wegen der absoluten Integrierbarkeit von $f \cdot X(f)$ ist auch die rechte Seite der Beziehung

$$\frac{d}{ds}x(s) = \int_{-\infty}^{\infty} j2\pi f \cdot X(f)e^{j2\pi f s}df$$

unter den obigen Bedingungen an τ endlich.

$\square$

Bemerkung 1: Die Bedingung an das Spektrum $X(f)$ ist natürlich insbesondere für bandbegrenzte Signale erfüllt, und zwar für beliebig großes c, sofern f_0 geeignet gewählt wird. Insbesondere ist $x(s)$ dann holomorph in der ganzen komplexen Ebene. Damit können wir folgern, dass bandbegrenzte Signale nicht kausal sein können (oder, was dasselbe besagt, kausale Signale nicht bandbegrenzt sein können), denn eine holomorphe Funktion, die auf einem Intervall identisch Null ist, muss überall gleich Null sein. Eine wesentlich weiter gehende Aussage liefert das Payley-Wiener Theorem (s. [22]), allerdings wollen wir hier nicht näher darauf eingehen.

Bemerkung 2: Erfüllt das Signal $x(t)$ die Bedingung des obigen Satzes, so gilt dies natürlich auch für seine Hilbert-Transformierte $y(t)$ (wegen $|X(f)| = |Y(f)|$). Damit ist $z(s) = x(s) - jy(s)$ holomorph auf dem oben angegebenen Streifen um die reelle Achse.

Beispiel 7.2.5   Sei $x(s) = \frac{1}{1+4\pi^2 s^2}$. Die Polstellen von $x(s)$ liegen bei $s_1 = \frac{j}{2\pi}$ und $s_2 = -\frac{j}{2\pi}$. Andererseits gilt für das Spektrum $X(f)$ von $x(t)$ nach Beispiel 7.1.4 : $X(f) = \frac{1}{2}e^{-|f|}$. Ferner haben wir nach demselben Beispiel 7.1.3 für die Hilbert-Transformierte: $y(t) = -\frac{2\pi t}{1+4\pi^2 t^2}$ und damit

$$z(s) = \frac{1 + j2\pi s}{1 + 4\pi^2 s^2} = \frac{1}{1 - j2\pi s}$$

Die einzige Polstelle von $z(s)$ liegt bei $s_1 = -\frac{j}{2\pi}$.
$\square$

Für die Anwendung der Amplitudenmodulation benötigen wir die Aussage des obigen Satzes zusammmen mit Bemerkung 2 in einer etwas allgemeineren Form.

Satz 7.2.6   *Sei das Signal endlicher Energie $x(s)$ holomorph in einer offenen (zur reellen Achse symmetrischen) Umgebung U der reellen Achse und seien die Spektralfunktionen $X(f)$ und $f \cdot X(f)$ absolut integrierbar. Dann lässt sich die Hilbert-Transformierte $y(t)$ von $x(t)$ als holomorphe Funktion auf U fortsetzen.*

Beweis: Bezeichne $\mathbb{C}_+$ die obere Halbebene ohne die reelle Achse, dann sind $x(s)$ und $z(s) = x(s) - jy(s)$ holomorph im Durchschnitt von $\mathbb{C}_+$ und U. Dies gilt dann aber auch für $y(s) = j(z(s) - x(s))$. Das Spektrum $Y(f) = j \cdot \text{sign}(f) \cdot X(f)$ von $y(t)$ ist insbesondere absolut integrierbar und damit nach Satz 2.3.1 $y(t)$ stetig auf der reellen Achse.

Nach dem Schwarzschen Spiegelungsprinzip (man setze $y(s) = \overline{y(\bar{s})}$) für s aus dem unterhalb der reellen Achse gelegenen Teil von U, s. [4]) lässt sich $y(s)$ holomorph auf ganz U fortsetzen.
$\square$

Bemerkung 3: Unter den Bedingungen des obigen Satzes lässt sich $z(s) = x(s) - jy(s)$ holomorph auf $\Omega = U \cup \mathbb{C}_+$ fortsetzen.

□

Wenden wir uns nun der Frage zu, wann $z(s)$ in der oberen Halbebene gleichmäßig für $|s|$ gegen Unendlich gegen Null geht (im obigen Beispiel ist dies ja der Fall).

Sei nun $x(t)$ ein Signal mit beschränktem Spektrum $X(f)$. Dann haben wir:

$$z(s) = 2 \int_0^\infty X(f)e^{j2\pi ft} \cdot e^{-2\pi f\tau} df$$

und damit

$$|z(s)| \leq 2 \int_0^\infty |X(f)| \cdot e^{-2\pi f\tau} df$$

$$\leq 2 \int_0^\infty M \cdot e^{-2\pi f\tau} df = 2M \left[\frac{e^{-2\pi f\tau}}{-2\pi\tau} \right]_0^\infty = \frac{M}{\pi\tau}$$

d.h. $z(s)$ geht für $\tau = \text{Im}(s)$ gegen Unendlich gleichmäßig bzgl. t gegen Null, genauer: sei $\varepsilon > 0$ und $\tau > \tau_\varepsilon = \frac{M}{\pi \cdot \varepsilon}$, dann gilt: $|z(s)| \leq \varepsilon$.

Eine geeignete Bedingung für 'kleine' τ und 'große' t zu formulieren ist etwas komplizierter:

durch partielle Integration erhalten wir eine Variante des Differentiationssatzes :

$$z(s) = 2 \int_0^\infty (X(f)e^{-2\pi f\tau})e^{j2\pi ft} df$$

$$= 2[X(f)e^{-2\pi f\tau} \frac{e^{j2\pi ft}}{j2\pi t}]_0^\infty - 2 \int_0^\infty (X'(f) - 2\pi\tau X(f))e^{-2\pi f\tau} \frac{e^{j2\pi ft}}{j2\pi t} df$$

und damit, sofern das Spektrums $X(f)$ zusammen mit seiner Ableitung absolut integrierbar ist (und damit insbesondere $X(f)$ für f gegen Unendlich gegen Null geht):

$$2\pi|t \cdot z(s)| \leq 2|X(0)| + 2 \int_0^\infty |X'(f)|e^{-2\pi f\tau} df + 4\pi\tau \int_0^\infty |X(f)|e^{-2\pi f\tau} df$$

$$\leq 2|X(0)| + 2 \int_0^\infty |X'(f)| df + 4\pi\tau \int_0^\infty |X(f)| df$$

$$\leq M_0 + M_1 + \frac{2M}{\varepsilon} M_2$$

für $\tau \leq \tau_\varepsilon$. D.h. für

$$|t| > t_\varepsilon = \frac{1}{2\pi} (\frac{M_0 + M_1}{\varepsilon} + \frac{2M \cdot M_2}{\varepsilon^2})$$

ist $|z(s)| \leq \varepsilon$ sofern $\tau \leq \tau_\varepsilon$ ist. Setzen wir nun $R_\varepsilon := \sqrt{t_\varepsilon^2 + \tau_\varepsilon^2}$ so gilt für $|s| \geq R_\varepsilon$ in der oberen Halbebene $|z(s)| \leq \varepsilon$. Dies führt zu dem folgenden

Satz 7.2.7 *Sei $x(t)$ von endlicher Energie mit beschränktem und absolut integrierbarem Spektrum $X(f)$, das für $f > 0$ stetig differenzierbar ist. Ferner sei $\int_0^\infty |X'(f)| df < \infty$. Dann geht $z(s) = 2 \int_0^\infty X(f)e^{j2\pi fs} df$ für $|s|$ gegen Unendlich gleichmäßig auf der oberen Halbebene gegen Null.*

Ist sogar $t \cdot x(t)$ absolut integrierbar, so gilt $\mathcal{F}\{-j2\pi t \cdot x(t)\} = X'(f)$ (s.Satz 2.3.5), und wir können einen Satz aussprechen, der nur Eigenschaften von $x(t)$ im Zeitbereich enthält:

Satz 7.2.8   *Seien $x^{(k)}$ und $t \cdot x^{(k)}$ absolut integrierbar für $k = 0, 1, 2$, dann geht $z(s) = 2\int_0^\infty X(f)e^{j2\pi fs}df$ für $|s|$ gegen Unendlich gleichmäßig auf der oberen Halbebene gegen Null.*

Beweis: Insbesondere ist $x''(t)$ absolut integrierbar und damit $f^2 \cdot X(f)$ beschränkt, also $X(f)$ absolut integrierbar (vergl.Satz 2.3.3) und $\lim_{f \to \infty} X(f) = 0$. Wegen $\mathcal{F}\{t \cdot x(t)\} = X'(f)$ ist nach demselben Argument $X'(f)$ absolut integrierbar, sofern $(t \cdot x(t))'' = 2x'(t) + t \cdot x''(t)$ absolut integrierbar ist. Der Rest folgt mit dem vorigen Satz.
□

7.2.1 Anwendung: Amplitudenmodulation

Die Amplitude eines Trägersignals mit der Frequenz f_0 soll durch die nach unten beschränkte reelle Modulationsfunktion $\mu_0(t)$ mit $\lim_{|t| \to \infty} \mu_0(t) = 0$ moduliert werden. Wir wählen $u_0 > 0$ so, dass $\mu(t) := \mu_0(t) + u_0 \geq \rho > 0$ für alle $t \in \mathbb{R}$. und erweitern dies zu einer komplexen Modulationsfunktion durch Multiplikation mit einem Phasenfaktor und anschließender Subtraktion von u_0:

$$m(t) = \mu(t) \cdot e^{j\varphi(t)} - u_0$$

Das gesamte modulierte komplexe Signal lautet dann:

$$\mu_{SSB}(t) = (\mu(t) \cdot e^{j\varphi(t)} - u_0) \cdot e^{j2\pi f_0 t} = m(t) \cdot e^{j2\pi f_0 t}$$

Um den Index SSB (single side band) zu rechtfertigen soll nun die Phase $\varphi(t)$ so gewählt werden, dass $m(t)$ ein einseitiges Spektrum hat. Hierzu stellen wir folgende Betrachtungen an:

wir können $m(t)$ folgendermaßen umschreiben:

$$m(t) = u_0(e^{\ln(\frac{\mu(t)}{u_0}) + j\varphi(t)} - 1)$$

Wegen $\mu(t)/u_0 \geq \rho/u_0 > 0$ ist der logarithmische Ausdruck definiert. Setzen wir $w(t) := \mu_0(t)/u_0$ dann bekommen wir $\mu(t)/u_0 = 1 + w(t)$ und damit die Darstellung

$$m(t) = u_0(e^{\ln(1+w(t)) + j\varphi(t)} - 1)$$

mit $\lim_{|t| \to \infty} w(t) = 0$. Ist nun $w(s)$ holomorph, sagen wir in einem Streifen der komplexen Ebene, der die reelle Achse enthält (dies ist zum Beispiel der Fall, wenn $\mu_0(t)$ bandbegrenzt ist), so gibt es aus Stetigkeitsgründen eine symmetrische Umgebung U der reellen Achse, in der $1 + \text{Re}\,(w(s)) \geq \frac{\rho}{2u_0}$ ist. Damit ist $x(s) = \ln(1 + w(s))$ holomorph für alle s aus U. Sei nun $y(t) = -\varphi(t)$ die Hilbert-Transformierte von $x(t)$, dann ist

$$m(t) = u_0(e^{\ln(1+w(t))+j\varphi(t)} - 1) = \mu(t)e^{j\varphi(t)} - u_0$$

nach Satz 7.2.6, Bemerkung 3 ein analytisches Signal, sofern wir garantieren können, dass $z(s) = x(s) - jy(s)$ mit $|s|$ gegen Unendlich in der oberen Halbebene gegen Null geht und $X(f)$ sowie $f \cdot X(f)$ absolut integrierbar sind.

Setzen wir nun voraus, dass $w(t)$ 'angenehme' Eigenschaften besitzt, so übertragen sich diese Eigenschaften auf $\ln(1 + w(t))$, denn es gilt

1. nach dem Mittelwertsatz gilt für ein ξ zwischen Null und x:

$$\ln(1 + x) - \ln(1) = \frac{1}{1+\xi}(1 + x - 1)$$

und damit für $w(t) \geq 0$: $0 \leq \xi(t) \leq w(t)$, also

$$0 \leq \ln(1 + w(t)) = \frac{1}{1+\xi(t)}w(t) \leq w(t)$$

Für $w(t) < 0$ gilt $0 \geq \xi(t) \geq w(t)$ und damit $1 + \xi(t) \geq 1 + w(t) \geq \frac{\rho}{u_0}$. Es folgt $\frac{u_0}{\rho} \geq \frac{1}{1+\xi(t)}$ und damit

$$\frac{u_0}{\rho}|w(t)| = \frac{u_0}{\rho}(-w(t)) \geq \frac{1}{1+\xi(t)}(-w(t)) = -\ln(1 + w(t)) = |\ln(1 + w(t))|$$

Insgesamt bekommen wir für $\lambda := \max(1, \frac{u_0}{\rho})$:

$$|\ln(1 + w(t))| \leq \lambda|w(t)|$$

Also ist $\ln(1 + w(t))$ absolut integrierbar, sofern dies für $w(t)$ gilt. Entsprechendes gilt für das Verhalten von $t \ln(1 + w(t))$ im Vergleich zu $tw(t)$.

2. Offenbar ist $0 < \frac{1}{1+w(t)} \leq \lambda$ und es gilt:

$$(\ln(1 + w(t)))' = \frac{w'(t)}{1 + w(t)}$$

und damit

$$|(\ln(1 + w(t))')| \leq \lambda|w'(t)|$$

3.

$$(\ln(1 + w(t)))'' = \frac{w''(t)(1 + w(t)) - (w'(t))^2}{(1 + w(t))^2}$$

also

$$|(\ln(1 + w(t)))''| \leq \lambda|w''(t)| + \lambda^2|w'(t)|^2$$

bzw.

$$|t(\ln(1 + w(t)))''| \leq \lambda|t||w''(t)| + \lambda^2|t||w'(t)|^2$$

Ist dann $\sqrt{|t|}w'(t)$ von endlicher Energie und ist $w^{(k)}(t)$ und $tw^{(k)}(t)$ absolut integrierbar für $k = 0, 1, 2$, so sind die linken Seiten absolut integrierbar und damit die Voraussetzungen von Satz 7.2.5 erfüllt.

Da $x(t) = \ln(1 + w(t))$ bei geeigneter Wahl von $w(t)$ (s.o.) absolut integrierbar ist, ist $X(f)$ insbesondere beschränkt. Um nun noch die absolute Integrierbarkeit von $f \cdot X(f)$ nachzuweisen, benötigen wir, dass $(\ln(1 + w(t)))'''$ absolut integrierbar ist, denn dann ist $f^3 X(f)$ beschränkt. Es gilt:

$$(\ln(1 + w(t)))''' = \frac{w'''(t)}{1 + w(t)} - 3\frac{w''(t)w'(t)}{(1 + w(t))^2} + 2\frac{(w'(t))^3}{(1 + w(t))^3}$$

und damit

$$|(\ln(1 + w(t)))'''| \leq \lambda|w'''(t)| + 3\lambda^2|w''(t)w'(t)| + 2\lambda^3|w'(t)|^3$$

Sind $w'(t)$ und $w''(t)$ von endlicher Energie, so ist auch das Produkt nach der Schwarzschen Ungleichung absolut integrierbar:

$$\int_{-\infty}^{\infty} |w'(t)||w''(t)|dt \leq \left(\int_{-\infty}^{\infty} |w(t)'|^2 dt\right)^{1/2} \cdot \left(\int_{-\infty}^{\infty} |w''(t)|^2 dt\right)^{1/2}$$

Ist $w'(t)$ absolut integrierbar und beschränkt, so ist auch $(w'(t))^3$ absolut integrierbar (wie man sich leicht klarmacht). Nach Satz 7.2.8 geht dann $z(s) = x(s) - jy(s)$ mit $|s|$ gegen Unendlich in der oberen Halbebene gegen Null. Nach 7.2.2 ist dann $m(t)$ ein analytisches Signal. Wir können diese Ergebnisse in dem folgenden Satz zusammenfassen:

Satz 7.2.9 *Sei $\mu_0(t)$ eine bandbegrenztes, nach unten beschränktes Modulationssignal, das mit Trägerfrequenz f_0 übertragen werden soll, und sei u_0 so gewählt, dass $\mu_0(t) + u_0 \geq \rho > 0$. Sei ferner $-\varphi(t)$ die Hilbert-Transformierte von $\ln(1 + w(t))$ mit $w(t) := \mu_0(t)/u_0$, dann ist*

$$m(t) = u_0((1 + w(t))e^{j\varphi(t)} - 1)$$

ein analytisches Signal, sofern $w(t)$ dreimal differenzierbar ist und folgende Wachstumsbedingungen erfüllt: $w^{(k)}(t)$ und $t \cdot w^{(k)}(t)$ sind absolut integrierbar und von endlicher Energie für $k = 0, 1, 2$, $w'(t)$ ist beschränkt und $w'''(t)$ ist absolut integrierbar.

Beweis: Zu zeigen bleibt nur noch: $\sqrt{|t|}w'(t)$ ist von endlicher Energie. Da $w'(t)$ beschränkt ist, gibt es ein M mit

$$\frac{|w'(t)|}{M} \leq 1$$

und damit

$$|t|(\frac{|w'(t)|}{M})^2 \leq |t|\frac{|w'(t)|}{M}$$

Nach Voraussetzung ist die rechte Seite absolut integrierbar.

□

7.3 Zusammenfassung

- $x(t)$ reelles Signal mit Spektrum $X(f)$, zugehörige konjugierte Funktion $y(t)$ hat Spektrum $Y(f) = j \cdot \text{sign}(f) \cdot X(f)$
  zugehöriges analytisches Signal $z(t) = \frac{1}{2}(x(t) - jy(t))$ hat einseitiges Spektrum $Z(f) = X(f) \cdot V(f)$, ($V(f)$ Sprungfunktion im Frequenzbereich) (s. Definition 7.1.3 u. Satz 7.1.2)

- Hilbert-Transformation: $\mathcal{H}\{x(t)\} = \frac{1}{\pi}\int_{-\infty}^{\infty}\frac{x(\tau)}{\tau-t}d\tau$ und für die konjugierte Funktion gilt $y(t) = \mathcal{H}\{x(t)\}$ (s. Definition 7.1.8 und Satz 7.1.7)

- Anwendung: Frequenzmodulation: (s. Abschnitt 7.1.1): $x(t)$ frequenzmoduliertes Signal mit Bandbreite B und Trägerfrequenz f_0
  Verschiebung des (einseitigen) Spektrums $Z(f) = X(f) \cdot V(f)$ des zugehörigen analytischen Signals $z(t)$ um f_0 liefert Zeitsignal $w(t) = e^{-j2\pi f_0 t}z(t)$. Abtastbedingungen:

  1. $1/T_a > B$

  2. $1/T_a = f_0/k_0$ mit k_0 ganzzahlig

  dann liefert Abtastung von $w(t)$ dieselben Werte wie die von $z(t)$, woraus Rekonstruktion von $x(t)$ verzerrungsfrei gelingt

- (s. Satz 7.1.10): sei $X(f)$ Spektrum des kausalen Signals $x(t)$, dann

  $\mathcal{H}\{\text{Re}\,(X(f))\} = \text{Im}\,(X(f))$ bzw. $\mathcal{H}\{\text{Im}\,(X(f))\} = -\text{Re}\,(X(f))$.

- 1. (s. Satz 7.2.2): Sei $h(s)$ holomorph in einer offenen Teilmenge Ω der komplexen Ebene, die die obere Halbebene und die reelle Achse umfasst und gehe $h(s)$ in der oberen Halbebene gleichmäßig mit $|s|$ gegen Unendlich gegen Null). Dann ist $h(t) = u(t) + jv(t)$ ein analytisches Signal (d.h. $-v(t)$ ist die Hilbert-Transformierte von $u(t)$)

  2. sei $z(s)$ in einem Gebiet Ω holomorph, das die obere Halbebene und die reelle Achse umfaßt, und gehe in der oberen Halbebene gleichmäßig mit $|s|$ gegen Unendlich gegen Null. Ist $g(s)$ eine auf der gesamten komplexen Ebene holomorphe Funktion mit $g(0) = 0$, dann ist $g(z(t))$ ist ein analytisches Signal. Beispiel: $g(s) = e^s - 1$ mit $g(0) = 0$

3. Anwendung: Amplitudenmodulation

Amplitude eines Trägersignals mit der Frequenz f_0 soll durch die nach unten beschränkte reelle Modulationsfunktion $\mu_0(t)$ moduliert werden. Sei $u_0 > 0$ so, dass $\mu(t) := \mu_0(t) + u_0 \geq \rho > 0$

Erweiterung zu komplexer Modulationsfunktion durch Phasenfaktor $e^{j\varphi(t)}$:

$$m(t) = \mu(t) \cdot e^{j\varphi(t)} - u_0$$

gesamtes moduliertes komplexes Signal:

$$\mu_{SSB}(t) = m(t) \cdot e^{j2\pi f_0 t}$$

(s. Satz 7.2.9): Sei $-\varphi(t)$ die Hilbert-Transformierte von $\ln(1 + w(t))$ mit $w(t) := \mu_0(t)/u_0$, dann ist $m(t)$ ein analytisches Signal (unter geeigneten Glattheits- u. Integrierbarkeitsvoraussetzungen an $w(t)$)

8 Zufallssignale

8.1 Stochastische Prozesse

Wir beschränken uns hier aus Platzgründen auf kontinuierliche stochastische Prozesse.

Definition 8.1.1 *Ein stochastischer Prozess ist eine von einem Parameter $t \in I$ abhängige Schar stochastischer Variablen über demselben Ereignisraum Ω.*

Diese Variablenschar schreibt man häufig $X_t(\omega)$ oder X_t (bzw. $X(t, \omega)$ für $t \in I$ und $\omega \in \Omega$). Für jedes $t \in I$ ergibt sich eine stochastische Variable X_t. Jedoch kann man bei $X(t, \omega)$ auch $\omega \in \Omega$ festhalten und t in I variieren lassen, so dass eine reelle Funktion $X_\omega(t) = X(t, \omega)$ vorliegt. Diese Funktionen heißen Realisierungen oder Trajektorien oder Pfade (oder Musterfunktionen) des stochastischen Prozesses.

Bemerkung: Im folgenden sei $I \subset \mathbb{R}$ und $X_t(\omega)$ mit Werten in $\mathbb{R}$. Unter gewissen Bedingungen kann man zeigen, dass die Pfade eines stochastischen Prozesses stetige Funktionen sind. Um einen stochastisch Prozess vollständig zu beschreiben benötigt man eine Beschreibung der Abhängigkeit zwischen den stochastischen Variablen zu verschiedenen Zeitpunkten. Diese wird durch die sog. endlich-dimensionalen Verteilungsfunktionen angegeben:

$$F_{t_1,\dots,t_n}(x_1, \dots, x_n) = P\left(X_{t_1} \leq x_1, \dots, X_{t_n} \leq x_n\right)$$
$$= \int_{-\infty}^{x_1} \dots \int_{-\infty}^{x_n} f_{t_1,\dots,t_n}(\xi_1, \dots, \xi_n) d\xi_1 \dots d\xi_n$$

Des weiteren definieren wir eine Reihe von Kenngrößen stochastischer Prozesse: *Mittelwert* bzw. *Erwartungswert* (1. Moment):

$$\mu_X(t) = E[X_t] = \int_{-\infty}^{\infty} x\, f_t(x)\, dx$$

mittlere Leistung (2. Moment):

$$\lambda_X(t) = E[X_t^2] = \int_{-\infty}^{\infty} x^2\, f_t(x)\, dx$$

Varianz

$$\sigma_X^2(t) = E\left[(X_t - \mu_X(t))^2\right] = \lambda_X(t) - \mu_X^2(t)$$

Von besonderer Bedeutung sind die *Autokorrelationsfunktion* :

$$R_X(t_1, t_2) = E[X_{t_1} \cdot X_{t_2}] = \int_{-\infty}^{\infty} \int_{-\infty}^{\infty} \xi_1 \cdot \xi_2\, f_{t_1,t_2}(\xi_1, \xi_2)\, d\xi_1\, d\xi_2$$

und die *Autokovarianzfunktion* :

$$
\begin{aligned}
C_X\,(t_1,t_2) &= E[(X_{t_1} - \mu_X(t))(X_{t_2} - \mu_X(t_2))] \\
&= E\,[X_{t_1} \cdot X_{t_2}] - E\,[X_{t_1}] \cdot E\,[X_{t_2}] \\
&= R_X(t_1,t_2) - \mu_X(t_1) \cdot \mu_X(t_2)
\end{aligned}
$$

Insbesondere gilt:

$$
\begin{aligned}
R_X(t,t) &= E[X_t \cdot X_t] = \lambda_X(t) \\
C_X(t,t) &= E[(X_t - \mu_X(t))^2] = \sigma_X^2(t)
\end{aligned}
$$

Viele im Zusammenhang mit stochastischen Signalen auftauchende Fragen, wie z.B. Fragen des Filterentwurfs, lassen sich mit Hilfe der Autokorrelationsfunktion formulieren. Unter bestimmten Bedingungen lässt sich die Autokorrelation experimentell ermitteln (s.u.).

Beispiel 8.1.2   Normalverteilter Prozess: die gemeinsame Dichte lautet hier:

$$
f_{t_1,\dots,t_n}(\xi_1,\dots,\xi_n) \;=\; \frac{1}{\sqrt{(2\pi)^n \, det\,C}} \; e^{\frac{1}{2}(\vec{\xi}-\vec{\mu})^T \, C^{-1}(\vec{\xi}-\vec{\mu})}
$$

mit den Vektorkomponenten $(\vec{\xi})_i \;=\; \xi_i$, $(\vec{\mu})_i \;=\; \mu_x(t_i)$ und der Kovarianzmatrix C, mit $C_{ij} \;=\; C_X(t_i,t_j)$. Sind die Zufallsvariablen $X_{t_1},\dots,X_{t_n}$ unkorreliert, so gilt $C_{ij} = 0$ für $i \neq j$, d.h. C ist eine Diagonalmatrix, wobei auf der Diagonalen die Varianzen stehen:

$$
C_{ii} \;=\; C_X(t_i,t_i) \;=\; \sigma_X^2(t_i)
$$

Die Gesamtdichte ist dann das Produkt der Einzeldichten:

$$
\begin{aligned}
& f_{t_1,\dots,t_n}(\xi_1,\dots,\xi_n) \\
=\; & \frac{1}{\sqrt{2\pi\sigma_X^2(t_1)}} \, e^{\frac{-\frac{1}{2}(\xi_1 - \mu_x(t_1))^2}{\sigma_X^2(t_1)}} \cdot \dots \cdot \frac{1}{\sqrt{2\pi\sigma_X^2(t_n)}} \, e^{\frac{-\frac{1}{2}(\xi_n - \mu_x(t_n))^2}{\sigma_X^2(t_n)}} \\
=\; & f_{t_1}(\xi_1) \cdot f_{t_2}(\xi_2) \cdot \dots \cdot f_{t_n}(\xi_n)
\end{aligned}
$$

8.2 Stationäre stochastische Prozesse

Definition 8.2.1   *Ein stochastischer Prozess X_t heißt strikt stationär, wenn seine n-dimensionalen Verteilungsfunktionen invariant gegenüber zeitlichen Verschiebungen sind, d.h.*

$$
F_{t_1,\dots,t_n}(x_1,\dots,x_n) \;=\; F_{t_1+\tau,\dots,t_n+\tau}(x_1,\dots,x_n)
$$

für alle $t_1, ..., t_n$, sowie alle $x_1, ..., x_n$ und τ. Für kontinuierliche stochastischer Prozesse gilt entsprechendes für die Wahrscheinlichkeits-Dichten:

$$f_{t_1,...,t_n}(x_1, ..., x_n) = f_{t_1+\tau,...,t_n+\tau}(x_1, ..., x_n)$$

Aus der strikten Stationarität folgt für τ beliebig:

$$\mu_X(t) = \int_{-\infty}^{\infty} x\, f_t(x)\, dx = \int_{-\infty}^{\infty} x\, f_{t+\tau}(x)\, dx = \mu_X(t+\tau)$$

$$\lambda_X(t) = \int_{-\infty}^{\infty} x^2\, f_t(x)\, dx = \int_{-\infty}^{\infty} x^2\, f_{t+\tau}(x)\, dx = \lambda_X(t+\tau)$$

Mittelwert und mittlere Leistung sind also zeitunabhängig. Ferner

$$R_X(t_1, t_2) = E[X_{t_1} \cdot X_{t_2}] = \int_{-\infty}^{\infty} \int_{-\infty}^{\infty} x_1 x_2\, f_{t_1,t_2}(x_1, x_2)\, dx_1\, dx_2$$

$$= \int_{-\infty}^{\infty} \int_{-\infty}^{\infty} x_1 x_2\, f_{t_1+\tau,t_2+\tau}(x_1, x_2)\, dx_1\, dx_2 = E[X_{t_1+\tau} \cdot X_{t_2+\tau}]$$

Damit gilt $R_X(t_1, t_2) = R_X(t_1 + \tau, t_2 + \tau)$ für beliebiges τ. Insbesondere für $\tau = -t_2$ erhalten wir dann:

$$R_X(t_1, t_2) = R_X(t_1 - t_2, 0) \equiv R_X(t_1 - t_2)$$

d.h. die Autokorrelationsfunktion hängt nur von der Differenz der Zeitpunkte ab. Aufgrund der Beziehung

$$C_X(t_1, t_2) = R_X(t_1, t_2) - \mu_X(t_1) \cdot \mu_X(t_2) = R_X(t_1 - t_2) - \mu_X^2$$

gilt dies auch für die Autokovarianzfunktion. Wegen

$$\sigma_X^2(t) = \lambda_X(t) - \mu_X^2(t) = \lambda_X - \mu_X^2$$

ist auch die Varianz zeitunabhängig.

Allerdings sind in der Praxis die Wahrscheinlichkeits-Dichten in der Regel nicht bekannt. Häufig hat man es aber mit einer abgeschwächten Variante der Stationarität zu tun:

Definition 8.2.2 *Ein stochastischer Prozess X_t heißt schwach stationär, wenn der Mittelwert $\mu_X(t)$ zeitunabhängig und die Autokorrelationsfunktion $R_X(t_1, t_2)$ nur von der Zeitdifferenz $t_1 - t_2$ abhängt.*

Bemerkung: Ist der stochastischer Prozess X_t schwach stationär, so folgt wie oben $C_X(t_1, t_2) = C_X(t_1 - t_2)$. Ferner sind

$$\lambda_X(t) = R_X(t, t) = R_X(0) = \lambda_X$$
$$\sigma_X(t) = \lambda_X(t) - \mu_X^2(t) = \lambda_X - \mu_X^2$$

zeitunabhängig.

Beispiel 8.2.3

$$X(t,\omega) \;=\; A(\omega)\; \cos\; 2\pi f_0 t + B(\omega)\; \sin\; 2\pi f_0 t$$

wobei $A(\omega)$ und $B(\omega)$ unkorrelierte Zufallsvariablen sind, d.h.

$$E[A(\omega) \cdot B(\omega)] = E[A(\omega)] \cdot E[B(\omega)]$$

Weiterhin nehmen wir an $E[A(\omega)] = E[B(\omega)] = 0$ sowie $\sigma^2[A(\omega)] = \sigma^2[B(\omega)] = 1$. Damit erhalten wir

$$\mu_X(t) = E[X(t,\omega)] = E[A(\omega)] \cos\; 2\pi f_0 t + E[B(\omega)] \sin\; 2\pi f_0 t = 0$$

und es gilt

$$
\begin{aligned}
R_X(s,t) &= E[X_s \cdot X_t] \\
&= E[(A(\omega) \cos\; 2\pi f_0 s + B(\omega) \sin\; 2\pi f_0 s) \cdot (A(\omega) \cos\; 2\pi f_0\; t + B(\omega) \sin\; 2\pi f_0 t)] \\
&= E[A^2(\omega) \cos 2\pi f_0 s \cos 2\pi f_0 t + A(\omega)B(\omega) \cos 2\pi f_0 s \sin 2\pi f_0 t \\
&\quad + B(\omega)A(\omega) \sin 2\pi f_0 s \cos 2\pi f_0 t + B^2(\omega) \sin 2\pi f_0 s \sin 2\pi f_0 t] \\
&= \underbrace{E[A^2(\omega)]}_{1} \cos 2\pi f_0 s \cos 2\pi f_0 t + \underbrace{E[A(\omega)]}_{0}\,\underbrace{E[B(\omega)]}_{0} \cos 2\pi f_0 s \sin 2\pi f_0 t \\
&\quad + \underbrace{E[B(\omega)]}_{0}\,\underbrace{E[A(\omega)]}_{0} \sin 2\pi f_0 s \cos 2\pi f_0 t + \underbrace{E[B^2(\omega)]}_{1} \sin 2\pi f_0 s \sin 2\pi f_0 t \\
&= \cos 2\pi f_0 s \cos 2\pi f_0 t + \sin 2\pi f_0 s \sin 2\pi f_0 t = \cos 2\pi f_0 (s - t)
\end{aligned}
$$

d.h. der stochastische Prozess ist schwach stationär.

8.2.1 Ergodische Zufallssignale

Ergodische Zufallsprozesse sind in der Praxis sehr wichtig, weil man bei ihnen aus einer einzigen Realisierung die wichtigsten Kenngrößen durch Messung bestimmen kann.

Definition 8.2.4   *Ein (schwach) stationärer stochastischer Prozess $X(t,\omega)$ heißt ergodisch (im weiteren Sinne) wenn für jede Realisierung $x(t) = X_\omega(t)$ gilt:*

1. $E[X_t] = \mu_X = \lim_{T \to \infty} \frac{1}{2T} \int_{-T}^{T} x(t)\; dt$

2. $E[X_t^2] = \lambda_X = \lim_{T \to \infty} \frac{1}{2T} \int_{-T}^{T} x^2(t)\; dt$

3. $R_X(\tau) = E[X_t \cdot X_{t+\tau}] = \lim_{T \to \infty} \frac{1}{2T} \int_{-T}^{T} x(t) \cdot x(t+\tau)\; dt$

In vielen für die Praxis wichtigen Fällen kann durch Überlegung über den Entstehungsprozess Ergodizität angenommen werden („Ergodenhypothese"). Eine wichtiges Beispiel für einen ergodischen stochastischer Prozess erhält man durch einen weißen, normalverteilten stochastischen Prozess.

8.2.2 Eigenschaften der Autokorrelation

Als Hilfsmittel benötigen wir die Cauchy-Schwarzsche Ungleichung für Erwartungswerte:

Satz 8.2.5
$$|E\,[X \cdot Y]|^2 \leq E\,[X^2]\,\cdot E\,[Y^2]$$

Beweis: Für s beliebig gilt aufgrund der Linearität des Erwartungswertes:

$$
\begin{aligned}
0 \;\leq\; & E\,[(sX+Y)^2] \;=\; E\,[s^2X^2 + 2sXY + Y^2] \\
\;=\; & s^2 \underbrace{E\,[X^2]}_{a} + 2s\underbrace{E\,[XY]}_{b} + \underbrace{E\,[Y^2]}_{c}
\end{aligned}
$$

Ist $a = 0$ so folgt $b = 0$. Für $a \neq 0$ folgt: $as^2 + 2bs + c \geq 0$ d.h. $s^2 + 2\frac{b}{a}s + \frac{c}{a} \geq 0$, also sind die Nullstellen

$$s_{1,2} \;=\; -\frac{b}{a} \pm \sqrt{\frac{b^2}{a^2} - \frac{c}{a}}$$

doppelt oder komplex, somit $\frac{b^2}{a^2} - \frac{c}{a} \leq 0$, also $b^2 \leq c \cdot a$. In jedem Fall gilt:

$$E^2[X \cdot Y] \;\leq\; E\,[X^2]\cdot E\,[Y^2]$$

$\square$

Sei X_t schwach stationär, dann

1. ist $R_X(\tau)$ ist eine gerade Funktion:

$$R_X(\tau) \;=\; E\,[X_{t+\tau} \cdot X_t] \;=\; E\,[X_t \cdot X_{t-\tau}] = E\,[X_{t-\tau} \cdot X_t] = R_X(-\tau)$$

Damit ist auch $C_X(\tau)$ gerade.

2. nimmt $R_X(\tau)$ das Maximum des Betrages in 0 an:

$$|R_X(\tau)| \;=\; |E\,[X_{t+\tau} \cdot X_t]| \leq \sqrt{E\,[X_{t+\tau}^2] \cdot E\,[X_t^2]} = \lambda_X^2 \;=\; R_X(0)$$

Hier wurde die Cauchy-Schwarzsche Ungleichung verwendet.

Entsprechend gilt für die Autokovarianz:

$$
\begin{aligned}
|C_X(\tau)| \;=\; & |E[(X_{t+\tau} - \mu_X)(X_t - \mu_X)]| \\
\;\leq\; & \sqrt{E[(X_{t+\tau} - \mu_X)^2] \cdot E[(X_t - \mu_X)^2]} = \sigma_X^2 = C_X(0)
\end{aligned}
$$

3. Häufig kann man voraussetzen, dass X_t und $X_{t+\tau}$ für $\tau \to \infty$ unkorreliert werden, d.h.

$$\begin{aligned}
C_X(\tau) &= E\left[X_t \cdot X_{t+\tau}\right] - E\left[X_t\right] E\left[X_{t+\tau}\right] = R_X(\tau) - E^2[X_t] \\
&= R_X(\tau) - \mu_X^2 \quad \to_{\tau \to \infty} 0
\end{aligned}$$

d.h.

$$\lim_{\tau \to \infty} R_X(\tau) = \mu_X^2 = E^2[X_t]$$

In diesem Fall nennen wir den stochastischen Prozess *asymptotisch unkorreliert*. Dies gilt aber nicht grundsätzlich (s. obiges Beispiel)

Definition 8.2.6   *Sei X_t mittelwertfrei, d.h. ($\mu_X = 0$), und asymptotisch unkorreliert. Ist zusätzlich $R_X(t)$ integrierbar über $[0, \infty)$ dann heißt τ_0 Korrelationsdauer, wenn*

$$\tau_0 = \frac{1}{R_X(0)} \int_0^\infty R_X(\tau) \, d\tau$$

8.3 Leistungsdichtespektrum und LTI-Systeme

1. *Vorbetrachtung: deterministische Signale*
Sei zunächst $x(t)$ ein deterministisches Signal endlicher Energie, dann gilt nach der Parsevalschen Gleichung für die Energie des Signals:

$$\eta_x = \int_{-\infty}^\infty |x(t)|^2 \, dt = \int_{-\infty}^\infty |X(f)|^2 \, df$$

wobei

$$X(f) = \mathcal{F}\{x(t)\} = l.i.m._{M \to \infty} \int_{-M}^M x(t) \, e^{-j2\pi ft} \, dt$$

$|X(f)|^2$ heißt Energiedichtespektrum von $x(t)$. Als zeitliche Autokorrelationsfunktion bezeichnen wir:

$$r_x(t) = \int_{-\infty}^\infty x(t+\tau) \, x(\tau) \, d\tau$$

Offenbar gilt: $r_x(0) = \eta_x$, sofern $x(t)$ reellwertig ist. Ferner:

$$\begin{aligned}
x(t) * x(-t) &= \int_{-\infty}^\infty x(\tau) \, x(-(t-\tau)) \, d\tau \\
&= \int_{-\infty}^\infty x(\tau) \, x(-t+\tau) \, d\tau = r_x(-t)
\end{aligned}$$

Mit dem Faltungssatz folgt:

$$\mathcal{F}\{r_x(-t)\} = \mathcal{F}\{x(t) * x(-t)\} = X(f) \cdot \overline{X(f)} = |X(f)|^2$$

d.h. das Spektrum ist reell, damit ist r_x eine gerade Funktion, also $\mathcal{F}\{r_x(t)\} = |X(f)|^2$. Nach der Cauchy-Schwarzschen Ungleichung gilt dann: $|r_x(t)| \leq r_x(0)$, denn

$$|r_x(t)| \leq \int_{-\infty}^{\infty} |x(\tau)| \, |x(t+\tau)| \, d\tau \leq (\underbrace{\int_{-\infty}^{\infty} |x(\tau)|^2 d\tau}_{r_x(0)} \underbrace{\int_{-\infty}^{\infty} |x(t+\tau)|^2 d\tau}_{r_x(0)})^{\frac{1}{2}}$$

2. *Zurück zu Stochastischen Prozessen*:
im Prinzip erwartet man: $\eta_X = \int_{-\infty}^{\infty} \lambda_X(t) \, dt$, aber für (schwach) stationäre Prozesse erhält man:

$$\eta_X = \int_{-\infty}^{\infty} \lambda_X(t) \, dt = \int_{-\infty}^{\infty} \lambda_X \, dt = \infty$$

Daher existiert kein Energiedichtespektrum. Im Gegensatz zur Energie ist die Leistung eines (schwach) stationären stochastischer Prozess im allgemeinen endlich. Wir suchen daher nach einer geeigneten Definition für die spektrale Dichte der Leistung λ_X. : Analog zu $|X(f)|^2 = \mathcal{F}\{r_x(t)\}$ definieren wir

$$S_X(f) = \mathcal{F}\{R_X(\tau)\}$$

Da $R_X(\tau)$ gerade und reellwertig ist, gilt dies auch für $S_X(f)$. Wir untersuchen nun die Brauchbarkeit der Definition. Die Rücktransformation liefert, sofern $S_X(f)$ absolut integrierbar ist:

$$R_X(\tau) = \mathcal{F}^{-1}\{S_X(f)\} = \int_{-\infty}^{\infty} S_X(f) \, e^{j2\pi f \tau} \, df$$

Insbesondere

$$R_X(0) = \int_{-\infty}^{\infty} S_X(f) \, df = \lambda_X$$

d.h. das Integral über $S_X(f)$ ergibt die Leistung des (schwach) stationären Prozesses.

8.3.1 Wirkung eines LTI-Systems auf stochastische Prozesse

a) Um die Analogie zum Verhalten von Zufallssignalen aufzuzeigen, betrachten wir zunächst deterministische Signale endlicher Energie, wobei $h(t)$ die Impulsantwort des LTI-Systems bezeichnet:

$$y(t) = h(t) * x(t) = \int_{-\infty}^{\infty} h(\tau) \, x(t - \tau) \, d\tau$$

Mit dem Faltungssatz folgt:

$$Y(f) = H(f) \, X(f) \text{ und damit } |Y(f)|^2 = |H(f)|^2 \cdot |X(f)|^2$$

Wiederum mit dem Faltungsatz erhält man dann:

$$r_y(t) = r_h(t) \; * \; r_x(t)$$

Für die Gleichanteile gilt:

$$
\begin{aligned}
m_y &= \int_{-\infty}^{\infty} y(t)\,dt = \int_{-\infty}^{\infty} h(t)*x(t)\,dt = \int_{-\infty}^{\infty}\int_{-\infty}^{\infty} h(\tau)x(t-\tau)\,d\tau\,dt \\
&= \int_{-\infty}^{\infty} h(\tau) \int_{-\infty}^{\infty} x(t-\tau)\,dt\,d\tau = m_h \cdot m_x
\end{aligned}
$$

b) Im Fall *(schwach) stationärer stochastischer Prozesse* erhalten wir:

$$Y_\omega(t) \;=\; h(t)*X_\omega(t) \;=\; \int_{-\infty}^{\infty} h(t-\tau)\,X_\omega(\tau)\,d\tau$$

$$
\begin{aligned}
\mu_Y(t) \;&=\; E[Y_\omega(t)] \;=\; \int_{-\infty}^{\infty} h(t-\tau)\underbrace{E\,[X_\omega(\tau)]}_{\mu_X}\,d\tau \\
&=\; \mu_X \int_{-\infty}^{\infty} h(t-\tau)\,d\tau \;=\; \mu_X\,m_h
\end{aligned}
$$

d.h. μ_Y ist zeitunabhängig und es gilt:

$$\mu_Y \;=\; \mu_X \cdot m_h$$

Wir zeigen nun, dass die Autokorrelationsfunktion des Ausgangsprozesses nur von der Zeitdifferenz abhängt:

$$
\begin{aligned}
R_Y(t,t+\tau) &= E[Y_{t+\tau}\cdot Y_t] = E[Y_\omega(t+\tau)\,Y_\omega(t)] \\
&= E\,[\int_{-\infty}^{\infty} h(t+\tau-\sigma)\,X_\omega(\sigma)\,d\sigma \cdot \int_{-\infty}^{\infty} h(t-s)\,X_\omega(s)\,ds] \\
&= \int_{-\infty}^{\infty}\int_{-\infty}^{\infty} h(t+\tau-\sigma)h(t-s)\underbrace{E\,[X_\omega(\sigma)\cdot X_\omega(s)]}_{R_X(\sigma-s)}\,d\sigma\,ds \\
&= \int_{-\infty}^{\infty}\int_{-\infty}^{\infty} h(t+\tau-\sigma)h(t-s)\,R_X(\sigma-s)d\sigma\,ds \\
&\overset{\sigma-s=\alpha}{=} \int_{-\infty}^{\infty}\int_{-\infty}^{\infty} h(t-s+(\tau-\alpha))h(t-s)R_X(\alpha)\frac{d\sigma}{d\alpha}\,d\alpha\,ds \\
&= \int_{-\infty}^{\infty} R_X(\alpha)\int_{-\infty}^{\infty} h(t-s+(\tau-\alpha))h(t-s)\,ds\,d\alpha
\end{aligned}
$$

Wir betrachten das innere Integral:

$$\int_{-\infty}^{\infty} h(t-s+(\tau-\alpha))h(t-s)\, ds \overset{\beta=t-s}{=}$$

$$= \int_{\infty}^{-\infty} h(\beta+(\tau-\alpha))h(\beta)\, \underbrace{\frac{ds}{d\beta}}_{-1}\, d\beta = \int_{-\infty}^{\infty} h(\beta+(\tau-\alpha))h(\beta)\, d\beta$$

$$= r_h(\tau-\alpha)$$

Damit

$$R_Y(t, t+\tau) = \int_{-\infty}^{\infty} R_X(\alpha)\, r_h(\tau-\alpha)\, d\alpha$$

d.h. R_Y hängt nur von der Zeitdifferenz τ ab und es gilt:

$$R_Y(\tau) = r_h(\tau) * R_X(\tau)$$

Nach dem Faltungssatz folgt noch:

$$S_Y(f) = |H(f)|^2 \cdot S_X(f)$$

Wir haben damit folgenden Satz bewiesen:

Satz 8.3.1 *Wird ein schwach stationärer stochastischer Prozess X_t auf ein LTI-System geleitet (mit Impulsantwort $h(t)$), so ist der Ausgangsprozess Y_t ebenfalls schwach stationär und es gelten folgende Beziehungen*

1. für die Autokorrelationsfunktionen:

$$R_Y(\tau) = r_h(\tau) * R_X(\tau)$$

2. die spektralen Leistungsdichten :

$$S_Y(f) = |H(f)|^2 \cdot S_X(f)$$

3. und für die Mittelwerte

$$\mu_Y = \mu_X \cdot m_h$$

□

Ist nun $S_X(f)$ beschränkt, so gilt:

$$\lambda_Y = \int_{-\infty}^{\infty} S_Y(f)\, df = \int_{-\infty}^{\infty} |H(f)|^2\, S_X(f)\, df < \infty$$

sofern $h(t)$ von endlicher Energie und absolut integrierbar ist.

Wir fahren nun fort in der Untersuchung der Brauchbarkeit der obigen Definition der spektralen Leistungsdichte und zeigen, dass $S_X(f)$ stets nichtnegativ ist:

Satz 8.3.2   *Die spektrale Leistungsdichte $S_X(f)$ ist stets nichtnegativ.*

Beweis: Sei nämlich $S_X(f)$ eine lokal integrierbare Funktion. Sei $[a,b]$ ein beliebiges Intervall mit $0 < a < b$.. Dann konstruiere einen Bandpass $H(f)$ mit $H(f) = 0$ für $|f| \notin [a,b]$ und $|H(f)| = 1$ für $|f| \in [a,b]$. Dann gilt, da $S_X(f)$ gerade:

$$\lambda_Y = \int_{-\infty}^{\infty} |H(f)|^2 \, S_X(f) \, df = 2 \int_b^a S_X(f) \, df$$

Andererseits gilt $\lambda_Y = R_Y(0) = E[Y_t \cdot Y_t] \geq 0$, d.h. es muss gelten $S_X(f) \geq 0$ fast überall, da $[a,b]$ beliebig.
$\square$

Bezeichnung $S_X(f)$ heißt fortan *Spektrale Leistungsdichte* .

Bemerkung: Man kann zeigen: legt man an den Eingang eines LTI-Systems einen normalverteilten stochastischer Prozess X_t, dann ist der Ausgangsprozess Y_t ebenfalls normalverteilt .

Zusammenfassung

Stochastischer Prozess (schwach stationär)	deterministisches Signal
Autokorrelation:	*Autokorrelation:*
$R_X(\tau) = E\,[X_{t+\tau} \cdot X_t]$	$r_x(\tau) = \int_{-\infty}^{\infty} x(t+\tau)\,x(t)\,dt$
$R_X(\tau)$ gerade, $|R_X(\tau)| \leq R_X(0)$	$r_x(\tau)$gerade, $|r_x(\tau)| \leq r_x(0)$
Spektrale Leistungsdichte:	*Spektrale Energiedichte:*
$S_X(f) = \mathcal{F}\{R_X(\tau)\}$	$|X(f)|^2 = \mathcal{F}\{r_x(\tau)\}$
Leistung:	*Energie:*
$\lambda_X = \int_{-\infty}^{\infty} S_X(f)df = R_X(0)$	$\eta_x = \int_{-\infty}^{\infty} |X(f)|^2 df = r_x(0)$
LTI-Systeme:	*LTI-Systeme:*
$R_Y(\tau) = r_h(\tau) * R_X(\tau)$	$r_y(\tau) = r_h(\tau) * r_x(\tau)$
$S_Y(f) = |H(f)|^2 \cdot S_X(f)$	$|Y(f)|^2 = |H(f)|^2 \cdot |X(f)|^2$
$\mu_Y = \mu_X \cdot m_h$	$m_y = m_x \cdot m_h$

8.4 Weißes Rauschen

Definition 8.4.1   *Ein schwach stationärer stochastischer Prozess heißt weiß, wenn für die Autokovarianzfunktion gilt:*

$$C_X(\tau) = c \cdot \delta_0 \ \ mit \ c > 0$$

Insbesondere gilt also $C_X(\tau) = 0$ für $\tau \neq 0$ d.h. X_t und $X_{t+\tau}$ sind unkorreliert für $\tau \neq 0$.

Für die Autokorrelationsfunktion gilt dann

$$R_X(\tau) = C_X(\tau) + \mu_X^2 = c\,\delta_0 + \mu_X^2$$

und für das Leistungsdichtespektrum

$$S_X(f) = c + \mu_X^2\,\delta_0$$

Ist der stochastische Prozess mittelwertfrei, so gilt

$$S_X(f) = c \text{ und } R_X(\tau) = c\,\delta_0$$

d.h. die Autokorrelationsfunktion eines weißen, schwach stationären und mittelwertfreien stochastischen Prozesses ist ein positives Vielfaches des Dirac-Impulses. Das zugehörige Leistungsdichtespektrum ist konstant, d.h. alle Frequenzen sind gleichermaßen vertreten.

Bei praktischen Realisierung bzw. Näherungen für einen weißen stochastischen Prozess ist das Leistungsdichtespektrum (LDS) bis zu einer relativ hohen Grenzfrequenz konstant und strebt dann (mehr oder weniger) schnell gegen Null. Die zugehörige Autokorrelationsfunktion ist dann kein Dirac-Impuls, sondern besitzt ein positive „Breite", die Zufallsvariablen für eng benachbarte Zeitpunkte sind dann mehr oder weniger korreliert. Varianz und Leistung sind endlich. Man spricht von *bandbegrenztem weißem Rauschen* .

Beispiel 8.4.2

$$S_X(f) = \begin{cases} c & \text{für } |f| < f_g \\ 0 & \text{für } |f| > f_g \end{cases}$$

Bandbegrenztes weißes Rauschen enthält keine Frequenzanteile oberhalb einer Grenzfrequenz f_g. Als Autokorrelationsfunktion erhält man:

$$R_X(\tau) = \mathcal{F}^{-1}\{S_X(f)\} = 2cf_g\,\text{si}(2\pi f_g\tau)$$

Für $f_g \to \infty$ gehen Leistungdichte und Autokorrelationsfunktion von bandbegrenzem weißem Rauschen in diejenigen von weißem Rauschen über. Wird bandbegrenztes weißes Rauschen als Eingangssignal für ein System mit Tiefpasscharakter verwendet, so wirkt es genau wie weißes Rauschen, wenn f_g größer ist als die Grenzfrequenz des Tiefpasses.

Legt man einen weißen (schwach stationären) und mittelwertfreien stochastischer Prozess X_t an den Eingang eines LTI-Systems mit Impuls-Antwort $h(t)$, so erhält man:

$$R_Y(\tau) = c\cdot\delta_0 * r_h(\tau) = c\cdot r_h(\tau)$$

Damit bekommt man für das Leistungsdichtespektrum des Ausgangsprozesses :

$$S_Y(f) = c\cdot|H(f)|^2$$

Beispiel 8.4.3   Sei die Autokorrelationsfunktion des Eingangsprozesses $R_X(\tau) = \delta_0$

für ein RC-Gliedes gegeben. Gesucht wird die Autokorrelationsfunktion des Ausgangs-prozesses.

Die spektrale Leistungsdichte des Eingangsprozesses lautet: $S_X(f) = 1$. Für die Über-tragungsfunktion des RC-Gliedes gilt bekanntlich: $G(s) = \frac{1}{1+RC\cdot s}$. Setzt man $T = R\cdot C$ so bekommt man für den Frequenzgang: $H(f) = G(j2\pi f) = \frac{1}{1+Tj2\pi f}$ und damit

$$S_Y(f) = S_X(f)|H(f)|^2 = \frac{1}{|1+T\ j2\pi f|^2} = \frac{1}{1+4\pi^2\ T^2 f^2}$$

d.h.

$$S_Y(f) = \frac{1}{2T}\frac{\frac{2}{T}}{\frac{1}{T^2}+(2\pi f)^2}$$

Nun gilt, nach einer früheren Übungsaufgabe:

$$\mathcal{F}\{e^{-a|t|}\} = \frac{2a}{a^2+(2\pi f)^2}$$

Also:

$$R_Y(\tau) = \frac{1}{2T}\ e^{-\frac{|\tau|}{T}} = r_h(\tau)$$

Beispiel 8.4.4   Die spektrale Leistungsdichte des bandbegrenzten weißen Rauschens sei gegeben durch

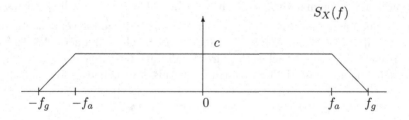

Dann gilt nach Beispiel 3.1.22

$$R_X(t) \quad = \quad \frac{c}{f_g - f_a}\frac{2}{(j2\pi t)^2}(\cos(2\pi f_g t) - \cos(2\pi f_a t))$$

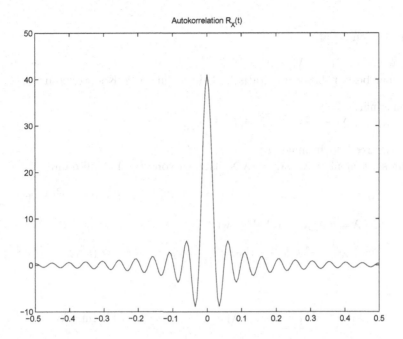

Die mittlere Leistung lautet dann offenbar $R_X(0) = \lambda_X = c \cdot (f_a + f_g)$.

8.5 Formfilter

Zu einem Zufallsprozess mit vorgegebener Autokorrelationsfunktion kann man ein sogenanntes Formfilter entwerfen, das aus weißem Rauschen als Eingangsprozess einen entsprechenden Ausgangsprozess generiert.

In der Praxis wird in diesem Zusammenhang ein Rauschgenerator eingesetzt, der bandbegrenztes weißes Rauschen erzeugt.

Im folgenden werden wir beschreiben, wie die Übertragungsfunktion $G_F(s)$ des Formfilters für gegebene spektrale Leistungsdichte $S_R(f)$ konstruiert wird.

Lemma 8.5.1   *Sei $P(\omega)$ ein Polynom mit reellen Koeffizienten, dann sind die folgenden Aussagen äquivalent.*

1. wenn $(\omega - \lambda)$ Linearfaktor von $P(\omega)$ ist, dann auch $(\omega + \lambda)$

2. $P(\omega)$ ist gerade

3. $P(\omega)$ enthält nur gerade Potenzen von ω

Beweis: $1 \Rightarrow 3$:
wir unterscheiden 3 Fälle:

1. $\lambda \in \mathbb{R} : (\omega - \lambda)(\omega + \lambda) = \omega^2 - \lambda^2$
   offenbar besitzt dieser quadratische Faktor nur reelle Koeffizienten

2. λ imaginär: $\lambda = j\omega$
   $(\omega - \lambda)(\omega + \lambda) = \omega^2 - \lambda^2 = \omega^2 + \omega^2$

3. λ weder reell noch imaginär:
   dann sind offenbar $\lambda, -\lambda, \bar{\lambda}, -\bar{\lambda}$ Nullstellen von $P(\omega)$ und damit

   $$(\omega - \lambda)(\omega + \lambda)(\omega - \bar{\lambda})(\omega + \bar{\lambda}) = (\omega^2 - \lambda^2)(\omega^2 - \bar{\lambda}^2) = \omega^4 - \omega^2(\lambda^2 + \bar{\lambda}^2) + |\lambda|^4$$

   für $\lambda = \sigma + j\omega$ erhalten wir

   $$\lambda^2 + \bar{\lambda}^2 = \sigma^2 + 2j\sigma\omega - \omega^2 + \sigma^2 - 2j\sigma\omega - \omega^2 = 2\mathrm{Re}^2(\lambda) - 2\mathrm{Im}^2(\lambda)$$

und damit

$$(\omega - \lambda)(\omega + \lambda)(\omega - \bar{\lambda})(\omega + \bar{\lambda}) = \omega^4 - 2\omega^2(\mathrm{Re}^2(\lambda) - \mathrm{Im}^2(\lambda)) + |\lambda|^4$$

$3 \Rightarrow 1$: wenn $P(\lambda) = 0$ dann offenbar $P(-\lambda) = 0$
$3 \Rightarrow 2$ offensichtlich
$2 \Rightarrow 3$: Für $P(\omega)$ gerade definiere $P_1(\omega)$ als dasjenige Polynom, das alle geraden Potenzen von $P(\omega)$ (zusammen mit den zugehörigen Koeffizienten) enthält, dann kann $P(\omega) - P_1(\omega)$ nur ungerade Potenzen enthalten, aber $P(\omega) - P_1(\omega)$ muss gerade sein, damit: $P(\omega) \equiv P_1(\omega)$.
$\square$

Lemma 8.5.2 *Sei $r(\omega)$ eine gerade, rationale, reell-wertige Funktion. Dann kann $r(\omega)$ dargestellt werden als*

$$r(\omega) = c \cdot \frac{p(\omega)}{q(\omega)} , \quad c \in \mathbb{R}$$

wobei $p(\omega)$ und $q(\omega)$ Polynome mit reellen Koeffizienten und führenden Koeffizienten 1 sind, die keinen gemeinsamen nichtkonstanten Faktor besitzen. In einer solchen Darstellung sind $p(\omega)$ und $q(\omega)$ gerade.

Beweis: Wir können annehmen, dass $p(\omega)$ und $q(\omega)$ reelle Koeffizienten besitzen, denn angenommen es gibt eine Darstellung von $r(\omega)$ als:

$$r(\omega) = \frac{p_1(\omega) + jp_2(\omega)}{q_1(\omega) + jq_2(\omega)}$$

wobei $p_i(\omega)$ und $q_i(\omega)$ reelle Koeffizienten besitzen für $i = 1, 2, ..$, dann

$$r(\omega) = \frac{p_1(\omega)q_1(\omega) + p_2(\omega)q_2(\omega) + j(p_2(\omega)q_1(\omega) - p_1(\omega)q_2(\omega))}{q_1^2(\omega) + q_2^2(\omega)}$$

und damit

$$p_2(\omega) \cdot q_1(\omega) - p_1(\omega)q_2(\omega) \equiv 0 \qquad \text{denn} \quad r(\omega) \quad \text{ist reell.}$$

Kürzt man alle gemeinsamen Linearfaktoren, so erhält man eine Darstellung im obigen Sinne $r(\omega) = c \cdot \frac{p(\omega)}{q(\omega)}$.

Als nächstes zeigen wir: $p(\omega)$ und $q(\omega)$ sind beide gerade.
Offenbar gilt: ist $p(\omega)$ oder $q(\omega)$ gerade, dann sind beide gerade (da $r(\omega)$ gerade ist). Nehmen wir nun an, $p(\omega)$ und $q(\omega)$ sind nicht gerade. Wir faktorisieren dann beide Polynome auf folgende Weise:

$$p(\omega) = u(\omega) \cdot v(\omega)$$

$$q(\omega) = w(\omega) \cdot z(\omega)$$

wobei $v(\omega)$ mit jedem Linearfaktor $(\omega - \lambda)$ auch den Faktor $(\omega + \lambda)$ enthält, sofern beide in $p(\omega)$ enthalten sind. Der Faktor $z(\omega)$ ist entsprechend konstruiert. Nach dem vorigen Lemma sind $v(\omega)$ und $z(\omega)$ gerade. Offenbar folgt daraus:

$$r(-\omega) = c\frac{p(-\omega)}{q(-\omega)} = c\frac{u(-\omega)}{w(-\omega)} \cdot \frac{v(\omega)}{z(\omega)} = r(\omega) = c\frac{u(\omega)}{w(\omega)} \cdot \frac{v(\omega)}{z(\omega)}$$

und damit

$$\frac{u(\omega)}{w(\omega)} = \frac{u(-\omega)}{w(-\omega)} \tag{8.1}$$

Wir zerlegen nun $u(\omega)$ und $w(\omega)$ in Linearfaktoren:

$$u(\omega) = (\omega - \lambda_1) \cdot .... \cdot (\omega - \lambda_n)$$

$$w(\omega) = (\omega - \mu_1) \cdot .... \cdot (\omega - \mu_m)$$

wobei

$$\lambda_i \neq -\lambda_j \qquad 1 \leq i \neq j \leq n \tag{8.2}$$

$$\mu_i \neq -\mu_j \qquad 1 \leq i \neq j \leq m$$

und

$$\mu_i \neq \lambda_j \qquad i = 1, ..., m \quad j = 1, ..., n$$

da $u(\omega)$ und $w(\omega)$ keine gemeinsamen Linearfaktoren besitzen. Aber aus 8.1 folgt

$$\frac{(\omega - \lambda_1) \cdot ... \cdot (\omega - \lambda_n)}{(\omega - \mu_1) \cdot ... \cdot (\omega - \mu_m)} = \frac{(-\omega - \lambda_1) \cdot ... \cdot (-\omega - \lambda_n)}{(-\omega - \mu_1) \cdot ... \cdot (-\omega - \mu_m)}$$

$$= \sigma\frac{(\omega + \lambda_1) \cdot ... \cdot (\omega + \lambda_n)}{(\omega + \mu_1) \cdot ... \cdot (\omega + \mu_m)}$$

mit $\sigma = (-1)^{n-m}$. Damit erhalten wir

$$(\omega - \lambda_1) \cdot .... \cdot (\omega - \lambda_n)(\omega + \mu_1) \cdot .... \cdot (\omega + \mu_m)$$
$$= \sigma \cdot (\omega + \lambda_1) \cdot .... \cdot (\omega + \lambda_n)(\omega - \mu_1) \cdot .... \cdot (\omega - \mu_m)$$

aber dies widerspricht der Eindeutigkeit der Zerlegung in Linearfaktoren und 8.2.
□

Lemma 8.5.3   *Sei $g(\omega)$ ein Polynom mit reellen Koeffizienten und führendem Koeffizienten 1 derart, dass*

1. *$g(\omega) \neq 0$ auf $\mathbb{R}$*

2. *$g(\omega)$ gerade*

Dann gibt es ein Polynom $P(s)$ mit reellen Koeffizienten derart, dass

1. *alle Nullstellen von $P(s)$ liegen in der offenen linken Halbebene*

2. *$|P(j\omega)|^2 = g(\omega)$*

Beweis: Da $g(\omega)$ gerade ist, enthält g nur gerade Potenzen. Weiterhin hat $g(\omega)$ wegen 1. nur komplexe Nullstellen, d.h.: wenn λ Nullstelle von $g(\omega)$, dann sind auch $-\lambda$, $\bar{\lambda}$, und $-\bar{\lambda}$ Nullstellen von $g(\omega)$. Dies bedeutet, dass die Nullstellen nicht nur symmetrisch zur reellen, sondern auch zur imaginaren Achse liegen. Seien $\lambda_1, ..., \lambda_n$ die Nullstellen von $g(\omega)$ in der oberen Halbebene der komplexen Ebene, d.h.

$$g(\omega) = (s - \lambda_1) \cdot ... \cdot (s - \lambda_n) \cdot (s - \bar{\lambda}_1) \cdot ... \cdot (s - \bar{\lambda}_n)$$

dann definieren wir:
$$P(s) := (s - j\lambda_1) \cdot ... \cdot (s - j\lambda_n)$$

Wegen $j = e^{j\frac{\pi}{2}}$ liegen die Nullstellen von $P(s)$, nämlich $j \cdot \lambda_i$, $i = 1, ..., n$, alle in der offenen linken Halbebene. Es bleibt zu zeigen, dass $P(s)$ die Eigenschaft 2 erfüllt und dass $P(s)$ relle Koeffizienten besitzt:

$$P(j\omega) = (j\omega - j\lambda_1) \cdot ... \cdot (j\omega - j\lambda_n) = j^n(\omega - \lambda_1) \cdot ... \cdot (\omega - \lambda_n)$$
$$\overline{P(j\omega)} = (-1)^n j^n (\omega - \bar{\lambda}_1) \cdot ... \cdot (\omega - \bar{\lambda}_n)$$

und damit

$$|P(j\omega)|^2 = P(j\omega)\overline{P(j\omega)} = (\omega - \lambda_1) \cdot ... \cdot (\omega - \lambda_n)(\omega - \overline{\lambda_1}) \cdot ... \cdot (\omega - \overline{\lambda_n}) = g(\omega)$$

Wir zeigen nun, dass $P(s)$ reelle Koeffizienten besitzt: sei λ in der oberen Halbebene. Für $\lambda = x + jy$ mit $y > 0$ und $x \neq 0$) erhalten wir: $-\bar{\lambda} = -(x - jy) = -x + jy$ liegen auch in der oberen offenen Halbebene, d.h. $j\lambda = -y + jx$ und $j(-\bar{\lambda}) = j(-x + jy) = -y - jx$

liegen beide in der linken offenen Halbebene und sind zueinander komplex konjugiert. Dann hat offenbar $(s - j\lambda) \cdot (s + j\overline{\lambda})$ reelle Koeffizienten.

Für $\lambda = jy$ rein imaginär gilt $j\lambda = -y < 0$ und der zugehörige Linearfaktor lautet $(s - j\lambda) = (s + y)$.

Damit hat $P(s)$ nur reelle Koeffizienten, da – geometrisch ausgedrückt – $j\lambda_1, ..., j\lambda_n$ symmetrisch zur reellen Achse liegen.

$\square$

Bemerkung Ein Nebeneffekt der obigen Überlegung ist, dass jedes gerade Polynom mit führendem Koeffizienten 1 ohne reelle Nullstellen immer positiv auf $\mathbb{R}$ ist.

Bemerkung Wenn anstelle von $g(\omega) \neq 0$ on $\mathbb{R}$ nur $g(\omega) \geq 0$ auf $\mathbb{R}$ gefordert wird, ist die Konstruktion von $P(s)$ ähnlich. Dies liegt daran, dass jede reelle Nullstelle x_0 eine gerade Vielfachheit besitzen muss.

Satz 8.5.4   *Sei $r(\omega)$ eine reell-wertige rationale Funktion (insbesondere ohne Pole auf der reellen Achse) mit folgenden Eigenschaften:*

1. $r(\omega) \geq 0$ auf $\mathbb{R}$

2. $r(-\omega) = r(\omega)$ (d.h. $r(\omega)$ gerade)

dann gibt es eine rationale Funktion $H(s)$ mit reellen Koeffizienten derart, dass deren Pole in der linken offenen Halbebene und deren Nullstellen in der linken Halbebene liegen und dass gilt

$$r(\omega) = |H(j\omega)|^2$$

Beweis: Nach dem obigen Lemma können wir $r(\omega)$ folgendermaßen darstellen:

$$r(\omega) = c \cdot \frac{p(\omega)}{q(\omega)} \text{ mit } c > 0$$

wobei $p(\omega)$ und $q(\omega)$ beide gerade sind mit führendem Koeffizienten 1 und reellen Koeffizienten und keinen gemeinsamen Linearfaktor besitzen. Da $q(\omega) > 0$ folgt aus 1., dass $p(\omega) \geq 0$ ist.

Nach dem vorigen to Lemma gibt es $P(s)$ und $Q(s)$ mit reellen Koeffizienten und Nullstellen in der linken Halbebene (für $Q(s)$ in der offenen linken Halbebene) derart, dass

$$|P(j\omega)|^2 = p(\omega) , \quad |Q(j\omega)|^2 = q(\omega)$$

d.h. für $H(s) = \sqrt{c} \, \frac{P(s)}{Q(s)}$ gilt:

$$|H(j\omega)|^2 = c \, \frac{|P(j\omega)|^2}{|Q(j\omega)|^2} = c \, \frac{p(\omega)}{q(\omega)} = r(\omega)$$

□

Sei nun ein Zufallsprozess mit Autokorrelationsfunktion $R_R(\tau)$ und spektraler Leistungsdichte $S_R(f) = F\{R_R(\tau)\}$ gegeben. Ist $S_R(f)$ rational, dann gibt es nach dem vorigen Satz eine rationale Funktion $H(s)$ mit Polen in der offenen linken Halbebene, so dass

$$|H(j2\pi f)|^2 = S_R(f)$$

denn wir haben oben gesehen: $S_R(f)$ ist gerade und nicht-negativ. Ist darüberhinaus der Zählergrad von $S_R(f)$ kleiner als der Nennergrad, so gilt dies auch für $H(s)$ und wir können $H(s)$ als Übertragungsfunktion eines stabilen LTI-Systems ansehen.

$$G_F(s) = H(s)$$

Ein solcheSystem heißt Formfilter für die spektraler Leistungsdichte $S_R(f)$.

Beispiel 8.5.5   Sei die spektrale Leistungsdichte

$$S_R(f) = \frac{1 + (2\pi f)^2}{(2\pi f)^4 + 2(2\pi f)^2 + 2}$$

gegeben, dann

$$S_R(f) = \frac{1 + \omega^2}{\omega^4 + 2\omega^2 + 2} = \frac{p(\omega)}{q(\omega)}$$

dann sind $j, -j$ die Nullstellen von $p(\omega)$. Für das Zählerpolynom des Formfilters bekommt man dann $P(s) = s - j \cdot j = s + 1$.

Für die Nullstellen von $q(\omega)$ setzt man $\omega^2 = z$ und löst die quadratische Gleichung

$$z^2 + 2z + 2 = 0$$

durch

$$z_{1,2} = -1 \pm \sqrt{1 - 2} = -1 \pm j = 2^{\frac{1}{2}} e^{\pm j \frac{3}{4}\pi}$$

Aus $z_1 = 2^{\frac{1}{2}} e^{j\frac{3}{4}\pi}$ erhält man $\lambda_1 = 2^{\frac{1}{4}} e^{j\frac{3}{8}\pi}$ als eine Nullstelle von $q(\omega)$. Die weiteren Nullstellen lauten: $\bar{\lambda}_1, -\lambda_1, -\bar{\lambda}_1$. In der oberen Halbebene liegen die Nullstellen $\lambda_1, -\bar{\lambda}_1$. Damit erhält man für das Nennerpolynom des Formfilters:

$$
\begin{aligned}
Q(s) &= (s - j\lambda_1)(s + j\bar{\lambda}_1) = s^2 - s(j\lambda_1 - j\bar{\lambda}_1) - j^2|\lambda_1|^2 \\
&= s^2 - sj(2j\operatorname{Im}(\lambda_1)) + |\lambda_1|^2
\end{aligned}
$$

Wegen $\lambda_1 = 2^{\frac{1}{4}}(\cos(\frac{3}{8}\pi) + j\sin(\frac{3}{8}\pi))$ bekommen wir:

$$Q(s) = s^2 + 2 \cdot 2^{\frac{1}{4}} \sin(\frac{3}{8}\pi)s + 2^{\frac{1}{2}}$$

insgesamt also

$$G_F(s) = \frac{P(s)}{Q(s)} = \frac{s + 1}{s^2 + 2 \cdot 2^{\frac{1}{4}} \sin(\frac{3}{8}\pi)s + 2^{\frac{1}{2}}}$$

8.6 Optimale Suchfilter

Aufgabenstellung: *Das Eintreffen eines impulsförmigen (nichtperiodischen) Signals auf einem „gestörten Kanal" soll mit möglichst großer Sicherheit erkannt werden.*
Optimale Suchfilter werden eingesetzt, wenn es nicht auf die Wiederherstellung des empfangenen Impulses ankommt, sondern nur darauf, zu entscheiden, ob und wann der Impuls eingetroffen ist. Eine Anwendung ist die Laufzeitbestimmung von Radarsignalen .

Es wird vorausgesetzt, dass ein bekannter Impuls $x(t)$ durch einen mittelwertfreien Störprozess N_t überlagert wird. Sei $n(t)$ eine Realisierung von N_t. Dann hat das empfangene Signal die Form: $x(t) + n(t)$. Die Autokorrelationsfunktion $R_N(\tau)$ des Störprozesses sei bekannt. Ferner soll $x(t)$ von endlicher Energie sein, d.h. $\eta_x = \int_\infty^\infty x^2(t)\, dt < \infty$. Häufig verlangt man noch, dass $x(t)$ ein Impuls endlicher Dauer ist (s. Lösung bei Weißem Rauschen).

Wir präzisieren nun die obige Aufgabe:
Man entwerfe ein Filter, das das zu $x(t)$ gehörige Ausgangssignal $y(t)$ maximal aus der zur Eingangsstörung $n(t)$ gehörigen Ausgangsstörung $\tilde{n}(t)$ „heraushebt", genauer: $|y(t_0)|^2$ soll besonders groß gegenüber der mittleren Leistung $E[\tilde{N}_t^2]$ sein, wobei $y(t_0)$ der Maximalwert von $y(t)$ ist, noch genauer: es soll der Quotient

$$Q = \frac{|y(t_0)|^2}{E[\tilde{N}^2]}$$

maximiert werden, wobei das Maximum über alle Übertragungsfunktionen zu nehmen ist.

Wir betrachten zunächst die

8.6.1 Lösung bei weißem Rauschen

Sei N_t ein mittelwertfreier weißer Rauschprozess, d.h.

$$R_N(\tau) = c \cdot \delta_0 \text{ mit } c > 0$$

Somit bekommt man für die Spektrale Leistungsdichte des Ausgangsprozesses $\tilde{N}(t)$:

$$S_{\tilde{N}}(f) = |H(f)|^2 \underbrace{S_N(f)}_{c} = c|G(j2\pi f)|^2$$

Dabei ist $G(s)$ die Übertragungsfunktion des gesuchten optimalen Suchfilters. Für die mittlere Leistung von $\tilde{N}(t)$ gilt dann:

$$\lambda_{\tilde{N}} = E[\tilde{N}^2] = \int_{-\infty}^{\infty} S_{\tilde{N}}(f)\, df = c \int_{-\infty}^{\infty} |G(j2\pi f)|^2\, df$$

Ferner gilt für das Spektrum des Ausgangssignals $y(t)$:

$$Y(f) = G(j2\pi f)\, X(f)$$

und damit wegen der absoluten Integrierbarkeit von $Y(f)$:

$$y(t_0) = \int_{-\infty}^{\infty} Y(f)e^{j2\pi f t_0} \, df \ = \ \int_{-\infty}^{\infty} G(j2\pi f) \, X(f)e^{j2\pi f t_0} \, df$$

Schließlich bekommen wir mit der Parsevalschen Gleichung :

$$\eta_x = \int_{-\infty}^{\infty} |x(t)|^2 \, dt = \int_{-\infty}^{\infty} |X(f)|^2 \, df$$

Damit erhalten wir, indem wir Q mit der nicht von $G(s)$ abhängigen Konstanten $\frac{c}{\eta_x}$ multiplizieren:

$$\frac{Q \cdot c}{\eta_x} \ = \ \frac{c \cdot |y(t_0)|^2}{\eta_x \cdot E[\tilde{N}^2]} \ = \ \frac{c \cdot |\int_{-\infty}^{\infty} G(j2\pi f) \, X(f)e^{j2\pi f \ t_0} \, df|^2}{\int_{-\infty}^{\infty} |X(f)|^2 \, df \cdot c \cdot \int_{-\infty}^{\infty} |G(j2\pi f)|^2 \, df} \ \leq 1$$

Hier haben wir die Cauchy-Schwarzsche Ungleichung verwendet:

$$|\int_{-\infty}^{\infty} U(f) \, \bar{V}(f) \, df|^2 \ \leq \ \int_{-\infty}^{\infty} |U(f)|^2 \, df \cdot \int_{-\infty}^{\infty} |V(f)|^2 \, df$$

wobei das Gleichheitszeichen genau dann gilt, wenn $U(f)$ ein Vielfaches von $V(f)$ ist, d.h. $U(f) = K \, V(f)$, in unserem Fall: $U(f) = G(j2\pi f)$ und $V(f) = \bar{X}(f) \cdot e^{-j2\pi f t_0}$. Die Größe $\frac{Q \cdot c}{\eta_x}$ nimmt den maximalen Wert 1 an, wenn

$$G(j2\pi f) = K \cdot \bar{X}(f) \cdot e^{-j2\pi f t_0} \tag{8.3}$$

gilt. Wir bekommen dann:

$$\max \ \frac{|y(t_0)|^2}{E[\tilde{N}^2]} \ = \ \frac{\eta_x}{c}$$

sofern die Übertragungsfunktion gemäß 8.3 gewählt wird. Dies ist der „maximal erreichbare *Signal zu Rauschabstand*"

Wir bestimmen nun die Impulsantwort des optimalen Suchfilters: wir haben früher gesehen: $\mathcal{F}\{x(-t)\} = \bar{X}(f)$ und nach dem (Zeit-) Verschiebungssatz:

$$\mathcal{F}\{x(-(t - t_0))\} = \bar{X}(f) \ e^{-j2\pi f t_0} = \frac{1}{K} \ G(j2\pi f)$$

und damit

$$g(t) = K \ x(-(t - t_0)) = K \ x(t_0 - t)$$

d.h. die Impulsantwort des optimalen Suchfilters zu gegebenen $x(t)$ erhält man, indem $x(t)$ gespiegelt und um t_0 verschoben wird.

In unserer bisherigen Konstruktion des Optimalen Suchfilters taucht noch die unbekannte Größe t_0 auf, die ja erst mit Hilfe des Suchfilters bestimmt werden soll. Dies Problem wird durch den folgenden Satz behoben, denn dort zeigt sich, dass $G(j2\pi f)$ und $g(t)$ ohne Kenntnis von t_0 konstruiert werden können.

Satz 8.6.1   *Sei $x_0(t) = 0$ für $t \notin [0,T]$ und sei $g(t) = K \, x_0(T-t)$, dann $g(t) = 0$ für $t \notin [0,T]$. Mit $t_1 > 0$ sei weiterhin $x(t) = x_0(t-t_1)$ und sei $y(t) = x(t) * g(t)$*
dann gilt:

1. $\max_{t \in \mathbb{R}} |y(t)| = y(t_0)$ *mit* $t_0 = t_1 + T$
2. $g(t) = K \, x(t_0 - t)$
3. $y(t_0) = K \, \eta_x$
4. $G(j2\pi f) = K \cdot \bar{X}(f) \, e^{-j2\pi f t_0} = K \cdot \bar{X}_0(f) \, e^{-j2\pi f T}$

Beweis: Es gilt:

$$
\begin{aligned}
y(t) &= x(t) * g(t) = \int_0^t x(\tau) \, g(t-\tau) \, d\tau \\
&= K \int_0^t x(\tau) x_0(T-(t-\tau)) d\tau = K \int_{-\infty}^{\infty} x(\tau) \, x_0(T-(t-\tau)) \, d\tau \\
&= K \int_0^t x(\tau) x_0(\tau - t_1 + t_1 + T - t) d\tau = K \int_0^t x(\tau) x(\tau + t_1 + T - t) d\tau \\
&= K \int_{-\infty}^{\infty} x(\tau) x(\tau + t_1 + T - t) d\tau \\
&= K \, r_x(t_1 + T - t)
\end{aligned}
$$

und daher

$$
|y(t)| = K|r_x(t_1 + T - t)| \leq K \overbrace{r_x(0)}^{\eta_x} = y(t_1 + T) = y(t_0)
$$

und damit 1. und 3. Ferner gilt:

$$
K \, x(t_0 - t) = K \, x(t_1 + T - t) = K \, x_0(T - t) = g(t)
$$

also 2. Zu 4: wegen $x(t) = x_0(t - t_1)$ gilt nach dem Verschiebungssatz:

$$
X(f) = X_0(f) \, e^{-j2\pi f t_1} \text{ also } \bar{X}(f) = \bar{X}_0(f) \, e^{j2\pi f t_1}
$$

und daher

$$
\begin{aligned}
\bar{X}(f) \, e^{-j2\pi f t_0} &= \bar{X}_0(f) \, e^{j2\pi f t_1} \cdot e^{-j2\pi f t_0} \\
&= \bar{X}_0(f) \, e^{j2\pi f t_1} \cdot e^{-j2\pi f t_1} \cdot e^{-j2\pi f T} = \bar{X}_0(f) \, e^{j2\pi f T}
\end{aligned}
$$

$\square$

Sei nun normalverteiltes weißes Rauschen mit Mittelwert Null gegeben, $R_N(\tau) = c \, \delta_0$ mithin $S_N(f) = c$. Dann ist das Ausgangsrauschen $\tilde{N}_t$ ebenfalls normalverteilt mit Mittelwert Null und wir erhalten für das Optimale Suchfilter:

$$
\sigma^2 = \lambda_{\tilde{N}} = E[\tilde{N}^2] = |y(t_0)|^2 \cdot \frac{c}{\eta_x} = K^2 \, \eta_x^2 \cdot \frac{c}{\eta_x} = c \cdot \eta_x \cdot K^2
$$

Wir wollen die Ankunft des Impulses $x(t)$ mit einer Wahrscheinlichkeit von wenigstens $1-\alpha$ feststellen. Da $\tilde{N}(t)$ normal-verteilt ist, erhalten wir (F_{01} bezeichne die Verteilungsfunktion der Standardnormalverteilung):

$$
\begin{aligned}
P(-r\sigma \leq \tilde{N}_t \leq r\sigma) &= F_{01}(\frac{r\sigma - 0}{\sigma}) - F_{01}(\frac{-r\sigma - 0}{\sigma}) \\
&= F_{01}(r) - F_{01}(-r) = 2F_{01}(r) - 1 = 1 - \alpha
\end{aligned}
$$

also $F_{01}(r) = 1 - \frac{\alpha}{2}$. Wenn wir $y(t_0) > 2r\sigma$ verlangen, dann gilt mit Wahrscheinlichkeit $1 - \alpha$: $\tilde{n}(t_0) + y(t_0) > r\sigma$. Aber aus $y(t_0) > 2r\sigma$ erhalten wir:

$$
\eta_x \cdot K = y(t_0) > 2r\sigma = 2r \, K \, \sqrt{\eta_x \cdot c}
$$

d.h. $\sqrt{\eta_x} > 2\,r\,\sqrt{c}$ also

$$
\frac{\eta_x}{c} > 4\,r^2
$$

Dies bedeutet, dass der Signal-zu-Rausch-Abstand größer als $4r^2$ sein muss, wobei für gegebenes α der Wert r aus einer Tabelle für die Normalverteilung entnommen werden kann.

Beispiel 8.6.2   (vergl. [16])

Sei $R_N(\tau) = c\,\delta(\tau)$, dann $S_N(f) = c$ und sei $x_0(t)$ ein Rechteckimpuls der Höhe A auf $[0, T]$. Für die Sprungantwort erhalten wir dann:

$$
y_\varepsilon(t) = \int_0^t g(\tau)\,d\tau
$$

Offenbar gilt:

$$
x_0(t) = A \cdot \varepsilon(t) - A \cdot \varepsilon(t - T)
$$

und für die Systemantwort auf $x_0(t)$ bekommt man:

$$
y_0(t) = A \cdot y_\varepsilon(t) - A \cdot y_\varepsilon(t - T)
$$

Wir hatten oben festgelegt:

$$
x(t) = x_0(t - t_1)
$$

Linearität und Zeitinvarianz liefern dann

$$
y(t) = y_0(t - t_1)
$$

und wie oben gesehen:

$$
y(t_0) = y(t_1 + T) = y_0(t_1 + T - t_1) = y_0(T) = K\eta_x
$$

Für die mittlere Leistung des Störsignals am Systemausgang des optimalen Suchfilters bekommen wir

$$
E[\tilde{N}^2] = |y(t_0)|^2 \, \frac{c}{\eta_x} \quad \text{mit } \eta_x = \int_{-\infty}^{\infty} x^2(t)\,dt = A^2\,T
$$

also

$$E[\tilde{N}^2] = K^2 A^2 T \cdot c$$

Ist $\tilde{N}_t$ normalverteilt und mittelwertfrei, so gilt

$$\sigma^2 = E[\tilde{N}^2] = c K^2 A^2 T$$

und wir erhalten:

$$
\begin{aligned}
P(-3\sigma \leq \tilde{N}(t) \leq 3\sigma) &= F_{01}(\frac{3\sigma - 0}{\sigma}) - F_{01}(\frac{-3\sigma - 0}{\sigma}) \\
&= F_{01}(3) - F_{01}(-3) = 2F_{01}(3) - 1 = 0,997
\end{aligned}
$$

Das Eintreffen des Impulses $x(t)$ soll mit Wahrscheinlichkeit von mindestens 0,997 erkannt werden. Fordert man $y(t_0) > 6\sigma$ so ist mit Wahrscheinlichkeit $0,997 : \tilde{n}(t_0) + y(t_0) > 3\sigma$. Aus $y(t_0) > 6\sigma$ erhält man schließlich

$$y(t_0) = K A^2 T > 6\sigma = 6\sqrt{c A^2 K^2 T}$$

und damit

$$\frac{K A^2 T}{A K \sqrt{T}} > 6\sqrt{c} \Rightarrow A^2 T = \eta_x > 36c$$

bzw. $\frac{\eta_x}{c} > 36$, d.h. die Energie $A^2 T$ des Eingangssignals muss mindestens den Wert $36c$ haben.

Beispiel 8.6.3 (vergl. [16]) Wir wollen nun untersuchen, welche Veränderung eintritt, wenn anstelle eines optimalen Suchfilters ein RC-Glied (Tiefpass) verwendet wird. Hier $G(s) = \frac{1}{T_0 s + 1}$, also $g(t) = \frac{1}{T_0} e^{-\frac{t}{T_0}}$, und $y_\varepsilon(t) = 1 - e^{-\frac{t}{T_0}}$, damit

$$
y_0(t) = A y_\varepsilon(t) - A y_\varepsilon(t - T) = \begin{cases} A (1 - e^{-\frac{t}{T_0}}) \text{ für } 0 \leq t < T \\ A (1 - e^{-\frac{T}{T_0}}) e^{-\frac{t-T}{T_0}} \text{ für } t \geq T \end{cases}
$$

Wegen

$$S_{\tilde{N}}(f) = S_N(f) |G(j2\pi f)|^2$$

erhalten wir mit $R_N(\tau) = c\delta_0$, also $S_N(f) = c$:

$$S_{\tilde{N}}(f) = \frac{1}{2 T_0} \frac{c\frac{2}{T_0}}{\frac{1}{T_0^2} + (2\pi f)^2}$$

und schließlich $R_{\tilde{N}}(\tau) = \frac{c}{2T_0} e^{-\frac{|\tau|}{T_0}}$. Für die „Störleistung" erhalten wir:

$$E[\tilde{N}^2] = R_{\tilde{N}}(0) = \frac{c}{2T_0} = \frac{c}{2RC}$$

und für den Maximalwert des Ausgangssignals:

$$y(t_0) = y_0(T) = A \left(1 - e^{-\frac{T}{T_0}}\right)$$

Damit ergibt sich ein „Signal-zu-Rauschabstand"

$$Q_{RC} = \frac{y_0^2(T)}{E[\tilde{N}^2]} = RC \, A^2 (1 - e^{-\frac{T}{RC}})^2 \, \frac{2}{c}$$

im Vergleich zu: $Q_{opt} = \frac{\eta_x}{c} = \frac{A^2 \, T}{c}$. Somit

$$\frac{Q_{RC}}{Q_{opt}} = \frac{2 \, RC}{T} \, (1 - e^{-\frac{T}{RC}})^2 = \frac{2 \, T_0}{T} \, (1 - e^{-\frac{T}{T_0}})^2 = u(T_0)$$

Das RC-Glied kann man nun so dimensionieren, dass dieser Quotient (d.h. $u(T_0)$) einen maximalen Wert annimmt. Hierbei betrachten wir $T_0 = RC$ als Variable:

$$u'(T_0) = \frac{2}{T} \, (1 - e^{-\frac{T}{T_0}})^2 + \frac{2 \, T_0}{T} \cdot 2(1 - e^{-\frac{T}{T_0}}) \cdot (-e^{-\frac{T}{T_0}}) \cdot T \cdot T_0^{-2} = 0$$

$$\text{d.h. } (1 - e^{-\frac{T}{T_0}}) + \cdot \frac{T}{T_0} \, (-e^{-\frac{T}{T_0}}) = 0$$

Setzt man $\alpha := \frac{T}{T_0}$, dann bekommt man:

$$v(\alpha) := 1 - e^{-\alpha} - 2 \, \alpha \cdot e^{-\alpha} = 0$$

Innerhalb des Intervalls $(1, 2)$ liegt ein Vorzeichenwechsel von $v(\alpha)$ vor, denn:

$$v(1) = 1 - \frac{3}{e} < 0, \quad v(2) = 1 - \frac{5}{e^2} > 0$$

und es gilt:

$$v\left(\frac{5}{4}\right) = 1 - \frac{3,5}{e^{\frac{5}{4}}} \approx 0, \text{ d.h. } \frac{T}{RC} \approx \frac{5}{4}$$

Wir erhalten dann für $\frac{T}{RC} = \frac{5}{4}$:

$$\frac{Q_{RC}}{Q_{opt}} = 2 \cdot \frac{4}{5} \, (1 - e^{-\frac{5}{4}})^2 = 0,8145$$

Man rechnet leicht nach, dass hier ein (lokales) Maximum von $u(T_0)$ vorliegt.

8.6.2 Lösung im allgemeinen Fall

Im vorigen Abschnitt haben wir vorausgesetzt, dass das den Impuls überlagernde Störsignal weißes Rauschen war. Wir suchen nun ein optimales Suchfilter, an dessen Eingang ein Signal $x(t) + r(t)$ anliegt. Dabei soll $r(t)$ eine Realisierung eines mittelwertfreien, schwach stationäres Zufallsprozesses R_t mit beliebiger aber bekannter Autokorrelationsfunktion

$R_R(\tau)$ sein. Zur Lösung des Problems bestimmt wir zunächst ein Formfilter mit Übertragungsfunktion $G_F(s)$, das die gegebene spektrale Leistungsdichte $S_R(f) = \mathcal{F}\{R_R(\tau)\}$ des Rauschprozesses R_t aus weißem Rauschen N_t mit $S_N(f) = c$ erzeugt:

$$S_R(f) = c\,|G_F(j2\pi f)|^2$$

Hierbei setzen wir voraus, dass $S_R(f)$ rational ist. Dieses Formfilter denken wir uns vor das (noch zu bestimmende) optimale Suchfilter geschaltet. Das Gesamtsystem hat dann die Übertragungsfunktion:

$$G_{ges}(s) = G_F(s)\cdot G(s)$$

Am Eingang des Gesamtsystems liegt ein Störsignal $n(t)$ mit konstanter Leistungsdichte (weißes Rauschen). Der Impuls $\tilde{x}(t)$ am Eingang des Gesamtsystems muss eine Form aufweisen, die durch das Formfilter zu $x(t)$ verändert wird:

$$X(f) = G_F(j2\pi f)\,\tilde{X}(f)$$

d.h.

$$\tilde{X}(f) = \frac{X(f)}{G_F(j2\pi f)} \quad \text{und} \quad \tilde{x}(t) = \mathcal{F}^{-1}\left\{\tilde{X}(f)\right\}$$

Hierbei ist zu beachten, dass $\tilde{X}(f)$ von endlicher Energie sein muss. Zu gegebenem $S_R(f)$ lässt sich eine Impulsform $x(t)$ finden, dass dies gewährleistet ist. Für die optimale Übertragungsfunktion des Gesamtsystems bekommen wir dann (s. Lösung für Weißes Rauschen):

$$
\begin{aligned}
G_{ges}(j2\pi f) &= K\overline{\tilde{X}}(f)\,e^{-j2\pi f t_0} \\[2mm]
&= K\frac{\overline{X}(f)}{\overline{G_F(j2\pi f)}}\,e^{-j2\pi f t_0}
\end{aligned}
$$

und damit

$$
\begin{aligned}
G(j2\pi f) &= \frac{G_{ges}(j2\pi f)}{G_F(j2\pi f)} = K\,\frac{\overline{X}(f)}{|G_F(j2\pi f)|^2}\,e^{-j2\pi f t_0} \\[2mm]
&= K\cdot c\frac{\overline{X}(f)}{S_R(f)}\cdot e^{-j2\pi f t_0}
\end{aligned}
$$

Der erreichbare Signal-Rauschabstand lautet dann:

$$\tilde{Q}_{opt} = \frac{|y(t_0)|^2}{E[\tilde{R}^2]} = \frac{\eta_{\tilde{x}}}{c}$$

Beispiel 8.6.4 Der unverschobene Impuls laute

$$
x_0(t) = \begin{cases}
0 & t < 0 \\
A(1 - e^{-t}) & 0 \le t \le T \\
A(1 - e^{-T})\,e^{-(t-T)} & t > T
\end{cases}
$$

Sei ferner die Autokorrelationsfunktion des Rauschsignals R_t gegeben durch $R_R(t) = \frac{1}{2} e^{-|t|}$. Dann lautet die Spektrale Leistungsdichte des Rauschsignals:

$$S_R(f) = \mathcal{F}\{R_R(t)\} = \frac{1}{1 + (2\pi f)^2}$$

Zur Konstruktion der Übertragungsfunktion benötigen wir:

$$
\begin{aligned}
X_0(f) &= \mathcal{F}\{x_0(t)\} = \int_{-\infty}^{\infty} x_0(t) e^{-j2\pi ft}\ dt \\[2mm]
&= A \int_0^T (1 - e^{-t})\, e^{-j2\pi ft}\ dt + A(1 - e^{-T})\, e^T \int_T^{\infty} e^{-t}\, e^{-j2\pi ft}\ dt \\[2mm]
&= A \left[\frac{e^{-j2\pi ft}}{-j2\pi f} - \frac{e^{-t(1+j2\pi f)}}{-(1+j2\pi f)} \right]_0^T + A(e^T - 1) \left[\frac{e^{-t(1+j2\pi f)}}{-(1+j2\pi f)} \right]_T^{\infty} \\[2mm]
&= A\frac{1 - e^{-j2\pi fT}}{j2\pi f} + A\frac{e^{-T(1+j2\pi f)} - 1}{1 + j2\pi f} + A(e^T - 1)\frac{e^{-T(1+j2\pi f)}}{1 + j2\pi f} \\[2mm]
&= A\left(\frac{1 - e^{-j2\pi fT}}{j\ 2\pi f} + \frac{e^{-T} \cdot e^{-j2\pi fT} - 1}{1 + j\ 2\pi f} + (1 - e^{-T})\frac{e^{-j2\pi fT}}{1 + j\ 2\pi f} \right)
\end{aligned}
$$

Also

$$
\begin{aligned}
X_0(f) &= A(\frac{1 - e^{-j2\pi fT}}{j\ 2\pi f} + \frac{e^{-T}\, e^{-j2\pi fT}}{1 + j\ 2\pi f} - \frac{1}{1 + j\ 2\pi f} \\[2mm]
&\quad + \frac{e^{-j2\pi fT}}{1 + j2\pi f} - \frac{e^{-T} e^{-j2\pi fT}}{1 + j2\pi f}) \\[2mm]
&= A(\frac{1 - e^{-j2\pi fT}}{j\ 2\pi f} - \frac{1 - e^{-j2\pi fT}}{1 + j2\pi f}) \\[2mm]
&= A(1 - e^{-j2\pi fT})(\frac{1}{j\ 2\pi f} - \frac{1}{1 + j\ 2\pi f})
\end{aligned}
$$

und damit:

$$
\begin{aligned}
\overline{X_0}(f) &= A\ (1 - e^{j2\pi fT}) \left(-\frac{1}{j\ 2\pi f} - \frac{1}{1 - j\ 2\pi f} \right) \\[2mm]
&= A\ (e^{j2\pi fT} - 1) \left(\frac{1}{j\ 2\pi f} + \frac{1}{1 - j\ 2\pi f} \right)
\end{aligned}
$$

Ferner gilt wegen:

$$S_R(\omega) = \frac{1}{1 + \omega^2} = \frac{1}{(\omega - j)(\omega + j)}$$

für die Übertragungsfunktion des Formfilters : $G_F(s) = \frac{1}{s+1}$, d.h. $G_F(j\omega) = \frac{1}{1+j\omega}$, somit

$$|G_F(j\omega)|^2 = \frac{1}{1 + \omega^2} = S_R(\omega)$$

Zum Eingangssignal $\tilde{x}_0(t)$ des Formfilters gehört das Ausgangssignal $x_0(t)$, also

$$X_0(f) = G_F(j\, 2\pi f)\ \tilde{X}_0(f)$$

d.h.

$$
\begin{aligned}
\tilde{X}_0(f) &= \frac{X_0(f)}{G_F(j\, 2\pi f)} = X_0(f) \cdot (1 + j\, 2\pi f) \\
&= A\,(1 - e^{-j\, 2\pi fT})\ \left(\frac{1 + j\, 2\pi f}{j\, 2\pi f} - 1\right) \\
&= A\,(1 - e^{-j\, 2\pi fT}) \cdot \frac{1}{j\, 2\pi f}
\end{aligned}
$$

Damit $\tilde{x}_0(t) = A\,(\varepsilon(t) - \varepsilon(t - T))$ und

$$\eta_{\tilde{x}} = \int_{-\infty}^{\infty} |\tilde{x}_0(t)|^2\, dt = A^2 \int_0^T dt = A^2 \cdot T$$

d.h. $\tilde{x}_0(t)$ ist von endlicher Energie und damit die Konstruktion gerechtfertigt.
Für den Frequenzgang des optimalen Suchfilters erhalten wir dann (s. Satz 8.6.1)), man beachte: T Dauer von $\tilde{x}_0(t)$:

$$
\begin{aligned}
G(j\, 2\pi f) &= K \cdot c\, \frac{\overline{X_0(f)}}{S_R(f)} \cdot e^{-j2\pi fT} \\
&= A\,K\,c\left(e^{j2\pi fT} - 1\right) \left(\frac{1}{j\, 2\pi f} + \frac{1}{1 - j\, 2\pi f}\right) \left(1 + (2\pi f)^2\right)\, e^{-j2\pi fT}
\end{aligned}
$$

und damit

$$G(j\, 2\pi f) = A\,K \cdot c\,(1 - e^{-j2\pi fT}) \left(\frac{1 + (2\pi f)^2}{j\, 2\pi f} + 1 + j\, 2\pi f\right)$$

Nun gilt:

$$
\begin{aligned}
\frac{(1 + j\, 2\pi f)(1 - j\, 2\pi f)}{j\, 2\pi f} + (1 + j\, 2\pi f) &= (1 + j\, 2\pi f)\left(\frac{1 - j\, 2\pi f}{j\, 2\pi f} + 1\right) \\
= (1 + j\, 2\pi f)\,\frac{1 - j\, 2\pi f + j\, 2\pi f}{j\, 2\pi f} &= \frac{1 + j\, 2\pi f}{j\, 2\pi f} = \frac{1}{j\, 2\pi f} + 1
\end{aligned}
$$

Also

$$
\begin{aligned}
G(j\, 2\pi f) &= A\,K\,c\left(\left(\frac{1}{j\, 2\pi f} + 1\right)(1 - e^{-j\, 2\pi fT})\right) \\
&= A\,K\,c\left(\frac{1 - e^{-j\, 2\pi fT}}{j\, 2\pi f} + 1 - e^{-j\, 2\pi fT}\right)
\end{aligned}
$$

Für die Impulsantwort erhält man schließlich

$$g(t) = A\,K\,c\,(\varepsilon(t) - \varepsilon(t - T) + \delta_0 - \delta_T)$$

8.6.2.1 Realisierung eines optimalen Suchfilters

Nach dem Verschiebungssatz gilt für $y(t) := x(t - t_0)$

$$\mathcal{L}\{y(t)\} = \mathcal{L}\{x(t - t_0)\} = e^{-s t_0} \mathcal{L}\{x(t)\} = Y(s)$$

Die Übertragungsfunktion eines Totzeitgliedes lautet somit $e^{-s t_0}$. Sei nun der unverschobene Impuls $x_0(t)$ als Polygonzug gegeben.

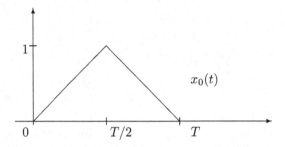

Dann lautet die 2. schwache Ableitung der Impulsantwort $g(t) = K x_0(T - t) = K x_0(t)$ des optimalen Suchfilters:

$$D^2 g = K \frac{2}{T} \left(\delta_0 - 2\delta_{\frac{T}{2}} + \delta_T \right)$$

also

$$\mathcal{F}\{D^2 g\} = K \frac{2}{T} \left(1 - 2e^{j\,2\pi f \frac{T}{2}} + e^{-j\,2\pi f T} \right)$$

und damit

$$\mathcal{F}\{g\} = K \frac{2}{T} \frac{1}{(j\,2\pi f)^2} \left(1 - 2e^{j\,2\pi f \frac{T}{2}} + e^{-j\,2\pi f T} \right) = G(j\,2\pi f)$$

Es folgt

$$G(s) = K \frac{2}{T} \frac{1}{s^2} \left(1 - 2\,e^{-s\frac{T}{2}} + e^{-sT} \right)$$

mit dem entsprechenden Blockdiagramm

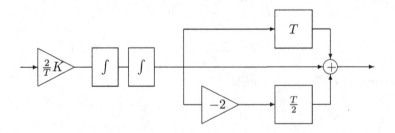

8.7 Kreuz-Korrelation und Kreuz-Leistungsdichtespektrum

Als Vorbereitung betrachten wir zunächst die Situation für deterministische Signale

8.7.0.2 Der deterministische Fall

Definition 8.7.1 *Seien die Funktionen $x(t)$ und $y(t)$ absolut integrierbar und von endlicher Energie. Dann bezeichnet man die Funktion*

$$r_{xy}(t) := \int_{-\infty}^{\infty} x(\tau)y(\tau + t)d\tau$$

als Kreuzkorrelation von $x(t)$ und $y(t)$. Der Begriff der Kreuzkorrelation ist eng mit dem der Faltung verwandt, wie die folgende Betrachtung zeigt: Sei $v(\sigma) := y(-\sigma)$, dann bekommt man:

$$r_{xy}(-t) := \int_{-\infty}^{\infty} x(\tau)y(\tau - t)d\tau = \int_{-\infty}^{\infty} x(\tau)v(t - \tau)d\tau = x(t) * v(t)$$

Für das zugehörige Spektrum bekommen wir mit dem Faltungssatz:

$$\mathcal{F}\{r_{xy}(-t)\} = \mathcal{F}\{x(t) * v(t)\} = X(f) \cdot V(f) = X(f) \cdot \overline{Y(f)}$$

und damit

$$s_{xy}(f) = \mathcal{F}\{r_{xy}(t)\} = \overline{X(f)} \cdot Y(f)$$

Der obige Spektralausdruck wird als *Kreuzenergiespektrum* bezeichnet. Offenbar bekommt man durch Vertauschung der Reihenfolge von x und y:

$$s_{yx}(f) = \overline{s_{xy}(f)}$$

Von besonderem Interesse für systemtheoretische Untersuchungen ist die Kreuzkorrelation zwischen Eingangssignal und Ausgangssignal eines zeitunabhängigen linearen Systems. Letzteres bekommt man durch Faltung des Eingangssignals mit der Impulsantwort $y(t) = h(t) * x(t)$ und daher:

$$
\begin{aligned}
r_{xy}(t) &= \int_{-\infty}^{\infty} x(\tau)y(\tau + t)d\tau \\
&= \int_{-\infty}^{\infty} x(\tau)\left(\int_{-\infty}^{\infty} h(\sigma)x(\tau + t - \sigma)d\sigma\right)d\tau \\
&= \int_{-\infty}^{\infty} h(\sigma)\left(\int_{-\infty}^{\infty} x(\tau)x(\tau + t - \sigma)d\tau\right)d\sigma \\
&= \int_{-\infty}^{\infty} h(\sigma)r_x(t - \sigma)d\sigma = h(t) * r_x(t)
\end{aligned}
$$

und damit für die zugehörigen Spektren nach dem Faltungssatz:

$$s_{xy}(f) = H(f) \cdot s_x(f) = H(f) \cdot |X(f)|^2$$

Genauso erhält man für die Autokorrelation des Ausgangssignals:

$$
\begin{aligned}
r_y(t) &= \int_{-\infty}^{\infty} y(\tau)y(\tau + t)d\tau \\
&= \int_{-\infty}^{\infty} y(\tau) \left(\int_{-\infty}^{\infty} h(\sigma)x(\tau + t - \sigma)d\sigma \right) d\tau \\
&= \int_{-\infty}^{\infty} h(\sigma) \left(\int_{-\infty}^{\infty} y(\tau)x(\tau + t - \sigma)d\tau \right) d\sigma \\
&= \int_{-\infty}^{\infty} h(\sigma)r_{yx}(t - \sigma)d\sigma = h(t) * r_{yx}(t)
\end{aligned}
$$

8.7.0.3 Der stochastische Fall

Definition 8.7.2   *Es seien X_t und Y_t zwei (i.a. instationäre) stochastische Prozesse über demselben Ereignisraum, dann definieren wir: die Kreuzkorrelation:*

$$R_{XY}(t, t + \tau) = E[X_t \ Y_{t+\tau}]$$

und die Kreuzkovarianz

$$C_{XY}(t, t + \tau) = E[(X_t - \mu_X(t))(Y_{t+\tau} - \mu_Y(t + \tau))]$$

Wir erhalten wiederum:

$$C_{XY}(t, t + \tau) = R_{XY}(t, t + \tau) - \mu_X(t)\mu_Y(t + \tau)$$

Wir nennen die stochastischen Prozesse X_t und Y_t

- *unabhängig, wenn X_{t_1}, Y_{t_2} für beliebige Zeitpunkte t_1, t_2 unabhängig sind*

- *unkorreliert, wenn X_{t_1}, Y_{t_2} für beliebige t_1, t_2 unkorreliert sind, d.h. $C_{XY}(t_1, t_2) = 0$*

- *schwach verbundstationär , wenn X_{t_1}, Y_{t_2} schwach stationär sind und darüberhinaus auch die Kreuzkorrelation (und damit auch die Kreuzkovarianz) nur von $\tau = t_2 - t_1$ abhängen:*

$$R_{XY}(t_1, t_1 + \tau) = R_{XY}(\tau) \text{ und } C_{XY}(t_1, t_1 + \tau) = C_{XY}(\tau)$$

Für schwach verbundstationäre stochastische Prozesse X_t und Y_t gilt offenbar:

$$R_{YX}(\tau) = R_{XY}(-\tau)$$

$$C_{YX}(\tau) = C_{XY}(-\tau)$$

Ds Kreuz- Leistungsdichtespektrum definieren wir dann als:

$$S_{XY}(f) = \mathcal{F}\{R_{XY}(\tau)\}$$

Satz 8.7.3 *Sind X_t und Y_t jeweils Eingangs- und Ausgangs-Prozess eines LTI-Systems und ist der Eingangs-Prozess X_t schwach stationär, dann sind X_t und Y_t schwach verbundstationär mit:*

$$
\begin{aligned}
R_{XY}(\tau) &= h(\tau) * R_X(\tau) \\
S_{XY}(f) &= H(f) \cdot S_X(f)
\end{aligned}
$$

Beweis:

$$
\begin{aligned}
R_{XY}(t, t+\tau) &= E\left[X_t \cdot Y_{t+\tau}\right] = E\left[X_t \int_{-\infty}^{\infty} h(t+\tau-\alpha)\, X_\alpha\, d\alpha\right] \\
&= \int_{-\infty}^{\infty} h(t+\tau-\alpha)\, \underbrace{E\left[X_t\, X_\alpha\right]}_{R_X(t-\alpha)}\, d\alpha \\
&= \int_{-\infty}^{\infty} h(t+\tau-\alpha) R_X(t-\alpha)\, d\alpha \\
&= \int_{-\infty}^{\infty} h(\tau-\beta) R_X(-\beta)\, \frac{d\alpha}{d\beta}\, d\beta = h(\tau) * R_X(\tau)
\end{aligned}
$$

wobei in der letzte Gleichung $t - \alpha$ durch $-\beta$ substituiert wurde. □

Beispiel 8.7.4

$$
R_X(\tau) = a^2\, e^{-k|\tau|} \text{ mit } k > 0
$$

Wir wollen die Kreuz-Korrelation zwischen Eingangs- und Ausgangssignal eines RC-Gliedes beschreiben. Die Impulsantwort lautet:

$$
g(t) = \varepsilon(t)\, \frac{1}{T_0}\, e^{-\frac{t}{T_0}} \text{ mit } T_0 = RC
$$

Dann erhalten wir:

$$
R_{XY}(t) = R_X(t) * g(t) = \int_0^{\infty} \frac{1}{T_0} e^{-\frac{\tau}{T_0}} a^2 e^{-k|t-\tau|}\, d\tau
$$

1. Fall $t < 0$: dann $t - \tau < 0$, und damit $e^{-k|t-\tau|} = e^{k(t-\tau)}$ also

$$
\begin{aligned}
R_{XY}(t) &= \frac{a^2}{T_0} \int_0^{\infty} e^{-\frac{\tau}{T_0}} e^{k(t-\tau)}\, d\tau = \frac{a^2}{T_0} e^{k\,t} \int_0^{\infty} e^{-\tau(\frac{1}{T_0}+k)}\, d\tau \\
&= \frac{a^2}{T_0} e^{k\,t} \left[\frac{e^{-\tau(\frac{1}{T_0}+k)}}{-(\frac{1}{T_0}+k)}\right]_0^{\infty} = \frac{a^2}{T_0} e^{k\,t} \frac{1}{\frac{1}{T_0}+k} = \frac{a^2}{1+T_0\,k} e^{kt}
\end{aligned}
$$

2. Fall $t > 0$:

$$R_{XY}(t) = \frac{a^2}{T_0} \int_0^t e^{-\frac{\tau}{T_0}} e^{-k(t-\tau)} \, d\tau + \frac{a^2}{T_0} \int_t^\infty e^{-\tau(\frac{1}{T_0})} e^{k(t-\tau)} \, d\tau$$

$$= \frac{a^2}{T_0} e^{-k\,t} \int_0^t e^{-\frac{\tau}{T_0}} e^{k\,\tau} \, d\tau + \frac{a^2}{T_0} e^{k\,t} \int_t^\infty e^{-\frac{\tau}{T_0}} e^{-k\,\tau} \, d\tau$$

$$= \frac{a^2}{T_0} e^{-k\,t} \left[\frac{e^{-\tau(\frac{1}{T_0}-k)}}{-(\frac{1}{T_0}-k)} \right]_0^t + \frac{a^2}{T_0} e^{k\,t} \left[\frac{e^{-\tau(\frac{1}{T_0}+k)}}{-(\frac{1}{T_0}+k)} \right]_t^\infty$$

Wir erhalten

$$R_{XY}(t) = \frac{a^2}{T_0} e^{-k\,t} \frac{e^{-t(\frac{1}{T_0}-k)} - 1}{-(\frac{1}{T_0}-k)} + \frac{a^2}{T_0} e^{k\,t} \frac{0 - e^{-t(\frac{1}{T_0}+k)}}{-(\frac{1}{T_0}+k)}$$

$$= \frac{a^2}{T_0} \left(\frac{-e^{-\frac{t}{T_0}} + e^{-k\,t}}{+(\frac{1}{T_0}-k)} + \frac{+e^{-\frac{t}{T_0}}}{+(\frac{1}{T_0}+k)} \right)$$

$$= \frac{a^2}{T_0} \frac{(-\frac{1}{T_0} - k + \frac{t}{T_0} - k) e^{-\frac{t}{T_0}} + \frac{1}{T_0} e^{-k\,t} + k\,e^{-k\,t}}{\frac{1}{T_0^2 - k^2}}$$

$$= \frac{a^2}{T_0} \cdot \frac{-2\,k\,e^{-\frac{t}{T_0}} + (\frac{1}{T_0} + k) e^{-k\,t}}{\frac{1}{T_0^2} - k^2} = a^2\,T_0 \frac{(\frac{1}{T_0} + k) e^{-k\,t} - 2\,k\,e^{-\frac{t}{T_0}}}{1 - k^2\,T_0^2}$$

Zusammenfassung

X_t, Y_t schwach verbundstationär	$x(t)$, $y(t)$ deterministisch
Kreuz-Korrelation:	*Kreuz-Korrelation:*
$R_{XY}(\tau) = E[X_t \cdot Y_{t+\tau}]$	$r_{xy}(\tau) = \int_{-\infty}^\infty x(t)y(t+\tau)\,d\tau$
Kreuz-Leistungsdichte Spektrum	*Kreuz-Energiedichte Spektrum*
$S_{XY}(f) = \mathcal{F}\{R_{XY}(\tau)\}$	$s_{xy}(f) = \mathcal{F}\{r_{xy}(\tau)\}$
LTI-System:	*LTI-System:*
$S_{XY}(f) = H(f) \cdot S_x(f)$	$s_{xy}(f) = H(f) \cdot s_x(f) = H(f) \cdot |X(f)|^2$
$R_{XY}(\tau) = g(\tau) * R_X(\tau)$	$r_{xy}(\tau) = g(\tau) * r_x(\tau)$

8.7.1 Eine Messmethode zur Messung der Impulsantwort

Das Eingangssignal eines LTI-Systems mit (unbekannter) Impulsantwort $g(t)$ sei eine Realisierung $x(t)$ eines ergodischen schwach stationären Prozesses X_t. Zusätzlich wirke eine Realisierung $n(t)$ eines zu X_t unkorrelierten ergodischen schwach stationären Prozesses N_t von anderer Stelle auf den Systemausgang. Für das Ausgangssignal erhalten wir dann

$$y(t) = \int_{-\infty}^\infty g(\sigma)(x(t-\sigma)d\sigma + \int_{-\infty}^\infty g_n(\sigma)n(t-\sigma)\,d\sigma$$

wobei $g_n(t)$ die Impulsantwort des Teilsystems zwischen der Eingriffsstelle des Störsignals und dem Systemausgang bedeutet. Aufgrund der Zeitinvarianz des LTI-Systems erhalten wir

$$y(t + \tau) = \int_{-\infty}^{\infty} g(\sigma)\, x(t + \tau - \sigma)\, d\sigma + \int_{-\infty}^{\infty} g_n(\sigma) n(t + \tau - \sigma)\, d\sigma$$

Aufgrund der angenommenen Ergodizität erhalten wir:

$$R_{XY}(\tau) = \lim_{T \to \infty} \frac{1}{2T} \int_{-T}^{T} x(t)\, y(t + \tau)\, d\tau$$

Setzen wir für $y(t + \tau)$ den obigen Ausdruck ein und vertauschen Grenzwert und Integration, so erhalten wir:

$$
\begin{aligned}
R_{XY}(\tau) &= \int_{-\infty}^{\infty} g(\sigma) \left(\lim_{T \to \infty} \frac{1}{2T} \int_{-T}^{T} x(t) x(t + \tau - \sigma)\, dt \right) d\sigma \\
&+ \int_{-\infty}^{\infty} g_n(\sigma) \left(\lim_{T \to \infty} \frac{1}{2T} \int_{-T}^{T} x(t) n(t + \tau - \sigma)\, dt \right) d\sigma \\
&= \int_{-\infty}^{\infty} g(\sigma)\, R_X(\tau - \sigma)\, d\sigma + \int_{-\infty}^{\infty} g_n(\sigma)\, R_{XN}(\tau - \sigma)\, d\tau
\end{aligned}
$$

Wie berücksichtigen nun, dass Störprozess N_t und Eingangsprozess X_t unkorreliert sind, d.h.

$$R_{XN}(\tau) = E\left[X_{t+\tau} N_t\right] = E\left[X_{t+\tau}\right] \cdot E\left[N_t\right] = \mu_X \cdot \mu_N$$

Es folgt :

$$R_{XY}(\tau) = g(\tau) * R_X(\tau) + \underbrace{\mu_X\, \mu_N \int_{-\infty}^{\infty} g_n(\sigma) d\sigma}_{\text{zeitunabhängig d.h. konstant}}$$

Der Einfluss des Störsignals auf das Messergebnis $R_{XY}(\tau)$ beschränkt sich gegenüber der Kreuzkorrelation mit dem ungestörten Eingangsprozess auf eine additive Konstante, die zudem verschwindet, wenn X_t oder N_t mittelwertfrei sind. Ist das Eingangssignal ergodisches, mittelwertfreies weißes Rauschen, d.h. $R_X(\tau) = c\delta_0$ mit $c > 0$, dann erhält man:

$$R_{XY}(\tau) = g(\tau) * R_X(\tau) = cg(\tau)$$

Letztere Gleichung liefert eine Messvorschrift zur Messung der Impulsantwort eines (unbekannten) LTI-Systems. Hierzu verwendet man Rauschgeneratoren mit einer konstanten Leistungsdichte –natürlich nur bis zu einer oberen Grenzfrequenz (s. bandbegrenztes weißes Rauschen). Dies führt nicht zu Messfehlern, wenn die Grenzfrequenz des Rauschgenerators größer ist, als die Grenzfrequenz des zu messenden Systems. Die hier behandelte Messmethode empfiehlt sich insbesondere bei starken Störungen.

Zur Messung der Korrelationsfunktion $R_{XY}(\tau)$ verwendet man einen Korrelator. Er besteht im wesentlichen aus einem einstellbaren Verzögerungsglied, einem Multiplizierer und einem Mittelwertbildner. Das Verzögerungsglied erzeugt aus dem Signal $y(t)$ ein um τ verschobenes Signal $y(t - \tau)$. Nach der Multiplikation mit $x(t)$ liefert der Mittelwertbildner :

$$\frac{1}{T} \int_0^T x(t)\, y(t - \tau)\, dt \approx R_{XY}(-\tau) = R_{YX}(\tau)$$

Vertauscht man die Rollen von $x(t)$ und $y(t)$, so erhält man $R_{YX}(-\tau) = R_{XY}(\tau)$.

8.8 Das Wienersche Optimalfilter

Wir betrachten ein zufälliges stationäres Empfangssignal

$$\tilde{X}(t) = X(t) + N(t)$$

Das stationäre Zufallssignal $X(t)$ hat die Bedeutung eines Nutzsignals, $N(t)$ (ebenfalls stationär) die eines Störsignals. $X(t)$ und $N(t)$ sollen mittelwertfrei und unkorreliert sein. d.h.

$$E\left[X(t) \cdot N(t - \tau)\right] = E\left[X(t)\right] \cdot E\left[N(t - \tau)\right] = 0$$

Ferner sollen die Autokorrelationsfunktionen $R_X(\tau)$ und $R_N(\tau)$ bekannt sein.

Die Aufgabe besteht nun darin, das Nutzsignal vom Störsignal zu trennen (mit Hilfe eines „optimalen" Filters). Falls sich die spektralen Leistungsdichten der beiden Signalanteile nur wenig überlappen, kann man die Signaltrennung „klassisch" vornehmen, indem man den Frequenzbereich in geeigneter Weise in Durchlass und Sperrbereich aufteilt und so die Störung $N(t)$ entfernt.

Liegen die Spektren beider Signalkomponenten enger beieinander, ist diese „klassische Lösung" nicht mehr befriedigend anwendbar. Der Entwurf von Filtern für derartige Probleme wurde erstmals von N. Wiener und unabhängig von ihm etwa gleichzeitig von A. Kolmogoroff behandelt. Die Aufgabe besteht nun darin, ein Filter mit Impulsantwort $g(t)$ so zu bestimmen, dass die mittlere Leistung von $\tilde{Y}(t) - X(t - t_0)$ minimiert wird, wobei $\tilde{Y}(t)$ das zu $\tilde{X}(t)$ gehörige Ausgangssignal des Filters ist und $t_0 \geq 0$ der „Totzeit" des Filters entspricht.

Mit $\tilde{Y}(t) = \tilde{X}(t) * g(t)$ bekommen wir:

$$E\left[\left(\tilde{Y}(t) - X(t - t_0)\right)^2\right]$$

$$= E\left[\left(X(t - t_0) - \int_{-\infty}^{\infty} (X(t - \tau) + N(t - \tau))\ g(\tau)\ d\tau\right)^2\right]$$

$$= E[X^2(t - t_0) - 2X(t - t_0) \int_{-\infty}^{\infty} (X(t - \tau) + N(t - \tau))\ g(\tau)\ d\tau$$

$$+ \left(\int_{-\infty}^{\infty} (X(t - \tau) + N(t - \tau))\ g(\tau)\ d\tau\right)^2]$$

$$= E\left[X^2(t - t_0)\right] - 2 \int_{-\infty}^{\infty} E\left[X(t - t_0)X(t - \tau)\right]\ g(\tau)\ d\tau$$

$$+ \int_{-\infty}^{\infty} E\left[X(t - t_0)N(t - \tau)\right]\ g(\tau)\ d\tau$$

$$+ E\left[\int_{-\infty}^{\infty} (X(t - \tau) + N(t - \tau))g(\tau)d\tau \cdot \int_{-\infty}^{\infty} (X(t - \sigma) + N(t - \sigma))g(\sigma)d\sigma\right]$$

Damit erhalten wir:

$$E\left[(\tilde{Y}(t) - X(t - t_0))^2\right] = R_X(0) - 2 \int_{-\infty}^{\infty} R_X(\tau - t_0)\ g(\tau)\ d\tau$$

$$+ E[\int_{-\infty}^{\infty}\int_{-\infty}^{\infty} \{X(t - \tau)X(t - \sigma) + X(t - \tau)N(t - \sigma)$$

$$+ N(t - \tau)X(t - \sigma) + N(t - \tau)N(t - \sigma)\}g(\tau)g(\sigma)\ d\tau\ d\sigma]$$

$$= R_X(0) - 2 \cdot \int_{-\infty}^{\infty} R_X(\tau - t_0)\ g(\tau)\ d\tau$$

$$+ \int\int(\underbrace{E\left[X(t - \tau)X(t - \sigma)\right]}_{R_X(\tau - \sigma)} + \underbrace{E\left[N(t - \tau)N(t - \sigma)\right]}_{R_N(\tau - \sigma)})g(\tau)g(\sigma)d\tau d\sigma$$

da der Erwartungswert der gemischten Glieder gleich Null ist. Mit $K(\tau - \sigma) := R_X(\tau - \sigma) + R_N(\tau - \sigma)$ bekommen wir schließlich:

$$E\left[(\tilde{Y}(t) - X(t - t_0))^2\right]$$

$$= R_X(0) - 2 \int_{-\infty}^{\infty} R_X(\tau - t_0)g(\tau)\ d\tau + \int_{-\infty}^{\infty}\int_{-\infty}^{\infty} K(\tau - \sigma)g(\tau)g(\sigma)d\tau d\sigma =: Q(g)$$

Dies ist eine sogenannte quadratische Form in der (bisher) unbekannten Impulsantwort g des gesuchten Optimalfilters. Dabei setzten wir voraus, dass die Autokorrelationsfunktionen von $X(t)$ und $N(t)$, also $R_X(\tau)$ und $R_N(\tau)$, bekannt sind. Offenbar ist $Q(g) \geq 0$ und damit

$$\int_{-\infty}^{\infty}\int_{-\infty}^{\infty} K(\tau - \sigma)g(\tau)h(\sigma)d\tau d\sigma \geq 0$$

für alle Signale $g(t)$. Man kann zeigen, dass in diesem Fall ist $Q(g)$ konvex ist. Die Impulsantwort soll nun so bestimmt werden, dass die quadratische Form $Q(g)$ minimal wird.

Ist dann die Richtungsableitung in Richtung h von Q an der Stelle g gleich Null für ein beliebiges Signal $h(t)$, so ist g Minimallösung von $Q(g)$ (s. [10]).

$$
\begin{aligned}
0 &= \frac{d}{d\alpha}Q(g+\alpha h) = \lim_{\alpha \to 0} \frac{1}{\alpha}(Q(g+\alpha h) - Q(g)) \\
&= \lim_{\alpha \to 0} \frac{1}{\alpha}(-2 \int_{-\infty}^{\infty} R_X(\tau - t_0)(\ g(\tau) + \alpha h(\tau) - g(\tau))\ d\tau \\
&\quad + \int_{-\infty}^{\infty} \int_{-\infty}^{\infty} K(t - \tau)\ (g(t) + \alpha h(t))(g(\tau) + \alpha h(\tau))\ dt\ d\tau \\
&\quad - \int_{-\infty}^{\infty} \int_{-\infty}^{\infty} K(t - \tau)\ g(t)g(\tau)\ dt\ d\tau) \\
&= (-2 \int_{-\infty}^{\infty} R_X(\tau - t_0)h(\tau)\ d\tau + \int_{-\infty}^{\infty} \int_{-\infty}^{\infty} K(t - \tau)\ g(t)h(\tau)\ dt\ d\tau \\
&\quad + \int_{-\infty}^{\infty} \int_{-\infty}^{\infty} K(t - \tau)\ h(t)g(\tau)\ dt\ d\tau \\
&\quad + \lim_{\alpha \to 0} \alpha \int_{-\infty}^{\infty} \int_{-\infty}^{\infty} K(t - \tau)\ h(t)h(\tau)\ dt\ d\tau) \\
&= -2 \int_{-\infty}^{\infty} R_X(\tau - t_0)h(\tau)\ d\tau + 2 \int_{-\infty}^{\infty} \int_{-\infty}^{\infty} K(t - \tau)\ g(t)h(\tau)\ dt\ d\tau
\end{aligned}
$$

Hier haben wir verwendet, das $K(t)$ eine gerade Funktion ist. Wir erhalten:

$$
\int_{-\infty}^{\infty} \left(\int_{-\infty}^{\infty} K(t - \tau)\ g(t)dt - R_X(\tau - t_0) \right) h(\tau)\ d\tau = 0 \tag{8.4}
$$

für alle Signale $h(t)$. Damit bekommen wir

$$
\int_{-\infty}^{\infty} K(t - \tau)\ g(t)dt - R_X(\tau - t_0) = 0
$$

denn wir könnten ja insbesondere $h(\tau) = \int_{-\infty}^{\infty} K(t-\tau)\ g(t)dt - R_X(\tau - t_0)$ wählen. Dies ist die Wiener-Hopfsche Integralgleichung zur Bestimmung der optimalen Impulsantwort $g(t)$. Im nichtkausalen Fall gilt sie für alle τ, im kausalen Fall jedoch nur für $\tau \geq 0$, da im letzteren Fall $h(\tau)$ ebenfalls als kausal vorausgesetzt werden muss.

8.8.1 Der nicht-kausale Fall

Wir erhalten mit Hilfe der Fourier-Transformation unter Anwendung des Faltungssatzes und des Verschiebungssatzes

$$
S_X(\omega)\mathrm{e}^{-j\omega t_0} = G(j\omega)(S_X(\omega) + S_N(\omega))
$$

also

$$G(j\omega) = \frac{S_X(\omega)}{S_X(\omega) + S_N(\omega)} e^{-j\omega t_0}$$

$S_X(\omega)$ und $S_N(\omega)$ sind beide gerade und reell, damit auch

$$\frac{S_X(\omega)}{S_X(\omega) + S_N(\omega)}$$

also ist auch

$$u(t) = \mathcal{F}^{-1}\{\frac{S_X(\omega)}{S_X(\omega) + S_N(\omega)}\}$$

eine gerade Funktion, somit $g(t) = u(t - t_0)$ nicht ohne weiteres kausal.

Die Güte der Schätzung ergibt sich aus

$$E\left[(\tilde{Y}(t) - X(t - t_0))^2\right] = R_X(0) - 2\int_{-\infty}^{\infty} R_X(\tau - t_0)\, g(\tau)\, d\tau$$

$$+ \int_{-\infty}^{\infty}\int_{-\infty}^{\infty} K(\tau - \sigma)\, g(\tau)g(\sigma)\, d\tau\, d\sigma$$

$$= R_X(0) - \int_{-\infty}^{\infty} R_X(\tau - t_0)\, g(\tau)\, d\tau$$

$$+ \underbrace{\int_{-\infty}^{\infty}\left(\int_{-\infty}^{\infty} K(\tau - \sigma)\, g(\tau)d\tau - R_X(\sigma - t_0)\right) g(\sigma)d\sigma}_{0}$$

Mit

$$R_X(0) = \int_{-\infty}^{\infty} S_X(2\pi f)df$$

und der (verallgemeinerten) Parsevalschen Gleichung, also

$$\int_{-\infty}^{\infty} R_X(\tau - t_0)g(\tau)d\tau = \int_{-\infty}^{\infty} \bar{G}(j2\pi f)S_X(2\pi f)e^{-j2\pi f t_0}df$$

bekommen wir

$$E\left[(\tilde{Y}(t) - X(t - t_0))^2\right] = \int_{-\infty}^{\infty}(S_X(2\pi f) - \bar{G}(j2\pi f)S_X(2\pi f)e^{-j2\pi f t_0})df$$

Setzen wir nun den optimalen Frequenzgang ein, so erhalten wir

$$E\left[(\tilde{Y}(t) - X(t - t_0))^2\right] = \int_{-\infty}^{\infty}(S_X(2\pi f) - \frac{S_X^2(2\pi f)}{S_X(2\pi f) + S_N(2\pi f)})df$$

$$= \int_{-\infty}^{\infty} \frac{S_X(2\pi f)S_N(2\pi f)}{S_X(2\pi f) + S_N(2\pi f)})df = \frac{1}{2\pi}\int_{-\infty}^{\infty} \frac{S_X(\omega)S_N(\omega)}{S_X(\omega) + S_N(\omega)})d\omega$$

$$= \frac{1}{2\pi}\int_{-\infty}^{\infty} S_N(\omega)\frac{1}{1 + \frac{S_N(\omega)}{S_X(\omega)}}d\omega$$

Der Schätzfehler ist also stets kleiner oder gleich der mittleren Leistung des Störsignals.

8.8.2 Der kausale Fall (vergl. [7])

Die Wiener-Hopfsche Integralgleichung

$$\int_{-\infty}^{\infty} K(t-\tau)\,g(t)dt - R_X(\tau-t_0) = 0$$

mit $K(\tau-\sigma) = R_X(\tau-\sigma) + R_N(\tau-\sigma)$ reduziert sich wegen der Kausalität von $g(t)$ auf

$$\int_0^{\infty} K(t-\tau)\,g(t)dt - R_X(\tau-t_0) = 0$$

und gilt nur für $\tau \geq 0$, denn $h(\tau)$ in Gleichung 8.4 muss ja ebenfalls kausal sein.

Für $\tau < 0$ ist der Wert der linken Seite zunächst nicht definiert. Setzen wir die rechte Seite gleich $v(\tau)$ mit $v(\tau) = 0$ für $\tau \geq 0$, so erhalten wir

$$R_X(\tau-t_0) - \int_{-\infty}^{\infty} K(t-\tau)\,g(t)dt = v(\tau)$$

für alle $\tau \in \mathbb{R}$. Die Fourier-Transformation beider Seiten liefert dann ($g(t)$ als absolut integrierbar vorausgesetzt):

$$S_X(\omega)\mathrm{e}^{-j\omega t_0} - G(j\omega)(S_X(\omega) + S_N(\omega)) = V(\omega)$$

Sind $S_X(\omega)$ und $S_N(\omega)$ beide rational, so auch deren Summe und nach Satz 8.5.4 gibt es eine rationale Funktion $H(s)$ (Formfilter) mit reellen Koeffizienten derart, dass deren Pole in der linken offenen Halbebene und deren Nullstellen in der linken Halbebene liegen und dass

$$S_X(\omega) + S_N(\omega) \;=\; |H(j\omega)|^2 = H(j\omega)\bar{H}(j\omega)$$

Wir erhalten dann die Gleichung:

$$S_X(\omega)\mathrm{e}^{-j\omega t_0} - G(j\omega)H(j\omega)\bar{H}(j\omega) = V(\omega)$$

Teilt man beide Seiten durch $\bar{H}(j\omega)$, so liefert dies:

$$(S_X(\omega)/\bar{H}(j\omega))cdote^{-j\omega t_0} - G(j\omega)H(j\omega) = V(\omega)/\bar{H}(j\omega)$$

Setzt man nun

$$z(t) = \mathcal{F}^{-1}\{(S_X(\omega)/\bar{H}(j\omega))\mathrm{e}^{-j\omega t_0}\}$$

und

$$z_+(t) = \begin{cases} z(t) & \text{für } t \geq 0 \\ 0 & \text{sonst} \end{cases}$$

sowie

$$z_-(t) = \begin{cases} 0 & \text{für } t \geq 0 \\ z(t) & \text{sonst} \end{cases}$$

und für deren Transformierte

$$Z_+(\omega) = \mathcal{F}\{z_+(t)\} \text{ und } Z_-(\omega) = \mathcal{F}\{z_-(t)\}$$

so entsteht die Gleichung

$$Z_+(\omega) + Z_-(\omega) - G(j\omega)H(j\omega) = V(\omega)/\bar{H}(j\omega)$$

Setzt man nun schließlich

1. $G(j\omega)H(j\omega) = Z_+(j\omega)$

2. $V(\omega)/\bar{H}(j\omega) = Z_-(\omega)$

so bekommt man

1. $G(j\omega) = \frac{Z_+(\omega)}{H(j\omega)}$

2. $V(\omega) = \bar{H}(j\omega) \cdot Z_-(\omega)$

Ist nun $g(t) = \mathcal{F}^{-1}\{G(j\omega)\}$ kausal und absolut integrierbar (immerhin liegen ja die Polstellen von $\frac{1}{H(j\omega)}$ in der linken Halbebene, nach Konstruktion) und erfüllt

$$v(\tau) = \mathcal{F}^{-1}\{\bar{H}(j\omega) \cdot Z_-(\omega)\}$$

die Voraussetzungen, so ist $g(t)$ Lösung der Wiener-Hopfschen Integralgleichung, und damit auch des kausalen Optimierungsproblems (vorausgesetzt $Q(g)$ ist konvex).

Beispiel 8.8.1   Sei $R_X(\tau) = \frac{1}{2T}ae^{-\frac{|\tau|}{T}}$ mit $a > 0$ und sei das Störsignal mittelwertfreies weißes Rauschen mit $R_N(\tau) = c\delta_0$, dann gilt $S_N(\omega) = c$ und nach Aufgabe 1b von Kapitel 2

$$S_X(\omega) = a\frac{1}{2T}\frac{\frac{2}{T}}{\frac{1}{T^2} + \omega^2} = a\frac{\frac{1}{T^2}}{\frac{1}{T^2} + \omega^2}$$

und damit für $\rho^2 = \frac{a+c}{c}$, der Konstruktion in Satz 8.5.4 folgend

$$S_X(\omega) + S_N(\omega) = c\frac{\frac{\rho^2}{T^2} + \omega^2}{\frac{1}{T^2} + \omega^2} = c\frac{p(\omega)}{q(\omega)}$$

Offenbar lautet die Nullstelle von $p(\omega)$ in der oberen Halbebene $\mu_1 = j\frac{\rho}{T}$ und die von $q(\omega)$ entsprechend $\lambda_1 = j\frac{1}{T}$ und damit $P(s) = s - j\mu_1 = s + \frac{\rho}{T}$ und $Q(s) = s - j\lambda_1 = s + \frac{1}{T}$, also

$$H(s) = \sqrt{c}\frac{P(s)}{Q(s)} = \sqrt{c}\frac{s + \frac{\rho}{T}}{s + \frac{1}{T}}$$

Offenbar

$$H(j\omega) = \sqrt{c}\frac{P(j\omega)}{Q(j\omega)} = \sqrt{c}\frac{j\omega + \frac{\rho}{T}}{j\omega + \frac{1}{T}} \text{ d.h. } \bar{H}(j\omega) = \sqrt{c}\frac{-j\omega + \frac{\rho}{T}}{-j\omega + \frac{1}{T}}$$

Nach Konstruktion also

$$|H(j\omega)|^2 = H(j\omega)\bar{H}(j\omega) = c\frac{\frac{\rho^2}{T^2} + \omega^2}{\frac{1}{T^2} + \omega^2} = S_X(\omega) + S_N(\omega)$$

Wir erhalten dann

$$
\begin{aligned}
z(t) &= \mathcal{F}^{-1}\{(S_X(\omega)/\bar{H}(j\omega))e^{-j\omega t_0}\} = \mathcal{F}^{-1}\{a\frac{\frac{1}{T^2}}{\frac{1}{T^2} + \omega^2} \cdot \frac{1}{\sqrt{c}}\frac{-j\omega + \frac{1}{T}}{-j\omega + \frac{\rho}{T}}e^{-j\omega t_0}\} \\
&= \mathcal{F}^{-1}\{\frac{a}{\sqrt{c}T^2}\frac{1}{j\omega + \frac{1}{T}} \cdot \frac{1}{-j\omega + \frac{\rho}{T}}e^{-j\omega t_0}\}
\end{aligned}
$$

Mit Hilfe von Partialbruchzerlegung erhalten wir

$$\frac{a}{\sqrt{c}T^2}\frac{1}{j\omega + \frac{1}{T}} \cdot \frac{1}{-j\omega + \frac{\rho}{T}} = \frac{T}{\rho + 1}\frac{a}{\sqrt{c}T^2}\left(\frac{1}{j\omega + \frac{1}{T}} - \frac{1}{j\omega - \frac{\rho}{T}}\right)$$

Mit Aufgaben 1 c u. d von Kapitel 2 erhalten wir

$$\mathcal{F}^{-1}\{\frac{1}{\rho + 1}\frac{a}{\sqrt{c}T}\left(\frac{1}{j\omega + \frac{1}{T}} - \frac{1}{j\omega - \frac{\rho}{T}}\right)\} = \frac{1}{\rho + 1}\frac{a}{\sqrt{c}T}\begin{cases} e^{-\frac{t}{T}} & \text{für } t \geq 0 \\ e^{\frac{\rho}{T}t} & \text{für } t < 0 \end{cases}$$

Mit dem Verschiebungsatz bekommen wir dann

$$z(t) = \mathcal{F}^{-1}\{(S_X(\omega)/\bar{H}(j\omega))e^{-j\omega t_0}\} = \frac{1}{\rho + 1}\frac{a}{\sqrt{c}T}\begin{cases} e^{-\frac{(t-t_0)}{T}} & \text{für } t \geq t_0 \\ e^{\frac{\rho}{T}(t-t_0)} & \text{für } t < t_0 \end{cases}$$

Für nichtnegative Totzeit $t_0 \geq 0$ erhalten wir mit $\alpha = \frac{1}{\rho+1}\frac{a}{\sqrt{c}T}$:

$$z_+(t) = \alpha\begin{cases} e^{-\frac{(t-t_0)}{T}} & \text{für } t \geq t_0 \\ e^{\frac{\rho}{T}(t-t_0)} & \text{für } 0 \leq t < t_0 \end{cases}$$

und damit

$$
\begin{aligned}
Z_+(\omega) &= \mathcal{F}\{z_+(t)\} = \alpha\int_0^{t_0} e^{\frac{\rho}{T}(t-t_0)}e^{-j\omega t}dt + \alpha\int_{t_0}^{\infty} e^{-\frac{1}{T}(t-t_0)}e^{-j\omega t}dt \\
&= \alpha e^{-\frac{\rho}{T}t_0}[\frac{e^{(\frac{\rho}{T}-j\omega)t}}{\frac{\rho}{T} - j\omega}]_0^{t_0} + \alpha e^{\frac{\rho}{T}t_0}[\frac{e^{-(\frac{1}{T}+j\omega)t}}{-(\frac{1}{T} + j\omega)}]_{t_0}^{\infty} \\
&= \alpha\left(e^{-\frac{\rho}{T}t_0}\frac{e^{(\frac{\rho}{T}-j\omega)t_0} - 1}{\frac{\rho}{T} - j\omega} + e^{\frac{\rho}{T}t_0}\frac{0 - e^{-(\frac{1}{T}+j\omega)t_0}}{-(\frac{1}{T} + j\omega)}\right) \\
&= \alpha\left(\frac{e^{-j\omega t_0} - e^{-\frac{\rho}{T}t_0}}{\frac{\rho}{T} - j\omega} + \frac{e^{-j\omega t_0}}{\frac{1}{T} + j\omega}\right)
\end{aligned}
$$

Damit bekommen wir

$$
\begin{aligned}
G(j\omega) &= \frac{Z_+(\omega)}{H(j\omega)} = \alpha\left(\frac{e^{-j\omega t_0} - e^{-\frac{\rho}{T}t_0}}{\frac{\rho}{T} - j\omega} + \frac{e^{-j\omega t_0}}{\frac{1}{T} + j\omega}\right) \cdot \frac{1}{\sqrt{c}}\frac{j\omega + \frac{1}{T}}{j\omega + \frac{\rho}{T}} \\
&= \frac{\alpha}{\sqrt{c}}\left((e^{-j\omega t_0} - e^{-\frac{\rho}{T}t_0})\frac{j\omega + \frac{1}{T}}{\omega^2 + \frac{\rho^2}{T^2}} + \frac{e^{-j\omega t_0}}{\frac{\rho}{T} + j\omega}\right)
\end{aligned}
$$

Wie man leicht nachprüft, ist $g(t) = \mathcal{F}^{-1}\{G(j\omega)\}$ für $t_0 > 0$ nicht absolut integrierbar. Für $t_0 = 0$ erhält man

$$
G(j\omega) = \frac{\alpha}{\sqrt{c}}\frac{1}{\frac{\rho}{T} + j\omega}
$$

und damit eine kausale und absolut integrierbare Impulsantwort

$$
g(t) = \varepsilon(t)\frac{\alpha}{\sqrt{c}}e^{-\frac{\rho}{T}t}
$$

Ferner gilt $z_-(t) = \alpha e^{\frac{\rho}{T}t}$ für $t \le 0$ und daher $Z_-(\omega) = \alpha\frac{1}{\frac{\rho}{T} - j\omega}$. Wir erhalten

$$
V(\omega) = Z_-(\omega) \cdot \bar{H}(j\omega) = \alpha\frac{1}{\frac{\rho}{T} - j\omega} \cdot \sqrt{c}\frac{-j\omega + \frac{\rho}{T}}{-j\omega + \frac{1}{T}} = \alpha \cdot \sqrt{c}\frac{1}{\frac{1}{T} - j\omega}
$$

und damit

$$
v(t) = \alpha \cdot \sqrt{c}\begin{cases} 0 & \text{für } t > 0 \\ e^{\frac{t}{T}} & \text{für } t \le 0 \end{cases}
$$

8.9 Kalman-Bucy-Filter

Das im vorigen Abschnitt diskutierte Wiener-Filter weist eine Reihe von Einschränkungen (insbesondere im kausalen Fall) auf. Darüberhinaus ist es nur für stationäre stochastische Prozesse anwendbar, ein Rahmen, der sich für manche Fragestellungen (z. B. in der Regelungstechnik) als zu eng erweist. Im Großen und Ganzen folgen wir Ansatz und Argumentation der Originalarbeit von Kalman und Bucy (vgl. [9]) zur Herleitung der Grundgleichungen des Filters.

Grundlage für das Kalman-Bucy-Filters ist die Zustandsraumdarstellung, [1]

$$
\frac{d\,z(t)}{dt} = A(t)z(t) + G(t)w(t)
$$

---

[1] genau genommen sind stochastische Prozesse nirgends differenzierbar, daher ist die Formulierung als Differentialgleichung problematisch. Seit den 1940er Jahren gibt es jedoch eine mathematisch exakte Theorie durch den Mathematiker Ito Kiyoshi („Ito Kalkül"), die sich einer Integralformulierung bedient (s. [12]).

wobei $A(t)$ und $G(t)$ bekannte $n \times n$- bzw. $n \times m$-Matrizen sind und $z(t)$ den Zustands-vektor mit n Komponenten bezeichnet. Als Eingangsgröße $w(t)$ wird hier ein mittelwert-freier aber instationärer weißer Rauschprozess mit m Komponenten angenommen. Die Ausgangsgröße des Systems wird durch

$$y(t) = C(t)z(t) + v(t)$$

beschrieben, wobei $C(t)$ eine gegebene $n \times p$-Matrix und $v(t)$ ein ebenfalls mittelwertfreier, instationärer weißer Rauschprozess (hier mit p Komponenten) ist.

Für die weitere Diskussion spielt die Kovarianz zweier Zufallsvektoren eine große Rolle deren Eigenschaften wir kurz erläutern wollen.

Definition 8.9.1   *Sei $x(t)$ ein Zufallsvekor mit n und $y(\tau)$ ein solcher mit m Komponenten, dann ist die Kovarianz der beiden durch die $n \times m$-Matrix*

$$\mathrm{cov}[x(t), y(\tau)] := E[x(t)y^T(\tau)] - E[x(t)] \cdot E[y^T(\tau)]$$

oder ausführlicher durch

$$\mathrm{cov}[x(t), y(\tau)] =$$

$$\begin{bmatrix} E[x_1(t)y_1(\tau)] - E[x_1(t)]E[y_1(\tau)] & \ldots & E[x_1(t)y_m(\tau)] - E[x_1(t)]E[y_m(\tau)] \\ E[x_2(t)y_1(\tau)] - E[x_2(t)]E[y_1(\tau)] & \ldots & E[x_2(t)y_m(\tau)] - E[x_2(t)]E[y_m(\tau)] \\ \vdots & & \\ E[x_n(t)y_1(\tau)] - E[x_n(t)]E[y_1(\tau)] & \ldots & E[x_n(t)y_m(\tau)] - E[x_n(t)]E[y_m(\tau)] \end{bmatrix}$$

definiert.

Für die weitere Betrachtung werden folgende Eigenschaften der Kovarianz verwendet:

1. Linearität: $\mathrm{cov}[\alpha x(t) + \beta z(t), y(\tau)] = \alpha\mathrm{cov}[x(t), y(\tau)] + \beta\mathrm{cov}[z(t), y(\tau)]$, für beliebige Konstanten α und β, denn

$$\begin{aligned} & E[(\alpha x_i(t) + \beta z_i(t)) \cdot y_j(\tau)] - E[\alpha x_i(t) + \beta z_i(t)]E[y_j(\tau)] \\ =\ & \alpha E[x_i(t)y_j(\tau)] + \beta E[z_i(t)y_j(\tau)] \\ -\ & (\alpha E[x_i(t)] + \beta E[z_i(t)])E[y_j(\tau)] \\ =\ & \alpha(E[x_i(t)y_j(\tau)] - E[x_i(t)]E[y_j(\tau)]) \\ +\ & \beta(E[z_i(t)y_j(\tau)] - E[z_i(t)]E[y_j(\tau)]) \end{aligned}$$

wobei wir die Linearität des Erwartungswertes (s. Anhang, Abschnitt A.3) verwendet haben.

2. gilt $E[x(t)] = 0$ oder $E[y(\tau)] = 0$, so ist offenbar

$$\mathrm{cov}[x(t), y(\tau)] = E[x(t)y^T(\tau)]$$

3. Sei $H(t)$ eine deterministische $k \times n$-Matrix und $S(\tau)$ eine ebenfalls deterministische $r \times m$-Matrix, dann

$$\text{cov}[H(t)x(t), y(\tau)] = H(t)\text{cov}[x(t), y(\tau)]$$

und

$$\text{cov}[x(t), S(\tau)y(\tau)] = \text{cov}[x(t), y(\tau)]S^T(\tau)$$

Des weiteren nehmen wir an, dass $w(t)$ und $v(t)$ unabhängige Zufallsprozesse mit

$$
\begin{aligned}
\text{cov}[w(t), w(\tau)] &= Q(t)\delta(t - \tau) \\
\text{cov}[v(t), v(\tau)] &= R(t)\delta(t - \tau) \\
\text{cov}[w(t), v(\tau)] &= 0 \\
\text{cov}[w(t), z(t_0)] &= 0 \\
\text{cov}[z(t_0), v(\tau)] &= 0
\end{aligned}
$$

für alle t, τ. Aus Bequemlichkeit (insbesondere im Zusammenhang mit Integralen) verwenden wir hier die technische Schreibweise der δ-Funktion. $Q(t)$ und $R(t)$ sind symmetrische nicht-negativ definite $m \times m$- bzw. $p \times p$-Matrizen, beide stetig differenzierbar nach t. $R(t)$ wird zudem als positiv definit für alle t angenommen. Insbesondere sind $w(t)$ und $w(\tau)$ unkorreliert für $t \neq \tau$, und es gilt

$$\int_{t_0}^{t} H(\tau)R(\sigma)\delta(\sigma - \tau)d\tau = H(\sigma)R(\sigma)$$

für $t_0 \leq \sigma \leq t$ und $H(\tau)$ stetige $n \times n$-Matrix.

Gegeben sei die beobachtete Ausgangsgröße $y(\tau)$ für $t_0 \leq \tau \leq t$, gesucht ist eine optimale Zustandsschätzung der Form

$$\hat{z}(t_1) = \int_{t_0}^{t} K(t_1, \tau)y(\tau)d\tau$$

mit $t_1 \geq t$, wobei $K(t_1, \tau)$ eine $n \times p$-Matrixfunktion ist, deren Komponenten stetig differenzierbar nach beiden Argumenten sind. Offenbar folgt aus dem Ansatz unmittelbar $\hat{z}(t_0) = 0$. Die Zustandsschätzung (und damit die Matrix $K(t_1, \tau)$) soll so gewählt sein, dass der quadratische Fehler

$$E[\,\|z(t_1) - \hat{z}(t_1)\|^2\,]$$

minimal wird. Hierbei wird noch gefordert, dass $E[\hat{z}(t_1)] = E[z(t_1)]$, d.h. die Schätzung soll erwartungstreu sein.

Für die weitere Betrachtung benötigen wir das folgende wohlbekannte Projektionslemma:

Satz 8.9.2   *Sei V ein Vektorraum ausgestattet mit einem Skalarprodukt,*

*bezeichnet mit $(\cdot, \cdot)$, U ein Teilraum von V und $x \in V \backslash U$. Wenn es ein $u_0 \in U$
gibt mit*

$$(x - u_0, u) = 0 \ \text{für alle } u \in U$$

dann gilt

$$\|x - u\|^2 = \|x - u_0\|^2 + \|u_0 - u\|^2 \ \text{für alle } u \in U$$

*wobei die Norm durch $\|x\| = \sqrt{(x, x)}$ für alle $x \in V$ definiert ist. Insbesondere
hat dann u_0 den kürzesten Abstand zu x unter allen $u \in U$.*

Sei nun umgekehrt $\|x - u\|^2 > \|x - u_0\|^2$ für alle $u \in U$ mit $u \neq u_0$, dann gilt

$$(x - u_0, u) = 0 \ \text{für alle } u \in U$$

Beweis: Es gilt:

$$
\begin{aligned}
\|x - u\|^2 &= (\{x - u_0\} + \{u_0 - u\}, \{x - u_0\} + \{u_0 - u\}) \\
&= \|x - u_0\|^2 + 2 \underbrace{(x - u_0, u_0 - u)}_{0} + \|u_0 - u\|^2
\end{aligned}
$$

Sei umgekehrt angenommen, es gibt ein $u_1 \in U$ mit $(x - u_0, u_1) = \alpha \neq 0$, dann

$$\|x - u_0 - \beta u_1\|^2 = \|x - u_0\|^2 - 2\beta \underbrace{(x - u_0, u_1)}_{\alpha} + \beta^2 \|u_1\|^2$$

Für geeignete Wahl von β ist der Ausdruck $-2\beta \cdot \alpha + \beta^2 \|u_1\|^2$ aber negativ, im Widerspruch zur Optimalität von u_0.
□

Definition 8.9.3 *Sei F eine $n \times n$-Matrix dann ist die Spur von F definiert durch
die Summe der Hauptdiagonalelemente:*

$$\text{spur}(F) = \sum_{j=1}^{n} F_{jj}$$

Satz 8.9.4 *Sei B eine $n \times p$-Matrix und sei $\text{spur}(B \cdot B^T) = 0$, dann gilt:*
$B = 0$.

Beweis: Sei $F = \underbrace{B}_{n \times p} \cdot \underbrace{B^T}_{p \times n}$, dann gilt

$$F_{jj} = \langle B^j, B_j^T \rangle = \langle B^j, B^j \rangle = \|B^j\|^2$$

wobei B^j die j-te Zeile von B und B_j^T die j-te Spalte von B^T, ferner $\langle \cdot, \cdot \rangle$ das Skalarprodukt im $\mathbb{R}^n$ und $\| \cdot \|$ die entsprechende Euklidische Norm bezeichnet. Damit bekommen wir

$$0 = \operatorname{spur}(B \cdot B^T) = \sum_{j=1}^{n} \| B^j \|^2$$

also $\| B^j \|^2 = 0$ für $j = 1, ..., n$, d.h. B ist die Nullmatrix.
$\square$

Der folgende Satz liefert eine Charakterisierung der optimalen Zustandsschätzung.

Satz 8.9.5   *Folgende Aussagen sind äquivalent*

1. $\hat{z}(t_1) = \int_{t_0}^{t} K(t_1, \tau) y(\tau) d\tau$ ist beste Zustandsschätzung

2. $\operatorname{cov}[z(t_1), y(\sigma)] = \int_{t_0}^{t} K(t_1, \tau) \operatorname{cov}[y(\tau), y(\sigma)] d\tau$

3. $\operatorname{cov}[z(t_1) - \hat{z}(t_1), y(\sigma)] = 0$

für $t_0 \leq \sigma \leq t$ bis auf eine Menge vom Maß Null.

Beweis: Der Beweis des Satzes benutzt das obige Projektionslemma 8.9.2: Der Vektorraum V ist gegeben durch die Zufallsvektoren mit n Komponenten, das Skalarprodukt in V durch

$$(x, y) := E[\langle x(t_1), y(t_1) \rangle]$$

(wobei $\langle \cdot, \cdot \rangle$ das Skalarprodukt im $\mathbb{R}^n$ bezeichnet). Der Teilraum U besteht aus den Zufallsvektoren $u(t_1) = \int_{t_0}^{t} D(t_1, \sigma) y(\sigma) d\sigma$, wobei $D(t_1, \sigma)$ eine beliebige integrierbare $n \times p$-Matrix ist. Dass U ein Teilraum ist, ergibt sich unmittelbar aus folgender Betrachtung: sei $u_1(t_1) = \int_{t_0}^{t} D_1(t_1, \sigma) y(\sigma) d\sigma$ und $u_2(t_1) = \int_{t_0}^{t} D_2(t_1, \sigma) y(\sigma) d\sigma$, dann gilt:

$$\alpha u_1(t_1) + \beta u_2(t_1) = \int_{t_0}^{t} (\alpha D_1(t_1, \sigma) + \beta D_2(t_1, \sigma)) y(\sigma) d\sigma$$

Wir zeigen nun
3. $\Rightarrow$ 1.: Es gilt:

$$
\begin{aligned}
(x - u_0, u) &= E[\langle z(t_1) - \hat{z}(t_1), u(t_1) \rangle] \\
&= E[\langle z(t_1) - \hat{z}(t_1), \int_{t_0}^{t} D(t_1, \sigma) y(\sigma) d\sigma \rangle] \\
&= \sum_{j=1}^{n} E[r_j(t_1) \cdot \int_{t_0}^{t} \sum_{k=1}^{p} D_{jk}(t_1, \sigma) y_k(\sigma) d\sigma]
\end{aligned}
$$

mit $r(t_1) = z(t_1) - \hat{z}(t_1)$. Wir bekommen dann

$$(x - u_0, u) = \sum_{j=1}^{n} E[r_j(t_1) \cdot u_j(t_1)] = \int_{t_0}^{t} \sum_{j=1}^{n} \sum_{k=1}^{p} D_{jk}(t_1, \sigma) E[r_j(t_1) \cdot y_k(\sigma)] d\sigma$$

Sei nun $F := \text{cov}[r(t_1), y(\sigma)] \cdot D^T(t_1, \sigma)$ und damit wegen $E[r(t_1)] = 0$

$$F_{jj} = \sum_{k=1}^{p} E[r_j(t_1) \cdot y_k(\sigma)] D_{kj}^T(t_1, \sigma) d\sigma$$

so erhalten wir:

$$(x - u_0, u) = \int_{t_0}^{t} \sum_{j=1}^{n} F_{jj} d\sigma = \int_{t_0}^{t} \text{spur}\left(\text{cov}[r(t_1), y(\sigma)] D^T(t_1, \sigma)\right) d\sigma$$

Gilt nun 3., so folgt $(x - u_0, u) = 0$, nach dem Projektionslemma 8.9.2 also 1.

1. $\Rightarrow$ 3.: Setzt man nun $D(t_1, \sigma) = \text{cov}[r(t_1), y(\sigma)]$, so folgt aus 1.:

$$0 = (x - u_0, u) = \int_{t_0}^{t} \sum_{j=1}^{n} F_{jj} d\sigma = \int_{t_0}^{t} \underbrace{\text{spur}\left(D(t_1, \sigma) D^T(t_1, \sigma)\right)}_{\geq 0} d\sigma$$

und damit spur $\left(D(t_1, \sigma) D^T(t_1, \sigma)\right) = 0$ für $t_0 \leq \sigma \leq t$ bis auf eine Menge vom Maß Null. Nach Lemma 8.9.4 gilt dann aber $D(t_1, \sigma) = \text{cov}[r(t_1), y(\sigma)] = 0$, und damit 3.

Die Äquivalenz von 3. und 2. folgt unmittelbar aus der Linearität der Kovarianz:

$$\begin{aligned}
0 &= \text{cov}[z(t_1) - \hat{z}(t_1), y(\sigma)] = \text{cov}[z(t_1), y(\sigma)] - \text{cov}[\hat{z}(t_1), y(\sigma)] \\
&= \text{cov}[z(t_1), y(\sigma)] - \int_{t_0}^{t} K(t_1, \tau) \text{cov}[y(\tau), y(\sigma)] d\tau
\end{aligned}$$

□

Folgerung: Mit $r(t_1) = z(t_1) - \hat{z}(t_1)$ gilt

$$\text{cov}[r(t_1), \hat{z}(t_1)] = 0 \tag{8.5}$$

Beweis: Multipliziert man (3) in Satz 8.9.5 von rechts mit $K^T(t_1, \sigma)$ und integriert nach σ, so erhält man

$$\begin{aligned}
0 &= \int_{t_0}^{t} \text{cov}[z(t_1) - \hat{z}(t_1), y(\sigma)] K^T(t_1, \sigma) d\sigma \\
&= \int_{t_0}^{t} \text{cov}[z(t_1) - \hat{z}(t_1), K(t_1, \sigma) y(\sigma)] d\sigma \\
&= \text{cov}\left[z(t_1) - \hat{z}(t_1), \int_{t_0}^{t} K(t_1, \sigma) y(\sigma) d\sigma\right] = \text{cov}[z(t_1) - \hat{z}(t_1), \hat{z}(t_1)]
\end{aligned}$$

□

Die im folgenden Lemma zusammengefassten Identitäten werden für die weitere Rechnung benötigt:

Lemma 8.9.6   *Es gilt:*

1. $\text{cov}[w(t), z(\sigma)] = 0$ *für* $\sigma < t$

2. $\text{cov}[z(t), v(\sigma)] = 0$

3. $\text{cov}[v(t), z(\sigma)] = 0$

4. $\text{cov}[y(t), y(\sigma)] = C(t)\text{cov}[z(t), y(\sigma)] + R(t)\delta(t - \sigma)$

Dabei gelten die 3 letzten Aussagen für beliebige t, σ.

Beweis: Es gilt mit der Übergangsmatrix $\Phi(\sigma, \tau)$ (s. Anhang A.4):

$$\text{cov}[w(t), z(\sigma)] = \text{cov}[w(t), \Phi(\sigma, t_0)z(t_0) + \int_{t_0}^{\sigma} \Phi(\sigma, \tau)G(\tau)w(\tau)d\tau]$$

$$= \underbrace{\text{cov}[w(t), z(t_0)]}_{0}\Phi(\sigma, t_0)^T + \int_{t_0}^{\sigma}\underbrace{\text{cov}[w(t), w(\tau)]}_{Q(t)\delta(t-\tau)}(\Phi(\sigma, \tau)G(\tau))^T d\tau = 0$$

und entsprechend:

$$\text{cov}[z(t), v(\sigma)] = \text{cov}[\Phi(t, t_0)z(t_0) + \int_{t_0}^{t} \Phi(t, \tau)G(\tau)w(\tau)d\tau, v(\sigma)]$$

$$= \Phi(t, t_0)\underbrace{\text{cov}[z(t_0), v(\sigma)]}_{0} + \int_{t_0}^{t} \Phi(t, \tau)G(\tau)\underbrace{\text{cov}[w(\tau), v(\sigma)]}_{0} d\tau = 0$$

Im Prinzip genauso erhält man die dritte Gleichung. Schließlich

$$\text{cov}[y(t), y(\sigma)] = \text{cov}[C(t)z(t) + v(t), y(\sigma)]$$

$$= C(t)\text{cov}[z(t), y(\sigma)] + \underbrace{\text{cov}[v(t), z(\sigma)]}_{0}C^T(\sigma) + \text{cov}[v(t), v(\sigma)]$$

$$= C(t)\text{cov}[z(t), y(\sigma)] + R(t)\delta(t - \sigma)$$

□

Nach den voraufgegangenen Vorbereitungen sind wir nunmehr in der Lage, die erste Grundgleichung für das Kalman-Filter aufzustellen.

Satz 8.9.7   *Mit den Bezeichnungen $K(t) := K(t, t)$, $P(t) := \text{cov}[r(t), r(t)]$ und $r(t) = z(t) - \hat{z}(t)$ erhalten wir*

$$K(t) = P(t)C(t)^T R^{-1}(t)$$

Beweis: Es gilt nach 2. in Satz 8.9.5 für $\sigma \leq t$:

$$\text{cov}[z(t), y(\sigma)] = \int_{t_0}^{t} K(t, \tau) \text{cov}[y(\tau), y(\sigma)] d\tau$$

Ferner mit $x(\tau) = C(\tau)z(\tau)$

$$\text{cov}[y(\tau), y(\sigma)] = \text{cov}[x(\tau) + v(\tau), x(\sigma) + v(\sigma)]$$
$$= \text{cov}[x(\tau), x(\sigma)] + C(\tau) \underbrace{\text{cov}[z(\tau), v(\sigma)]}_{0} + \underbrace{\text{cov}[v(\tau), z(\sigma)]}_{0} C^T(\sigma)$$
$$+ \underbrace{\text{cov}[v(\tau), v(\sigma)]}_{R(\sigma)\delta(\sigma-\tau)}$$

Also

$$\text{cov}[z(t), y(\sigma)] = \text{cov}[z(t), x(\sigma)] + \underbrace{\text{cov}[z(t), v(\sigma)]}_{0}$$

andererseits

$$\text{cov}[z(t), y(\sigma)] = \int_{t_0}^{t} K(t, \tau) \left(\text{cov}[x(\tau), x(\sigma)] + R(\sigma)\delta(\sigma - \tau)\right) d\tau$$

und damit

$$\text{cov}[z(t), x(\sigma)] = \int_{t_0}^{t} K(t, \tau) \text{cov}[x(\tau), x(\sigma)] d\tau + K(t, \sigma)R(\sigma)$$

Für $\sigma = t$ bekommen wir dann

$$K(t, t)R(t) = \text{cov}[z(t), x(t)] - \int_{t_0}^{t} K(t, \tau) \text{cov}[x(\tau), x(t)] d\tau \qquad (8.6)$$

Nun gilt:

$$\text{cov}[r(t), x(t)] = \text{cov}[z(t) - \hat{z}(t), x(t)] = \text{cov}[z(t), x(t)] - \text{cov}[\hat{z}(t), x(t)]$$

und wir erhalten

$$\text{cov}[\hat{z}(t), x(t)] = \text{cov}[\int_{t_0}^{t} K(t, \tau)y(\tau)d\tau, x(t)] = \int_{t_0}^{t} K(t, \tau)\text{cov}[y(\tau), x(t)]d\tau$$

Wegen

$$\text{cov}[y(\tau), x(t)] = \text{cov}[x(\tau), x(t)] + \underbrace{\text{cov}[v(\tau), z(t)]}_{0} C^T(t)$$

folgt

$$\text{cov}[\hat{z}(\tau), x(t)] = \int_{t_0}^{t} K(t, \tau)\text{cov}[x(\tau), x(t)]d\tau \qquad (8.7)$$

Es folgt mit den Gleichungen 8.6 und 8.7:

$$K(t,t)R(t) = \text{cov}[z(t), x(t)] - \text{cov}[\hat{z}(t), x(t)] = \text{cov}[r(t), x(t)]$$
$$= \text{cov}[r(t), z(t)]C^T(t)$$

Mit

$$P(t) = \text{cov}[r(t), r(t)] = \text{cov}[r(t), z(t) - \hat{z}(t)] = \text{cov}[r(t), z(t)]$$
$$- \underbrace{\text{cov}[r(t), \hat{z}(t)]}_{0}$$

(unter Benutzung von 8.5) bekommen wir dann $K(t,t)R(t) = P(t)C^T(t)$, mit der Bezeichnung $K(t) := K(t,t)$ also

$$K(t) = P(t)C^T(t)R^{-1}(t)$$

$\square$

Als weiteres Hilfsmittel benötigen wir folgende wohlbekannte Tatsache

Lemma 8.9.8 *Sei $g(t, \tau)$ stetig partiell differenzierbar nach t und stetig in τ, dann gilt*

$$\frac{d}{dt} \int_{t_0}^{t} g(t, \tau) d\tau = g(t, t) + \int_{t_0}^{t} \frac{\partial}{\partial t} g(t, \tau) d\tau$$

Beweis: Nach der Kettenregel gilt

$$\frac{d}{dt} F(u(t), v(t)) = \frac{\partial}{\partial u} F(u(t), v(t)) u'(t) + \frac{\partial}{\partial v} F(u(t), v(t)) v'(t)$$

Sei nun

$$F(u(t), v(t)) = \int_{t_0}^{u(t)} g(v(t), \tau) d\tau$$

dann

$$\frac{\partial}{\partial u} F(u(t), v(t)) = g(v(t), u(t))$$

und

$$\frac{\partial}{\partial v} F(u(t), v(t)) = \int_{t_0}^{u(t)} \frac{\partial}{\partial v} g(v(t), \tau) d\tau$$

insgesamt also :

$$\frac{d}{dt} F(u(t), v(t)) = g(v(t), u(t)) u'(t) + \left(\int_{t_0}^{u(t)} \frac{\partial}{\partial v} g(v(t), \tau) d\tau \right) v'(t)$$

und mit $u(t) = v(t) = t$ die Behauptung. $\square$

Der folgende Satz wird uns in die Lage versetzen, die Differentialgleichungen für Zustandsschätzung und Schätzfehler herzuleiten.

Satz 8.9.9   *Sei insbesondere $t_1 = t$ und sei $\mathrm{cov}[z(t), y(\sigma)]$ partiell differenzierbar nach t. Sei ferner $\sigma < t$, dann gilt*

$$\int_{t_0}^t (A(t)K(t,\tau) - K(t,t)C(t)K(t,\tau) - \frac{\partial}{\partial t}K(t,\tau))\mathrm{cov}[y(\tau), y(\sigma)]d\tau = 0$$

Beweis: Vertauschung von Differentiation und Erwartungswert liefert

$$
\begin{aligned}
\frac{\partial}{\partial t}\mathrm{cov}[z(t), y(\sigma)] &= \mathrm{cov}[\frac{d}{dt}z(t), y(\sigma)] = \mathrm{cov}[A(t)z(t) + G(t)w(t), y(\sigma)] \\
&= A(t)\mathrm{cov}[z(t), y(\sigma)] + G(t)\mathrm{cov}[w(t), y(\sigma)] \\
&= A(t)\mathrm{cov}[z(t), y(\sigma)] + G(t)\underbrace{\mathrm{cov}[w(t), z(\sigma)]}_{0}C^T(\sigma) \\
&+ G(t)\underbrace{\mathrm{cov}[w(t), v(\sigma)]}_{0}
\end{aligned}
$$

Wir erhalten mit 3. aus Satz 8.9.5

$$\frac{\partial}{\partial t}\mathrm{cov}[z(t), y(\sigma)] = A(t)\mathrm{cov}[z(t), y(\sigma)] = A(t)\mathrm{cov}[\hat{z}(t), y(\sigma)]$$

$$= A(t)\int_{t_0}^t K(t,\tau)\mathrm{cov}[y(\tau), y(\sigma)]d\tau$$

Andererseits gilt mit 2. aus Satz 8.9.5 und 4. aus Lemma 8.9.6

$$\frac{\partial}{\partial t}\text{cov}[z(t), y(\sigma)] = \frac{\partial}{\partial t}\text{cov}[\hat{z}(t), y(\sigma)]$$

$$= \frac{\partial}{\partial t}\int_{t_0}^{t} K(t,\tau)\text{cov}[y(\tau), y(\sigma)]d\tau$$

$$= K(t,t)\text{cov}[y(t), y(\sigma)] + \int_{t_0}^{t}\frac{\partial}{\partial t}K(t,\tau)\text{cov}[y(\tau), y(\sigma)]d\tau$$

$$= K(t,t)(C(t)\text{cov}[z(t), y(\sigma)] + \underbrace{R(t)\delta(t-\sigma))}_{0}$$

$$+ \int_{t_0}^{t}\frac{\partial}{\partial t}K(t,\tau)\text{cov}[y(\tau), y(\sigma)]d\tau$$

$$= K(t,t)C(t)\int_{t_0}^{t}K(t,\tau)\text{cov}[y(\tau), y(\sigma)]d\tau$$

$$+ \int_{t_0}^{t}\frac{\partial}{\partial t}K(t,\tau)\text{cov}[y(\tau), y(\sigma)]d\tau$$

insgesamt also

$$\int_{t_0}^{t}\left(A(t)K(t,\tau) - K(t,t)C(t)K(t,\tau) - \frac{\partial}{\partial t}K(t,\tau)\right)\text{cov}[y(\tau), y(\sigma)]d\tau = 0$$

$\square$

Diese Gleichung ist sicher erfüllt, wenn die optimale Matrix $K(t,\tau)$ Lösung der Differentialgleichung

$$A(t)K(t,\tau) - K(t,t)C(t)K(t,\tau) - \frac{\partial}{\partial t}K(t,\tau) = 0 \qquad (8.8)$$

für alle Werte von τ mit $t_0 \leq \tau \leq t$ ist.

Satz 8.9.10   *Wenn Gleichung 8.8 erfüllt ist, erhalten wir für die Zustandsschätzung das linear inhomogene Differentialgleichungssystem*

$$\frac{d}{dt}\hat{z}(t) = (A(t) - K(t)C(t))\hat{z}(t) + K(t)y(t)$$

und für die Abweichung $r(t) = z(t) - \hat{z}(t)$ von Zustand zu Zustandsschätzung
:

$$\frac{d}{dt}r(t) = (A(t) - K(t)C(t))r(t) - K(t)v(t) + G(t)w(t)$$

Beweis: Differenzieren wir die Gleichung $\hat{z}(t) = \int_{t_0}^t K(t,\tau)y(\tau)d\tau$ nach t, so erhalten wir

$$\frac{d}{dt}\hat{z}(t) = \int_{t_0}^t \frac{\partial}{\partial t}K(t,\tau)y(\tau)d\tau + K(t,t)y(t)$$

Mit Gleichung 8.8 bekommen wir

$$\frac{\partial}{\partial t}K(t,\tau) = A(t)K(t,\tau) - K(t,t)C(t)K(t,\tau)$$

also

$$\begin{aligned}
\frac{d}{dt}\hat{z}(t) &= \int_{t_0}^t (A(t)K(t,\tau) - K(t,t)C(t)K(t,\tau))y(\tau)d\tau + K(t,t)y(t) \\
&= A(t)\underbrace{\int_{t_0}^t K(t,\tau)y(\tau)d\tau}_{\hat{z}(t)} - K(t,t)C(t)\underbrace{\int_{t_0}^t K(t,\tau)y(\tau)d\tau}_{\hat{z}(t)} + K(t,t)y(t)
\end{aligned}$$

Mit der Bezeichnung $K(t) := K(t,t)$ und Umordnung der Terme folgt der erste Teil der Behauptung.

Ziehen wir nun die Zustandsgleichung

$$\frac{d\,z(t)}{dt} = A(t)z(t) + G(t)w(t)$$

hinzu, so bekommen wir

$$\begin{aligned}
\frac{d}{dt}r(t) &= \frac{d}{dt}(z(t) - \hat{z}(t)) = A(t)(z(t) - \hat{z}(t)) + K(t)C(t)\hat{z}(t) \\
&\quad - K(t)\underbrace{(C(t)z(t) + v(t))}_{y(t)} + G(t)w(t) \\
&= (A(t) - K(t)C(t))r(t) - K(t)v(t) + G(t)w(t)
\end{aligned}$$

$\square$

Sei nun $\Psi(t,\tau)$ Übergangsmatrix für die beiden Differentialgleichungen in Satz 8.9.10, dann erhalten wir (s. Anhang, Abschnitt A.4)

$$r(t) = \int_{t_0}^t \Psi(t,\tau)(G(\tau)w(\tau) - K(\tau)v(\tau))d\tau + \Psi(t,t_0)r(t_0)$$

Für die zugehörige Kovarianzmatrix $P(t) = \mathrm{cov}[r(t), r(t)]$ erhalten wir dann zunächst:

Lemma 8.9.11

$$\begin{aligned}
P(t) &= \Psi(t,t_0)P(t_0)\Psi^T(t,t_0) \\
&\quad + \int_{t_0}^t \Psi(t,\tau)(G(\tau)Q(\tau)G^T(\tau) + K(\tau)R(\tau)K^T(\tau)) \cdot \Psi^T(t,\tau)d\tau
\end{aligned}$$

Beweis: Mit $E[r(t)] = 0$ nach Voraussetzung folgt:

$$
\begin{aligned}
P(t) &= E[r(t) \cdot r(t)^T] \\
&= \int_{t_0}^{t} \int_{t_0}^{t} \Psi(t,\tau) \text{cov}[G(\tau)w(\tau) - K(\tau)v(\tau), G(\sigma)w(\sigma) - K(\sigma)v(\sigma)] \cdot \Psi^T(t,\sigma) d\sigma d\tau \\
&+ \text{cov}[\Psi(t,t_0)r(t_0), \Psi(t,t_0)r(t_0)]
\end{aligned}
$$

denn die gemischten Terme verschwinden wegen $\text{cov}[w(\sigma), r(t_0)] = \text{cov}[v(\sigma), r(t_0)] = 0$. Ferner gilt

$$
\begin{aligned}
&\text{cov}[G(\tau)w(\tau) - K(\tau)v(\tau), G(\sigma)w(\sigma) - K(\sigma)v(\sigma)] \\
&= \text{cov}[G(\tau)w(\tau), G(\sigma)w(\sigma)] - \underbrace{\text{cov}[G(\tau)w(\tau), K(\sigma)v(\sigma)]}_{0} \\
&- \underbrace{\text{cov}[K(\tau)v(\tau), G(\sigma)w(\sigma)]}_{0} + \text{cov}[K(\tau)v(\tau), K(\sigma)v(\sigma)] \\
&= G(\tau)Q(\tau)\delta(\tau - \sigma)G^T(\sigma) + K(\tau)R(\tau)\delta(\tau - \sigma)K^T(\sigma)
\end{aligned}
$$

Damit wird aus der obigen Gleichung

$$
\begin{aligned}
P(t) &= \int_{t_0}^{t} \int_{t_0}^{t} \Psi(t,\tau)\{G(\tau)Q(\tau)\delta(\tau - \sigma)G^T(\sigma) \\
&+ K(\tau)R(\tau)\delta(\tau - \sigma)K^T(\sigma)\}\Psi^T(t,\sigma)d\sigma d\tau + \Psi(t,t_0)P(t_0)\Psi^T(t,t_0) \\
&= \Psi(t,t_0)P(t_0)\Psi^T(t,t_0) + \int_{t_0}^{t} \Psi(t,\tau)\{G(\tau)Q(\tau)G^T(\tau) \\
&+ K(\tau)R(\tau)K^T(\tau)\}\Psi^T(t,\tau)d\tau
\end{aligned}
$$

□

Für die Kovarianzmatrix erhält man dann folgende Matrix-Differentialgleichung vom Riccatischen Typ. Da $P(t)$ symmetrisch ist, sind wir natürlich an einer symmetrischen Lösung interessiert.

Satz 8.9.12

$$
\frac{d}{dt}P(t) = A(t)P(t) + P(t)A^T(t) - P(t)C^T(t)R^{-1}(t)C(t)P(t) + G(t)Q(t)G^T(t)
$$

Beweis: Sei $F(t) = A(t) - K(t)C(t)$ und $H(\tau) = G(\tau)Q(\tau)G^T(\tau) + K(\tau)R(\tau)K^T(\tau)$, dann $\frac{d}{dt}\Psi(t,t_0) = F(t)\Psi(t,t_0)$ und somit wegen $\Psi(t,t) = E$:

$$
\begin{aligned}
\frac{d}{dt}P(t) \;=\;& F(t)\Psi(t,t_0)P(t_0)\Psi^T(t,t_0) + \Psi(t,t_0)P(t_0)\Psi^T(t,t_0)F^T(t) + H(t) \\
+\;& F(t)\int_{t_0}^t \Psi(t,\tau)H(\tau)\Psi^T(t,\tau)d\tau \\
+\;& \int_{t_0}^t \Psi(t,\tau)H(\tau)\Psi^T(t,\tau)d\tau \; F^T(t)
\end{aligned}
$$

Fasst man nun den 1. und den 4. sowie den 2. und den 5. Term der rechten Seite gemäß Lemma 8.9.11 zusammen, so bekommt man

$$
\begin{aligned}
\frac{d}{dt}P(t) \;=\;& H(t) + F(t)P(t) + P(t)F^T(t) \\
=\;& G(t)Q(t)G^T(t) + K(t)R(t)K^T(t) + (A(t) - K(t)C(t))P(t) \\
+\;& P(t)(A^T(t) - C^T(t)K^T(t))
\end{aligned}
$$

Ersetzt man nun noch gemäß Satz 8.9.7 $K(t)$ durch $P(t)C^T(t)R^{-1}(t)$, so erhält man:

$$
\begin{aligned}
\frac{d}{dt}P(t) \;=\;& A(t)P(t) + P(t)A^T(t) - P(t)C^T(t)R^{-1}(t)C(t)P(t) \\
-\;& P(t)C^T(t)R^{-1}(t)C(t)P(t) + G(t)Q(t)G^T(t) \\
+\;& P(t)C^T(t)R^{-1}(t)R(t)R^{-1}(t)C(t)P^T(t)
\end{aligned}
$$

und damit die Behauptung.

□

Weitergehende Betrachtungen über die Riccatische Differentialgleichung finden sich z.B. in [12], siehe aber auch Satz 8.9.17 und anschließende Bemerkung.

Löst man die Differentialgleichung für $P(t)$ mit den Anfangsbedingungen $P(t_0) = \mathrm{cov}[z(t_0), z(t_0)]$, so lässt sich $K(t)$ mit Satz 8.9.7 bestimmen. Damit ist auch die rechte Seite der Differentialgleichung für $\hat{z}(t)$ in Satz 8.9.10 bekannt.

Spaltet man diese Differentialgleichung gemäß

$$
\begin{aligned}
\frac{d}{dt}\hat{z}(t) \;&=\; A(t)\hat{z}(t) + K(t)\tilde{y}(t) \\
\tilde{y}(t) \;&=\; y(t) - C(t)\hat{z}(t)
\end{aligned}
$$

auf, so erhält man mit $\hat{z}(t_1) = \Psi(t_1,t)\hat{z}(t)$ folgendes Blockschaltbild

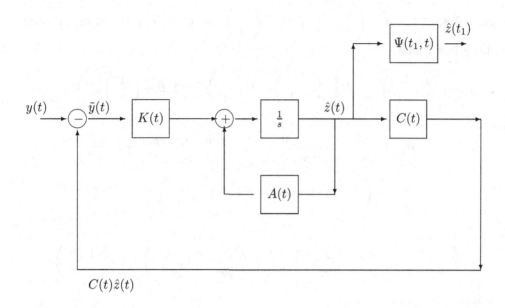

$$C(t)\hat{z}(t)$$

als Rückkopplungskonfiguration.

Beispiel 8.9.13   (vergl. [27]) Sei $n = 1$, $A(t) = G(t) = 0$ und $C(t) = 1$. Sei ferner $t_0 = 0$, $P(0) = \text{cov}[z(0)] = \sigma^2[z(0)] = 4$ und $R(t) = 2$, dann

$$\frac{dP(t)}{dt} = -\frac{1}{2}P^2(t) \text{ mit } P(0) = 4$$

Dieses Anfangswertproblem hat die Lösung

$$P(t) = \frac{4}{1 + 2t}$$

und damit

$$K(t) = \frac{2}{1 + 2t}$$

und wir erhalten für die Zustandsschätzung die Differentialgleichung

$$\frac{d\hat{z}(t)}{dt} = -\frac{2}{1 + 2t}\hat{z}(t) + \frac{2}{1 + 2t} \cdot y(t)$$

Die zugehörige Lösung lautet

$$\hat{z}(t) = \left(2 \int_0^t y(\tau)d\tau + \hat{z}(0)\right) \cdot \frac{1}{1 + 2t}$$

□

Beispiel 8.9.14 $A = \begin{pmatrix} 0 & 0 \\ 1 & -1 \end{pmatrix}$, $G = \begin{pmatrix} 1 \\ 0 \end{pmatrix}$ und $C = (0\ 1)$. Die Matrix-Riccati

Gleichung lautet dann

$$\dot{P} = \begin{pmatrix} 0 & 0 \\ 1 & -1 \end{pmatrix} P + P \begin{pmatrix} 0 & 1 \\ 0 & -1 \end{pmatrix} - P \begin{pmatrix} 0 \\ 1 \end{pmatrix} \frac{1}{r}(0\ 1)P + \begin{pmatrix} 1 \\ 0 \end{pmatrix} q(1\ 0)$$

Also

$$\dot{P} = \begin{pmatrix} 0 & 0 \\ p_{11} - p_{21} & p_{12} - p_{22} \end{pmatrix} + \begin{pmatrix} 0 & p_{11} - p_{12} \\ 0 & p_{21} - p_{22} \end{pmatrix}$$

$$- \begin{pmatrix} p_{12} \\ p_{22} \end{pmatrix} \cdot \frac{1}{r} \cdot (p_{21}\ p_{22}) + q \cdot \begin{pmatrix} 1 & 0 \\ 0 & 0 \end{pmatrix}$$

und damit

$$\dot{P} = \begin{pmatrix} 0 & p_{11} - p_{12} \\ p_{11} - p_{21} & 2p_{12} - 2p_{22} \end{pmatrix} - \frac{1}{r} \begin{pmatrix} p_{12}^2 & p_{12} \cdot p_{22} \\ p_{12} \cdot p_{22} & p_{22}^2 \end{pmatrix} + q \cdot \begin{pmatrix} 1 & 0 \\ 0 & 0 \end{pmatrix}$$

Wir erhalten

$$\dot{p}_{11} = -\frac{1}{r}p_{12}^2 + q$$

$$\dot{p}_{21} = p_{11} - p_{21} - \frac{1}{r}p_{12} \cdot p_{22}$$

$$\dot{p}_{22} = 2p_{12} - 2p_{22} - \frac{1}{r}p_{22}^2$$

Für die stationäre Lösung sind die Ableitungen gleich Null, und wir erhalten

$$p_{12} = \sqrt{r \cdot q}$$

$$p_{22} = -r + \sqrt{r^2 + 2r\sqrt{rq}}$$

$$p_{11} = \underbrace{p_{21}}_{p_{12}} + \frac{1}{r}p_{12}p_{22} = \sqrt{rq}(1 + \frac{1}{r}p_{22})$$

Schließlich

$$K = PC^T R^{-1} = \frac{1}{r}P \begin{pmatrix} 0 \\ 1 \end{pmatrix} = \frac{1}{r} \begin{pmatrix} P_{12} \\ p_{22} \end{pmatrix} = \begin{pmatrix} \sqrt{\frac{q}{r}} \\ -1 + \sqrt{1 + 2\sqrt{\frac{q}{r}}} \end{pmatrix}$$

□

Zur Lösung der Riccati Gleichung in der Form

$$\frac{d}{dt}P + PD + D^T P + PHP - F = 0$$

kann man ein lineares Matrix-Differentialgleichungssystem 1. Ordnung, die sog. Jacobi
Gleichung in kanonischer Form, heranziehen (s. [11]).

Definition 8.9.15 *Das System 1. Ordnung :*

$$\frac{d}{dt}Z = FY - D^T Z$$

$$\frac{d}{dt}Y = DY + HZ$$

*heißt Jacobi Gleichung in kanonischer Form. Das Lösungspaar (Z, Y) heißt selbst-adjungiert,
wenn $Z^T Y = Y^T Z$.*

Für den Beweis des darauffolgenden Satzes benötigen wir den

Satz 8.9.16 *Quotientenregel*

$$\frac{d}{dt}(A^{-1}(t)) = -A^{-1}(t)\frac{d}{dt}A(t)A^{-1}(t)$$

$$\frac{d}{dt}(F(t)A^{-1}(t)) = \frac{d}{dt}F(t)A^{-1}(t) - F(t)A^{-1}(t)\frac{d}{dt}A(t)A^{-1}(t)$$

$$\frac{d}{dt}(A^{-1}(t)F(t)) = A^{-1}(t)\frac{d}{dt}F(t) - A^{-1}(t)\frac{d}{dt}A(t)A^{-1}(t)F(t).$$

Beweis: Es gilt

$$0 = \frac{d}{dt}(I) = \frac{d}{dt}(A(t)A^{-1}(t)) = \frac{d}{dt}A(t)A^{-1}(t) + A(t)\frac{d}{dt}(A^{-1}(t)).$$

□

Satz 8.9.17 *Wenn die Jacobi Gleichung eine Lösung (Z, Y) besitzt derart,
dass $Y^T Z$ symmetrisch und Y invertierbar ist, dann ist $P := ZY^{-1}$ eine
symmetrische Lösung der Riccati Gleichung*

$$\frac{d}{dt}P + PD + D^T P + PHP - F = 0.$$

Beweis: Ist $Y^T Z$ symmetrisch, so ist $P := ZY^{-1}$ ebenfalls symmetrisch, denn

$$(Y^T)^{-1}(Y^T Z)Y^{-1} = ZY^{-1} = P.$$

Offenbar ist das Matrixprodukt auf der linken Seite symmetrisch und damit auch P.

P ist aber Lösung der Riccati Gleichung, denn nach der obigen Quotientenregel 8.9.16 gilt

$$\begin{aligned}
\frac{d}{dt}P &= \frac{d}{dt}ZY^{-1} - ZY^{-1}\frac{d}{dt}YY^{-1}\\
&= (FY - D^T Z)Y^{-1} - ZY^{-1}(DY + HZ)Y^{-1}\\
&= F - D^T P - PD - PHP.
\end{aligned}$$

$\square$

Für die Riccati-Gleichung in Satz 8.9.12 mit $D = -A^T$, $H = C^T R^{-1} C$ und $F = GQG^T$ lautet dann die kanonische Jacobi-Gleichung

$$\begin{aligned}
\frac{d}{dt}Z &= GQG^T Y + AZ\\
\frac{d}{dt}Y &= -A^T Y + C^T R^{-1} CZ
\end{aligned}$$

Bemerkung: Sind $A(t)$, $G(t)$, $C(t)$, $Q(t)$ und $R^{-1}(t)$ stetig für alle $t \geq t_0$, dann existiert die Lösung $(Z(t), Y(t))$ der obigen Jacobi Gleichung bei geeignet gewählten Anfangsbedingungen für alle $t \geq t_0$. Ist dann $Y^T(t)Z(t)$ symmetrisch und $Y(t)$ invertierbar für alle $t \geq t_0$, dann ist $P(t) := Z(t)Y^{-1}(t)$ die symmetrische Lösung der Riccati Gleichung

$$\frac{d}{dt}P(t) = A(t)P(t) + P(t)A^T(t) - P(t)C^T(t)R^{-1}(t)C(t)P(t) + G(t)Q(t)G^T(t)$$

mit der Anfangsbedingung $P(t_0) = P_0 = Z(t_0)Y^{-1}(t_0)$, denn nach dem globalen Existenz- und Eindeutigkeitssatz von Picard-Lindelöf, angewendet auf lineare Differentialgleichungssysteme, existiert die Lösung $(Z(t), Y(t))$ der Jacobi Gleichung für alle $t \geq t_0$.

Beispiel 8.9.18 Sei $A(t) = a$, $G(t) = 1$, $C(t) = 1$, $Q(t) = q$, $R(t) = r$, dann lauten die kanonischen Gleichungen:

$$\begin{aligned}
\frac{d}{dt}Z &= qY + aZ\\
\frac{d}{dt}Y &= -aY + \frac{1}{r}Z
\end{aligned}$$

oder in Matrixform: $\frac{d}{dt}\begin{pmatrix} Z \\ Y \end{pmatrix} = \begin{pmatrix} a & q \\ \frac{1}{r} & -a \end{pmatrix}\begin{pmatrix} Z \\ Y \end{pmatrix}$. Das charakteristische Polynom

lautet $\begin{vmatrix} a - \lambda & q \\ \frac{1}{r} & -a - \lambda \end{vmatrix} = -(a^2 - \lambda^2) - \frac{q}{r} = \lambda^2 - (a^2 + \frac{q}{r})$ mit den Eigenwerten $\lambda_1 = $

$\sqrt{a^2 + \frac{q}{r}}$ und $\lambda_2 = -\sqrt{a^2 + \frac{q}{r}}$. Die zugehörigen Eigenvektoren lauten $\begin{pmatrix} r(a + \lambda_1) \\ 1 \end{pmatrix}$

bzw. $\begin{pmatrix} r(a+\lambda_2) \\ 1 \end{pmatrix}$ und damit die Gesamtlösung der kanonischen Gleichung

$$\begin{pmatrix} Z \\ Y \end{pmatrix} = c_1 \begin{pmatrix} r(a+\lambda_1) \\ 1 \end{pmatrix} \cdot e^{\lambda_1 t} + c_2 \begin{pmatrix} r(a+\lambda_2) \\ 1 \end{pmatrix} \cdot e^{\lambda_2 t}$$

Wählen wir nun $c_1 = 1$ und $c_2 = 0$, so bekommen wir als (stationäre) Lösung der Riccatigleichung: $P(t) = Z(t) \cdot Y^{-1}(t) = r(a + \lambda_1) = r(a + \sqrt{a^2 + \frac{q}{r}})$ und damit

$$K(t) = P(t)C^T(t)R^{-1}(t) = a + \sqrt{a^2 + \frac{q}{r}}$$

Wählt man hingegen $c1 = c_2 = 1$, so bekommt man für $t_0 = 0 \le t$:

$$P(t) = \frac{r(a + \sqrt{a^2 + \frac{q}{r}})e^{\sqrt{a^2 + \frac{q}{r}}t} + r(a - \sqrt{a^2 + \frac{q}{r}})e^{-\sqrt{a^2 + \frac{q}{r}}t}}{e^{\sqrt{a^2 + \frac{q}{r}}t} + e^{-\sqrt{a^2 + \frac{q}{r}}t}}$$

mit $\lim_{t\to\infty} P(t) = r(a + \sqrt{a^2 + \frac{q}{r}})$, der stationären Lösung.

Setzt man $k_1 := a + \sqrt{a^2 + \frac{q}{r}}$ und $k_2 := a - \sqrt{a^2 + \frac{q}{r}}$, so bekommt man für die Wahl $c_1 = -k_2^2$ und $c_2 = k_1^2$

$$\begin{aligned}
P(t) &= \frac{-k_2^2 r(a + \sqrt{a^2 + \frac{q}{r}})e^{\sqrt{a^2 + \frac{q}{r}}t} + k_1^2 r(a - \sqrt{a^2 + \frac{q}{r}})e^{-\sqrt{a^2 + \frac{q}{r}}t}}{-k_2^2 e^{\sqrt{a^2 + \frac{q}{r}}t} + k_1^2 e^{-\sqrt{a^2 + \frac{q}{r}}t}} \\
&= q\frac{k_2 e^{\sqrt{a^2 + \frac{q}{r}}t} - k_1 e^{-\sqrt{a^2 + \frac{q}{r}}t}}{-k_2^2 e^{\sqrt{a^2 + \frac{q}{r}}t} + k_1^2 e^{-\sqrt{a^2 + \frac{q}{r}}t}}
\end{aligned}$$

Diese Lösung ist als Shinbrots Formel (s. [9]) bekannt. Auch hier gilt $\lim_{t\to\infty} P(t) = \frac{q \cdot k_2}{-k_2^2} = r(a + \sqrt{a^2 + \frac{q}{r}})$, ferner $P(0) = -\frac{q}{2a}$, wobei Shinbrot $a < 0$ annimmt ($P(t)$ muss stets nicht-negativ sein !).

$\square$

Bemerkung In [27] und [12] werden Zustandsgleichungen der Form

$$\frac{d\, z(t)}{dt} = A(t)z(t) + B(t)u(t) + G(t)w(t)$$

wobei $u(t)$ die Bedeutung einer (deterministischen) Steuergröße besitzt. Gegenüber userer bisherigen Betrachtung ist die rechte Seite der stochastischen Differentialgleichung um die Inhomogenität $B(t)u(t)$ erweitert. Die obigen Autoren erhalten dann (auf unterschiedliche Weise) für die Zustandsschätzung die ebenfalls um die Inhomogenität $B(t)u(t)$ erweiterte stochastische Differentialgleichung

$$\frac{d}{dt}\hat{z}(t) = (A(t) - K(t)C(t))\hat{z}(t) + B(t)u(t) + K(t)y(t)$$

Die Differentialgleichung für den Schätzfehler $r(t) = z(t) - \hat{z}(t)$ in Satz 8.9.10, die Riccatische Differentialgleichung für $P(t) = \text{cov}[r(t), r(t)]$ in Satz 8.9.12 und die Gleichung für $K(t) = P(t)C(t)^T R^{-1}(t)$ in Satz 8.9.7 bleiben hingegen unverändert.

8.10 Zusammenfassung und Aufgaben

8.10.1 Zusammenfassung

- Stochastischer Prozess schwach stationär (s. Definition 8.2.2): Erwartungswert $\mu_X(t)$ zeitunabhängig u. Autokorrelation hängt nur von Zeitdifferenz ab

- Autokorrelation: $R_X(\tau) = E[X_{t+\tau} \cdot X_t]$ mit den Eigenschaften:

    1. $R_X(\tau)$ gerade
    2. $|R_X(\tau)| \leq R_X(0)$

- Spektrale Leistungsdichte: $S_X(f) = \mathcal{F}\{R_X(\tau)\}$

- Leistung: $\lambda_X = \int_{-\infty}^{\infty} S_X(f)df = R_X(0)$

- LTI-System mit Impulsantwort $g(t)$:

    1. $R_Y(\tau) = r_g(\tau) * R_X(\tau)$
    2. $S_Y(f) = |H(f)|^2 \cdot S_X(f)$
    3. Erwartungswerte: $\mu_Y = \mu_X \cdot m_g$

- Stochastischer Prozess ergodisch:
  $R_X(\tau) = \lim_{T \to \infty} \frac{1}{2T} \int_{-T}^{T} x(t+\tau)x(t)\, dt$
  für beliebige Realisierung $x(t) = X_\omega(t)$

- Weißes Rauschen: (s. Abschnitt 8.4) $C_X(\tau) = c \cdot \delta_0$ mit $c > 0$

- Formfilter: Zu einem Zufallsprozess mit vorgegebener Autokorrelationsfunktion $R_R(\tau)$ und rationaler spektraler Leistungsdichte $S_R(f) = F\{R_R(\tau)\}$ kann man ein sogenanntes Formfilter entwerfen, das aus weißem Rauschen als Eingangsprozess einen entsprechenden Ausgangsprozess generiert:
  es gibt rationale Funktion $H(s)$ mit Polen in der offenen linken Halbebene, so dass

$$|H(j2\pi f)|^2 = S_R(f)$$

  Übertragungsfunktion des Formfilters $G_F(s) = H(s)$ (s. Satz 8.5.4)

- Optimales Suchfilter (Matched Filter):
  zu $x(t)$ gehöriges Ausgangssignal $y(t)$, Eingangsstörung $n(t)$, Ausgangsstörung $\tilde{n}(t)$, $y(t_0)$ Maximalwert von $y(t)$:
  dann maximiere

$$Q = \frac{|y(t_0)|^2}{E[\tilde{N}^2]} = \max$$

  über alle Übertragungsfunktionen

1. Lösung bei Weißem Rauschen (s. Satz 8.6.1): Sei $x_0(t) = 0$ für $t \notin [0, T]$ dann Impulsantwort des opt. Suchfilters $g(t) = K\, x_0(T - t)$ verschobener Impuls $x(t) = x_0(t - t_1)$, Ausgangssignal $y(t) = x(t) * g(t)$ dann gilt:

   a) $\max_{t \in \mathbb{R}} |y(t)| = y(t_0)$ mit $t_0 = t_1 + T$

   b) $g(t) = K\, x(t_0 - t)$

   c) $y(t_0) = K\, \eta_x$ mit η_x Leistung von $x(t)$

   d) Übertragungsfunktion des opt. Suchfilters:

   $$G(j2\pi f) = K \cdot \bar{X}(f)\, e^{-j2\pi f t_0} = K \cdot \bar{X}_0(f)\, e^{-j2\pi f T}$$

- Übertragungsfunktion des Opt. Suchfilters (allg. Fall) (s. Abschnitt 8.6.2):

$$G(j2\pi f) = K \cdot c \frac{\overline{X(f)}}{S_R(f)} \cdot e^{-j2\pi f t_0}$$

Erreichbarer Signal-Rauschabstand :

$$\tilde{Q}_{opt} = \frac{|y(t_0)|^2}{E[\tilde{R}^2]} = \frac{\eta_{\tilde{x}}}{c}$$

- Kreuz-Korrelation und Kreuz-Leistungsdichtespektrum X_t, Y_t *schwach verbundstationär* (s. Definition 8.7.2)

  1. Kreuz-Korrelation: $R_{XY}(\tau) = E[X_t \cdot Y_{t+\tau}]$

  2. Kreuz-Leistungsdichte Spektrum $S_{XY}(f) = \mathcal{F}\{R_{XY}(\tau)\}$

  3. LTI-System mit Impulsantwort $g(t)$:

     a) $S_{XY}(f) = H(f) \cdot S_x(f)$

     b) $R_{XY}(\tau) = g(\tau) * R_X(\tau)$

- Messung der (unbekannten) Impulsantwort eines LTI-Systems (s. Abschnitt 8.7.1)

- Wiener Filter: $X(t)$ und $N(t)$ sollen mittelwertfrei und unkorreliert, Autokorrelationsfunktionen $R_X(\tau)$ und $R_N(\tau)$ bekannt, *Aufgabe:* Impulsantwort $g(t)$ so bestimmen, dass die mittlere Leistung von $\tilde{Y}(t) - X(t - t_0)$ minimiert wird, wobei $\tilde{Y}(t)$ das zu $\tilde{X}(t) = X(t) + N(t)$ gehörige Ausgangssignal des Filters ist und $t_0 > 0$ „Totzeit" Wiener-Hopfsche Integralgleichung für $g(t)$:

$$\int_{-\infty}^{\infty} K(t - \tau)\, g(t) dt = R_X(\tau - t_0)$$

mit $K(t - \tau) := R_X(-\tau) + R_N(t - \tau)$

1. Lösung im nicht-kausalen Fall:

$$G(j\omega) = \frac{S_X(\omega)}{S_X(\omega) + S_N(\omega)} e^{-j\omega t_0}$$

Schätzfehler:

$$E\left[(\tilde{Y}(t) - X(t - t_0))^2\right] = \frac{1}{2\pi} \int_{-\infty}^{\infty} S_N(\omega) \frac{1}{1 + \frac{S_N(\omega)}{S_X(\omega)}} d\omega$$

2. Lösung im kausalen Fall: s. Abschnitt 8.8.2

- Kalman-Bucy Filter: Zustandsraumdarstellung

$$\frac{d\, z(t)}{dt} = A(t)z(t) + B(t)u(t)$$

$A(t)$ und $B(t)$ bekannte $n \times n$- bzw. $n \times m$-Matrizen, $z(t)$ Zustandsvektor mit n Komponenten, Eingangsgröße $u(t)$ mittelwertfreier, instationärer weißer Rauschprozess mit m Komponenten. Beobachtete Ausgangsgröße für $t_0 \leq \tau \leq t$:

$$y(t) = C(t)z(t) + v(t)$$

$C(t)$ $n \times p$-Matrix und $v(t)$ mittelwertfreier, instationärer weißer Rauschprozess mit p Komponenten wobei

$$\begin{aligned}
\text{cov}[u(t), u(\tau)] &= Q(t)\delta(t - \tau) \\
\text{cov}[v(t), v(\tau)] &= R(t)\delta(t - \tau) \\
\text{cov}[u(t), v(\tau)] &= 0
\end{aligned}$$

für alle t, τ.

Gesucht: optimale Zustandsschätzung der Form $\hat{z}(t_1) = \int_{t_0}^{t} K(t_1, \tau)y(\tau)d\tau$ mit $t_1 \geq t$, wobei $K(t_1, \tau)$ eine $n \times p$-Matrixfunktion so gewählt, dass der quadratische Fehler

$$E[\,\|z(t_1) - \hat{z}(t_1)\|^2]$$

minimal. Dann

1. mit $K(t) := K(t, t)$, $P(t) := \text{cov}[r(t), r(t)]$ und $r(t) = z(t) - \hat{z}(t)$ gilt

$$K(t) = P(t)C(t)^T R^{-1}(t)$$

2. $\frac{d}{dt}\hat{z}(t) = (A(t) - K(t)C(t))\hat{z}(t) + K(t)y(t)$

3. $\frac{d}{dt}r(t) = (A(t) - K(t)C(t))r(t) - K(t)v(t) + B(t)u(t)$

4. für Kovarianzmatrix $P(t)$ Matrix-Differentialgleichung vom Riccatischen Typ: symmetrischen Lösung von

$$\frac{d}{dt}P(t) = A(t)P(t) + P(t)A^T(t) - P(t)C^T(t)R^{-1}(t)C(t)P(t) + B(t)Q(t)B^T(t)$$

8.10.2 Aufgaben

1. Bestimmen Sie die Übertragungfunktion eines optimalen Suchfilters für die Impulsform $x_0(t)$ gegeben durch

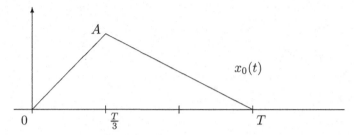

   wenn das Signal durch normalverteiltes, mittelwertfreies Weißes Rauschen überlagert ist. Wie groß muss der Signal-zu-Rausch Abstand gewählt werden, um das Eintreffen des Signals mit Wahrscheinlichkeit 0.96 festzustellen ?

2. Ein weißer, mittelwertfreier Störprozess wird an ein stabiles LTI-System gelegt. Das Leistungsdichtespektrum des Ausgangsprozesses lautet $S_Y(\omega) = \frac{1}{\omega^4 + \omega^2 + 1}$. Geben Sie eine Übertragungsfunktion des Systems an.

3. Ein schwach stationärer Zufallsprozess mit Auroorrelation $R_X(\tau)$ gegeben durch

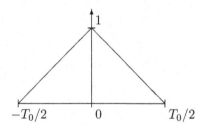

   wird in ein RC-Glied mit Zeitkonstante $T_1 = RC$ geschickt. Bestimmen Sie die spektrale Leistungdichte des Ausgangsprozesses.

A Anhang

A.1 Lösungen der Aufgaben

A.1.1 für Kapitel 1:

1. a) $\alpha_n = 0$ für n gerade, $\alpha_n = -\frac{2j}{\pi n}$ für n ungerade und es gilt

$$x(t) \sim \sum_{n=1}^{\infty} \frac{4}{(2n+1)\pi} \sin(2n+1)t$$

   b) $\alpha_n = 0$ für $n \neq 2, -2, 0$, $\alpha_0 = 1, \alpha_2 = \frac{j}{2}, \alpha_{-2} = -\frac{j}{2}$ und

$$f(t) = 1 - \sin 2t$$

   c) $\alpha_0 = 1 - \frac{2}{\pi}$ und $\alpha_n = \frac{1}{2\pi(n^2 - \frac{1}{4})}$ für $n \neq 0$

$$x(t) \sim 1 - \frac{2}{\pi} + \sum_{n=1}^{\infty} \frac{1}{2\pi(n^2 - \frac{1}{4})} \cos nt$$

2. a) $\alpha_n = 0$ für n gerade, $\alpha_{2n+1} = \frac{(-1)^{n+1}2j}{\pi(2n+1)^2}$
   b) $\alpha_0 = -\frac{2}{3}\pi^2$ und $\alpha_n = \frac{2}{n^2}$ für $n \neq 0$.
   c) $\alpha_n = 0$ für n gerade und $\alpha_n = -\frac{4j}{\pi n^3}$ für n ungerade.

3. a)
       i. $\alpha_n = (1 - e^{-T_0/\tau})\frac{T_0/\tau - jn2\pi}{(T_0/\tau)^2 + n^2 4\pi^2}$
       ii. $A_n = 2(1 - e^{-T_0/\tau})\frac{T_0/\tau}{(T_0/\tau)^2 + n^2 4\pi^2}$
       iii. $B_n = 2(1 - e^{-T_0/\tau})\frac{n2\pi}{(T_0/\tau)^2 + n^2 4\pi^2}$
   b) $x(t - T_0/2) \circ\!\!-\!\!\bullet (-1)^n \alpha_n$ mit α_n wie oben

4. $\alpha_0 = 0$, $\alpha_n = \frac{2}{n\pi} \sin(n\pi/2)$ für $n \neq 0$

A.1.2 für Kapitel 2

1. a) $X(f) = T/2 \cdot (\text{si}(\pi/2 - \pi Tf) + \text{si}(\pi/2 + \pi Tf))$
   b) $X(f) = \frac{2a}{a^2 + 4\pi^2 f^2}$
   c) $X(f) = \frac{a - j2\pi f}{a^2 + 4\pi^2 f^2} = \frac{1}{a + j2\pi f}$
   d) $X(f) = \frac{1}{a - j2\pi f}$

2.
$$y(t) = \begin{cases} ABt & \text{für } 0 < t \leq T \\ AB(2T - t) & \text{für } T < t \leq 2T \\ 0 & \text{sonst} \end{cases}$$

3.
$$X(f) = -j\frac{1}{2}\frac{\sin(2\pi fT) - 2\sin(\pi fT)}{\pi^2 f^2} = 2j\sin(\pi fT)\left(\frac{\sin(\pi fT/2)}{\pi f}\right)^2$$

A.1.3 für Kapitel 3

1. a) $Dy(t) = \delta_0 - ay(t)$
   b) $Dy(t) = a(\delta_{-T} - \delta_T)$

2. a) $X(f) = 1/(j2\pi f)^2 \cdot 8/T \cdot (1 - 2\cos(2\pi fT/4) + \cos(2\pi fT/2))$
   b) $X(f) = 1/(j2\pi f)^2 \cdot (2\cos(2\pi fT_0) - 2\cos(2\pi fT))/(T_0 - T)$
   c) $X(f) = 1/(j2\pi f)^2 \cdot 1/T \cdot (1 + 2\cos(6\pi fT) - 3\cos(4\pi fT)) \cdot e^{j2\pi fT}$

3. $X_p(f) = f_0 \sum_{-\infty}^{\infty} X_0(kf_0)\delta_{kf_0}$ mit $f_0 = 1/T$,
   $X_0(kf_0) = \frac{8f_0}{(j2\pi kf_0)^2}(1 + (-1)^k - 2\cos(k\pi/2))$ für $k \neq 0$ und $X_0(0) = T/2$.
   Ferner $\alpha_k = f_0 \cdot X_0(kf_0)$

4. $X(f) = 1/(j2\pi f)^2 \cdot 4/T \cdot (\text{si}(2\pi fT) - 1)$

5. a) $X(f) = T \cdot (\text{si}(2\pi(f - f_0)T) + \text{si}(2\pi(f + f_0)T))$ mit $f_0 = 1/T_0$
   b)
   $$X(f) = \frac{a}{a^2 + 4\pi^2 f^2} + \sum_{-\infty}^{\infty} \frac{a}{a^2 + 4\pi^2(f - \frac{2k+1}{T_0})^2} \cdot \frac{4}{(2k+1)^2\pi^2}$$

A.1.4 für Kapitel 4

1. der Faktor in der Nähe der höchsten Frequenzen (nahe $\frac{N}{2}\omega$) ist ≈ 0, der für die niedrigen Frequenzen ≈ 1

2. $X_n = \frac{2}{N} \cdot \frac{1-(-1)^n}{1-e^{-jn\omega h}}$ für $n \neq 0$, $X_0 = 0$

3. $Z_n = -(\frac{1}{N} \cdot (\frac{1-(-1)^n}{1-e^{-jn\omega h}})^2$ für $n \neq 0$, $Z_0 = \frac{1}{4}$

A.1.5 für Kapitel 5

1. a) $y(t) = \frac{19}{9}e^{-3t} + \frac{1}{3}t - \frac{1}{9}$
   b) $y(t) = \frac{1}{6}e^{-t} + \frac{1}{2}e^t + \frac{1}{3}e^{2t}$
   c) $y(t) = \frac{4}{5} + \frac{2}{5}e^{-t/2}(-2\cos t - \sin t)$
   d) $y(t) = \frac{3}{16}e^{2t} + \frac{13}{16}e^{-2t} + \frac{1}{4}te^{2t}$

2.
$$X(s) = \frac{1 - (Ts + 1)e^{-sT}}{Ts^2(1 - e^{sT})}$$

3.
$$G(s) = \frac{\frac{2}{s+2}}{1 + \frac{2}{s+2}} - \frac{\frac{3}{(s+2)^2}}{1 + \frac{1}{(s+2)^2}} + \frac{3}{s+1}$$

4. a) $\lambda \neq \mu$: $\frac{1}{\lambda - \mu}(e^{\lambda t} - e^{\mu t})$
   b) $\lambda = \mu$: $te^{\lambda t}$

5. a) $G(s) = \frac{\omega_0}{(s+a)^2 + \omega_0^2}$ u. $H(f) = \frac{\omega_0}{(j2\pi f+a)^2 + \omega_0^2}$
   b) ja, denn $g(t)$ ist wegen $|g(t)| \leq e^{-at}$ absolut integrierbar, bzw. die Pole von $G(s)$ liegen wegen $\lambda_{1,2} = -a \pm j\omega_0$ in der linken Halbebene

6. $y(t) = \varepsilon(t)\frac{1}{25}(e^{-2t} + 5te^{-2t} - 4\cos t + 3\sin t)$

A.1.6 für Kapitel 6

1. a) $1/(16z^2 - 4z)$

   b) $az\frac{z+a}{(z-a)^3}$

2. $g_n = \delta_{n-1} + \varepsilon_{n-1} + 2^n\varepsilon_n$

3. $G(z) = \frac{z^2+2}{z^2-3z+2}$ und $g_n = \delta_n + 3\varepsilon_{n-1}(2^n - 1)$

4. $G(z) = \frac{-4(z^{-1}-3z^{-2}+3z^{-3}-z^{-4})}{1-(9/2z^{-1}-6z^{-2}+2z^{-3})}$ und

   $y_n = 9/2y_{n-1} - 6y_{n-2} + 2y_{n-3} - 4(x_{n-1} - 3x_{n-2} + 3x_{n-3} - x_{n-4})$

5. Polstellen von $G_c(s)$: $\lambda_1 = \frac{1}{\sqrt{2}}(-1 + j)$ und $\bar{\lambda}_1$, mit $b = e^{\lambda_1 T_a}$ und $A = -j\frac{1}{\sqrt{2}}$ gilt

   $G(z) = T_a(\frac{Az}{z-b} + \frac{\bar{A}z}{z-\bar{b}}) = T_a\frac{-2\mathrm{Re}\,(\bar{b}A)z}{z^2-2\mathrm{Re}\,(b)z+|b|^2}$, wobei $\mathrm{Re}\,(b) = e^{-\frac{1}{\sqrt{2}}T_a}\cos\frac{1}{\sqrt{2}}T_a$, $\mathrm{Re}\,(\bar{b}A) =$

   $-\frac{1}{\sqrt{2}}e^{-\frac{1}{\sqrt{2}}T_a}\sin\frac{1}{\sqrt{2}}T_a$ und $|b|^2 = e^{-\sqrt{2}T_a}$. Ferner $|G(j\omega)| = \frac{1}{\sqrt{1+\omega^4}} \leq \frac{1}{\sqrt{1+10^4}} < \frac{1}{100}$ für

   $|\omega| \geq 10$. Damit ist $g(t)$ annähernd mit $f_g = \frac{10}{2\pi}$ bandbegrenzt. Mithin ist $T_a \leq \frac{1}{2f_g} = \frac{\pi}{10}$

   (nach Abtasttheorem) eine annehmbare Schätzung.

6. $G(z) = \frac{2T_a(1-z^{-2})}{\alpha+\beta z^{-1}+\gamma z^{-2}}$ mit $\alpha = 4 + 4T_a + 5T_a^2$, $\beta = -8 + 10T_a^2$ und $\gamma = 4 - 4T_a + 5T_a^2$,

   Differenzengleichung: $y_n = \frac{1}{\alpha}(2T_a x_n - 2T_a x_{n-2} - \beta y_{n-1} - \gamma y_{n-2})$

7. $G(z) = \frac{1}{\lambda}\frac{a-1}{z-a} + \frac{1}{\bar{\lambda}}\frac{\bar{a}-1}{z-\bar{a}}$ mit $\lambda = -1 + j$ und $a = e^{lambda T_a}$

8.

$$G(z) = \frac{b_1 z^2 + b_2 z + b_3}{z^3 - a_1 z^2 - a_2 z - a_3}$$

mit

$$b_1 = 1 - \alpha^2 - 2\gamma\alpha$$
$$b_2 = 2\alpha(-\beta + \alpha^2\beta + \gamma + \gamma\alpha^2)$$
$$b_3 = \alpha^2(1 - \alpha^2 - 2\alpha\gamma)$$
$$a_1 = \alpha(2\beta + \alpha)$$
$$a_2 = -\alpha^2(1 + 2\alpha\beta)$$
$$a_3 = \alpha^4$$

wobei $\alpha = e^{-\frac{T_a}{2}}$, $\beta = \cos(\frac{\sqrt{3}}{2}T_a)$, $\gamma = \frac{\sqrt{3}}{3}\sin(\frac{\sqrt{3}}{2}T_a)$. Zugehörige Differenzengleichung:

$$y_n = b_1 x_{n-1} + b_2 x_{n-2} + b_3 x_{n-3} + a_1 y_{n-1} + a_2 y_{n-2} + a_3 y_{n-3}$$

A.1.7 für Kapitel 8

1.

$$D^2 x_0(t) = \frac{3A}{2T}(2\delta_0 - 3\delta_{\frac{T}{3}} + \delta_T)$$

$$X_0(f) = \frac{1}{(j2\pi f)^2}\mathcal{F}\{D^2 x_0(t)\} = \frac{1}{(j2\pi f)^2}\frac{3A}{2T}(2 - 3e^{-j2\pi f\frac{T}{3}} + e^{-j2\pi fT})$$

$$G(j2\pi f) = K\bar{X}_0(f)e^{-j2\pi fT} = K\frac{1}{(j2\pi f)^2}\frac{3A}{2T}(2e^{-j2\pi fT} - 3e^{-j2\pi f\frac{2}{3}T} + 1)$$

$F_{01}(r) = 1 - \frac{\alpha}{2} = 0.98$, also $r = 2,05$ und $\frac{n_x}{c} \geq 4r^2$

2. eine Nullstelle des Nenners: $\lambda_1 = e^{j\frac{\pi}{3}}$, dann

$$Q(s) = (s - j\lambda_1)(s + j\bar{\lambda}_1) = s^2 + s \cdot 2\text{Im}(\lambda_1) + |\lambda_1|^2 = s^2 + \sqrt{3}s + 1$$

$G(s) = \frac{1}{s^2 + \sqrt{3}s + 1}$

3. es gilt $S_Y(f) = |H(f)|^2 \cdot S_X(f)$ mit $S_X(f) = \frac{1}{T_0} \frac{2 - \cos \pi f T_0}{(2\pi f)^2}$ und $H(f) = G(j2\pi f) = \frac{\frac{1}{T_1}}{j2\pi f + \frac{1}{T_1}}$ und damit

$$S_Y(f) = \frac{(\frac{1}{T_1})^2}{(2\pi f)^2 + (\frac{1}{T_1})^2} \cdot \frac{1}{T_0} \frac{2 - \cos \pi f T_0}{(2\pi f)^2}$$

A.2 Besselfunktionen

$$J_\nu(z) = (\frac{z}{2})^\nu \sum_{k=0}^\infty \frac{(-1)^k}{k!\Gamma(k + \nu + 1)} (\frac{z}{2})^{2k}$$

insbesondere für $\nu = -\frac{1}{2}$:

$$J_{-\frac{1}{2}}(z) = (\frac{z}{2})^{-\frac{1}{2}} \sum_{k=0}^\infty \frac{(-1)^k}{k!\Gamma(k + \frac{1}{2})} (\frac{z}{2})^{2k} = (\frac{z}{2})^{-\frac{1}{2}} \sum_{k=0}^\infty (-1)^k \frac{z^{2k}}{(2k)!\sqrt{\pi}}$$

Hier haben wir die Eigenschaft $\Gamma(x + 1) = x\Gamma(x)$ der Γ-Funktion verwendet. Es gilt $\Gamma(\frac{1}{2}) = \sqrt{\pi}$ und damit

$$\begin{aligned}
\Gamma(1 + \frac{1}{2}) &= \frac{1}{2}\Gamma(\frac{1}{2}) = \frac{1}{2}\sqrt{\pi} \\
\Gamma(1 + \frac{3}{2}) &= \frac{3}{2}\Gamma(\frac{3}{2}) = \frac{3}{2}\frac{1}{2}\sqrt{\pi} \\
\Gamma(k + \frac{1}{2}) &= \Gamma(1 + \frac{2k - 1}{2}) = \frac{2k - 1}{2}\Gamma(\frac{2k - 1}{2}) \\
&= \frac{(2k - 1)!}{2^{2k-1} \cdot (k - 1)!}\sqrt{\pi} \\
\Gamma(k + 1 + \frac{1}{2}) &= \frac{(2k + 1)!}{2^{2k+1} \cdot k!}\sqrt{\pi}
\end{aligned}$$

Für $z = -jp$ bekommt man dann

$$\begin{aligned}
J_{-\frac{1}{2}}(-jp) &= (\frac{-jp}{2})^{-\frac{1}{2}} \frac{1}{\sqrt{\pi}} \sum_{k=0}^\infty (-1)^k \frac{(-jp)^{2k}}{(2k)!} = (\frac{-jp}{2})^{-\frac{1}{2}} \frac{1}{\sqrt{\pi}} \sum_{k=0}^\infty \frac{p^{2k}}{(2k)!} \\
&= (\frac{-jp}{2})^{-\frac{1}{2}} \frac{1}{\sqrt{\pi}} \cosh p
\end{aligned}$$

und entsprechend

$$J_{\frac{1}{2}}(z) = (\frac{z}{2})^{\frac{1}{2}} \sum_{k=0}^\infty \frac{(-1)^k}{k!\Gamma(k + 1 + \frac{1}{2})} (\frac{z}{2})^{2k} = (\frac{z}{2})^{\frac{1}{2}} \sum_{k=0}^\infty (-1)^k 2\frac{z^{2k}}{(2k + 1)!\sqrt{\pi}}$$

und für $z = -jp$

$$J_{\frac{1}{2}}(-jp) = (\frac{-jp}{2})^{\frac{1}{2}} \frac{2}{\sqrt{\pi}} \sum_{k=0}^{\infty} (-1)^k \frac{(-jp)^{2k}}{(2k+1)!} = (\frac{-jp}{2})^{\frac{1}{2}} \frac{2}{\sqrt{\pi}} \frac{1}{p} \sum_{k=0}^{\infty} \frac{p^{2k+1}}{(2k+1)!}$$

$$= (\frac{-jp}{2})^{\frac{1}{2}} \frac{2}{\sqrt{\pi}} \frac{1}{p} \sinh p$$

Wir bekommen dann

$$\frac{J_{-\frac{1}{2}}(-jp)}{jJ_{\frac{1}{2}}(-jp)} = \frac{\frac{1}{\sqrt{\pi}} \cosh p}{2j(\frac{-jp}{2})^{\frac{1}{2}}(\frac{-jp}{2})^{\frac{1}{2}} \frac{1}{\sqrt{\pi}} \frac{1}{p} \sinh p} = \frac{\cosh p}{\sinh p}$$

A.3 Kenngrößen der Wahrscheinlichkeitsrechnung

Sei X eine Zufallsvariable und $f(x)$ die zugehörige Wahrscheinlichkeitsdichte, dann lautet der Erwartungswert von X:

$$E[X] = \int_{-\infty}^{\infty} x f(x) dx$$

Für den Erwartungswert gelten die folgenden Rechenregeln

1. Sei $Y = \alpha X + \beta$ mit Konstanten α und β, dann

$$E[Y] = \alpha E[X] + \beta$$

2. Seien X und Y Zufallsvariablen dann

$$E[X + Y] = E[X] + E[Y]$$

3. und es gilt die Cauchy-Schwarzsche Ungleichung
   a) $E^2[X \cdot Y] \leq E[X^2] \cdot E[Y^2]$
   b) wenn $E^2[X \cdot Y] = E[X^2] \cdot E[Y^2]$, so gibt es ein $t_1 \in \mathbb{R}$ mit $E[(X - t_1 Y)^2] = 0$.

Die Varianz einer Zufallsvariablen X ist gegeben durch

$$\sigma^2[X] = \int_{-\infty}^{\infty} (x - E[X])^2 f(x) dx = E[(X - E[X])^2]$$

Mit den obigen Eigenschaften des Erwartungswertes erhält man sofort

$$\sigma^2[X] = E[X^2] - E^2[X]$$

Da die Varianz offenbar nichtnegativ ist, folgt unmittelbar

$$E^2[X] \leq E[X^2] \tag{A.1}$$

Die Größe $\sigma[X] = \sqrt{\sigma^2[X]}$ heißt Standardabweichung der Zufallsvariablen X.
   Ferner wird der Ausdruck

$$C_{XY} = E[(X - E[X])(Y - E[Y])]$$

als Kovarianz von X und Y bezeichnet. Unmittelbar aus den Eigenschaften des Erwartungswertes folgt

$$C_{XY} = E[X \cdot Y] - E[X] \cdot E[Y]$$

Schließlich nennt man die Größe

$$\rho_{XY} = \frac{C_{XY}}{\sigma[X] \cdot \sigma[Y]}$$

Korrelationskoeffizienten der Zufallsvariablen X und Y. Mit Hilfe der Cauchy-Schwarzschen Ungleichungerhält man leicht:

1. $|\rho_{XY}| \leq 1$

2. wenn $|\rho_{XY}| = 1$, dann gibt es $\alpha, \beta \in \mathbb{R}$ mit $E[(X - (\alpha X + \beta))^2] = 0$.

A.3.1 Stochastische Integrale

Sei $X_\omega(t)$ eine Realisierung eines stochastischen Prozesses X_t, sei $g(t)$ eine reelle Funktion. Sei ferner $a = t_0 < t_1 < ... < t_n = b$ eine Zerlegung des Intervalls $[a,b]$und gelte für $n \to \infty$: $\max(t_i - t_{i-1}) \to 0$. Sei

$$Z_n(\omega) = \sum_1^n g(t_i) X_\omega(t_i)(t_i - t_{i-1})$$

dann ist $(Z_n(\omega))$ eine Folge von Zufallsvariablen. Wenn

$$\lim_{n \to \infty} E[(Z(\omega) - Z_n(\omega))^2] = 0 \text{ Konvergenz im quadratischen Mittel}$$

dann nennt man die Zufallsgröße $Z(\omega) = \int_a^b g(t) X_\omega(t) dt$ stochastisches Integral.

Wir betrachten nun die Erwartungswerte dieser Zufallsgrößen. Offenbar gilt nach A.1

$$(E[Z(\omega)] - E[Z_n(\omega)])^2 = (E[(Z(\omega) - Z_n(\omega))])^2 \leq E[(Z(\omega) - Z_n(\omega))^2]$$

und damit $\lim_{n \to \infty} E[Z_n(\omega)] = E[Z(\omega)]$. Nun gilt

$$E[Z_n(\omega)] = E[\sum_{i=1}^n g(t_i) X_\omega(t_i)(t_i - t_{i-1})] = \sum_{i=1}^n g(t_i) E[X_\omega(t_i)](t_i - t_{i-1})$$

Ist zudem X_t ein schwach stationärer stochastischer Prozess, so gilt $E[X_\omega(t_i)] = \mu$ und damit

$$E[Z_n(\omega)] = \mu \sum_{i=1}^n g(t_i)(t_i - t_{i-1}) \to_{n \to \infty} \mu \int_a^b g(t) dt$$

Insgesamt bekommen wir:

$$E[Z(\omega)] = E[\int_a^b g(t) X_\omega(t) dt] = \int_a^b g(t) E[X_\omega(t)] dt = \mu \int_a^b g(t) dt$$

A.4 Lineare Differentialgleichungssysteme

Sei $\Phi(t, t_0)$ ein $n \times n$-Fundamentalmatrix des linear homogenen Differentialgleichungssystems 1. Ordnung

$$\frac{d}{dt} x(t) = F(t) x(t)$$

mit $\Phi(t_0, t_0) = E$, wobei $F(t)$ eine $n \times n$-Matrixfunktion mit stetigen Komponenten und E die $n \times n$-Einheitsmatrix bezeichnen. Um ein Lösung des inhomogenen Differentialgleichungssystems

$$\frac{d}{dt} y(t) = F(t) y(t) + b(t), y(t_0) = y_0$$

zu bekommen, wobei $b(t)$ einen n-Vektor von stetigen Funktionen bezeichnet, wendet man die bekannte Methode *Variation der Konstanten* an: der Ansatz $y(t) = \Phi(t, t_0)c(t)$ wird in die inhomogene Differentialgleichung eingesetzt. Hier ist $c(t)$ ein zunächst unbekannter n-Vektor von Funktionen. Man erhält:

$$\Phi'(t, t_0)c(t) + \Phi(t, t_0)c'(t) = F(t)\Phi(t, t_0)c(t) + b(t)$$

und damit

$$\Phi(t, t_0)c'(t) = b(t)$$

also

$$c'(t) = \Phi^{-1}(t, t_0)b(t)$$

woraus durch Integration folgt

$$c(t) = \int_{t_0}^{t} \Phi^{-1}(\tau, t_0)b(\tau)d\tau + d$$

Setzt man dies Ergebnis in den obigen Ansatz ein, so bekommt man

$$y(t) = \Phi(t, t_0)\left(\int_{t_0}^{t} \Phi^{-1}(\tau, t_0)b(\tau)d\tau + d\right)$$

Mit der Anfangsbedingung erhält man noch

$$y(t_0) = \underbrace{\Phi(t_0, t_0)}_{E} d = d = y_0$$

insgesamt also zunächst einmal

$$\begin{aligned} y(t) &= \Phi(t, t_0)\left(\int_{t_0}^{t} \Phi^{-1}(\tau, t_0)b(\tau)d\tau + y_0\right) \\ &= \int_{t_0}^{t} \Phi(t, t_0)\Phi^{-1}(\tau, t_0)b(\tau)d\tau + \Phi(t, t_0)y_0 \end{aligned}$$

Zur weiteren Vereinfachung leiten wir eine wichtige Eigenschaft der Fundamentalmatrix $\Phi(t, t_0)$ her: Sei $x(t) = \Phi(t, t_0)x(t_0)$ für $t \geq t_0$. Sei nun $t_2 \geq t_1 \geq t_0$, dann $x(t_1) = \Phi(t_1, t_0)x(t_0)$ und $x(t_2) = \Phi(t_2, t_0)x(t_0)$. Aber es gilt auch nach dem Eindeutigkeitssatz: $x(t_2) = \Phi(t_2, t_1)x(t_1)$, also

$$x(t_2) = \Phi(t_2, t_0)x(t_0) = \Phi(t_2, t_1)x(t_1) = \Phi(t_2, t_1)\Phi(t_1, t_0)x(t_0)$$

Da aber $x(t_0)$ beliebig wählbar folgt

$$\Phi(t_2, t_0) = \Phi(t_2, t_1)\Phi(t_1, t_0)$$

Wegen dieser Eigenschaft wird $\Phi(t, t_0)$ auch als *Übergangsmatrix* bezeichnet. Als Folgerung aus der obigen Gleichung erhalten wir noch

$$\Phi(t_2, t_0) \cdot \Phi^{-1}(t_1, t_0) = \Phi(t_2, t_1)$$

und damit

$$y(t) = \int_{t_0}^{t} \Phi(t, \tau)b(\tau)d\tau + \Phi(t, t_0)y_0$$

Literaturverzeichnis

[1] Dietmar Achilles, *Die Fourier-Transformation in der Signalverarbeitung*, Springer, Berlin, Heidelberg, New York, 1978.

[2] Herman J. Blinchikoff, Anatol I. Zverev *Filtering in the Time and Frequency Domains*, R.E. Krieger, Malabar, Florida, 1987.

[3] I.N. Bronstein, K.A. Semendjajew et al., *Teubner-Taschenbuch der Mathematik* Teubner, Stuttgart, Leipzig, 1996.

[4] Henri Cartan, *Elementare Theorie der Analytische Funktionen einer oder mehrerer komplexen Veränderlichen*, B.I. Hochschultaschenbücher, 1966.

[5] Gustav Doetsch, *Anleitung zum Praktischen Gebrauch der Laplace-Transformation und der Z-Transformation*, Oldenbourg, 6. Auflage, München, 1989.

[6] Friedhelm Erwe, *Differential und Integralrechnung II*, B.I. Hochschultaschenbücher, Mannheim, Wien, Zürich, 1962.

[7] E. Hänseler, *Grundlagen der Theorie statistischen Signale*, Springer-Verlag, Berlin Heidelberg New York, 1983.

[8] G. Jordan-Engeln, F. Reutter, *Formelsammlung zur Numerischen Mathematik mit FortranIV-Programmen*, B.I. Hochschultaschenbücher, 1976.

[9] R.E. Kalman, R.S. Bucy, *New Results in Linear Filtering and Prediction Theory*, Trans. ASME, Journal of Basic Engineering, vol. , pp. 95-108, 3/1961.

[10] Peter Kosmol, *Optimierung und Approximation*, De Gruyter, Berlin, New York, Studium, 2. Auflage, 2010.

[11] Peter Kosmol, Dieter Müller-Wichards, *Optimization in Function Spaces, with stability considerations in Orlicz spaces*, De Gruyter, Berlin, New York, Series in Nonlinear Analysis and Applications 13, 2011.

[12] H.W. Knobloch, H. Kwakernaak, *Lineare Kontrolltheorie*, Springer, Berlin, Heidelberg, New York, Tokyo, 1985.

[13] H.L. Krall and O. Fink, *A new class of orthogonal polynomials: the Bessel polynomials*, Trans. Amer. Math. Soc., Vol. 65, pp. 100-115, 1949.

[14] P. Kröger, P.Gerdsen *Digitale Signalverarbeitung in FM-Empfängern* Technische Berichte, FB Elektrotechnik u. Informatik der FH Hamburg Nr. 26, Mai 1994.

[15] Christoph Maas, Dieter Müller-Wichards, *Analysis 2*, Wißner, Augsburg, 1995.

[16] O. Mildenberger, *Grundlagen der Statistischen Systemtheorie*, Verlag Harri Deutsch, Frankfurt a.M., 1988.

[17] O. Mildenberger, *Entwurf analoger und digitaler Filter*, Vieweg, Braunschweig, Wiesbaden, 1992.

[18] K. Niederdrenk, *Die endliche Fourier- u. Walsh-Transformation mit einer Einführung in die Bildverarbeitung* Vieweg, Braunschweig/Wiesbaden, 1982.

[19] O.Perron, *Die Lehre von den Kettenbrüchen*, Teubner, Berlin, 1929.

[20] P.E.Protter, *Stochastic Integration and Differential Equations*, Springer, Heidelberg, New York, 2003.

[21] Walter Rudin, *Principles of Mathematical Analysis*, McGraw-Hill, New York, San Francisco, Toronto, London, 1964.

[22] Walter Rudin, *Functional Analysis*, McGraw-Hill, New York, San Francisco, Toronto, London, 1973.

[23] G.E.Shilov, *Generalized Functions and Partial Differential Equations*, Gordon and Breach, NY, Paris, London, 1968.

[24] Josef Stoer, *Numerische Mathematik 1*, Springer, Berlin, Heidelberg, New York, 1989.

[25] L.Storch, *Synthesis of Constant-Time-Delay Ladder Network Using Bessel Polynomials*, Procedings of the IRE, p. 1665-1675, 1954. Pergamon Press, Oxford, London, NY, Paris, Frankfurt, 1965.

[26] E.C. Titchmarsh, *Introduction to the theory of Fourier integrals* Oxford Univ. Press, 1948.

[27] R. Unbehauen, *Systemtheorie 1*, 8. Auflage, Oldenbourg, München, 2002.

[28] A.Voigt, J.Wloka, *Hilberträume u. elliptische Differentialoperatoren*, BI, Mannheim, 1974.

[29] H.S. Wall, *Polynomials whose zeros have negative real parts*, The Amer. Math. Monthly, Vol.52, pp. 308-322, 1945.

[30] G.N. Watson, *A Treatise on the Theory of Bessel Functions*, Cambridge University Press, 1952.

[31] H. Weinrichter, F. Hlawatsch *Stochastische Grundlagen nachrichtentechnischer Signale*, Springer-Verlag Wien, New York, 1991.

Sachverzeichnis

Abel-Poussin-Kern, 51
Abminderungsfaktor, 170
absolut integrierbar, 57
Abtastfrequenz, 150
Abtastsignal, 150, 286
Abtasttheorem, 126, 150
Abtastung
    eines FM-Signals, 318
    harmonische Schwingungen, 264
    mit realen Impulsen, 152
Ähnlichkeitssatz
    Fourier-Transformation, 59
    Laplace-Transformation, 206
Amplitudenmodulation, 62, 328
Amplitudenspektrum, 4
analytische Fortsetzung, 322
analytisches Signal, 307, 309, 321
Anfangswertproblem, 218
Anfangswertsatz, 215
aquidistante Abtastung, 126
asymptotisch stabil, 232
Autokorrelation, 52, 91
Autokorrelationsfunktion, 333
Autokorrelationsfunktion
    zeitliche, 338
Autokovarianzfunktion, 334
AWP, 218

B-Splines, 170
bandbegrenztes Signal, 126, 130, 139, 326
beschränkte Schwankung, 21
Bessel-Filter, 246
Besselfunktion, 249
Besselsche Ungleichung, 12
BIBO-stabil, 232
bilineare Substitution, 291
Bit-Spiegelung, 186
Bit-Umkehr Algorithmus, 187, 188
Bit-Umkehr-Permutation, 186
Butterworth-Filter, 235

Cauchy-Schwarzsche Ungleichung, 2, 16, 42,
    75, 86, 202, 337, 352, 401
Cauchysche Integralformel, 322
charakteristisches Polynom, 221, 226
Cooley-Tukey Algorithmus, 192

Dämpfungssatz, 207
Datenverdichtung, 171
decimation in frequency, 180
decimation in time, 180
Delta-Distribution, 105
Delta-Funktion, 105
DFT, 161
Differentiationssatz, 119
    erw. Fourier-Transformation, 113, 115
    Fourier-Reihe, 10
    Fourier-Transformation, 66, 68, 133
    Laplace-Transformation, 208, 210
    Z-Transformation, 272
Differenzengleichung, 266, 276
Dirac-Impuls, 105, 111, 229, 343
Dirichlet
    -Kern, 28, 50, 139
    Satz von, 34, 141
diskrete Faltung, 268
diskrete Fourier-Transformation, 161, 174,
    175, 285
diskrete zyklische Faltung, 176, 280
diskretes Spektrum, 55, 164
diskretes System, 263
Distribution, 105

Einheitsimpuls, 263
endliche Energie, 2, 73
Endwertsatz, 216
Energiedichtespektrum, 338
ergodischer Zufallsprozess, 336
Erwartungswert, 333, 401
Erwartungswert
    Linearität, 337

exponentiell beschränkt, 201
exponentiell beschrankt, 270
exponentielle Ordnung, 201

Faltung, 87, 138, 139, 211
    diskrete, 268
    zyklische, 47
Faltung
    diskrete zyklische, 176
Faltungssatz, 91, 362
    diskr. Fourier-Transf., 177
    erw. Fourier-Transformation, 141, 144
    Fourier-Transformation, 89, 92
    Laplace-Transformation, 213, 218, 222
    Z-Transformation, 272
Fejer-Kern, 29, 40, 41, 50
FFT, 161
Fibonacci, 278
FIR-Filter, 277
Formfilter, 345
Formfilter
    Übertragungsfunktion, 358
Fourier
    -Ansatz, 298
    -Reihe, 298
Fourier-Koeffizient, 1, 9, 46, 55, 127, 165
Fourier-Reihe, 1, 70, 75, 123, 127
    Konvergenz, 18
        gleichmäßig, 20, 45
        im quadratischen Mittel, 18, 40, 43
        punktweise, 18, 21, 34
        reelle Darstellung, 3
Fourier-Summe, 1
Fourier-Transformation, 57, 103
Fourier-Transformation
    Überlagerungssatz, 59
Frequenzanalysator, 4
Frequenzband, 155
Frequenzgang, 86, 110, 230
    diskretes System, 284
Frequenzmodulation, 318

gerade Funktion, 63
Gibbs'sches Phänomen
    Fourier-Reihe, 21, 37
Gibbs'sches Phanomen, 299
    Fourier-Transformation, 96
gleichmäßige Konvergenz, 66

gleichmäßige Konvergenz, 40
Grenzfrequenz, 147
Grenzwertsatz, 214

Hilbert-Transformation, 315
Hintereinanderschaltung, 256
holomorph, 321
Hurwitz-Polynom, 246

I-Glied, 258, 291
idealer Tiefpas, 147
Impulsantwort, 89, 227, 229
    diskretes System, 267, 268
Impulsantwort
    Messung, 364
Impulskamm, 138, 152
Impulsmethode, 111, 117
instationär, 374
Integralsinus, 95
Integrationssatz, 209
Interpolationskoeffizient, 165
inverse Fourier-Transformation, 83
Inverse Laplace-Transformation, 204, 205
Inversionsformel
    Fourier-Transformation, 73, 78

Jacobi Gleichung
    kanonische Form, 389

Kalman-Bucy-Filter, 373
kausales Signal, 266, 326
Kettenbruch, 246
konjugierte Funktion, 308
kontinuierliches Spektrum, 55, 56
Konvergenz
    Fourier-Reihe
        im quadratischen Mittel, 123
Konvergenz im Mittel, 66
Korrelationskoeffizient, 402
Kovarianz, 374, 401
Kovarianzmatrix, 384
Kreuz-Leistungsdichtespektrum, 361
Kreuzenergiespektrum, 91, 361
Kreuzkorrelation, 51, 90, 361
Kreuzkovarianz, 362

Lösung des AWP, 222
Lösung im Bildraum, 221

Laplace-Transformation, 201
Laurent-Reihe, 270
Leistungsdichtespektrum
     Ausgangsprozess, 343
lineare Interpolation, 168
linearer Phasengang, 246
lineares Funktional, 105
lineares zeitinvariantes System, 85, 110
LTI-System, 85

Maß Null, 15, 42
Matrix-Differentialgleichung
     Riccati, 385
Mittelwert, 333
mittlere Leistung, 333
Mustersignal, 55, 124, 169

Nachbildung
     bilineare Substitution, 291
     impulsinvariante, 286
     sprunginvariante, 288
nichtrekursiv, 277
normalverteiltes weißes Rauschen, 353
Normalverteilungsdichte, 96, 98
Nyquist-Frequenz, 147

Optimaler Suchfilter, 351
orthogonal, 162
Orthonormalbasis, 163

P-T_1-Glied, 219, 227
Parallelschaltung, 256
Parsevalsche Gleichung
     Fourier-Reihe, 43
     Fourier-Transformation, 77, 108
Parsevalschen Gleichung, 352
Partialbruchzerlegung, 221, 258, 274, 278
Payley-Wiener Theorem, 326
Periodisches Spektrum, 126
Phasendarstellung, 4
Phasengang
     linearer, 246
Plancherel, 74, 89
Pol
     Übertragungsfunktion
          diskretes System, 282, 291
          kontinuierlich, 231
          kontinuierliches System, 291

Potenzreihe, 270
Prewarping, 292
Projektioslemma, 375
Puls-Amplituden-Modulation, 152, 154

quadratintegrabel, 2
Quotientenregel, 389

Rückkopplungsschaltung, 257
Rücktransformation
     Z-Transformation, 273, 274
Radarsignal
     Laufzeitbestimmung, 351
Rechteckregel, 166
reelle Stützwerte, 173
reguläre Distribution, 105
Riccati
     Matrix-Differentialgleichung , 385

Sande-Tukey Algorithmus, 182, 186, 190
schnelle Faltung, 195
schnelle Fourier-Transformation, 161
schwach verbundstationär, 362
schwache Ableitung, 111, 118, 229
schwache Konvergenz, 106, 122, 130, 141, 229
Schwarzsches Spiegelungsprinzip, 326
Sehnentrapezregel, 72, 166, 291
selbst-adjungiert, 389
Shannon-Interpolation, 147
Si, 95
si, 56
Signal zu Rauschabstand, 352
single side band, 328
singulare Distribution, 105
Skalarprodukt, 73
spektrale Energiedichte, 91
spektrale Leistungsdichte, 52, 339, 341, 342
Spektrum
     einseitiges, 328
     kausaler Signale, 319
     periodischer Funktionen, 123
Sprungantwort, 227
     diskretes System, 285
Sprungfunktion, 130
Spur, 376
stabil, 291
Stabilität
     diskretes System, 281, 282

kontinuierliches System, 232
stetiges Spektrum, 64
stochastischer Prozess, 333
stochastischer Prozess
    asymptotisch unkorreliert, 338
    ergodisch, 336
    instationär, 374
    Korrelationsdauer, 338
    normalverteilt, 342
    Realisierung, 333
    schwach stationär, 335
    strikt stationär, 334
stochastisches Integral, 402
Symmetrie, 63

Testfunktion, 103, 229
Tiefpass, 179, 234
totale Variation, 22
trigonometrische Interpolation, 161, 162
Tschebyscheff-Filter, 239
Tschebyscheff-Polynom, 239

Übergangsmatrix, 384
Übertragungsfunktion, 227
    diskretes System, 276
ungerade Funktion, 63
Upsampling, 171

Varianz, 333, 401
Verschiebungssatz, 111

erw. Fourier-Transformation, 115
Fourier-Transformation, 61, 169
Laplace-Transformation, 206, 207
Z-Transformation, 271
verschwindende Anfangsbedingungen, 222
Vertauschungssatz
    erw. Fourier-Transformation, 116
    Fourier-Transformation, 83
Verteilungsfunktion
    endlich-dimensionale, 333
verzerrungsfreie Übertragung, 246
Vorverzerrung, 292

weißes Rauschen, 342
weißes Rauschen
    bandbegrenzt, 343
    instationär, 374
Whittaker-Rekonstruktion, 147
Wiener-Hopfsche Integralgleichung, 368
Wienersches Optimalfilter, 366

Z-Transformation, 270
Zeitinvarianz, 85
    diskretes System, 266
Zirkulante, 177, 280
Zuordnungssatz, 63
Zustandsraumdarstellung, 373
Zustandsvektor, 374
zyklische Faltung, 47